本书部分实例

连接件

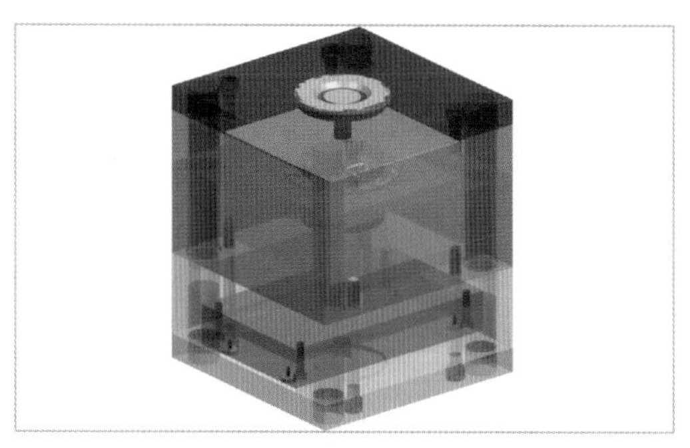

连接件模具

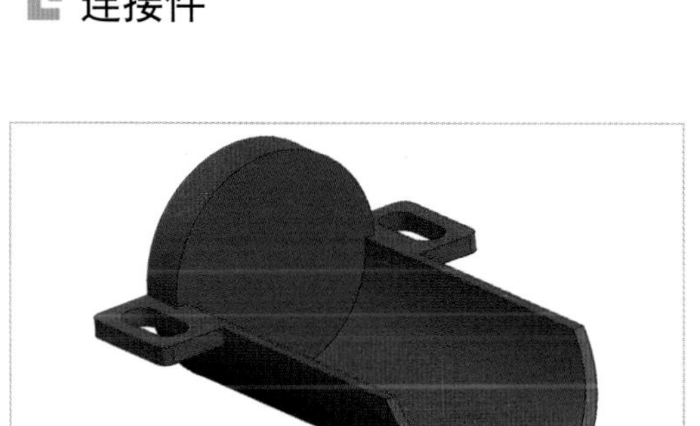

零件帽

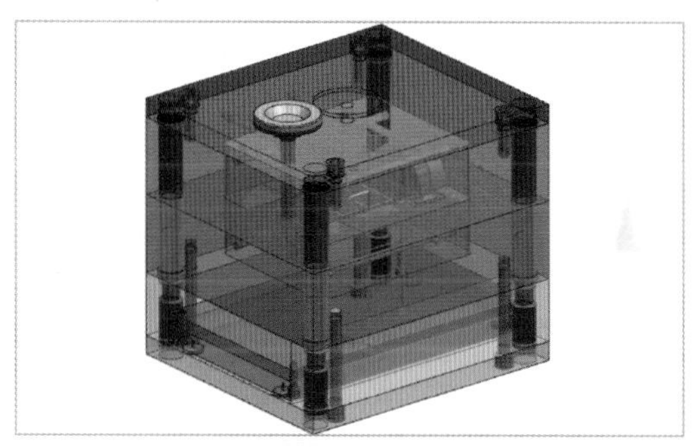

零件帽模具

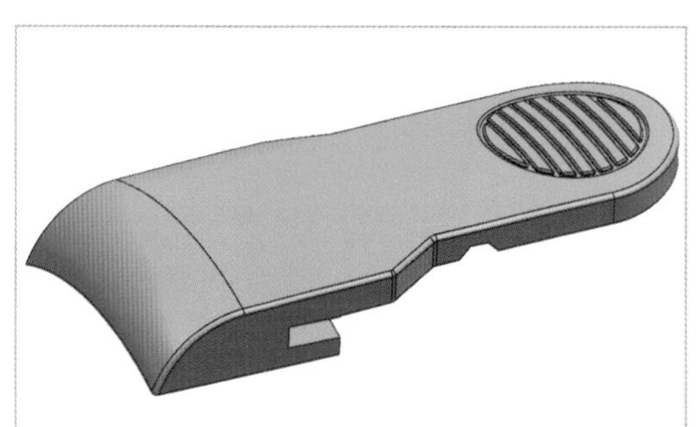

面壳壳体

面壳壳体模具

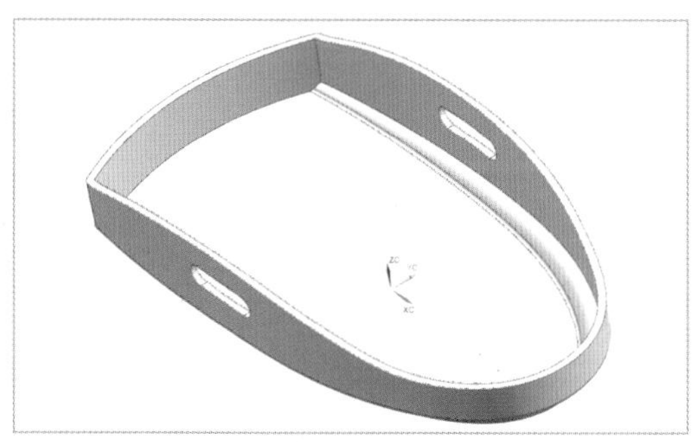

鼠标

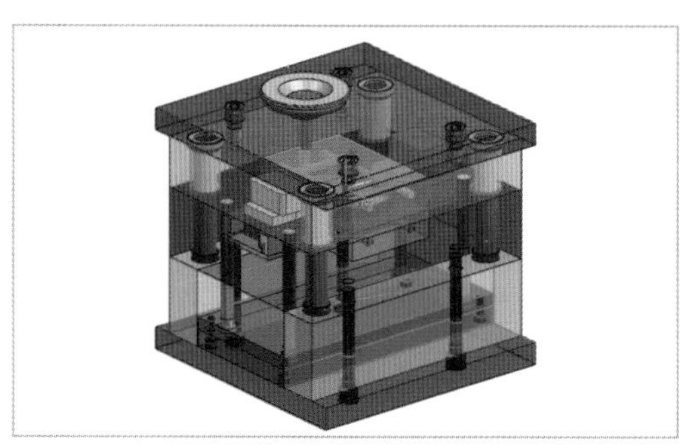

鼠标模具

本书部分实例

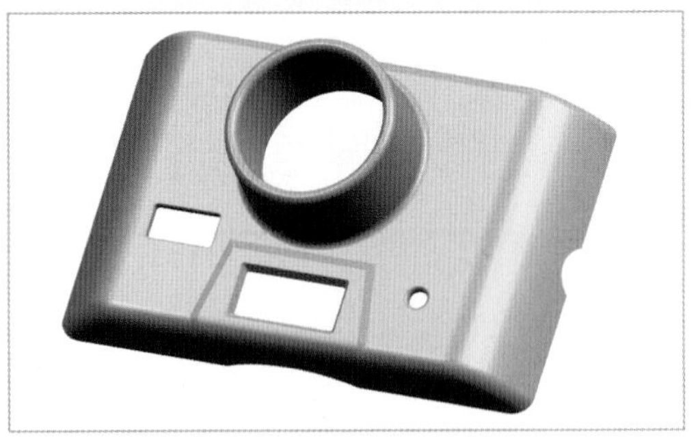

照相机

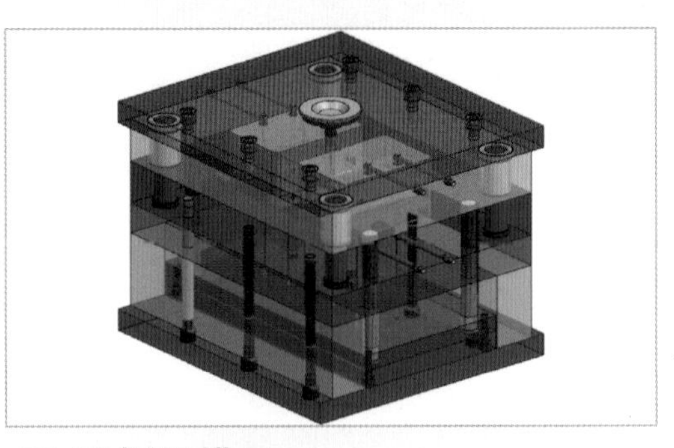

照相机模具

支架

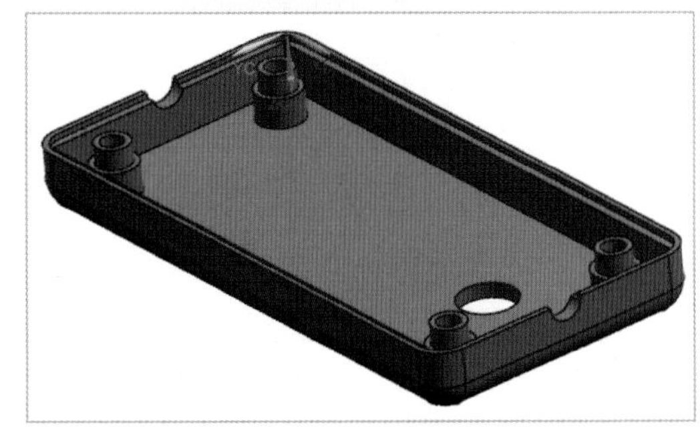

端盖

花盆

花盆曲面补片

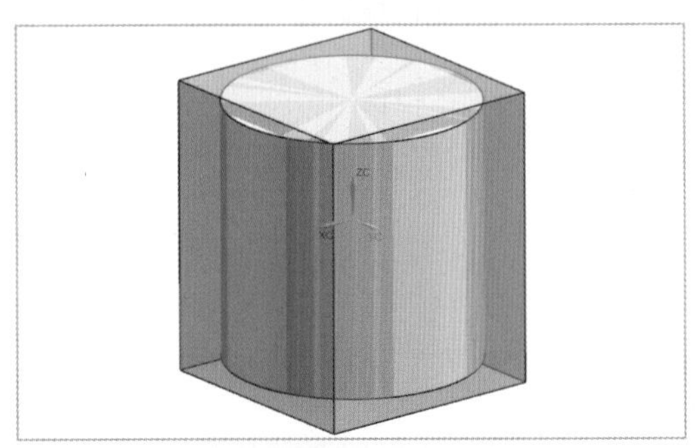

生成型腔工件

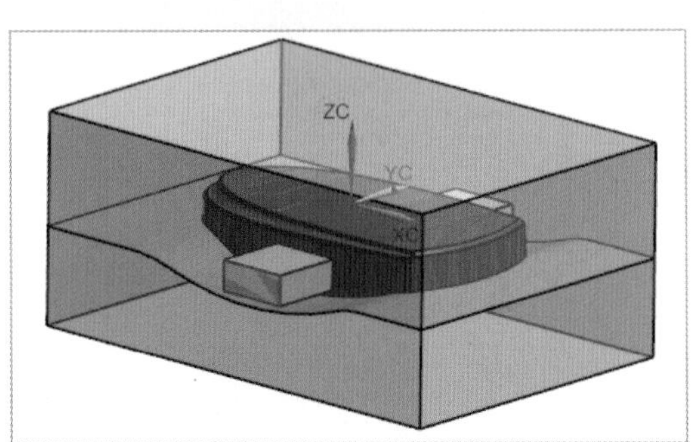

鼠标型芯

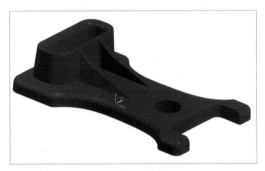

前　言

UG是美国EDS公司出品的一套集CAD/CAM/CAE于一体的软件系统。它的功能覆盖了从概念设计到产品生产的整个过程，并且广泛地运用在汽车、航天、模具加工及设计和医疗器械行业等方面。它提供了强大的实体建模技术，提供了高效能的曲面建构能力，能够完成最复杂的造型设计。除此之外，装配功能、2D出图功能、模具加工功能及与PDM之间的紧密结合，使得UG在工业界成为一套无可匹敌的高级CAD/CAM/CAE系统。

UG自从1990年进入我国以来，以其强大的功能和工程背景，已经在我国的航空、航天、汽车、模具和家电等领域得到广泛的应用。尤其UG软件PC版本的推出，为UG在我国的普及起到了良好的推动作用。

一、本书的编写目的和特色

本书写作的一个基本出发点是要将UG与其所应用的专业知识有机地结合起来，将UG融入模具设计专业知识中去，在讲解UG功能的同时，告诉读者怎样在机械制造专业领域应用UG完成模具设计任务。具体而言，本书具有如下四点相对明显的特色。

☑ **作者权威**

本书的编者都是高校多年从事模具设计教学研究的一线人员，他们具有丰富的教学实践经验与教材编写经验，有一些执笔作者是国内UG图书出版界知名的作者，前期出版的一些相关书籍经过市场检验很受读者欢迎。多年的教学工作使他们能够准确地把握学生的心理与实际需求，本书作者总结多年的模具设计经验以及教学的心得体会，历时多年精心准备，力求全面细致地展现UG在工业制造应用领域的各种功能和使用方法。

☑ **内容全面**

本书内容全面，涵盖UG在模具设计工程应用的各个方面。具体实例覆盖到模具设计中的各个方面，如模具设计初始化工具、模具修补、分型设计、模架和标准件、镶块、滑块和抽芯机构、浇注和冷却系统、其他工具等。通过本书学习，读者可以全景式地掌握模具设计的各种基本方法和技巧。

☑ **实例丰富**

本书的实例不管是数量还是种类，都非常丰富。从数量上说，本书结合大量的模具设计实例详细讲解UG知识要点，全书包含大小案例21个，让读者在学习案例的过程中潜移默化地掌握UG软件操作技巧。从种类上说，本书针对专业面宽泛的特点，我们在组织实例的过程中，注意实例的行业分布广泛性，以普通工业造型和机械零件造型为主。

☑ **提升技能**

本书从全面提升UG模具设计能力的角度出发，结合大量的案例来讲解如何利用UG进行模具设计，让读者懂得模具设计基本流程并能够独立地完成各种工业产品模具设计。

本书中有很多实例本身就是工程项目案例，经过作者精心提炼和改编，不仅保证了读者能够学好知识点，更重要的是能帮助读者掌握实际的操作技能，同时培养工程实践能力。

二、本书的配套资源

本书提供了极为丰富的学习配套资源，可扫描封底的“文泉云盘”二维码获取下载方式，以便读者朋友在最短的时间内学会并掌握这门技术。

1．配套教学视频

针对本书实例专门制作了 38 集同步教学视频，读者可以扫描书中的二维码观看视频，像看电影一样轻松愉悦地学习本书内容，然后对照课本加以实践和练习，可以大大提高学习效率。

2．附赠 4 种类型模具设计的源文件和动画演示

为了帮助读者拓宽视野，本书赠送了 4 种类型模具设计的源文件，及其配套的时长 88 分钟的动画演示，可以增强实战能力。

3．全书实例的源文件

本书配套资源中包含实例和练习实例的源文件和素材，读者可以安装 UG NX 12.0 软件后，打开并使用它们。

三、关于本书的服务

1．“UG NX 12.0 简体中文版”安装软件的获取

按照本书上的实例进行操作练习，以及使用 UG NX 12.0 进行绘图，需要事先在电脑上安装 UG NX 12.0 软件。“UG NX 12.0 简体中文版”安装软件可以登录官方网站联系购买正版软件，或者使用其试用版。也可以在当地电脑城、软件经销商处购买。

2．关于本书的技术问题或有关本书信息的发布

读者遇到有关本书的技术问题，可以扫描封底“文泉云盘”二维码查看是否已发布相关勘误/解疑文档。如果没有，可在文档下方找到联系方式，我们将及时回复。

3．关于手机在线学习

扫描书后刮刮卡（需刮开涂层）二维码，即可获取书中二维码的读取权限，再扫描书中二维码，可在手机中观看对应教学视频。充分利用碎片化时间，随时随地提升。需要强调的是，书中给出的是实例的重点步骤，详细操作过程还需读者通过视频来学习并领会。

四、关于作者

本书由 CAD/CAM/CAE 技术联盟组织编写。CAD/CAM/CAE 技术联盟负责人由 Autodesk 中国认证考试中心首席专家担任，全面负责 Autodesk 中国官方认证考试大纲制定、题库建设、技术咨询等培训工作。其创作的很多教材成为国内具有引导性的旗帜作品，在国内相关专业方向图书创作领域具有举足轻重的地位。

在本书的写作过程中，编辑贾小红女士给予了很大的帮助和支持，在此表示感谢。同时，还要感谢清华大学出版社的所有编审人员为本书的出版所付出的辛勤劳动。本书的出版是大家共同努力的结果，谢谢所有给予支持和帮助的人们。

编　者

2020 年 10 月

目 录

Note

Note

UG NX 12.0 注塑模具设计基础

UG NX 12.0 是紧密集成的面向制造业的 CAD/CAM/CAE/CAID 高端软件，不仅被当今许多世界领先的制造商用来从事概念设计、工业设计、详细的机械设计以及工程仿真等工作，而且在模具制造行业，尤其是注塑模具 CAD/CAM/CAE 领域更是被广泛应用。

要想成为一名合格的注塑模具工程师，只会简单的 3D 分模是远远不够的，还必须了解和掌握有关模具专业的基础理论知识。

1.1 基 本 概 念

Note

1.1.1 塑料的成分和种类

塑料是以树脂为主要成分，添加一定数量和一定类型的助剂，在加工过程中能够形成流动的成型材料。塑料的基本性能主要取决于树脂的类别，添加某些添加剂可以有效地改进塑料的性能。

按凝固过程是否发生化学变化分类，塑料可分为两类。

1. 热塑性塑料

这类塑料主要成分的树脂为线型或支链型大分子链的结构，受热软化熔融，冷却后变硬定型，并可多次反复熔融、冷却而始终具有可塑性，分子结构和性能无显著变化，可回收再次成型。这类塑料成型工艺简单，具有相当高的物理和力学性能，并能反复回炉，所以热塑性塑料在产品品种、质量和产量上发展都非常迅速。其缺点是耐热性和刚性较差。代表性塑料有聚乙烯（PE）、聚丙烯（PP）、聚苯乙烯（PS）、聚碳酸酯（PC）、聚氯乙烯（PVC）、聚甲醛（POM）、聚酰胺（PA）、丙烯腈—丁二烯—苯乙烯（ABS）树脂。

2. 热固性塑料

这类塑料加热初期具有一定的可塑性，软化后可制成各种形状的制品。但是随加热时间延长，分子逐渐交联形成网状体形结构，固化而失去塑性，冷却后再加热也不会再软化，再受高热即被分解破坏，具有较高的耐热性和受压不易变形的特点，但成型工艺较复杂，不利于连续生产和提高生产率，不能重复利用。主要有酚醛树脂（PF）、环氧树脂（EP）、氨基树脂、醇酸树脂。

按用途分类，塑料可以分为四类。

（1）通用塑料：产量大、用途广、价格低廉。主要品种有聚烯烃、聚氯乙烯、聚苯乙烯、酚醛、氨基塑料。

（2）通用工程塑料：产量大、力学强度高、可代替金属用作工程结构材料。主要品种有聚酰胺、聚碳酸酯、聚甲醛、ABS、聚苯醚（PPO）、聚对苯二甲酸丁二醇酯（PBT）及其改性产品。

（3）特种工程塑料（高性能工程塑料）：产量小、价格昂贵、耐高温，可作结构材料。主要品种有聚砜（PSU）、聚酰亚胺（PI）、聚苯硫醚（PPS）、聚醚砜（PES）、聚芳酯（PAR）、聚酰胺酰亚胺（PAI）、聚苯酯、聚四氟乙烯（PTFE）、聚醚酮类、离子交换树脂、耐热环氧树脂。

（4）功能塑料：具有特种功能，如耐辐射、超导电、导磁、感光等。主要品种有氟塑料、有机硅塑料。

1.1.2 常用塑料的特性与用途

1. 热塑性塑料的性能与应用

热塑性塑料一般为线型聚合物，可反复受热软化、熔融和冷却硬化，在软化、熔融状态下可进行各种成型加工。由于热塑性塑料在成型加工过程中几乎没有化学反应，因而能反复成型加工。下面介绍几种常用塑料的特性与用途。

（1）聚乙烯（PE）。纯净的聚乙烯外观为白色蜡状固体粉末，微显角质状，无味无臭无毒。由于制品具有较高的结晶度，除薄膜外，其他制品都不透明。

聚乙烯的各项力学性能指标中，除冲击韧度较高外，其他力学性能绝对值在塑料材料中都是较低的。

聚乙烯本身无极性，决定了它有优异的介电及电绝缘性。它的吸湿性很小，电性能不受环境湿度改变的影响。聚乙烯介电常数小，体积电阻率高，由于是非极性材料，其介电性能不受电场频率的影响。

聚乙烯具有优良的化学稳定性。室温下能耐酸、碱和盐类的水溶液，如盐酸、氢氟酸、磷酸、甲酸、醋酸、氨、氢氧化钠、氢氧化钾以及各类盐溶液，即使在较高的浓度下对聚乙烯也无显著作用。但浓硫酸和浓硝酸及其他氧化剂会缓慢侵蚀聚乙烯。温度升高后，氧化作用更为显著。

Note

聚乙烯在大气、阳光和氧的作用下也发生老化，表现为伸长率和耐寒性降低，力学性能和电性能下降，并逐渐变脆、产生裂纹，最终丧失其使用性能。

聚乙烯是通用塑料之中产量最大，应用最广的塑料品种。聚乙烯专用于高频绝缘，还可制成各种工业用品及日常用品，如生活用品中的水桶、各种大小的盆、碗、灯罩、瓶壳、茶盘、梳子、淘米箩、玩具、文具、娱乐用品等，也可制作自行车、汽车、拖拉机、仪器仪表中的某些零件。

（2）聚丙烯（PP）。聚丙烯在常温下为白色蜡状固体，外观与高密度聚乙烯相似，但比高密度聚乙烯轻和透明，无臭无味无毒，是现有塑料中最轻的一种。

聚丙烯在室温以上有较好的冲击性能，刚度和硬度比聚乙烯高。 优良的耐弯曲疲劳性是聚丙烯的一个特殊力学性能，聚丙烯包片直接弯曲成型的铰链或注射成型的铰链，能经受几十万次的折叠弯曲而不损坏。聚丙烯摩擦因数小于聚乙烯，自身对磨时摩擦因数为0.12，对钢的摩擦因数是0.33。聚丙烯的缺点是韧性不够好，特别是温度较低时脆性明显。

聚丙烯的耐热性稍高于聚乙烯，无载下最高连续使用温度可超过120℃，轻载下可达120℃，低载下可达100℃，较重载荷下可达90℃。聚丙烯耐沸水、耐蒸汽性良好，在135℃的高压锅内可蒸煮1000h不破坏，特别适宜于制备医用高压消毒用品。聚丙烯的相对分子质量对耐热性也有影响，相对分子质量提高，热变形温度会下降，但耐寒性改善。

聚丙烯属于非极性聚合物，具有优良的电绝缘性，电绝缘性不受环境湿度的影响。介电常数和介电损耗角正切值很小，几乎不受温度和频率的影响。因此，可在较高温度和频率下使用。

聚丙烯具有优良的化学稳定性，除强氧化剂、浓硫酸、浓硝酸、硫酸与铬酸混酸等对它有侵蚀作用外，其他试剂对聚丙烯无作用。

聚丙烯的注射制品表面光洁，具有高的表面硬度和刚性，耐应力开裂，耐热。聚丙烯可制下列用途的制品：医疗器械中的注射器、盒、输液袋、输血工具。一般用途机械零件中轻载结构件，如壳、罩、手柄、手轮，特别适用于制作反复受力的铰链、活页、法兰、接头、阀门、泵叶轮、风扇轮等。汽车零部件，如转向盘、蓄电池壳、空气过滤器壳、离合器踏板、发动机零件等。

（3）聚氯乙烯（PVC）。聚氯乙烯树脂是白色或淡黄色的坚硬粉末，纯聚合物吸湿性不大于0.05%，增塑后吸湿性增大，可达到0.5%，纯聚合物的透气性和透湿率都较低。

聚氯乙烯一般都加有多种助剂。不含增塑剂或含增塑剂不超过5%的聚氯乙烯称为硬聚氯乙烯，含增塑剂的聚氯乙烯中，增塑剂的加入量一般都很大以使材料变软，故称为软聚氯乙烯。助剂的品种和用量对材料物理力学性能影响很大。

由于聚氯乙烯是极性聚合物，其固体表现出良好的力学性能，但它力学性能的数值主要取决于相对分子质量的大小和所添加塑料助剂的种类及数量，尤其是增塑剂的加入，它不但能提高聚氯乙烯的流动性，降低塑化温度，而且使其变软。

聚氯乙烯是无定形聚合物，它的玻璃化转变温度一般为80℃，80～85℃开始软化，完全流动时的温度约是140℃，这时的聚合物开始明显分解。在现有的塑料材料中，聚氯乙烯是热稳定性特别差的材料之一，工业上生产的各品级和牌号的聚氯乙烯都加有热稳定剂。聚氯乙烯的最高连续使用温度在65～80℃。

Note

聚氯乙烯具有较好的电性能，是体积电阻和击穿电压较高、介电损耗较小的电绝缘材料之一，其电绝缘性可与硬橡胶媲美。随着环境温度的升高，其电绝缘性能降低；随着频率的增大，电性能变坏，特别是体积电阻率下降，介电损耗增大。聚氯乙烯的电性能还与配方中加入的增塑剂、稳定剂等的品种和数量有关，与树脂的受热情况也有关。当聚氯乙烯发生热分解时，产生的氯离子会使其电绝缘性降低，如果大量的氯离子不能被稳定剂所中和，会使电绝缘性能明显下降。另外，树脂的电性能还与聚合时留在树脂中的残留物的数量有关。一般悬浮法树脂较乳液法树脂的电性能好。

聚氯乙烯的耐化学腐蚀性比较优异，除浓硫酸、浓硝酸对它有损害外，其他大多数无机酸、碱类、无机盐类、过氧化物等对聚氯乙烯无侵蚀作用，因此可以作为防腐材料。

聚氯乙烯可用来生产凉鞋、壳体、管件、阀门、泵等制品。聚氯乙烯注射时必须使用螺杆注射机，改变不同的模具，即可生产不同制品。

（4）丙烯腈—丁二烯—苯乙烯（ABS）树脂。丙烯腈—丁二烯—苯乙烯树脂呈微黄色，外观是不透明粒状或粉状热塑性树脂，无毒无味，其制品五颜六色，并具有 60%的高光泽度。ABS 同其他材料的结合性好，表面易于印刷及涂层、镀层处理。

ABS 具有优秀的力学性能，其冲击韧性极好，可在低温下使用。即使 ABS 制品被破坏也只能是拉伸破坏而不会是冲击破坏。ABS 的冲击韧性随温度的降低下降缓慢，即使在-40℃的温度时，仍能保持原冲击韧性的 1/3 以上。

ABS 的耐磨性优良，尺寸稳定性好，具有耐油性，显示了较好的综合性能，因而被广泛地用作工程塑料。其耐热性一般，可在-40～85℃的温度范围内使用。

ABS 由于具有优良的综合性能，用途十分广泛，通过注射成型可制得各种机壳、电器零件、机械零件、汽车零件、冰箱内衬、灯具、家具、安全帽、杂品等。

（5）聚四氟乙烯（PTFE）。聚四氟乙烯是氟塑料中综合性能最好、产量最大、应用最广的一种。它属于结晶型线性高聚物。

聚四氟乙烯主要的特性是具有优异的耐热性，它的长期使用温度为-250～260℃。聚四氟乙烯的化学稳定性特别突出，无论是强酸、强碱及各种氧化剂等腐蚀性很强的介质对它都毫无作用，甚至沸腾的王水和原子工业中用的强腐蚀剂五氟化钠对它也不起作用，有塑料王之称。聚四氟乙烯的摩擦系数非常小，且在工作温度范围内摩擦因数几乎保持不变。聚四氟乙烯具有极其优异的介电性能，在 0℃以上其介电性能不随温度和频率而变化，也不受潮湿和腐蚀气体的影响，是一种理想的高频绝缘材料，但聚四氟乙烯力学性能不高，刚性差。

聚四氟乙烯成型困难。它是热敏性塑料，极易分解，分解时产生腐蚀性气体，有毒，因而必须严格控制成型温度。它流动性差，熔融温度高，成型温度范围小，需要高温、高压成型。模具要有足够的强度和刚度，而且应镀铬。

由于聚四氟乙烯具有一系列独特的性能，有些还是工程中使用的其他塑料无法相比的，因而在科研、国防和其他工业部门占有重要的地位。如机械设备中的传动轴油封、轴承、活塞杆、活塞环，电子设备中的高频和超高频绝缘材料，洲际导弹点火导线的绝缘，化工设备中的衬里、管道、阀门、泵体等都可用它制造。此外它还可用作防腐、介电、防潮、防火等涂料以及医疗器械中的结构零件。

（6）聚对苯二甲酸乙二醇酯。聚酯树脂是由多元酸与多元醇缩聚反应的产物，它是一大类树脂的总称。聚酯树脂的分子结构可分为不饱和的、体型的和线型的三种。前两类是热固性塑料；后者是热塑性塑料。这里介绍后一种线型的聚酯树脂——聚对苯二甲酸乙二醇酯（PET）。

聚对苯二甲酸乙二醇酯结晶度高，具有较高的拉伸强度、刚性和硬度，优良的耐磨性和电绝缘性能。它吸水性小，耐候性也较好，但耐冲击性能较差，成型收缩率较大。聚对苯二甲酸乙二醇酯能在较宽的温度范围内保持良好的力学性能，长期使用温度可达 120℃，能在 150℃下短期使用。它易受

强酸、强碱的侵蚀，但对大多数有机溶剂和油类具有良好的化学稳定性，在工程技术中得到广泛应用。

聚对苯二甲酸乙二醇酯可采用注射、吹塑等成型方法制造塑料制品。目前聚对苯二甲酸乙二醇酯除了用于合成纤维之外，制成的塑料主要用于生产薄膜、瓶。聚酯瓶具有质量轻、强度高、透明度高、化学稳定性和气密性好的优点，主要用作各种包装容器。增强改性的 PET 注射制品应用于汽车、电器、机械等方面。

2. 热固性塑料的性能及应用

（1）酚醛树脂。酚醛树脂加入各种添加剂所得的各种塑料统称为酚醛塑料。它是应用广泛的一种塑料，在成型时需要在一定温度、压力等条件下产生交联硬化。硬化后的酚醛树脂呈琥珀色，耐矿物油、硫酸、盐酸的作用，但不耐强酸、强碱及硝酸。酚醛树脂质脆，表面硬度高，刚性好，尺寸稳定，耐热性好，在 250℃以下长期加热只会稍微焦化，所以即使在高温下使用也不软化变形，仅在表面发生烧焦现象。它在水润滑条件下具有很小的摩擦因数（0.01～0.03）。

酚醛塑料目前以压缩模塑为主，还可采用挤出、层压、注射等成型方法生产塑料制品。其成型性较好，但应注意预热和排气，以去除塑料中的水分和挥发物以及固化过程产生的水、氨等副产物，还应注意模具温度的控制，以保证塑料制品的成型及其质量。

（2）氨基塑料。氨基塑料是以具有氨基（$-NH_2$）的有机化合物与甲醛缩聚反应得到的树脂为基础，加入各种添加剂的塑料。氨基树脂因生产所用原材料不同，目前有脲甲醛树脂（UF）、三聚氰胺甲醛树脂（MF）和脲三聚氰胺甲醛树脂。三聚氰胺甲醛树脂又称蜜胺树脂。其中脲甲醛在氨基树脂中占的比例大。

按照组成塑料的氨基树脂种类，氨基塑料分为两类。

① 脲甲醛塑料。以脲甲醛树脂为基础可以制成脲甲醛压塑粉、层压塑料、泡沫塑料和胶黏剂。脲甲醛压塑粉俗名电玉粉。这种塑料价格便宜，具有优良的电绝缘性和耐电弧性，表面硬度高、耐油、耐磨、耐弱碱和有机溶剂，但不耐酸。它着色性好，制品外观好、颜色鲜艳、半透明如玉，但耐火性差，吸水性大。脲甲醛压塑粉可制造一般的电气绝缘件和机械零件，如插头、插座、开关、旋钮、仪表壳等；可制造日用品，如碗、纽扣、钟壳等；还可作为木材胶合剂，制造胶合板和层压塑料。

② 三聚氰胺甲醛塑料。它是以三聚氰胺甲醛树脂为基础制成的塑料。其耐水性好，耐热性比脲甲醛塑料高，采用矿物填料时可在 150～200℃下长期使用；电性能优良，耐电弧性好；表面硬度高于酚醛塑料，不易污染，不易燃烧。但三聚氰胺甲醛树脂成本高，在氨基塑料中占的比例较小。

三聚氰胺甲醛压塑粉主要用于压制耐热的电子元件、照明零件及电话机零件等。以石棉纤维为填料的三聚氰胺甲醛塑料常用于制造开关、防爆电器设备配件和电动工具绝缘件。

氨基塑料常采用压缩模塑、挤出、层压成型，也可用注射成型。由于这类塑料含水分和挥发物较多，易吸水而结块，成型时会产生弱酸性的分解物和水，嵌件周围易产生应力集中，有流动性好，硬化速度较快，尺寸稳定性差等特点。因此，成型前必须预热干燥，成型时注意控制成型温度等工艺参数，注意排气及模具表面的防腐蚀处理（镀铬）。

（3）环氧树脂。环氧树脂（EP）是含有环氧基的高分子化合物。环氧树脂的品种很多，其中产量最大，应用最广的是双酚 A 型环氧树脂。

未硬化的双酚 A 型环氧树脂是糖浆色或青铜色的黏稠液体或固体。能溶解于苯、二甲苯、丙酮、环氧辛烷、乙基苯等有机溶剂，可长期存放而不变质，粘接性能很高，能够粘合金属和非金属，是万能胶的主要成分。加入胺类或酸酐类等固化剂，可产生交联而固化。固化后的双酚 A 型环氧树脂化学稳定性好，能耐酸和有机溶剂，介电性能好，耐热性较高（约 204℃），尺寸稳定，力学强度比酚醛树脂和不饱和的聚酯树脂更高，但质脆，耐冲击差，使用时可根据需要加入适当的填料、稀释剂、

增韧剂等成为环氧塑料，以克服缺点提高性能。

环氧树脂主要用作胶黏剂、浇铸塑料、层压塑料、涂料、压制塑料等，广泛用于机械、电气等工业部门。它可以粘接各种材料，灌封与固定电子、电气元件及线圈，浇铸固定模具中的凸模或导柱导套，经过环氧树脂浸渍的玻璃纤维可以层压或缠绕成型制作各种制品，如电绝缘体、氧气瓶、飞机及火箭上的一些零件，环氧树脂制成板几乎占据了印制电路板的全部。加入增强剂的环氧树脂塑料，可压制成结构零件，还可以作为防腐涂料。

3. 设计塑料制品的一般程序

掌握恰当的设计程序是实现塑料制品正确设计的重要条件。由于塑料的复杂性及其应用的多样性，不同塑料制品可以采取不同的设计程序。一般而言，塑料注射制品设计程序如下。

（1）详细了解制品的功能、环境条件和载荷条件。在设计制品之前，应列出塑料制品应具备的功能，使用的环境条件、载荷条件（动、静载荷），了解零部件之间的联系和对制品功能的影响。

制品功能确定得越准确越详细，制品设计考虑的限制因素就越全面，设计出的制品就能更好地满足使用要求。其中尤为重要的是了解塑料制品应具备的特殊性能，例如光学透明性、耐化学性、耐高温性、耐冲击性和耐辐射性等。

（2）选定塑料品种。塑料品种的选择是复杂的，应根据制品的用途和成本要求及塑料性能等来确定。选定的塑料需具有工程设计及制品功能所要求的性能。

① 工程设计要求的塑料性能，如比例极限、模具与温度的关系、疲劳极限、泊松比、断裂应力、膨胀系数、摩擦因数、模具收缩率等。

② 制品功能要求的塑料性能，如硬度、冲击韧度、抗弯强度、耐化学与耐气候老化性、伸长率、热挠曲程度、屈服和损坏时的抗拉强度、电性能等。

（3）制订初步设计方案，绘制制品草图。初步设计的主要内容为制品的形状、尺寸、壁厚、加强肋、孔的位置等。在初步设计时应考虑制品在注射成型加工、模具的设计和制造方面的问题。

（4）样品制造和试验。试验样品的制造可以按照初步设计的要求设计加工模具，按确定的塑料和成型工艺方法制造样品。也可以用其他简便方法制造样品，然后进行各种模拟试验或实际使用条件的试验。样品制造和试验通常要进行多次。

如果初步设计有几种设计方案，在初步试验的基础上，通过评价选择最佳设计方案。

（5）制品设计。在大量试验的基础上，综合考虑塑料制品的性能、工艺性和经济性等，选择最佳制品设计方案，进行制品设计，绘制正规制品图样，图样上必须注明塑料制品的牌号。

（6）编制文件。编制塑料制品设计说明书和技术条件等文件。

1.2 塑料注射成型的原理与特点

注射成型是指将粒状或粉状塑料原料置于能加热的机筒内，使其受热塑化后通过螺杆或柱塞施加压力，使其熔体经机筒末端的喷嘴注入所需形状的模具中填满模腔，经冷却定型后脱模，即得到所需形状的制品。通常把塑料原料、注射机和模具称为注射成型三要素，而把成型压力、成型温度和成型周期称为注射成型的三原则。

1.2.1 注射成型的基本原理

热塑性塑料和热固性塑料中的绝大多数可适用于注射成型工艺，现以热塑性塑料为例简述注射成

型原理。

将树脂等物料通过料斗送入机筒中，机筒中设有由注射液压缸带动的柱塞或螺杆，将物料送到机筒的加热区，物料在加热区软化并被加热到要求温度。在柱塞或螺杆推移下，热熔体被注入闭合的模具中。注模系统固定在注射机的装模板上。锁模系统保证注模的闭合，并提供注射机必要的锁模力。注射机装有时间调节系统，可以控制注射周期的操作程序。注射机原理如图 1-1 所示。

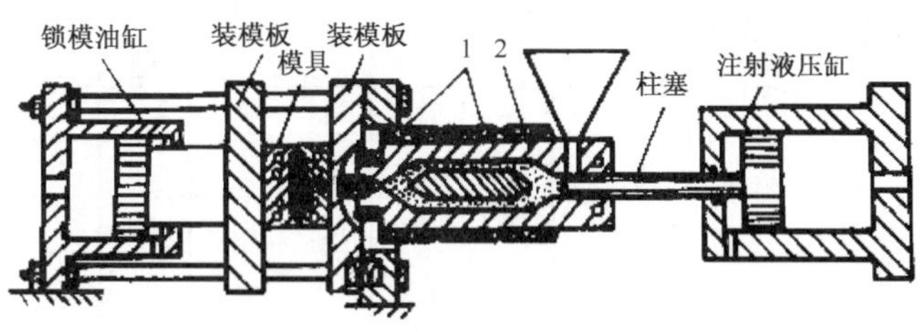

图 1-1 注射机的原理图

1—电加热器 2—加热机筒

熔体塑料充满型腔后，再给模具注入冷水冷却，使塑料凝固成型，然后开启模具取出制品即可。注射机随后复位，进行下一次注射。注射成型周期长短取决于制品的壁厚、大小、形状、注射机的类型以及所采用的塑料品种和工艺条件等。

注射成型生产周期短，生产效率高，能制造形状复杂、尺寸精确或带嵌件的制品。制品规格化、系列化、标准化，具有良好的装配性和互换性。注射机操作简便易行，模具更换方便，制品翻新快，可多腔成型，对各种塑料的成型适应性强。注射成型易于实现自动化，具有高速化生产、经济效益好等特点，是一种比较先进的成型工艺。

1.2.2 注射成型在塑料加工中的地位

从表 1-1 和注射成型的原理与特点可以看出，注射成型是目前塑料加工中普遍采用的一种重要成型方法，几乎所有的热塑性塑料和部分热固性塑料都可以这样成型。注射成型可以在比较高的生产效率下生产各种形状的满足各种要求的高精度、高质量的塑料产品。注射模塑制品占塑料制品总量的 20%～30%。用注射成型方法制造的制品主要是各种工业配件，比如仪器仪表的零件和壳体、各种齿轮、螺钉、螺母、轴承、手柄、密封圈、阀件、活门、纱管、开关、接线柱、管道、管接头、容器等。总之，在塑料加工行业领域注射成型占有重要地位。

塑料注射成型是利用塑料三种状态，借助于注射机和模具制造出所需要的塑料制品。尽管所用的注射机不尽相同，但要完成的工艺内容和基本过程还是相同的，下面以卧式螺杆注射机的加工过程为例予以说明。

1. 合模与锁紧

一般以合模作为注射成型过程的始点，合模过程中动模板的移动速度需符合慢—快—慢的要求，而且有低压保护阶段。低压保护的作用一方面是保证模具平稳地合模、减小冲击、缩短闭模时间，从而缩短成型周期；另一方面是当动模与定模快要接近时，避免模具内有异物或模内嵌件松动脱落而损坏模具。最后为高压低速锁模阶段，该阶段的作用是保证模具有足够的锁紧力，以免在注射、保压时产生溢边等现象。

2. 注射装置前移

当合模机构闭合锁紧后，注射座整体移动液压缸工作，使注射装置前移，保证喷嘴与模具流道口

Note

贴合，为注射阶段做好准备。

表 1-1 塑料适宜的各种成型方法

成型方法 / 塑料种类	模压	传递模塑	层合		注射	挤塑	吹塑	压延	板材		浇铸	搪塑	回转成型	发泡成型
			高压	低压					热成型	冷成型				
ABS					最	最	可	可	最	可				最
A/S					最	可	可							
CA					最	最	可	可	可				可	
EP	最	最	可	最	可						最			
EVA	可				最	最	最	可	可					最
MF	最	最	最		可									
PA	可				最	最	可							
PC	可				最	最	可		可	可	可		可	
PDAP	最	可		最	可					可				
PE	可				最	最	最		可					最
PF	最	最	最		最						可			可
PMMA	可				最	最	可		最		可		可	
POM					最	最	可							
PP					最	最	最		可	可			可	可
PPO					最	最	可			可				
PS					最	最	最		最					最
PTFE	最				可	可							可	
PUR	可	可			最	可	可		最		最			
PVC	可			最	可	最	最	最	最	可		可	可	最
UF	最	最	最		可						可			可
UP	最	可		最	可						可			

注：最——最适用的方法，可——可以采用的方法。CA——乙酸纤维素，EVA——乙烯-醋酸乙烯共聚物，MF——三聚氰胺甲醛树脂，PDAP——聚邻苯二甲酸二烯丙酯。

3. 注射与保压

完成上述两个工作过程后，注射装置的注射液压缸工作，推动注射机螺杆前移，使机筒前部的熔料以高压高速注入模腔内。熔料注入模腔后，由于模具的冷热传导，使模腔内物料产生体积收缩。为了保证塑料制品的致密、尺寸精度、强度和刚度，必须使注射系统对模具施加一定的压力进行补料，直到浇注系统（关键是浇口处）的塑料冻结为止。

4. 制品冷却和预塑化

随着模具的进一步冷却，模具浇注系统内的熔料逐渐冻结，尤其当浇口冻结时，保压已失去了补料作用，此时可卸去保压压力，使制品在模内充分冷却定型。

同时，螺杆传动装置带动螺杆传动，料斗内的塑料经螺杆向前输送，在机筒加热系统的外加热和螺杆的剪切、混炼作用下，塑料依次熔融塑化，并由螺杆输送到机筒端部，产生一定的压力。这个压

力是根据加工塑料来调节注射机液压系统的背压阀和克服螺杆后退的运动阻力建立的，统称为预塑背压，其目的是保证塑化质量。由于螺杆不停地转动，熔料也不断地向机筒端部输送，螺杆端部产生的压力迫使螺杆连续向后移动。当后移到一定距离，机筒端部的熔料足够下次注射量时，停止预塑。由于制品冷却和预塑同时进行，一般要求预塑时间不超过制品冷却时间，以免影响成型周期。

5. 注射装置后退

注射装置是否后退根据所加工塑料工艺而定。有的在预塑化后退回，有的在预塑化前退回，有的注射装置根本不退回（如热流道模具）。注射装置退回的目的是避免喷嘴与冷模长时间接触使喷嘴内料温过低影响下次注射和制品质量。有时为了便于清料，也使注射装置退回。

6. 开模和顶出制品

模具内的制品冷却定型后，合模机构就开启模具。在注射机的顶出系统和模具的顶出机构联合作用下，将制品自动顶落，为下次成型过程做好准备。

可将注射机的上述动作按时间先后程序绘成循环框图，如图 1-2 所示。

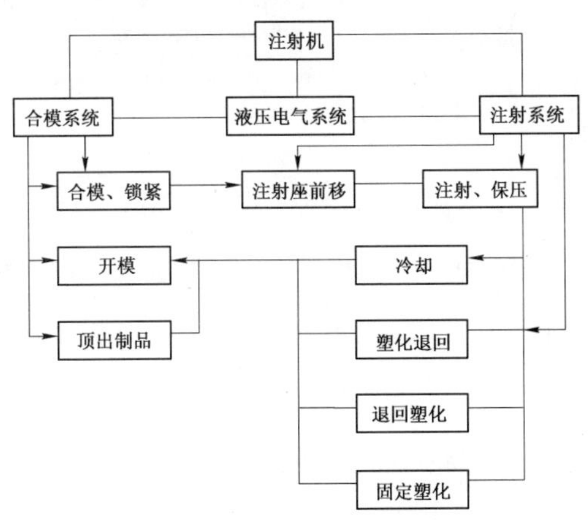

图 1-2　注射机工作过程

1.3　注射模具设计理论

1.3.1　注射模具的基本结构

注射模具具有使用寿命长，可成型复杂形状的塑料制品等优点。注射模具的结构是由注射机的形式和制品的复杂程度等因素决定的。尽管注射模具有各种结构形式，但均可分为动模和定模两大部分。注射时动模与定模闭合构成型腔和浇注系统，开模时动模与定模分离，取出制品。定模安装在注射机的固定模板上，直接与喷嘴口或浇口套接触，一般为型腔组成部分。动模则安装在注射机的移动模板上，并随模板移动，与定模部分分开或合拢，一般抽芯和顶出机构在这个部分。如图 1-3 所示为典型的注射模具，它通常由以下几部分组成。

1. 模具型腔

模具型腔是模具中直接成型塑料制品的部分，通常由凸模（成型制品内部形状）、凹模（成型制品外部形状）、型芯或成型杆、镶块等组成。模具的型腔由动模和定模联合构成，如图 1-3 所示模具

Note

的型腔由 13、14 组成。为保证塑料制品表面光洁美观和容易脱模，凡与塑料接触的型腔表面，其表面粗糙度一般应较小，最好小于 Ra0.2μm。

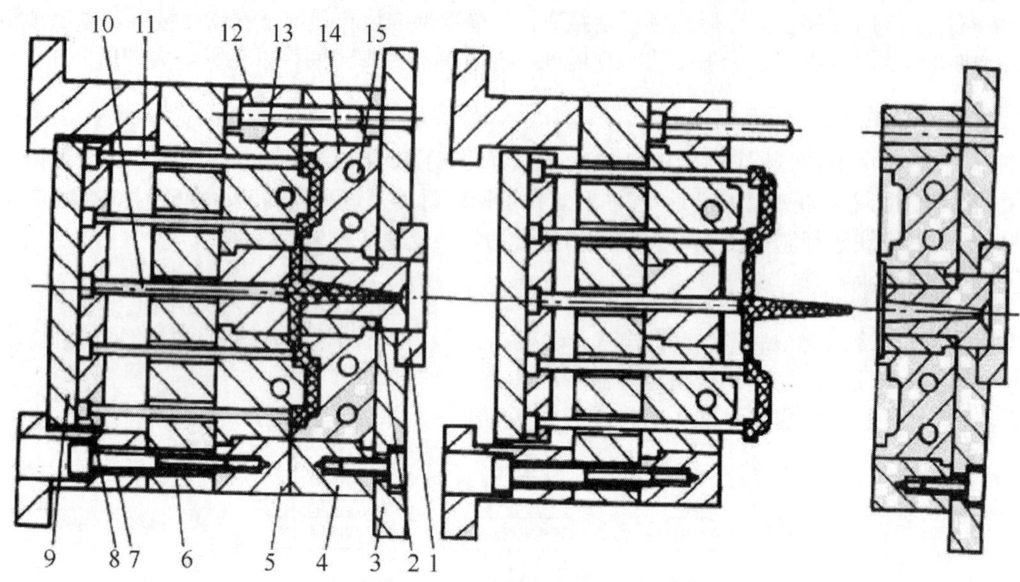

图 1-3　单分型面注射模具

1—定位圈　2—浇口套　3—定模底板　4—定模板　5—动模板　6—动模垫板　7—模脚　8—顶出板　9—顶出底板　10—拉料杆　11—顶杆　12—导向柱　13—凸模　14—凹模　15—冷却水信道

2. 浇注系统

浇注系统是指塑料熔体从注射机喷嘴进入模具型腔的流道部分，由主流道、分流道、浇口、冷料穴所组成，如图 1-4 所示。

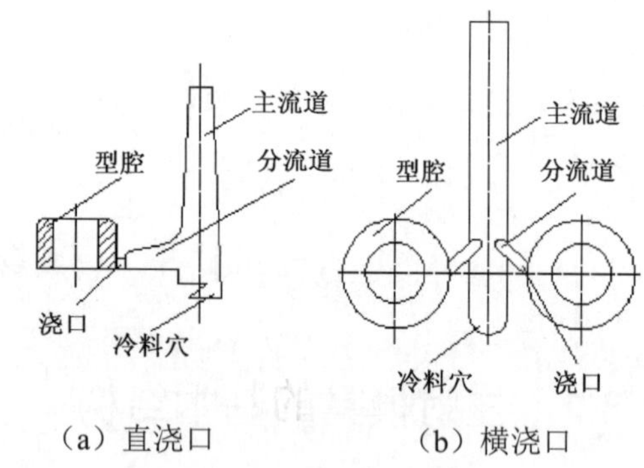

（a）直浇口　（b）横浇口

图 1-4　浇注系统示意图

（1）主流道是模具中连接喷嘴至分流道或型腔的一段信道。主流道顶部呈凹球面，以便与喷嘴衔接。进口直径稍大于喷嘴直径，一般为 4～8mm 以避免溢料，并沿进料方向逐渐增大，放大角度一般为 3°～5°，以便于流道赘物的脱模。

（2）分流道是多模腔中连接主流道和各浇口的信道。为使熔料以等速度充满各型腔，分流道在模具上应呈对称、等距的排列分布。分流道截面的形状和尺寸对熔体的流动，制品脱模和模具制造的难易都有影响。常见的分流道是梯形或半圆形截面，并开设在带有脱膜杆的一半模具上。在满足注射工艺和加工制造要求的前提下，应尽量减小流道的截面面积和长度，以减少分流道赘物。

（3）浇口是接通分流道（或主流道）与型腔的信道。常见的浇口有：直浇口、侧浇口、盘形浇口、环形浇口、轮辐浇口、扇形浇口、点浇口、潜伏浇口、护耳浇口等。浇口的作用是控制料流，使从流道注入的熔料充满模腔后不倒流，便于制品与流道分离。根据以上作用，浇口截面面积宜小不宜大，宜短不宜长。浇口位置一般选定在制品最厚且不影响外观的地方。

（4）冷料穴是设在主流道末端的一个空穴，用以捕集喷嘴端部两次注射之间所产生的冷料，从而防止分流道或浇口的堵塞，并避免因冷料进入型腔而形成制品的内应力。冷料穴的直径一般为 8～10mm，深 6mm。为了便于脱出主流道赘物，冷料穴底部常用具有曲折钩形或下陷沟槽头的脱模杆承托。

Note

3. 导向部分

模具的定模和动模部分分别安装在注射机的固定模板和移动模板上。在注射成型过程中，处于往复闭合和开启状态。为确保动模和定模合模时准确对中而设置导向零件，通常有导向柱（见图 1-3 所示的 12）、导向孔或在动模定模上分别设置互相吻合的内外锥面。有的注射模具的顶出装置为避免在顶出过程中顶出板歪斜，也设有导向零件，使顶出板保持水平运动。

4. 分型抽芯机构

带有外侧凹或侧孔的制品，在被顶出以前，必须先侧向分型，拔出侧向凸模或抽出侧型芯，然后才能顺利脱出。

5. 顶出装置

顶出装置又称脱模装置。制品在模具内冷却定型后，为了取出制品，模具上一般设置顶出装置。有的在开模过程中将制品从模具中顶出，有的在开模后顶出制品。这与所用的注射机和模具上设置的顶出装置类型有关。图 1-3 所示的顶出装置由顶杆 11、顶出板 8、顶出底板 9 及主流道拉料杆 10 组成。

6. 冷却加热系统

为了满足注射工艺对模具温度的要求，模具设有冷却或加热系统。冷却系统一般是在模具内开设冷却水道；加热系统则在模具内部或周围安装加热组件，如电热棒、电热板、电热圈等。

7. 排气系统

为了在注射过程中将型腔内的空气排出，常在分型面处开设排气槽。但是小型制品排气量不大，可直接利用分型面排气，许多模具的顶杆或型芯与模具的配合间隙均可起排气作用，故不必另外开设排气槽。

8. 模具安装部件

模具安装部件有两个作用，一是可靠地把模具安装在注射机的模板上；二是利用安装部件调节模具厚度，使模具厚度符合所用注射机要求。

1.3.2 塑料注射模具设计依据

塑料注射模具设计的主要依据，就是客户所提供的塑料制品图和实样。模具设计人员必须对制品图样和实样进行详细的分析，同时在设计模具时逐一核对以下项目。

1. 尺寸精度和相关尺寸的正确性

根据塑料制品在整个产品中的具体要求和功能，来确定其外观质量和具体尺寸属于哪一类型。一般有三种情况：一是外观质量要求高、尺寸精度要求低的塑料制品。比如玩具的外形件，其外观必须美观，具体尺寸除装配尺寸外，其余尺寸只要视觉较好、形状逼真即可；二是功能性塑料制品，尺寸要求严格、尺寸公差必须在允许的范围内否则会影响制品的性能，如塑料齿轮；三是外观与尺寸都有严格要求的塑料制品，如照相机用塑料件、塑料光学透镜等。对于要求严格的尺寸，如果某些尺寸公差已经超出标准要求，就要进行具体分析，看能否在试模过程中进行调整以达到要求。

2. 脱模斜度是否合理

脱模斜度直接关系到塑料制品在注射过程中，是否能够顺利成型取出。因此要求制品具有足够的脱模斜度。

3. 制品壁厚及其均匀性

制品壁厚应该适当而且均匀。否则会直接影响制品的成型质量和成型后的尺寸。

4. 塑料种类

各种不同的塑料有共性，也有其各自的特性。在设计模具时必须考虑塑料特性对模具的影响和要求，以便采取相应的设计方案。因此必须充分地了解塑料名称、牌号、生产厂家及收缩率等情况。例如：在成型含有玻璃纤维增强的塑料时，模具型腔和型芯要有较高的硬度和耐磨性；而在成型阻燃性塑料时，其型腔和型芯必须具有防腐蚀的性能，以防止在注射过程中挥发的腐蚀性气体腐蚀模具。另外，不同生产厂家的塑料色彩和收缩率也不尽相同。

5. 表面要求

塑料制品的表面要求，指塑料制品的表面粗糙度及表面皮纹要求。模具成型表面的粗糙度对于成型透明制品和非透明制品有所不同。成型透明制品要求型腔和型芯的表面粗糙度相同；成型非透明制品时，型腔、型芯的表面粗糙度可以有所不同。成型装饰面的模具部位应具有较高的粗糙度要求。而对于非装饰面，在不影响脱模的情况下，其模具表面可以粗糙一些。

塑料制品表面粗糙度要求，应按照制品表面质量要求来确定，可根据《塑料模具型腔表面粗糙度样块和塑料样板技术要求及评定方法》（HB6841—1993）来选定。

塑料制品表面皮纹要求，应按专业厂家提供的塑料皮纹样板选择。在设计具有表面皮纹要求的模具时，要特别注意侧面皮纹对制品脱模的影响，其侧面的脱模斜度应为2°～3°。

6. 塑料制品的颜色

在一般情况下，颜色对模具设计没有直接影响，但在制品壁厚较厚、制品较大的情况下，易产生颜色不匀，而且制品颜色越深，其制品缺陷暴露得也越明显。

7. 塑料制品成型后是否有后处理

某些塑料制品在成型后需进行热处理或表面处理。需进行热处理的制品在计算成型尺寸时，要考虑热处理对其尺寸的影响。需进行表面处理的制品，如需表面电镀的制品，若制品较小而批量又很大时，则必须考虑设置辅助流道，将制品连成一体，待电镀工序完成后，再将制品与辅助流道分开。

8. 制品的批量

制品的生产批量是设计模具的重要依据之一，因此客户对月批量、年批量、总批量必须提供一个范围，以便在设计模具时，使模具的腔数、大小、材料及寿命等方面能与批量相适应。

9. 注射机规格

在接收客户订货时，客户必须对所用注射机提出明确的规格，以作为模具设计时的依据。在所提供的注射机规格中应包括以下内容。

（1）注射机型号及生产厂家。

（2）注射机最大注射容积（最大注射量）。

（3）注射机锁模力。

（4）注射机喷嘴球面半径及喷嘴孔径。

（5）注射机定位孔直径。

（6）注射机拉杆内间距。

（7）注射机容模量（允许的模具最大、最小闭合高度）。

（8）注射机的顶出方式（液压顶出或机械顶出以及顶出点位置、顶杆直径）。

（9）注射机开模行程及最大开距。

（10）必要时还要提供注射机顶出行程及顶出力。

Note

10. 其他要求

客户在提出订货时，除了提供必要的设计依据之外，有的客户甚至还对模具提出一些具体要求，如腔数及同一模中成型制品的种类、浇口形式、模具形式（二板模或三板模）、顶出方式及顶出位置、操作方式（手动、半自动、全自动）、型腔型芯的表面粗糙度等，甚至对型腔型芯所用钢材的牌号及热处理硬度都提出具体要求。

以上这些内容，模具设计人员必须进行认真地考虑和核对，以便满足客户的要求。

1.3.3 塑料注射模具的一般设计程序

模具设计人员，必须按客户所提供的上述依据和要求认真进行模具设计。模具设计，就是将上述要求逐一具体化，并以图样或技术文件的形式表示出来。其设计过程基本按以下程序进行。

1. 对塑料制品图及实样的分析和消化

在进行模具设计之前，首先对产品图或实样进行详细的分析和消化，其内容包括以下几个方面。

（1）制品的几何形状。

（2）制品的尺寸、公差及设计基准。

（3）制品的技术要求（即技术条件）。

（4）制品所用塑料名称、牌号。

（5）制品的表面要求。

2. 注射机型号的确定

主要根据塑料制品的大小及生产批量。设计人员在选择注射机时，主要考虑其塑化率、注射量、锁模力、安装模具的有效面积（注射机拉杆内间距）、容模量、顶出形式及顶出长度等。倘若客户已提供所用注射机的型号或规格，设计人员必须对其参数进行校核，若满足不了要求，则必须与客户商量更换。

3. 型腔数量的确定及型腔排列

型腔数量主要依据以下因素进行确定。

（1）制品重量与注射机的注射量。

（2）制品的投影面积与注射机的锁模力。

（3）模具外形尺寸与注射机安装模具的有效面积（或注射机拉杆内间距）。

（4）制品精度。

（5）制品颜色。

（6）制品有无侧抽芯及其处理方法。

（7）制品的生产批量（月批量或年批量）。

（8）经济效益。

Note

以上这些因素有时是互相制约的，因此在确定设计方案时，必须进行协调，以保证满足其主要条件。

型腔数量确定之后，便进行型腔的排列，亦即型腔位置的布置。型腔的排列涉及模具尺寸、浇注系统的设计、浇注系统的平衡、抽芯（滑块）机构的设计、镶件及型芯的设计以及热交换系统的设计。以上这些问题又与分型面及浇口位置的选择有关，所以在具体设计过程中，要进行必要的调整，力求完美。

4. 分型面的确定

分型面在一些国外的产品图中已作具体规定，但在很多的模具设计中要由模具设计人员来确定。一般来讲，在平面上的分型面比较容易处理，有时碰到立体形式的分型面就应当特别注意。其分型面的选择应遵照以下原则。

（1）不影响制品的外观，尤其是对外观有明确要求的制品，更应注意分型面对外观的影响。

（2）有利于保证制品的精度。

（3）有利于模具加工，特别是型腔的加工。

（4）有利于浇注系统、排气系统、冷却系统的设计。

（5）有利于制品的脱模，确保在开模时使制品留于动模一侧。

（6）便于金属嵌件的安装。

5. 侧向分型与抽芯机构的确定

在设计侧向分型机构时，应确保其安全可靠，尽量避免与顶出机构发生干扰，否则在模具上应设置先复位机构。

6. 浇注系统的设计

包括主流道的选择、分流道截面形状及尺寸的确定、浇口位置的选择、浇口形式及浇口截面尺寸的确定。

当采用点浇口时，为了确保分流道的脱落，还应注意脱浇口装置的设计。

在设计浇注系统时，首先选择浇口的位置。浇口位置选择的适当与否，将直接关系到制品的成型质量及注射过程能否顺利进行。浇口位置的选择应遵循以下原则。

（1）浇口位置应尽量选择在分型面上，以便于模具加工及使用时清理浇口。

（2）浇口位置与型腔各个部位的距离应尽量一致，并使其流程为最短。

（3）浇口的位置应保证熔料流入型腔时，对着型腔中宽畅、厚壁部位，以便于熔料的流入。

（4）避免熔料在流入型腔时直冲型腔壁、型芯或嵌件，并能尽快流入到型腔各部位，并避免型芯或嵌件变形。

（5）尽量避免使制品产生熔接痕，或使其熔接痕产生在制品不重要部位。

（6）浇口位置及流入方向，应使熔料在流入型腔时，能沿着平行型腔方向均匀地流入，并有利于型腔内气体的排出。

（7）浇口应设置在制品上最易清除的部位，同时尽可能不影响制品的外观。

7. 排气系统的设计

排气系统对确保制品成型质量起着至关重要的作用，其排气方式有以下几种

（1）利用排气槽。排气槽一般设在型腔最后被充满的部位。排气槽的深度因塑料不同而异，基本上是以制品不产生飞边所允许的最大间隙来确定。

（2）利用型芯、镶件、推杆等的配合间隙或专用排气塞排气。

（3）有时为了防止制品在顶出时造成真空变形，必须设计进气销。

（4）有时为了防止制品与模具的真空吸附，而设计防真空吸附组件。

8. 冷却系统的设计

冷却系统的设计是一项比较烦琐的工作，既要考虑冷却效果及冷却的均匀性，又要考虑冷却系统对模具整体结构的影响。冷却系统的设计包括以下内容。

（1）冷却系统的排列方式及冷却系统的具体形式。

（2）冷却系统的具体位置及尺寸的确定。

（3）重点部位如动模型芯或镶件的冷却。

（4）侧滑块及侧型芯的冷却。

（5）冷却组件的设计及冷却标准组件的选用。

（6）密封结构的设计。

9. 顶出系统的设计

制品的顶出形式，归纳起来可分为机械顶出、液压顶出、气动顶出三大类。在机械顶出中有推杆顶出、推管顶出、推板顶出、推块顶出及复合顶出。

制品顶出是注射成型过程中最后一个环节，顶出质量的好坏将最后决定制品的质量，在设计顶出系统时应遵守下列原则。

（1）为使制品不致因顶出产生变形，推力点应尽量靠近型芯或难于脱模的部位，如制品上细长的中空圆柱，多采用推管顶出。推力点的布置应尽量均匀。

（2）推力点应作用在制品承受力最大的部位，即刚性好的部位，如肋部、突缘、壳体形制品的壁缘等处。

（3）尽量避免推力点作用在制品的薄平面上，防止制品破裂、穿孔等。如壳体形制品及筒形制品多采用推板顶出。

（4）为避免顶出痕迹影响制品外观，顶出装置应设在制品的隐蔽面或非装饰表面。对于透明制品尤其要注意顶出位置及顶出形式的选择。

（5）为使制品在顶出时受力均匀，同时避免因真空吸附而使制品产生变形，往往采用复合顶出或特殊形式的顶出系统，如推杆、推板或推杆、推管复合顶出，或者采用进气式推杆、推块等顶出装置，必要时还应设置进气阀。

10. 导向装置的设计

塑料注射模上的导向装置在采用标准模架时已经确定下来。一般情况下，设计人员只要按模架规格选用就可以了。但根据制品要求须设置精密导向装置时，则必须由设计人员根据模具结构进行具体设计。

一般导向分为动、定模之间的导向、推板及推杆固定板的导向、推件板与动模板之间的导向、定模座板与推流道板之间的导向。

一般导向装置由于受加工精度的限制或使用一段时间之后配合精度降低，会直接影响制品的精度，因此对精度要求较高的制品必须另行设计精密导向定位装置。

有的已经标准化的精密定位组件，如锥形定位销、定位块等可供选用，但有些精密导向定位装置需根据模具的具体结构进行专门设计。

11. 模架的确定和标准件的选用

以上内容全部确定之后，便根据所定内容设计模架。在设计模架时，尽可能地选用标准模架，确

Note

定出标准模架的形式、规格及标准代号。

标准件包括通用标准件及模具专用标准件两大类。通用标准件如紧固件等。模具专用标准件如定位圈、浇口套、推杆、推管、导柱、导套、模具专用弹簧、冷却及加热组件、二次分型机构及精密定位用标准组件等。

必须指出的是，设计模具时应尽可能地选用标准模架和标准件。因为标准件有很大一部分已经商品化，可以在市场上随时买到，这对缩短制造周期、降低制造成本是极其有利的。

模架尺寸确定之后，对模具有关零件要进行必要的强度或刚性计算，以校核所选模架是否合适，尤其对大型模具，这一点尤为重要。

12. 模具钢材的选用

模具成型零件（型腔、型芯）材料的选用，主要根据制品的批量、塑料类别来确定。对于高光泽或透明的制品，主要选用 40Crl3 等类型的马氏体耐蚀不锈钢或时效硬化钢。含有玻璃纤维增强的塑料制品，则应选用 Crl2MoV 等类型的具有高耐磨性的淬火钢。当制品的材料为 PVC、POM 或含有阻燃剂时，必须选用耐蚀不锈钢。制品为一般塑料，通常用预硬调质钢，若制品批量较大，则应选用淬火回火钢。

13. 绘制装配图

模架及有关内容确定之后，便可以绘制装配图。在绘制装配图过程中，对已选定的浇注系统、冷却系统、抽芯机构、顶出系统等做进一步的协调和完善，从结构上达到比较完美的设计效果。

当采用标准模架时，其装配图的绘制可参照《塑料压缩模选用及绘图指南》（HB/Z17—1992）中有关装配图的绘制方法进行。

14. 模具主要零件图的绘制

在绘制型腔或型芯图时，必须注意所给定的成型尺寸、公差及脱模斜度是否相互协调，其设计基准是否与制品的设计基准相协调。同时还要考虑型腔、型芯在加工时的工艺性和使用时的力学性能及可靠性。

当采用标准模架时，除标准模架以外的结构件，大部分可以不绘制结构件图。当必须绘制图样时，可参照《塑料压缩模选用及绘图指南》HB/Z17—92 中有关零件图的绘制方法进行。

15. 设计图样的校对

模具图设计完成后，设计人员将设计图及有关原始资料及计算草稿一同交校对人员进行校对。

校对人员应针对客户所提供的有关设计依据及客户所提要求，对模具的总体结构、工作原理、操作的可行性等进行比较系统的校对。

16. 设计图样的会签

模具设计图样完成之后，必须交给客户认可。客户同意后，模具才可以备料投入生产。当客户有较大意见需做重大修改时，在重新设计后必须再交客户认可，直至客户满意为止。

综合以上的模具设计程序，其中有些内容可以合并考虑，有些内容则要反复考虑，因为其中有些因素常常相互矛盾，必须在设计过程中通过不断论证、互相协调才能得到较好地处理。特别是涉及模具结构方面的内容，一定要认真对待，往往要做几个方案同时考虑，对每一种结构尽可能列出其各方面的优缺点，再逐一分析，进行优化。因为结构上的原因会直接影响模具的制造和使用，甚至造成整套模具报废，所以模具设计是保证模具质量关键性的一步，其设计过程就是一项系统工程。

1.4 模具的一般制造方法

1.4.1 模具的机械加工设备简介

用来加工模具结构零件的机械，大致上可区分为 6 类。

1. 普通切削加工用机床

（1）车床是机床中最具代表性的机械，也是所有机械工厂不可缺少的设备。车床有卧式车床、高速车床、精密车床、立式车床、转塔车床、台式车床等。在模具加工中，除特殊情况外，一般都使用卧式车床。

车床的大小以床身上最大工件回转直径、刀架上最大工件回转直径、两顶尖间最大距离来表示。床身上最大工件回转直径及刀架上最大工件回转直径，是指不与床身和刀架接触，主轴能够支承的工件最大直径。

在模具零件加工中，广泛使用车床进行圆形凸模、凹模镶套、导柱、导套等圆柱形物体的切削加工，以及车锥形、镗孔、平端面、车螺纹、滚花等。

（2）钻床和车床一样，是最常见的机床设备。常用的钻床有台钻、立式钻床、摇臂钻床等。在模具加工中，广泛使用钻床来钻孔、铰孔、扩孔、攻螺纹、孔端倒角。

钻床的大小用主轴锥孔号码、从立柱表面到主轴中心的最大距离和主轴至工作台面的最大距离表示。台钻的主轴上装有钻夹头，能安装直径较小的直柄钻头。立式钻床用于加工较大的工件，它可以使用直径较大的锥柄钻头。

摇臂钻床的摇臂能沿立柱上下升降及绕立柱回转，在摇臂上有水平导轨和主轴头。工件固定在工作台上不动，主轴头按各个孔的位置移动钻削。

（3）镗床除了能将已加工过的孔通过镗削扩大到所必需的尺寸之外，也可进行钻孔、铰孔、倒角。镗床广泛应用于有精度要求的大型模具导向孔和四角导向面的加工。另外还能用来加工圆筒形制品拉深模的凹模腔。

镗床分为卧式镗床和立式镗床两种。镗床的规格用主轴直径、主轴中心至工作台面的最大高度、最大镗削长度来表示。

（4）铣床使用的刀具种类很多，能够进行铣平面、铣槽、切断、铣端面、铣齿、铣螺旋槽、铣凸轮、铣不规则曲面等各种加工。铣刀的齿数多，切削速度快，生产效率高，所以常用铣床代替刨床的工作。

通常使用的铣床，按床身结构可分为升降台式和固定台式。升降台式的工作台，可以上下、左右以及前后移动，通用性较大。固定台式的工作台，不能上下移动，主要是作为大量生产同一制品为目的的生产性机床。

在塑料模具加工中，使用升降台式的铣床方便。在升降台式铣床中，根据主轴（铣刀轴）的方向，分类如下。

① 卧式铣床的主轴水平，在升降台上有纵向工作台和床鞍。升降台可上下移动，床鞍可前后移动，纵向工作台能左右移动。这种卧式铣床，能用作模具的平面加工、沟槽加工、凸模及电火花加工用电极的成形加工等。

② 万能铣床在卧式铣床的工作台和床鞍之间装有回转盘，使工作台可以旋转一定的角度，应用

Note

范围扩大，能够切削螺旋槽。但在模具加工中，不能充分发挥其效能。

③ 立式铣床的主轴垂直于工作台，床身较高。主轴头通常是固定的，但也有能上下移动和转动的。立式铣床可以进行平面铣削、侧面加工、铣槽、成形铣削、钻孔、镗孔等工作，在模具制造中应用广泛。

（5）牛头刨床、龙门刨床、龙门铣床。

① 牛头刨床的滑枕在床身导轨上往复运动，刨刀固定在滑枕的前端，床身导轨前面的升降台能上下移动，安装工件的工作台能左右送进。这种机床的结构简单，操作方便，但加工速度和精度比铣床等要差，主要用于小型模板的平面加工和倒角等。

② 龙门刨床的切削运动是工件做往复运动、刀具进行送进。从结构上看，有由两个支柱和带移动刀架的横梁构成的龙门式和以一个立柱支承横梁的单柱式，后者的加工对象是特别宽的工件。龙门刨床主要用于大而重的模具零件的平面加工。

③ 龙门铣床的结构和龙门刨床相似，工作台在床身底座上，以缓慢速度送进。在刀具方面，以多刃的铣刀取代龙门刨床的刨刀。在性能方面，相当于一台大型床身的铣床，可用作大型模具的平面切削、钻孔、立铣加工等。

2. 精密切削加工用机床

坐标镗床是以加工高精度孔为目的的机械设备，它能正确地加工出由直角坐标确定位置的孔，是加工精密模具不可缺少的机床设备。在加工连续模的凸模固定板、卸料板、凹模座等零件时，可直接加工，不必画线。加工精度以mm为单位。设备要设置在恒温室中。能用坐标镗床进行的各种加工如图1-5所示。

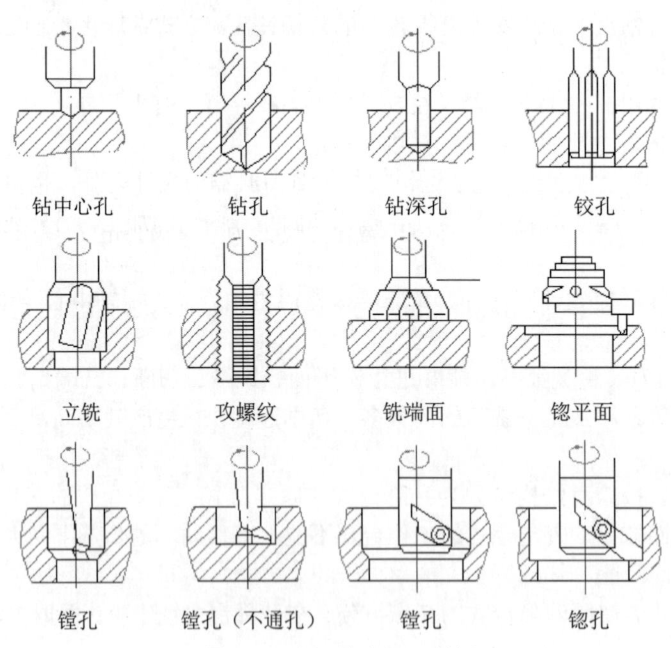

图1-5　坐标镗床加工举例

3. 成形切削加工用机床

（1）靠模机相当于立式带锯床。通常在工件平面加工好之后，用宽度狭小的锯片，沿着画线形状进行直线或曲线切割加工，直至切出模具零件的轮廓形状。

在送进材料时，除了小型轻质的材料用手动送进之外，还有使用随动阀的液压送进装置和用光电仿形方式的自动送进装置。前者由液压牵引机构带动移送材料的引链，操作人员不必用力推送材料，只要控制方向即可。后者是在材料的涂黑表面上画出白色轮廓线，通过直流电动机控制工作台，使黑白分界线部位始终对准太阳电池的中心，位于分界线旁边的锯片刀齿进行自动仿形切断。

Note

（2）仿形铣床有工具头和仿形头两个轴。仿形头前端的触针（仿形指）在模型上滑动，而工具头前端的刀具则随着触针做同步运动。由于模型和模具的形状尺寸成1∶1对应关系，所以必须正确地制作模型。

冲裁模一类的模具零件只有轮廓要仿形，这种仿形方式叫二维仿形；底面有起伏的立体仿形叫三维仿形。二维仿形用的触针最好是圆柱状，三维仿形用的触针前端呈球状，所用的刀具为圆头雕刻铣刀或雕模刀。

仿形的动作操作有液压式和电气液压式等。仿形加工和数控加工相比，在加工精度和自动程度方面不如数控加工，但其加工形状在给定模型的情况下，可称为最合理的加工方法。

（3）雕刻机与刻模机的加工性能完全相同，刻模机与仿形铣床也无明确区别，这些机床的名称是混雕刻机。在刻模、雕刻加工中，触针沿着模型移动，可以雕刻出按模型缩小的工件。作为缩小的机构，一种是把触针和刀具固定在一根缩尺上，另一种是把触针和刀具固定在缩放仪上。前者用于非常浅的雕刻，后者是现在的雕刻机主体。平面雕刻机用作线形雕刻，即加工凹凸文字、标记等。立体雕刻机在雕刻立体凹凸形状的同时，也兼有平面雕刻机的功能。

（4）数控铣床不受模型多变的影响，适宜在重复生产和批量生产中应用。最近由于计算机使自动编程工作得到了迅速发展，大大地缩短了制作纸带的时间，使数控铣床的应用更加广泛。

用数控铣床加工时，从分析加工图样开始建立切削计划（夹具、刀具、加工顺序、加工条件），将考虑好的工艺规程写成工艺规程卡片，根据这些工艺规程在计算机中编写加工程序，信息处理装置（数控装置）根据该程序驱动设备。

（5）多任务序自动数控机床有各种各样的形式，从在单台数控立式铣床上附加自动交换工具装置（ATC），到在数控卧式镗床上，除ATC装置外再附加转位工作台、托板变换器以及托板箱等。对于模具类工件，在大部分能一次加工完毕的情况下，用立式多任务序自动数控机床较为有利。

ATC是将加工所必需的各种刀具预先安置在机床的刀具库内，加工过程中根据计算机的指令自动进行必要刀具的出入、交换工作。因而在模座加工中，当必须依次使用钻头、丝锥、立铣刀、铰刀、镗刀、端面铣刀等时，其效果最好。

ATC不需要从机械到机械之间的阶段变换，因此，可以减少或取消机械变换中所必需的夹具或安装工具。由于多任务序自动数控机床的工具定位精度极高，而且重复精度也很高，所以以前采用坐标镗床加工的导柱孔，也可以用多任务序自动数控机床加工。

4. 普通磨削加工用机床

外圆磨床和万能磨床的外形很相似，但外圆磨床主要是用于圆柱体、圆锥体及凸肩部位的磨削。

万能磨床和外圆磨床相比较，其主轴台和砂轮座能各自回转，除了能加工角度大的锥体之外还附有磨内孔的装置。外圆磨床的工作内容单纯，适宜于强力磨削、批量生产。万能磨床的工作内容则比较丰富，常用来加工圆形凸模、导正销、导柱、导套等。

内圆磨床的砂轮轴是悬臂结构，加工的孔越深、砂轮轴越长，则工作条件越差，设计模具时必须考虑这一点。

平面磨床的砂轮轴，有水平和垂直两种形式，工作台有往复运动形式和旋转运动形式。水平工作台往复式磨床的磨削速度慢、加工面美观、磨削精度高，在通常的平面磨削中被广泛使用；装上各种

Note

夹具和砂轮修正器后，还能用作模具的成形磨削加工。但由于它的砂轮轴是悬臂结构，刚性不足，故不宜用于重力磨削。

水平轴、圆工作台旋转式磨床，适用于圆形、环形工件的平面磨削。但旋转工作台的外周和砂轮的外周都离工作台的旋转中心不远，所以工件的旋转速度慢。因此，在设计时要加快工作台的转速，使速度维持一定。立轴、工作台往复式及旋转式平面磨床的加工面粗糙度较差，适用于重力磨削，是高效率生产用机种。

5. 精密磨削加工用机床

坐标磨床是以消除材料的热处理变形为目的而发展起来的。由于它能磨削孔距精度很高的孔以及各种轮廓形状，所以在模具制造中得到广泛应用。磨孔时，工件静止不动，砂轮作行星式的自转和公转，能磨削直径从1mm到100mm左右的孔，最适宜于磨削高精度要求的凸模、凹模轮廓形状，也能磨削长方形槽孔、锥孔和底面。

6. 成形磨削加工用机床

（1）成形磨床也是模具加工用的精加工机床。因为是成形磨削（横向切入），所以对砂轮轴和支柱有刚性要求。另外，为了获得最合理的砂轮成形速度和磨削条件，要求砂轮轴可以变速，工作台的送进速度能在较大范围内变动。包括通用的平面磨床在内，成形磨床有许多种。

① 通用（成形）平面磨床是在普通的平面磨床上安装各种砂轮成形装置、夹具、投影仪等，进行模具的成形磨削。这种方法操作复杂，并需要熟练的技术。

② 缩放仪式砂轮成形磨床安装有一套仿形装置。砂轮成形时，将触针沿放大的靠模板作仿形移动，同时，金刚石工具根据仿形动作，将砂轮修整成和靠模板相似的形状。

③ 光学曲线磨床的屏幕上有工件的放大图，把加工件和砂轮的外形也放大投影到屏幕上，将工件的投影与放大图作直接对比同时进行磨削，直到工件符合放大图所示的形状为止。所以，只要放大图画得准确，砂轮的磨损影响小，就能获得较好的精度，特别适宜于金刚石砂轮进行高硬度材料的仿形磨削。

（2）数控成形磨床是用数控穿孔带自动进行高精度成形磨削用机床。数控成形磨床在利用程序加工件数多、形状复杂、要求精度均匀等情况下使用效果较好。

1.4.2 电火花加工方法

电火花加工是利用电火花的热能，对工件进行熔化、蒸发和飞散的非接触加工。图1-6所示是电火花加工装置原理图。电极和工件相对保持几微米到几十微米的间隙，中间充满着绝缘性的工作液（通常为煤油），在电极和工件间不断地发生火花放电，通过放电作用，以高密度的能量去除工件上的金属。在断续放电方法中，使用电容器并以晶体管为开关，将通往脉冲发生器的电流以断续的方式进行交替放电。伺服机构使电极和工件保持一定的间隙。这样的放电形式，能于1s内在电极和工件的相对表面间进行几十次到几十万次的反复放电加工。单次放电过程中，瞬间通过放电间隙的电流经过电阻极大的空气介质，电能转换为热能。电火花中心的温度高达数千摄氏度，并且不能迅速释放出去同时高温空气产生高压，瞬间通过放电间

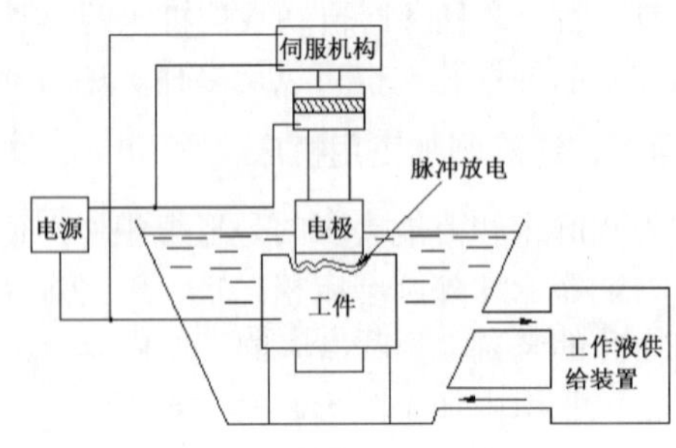

图1-6　电火花加工装置原理图

隙的电流产生强烈的磁场，把电火花压缩为细线束状，即使一次放电的能量十分微小，但由于集高温高压于极其狭小的空间内，所以仍然可以汽化和甩开金属。

1. 电火花加工技术的主要特点

（1）能以柔克刚，所用的工具电极不需比工件材料硬，所以便于加工其他方法难以加工或无法加工的特殊材料，包括各种淬火钢、硬质合金、耐热合金等，不必像切削加工那样担心刀具不够硬而无法切削。

（2）加工时工具电极与工件不接触，两者之间的宏观作用力极小，所以便于加工小孔、探孔、窄缝零件，不致因工具或工件的刚度太低而无法加工。对于各种型孔、立体曲面、复杂形状的工件，均可采用成型电极一次加工，不必担心同时加工面积过大而引起切削力过大等问题。

2. 电火花加工技术的主要用途

（1）加工各种金属及其合金材料、特殊的热敏感材料、半导体和非半导体材料。

（2）加工各种成型表面。例如，各种模具型腔、模孔、成型刀具、样板、螺纹等。

（3）各种工件与材料的切断。包括材料的切断、特殊结构零件的切断、切割微细窄缝及微细窄缝组成的零件（如金属栅网、激光器件等）。

（4）工件的磨削。包括磨削小孔、深孔、内圆、外圆、平面等和成型磨削。

（5）表面强化。包括超高速淬火、渗氮、渗碳、电极材料的转移等。

（6）刻写、打印铭牌和标志等。

1.4.3　电火花线切割加工方法

电火花线切割也是直接利用电能对金属进行加工的，但其加工方式与电火花加工不同，它能弥补电火花加工在加工精密、复杂和细小模具零件时的不足，比电火花机床操作更方便，效率更高，广泛应用于各种模具的加工中。

电火花线切割加工和电火花穿孔加工的原理是一样的，即利用火花放电使金属熔化并去除掉，从而实现各种形状金属零件加工。不过在线切割加工时是用连续移动的金属丝（称为电极丝）代替电火花穿孔加工的电极，线电极与高频脉冲电源的负极相接，工件则与电源的正极相接，利用线电极与工件之间产生的火花放电而腐蚀工件，如图 1-7 所示，同时使工件按照所需形状移动，这样便能将一定形状的工件切割出来。与电火花穿孔加工相比，电火花线切割加工具有如下特点。

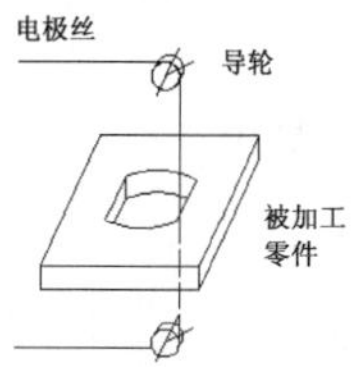

图 1-7　电火花线切割的原理图

1. 不需要制造电极

电火花穿孔加工要花较多的时间制造电极，而线切割加工是用金属丝（钼丝等）作为电极，故不必另制电极。

2. 不必考虑电极丝的损耗

电火花加工中电极损耗是不可避免的，而在线切割加工中电极丝是以一定的速度移动着的。始终是用未经电蚀加工的部分进行加工，故可不考虑电极丝的损耗。

3. 能加工出精密细小、形状复杂的零件

电火花线切割用的电极丝非常细（直径为 0.04～0.2mm），对于形状复杂的微细模具、零件或电极（例如 0.05～0.07mm 的窄缝，小圆角半径的锐角，R≤0.03mm 等），不必采用镶拼结构即能直接

加工出来，而且具有较高的精度。

电火花线切割机床有三种：靠模仿形的、光电跟踪的、数控的。其中数控线切割机床应用最广。大多数电火花线切割机床是小型通用的，可加工尺寸范围是 150 mm×100 mm×60mm（长×宽×厚），在表面粗糙度 Ra 为 0.8～1.6μm 的情况下，加工精度可达±0.01mm，生产率为 20～30mm²/min。

Note

1.5 UG NX 12.0 Mold Wizard 概述

UG NX 12.0 Mold Wizard（模具向导）是注射模具设计的专用应用模块，是一个功能强大的注射模具设计软件。

1.5.1 UG NX 12.0 Mold Wizard 简介

Mold Wizard 是按照注射模具设计的一般顺序模拟设计整个过程的，它只需根据一个产品的三维实体造型，就能建立一套与产品造型参数相关的三维实体模具。Mold Wizard 运用 UG 中知识嵌入的基本理念，根据注射模具设计的一般原理来模拟注射模具设计的全过程，提供了功能全面的计算机模具辅助设计方案，极大地方便了用户进行模具设计。

Mold Wizard 在 UG V 18.0 以前是一个独立的软件模块，先后推出了 1.0、2.0 和 3.0 版，到了 UG8.0 版以后，正式集成到 UG 软件中作为一个专用的应用模块，并随着 UG 软件的升级而不断得到更新。

UG Mold Wizard 模块支持典型的塑料模具设计的全过程，即从读取产品模型开始，到如何确定和构造脱模方向、收缩率、分型面、模芯、型腔，再到设计滑块、顶块、模架及其标准零部件，最后到模腔布置、浇注系统、冷却系统、模具零部件清单（BOM）的确定等。同时还可运用 UG WAVE 技术编辑模具的装配结构、建立几何连接、进行零件间的相关设计。

在 Mold Wizard 中，模具相关概念的知识（例如型芯和型腔，模架库和标准件）是用如 UG/WAVE 和 Unigraphics 主模型的强大技术组合在一起的。模具设计参数预设置功能允许用户按照自己的标准设置系统变量，比如颜色、层、路径等。UG NX 12.0 具备以下优点：

☑ 过程自动化；

☑ 易于使用；

☑ 完全的相关性。

注意： 虽然在 UG NX 12.0 中集成了注射模具设计向导模块，但不能进行模架和标准件设计，所以读者仍需要安装 UG NX 12.0 Mold Wizard，并且要安装到 UG NX 12.0 目录下才能生效。

1.5.2 UG NX 12.0 Mold Wizard 菜单选项功能简介

为方便后面的学习，在这一小节，将会把 UG NX 12.0/Mold Wizard 模块中所有的菜单选项功能做一个简单的介绍，各主要命令的详细介绍将会在后面的章节中讲到。

安装 UG NX 12.0 Mold Wizard 到 UG NX 12.0 目录下后，启动 UG NX 12.0，进入到图 1-8 所示的界面。单击屏幕左侧的“角色”选项，在弹出的选项板中选择“高级”选项，如图 1-9 所示。

单击“应用模块”选项卡“特定于工艺”面板中的“注塑模”按钮，系统进入注射模具设计环境，并弹出图 1-10 所示的“注塑模向导”选项卡。

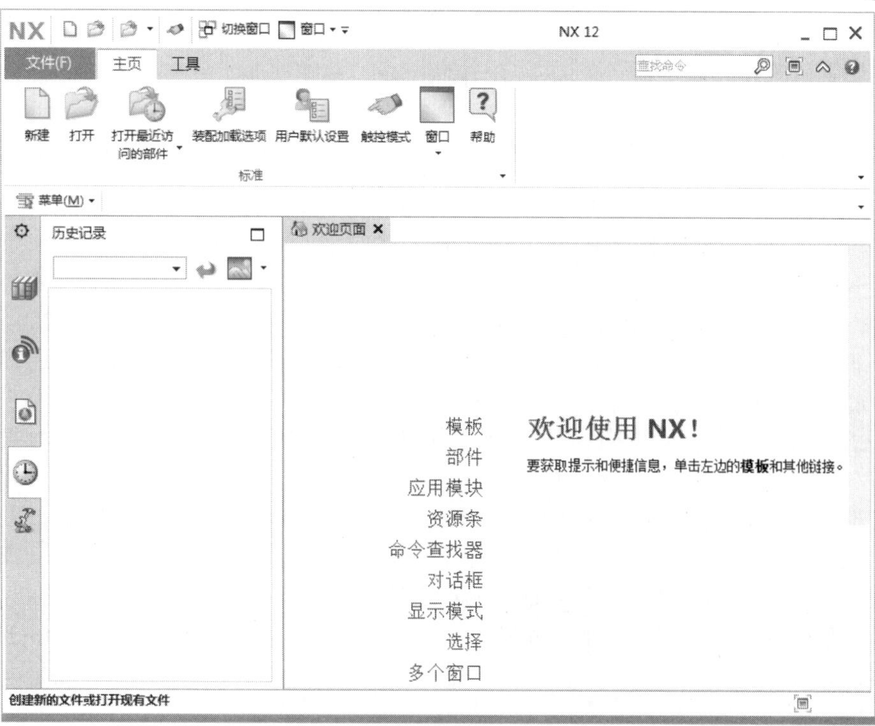

图 1-8　UG NX 12.0 界面

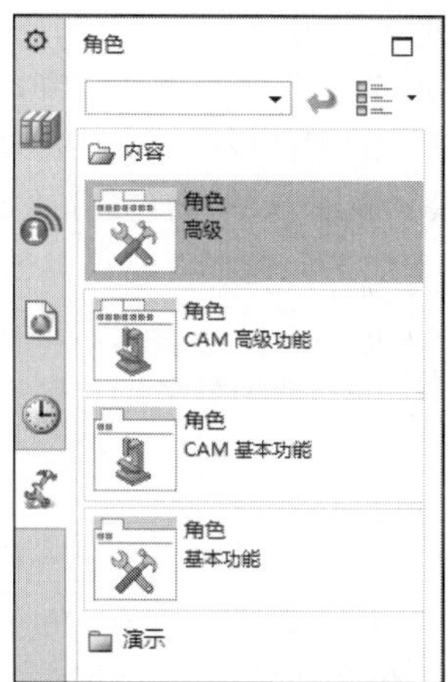

图 1-9　“角色”对话框

图 1-10　“注塑模向导”选项卡

下面简单介绍以下功能区中各菜单选项的功能。

1. 初始化项目

此命令是用来导入模具零件，是模具设计的第一步，导入零件后系统将生成用于存放布局、分模图素、型芯和型腔等信息的一系列文件。

Note

2. “主要”面板

（1）多腔模设计：在一个模具里可以生成形成多个塑料制品的型芯、型腔，此命令适合于一模多腔不同零件的应用。

（2）模具 CSYS ：Mold Wizard 的自动处理功能是根据坐标系的指向进行的。例如一般规定 ZC 轴的正向为产品的开模方向，电极进给沿 ZC 轴方向，滑块移动沿 YC 轴方向等。

（3）收缩率 ：收缩率是一个补偿当冷却时产生收缩的比例因子。由于产品在充模时，由相对温度较高的液态塑料快速冷却，凝固生成固体塑料制品，就会产生一定的收缩。一般情况下，必须把产品的收缩尺寸补偿到模具相应的尺寸里面，模具的尺寸为实际尺寸加上收缩尺寸。

（4）工件 ：也叫毛坯，是用来生成模具型芯、型腔的实体，并且与模架相连接。工件的命令及尺寸可使用此命令定义。

（5）型腔布局：用于指定零件成品在毛坯中的位置。在进行注射模设计时，如果同一产品进行多腔排布，只需要调入一次产品体，然后运用该命令即可。

（6）模架库：是塑料注射成型工业中不可缺少的工具。模库架是型芯和型腔装夹、顶出和分离的机构。在 Mold Wizard 中，模架库都是标准的。标准模库架是由结构、形式和尺寸都标准化、系统化，并具有一定互换性的零件成套组合而成的模库架。

（7）标准部件库：是把模具的一些常用的附件标准化，便于替换使用。在 Mold Wizard 中，标准部件库包括螺钉、定位圈和浇口套、推杆、推管、回程管以及导向机构等。镶块、电极和冷却系统等都有标准部件库可以选择。

（8）顶杆后处理：其实顶杆后处理也是一种标准件，用于在分模时把成品顶出模腔。该命令的目的是完成顶杆后处理长度的延伸和头部的修剪。

（9）滑块和浮升销库：零件上通常有侧向（相对于模具的顶出方向）凸出或凹进的特征，一般正常的开模动作都不能顺利地分离这样的零件成品。这往往需要在这些部位建立滑块，使滑块在分模之前先沿侧向方向运动离开，然后模具就可以顺利开模分离零件成品。

（10）子镶块库：一般是在考虑加工问题或者是模具的强度问题时添加的。模具上常常有一些特征，特别是有简单形状而比较细长的，或者处于难加工位置，为模具的制造添加了很大的难度和成本，这时就需要使用镶块。镶块的创建可以使用标准件，也可以添加实体创建，或者从型芯或型腔毛坯上分割获得实体再创建。

（11）设计填充：创建不同的流道和浇口，浇口是液态塑料从流道进入模腔的入口。浇口的选择和设计直接影响塑件的成型，同时浇口的数目和位置也直接影响到塑件的质量和后续加工。要想获得好的塑件质量，塑料的流动速度、方向都是要认真考虑的，而浇口的设计对此影响很大。

（12）流道：是浇道末端到浇口的流通通道。流道的形式和尺寸往往受到塑料成型特性、塑件大小和形状以及用户要求的影响。

（13）电极：是模具制造中的一种特殊加工方法。注射模具通常具有非常复杂的型芯和型腔外形，因此数控车削、数控铣削以及线切割、电火花加工等特殊加工方法在模具制造过程中经常被采用。Mold Wizard 中电极正是为电火花加工设计电极用的。

（14）腔：腔体（建腔）用于在型芯型腔上需要安装标准件的区域建立空腔并留出空隙，使用此功能时，所有与之相交的零件部分都会自动切除标准件部分，并且保持尺寸及形状上与标准件的相关性。

（15）物料清单：也称作明细表，是基于模具装配状态产生的与装配信息相关的模具部件列表。创建的材料清单上显示的项目可以由用户选择定制。

Note

（16）视图管理器：用于对视图进行管理。

3. “注塑模工具”面板

就是用于修补零件中各种孔、槽以及修剪补块的工具，目的是能做出一个分型面，并且此分型面可以被 UG 所识别。此外，该工具可以简化分模过程，以及改变型芯型腔的结构。

4. “分型刀具”面板

分型也叫分模，它是创建模具的关键步骤之一，目的是把毛坯分割成为型芯和型腔的一个过程。分模的过程包括了创建分型线、分模面，以及生成型腔、型芯的过程。

5. “冷却工具”面板

冷却用于控制模具温度。模具温度明显地影响收缩率、表面光泽、内应力以及注射周期等，模具温度控制是提高产品质量，提高生产效率的一个有效途径。

6. “模具图纸”面板

用于创建模具工程图。与一般的零件或装配体的工程图类似。

1.5.3　Mold Wizard 参数设置

与 Pro/E 软件相似，UG NX Mold Wizard 4.0 以前的版本中也有进行参数设置的文件 Mold_defaults.def，该文件存放在 Mold Wizard 安装目录下。在 UG NX 12.0 Mold Wizard 中，这个文件就被取消了，被集中到“用户默认设置”面板中。

选择“菜单”→“文件”→“实用工具”→“用户默认设置”命令，系统打开图 1-11 所示的“用户默认设置”对话框。

用户可以按照控制面板中的说明进行自己的设置，这一部分内容就不再详细介绍了。

图 1-11　“用户默认设置”对话框

第2章

模具设计初始化工具

（视频讲解：9分钟）

本章介绍Mold Wizard进行模具型腔设计的初始化工具。通过本章的学习，读者可以创建模具设计项目，进行基本的参数设置，创建成型工件和进行多腔模的布局，这样就完成了模具设计的初始化过程，为整个的模具设计提供了一个实体平台框架。同时也应当指出的是，所谓的“模具设计”的主要工作是“拆模”的过程，即后续章节所涵盖的“型腔设计”内容，包括简易型腔设计和复杂型腔设计。在随后的章节里，继续介绍相关工具，并给出了模具型腔设计实例，读者可以通过实际操作进一步掌握本章介绍的工具。

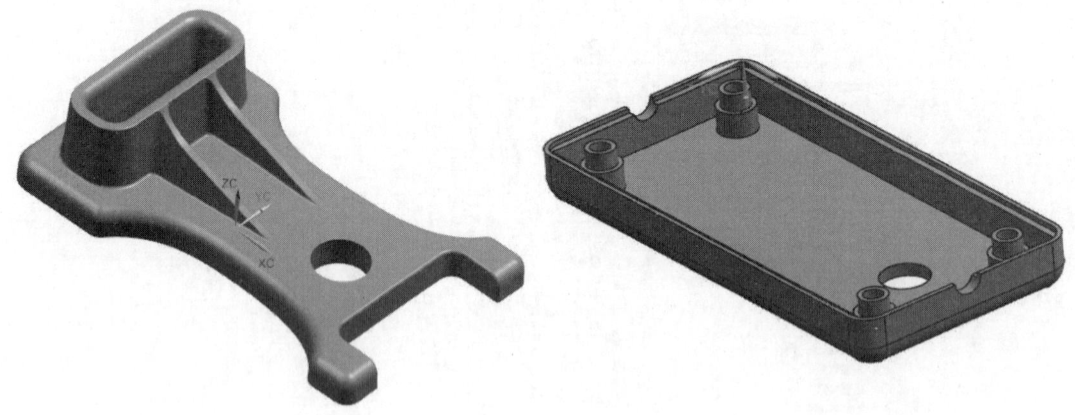

Note

2.1　初始化项目和模具坐标系

在进行产品模具设计时，必须要先将产品导入到模块中，项目初始化的目的就是要装载产品。在 Mold Wizard 模块中，系统默认的开模方向是 ZC 方向，模具坐标系的目的就是要调整新载入产品零件的方向和模具坐标一致。

通过本小节学习并结合后面练习的操作，能够掌握和理解产品如何装载到模具中，并能运用模具坐标系来设定模具的顶出方向。

2.1.1　初始化项目

初始化项目的目的就是要把产品零件装载到模具模块中，单击“注塑模向导”选项卡中的“初始化项目”按钮，系统弹出图 2-1 所示的“部件名”对话框。

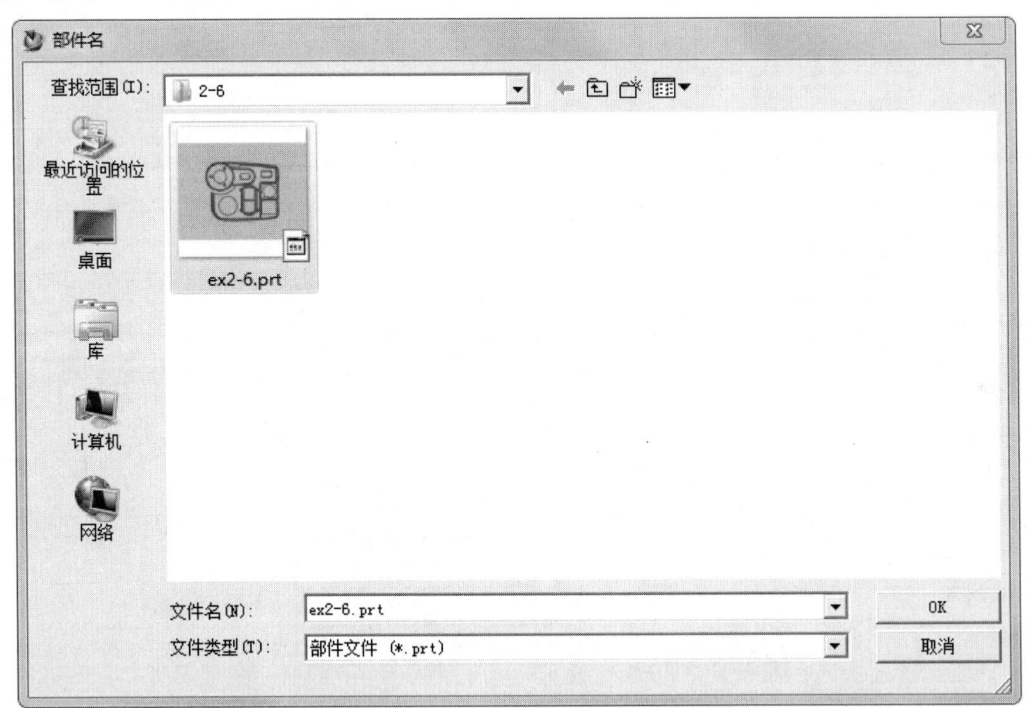

图 2-1　“部件名”对话框

选择需要载入的产品零件后，系统弹出图 2-2 所示的“初始化项目”对话框。

1. 项目设置

（1）路径：单击“浏览”按钮，打开“打开”对话框，设定产品分模过程中生成文件的存放路径。也可以直接在“路径”后面的文本框中输入。

（2）Name：系统默认项目名称的字符长度不能大于 11。

（3）材料：该部分用于对要进行分模的产品定义材料，单击后面的图标，弹出下拉菜单，用于选择材料名称。

（4）收缩：用于定义产品的收缩比例。若定义了产品用的材料，则在后面的文本框中会自动显示相应的收缩率参数。例如，ABS 材料的收缩率是 1.006 0。也可以自定义所选材料的收缩率。

2. 设置

Note

（1）项目单位：用于设定模具单位制，同时也可改变调入产品体的尺寸单位制。该组包括毫米和英寸两个单位制，可以根据需要选择不同的单位制。

（2）编辑材料数据库：单击该按钮后，系统将弹出图 2-3 所示的材料数据库，前提是所用计算机必须安装 Excel 软件。利用该数据库，可以更改和添加材料名称和收缩率。

图 2-2 “初始化项目”对话框

	A	B	C	D
1				
2	MATERIAL	SHRINKAGE		
3	NONE	1.000		
4	NYLON	1.016		
5	ABS	1.006		
6	PPO	1.010		
7	PS	1.006		
8	PC+ABS	1.0045		
9	ABS+PC	1.0055		
10	PC	1.0045		
11	PC	1.006		
12	PMMA	1.002		
13	PA+60%GF	1.001		
14	PC+10%GF	1.0035		
15				

图 2-3 编辑材料数据库

完成设置后，单击“初始化项目”对话框中的“确定”按钮，系统自动载入产品数据，同时自动载入的还有一些装配文件，都自动保存在项目路径下。单击屏幕右侧装配导航器图标，可以看到图 2-4 所示的装配结构。

初始化项目的过程实际上是复制了两个装配结构，一个项目装配结构是 top，在其下面有 cool、fill、misc、layout 等装配元件；另一个产品结构装配结构是 prod，在其下面有原型文件、cavity、core、shrink、parting、trim 和 molding 等元件，如图 2-5 所示。

Note

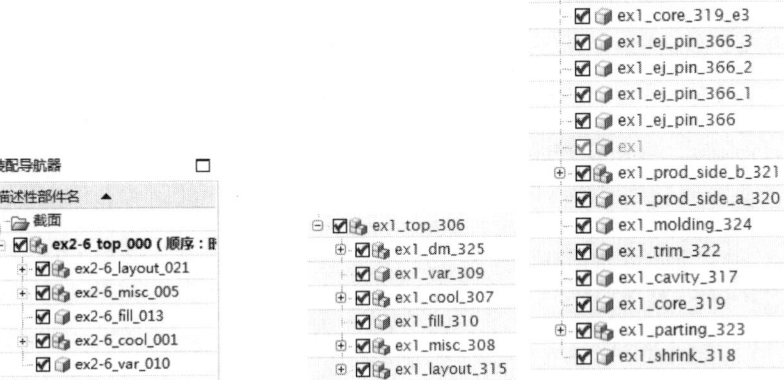

图 2-4　“装配导航器”面板　　　　图 2-5　多重装配结构

3. 项目装配结构

（1）top：该文件是项目的总文件，包含和控制该项目所有装配部件和定义模具设计所必需的相关数据。

（2）cool：定义模具中冷却系统的文件。

（3）fill：定义模具中浇注系统的文件。

（4）misc：定义那些通用标准件（例如定位圈和定位环）的文件。

（5）layout：安排产品布局，确定包含型芯和型腔的产品子装配相对于模架的位置。layout 可以包含多个 prod 子集，即一个项目可以包含几个产品模型，用在多腔模具设计中。

4. 产品结构装配结构

（1）prod：是一个独立的包含产品相关文件和数据的文件，下面包含 shrink、parting、cavity、core 等子装配文件。多型腔模具就是用阵列 prod 文件产生的，也可以通过“复制”和“粘贴”命令来实现多腔模具的制作。

（2）shrink：包含产品收缩模型的连接体文件。

（3）parting：包含产品分型片体、修补片体和提取的型芯、型腔侧的面，这些片体用于把隐藏着的成型镶件分割成型腔和型芯件。

（4）core：包含型芯镶件的文件。

（5）cavity：包含型腔镶件的文件。

（6）trim：包含了用于修剪标准件的几何物体。

（7）molding：模具模型。

2.1.2　实例——底座板初始化项目

视频讲解

本实例将通过一个例子来具体讲解初始化项目的详细操作过程，通过学习该实例，能够掌握和理解装配导航器分制结构以及模具组的操作。

（1）单击“注塑模向导”选项卡中的“初始化项目”按钮，系统弹出“部件名”对话框，如图 2-6 所示，选择“yuanwenjian/dizuoban/azb.prt”文件，然后单击“OK”按钮。

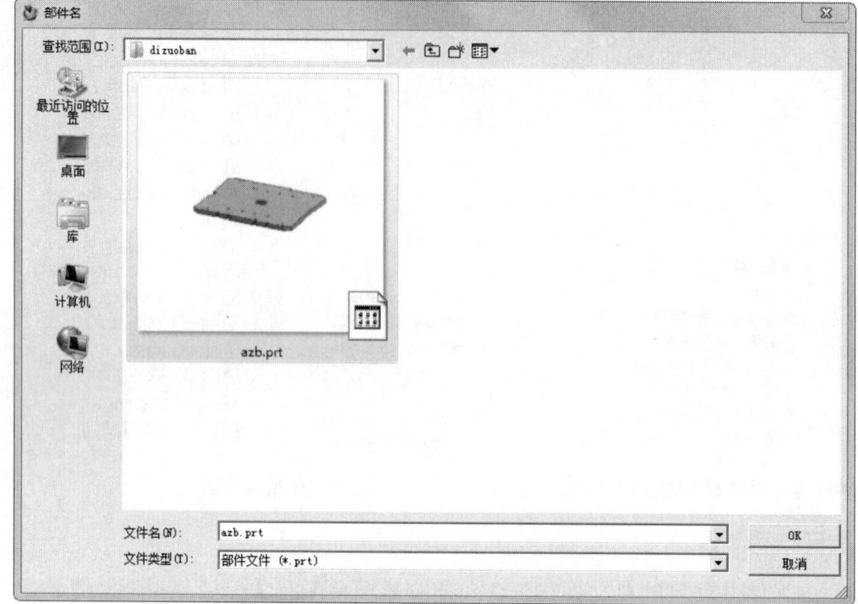

图 2-6　“部件名”对话框

（2）工作区会显示要进行初始化的项目产品，同时系统会自动弹出“初始化项目”对话框，如图 2-7 所示，从中选择“项目单位”为“毫米”，选择要设置项目的路径和名称。在这里，把项目路径指定到“yuanwenjian/dizuoban”，项目名和原文件名一致。

图 2-7　“初始化项目”对话框设置

（3）设置“材料”为“PS”，“收缩”为“1.006”，单击对话框中的“确定”按钮。

（4）单击“确定”按钮后，系统开始装载产品，并在屏幕左侧显示装载的装配件名称，最后生成初始化文件。单击屏幕左侧的“装配导航器”按钮，可以看到装配结构图，如图 2-8 所示。载入的产品如图 2-9 所示。

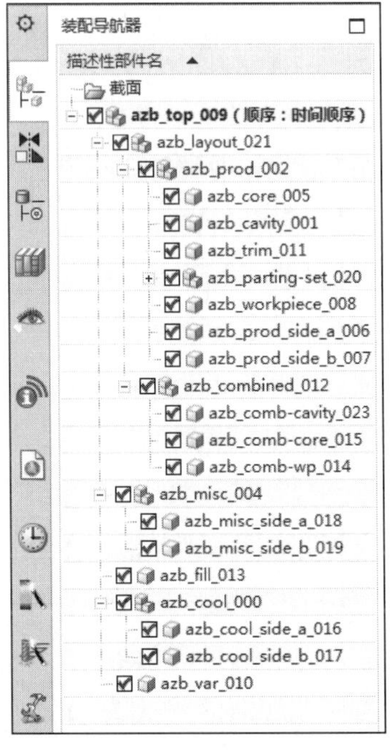

图 2-8　装配导航器

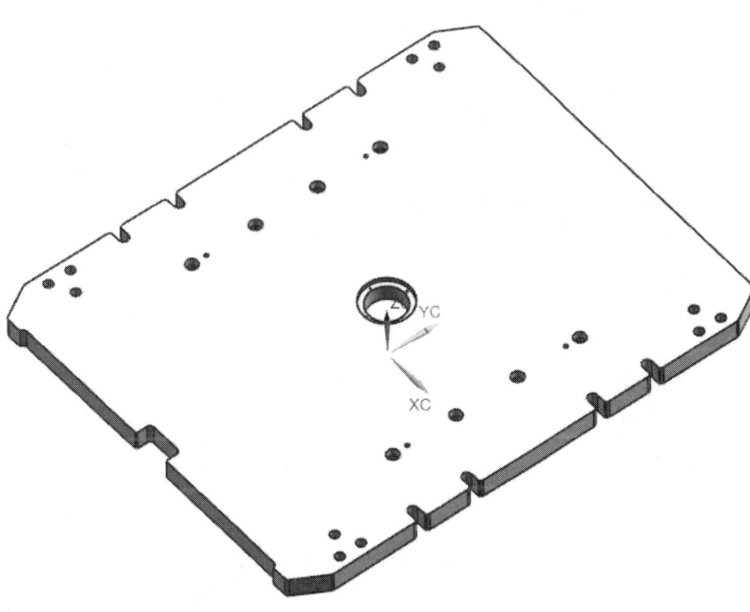

图 2-9　载入产品体

（5）单击“文件”→“保存”→“全部保存”选项，保存所有部件文件。

2.1.3　模具坐标系

单击“注塑模向导”选项卡“主要”面板上“模具坐标系”按钮，系统弹出图 2-10 所示的“模具坐标系”对话框。

1. 当前 WCS

设置模具坐标系与当前坐标系相匹配。

2. 产品体中心

设置模具坐标系位于产品体中心。

3. 选定面的中心

设置模具坐标系位于所选面的中心。

模具坐标系
更改产品位置
当前 WCS
产品实体中心
选定面的中心
确定　应用　取消

图 2-10　“模具坐标系”对话框

在 Mold Wizard 中模具坐标系的原点必须落到模具分型面的中心，XC-YC 平面必须是模具装配的分型面，并且 ZC 轴的正向为模具的开模方向。为了能使产品体坐标与 UG 系统模具坐标系一致，在初始化项目后，需要通过双击坐标系来调整产品体的 WCS 坐标位置，然后再单击“模具坐标系”按钮来锁定产品体的模具坐标。

事实上，一个模具项目中可能要包含几个产品，这时模具坐标系操作是把当前激活的子装配体平移到合适的位置。任何时候都可以选择“模具坐标系”按钮来编辑模具坐标。

2.1.4 实例——底座板模具坐标系

Note

视频讲解

在模具设计中，进行项目初始化后，接着就要进行模具坐标系操作，锁定模具的开模方向。具体操作如下。

（1）接上一个实例或者打开上一个实例创建的 azb_top.prt 文件。

（2）选择“菜单”→“格式”→“WCS”→“原点”命令，系统弹出“点”对话框，如图 2-11 所示，选择“圆弧中心/椭圆中心/球心”类型，然后把鼠标移到产品体上选择如图 2-12 所示圆的中心作为坐标系原点。选择完成后，单击“确定”按钮。完成坐标系移动后结果如图 2-13 所示。

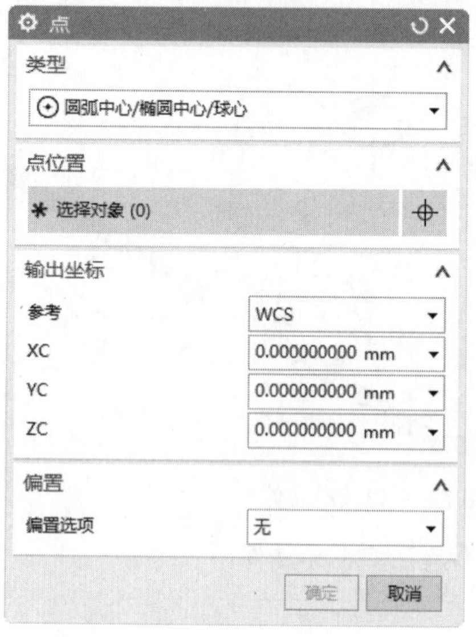

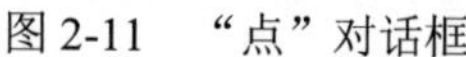
图 2-11 “点”对话框

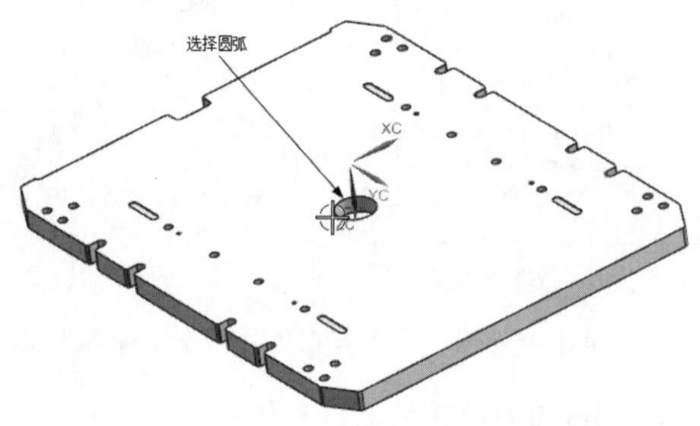

图 2-12 选择移动 WCS

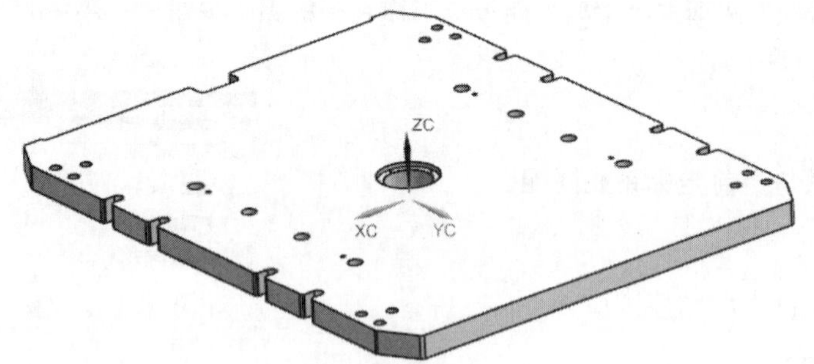

图 2-13 移动坐标系

（3）单击“注塑模向导”选项卡“主要”面板上的“模具坐标系”按钮，系统弹出“模具坐标”对话框，选择“当前 WCS”选项，然后单击“确定”按钮，系统会自动把模具坐标系移动到当前工作坐标系，并且锁定 ZC 轴方向，如图 2-14 所示。

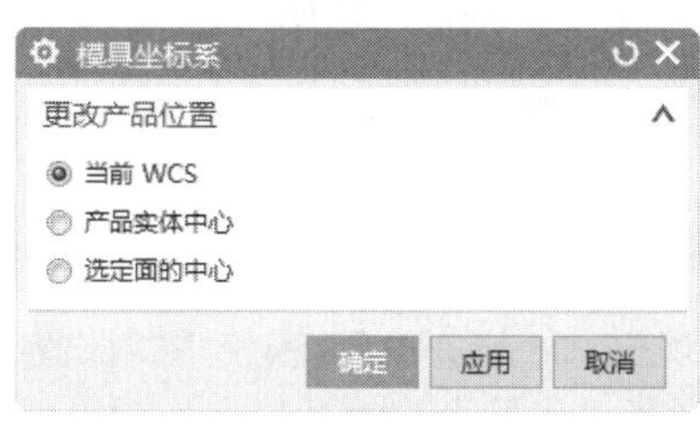

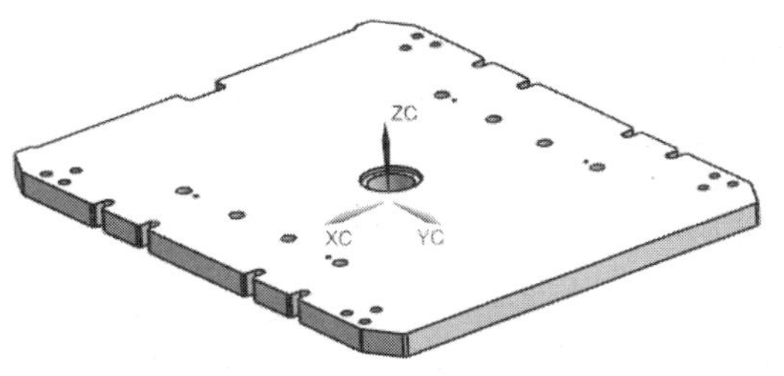

图 2-14　确定模具坐标系

（4）单击“文件”→“保存”→“全部保存”选项，保存所有部件文件。

2.2　收　缩　率

收缩就是在高温和高压注射下，注入模腔的塑料所成型出来的制品比模腔尺寸小的量。所以在设计模具时，必须要考虑制品的收缩量并把它补偿到模具的相应尺寸中去，这样才可能得到比较符合实际产品尺寸要求的制品。收缩取决于材料、制品尺寸、模具设计、成型条件、注射剂类型等多种情况的影响，要预测一种塑料的准确收缩是不可能的。一般我们采用收缩率来表示塑料收缩性的大小。收缩率以 1/1000 为单位，或以百分率（%）来表示。

2.2.1　收缩率设置

单击“注塑模向导”选项卡“主要”面板上的“收缩”按钮，弹出如图 2-15 所示的“缩放体”对话框。该对话框包括收缩类型、缩放点、比例因子等选项，利用该对话框可以完成对制品收缩率的设置。

1. 选择类型

（1）均匀：整个产品体沿各个轴向均匀收缩。

（2）轴对称：整个产品体轴向均匀收缩，需要设定沿轴向和其他方向两个比例因子。一般用于柱形产品。

（3）常规：需要指定 X、Y、Z 三个轴向的比例系数。

2. 选择体

选择需要设置收缩率的实体。当项目中只有一个产品体可以选择时，选项不可选，为灰色。当项目中同时存在几个不同的产品体，该选项变得可用。

3. 指定点

选择产品体进行收缩设置的中心点，系统默认的参考点是 WCS 原点，沿各个轴向收缩率一致。当在前面选择收缩的设置类型是“均匀”和“轴对称”时，该选项可用；当选择“常规”收缩类型时，该选项不可用。

4. 指定矢量

选择产品体进行缩放设置的矢量。当在前面选择收缩设置类型是“轴对称”时，该选项可用；如图 2-16 所示。当选择该选项时，系统会在屏幕上方出现提示，选择一个对象来判断矢量，同时在对

话框中出现“指定矢量”选项，单击选项后面的▔，系统弹出下拉菜单，如图 2-17 所示。用来选择一个对象来定义参照轴，系统默认的是 Z 轴。

Note

5. 指定坐标系

选择产品体进行缩放设置的参考坐标系。当在前面选择收缩设置类型是“常规”时，该选项可用，如图 2-18 所示。当选择该选项时，系统会在屏幕上方出现提示，选择 RCS 或使用默认值，同时在对话框中出现“坐标系对话框”选项，单击该选项，系统弹出“坐标系”对话框，如图 2-19 所示，用于选择参考点或参照轴。

图 2-15 “缩放体”对话框

图 2-16 “轴对称”收缩类型设置

图 2-17 矢量方式下拉菜单

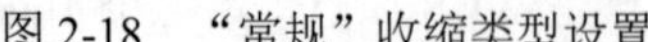

图 2-18 “常规”收缩类型设置

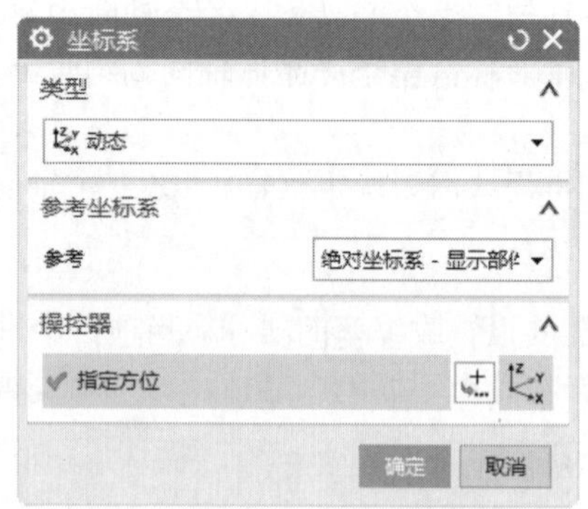

图 2-19 “坐标系”对话框

6. 比例因子

该选项用于设定沿各个方向缩放的比例系数。系统定义产品零件尺寸为基值 1，比例因子为基值 1 加上收缩率之和。

2.2.2　实例——设置支架模具收缩率

设置模具收缩率操作相对比较简单，只要明白和掌握有关收缩设置的基本概念，就不会有太大问题。下面通过一个简单例子，进一步掌握这条命令的用法。具体操作如下。

（1）单击“注塑模向导”选项卡中的“初始化项目”按钮，装载“yuanwenjian/zhijia/zhijia.prt”。完成装载后的效果的产品体，如图 2-20 所示。

（2）单击“注塑模向导”选项卡“主要”面板上的“模具坐标系”按钮，系统弹出如图 2-21 所示的“模具坐标系”对话框。接受默认设置，单击“确定”按钮，完成模具坐标系设置。

图 2-20　载入产品体

图 2-21　“模具坐标系”对话框

（3）单击“注塑模向导”选项卡“主要”面板上的“收缩”按钮，系统弹出如图 2-22 所示的“缩放体”对话框，设置收缩类型为“均匀”收缩，系统默认的是 WCS 坐标原点，设置比例因子为“1.006”，即沿各个方向的缩放比例因子都是“1.006”。

（4）设置完成后，单击“确定”按钮，退出收缩率设置。完成设置后的产品体如图 2-23 所示。

图 2-22　“缩放体”对话框

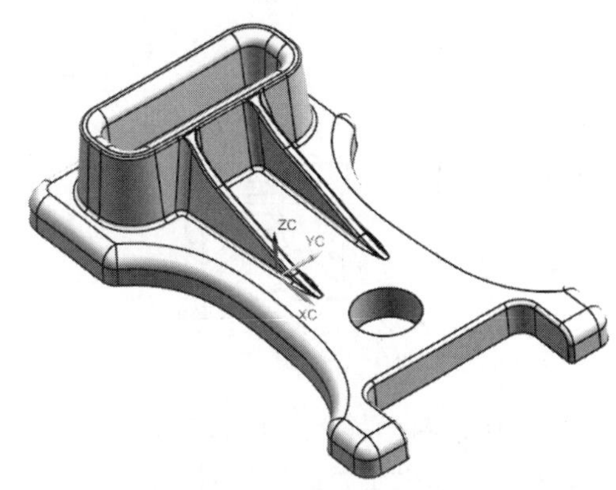

图 2-23　完成收缩设置

（5）单击“文件”→“保存”→“全部保存”选项，保存所有部件文件。

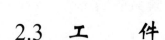

2.3 工 件

Note

工件也叫毛坯或模仁，是用来生成模具的型腔和型芯的实体，所以工件的尺寸就是在零件外形的尺寸基础上各方向都增加一部分尺寸。工件可以选择标准件，也可以自定义工件。工件的类型可以是长方体，也可以是圆柱体，并且可以根据产品体的不同形状，做出不同类型的毛坯。

2.3.1 成型工件设计

1. 型腔的结构设计

型腔零件是成型塑料件外表面的主要零件。按结构不同可分为整体式和组合式两种。

（1）整体式型腔结构如图 2-24 所示。整体式型腔是由整块金属加工而成的，其特点是牢固、不易变形、不会使制品产生拼接线痕迹。但是由于整体式型腔加工困难，热处理不方便，所以常用于形状简单的中、小型模具上。

（2）组合式型腔结构是指型腔由两个以上的零部件组合而成。按组合方式不同，组合式型腔结构可分为整体嵌入式、局部镶嵌式、侧壁镶嵌式和四壁拼合式等形式。

采用组合式凹模，可简化复杂凹模的加工工艺，减少热处理变形，拼合处有间隙，利于排气，便于模具的维修，节省贵重的模具钢。为了保证组合后型腔尺寸的精度和装配的牢固，减少制品上的镶拼痕迹，要求镶块的尺寸、形位公差等级较高，组合结构必须牢固，镶块的机械加工、工艺性要好。因此，选择较好的镶拼结构是非常重要的。

① 整体嵌入式型腔结构如图 2-25 所示。它主要用于成型小型制品，而且是多型腔的模具，各单个型腔采用机加工、冷挤压和电加工等方法加工制成，然后压入模板中。这种结构加工效率高，拆装方便，可以保证各个型腔的形状尺寸一致。

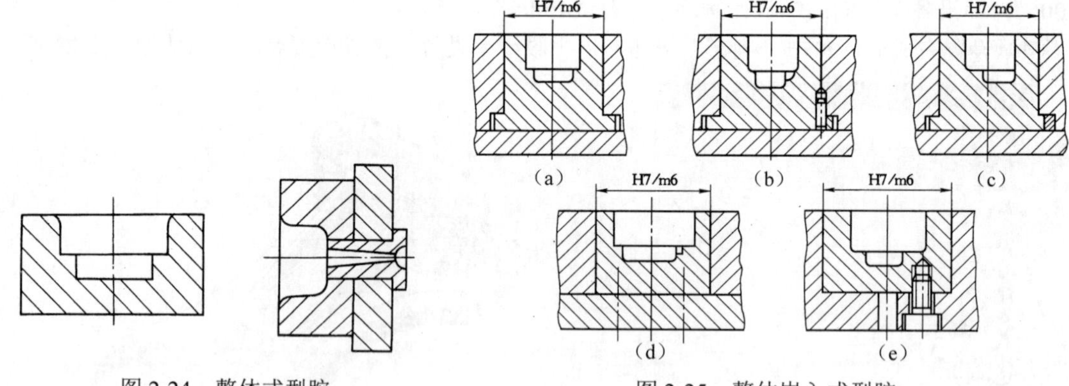

图 2-24 整体式型腔

图 2-25 整体嵌入式型腔

在图 2-25 中，图（a）、（b）、（c）称为通孔台肩式，即型腔带有台肩，从下面嵌入模板，再用垫板与螺钉紧固。如果型腔嵌件是回转体，而型腔是非回转体，则需要用销钉或键回转定位。其中图 2-25（b）采用销钉定位，结构简单，装拆方便；图 2-25（c）是键定位，接触面积大，止转可靠；图 2-25（d）是通孔无台肩式，型腔嵌入模板内，用螺钉与垫板固定；图 2-25（e）是盲孔式型腔嵌入固定板，直接用螺钉固定，在固定板下部设计有装拆型腔用的工艺通孔，这种结构可以省去垫板。

② 局部镶嵌组合式型腔结构如图 2-26 所示，为加工方便或由于型腔的某一部分容易损坏，需经常更换，应采用这种局部镶嵌的办法。图 2-26（a）所示异形型腔，先钻周围的小孔，再加工大孔，

在小孔内嵌入芯棒，组成型腔；图 2-26（b）所示型腔内有局部凸起，可将此凸起部分单独加工，再把加工好的镶块利用圆形槽（也可用 T 型槽、燕尾槽等）镶在圆形型腔内；图 2-26（c）是利用局部镶嵌的办法加工圆形环的凹模；图 2-26（d）是在型腔底部局部镶嵌；图 2-26（e）是利用局部镶嵌来加工长条形型腔。

③ 底部镶拼式型腔的结构如图 2-27 所示。为了机械加工、研磨、抛光、热处理方便，形状复杂的型腔底部可以设计成镶拼式结构。选用这种结构时应注意平磨结合面，抛光时应仔细，以保证结合处锐棱（不能带圆角）影响脱模。此外，底板还应有足够的厚度以免变形而进入塑料。

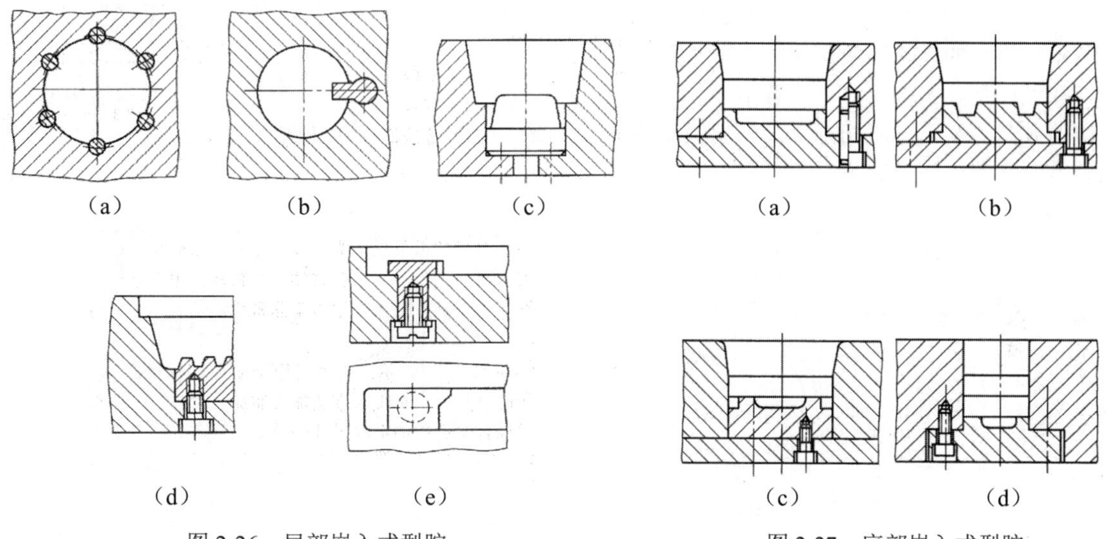

图 2-26 局部嵌入式型腔

图 2-27 底部嵌入式型腔

2. 型芯的结构设计

成型制品内表面的零件称型芯，主要有主型芯、小型芯等。对于简单的容器，如壳、罩、盖之类的制品，成型起主要部分内表面的零件称主型芯，而将成型其他小孔的型芯称为小型芯或成型杆。

（1）主型芯按结构可分为整体式和组合式两种。

在图 2-28 中，整体式结构型芯如图 2-28（a）所示，其结构牢固，但不便加工，消耗的模具钢多，主要用于工艺实验或小型模具上的简单型芯。

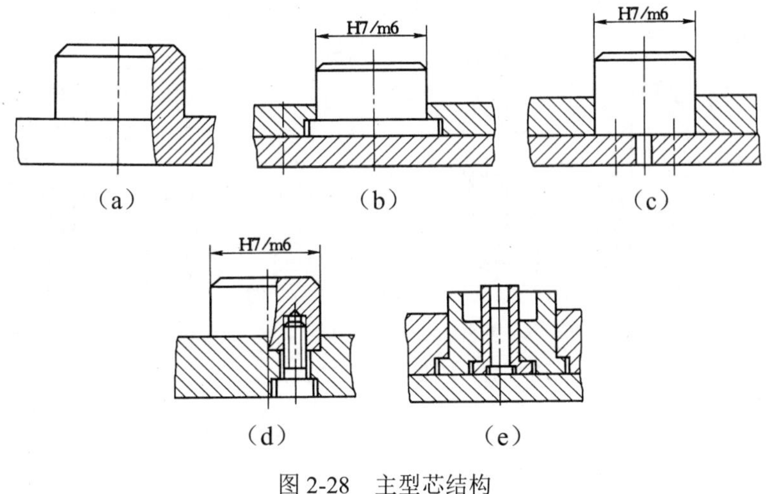

图 2-28 主型芯结构

组合式主型芯结构如图 2-28 的（b）～（e）所示。为了便于加工，形状复杂型芯往往采用镶拼组合式结构，这种结构是将型芯单独加工后，再镶入模板中。图 2-28 中，图 2-28（b）为通孔台肩式，型芯用台肩和模板连接，再用垫板、螺钉紧固，连接牢固，是最常用的方法。对于固定部分是圆柱面，而型芯又有方向性的情况，可采用销钉或键定位；图 2-28（c）为通孔无台肩式结构；图 2-28（d）为盲孔式的结构；图 2-28（e）适用于制品内形复杂、机加工困难的型芯。

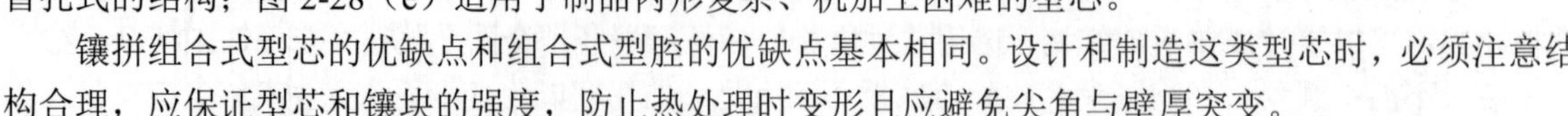

Note

镶拼组合式型芯的优缺点和组合式型腔的优缺点基本相同。设计和制造这类型芯时，必须注意结构合理，应保证型芯和镶块的强度，防止热处理时变形且应避免尖角与壁厚突变。

当小型芯靠主型芯太近，如图 2-29 中（a）所示，热处理时薄壁部位易开裂，故应采用图 2-29（b）的结构，将大的型芯制成整体式，再镶入小型芯。

在设计型芯结构时，应注意塑料的飞边不应该影响脱模取件，如图 2-30 中（a）所示结构的溢料飞边的方向与脱模方向相垂直，影响制品的取出；而采用图 2-30（b）的结构，其溢料飞边的方向与脱模方向一致，便于脱模。

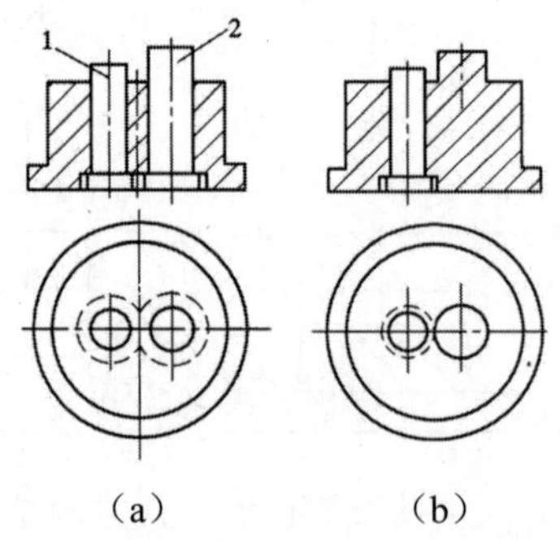

图 2-29　相近小型芯的镶嵌组合结构

1—小型芯　2—大型芯

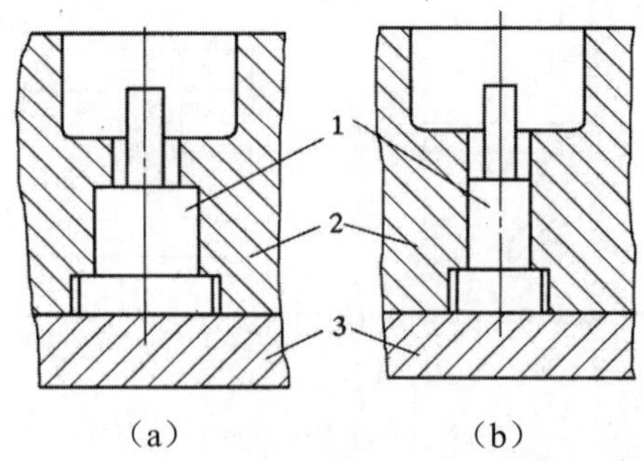

图 2-30　便于脱模的镶嵌型芯组合结构

1—型芯　2—型腔零件　3—垫板

（2）小型芯是用来成型制品上的小孔或槽。小型芯单独制造后，再嵌入模板中。

圆形小型芯采用图 2-31 所示的几种固定方法，其中图 2-31（a）使用台肩固定的形式，下面有垫板压紧；图 2-31（b）中的固定板太厚，可在固定板上减小配合长度，同时细小的型芯制成台阶的形式；图 2-31（c）是型芯细小而固定板太厚的形式，型芯镶入后，在下端用圆柱垫垫平；图 2-31（d）适用于固定板厚、无垫板的场合，在型芯的下端用螺塞紧固；图 2-31（e）是型芯镶入后在另一端采用铆接固定的形式。

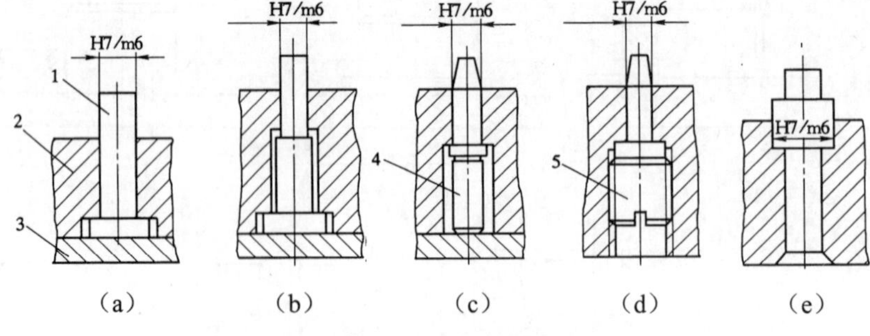

图 2-31　圆形小型芯的固定形式

1—圆形小型芯　2—固定板　3—垫板　4—圆柱垫　5—螺塞

对于异形型芯，为了制造方便，常将型芯设计成两段。型芯的连接固定段制成圆形台肩和模板连接，如图 2-32 中（a）所示；也可以用螺母紧固，如图 2-32 中（b）所示。

图 2-33 所示的多个相互靠近的小型芯，如果台肩固定时，台肩发生重叠干涉，可将台肩相碰的一面磨去，将型芯固定板的台阶孔加工成大圆台阶孔或长椭圆形台阶孔，然后再将型芯镶入。

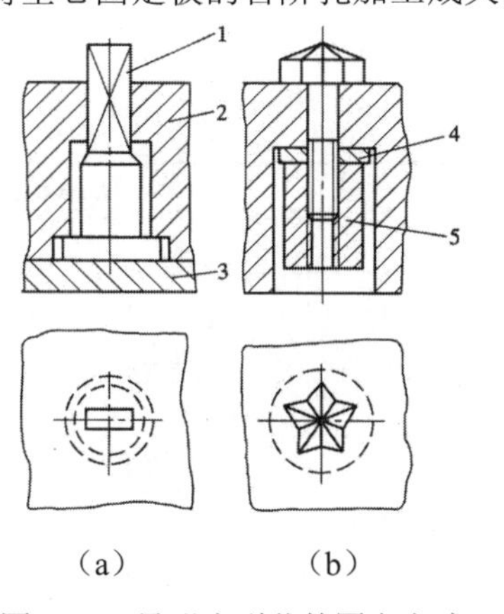

图 2-32　异形小型芯的固定方式

1—异形小型芯　2—固定板　3—垫板　4—挡圈　5—螺母

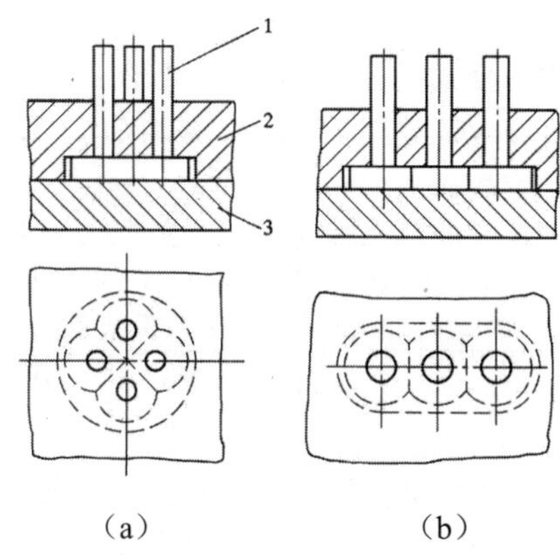

图 2-33　多个互相靠近型芯的固定方式

1—小型芯　2—固定板　3—垫板

3. 脱模斜度

由于塑料冷却后产生收缩，会紧紧包在凸模型芯上，或由于黏附作用，制品紧贴在凹模型腔内。为了便于脱模，防止制品表面在脱模时划伤等，在设计时必须使制品内外表面沿脱模方向具有合理的脱模斜度，如图 2-34 所示。

脱模斜度的大小取决于制品的性能和几何形状等。硬质塑料比软质塑料脱模斜度大；形状较复杂，或成型孔较多的制品取较大的脱模斜度；塑料高度较大，孔较深，则取较小的脱模斜度；壁厚增加，内孔包紧型芯的力大，脱模斜度也应取大些。

脱模斜度的取向根据制品的内外尺寸而定：制品内孔，以型芯小端为准，尺寸符合图样要求，斜度由扩大的方向取得；制品外形，以型腔（凹模）大端为准，尺寸符合图样要求，斜度由缩小方向取得。一般情况下，脱模斜度不包括在制品的公差范围内。表 2.1 列出制品常用的脱模斜度。

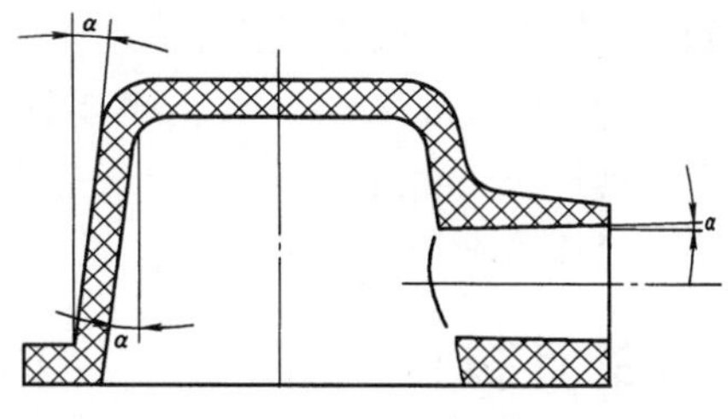

图 2-34　主型芯结构

4. 型腔的侧壁和底板厚度设计

塑料模型腔壁厚及底板厚度的计算是模具设计中经常遇到的重要问题，尤其对大型模具更为突出。目前常用的计算方法有按强度和按刚度条件计算两大类，但实际的塑料模却要求既不允许因强度不足而发生明显变形甚至破坏，也不允许因刚度不足而发生过大变形。因此要求对强度及刚度加以合理考虑。

在塑料注射模注射过程中，型腔所承受的力是十分复杂的。型腔所受的力有塑料熔体的压力、合模时的压力、开模时的拉力等，其中最主要的是塑料熔体的压力。在塑料熔体的压力作用下，型腔将产生内应力及变形。如果型腔壁厚和底板厚度不够，当型腔中产生的内应力超过型腔材料的许用应力时，型腔即发生强度破坏。与此同时，刚度不足则发生过大的弹性变形，从而产生溢料，影响制品尺寸及成型精度，也可能导致脱模困难等。可见模具对强度和刚度都有要求。

表 2-1　制品的脱模斜度

塑料名称	脱模斜度	
	型腔	型芯
聚乙烯、聚丙烯、软聚氯乙烯、聚酰胺、氯化聚醚、聚碳酸酯	25′～45′	20′～45′
硬聚氯乙烯、聚碳酸酯、聚砜	35′～40′	30′～50′
聚苯乙烯、有机玻璃、ABS、聚甲醛	35′～1º30′	30′～40′
热固性塑料	25′～40′	20′～50′

注：本表所列的脱模斜度适用于开模后制品留在凸模上的情况。

对大尺寸型腔，刚度不足是主要失效原因，应按刚度条件计算；对小尺寸型腔，强度不够则是失效原因，应按强度条件计算。强度计算的条件是满足各种受力状态下的许用应力。刚度计算的条件则由于模具的特殊性，可以从以下几个方面加以考虑。

（1）要防止溢料。模具型腔的某些配合面当高压塑料熔体注入时，会产生足以溢料的间隙。为了使型腔不致因模具弹性变形而发生溢料，此时应根据不同塑料的最大不溢料间隙来确定其刚度条件。如尼龙、聚乙烯、聚丙烯、聚丙醛等低黏度塑料，其允许间隙为 0.025～0.03mm；对聚苯乙烯、有机玻璃、ABS 等中等黏度塑料为 0.05mm；对聚砜、聚碳酸酯、硬聚氯乙烯等高黏度塑料为 0.06～0.08mm。

（2）应保证制品精度。制品均有尺寸要求，尤其是精度要求高的小型制品，这就要求模具型腔具有很好的刚性。

（3）要有利于脱模。一般来说塑料的收缩率较大，故多数情况下，当满足上述两项要求时已能满足本项要求。

上述要求在设计模具时其刚度条件应以这些项中最苛刻者（允许最小的变形值）为设计标准，但也不应无根据地过分提高标准，以免浪费钢材，增加制造难度。

一般常用计算法和查表法，圆形和矩形型腔的壁厚及底板厚度有常用的计算公式，但是计算比较复杂且烦琐。而且由于注塑成型的过程会受到温度、压力、塑料特性和制品形状复杂程度等因素的影响，公式计算的结果并不能完全真实地反映实际情况。通常一般采用经验数据或查有关表格，设计时可以参阅相关资料。

2.3.2　成型零件工作尺寸的计算

成型零件工作尺寸是指成型零件上直接用来构成制品的尺寸，主要有型腔、型芯及成型杆的径向尺寸，型腔的深度尺寸和型芯的高度尺寸，型腔和型腔之间的位置尺寸等。在模具的设计中，应根据制品的尺寸、精度等级及影响制品的尺寸和精度的因素来确定模具的成型零件的工作尺寸及精度。

1. 影响制品成型尺寸和精度的要素

（1）制品成型后的收缩变化与塑料的品种、制品的形状、尺寸、壁厚、成型工艺条件、模具的结构等因素有关，所以确定准确的塑料收缩率是很困难的。工艺条件、塑料批号发生的变化会造成制

品收缩率的波动，其误差为

$$\delta_s = (S_{max} - S_{min})L_s$$

式中：δ_s——塑料收缩率波动误差，mm；

S_{max}——塑料的最大收缩率；

S_{min}——塑料的最小收缩率；

L_s——制品的基本尺寸，mm。

实际收缩率与计算收缩率会有差异，按照一般的要求，塑料收缩率波动所引起的误差应小于制品公差的 1/3。

（2）模具成型零件的制造精度是影响制品尺寸精度的重要因素之一。模具成型零件的制造精度愈低，制品尺寸精度也愈低。一般成型零件工作尺寸制造公差值 δ_z 取制品公差值 Δ 的 1/3～1/4 或取 IT7 ～ IT8 级作为制造公差，组合式型腔或型芯的制造公差应根据尺寸链来确定。

（3）模具成型零件的磨损。模具在使用过程中，由于塑料熔体流动的冲刷、脱模时与制品的摩擦、成型过程中可能产生的腐蚀性气体的锈蚀以及由于以上原因造成的模具成型零件表面粗糙度值提高而要求重新抛光等，均会造成模具成型零件尺寸的变化，型腔的尺寸会变大，型芯的尺寸会减小。

这种由于磨损而造成的模具成型零件尺寸的变化值与制品的产量、塑料原料及模具等都有关系，在计算成型零件的工作尺寸时，对于生产批量小的，模具表面耐磨性好的（高硬度模具材料或模具表面进行过镀铬或渗氮处理的），其磨损量应取小值；对于玻璃纤维做原料的制品，其磨损量应取大值。对于与脱模方向垂直的成型零件的表面，磨损量应取小值，甚至可以不考虑磨损量，而与脱模方向平行的成型零件的表面，应考虑磨损。对于中、小型制品，模具成型零件的最大磨损可取制品公差的 1/6；而大型制品，模具成型零件的最大磨损应取制品公差的 1/6 以下。

成型零件的最大磨损量用 δ_c 来表示，一般取 $\delta_c = \Delta/6$。

（4）模具安装配合的误差。模具的成型零件由于配合间隙的变化，会引起制品的尺寸变化。如型芯按间隙配合安装在模具内，制品孔的位置误差要受到配合间隙值的影响，若采用过盈配合，则不存在此误差。模具安装配合间隙的变化而引起制品的尺寸误差用 δ_i 来表示。

（5）制品的总误差。综上所述，塑件在成型过程产生的最大尺寸误差应该是上述各种误差的和，即

$$\delta = \delta_s + \delta_z + \delta_c + \delta_i$$

式中：δ——制品的成型误差；

δ_s——塑料收缩率波动误差；

δ_z——模具成型零件的制造公差；

δ_c——模具成型零件的最大磨损量；

δ_i——模具安装配合间隙的变化而引起制品的尺寸误差。

制品的公差值 Δ 应不大于制品的成型误差，即

$$\delta \leqslant \Delta$$

（6）考虑制品尺寸和精度的原则。在一般情况下，塑料收缩率波动、成型零件的制造公差和成型零件的磨损是影响制品尺寸和精度的主要原因。对于大型制品，其塑料收缩率对其尺寸公差影响最大，应稳定成型工艺条件，并选择波动较小的塑料来误差；对于中、小型制品，成型零件的制造公差及磨损对其尺寸公差影响最大，应提高模具精度等级和减小磨损来减小误差。

2. 成型零部件工作尺寸计算

仅考虑塑料收缩率时，计算模具成型零件的基本公式为

$$L_m = L_s(1+S)$$

式中：L_m——模具成型零件在常温下的实际尺寸，mm；

L_s——制品在常温下的实际尺寸，mm；

S ——塑料的计算收缩率。

由于多数情况下，塑料的收缩率是一个波动值，常用平均收缩率来代替塑料的收缩率，塑料的平均收缩率为

$$\overline{S} = \frac{S_{max} - S_{min}}{2} \times 100\%$$

式中：$\overline{S}$ ——塑料的平均收缩率；

S_{max}——塑料的最大收缩率；

S_{min}——塑料的最小收缩率。

图 2-35 所示为制品尺寸与模具成型零件尺寸的关系，模具成型零件尺寸决定于制品尺寸。制品尺寸与模具成型零件工作尺寸的取值规定见表 2-2。

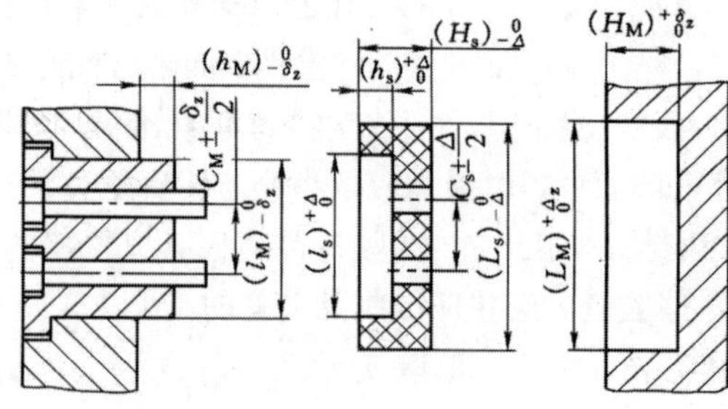

图 2-35 制品尺寸与模具成型零件尺寸的关系

（1）型腔和型芯的径向尺寸。

型腔 $(L_M)_0^{\delta_z} = [(1+\overline{S})L_s - x\Delta]_0^{\delta_z}$

型芯 $(l_M)_{-\delta_z}^0 = [(1+\overline{S})l_s + x\Delta]_{-\delta_z}^0$

式中：L_M、l_M——型腔、型芯径向工作尺寸，mm；

$\overline{S}$ ——塑料的平均收缩率；

L_s、l_s——制品的径向尺寸，mm；

Δ——制品的尺寸公差，mm；

x——修正系数 制品尺寸大、精度级别低时，$x = 0.5$；

制品尺寸小、精度级别高时，$x = 0.75$。

表 2-2 制品尺寸与模具成型零件工作尺寸的取值规定

序号	制品尺寸的分类	制品尺寸的取值规定		模具成型零件工作尺寸的取值规定		
		基本尺寸	偏 差	成型零件	基本尺寸	偏 差
1	外形尺寸 L、H	最大尺寸 L_s、H_s	负偏差 $-\Delta$	型 腔	最小尺寸 L_M、H_M	正偏差 $\delta z/2$
2	内形尺寸 l、h	最小尺寸 l_s、h_s	正偏差 Δ	型 芯	最大尺寸 l_M、h_M	负偏差 $-\delta z/2$
3	中心距 C	平均尺寸 C_s	对称 $\pm\Delta/2$	型芯、型腔	平均尺寸 C_M	对称 $\pm\delta z/2$

- 径向尺寸仅考虑受 δ_s、δ_z 和的 δ_c 影响；
- 为了保证制品实际尺寸在规定的公差范围内，对成型尺寸需进行校核。

$$(S_{max}-S_{min})L_s(或l_s)+\delta_z+\delta_s<\Delta$$

（2）型腔和型芯的深度、高度尺寸。

型腔 $$(H_M)_0^{\delta_z}=[(1+\bar{S})H_s-x\Delta]_0^{\delta_z}$$

型芯 $$(h_M)_{-\delta_z}^{0}=[(1+\bar{S})h_s+x\Delta]_{-\delta_z}^{0}$$

式中：H_M、h_M——型腔、型芯深度、高度工作尺寸，mm；

H_s、h_s——制品的深度、高度尺寸，mm；

x——修正系数，制品尺寸大、精度级别低时，$x=1/3$；

制品尺寸小、精度级别高时，$x=1/2$。

- 深度、高度尺寸仅考虑受 δ_s、δ_z 和的 δ_c 影响；
- 为了保证制品实际尺寸在规定的公差范围内，对成型尺寸需进行校核：

$$(S_{max}-S_{min})H_s(或h_s)+\delta_z+\delta_s<\Delta$$

（3）中心距尺寸。

$$C_M\pm\frac{\delta_z}{2}=(1+\bar{S})C_s\pm\delta_z$$

式中：C_M——模具中心距尺寸，mm；

C_s——制品中心距尺寸，mm。

对中心距尺寸的校核如下：

$$(S_{max}-S_{min})C_s<\Delta$$

2.3.3　工件设置

单击“注塑模向导”选项卡“主要”面板上的“工件”按钮，弹出如图 2-36 所示的“工件”对话框。该对话框分为类型、工件方法、尺寸等几个部分。

1．工件方法

包括“用户定义的块”“型腔-型芯”“仅型腔”“仅型芯”四种类型。

（1）标准长方体。

标准长方体类型使用系统提供的长方体作为工件的实体，系统在产品最大尺寸栏显示产品体的 X、Y、Z 方向最大外形尺寸，用户可以在工件尺寸中设置工件 X、Y、Z 三个方向长度，也可以通过设置 X、Y、Z 三轴六向的偏移量来定义工件的尺寸。

（2）自定义工件。

在设计工件时，有时根据产品体形状，需要自定义工件块。当选择“型腔和型芯”“仅型腔”和“仅型芯”三个选项其中的一个时，系统弹出如图 2-37 所示的对话框。自定义工件类型与选择标准块不同，对话框会提示选择一个实体作为工件（Select a solid as work piece），而这个实体必须存在于 parting 文件中。

Note

图 2-36　“工件”对话框

图 2-37　改变后的“工件”对话框

“型腔和型芯”定义工件型芯与型芯形状相同，而“仅型腔”“仅型芯”是单独创建型腔或型芯，所以其工件形状可以不同。标准长方体类型工件和自定义工件的差别，如图 2-38 所示。

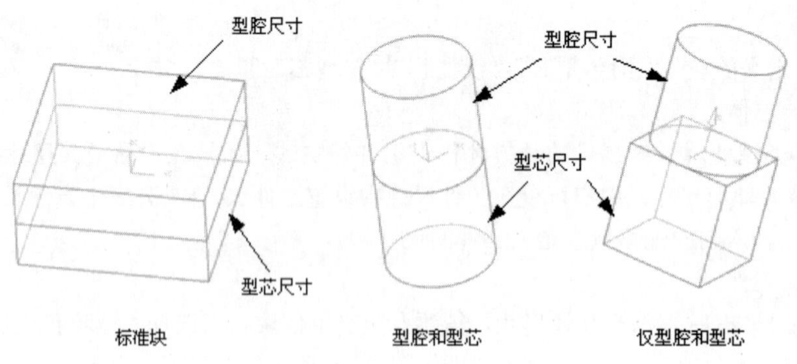

图 2-38　自定义工件选项比较

2. 工件尺寸的定义方式

系统提供的定义工件的方式有两种：“草图”和“参考点”。

（1）草图。

该方法是绘制一个大于产品的草图，再添加限制条件件形成工件。

（2）参考点。

该方法是在产品体上设定一个参考点，然后以该参考点为原点设置工件的尺寸，如图 2-39 所示。

定义工件

定义类型　参考点

指定点

轴	负的	正的	总数
X	70.0000	70.0000	140.0000
Y	70.0000	70.0000	140.0000
Z	90.0000	75.0000	165.0000

重置大小

图例

Product Maximum Size:
X = 92.552　Y = 92.552
Z_down = -65.893　Z_up = 51.306

图 2-39　“参考点”定义工件尺寸

2.3.4　实例——顶盖工件设置

下面将通过一个实例练习，来进一步加强对工件设置各个选项的理解。具体操作如下：

（1）单击“注塑模向导”选项卡中的“初始化项目”按钮，装载 yuanwenjian/dinggai/DG.prt。完成装载后的效果的产品体如图 2-40 所示。

图 2-40　载入产品体

（2）单击“菜单”→“格式”→“WCS”→“旋转”命令，打开“旋转 WCS 绕”对话框，如图 2-41 所示，从中选择最下面选项“-YC 轴：XC→ZC”选项，输入旋转角度“−90”，使 ZC 轴方向垂直于上端面向上，然后单击“确定”按钮，效果如图 2-42 所示。

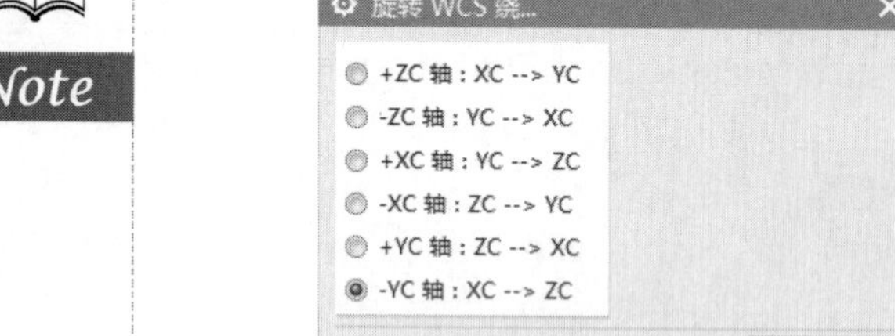

图 2-41 “旋转 WCS 绕”对话框

图 2-42 旋转坐标系

（3）单击“注塑模向导”选项卡“主要”面板上的“模具坐标系”按钮，系统弹出如图 2-43 所示的“模具坐标系”对话框。接受默认设置，单击“确定”按钮，完成模具坐标系设置。

（4）单击“注塑模向导”选项卡“主要”面板上的“收缩”按钮，系统弹出如图 2-44 所示的“缩放体”对话框，设置收缩类型为“均匀”收缩，系统默认的是 WCS 坐标原点，设置比例因子为“1.006”，单击“确定”按钮。

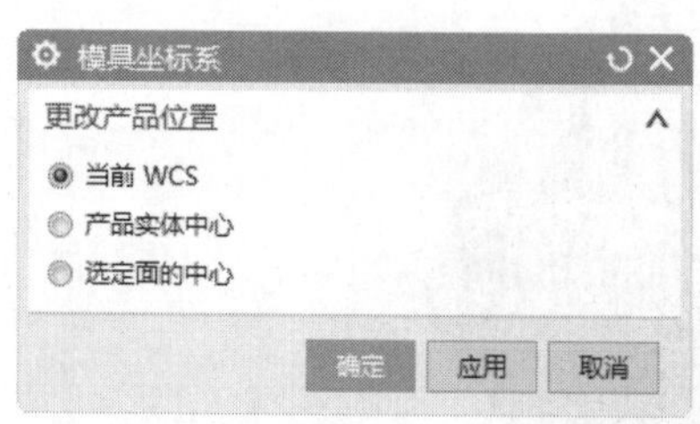

图 2-43 “模具坐标系”对话框

图 2-44 “缩放体”对话框

（5）选择“视图”选项卡“窗口”下拉列表中的 DG_Parting，显示 DG_Parting 文件。

（6）选择“文件”→“建模”选项，进入“建模”环境。然后单击“主页”选项卡“特征”面板上的“圆柱”按钮，弹出如图 2-45 所示“圆柱”对话框，选择“轴、直径和高度”类型，选择 XC 轴方向为创建方向。

（7）单击“点对话框”按钮，弹出“点”对话框，输入“-80，0，0”作为参考点，单击“确定”按钮，返回到“圆柱”对话框，输入直径为 150，高度为 150，单击“确定”按钮，生成圆柱体，如图 2-46 所示。

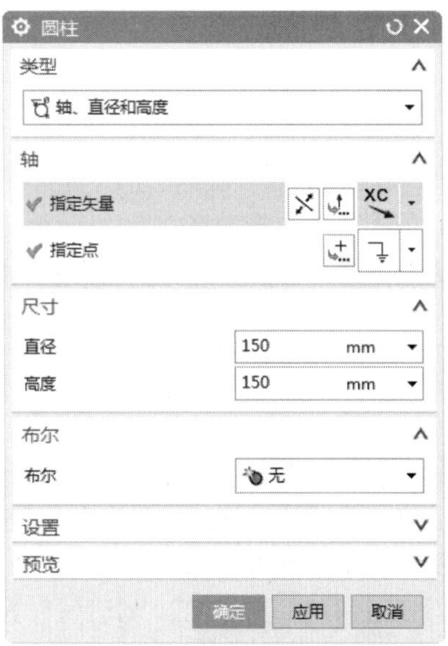

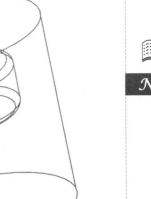

图 2-45　“圆柱”对话框

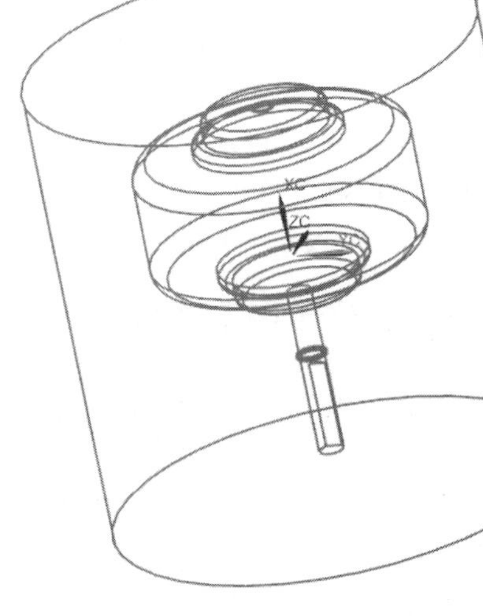

图 2-46　生成圆柱体

（8）切换到“DG_top.prt”文件，单击“注塑模向导”选项卡“主要”面板上的“工件”按钮，系统弹出“工件”对话框，选择“仅型腔”工件方法，如图 2-47 所示。选择如图 2-46 所示的圆柱体作为实体。然后单击“确定”按钮，生成的型腔工件如图 2-48 所示。

图 2-47　“工件”对话框

图 2-48　生成型腔工件

（9）单击“文件”→“保存”→“全部保存”选项，保存所有部件文件。

2.4 型腔布局

Note

利用模具坐标系，可以确定模具开模方向和分型面位置，但不能确定型腔在 X-Y 平面内的分布。为解决这个问题 UG NX 12.0 Mold Wizard 提供了型腔布局这一功能。利用该功能，能构准确地确定型腔的个数和型腔的位置。

2.4.1 型腔数量和排列方式

塑料制件的设计完成后，首先需要确定型腔的数量。与多型腔模具相比，单型腔模具有如下优点：塑料制件的形状和尺寸始终一致，在生产高精度零件时，通常使用单型腔模具；单型腔模具仅需根据一个制品调整成型工艺条件，因此工艺参数易于控制；单型腔模具的结构简单紧凑，设计自由度大，其模具的推出机构、冷却系统、分型面设计较方便；单型腔模具还具有制造成本低、制造简单等优点。

对于长期、大批量生产来说，多型腔模具更为有益，它可以提高制品的生产效率，降低制品的成本。如果注射的制品非常小而又没有与其相适应的设备，则采用多型腔模具是最佳选择。现代注射成型生产中，大多数小型的制品成型都采用多型腔的模具。

1. 型腔数量的确定

在设计时，先确定注射机的型号，再根据所选注射机的技术规格及制品的技术要求，计算出选取的型腔数目；也有根据经验先确定型腔数量，然后根据生产条件，如注射机的有关技术规格等进行校核计算。但无论采用哪种方式，一般考虑的要点包括以下方面。

（1）塑料制件的批量和交货周期。如果必须在相当短的时间内制造大批量的产品，则采用多型腔模具可提供独特的优越条件。

（2）质量的控制要求。塑料制件的质量控制要求是指其尺寸、精度、性能及表面粗糙度等。由于型腔的制造误差和成型工艺误差等影响，每增加一个型腔，制品的尺寸精度就降低约 4%～8%，因此多型腔模具（n>4）一般不能生产高精度的制品。高精度的制品一般一模一件，保证质量。

（3）成型的塑料品种与制品的形状及尺寸。制品的材料、形状尺寸与浇口的位置和形式有关，同时也对分型面和脱模的位置有影响，因此确定型腔数目时应考虑这方面的因素。

（4）所选注射机的技术规格。根据注射机的额定注射量及额定锁模力算型腔数目。

因此，根据上述要点所确定的型腔数目，既要保证最佳的生产经济性，又要保证产品的质量，也就是应保证塑料制件最佳的技术经济性。

2. 型腔的分布

（1）制品在单型腔模具中的位置。单型腔模具有制品在动模部分、定模部分及同时在动模和定模中的结构。制品在单型腔模具中的位置如图 2-49 所示，图（a）为制品全部在定模中的结构；图（b）为制品在动模中的结构；图（c）、（d）为制品同时在定模和动模中的结构。

（2）多型腔模具型腔的分布。对于多型腔模具，由于型腔的排布与浇注系统密切相关，型腔的排布应使每个型腔都能通过浇注系统从总压力中均等地分得所需的足够压力，以保证塑料熔体能同时均匀充满每一个型腔，从而保证各个型腔的制品内在质量一致稳定。多型腔排布方法有平衡式和非平衡式两种。

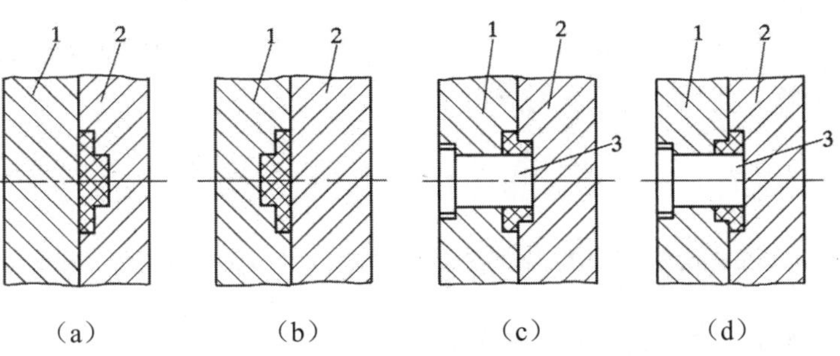

图 2-49　制品在单型腔模具中的位置

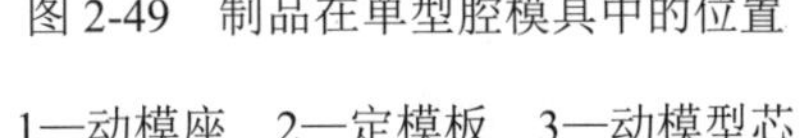
1—动模座　2—定模板　3—动模型芯

① 平衡式多型腔排布如图 2-50 的（a）、（b）、（c）所示。其特点是从主流道到各型腔浇口的分流道的长度截面形状、尺寸及分布对称性对应相同，可实现各型腔均匀进料，达到同时充满型腔的目的。

② 非平衡式多型腔排布如图 2-50 的（d）、（e）、（f）所示。其特点是从主流道到各型腔浇口的分流道的长度不相同，因而不利于均衡进料，但这种方式可以明显缩短分流道的长度，节约原料。为了达到同时充满型腔的目的，往往各浇口的截面尺寸要不相同。

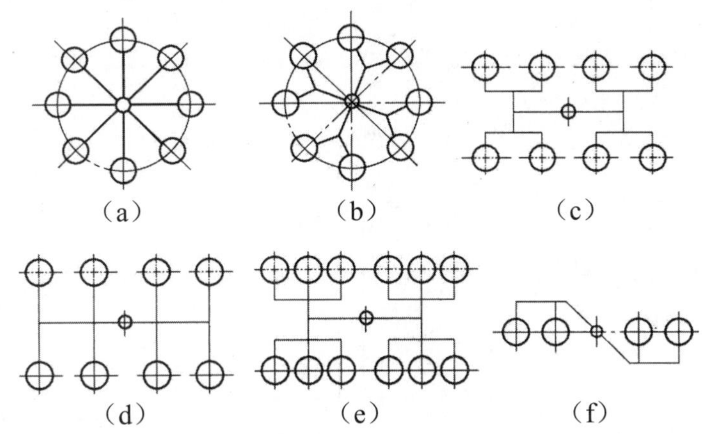

图 2-50　平衡式和非平衡式多模腔的排布

2.4.2　型腔布局设置

单击“注塑模向导”选项卡“主要”面板上的“型腔布局”按钮，系统弹出如图 2-51 所示的“型腔布局”对话框。

1. 布局类型

系统提供的布局类型包括“矩形”“圆形”两种。矩形布局又可分为“平衡”和“线性”两个选项；圆形布局，又可分为“径向”和“恒定”两个选项。

（1）矩形布局有平衡和线性之分。平衡布局需要设置型腔数量为 2 和 4。如果是 2 型腔布局，只需设定间隙距离；如果是 4 型腔布局，则需设定第一距离和第二距离，如图 2-52 所示。

进行矩形布局操作时，首先选择平衡或线性布局方式，接着选择型腔数（2 个或 4 个），输入方向偏移量，然后单击对话框中“开始布局”按钮，系统会在工作区显示如图 2-53 所示的 4 个偏移方

向，用鼠标选取偏移方向。系统默认的第二偏移方向是沿第一方向逆时针旋转 90°，所以在线性布局时，选择了第一偏移方向后，无须再选择第二方向了。最后，生成布局。

图 2-51　“型腔布局”对话框

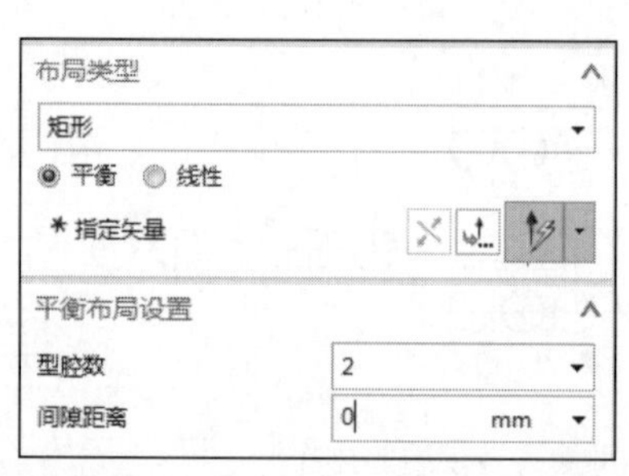

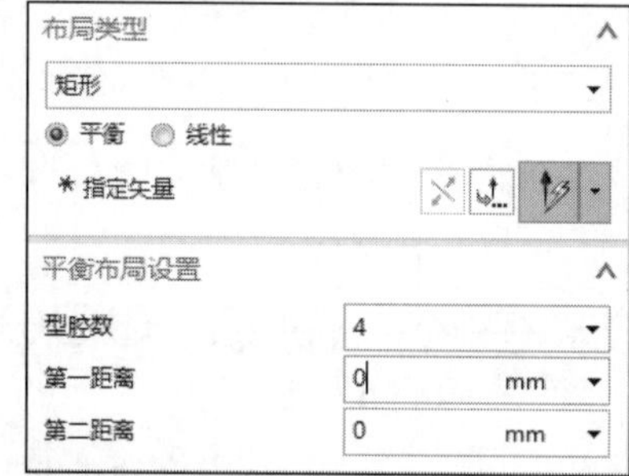

图 2-52　矩形平衡布局设置

图 2-54 显示了利用“平衡”和“线性”布局选项生成的一模四腔不同布局的效果。

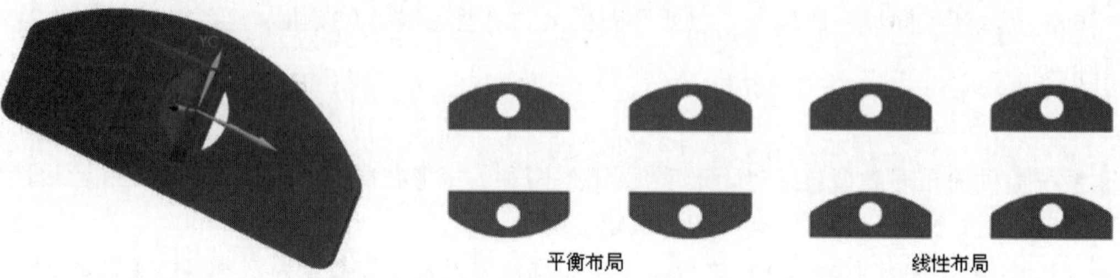

图 2-53　选择偏移方向　　图 2-54　平衡和线性的不同布局效果

（2）圆形布局包括径向布局和恒定布局两种。径向布局是以参考点为中心，产品上每一点都沿着中心旋转相同的角度；恒定布局则是产品体上到中心等于旋转半径的参考点旋转设定的角度，而产

品零件整体是平移到该旋转点上，如图 2-55 所示。

进行圆形布局操作时，首先选择“径向”和“恒定”布局方式，然后输入“型腔数”和“起始角”，接着输入“旋转角度”和“半径”，完成输入后，单击“开始布局”按钮，生成型腔布局。

“径向”布局和“恒定”布局方式产生的不同布局效果如图 2-56 所示。

2. 编辑布局

该选项组包括“编辑插入腔”“变换”“移除”和“自动对准中心”四个选项，用于对布局零件进行旋转、平移等操作。

（1）变换：单击“变换”按钮，弹出“变换”对话框。

选择“旋转”类型，指定旋转中心点，选择好旋转中心点后，输入旋转角度。“移动原先的”用于把要旋转的零件旋转一定的角度；“复制原先的”是在要旋转的零件旋转一定的位置再新生成一个复制品，一个变成两个。如图 2-57 所示。

选择“平移”类型，弹出如图 2-58 所示的“平移”对话框选项，输入零件沿 X 向和 Y 向的平移距离，也可用后面的滑块来调整平移距离的大小。

选择“点到点”类型，弹出 2-59 所示的“点到点”对话框选项，指定出发点和目标点来移动或复制。

图 2-55　圆形布局选项

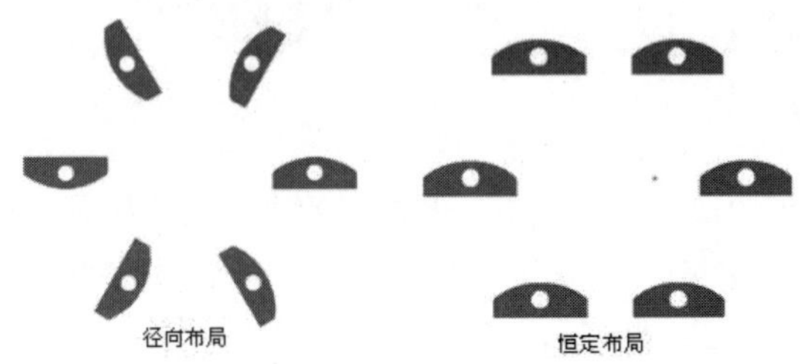

图 2-56　径向布局和恒定布局效果比较

图 2-57 “旋转”类型　　图 2-58 “平移”类型　　图 2-59 “点到点”类型

（2）移除：用于移除布局产生的复制品，原件不能被移除。

（3）自动对准中心：该选项用于把布局以后的零件整体的中心移动到绝对原点上。

2.4.3 实例——端盖型腔布局

本实例重点演练布局的一些功能，通过本实例的学习，能够掌握布局中各选项的使用。具体操作如下。

(1)单击“注塑模向导”选项卡中的“初始化项目”按钮，装载“yuanwenjian/duangai/duangai.prt”。完成装载后的效果的产品体如图 2-60 所示。

图 2-60　产品体

（2）单击“注塑模向导”选项卡“主要”面板上的“模具坐标系”按钮，系统弹出“模具坐标系”对话框，从中选择“锁定 Z 值”和“产品体中心”选项，然后单击“确定”按钮。系统会自动把模具坐标系放在产品体中心上，并且锁定 Z 轴，如图 2-61 所示。

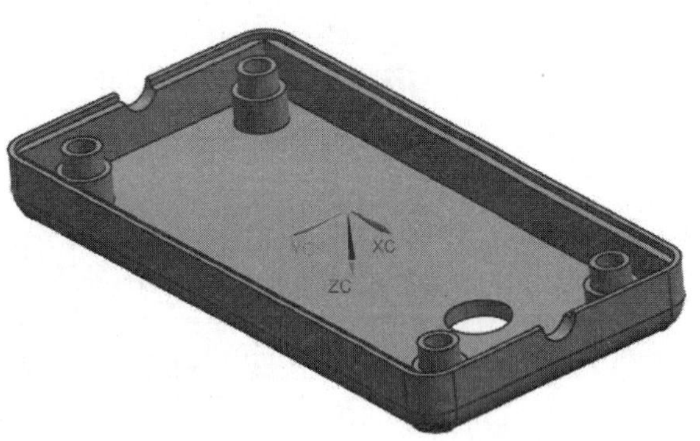

图 2-61　选定模具坐标系

（3）单击“注塑模向导”选项卡“主要”面板上的“收缩”按钮，弹出如图 2-62 所示的“缩放体”对话框，选择“均匀”类型，设置比例因子为 1.006，单击“确定”按钮。

（4）单击“注塑模向导”选项卡“主要”面板上的“工件”按钮，系统弹出“工件”对话框，选择“用户定义的块”工件方法，选择“参考点”定义类型，并按照如图 2-63 所示设置工件尺寸，单击“确定”按钮，生成工件如图 2-64 所示。

图 2-62　“缩放体”对话框

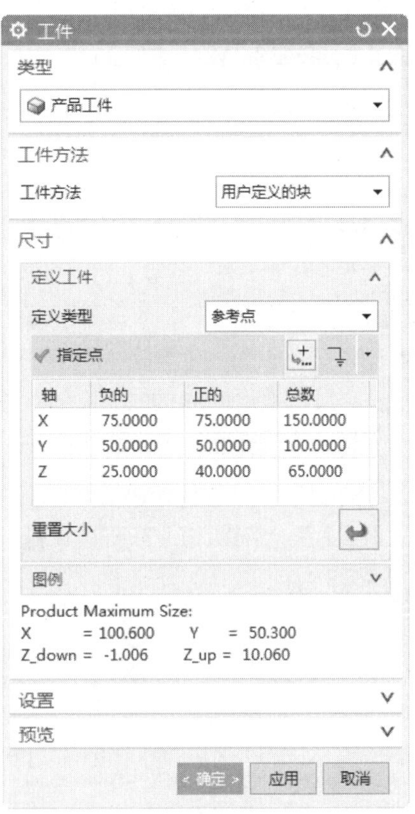

图 2-63　“工件”对话框

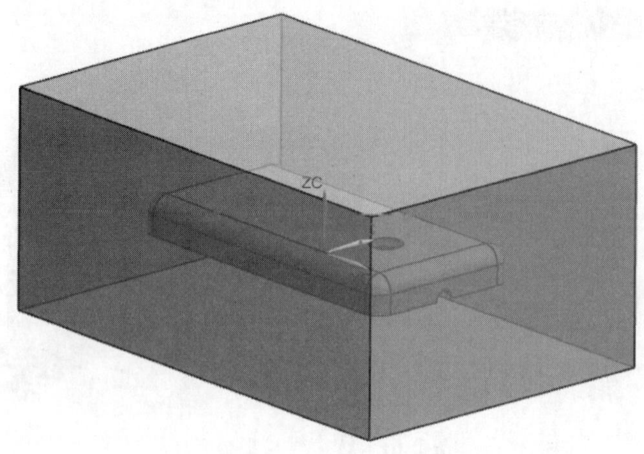

图 2-64　生成工件

（5）单击“注塑模向导”选项卡“主要”面板上的“型腔布局”按钮，系统弹出如图 2-65 所示的“型腔布局”对话框，选择“矩形”和“线性”两个选项，并设置 X 向和 Y 向型腔的数量各为 2 个，移动参考都采用“块”形式，距离为“20”。

（6）单击“型腔布局”对话框中的“开始布局”按钮，工作区会自动生成四个工件，如图 2-66 所示。

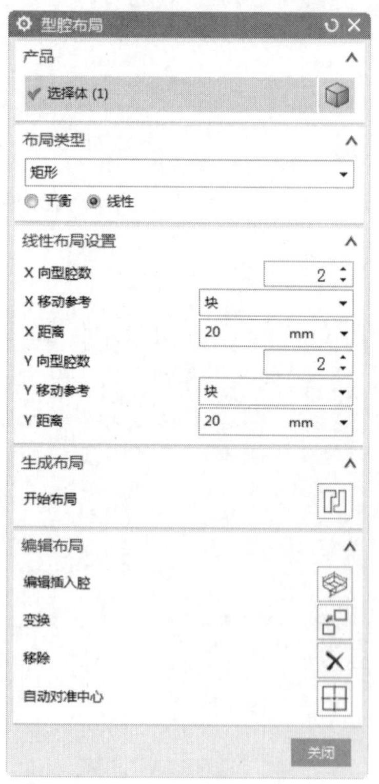

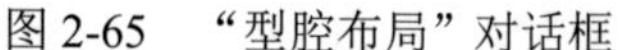

图 2-65　“型腔布局”对话框

图 2-66　生成线性布局

（7）单击“型腔布局”对话框中的“自动对准中心”按钮，四个布局产品会自动平移，使 4 个产品体的中心与模具坐标系对齐，如图 2-67 所示。单击“关闭”按钮，完成型腔布局设置。

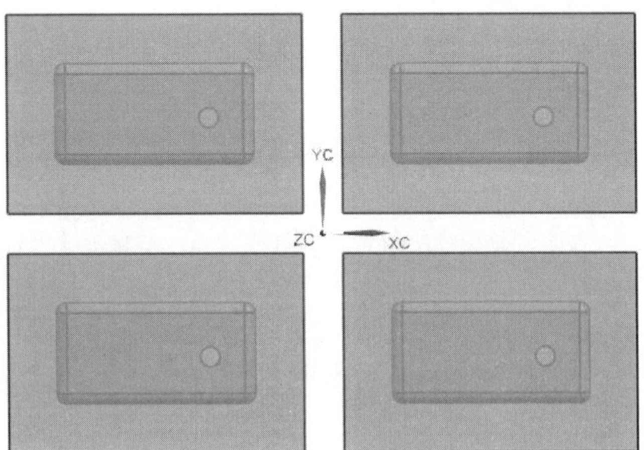

Note

图 2-67　自动对准中心

（8）单击“文件”→“保存”→“全部保存”选项，保存所有部件文件。

第3章 模具修补

（视频讲解：5分钟）

在进行分型前，有些产品体上有开放的凹槽或孔，这时就需要在分形前修补该产品体，否则UG就识别不出来包含这样特征的分型面。

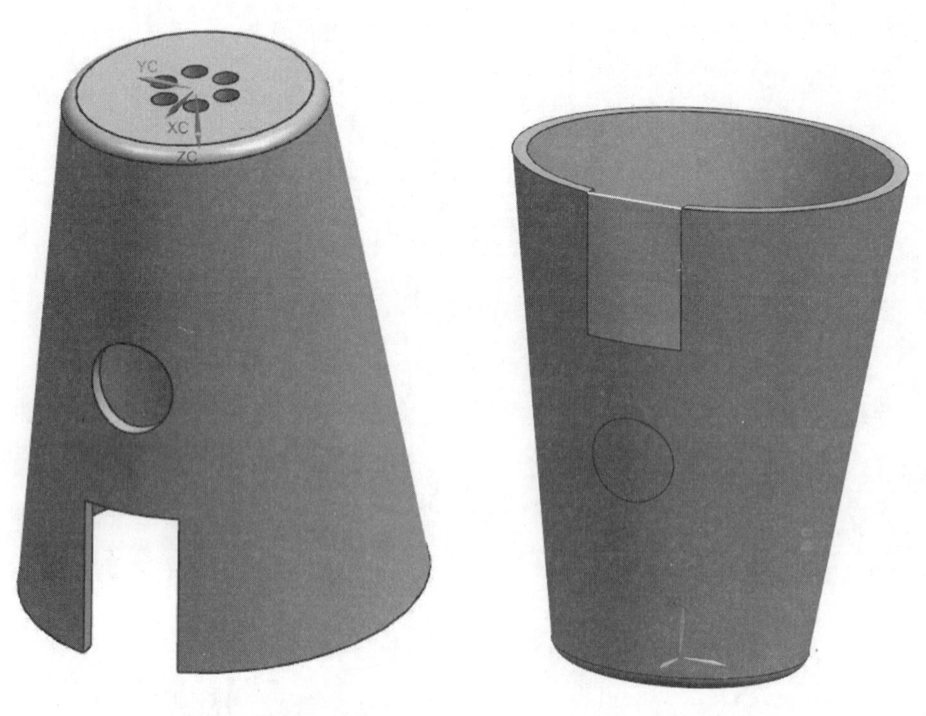

Note

3.1　实体修补工具

3.1.1　创建包容体

创建包容体是创建一个长方体填充所选定的局部开放区域，经常用于不适合使用曲面修补和边线修补的地方，也是创建滑块的常用方法。

单击“注塑模向导”选项卡“注塑模工具”面板上的“包容体”按钮，弹出如图 3-1 所示的“包容体”对话框。

类型包括“中心和长度”“块”和“圆柱”三种，其中“中心和长度”和“块”如图 3-2 所示，可以比较两者不同。

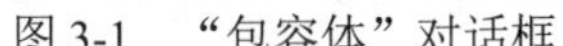

图 3-1　“包容体”对话框

图 3-2　“中心和长度”和“块”类型

选择对象选项用于选择面，当选择“块”时，该选项高亮显示。参考坐标系用于在创建方块时设置坐标系，方便方块的创建，如图 3-3 所示。

3.1.2　分割实体

“分割实体”工具用于在工具体和目标体之间创建求交体，并从型腔或型芯中分割出一个镶件或滑块。

单击“注塑模向导”选项卡“注塑模工具”面板上的“分割实体”按钮，弹出图 3-4 所示的“分割实体”对话框。该对话框主要涉及目标体和刀具体的选择。

1. 目标

目标体可以是实体也可以是片体，直接用鼠标在工作区选择就可以了。

图 3-3 “选择对象”和“选择坐标系”

图 3-4 “分割实体”对话框

2. 刀具

刀具体用于分割或修剪目标体。选择实体、片体或基准平面作为分割/修剪面来分割或修剪目标体。

创建分割实体步骤：

（1）单击“注塑模向导”选项卡“注塑模工具”面板上的“分割实体”按钮，弹出“分割实体”对话框。

（2）选择目标体，可以是实体也可以是片体。

（3）选择分割面。

（4）单击“确定”按钮，系统弹出“修剪方式”对话框，确认修剪方向，选择“翻转修剪”或“分割”。如果方向正确，则单击“分割”，如果方向反了，选择“翻转修剪”。

（5）单击“确定”按钮，生成分割实体特征，如图 3-5 所示。

图 3-5 面性生成分割实体特征

3.1.3　实体补片

实体补片是一种建造模型来封闭开口区域的方法。实体补片比建造片体模型更好用，它可以更容易地形成一个实体来填充开口区域。使用实体补片代替曲面补片的例子就是大多数的闭锁钩。

单击“注塑模向导”选项卡“注塑模工具”面板上的“实体补片”按钮，弹出图 3-6 所示的“实体补片”对话框，系统自动选择产品实体，在工作区选择补片的工具实体，单击“确定”按钮，系统就自动进行修补。

完成实体补片特征的产品体如图 3-7 所示。

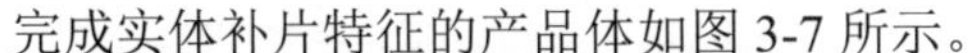

图 3-6　“实体补片”对话框

图 3-7　完成实体补片特征

3.1.4　实例——花盆的实体修补

视频讲解

通过本实例练习，重点掌握创建包容体、分割实体、轮廓分割以及实体补片的操作。具体操作如下。

（1）单击“注塑模向导”选项卡中的“初始化项目”按钮，装载“yuanwenjian/cup/cup.prt”。完成装载效果后的产品体如图 3-8 所示。

（2）单击“注塑模向导”选项卡“主要”面板上的“模具坐标系”按钮，系统弹出“模具坐标系”对话框，选择“当前 WCS”选项，然后单击“确定”按钮。系统会自动把模具坐标系放在产品体坐标系上，并且锁定 Z 轴。

（3）单击“注塑模向导”选项卡“主要”面板上的“收缩”按钮，弹出“缩放体”对话框，选择“均匀”类型，设置收缩率为 1.006，单击“确定”按钮。

（4）单击“注塑模向导”选项卡“主要”面板上的“工件”按钮，系统弹出“工件”对话框，选择“参考点”定义类型，接受系统默认尺寸，单击“确定”按钮，完成工件创建。

（5）选择“视图”选项卡“窗口”下拉列表中的 cup _parting，打开 cup _parting 文件。

（6）单击“注塑模向导”选项卡“注塑模工具”面板上的“包容体”按钮，系统弹出“包容体”对话框，如图 3-9 所示，设置偏置为 0.1，选择如图 3-10 所示的修补面。

Note

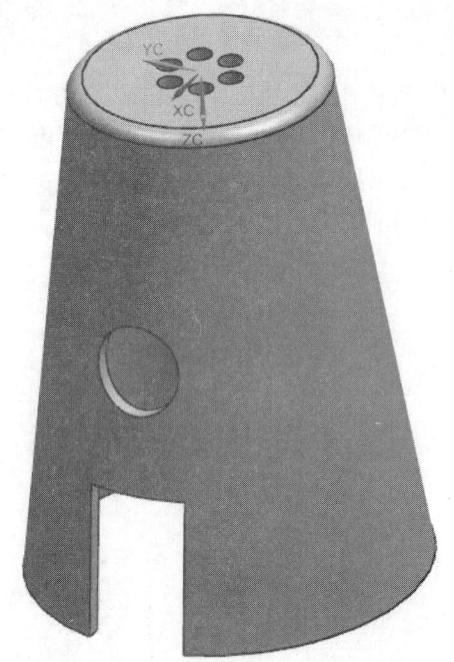

图 3-8　产品体

图 3-9　“包容体”对话框设置

（7）系统在修补区域创建六面体，必须使包容体盖住要修补的孔，然后单击对话框中“确定”按钮，最后完成的包容体如图 3-11 所示。

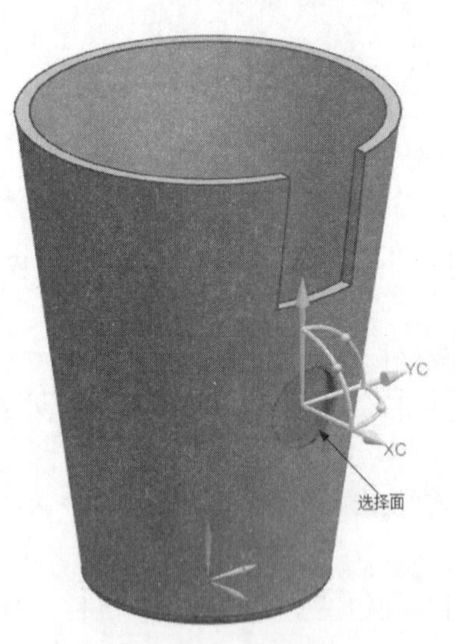

图 3-10　选择修补面

图 3-11　创建包容体

（8）单击“注塑模向导”选项卡“注塑模工具”面板上的“分割实体”按钮，系统弹出“分割实体”对话框，选择“修剪”类型，如图 3-12 所示，选择刚创建的包容体作为目标体。

（9）选择如图 3-13 所示的表面作为分割面，选中“扩大面”复选框。同时工作区中显示修剪方向，如图 3-14 所示。同时外表面的包容体被切割，确认该修剪方向，单击“应用”按钮。

Note

图 3-12 “分割实体”对话框

图 3-13 选择分割面（1）

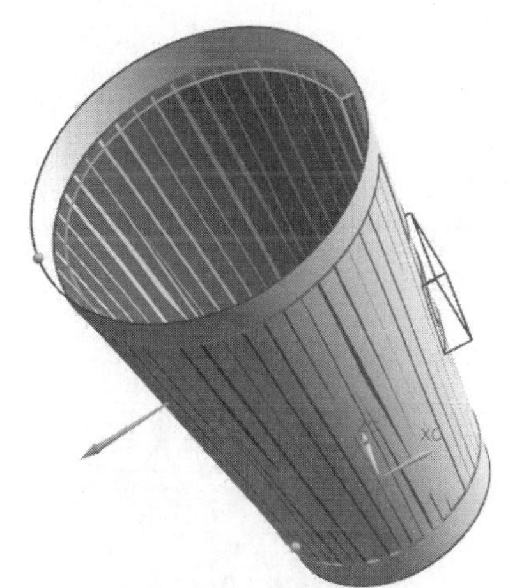

图 3-14 确认修剪方向

（10）继续选取包容体为目标体，选择产品体内表面为工具，同时工作区中显示修剪方向，如图 3-15 所示。单击“确定”按钮，完成的分割实体特征如图 3-16 所示。

图 3-15 选择分割面（2）

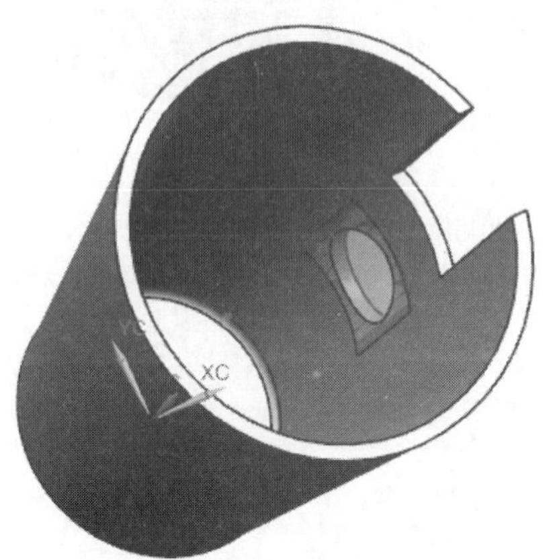

图 3-16 完成分割实体特征

Note

（11）单击“注塑模向导”选项卡“注塑模工具”面板上的“实体补片”按钮，系统弹出如图3-17所示的“实体补片”对话框。

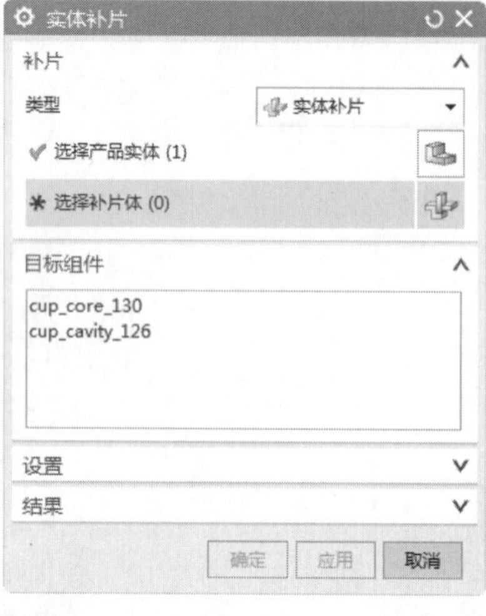

图3-17 “实体补片”对话框

（12）系统自动选择零件为产品实体，选择分割后的包容体为补片体，如图3-18所示。单击“确定”按钮，完成补片后的特征如图3-19所示。

图3-18 选择补片体

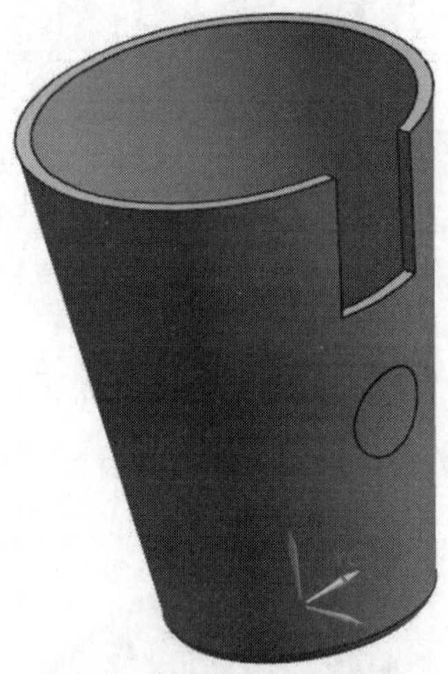

图3-19 完成实体补片特征

（13）单击“文件”→“保存”→“全部保存”选项，保存所有部件文件。

3.2 片体修补工具

3.2.1 边补片

单击“注塑模向导”选项卡“分型刀具”面板上的“曲面补片”按钮，弹出图3-20所示的“边

补片”对话框。

1. 面

曲面补片是最简单的修补方法，指修补完全包含在一个面的孔。

用于选择工作区中需要修补的面，选择面后，系统会自动搜索所选面上的孔，并高亮显示搜索到的每个孔。并将选中的孔添加到环列表中。

2. 遍历

如果需要修补的孔不在一个面内，跨越了两个或三个面，或必须创建一个边界，但没有相邻边供选择，这时就需要边缘补片功能了。边补片功能通过选择一个闭合的曲线/边界环来修补一个开口区域。用于选择边线，定义所需要修补面的边界。

3. 体

用于选择工作区中需要修补的实体，选择实体后，系统会自动搜索所选实体上的孔，并高亮显示搜索到的每个孔。并将选中的孔添加到环列表中。

完成边补片的特征如图 3-21 所示。

图 3-20　“边补片”对话框

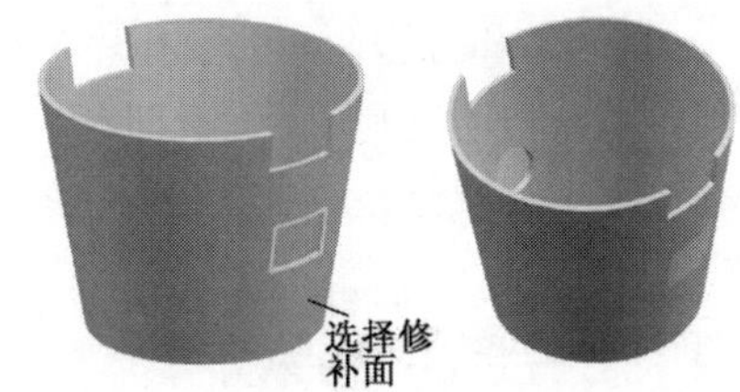

图 3-21　完成边补片

3.2.2　修剪区域补片

修剪区域补片是指使用选取的封闭曲线区域来封闭开口模型的开口区域，从而创建合适的修补片体。

在开始修剪区域补片过程之前，必须先创建一个能完全吻合开口区域的实体补片体。该修补体的有些面并不用于封闭面，在使用修剪区域补片功能时，不用考虑这些面是在部件的型腔侧还是型芯侧，最终的修剪区域补片添加到型腔和型芯分型区域。

创建“修剪区域补片”具体步骤如下。

（1）单击“注塑模向导”选项卡“注塑模工具”面板上的“修剪区域补片”按钮。

（2）系统弹出图 3-22 所示的“修剪区域补片”对话框，用于在工作区选择一个合适实体补片体。

（3）选择一个边界或曲线环，生成一个闭合的边界/曲线链来围绕开口区域。这些边界和曲线必须接触该修补实体。

（4）用于确认修剪的方向，接受或倒转修剪的方向，改变由修补实体提取并修剪而来的修剪区域补片面。

（5）生成一个修剪区域补片特征。

修剪区域补片特征如图 3-23 所示。

图 3-22　“修剪区域补片”对话框

图 3-23　生成修剪区域特征

3.2.3　编辑分型面和曲面补片

单击“注塑模向导”选项卡“注塑模工具”面板上的“编辑分型面和曲面补片”按钮，系统弹出图 3-24 所示的“编辑分型面和曲面补片”对话框，选择已有的自由曲面或分型面，单击对话框中“确定”按钮，系统自动复制这个片体进行修补，如图 3-25 所示。

注意在操作过程中观察修补前后曲面颜色的变换，颜色由绿色变为深蓝色，说明该自由曲面已经成为修补曲面。

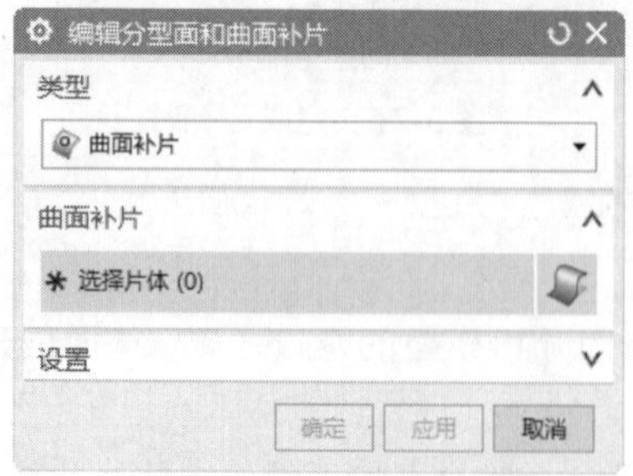

图 3-24　“编辑分型面和曲面补片”对话框

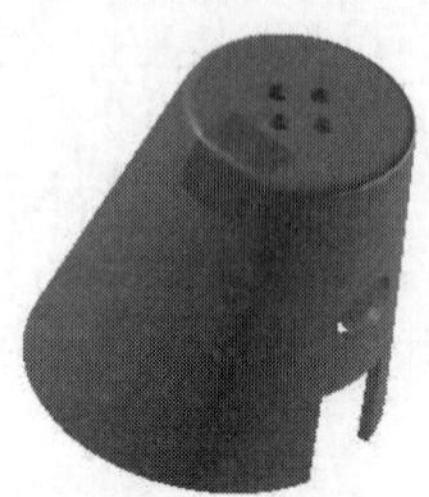

图 3-25　片体修复

3.2.4　扩大曲面补片

扩大曲面功能用于提取产品体上的面，并控制 U 和 V 方向上的尺寸来扩大这些面。它允许用 U 和 V 方向的滑块动态修补孔。单击“注塑模工具”选项卡“注塑模工具”面板上的“扩大曲面补片”按钮，弹出图 3-26 所示的“扩大曲面补片”对话框。

1. 目标

选择要扩大的面。

2. 区域

选择要保持或舍弃的区域。

3. 设置

（1）更改所有大小：选中此复选框，更改扩展曲面一个方向的大小时，其他方向也随着发生变化。

（2）切到边界：选中此复选框，对话框切换到图 3-27 所示的界面，同时系统自动选择边界对象。

图 3-26　“扩大曲面补片”对话框

图 3-27　“切到边界”设置界面

（3）作为曲面补片：选中此复选框，添加曲面补片。扩大曲面的效果如图 3-28 所示。

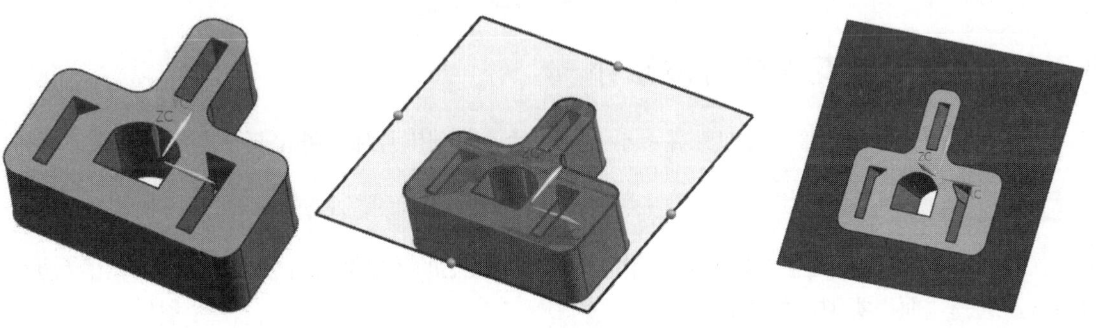

图 3-28　扩大曲面效果

3.2.5 拆分面

拆分面利用基准面或存在面进行选定面的分割，使分割的面能满足需求。如果全部的分型线都位于产品体的边缘，就没有必要使用该功能。

单击“注塑模向导”选项卡“注塑模工具”面板上的“拆分面”按钮，系统弹出“拆分面”对话框，如图3-29所示。在工作区选择要分割的面，在工作区选择用来分割对象，然后单击“应用”或“确定”按钮，系统自动进行面分割。

分割面有如下几种方法。

1. 用等斜度曲线来分割面

使用该方法时，只有交叉面才能选择。等斜度线的默认方向是+Z 方向。用鼠标在工作区选择等斜度分割的面，再然后单击“拆分面”对话框“确定”或“应用”按钮。

2. 用基准平面来分割面

基准平面的方式有：面方式（选择面连接面）和基准面方式。其中基准面方式又包括：用一个选择的基准面来分割面；用一条两点定义的线来分割面；用通过一个点的Z平面来分割面。

3. 用曲线来分割面

用曲线来分割面方式有：已有曲线/边界；通过两点。

图3-29 “拆分面”对话框

视频讲解

3.2.6 实例——花盆的片体修补

通过本实例的练习，重点复习掌握本小节讲述的如何利用片体修补工具修补型腔和型芯特征。具体操作如下。

（1）继续上一个实例，打开 cup _Parting 文件。

（2）单击“注塑模向导”选项卡“分型刀具”面板上的“曲面补片”按钮，弹出“边补片”对话框，选择“面”类型，如图3-30所示。

（3）选择如图 3-31 所示的面作为目标面。产品体上的六个孔变得高亮显示，并将其添加到环列表框中，如图 3-32 所示。

图 3-30　“边补片”对话框

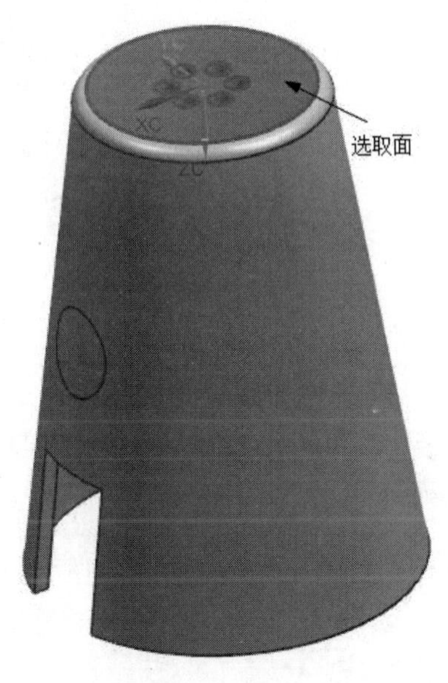

图 3-31　选取面

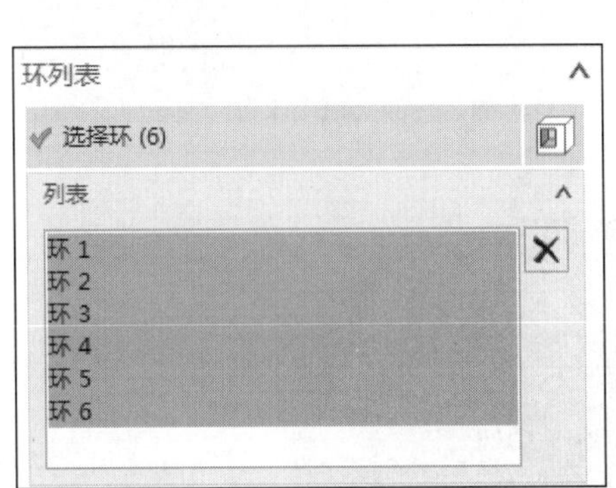

图 3-32　选择孔

（4）在列表框中选择其中一个孔，单击“移除”按钮，移除选择的孔，表示该孔不再进行修补。在列表框中选取所有的环，然后单击“确定”按钮，系统自动完成补片操作，生成的片体修补特征如图 3-33 所示。

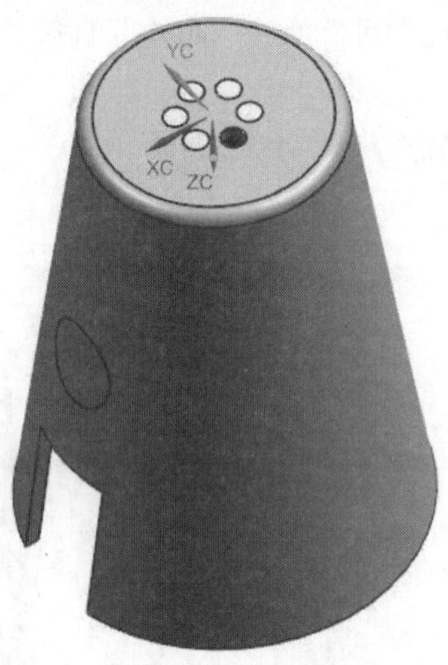

图 3-33　生成片体修补特征

（5）单击“曲线”选项卡“曲线”面板上的“直线”按钮，弹出“直线”对话框，捕捉凹槽的两端端点，如图 3-34 所示，单击“确定”按钮，绘制 3-35 所示的直线段。

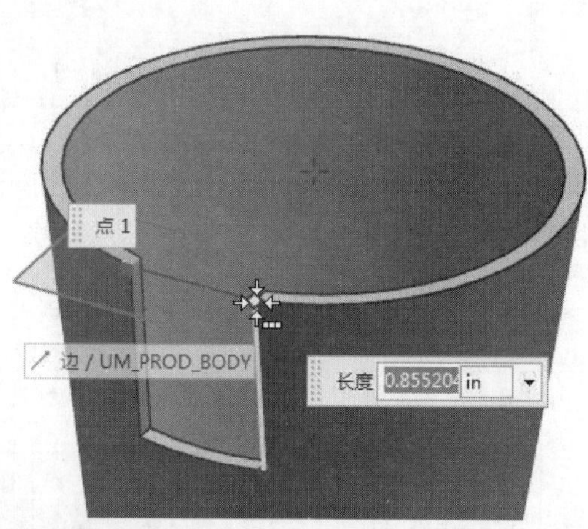

图 3-34　“直线”对话框

图 3-35　绘制直线段

Note

（6）单击“曲面”选项卡“曲面”面板上的“艺术曲面”按钮，弹出如图 3-36 所示的“艺术曲面”对话框，选取如图 3-37 所示的截面曲线和引导曲线，其他采用默认设置，单击“确定”按钮，创建曲面如图 3-38 所示。

图 3-36　“艺术曲面”对话框

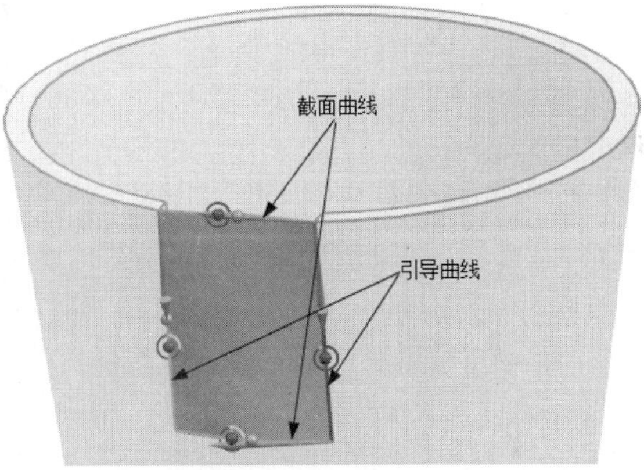

截面曲线

引导曲线

图 3-37　选取曲线

图 3-38　创建曲面

（7）单击“注塑模向导”选项卡“注塑模工具”面板上的“编辑分型面和曲面补片”按钮，弹出如图 3-39 所示的“编辑分型面和曲面补片”对话框，选取上步创建的曲面，单击“确定”按钮，

系统自动复制这个片体进行修补，结果如图 3-40 所示。

Note

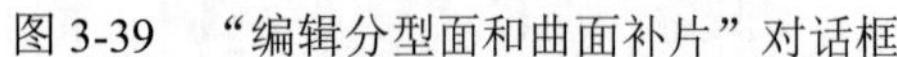

图 3-39 “编辑分型面和曲面补片”对话框

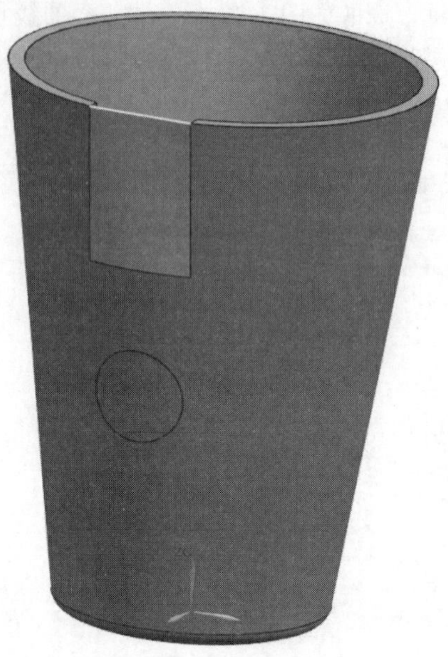

图 3-40 曲面补片

（8）单击“文件”→“保存”→“全部保存”选项，保存所有部件文件。

第4章 分型设计

（视频讲解：6分钟）

分型（Parting）是一个基于塑料产品模型的创建型芯型腔的过程。分型功能可以快速执行分型操作并保持相关性。在设计了工件之后，就可以使用分型功能了。Mold Wizard 的分型由型腔、型腔修剪片体、产品模型、型芯修剪片体和型芯组成。

在基于修剪的型腔和型芯分型中，会有许多面生成，复制并分别合并成型腔和型芯面。这些合成面作为修剪片体来修剪先前创建的成型工件（模仁），从而形成型腔和型芯块。实体模型和曲面模型都适用这种方法。

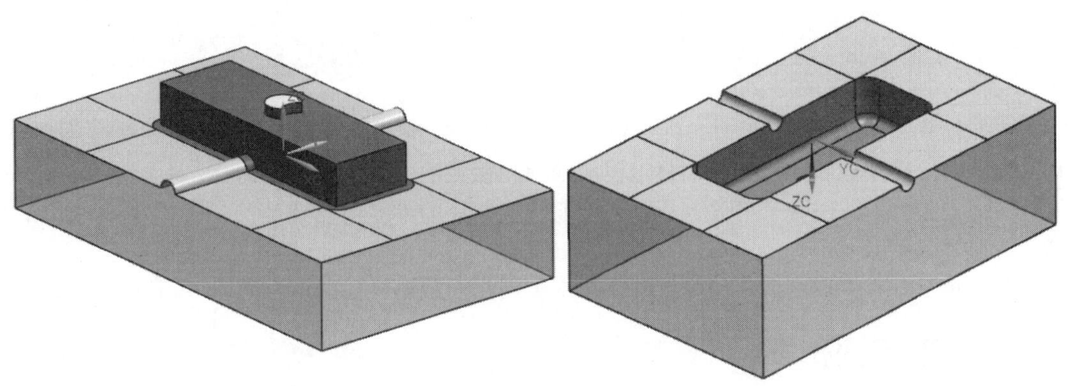

4.1 型腔设计

Note

直接与塑料接触构成塑件形状的零件称为型腔，其中构成塑件外形的成型零件称为凹模，构成塑件内部形状的成型零件称为凸模（或型芯）。在进行成型零件的结构设计时，首先应根据塑料的性能和塑件的形状、尺寸及其他使用要求，确定型腔的总体结构、浇注系统及浇口位置、分型面、脱模方式等，然后根据塑件的形状、尺寸和成型零件的加工及装配工艺要求，进行成型零件的结构设计和尺寸计算。

型腔有两层含义。一是指合模时，用来填充塑料、成型塑件的空间（即模具型腔），如图 4-1 所示；二是指指凹模中成形塑件的内腔（即凹模型腔），如图 4-2 中 6 所示部分。可以根据模具设计和制作的需要，创建单一型腔或多型腔模具布局形式。

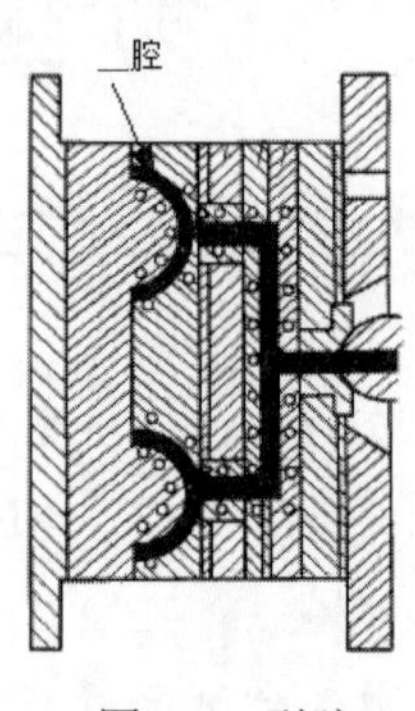

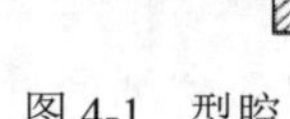

图 4-1　型腔

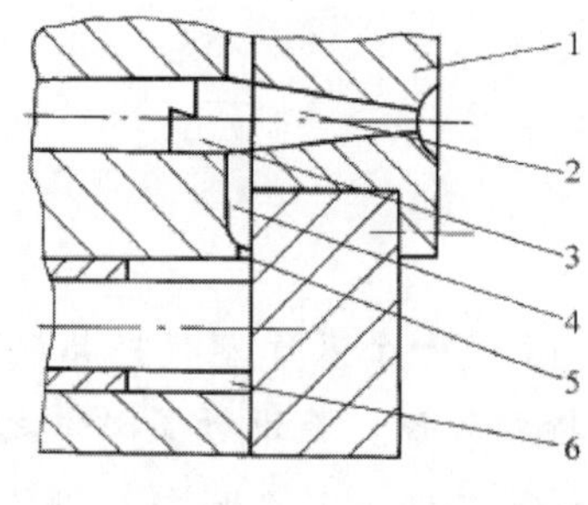

图 4-2　塑件内腔

1—主浇道衬套 2—主浇道 3—冷料穴

4—分浇道 5—浇口 6—型腔

4.2 分型面介绍

塑料在模具型腔凝固形成塑件，为了将塑件取出来，必须将模具型腔打开，也就是必须将模具分成两部分，即定模部分和动模部分，而定模和动模相接触的面称为分型面。

分型面是指将模具的各个部分分开以便于取出成型品的界面，也就是各个模具元件，例如上模、下模、滑块等的接触面。

分型面是从模具中取出铸件和凝件的动、定模接触面或瓣合模的瓣合面。

4.2.1 分型面的选择

分型面的位置选择、形状设计是否合理，对铸件的尺寸精度、成本和生成完好率，都有决定性的影响。因此必须根据具体情况合理选择，一般来说，在选择分型面时应注意以下几点。

（1）应选择在压铸件外形轮廓尺寸的最大断面处，使压铸件顺利的从模具型腔中取出；

（2）应保证铸件的表面质量，外观要求及尺寸和形状精度；

（3）分型面应有利于排气并要能防止溢流。

分型面的选择应便于模具的加工，简化模具的结构，尽量使模具内腔便于加工。

下面进行详细说明。

1. 分型面及其基本形式

为了塑件及浇注系统凝料的脱模和安放嵌件的需要，将模具型腔适当地分成两个或更多部分，这些可以分离部分的接触表面，通称为分型面。

在图纸上表示分型面的方法是在分型面的延长面上画出一小段直线表示分型面的位置，并用箭头表示开模方向或模板可移动的方向。如果是多分型面，则用罗马数字（也可用大写字母）表示开模的顺序。分型面的表示方法如图 4-3 所示。

分型面应尽量选择平面的，但为了适应塑件成型的需要和便于塑件脱模，也可以采用曲面、台阶面等分型面，其分型面虽然加工较困难，型腔加工却比较容易。几种分型面的形状如图 4-4 所示。

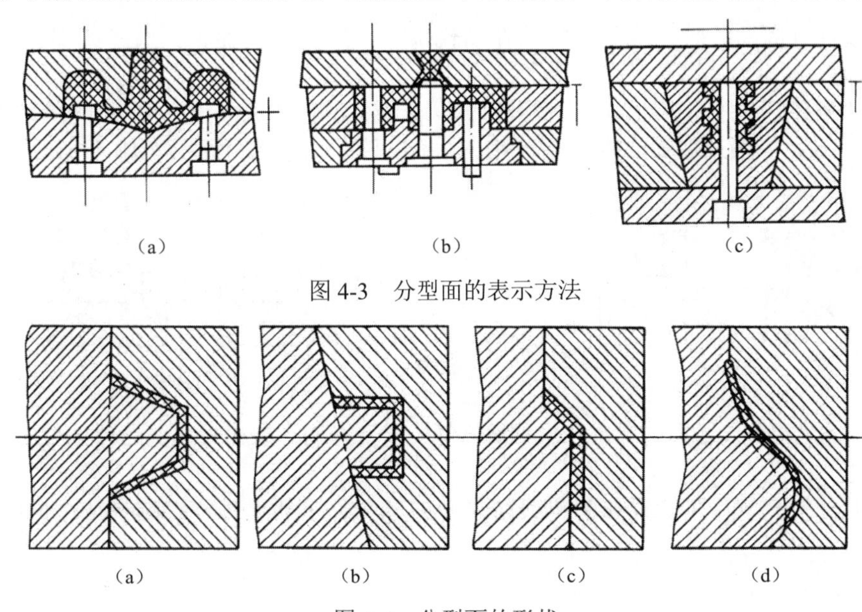

图 4-3　分型面的表示方法

图 4-4　分型面的形状

2. 分型面的选择实例

下面列出了几种塑件选择分型面的比较，供设计参考。

（1）分型面选择应满足动定模分离后塑件尽可能留在动模内，因为顶出机构一般在动模部分，否则会增加脱模的困难，使模具结构复杂。选择分型面实例（a）如图 4-5 所示。

（2）当塑件是垫圈类，壁较厚而内芯较小时，塑件在成型收缩后，型芯包紧力较小，若型芯设于定模部分，很可能由于型腔加工后光洁度不高，造成工件留在定模上。因此型腔设在动模内，只要采用顶管结构，就可以完成脱模工作。选择分型面实例（b）如图 4-6 所示。

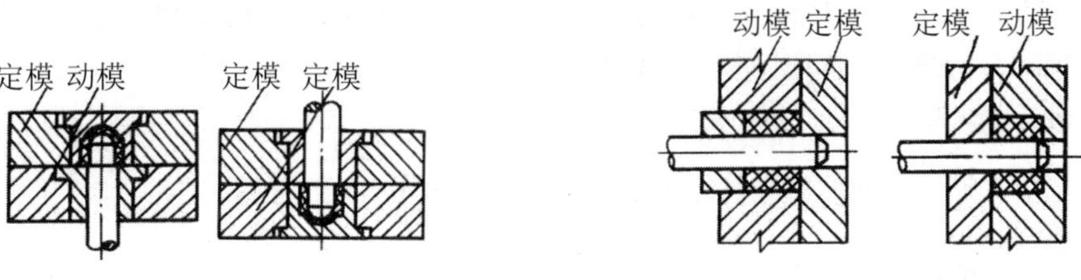

图 4-5　选择分型面实例（a）

图 4-6　选择分型面实例（b）

Note

（3）塑件外形件简单，但内形有较多的孔或复杂的孔时，塑件成型收缩后必留在型芯上，这时型腔可设在定模内，只要采用顶板，就可以完成脱模，模具结构简单。选择分型面实例（c）如图 4-7 所示。

（4）当塑件有较多组抽芯时，应尽可能避免长端侧向抽芯。选择分型面实例（d）如图 4-8 所示。

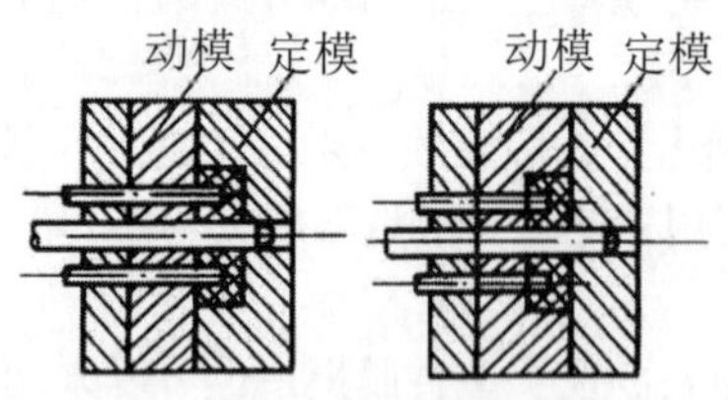

图 4-7　选择分型面实例（c）

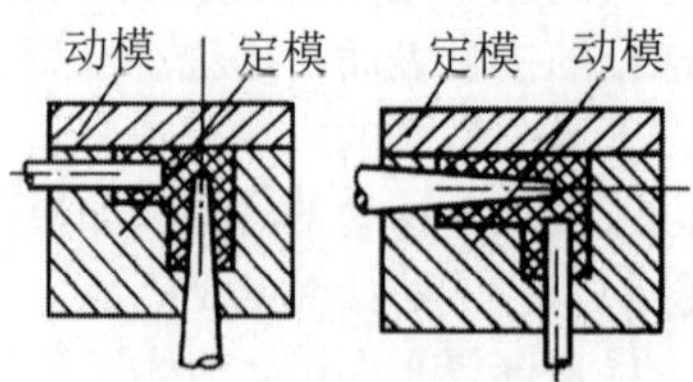

图 4-8　选择分型面实例（d）

（5）当塑件有侧抽芯时，应尽可能放在动模部分，避免定模抽芯。选择分型面实例（e）如图 4-9 所示。

（6）头部带有圆弧之类塑件，如果在圆弧部分分型，往往造成圆弧部分与圆柱部分错开，影响表面外观质量，所以一般选在头部的下端分型。选择分型面实例（f）如图 4-10 所示。

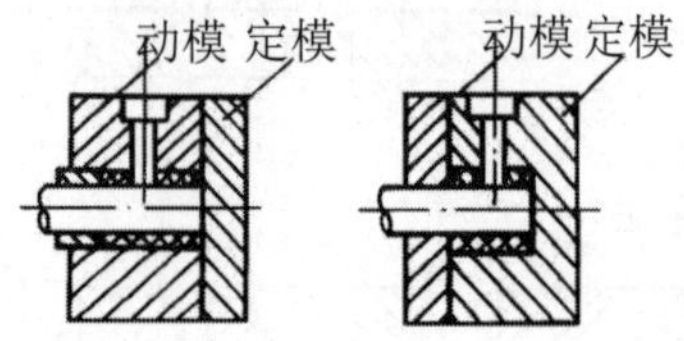

图 4-9　选择分型面实例（e）

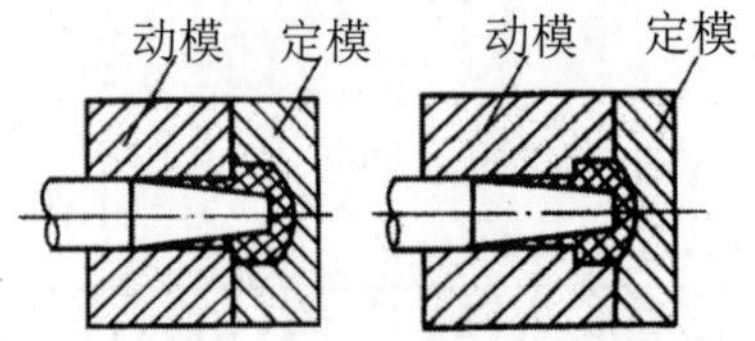

图 4-10　选择分型面实例（f）

（7）为了满足塑件同心度的要求，尽可能将型腔设计在同一块模板上。选择分型面实例（g）如图 4-11 所示。

（8）一般分型面应尽可能设在塑料流动方向的末端，以利于排气。选择分型面实例（h）如图 4-12 所示。

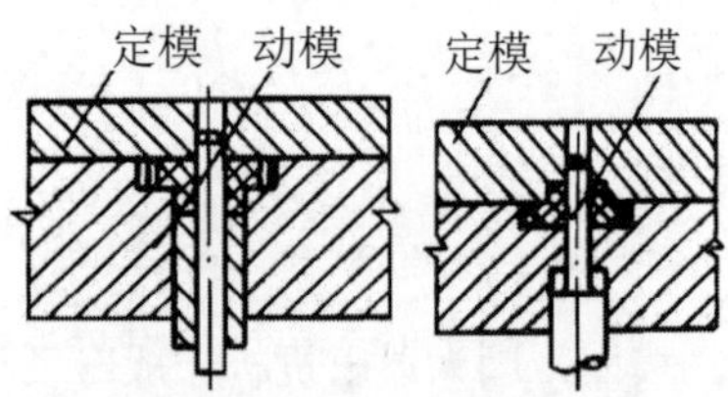

图 4-11　选择分型面实例（g）

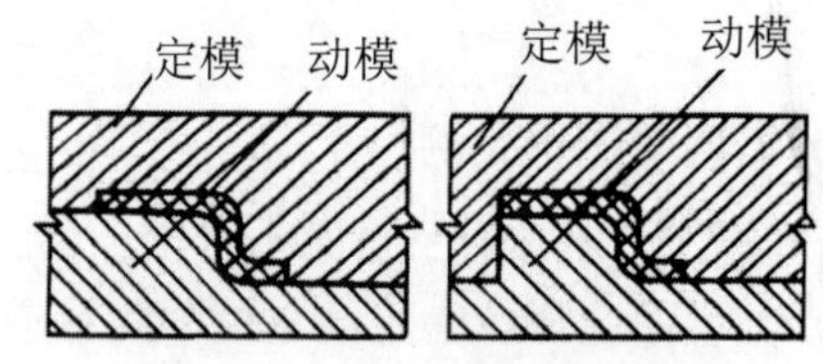

图 4-12　选择分型面实例（h）

4.2.2　成型零件的结构设计

在进行成型零件的结构设计时，首先应根据塑料的性能和塑件的形状、尺寸及其他使用要求，确定型腔的总体结构、浇注系统及浇口位置、分型面、脱模方式等，然后根据塑件的形状、尺寸和成型零件的加工及装配工艺要求进行成型零件的结构设计和尺寸计算。

1. 凹模的结构设计

凹模是成型塑件外表面的凹状零件，通常可分为整体式和组合式两大类。

（1）整体式凹模。

整体式凹模是由整块钢材直接加工而成的，其结构如图 4-13 所示。这种凹模结构简单，牢固可

靠，不易变形，成型的塑件质量较好。但当塑件形状复杂时，其凹模的加工工艺性较差。因此整体式凹模适用形状简单的小型塑件的成型。

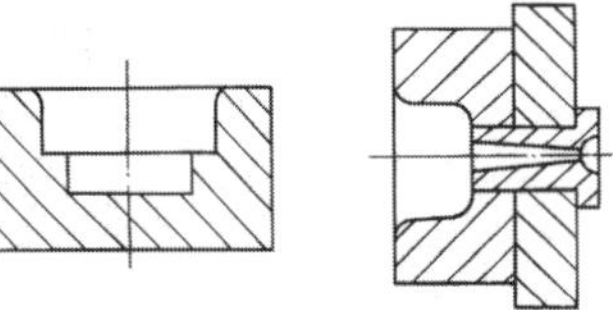

图 4-13 整体式凹模

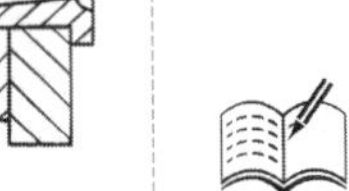

（2）组合式凹模。

组合式凹模是由两个以上零件组合而成的。这种凹模改善了加工性，减少了热处理变形，节约了模具贵重钢材，但结构复杂，装配调整麻烦，塑件表面可能留有镶拼痕迹，因此，这种凹模主要用于形状复杂的塑件的成型。

组合式凹模的组合形式很多，常见的有以下几种。

① 整体嵌入式组合凹模：对于小型塑件采用多型腔塑料模成型时，各单个凹模一般采用冷挤压、电加工、电铸等方法制成，然后整体嵌入模中，其结构如图 4-14 所示。

这种凹模形状及尺寸的一致性好，更换方便，加工效率高，可节约贵重金属，但模具体积较大，需用特殊加工法。

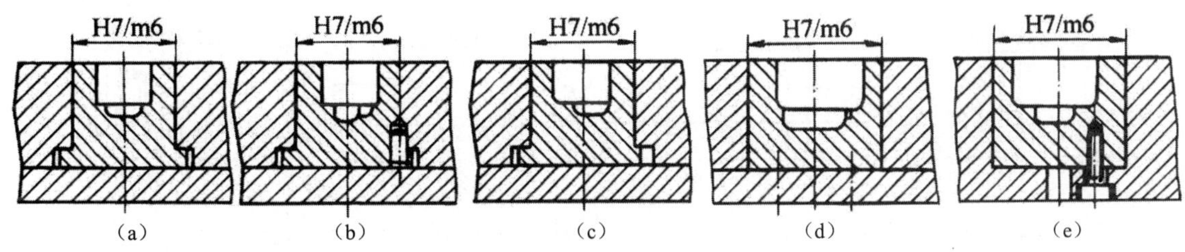

图 4-14 整体嵌入式组合凹模

② 局部镶嵌式组合凹模：为了加工方便或由于型腔某一部位容易磨损，需要更换者采用局部镶嵌的办法，如图 4-15 所示，此部位的镶件单独制成，然后嵌入模体。

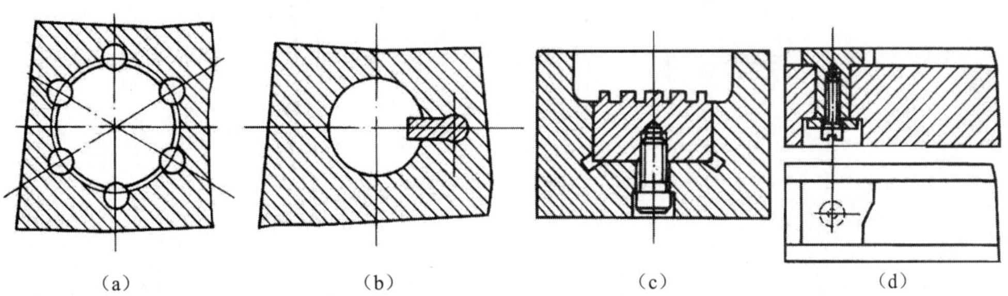

图 4-15 局部镶嵌式组合凹模

③ 镶拼式组合凹模：为了便于机械加工、研磨、抛光和热处理，整个凹模可由几个部分镶拼而成。如图 4-16 所示。图 4-16（a）所示的镶拼式结构简单，但结合面要求平整，以防拼缝挤入塑料，飞边加厚，造成脱模困难，同时还要求底板应有足够的强度及刚度，以免变形而挤入塑料；图 4-16（b）、4-16（c）所示的结构，采用圆柱形配合面，塑料不易挤入，但制造比较费时。

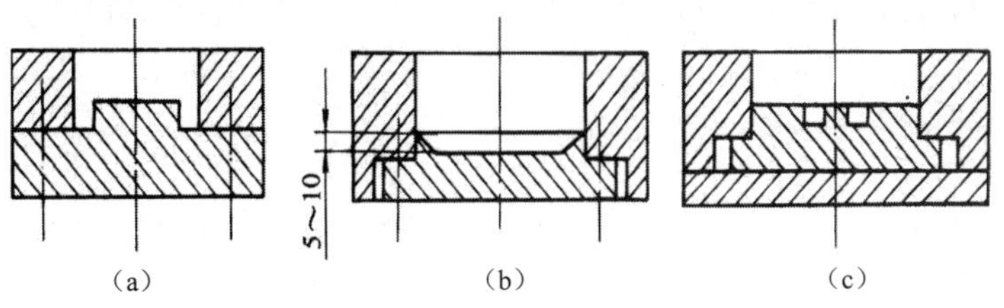

图 4-16 凹模底部镶拼结构

Note

2. 凸模和型芯的结构设计

（1）凸模。

凸模是指注射模中成型塑件有较大内表面的凸状零件，它又称主型芯。凸模或型芯有整体式和组合式两大类。

整体式型芯如图 4-17 所示，其中图（a）为整体式，结构牢固，成型的塑件质量较好，但机械加工不便，优质钢材耗量较大。此种型芯主要用于形状简单的小型凸模（型芯）；将凸模（型芯）和模板采用不同材料制成，然后连接成一体，如图（b）～（d）所示的结构。图（b）为通孔台肩式，凸模用台肩和模板相连，再用垫板螺钉紧固，连接比较牢固，是最常用的方法。对于固定部分是圆柱面而型芯有方向性的场合，可采用销钉或键止转定位；图（c）为通孔无台式；图（d）为非通孔的结构。对于形状复杂的大型凸模（型芯），为了便于机械加工，可采用组合式的结构。图 4-18 所示为镶拼式组合凸模（型芯）。

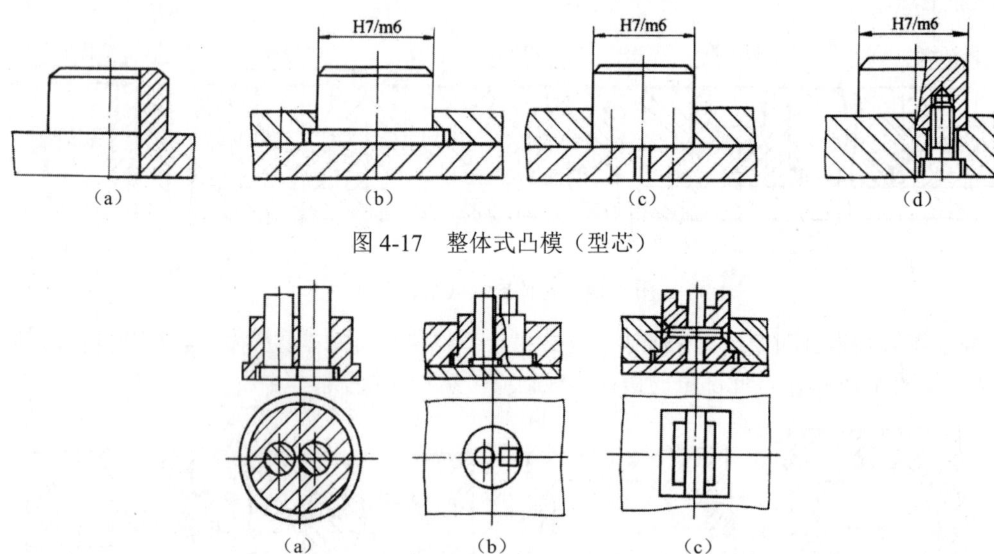

图 4-17　整体式凸模（型芯）

图 4-18　镶拼式组合凸模（型芯）

（2）小型芯。

小型芯又称成型杆，它是指成型塑件上较小的孔或槽的零件。孔的成型方法有以下三种。

① 通孔的成型方法：通孔的成型方法如图 4-19 所示，图 4-19（a）由一端固定的型芯来成型，这种结构的型芯容易在孔的一端 *A* 处形成难以去除的飞边，如果孔较深则型芯较长，容易产生弯曲变形；图 4-19（b）由两个直径相差 0.5～lmm 的型芯来成型，即使两个小型芯稍有不同轴，也不会影响装配和使用，而且每个型芯较短，稳定性较好，同样在 *A* 处也有飞边，且去除较难；图 4-19（c）是较常用的一种，它由一端固定，另一端导向支撑的型芯来成型，这样型芯的强度及刚度较好，从而保证孔的质量，如在 *B* 处产生圆形飞边，也较易去除，但导向部分容易磨损。

② 盲孔的成型方法：盲孔的成型方法只能采用一端固定的型芯来成型。为了避免型芯弯曲或折断，孔的深度不宜太深。孔深应小于孔径的 3 倍；直径过小或深度过大的孔宜在成型后用机械加工的方法得到。

③ 复杂孔的成型方法：形状复杂的孔或斜孔可采用型芯拼合的方法来成型，如图 4-20 所示。这种拼合方法可避免采用侧抽芯机构，从而使模具结构简化。

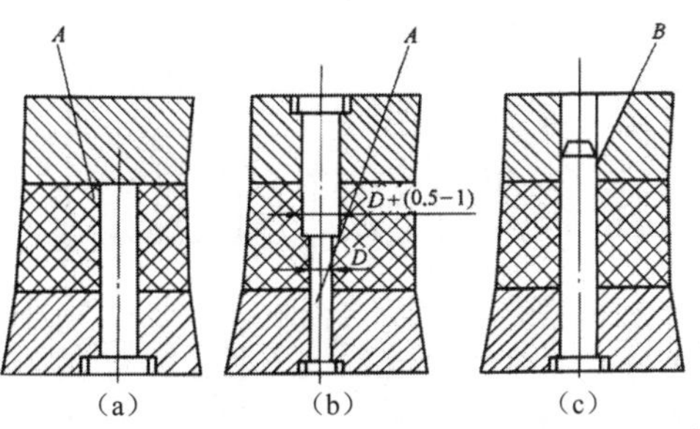

图 4-19　通孔的成型方法

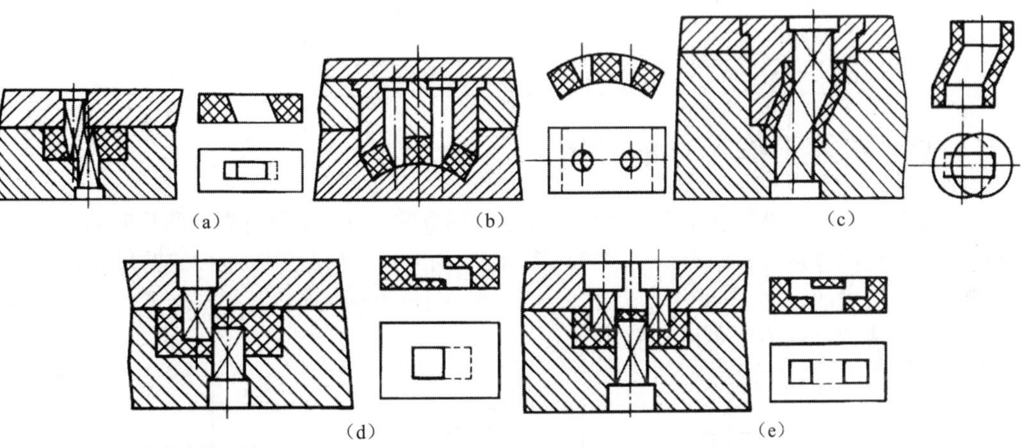

图 4-20　复杂孔的成型方法

（3）小型芯的固定方法。

小型芯通常是单独制造，然后嵌入固定板中固定，其固定方式如图 4-21 所示。

图 4-21（a）是用台肩固定的形式，下面用垫板压紧；如固定板太厚，可在固定板上减少配合长度，如图 4-21（b）所示；图 4-21（c）是型芯细小而固定板太厚的形式，型芯镶入后，在下端用圆柱垫垫平；图 4-21（d）是用于固定板厚而无垫板的场合，在型芯的下端用螺塞紧固；图 4-21（e）是型芯镶入后在另一端采用铆接固定的形式。

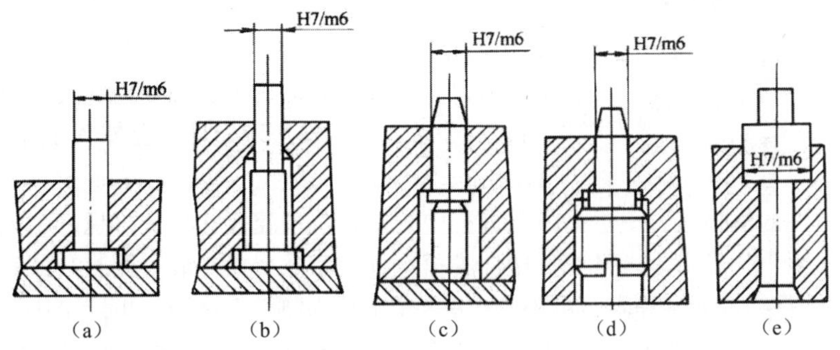

图 4-21　小型芯的固定方式

对于非圆形型芯，为了便于制造，可将其固定部分做成圆形的。并采用台阶连接，如图 4-22（a）所示。有时仅将成型部分做成异形的，其余部分则做成圆形的，并用螺母及弹簧垫圈拉紧，如图 4-22（b）所示。

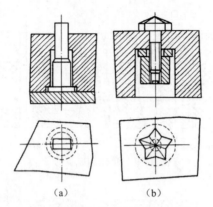

Note

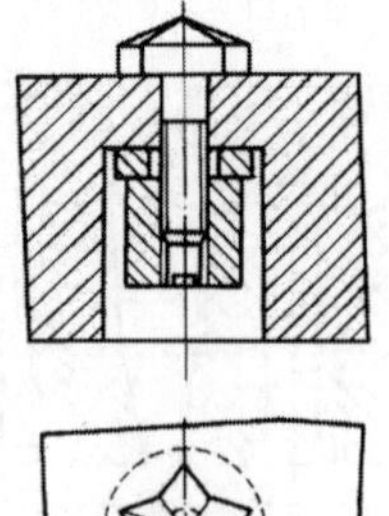

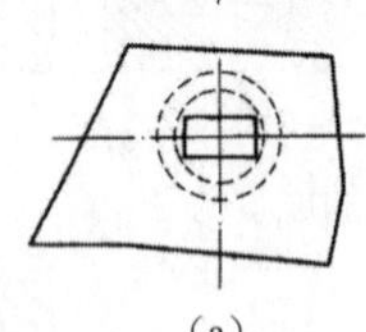

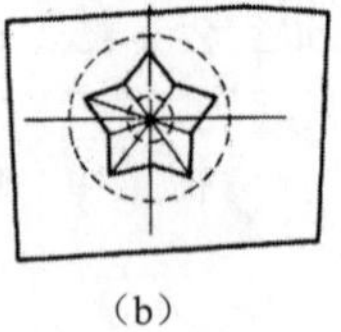

图 4-22　非圆形型芯的固定方式

4.2.3　成型零件工作尺寸的计算

所谓工作尺寸是指成型零件上直接用以成型塑件部分的尺寸，主要有型腔和型芯的径向尺寸，型腔的深度或型芯的高度尺寸、中心距尺寸等如图 4-23 所示。任何塑件都有一定的尺寸要求，在安装和使用中有配合要求的塑件，其尺寸公差常要求较小。在设计模具时，必须根据塑件的尺寸和公差要求来确定相应的成型零件的尺寸和公差。

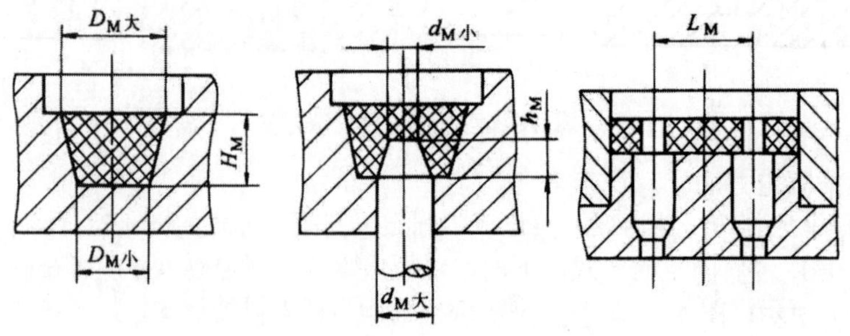

图 4-23　成型零件的工作尺寸

1. 影响塑件尺寸公差的因素

影响塑件尺寸公差的因素很多，而且相当复杂，主要因素有：

（1）成型零件的制造公差。成型零件的公差等级越低，其制造公差也越大，因而成型的塑件公差等级也就越低。实验表明，成型零件的制造公差 δ_z，一般可取塑件总公差 Δ 的 1/3~1/4，即

$$\delta_z=\Delta/3\sim\Delta/4$$

（2）成型零件的磨损量。由于在成型过程中的磨损，型腔尺寸将变得越来越大，型芯或凸模尺寸越来越小，中心距尺寸基本保持不变。塑件脱模过程的摩擦磨损是最主要的，因此，为了简化计算，凡与脱模方向相垂直的成型零件表面可不考虑磨损；而与脱模方向相平行的表面应考虑磨损。

对于中小型塑件，最大磨损量 δ_c 可取塑件总公差 Δ 的 1/6，即 $\delta_c=\Delta/6$；对于大型塑件则取 Δ/6 以下。

（3）成型收缩率的偏差和波动。收缩率是在一定范围内变化的，这样必然会造成塑件尺寸误差。因收缩率波动所引起的塑件尺寸误差可按下式计算

$$\delta_s=(S_{max}-S_{min})L_s$$

式中：δ_s——收缩率波动所引起的塑件尺寸误差；

S_{max}——塑料的最大收缩率（%）；

S_{min}——塑料的最小收缩率（%）；

L_s——塑件尺寸。

据有关资料介绍，一般可取 $\delta_s=\Delta/3$。

设计模具时，可以参照试验数据，根据实际情况，分析影响收缩的因素，选择适当的平均收缩率。

（4）模具安装配合的误差。由于模具成型零件的安装误差或在成型过程中成型零件配合间隙的变化，都会影响塑件的尺寸误差。安装配合误差常用 δ_i 表示。

（5）水平飞边厚度的波动。水平飞边厚度很薄，甚至没有飞边，所以对塑件高度尺寸影响很小。误差用 δ_f 表示。

综上所述，塑件可能产生的最大误差 δ 为上述各种误差的总和，即

$$\delta=\delta_z+\delta_c+\delta_s+\delta_i+\delta_f$$

上式是极端的情况，即所有误差都同时偏向最大值或最小值时得到的，但从概率的观点出发，这种概率接近于零，各种误差因素会互相抵消一部分。

由上式可知，塑件公差等级往往是不高的。塑件的公差值应大于或等于上述各种因素所引起的积累误差即 $\Delta\geqslant\delta$。

因此，在设计塑件时应慎重决定其公差值，以免给模具制造和成型工艺条件的控制带来困难。一般情况下，以上影响塑件公差的因素中，模具制造公差 δ_z，成型零件的磨损量 δ_c 和收缩率的波动 δ_s 是主要的，而且并不是塑件的所有尺寸都受上述各因素的影响。例如，用整体式凹模成型的塑件，其径向尺寸（宽或长）只受 δ_z、δ_c、δ_s 的影响，而其高度尺寸只受 δ_z、δ_s 的影响。

在生产大尺寸塑件时，δ_s 对塑件公差影响很大，此时应着重设法稳定工艺条件和选用收缩率波动小的塑料，并在模具设计时，慎重估计收缩率作为计算成型尺寸的依据，单靠提高成型零件的制造精度是没有实际意义的，也是不经济的。相反，生产小尺寸塑件时，δ_z 和 δ_c 对塑件公差的影响比较突出，此时应主要提高成型零件的制造精度和减少磨损量。在精密成型中，减小成型工艺条件的波动是一个很重的问题，单纯地根据塑件的公差来确定成型零件的尺寸公差是难以达到要求的。

2. 成型零件工作尺寸计算方法

成型零件工作尺寸的计算方法一般按平均收缩率、平均制造公差和平均磨损量进行计算；为计算简便起见，塑件和成型零件均按单向极限将公差带置于零件的一边，以型腔内径成型塑件外径时，规定型腔基本尺寸 L_M 为型腔最小尺寸，偏差为正，表示为 $L_M+\delta_z$；塑件基本尺寸 L_s 为塑件最大尺寸，偏差为负，表示为 $L_s-\Delta$，如图 4-24 所示。以型芯外径成型塑件内径时，规定型芯最大尺寸为基本尺寸，表示为 $L_M-\delta_z$，塑件内径最小尺寸为基本尺寸，表示为 $L_s-\Delta$，如图 4-24（b）所示。即凡是孔都是以它的最小尺寸作为基本尺寸，凡是轴都是以它的最大尺寸作为基本尺寸。从图 4-24（a）可知，计算型腔深度时，以 $H+\delta_z$ 表示型腔深度尺寸，以 $H_s-\Delta$ 表示对应的塑件高度尺寸。计算型芯高度尺寸时，以 $H_M-\delta z$ 表示型芯高度尺寸，以 $H_s+\Delta$ 表示对应的塑件上的孔深，如图 4-24（b）所示。

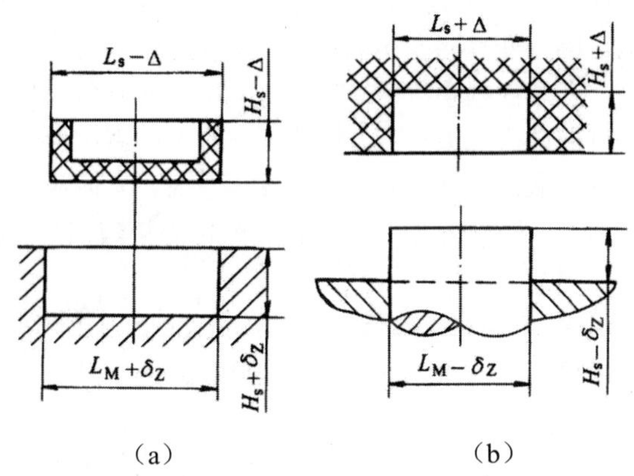

图 4-24　塑件尺寸与模具成型尺寸

Note

3．型腔和型芯工作尺寸计算

（1）型腔和型芯径向尺寸。

① 型腔径向尺寸：已知在规定条件下的平均收缩率 S_{cp}，塑件尺寸 $L_s-\Delta$，磨损量 δ_c，则塑件的平均尺寸为 $L_s-\Delta/2$，如以 $L_M+\delta_z$ 表示型腔尺寸，则型腔的平均尺寸为 $L_M+\delta_z/2$，型腔磨损量 $\delta_c/2$ 时的平均尺寸为 $L_M+\delta_z/2+\delta_c/2$，而

$$L_M+\delta_z/2+\delta_c/2=(L_s-\Delta/2)+(L_s-\Delta/2)S_{cp}$$

对于中小型塑件，令 $\delta z=\Delta/3$，$\delta c=\Delta/6$，并将比其他各项小得多的（$\Delta/2$）S_{cp} 略去，则为

$$L_M=L_s+L_sS_{cp}-3\Delta/4$$

标注制造公差后，则为

$$L_M=(L_s+L_sS_{cp}-3\Delta/4)+\delta_z$$

② 型芯径向尺寸：已知在规定条件下的平均收缩率 S_{cp}、塑件尺寸 $L_s+\Delta$、磨损量 δ_c，如以 $L_M-\delta_z$ 表示型芯尺寸，经过和上面型腔径向尺寸计算类似的推导，可得

$$L_M=(L_s+L_sS_{cp}-3\Delta/4)-\delta_z$$

上列式及下列式中，Δ 的系数取 1/2~3/4，塑件尺寸及公差大的取 1/2，相反则取 3/4。

（2）型腔深度和型芯高度尺寸。

① 型腔深度尺寸：已知规定条件下的平均收缩率 S_{cp}，塑件尺寸 $H_s-\Delta$，则如以 $H_M+\delta_z$ 表示型腔深度尺寸，则为

$$H_M+\delta_z/2=(H_s-\Delta/2)+(H_s-\Delta/2)S_{cp}$$

令 $\delta_z=\Delta/3$，并略去（$\Delta/2$）S_{cp} 项后，则为

$$H_M=H_s+H_sS_{cp}-2\Delta/3$$

标注制造公差，则为

$$H_M=(H_s+H_sS_{cp}-2\Delta/3)+\delta_z$$

② 型芯高度尺寸：已知在规定条件下的平均收缩率 S_{cp}，塑件孔深尺寸 $Hs+\Delta$，如以 $L_M-\delta_z$ 表示型芯高度尺寸，经过类似推导可得

$$H_M=(H_s+H_sS_{cp}-2\Delta/3)-\delta_z$$

以上两个式子中，Δ 的系数有的资料取 1/2。

（3）型腔和型芯脱模斜度的确定。

塑件成型后为便于脱模，型腔和型芯在脱模方向应有脱模斜度，其值的大小按塑件精度及脱模难易而定。一般在保证塑件精度要求的前提下，宜尽量取大些，以便于脱模；型腔的斜度可比型芯取小些，因为塑料对型芯的包紧力较大，难以脱模。

在取脱模斜度时，对型腔尺寸应以大端为基准，斜度取向小端方向；对型芯尺寸应以小端为基准，斜度取向大端方向。当塑件的结构不允许有较大斜度或塑件为精密级精度时，脱模斜度只能在公差范围内选取；当塑件为中级精度要求时，其脱模斜度的选择应保证在配合面的 2/3 长度内满足塑件公差要求，一般取 α 为 10'~20'；当塑件为粗级精度时，脱模斜度值可取 α =20'、30'、1°、1°30'、2°、3°。

（4）说明。

① 成型精度较低的塑件，按上列公式计算而得的工作尺寸，其数值只算到小数点后的第一位，第二位数值四舍五入；成型精度较高的塑件，其工作尺寸的数值要算到小数点后第二位，第三位数值四舍五入。

② 对于收缩率很小的聚苯乙烯、醋酸纤维素等塑料，在用注射模成型薄壁塑件时，可以不必考虑收缩，其工作尺寸按塑件尺寸加上其制造公差即可。

③ 在计算成型零件尺寸时，如能了解塑件的使用性能，着重控制它们的配合尺寸（如孔和外框）、装配尺寸等，对其余无关重要的尺寸简化计算，甚至可按基本尺寸不放收缩，也不控制成型零件的制造公差，则可大大简化设计和制造。

4. 中心距工作尺寸计算

塑件上孔的中心距对应着模具上型芯的中心距；反之塑件上突起部位的中心距对应着模具上孔的中心距，如图 4-25 所示。

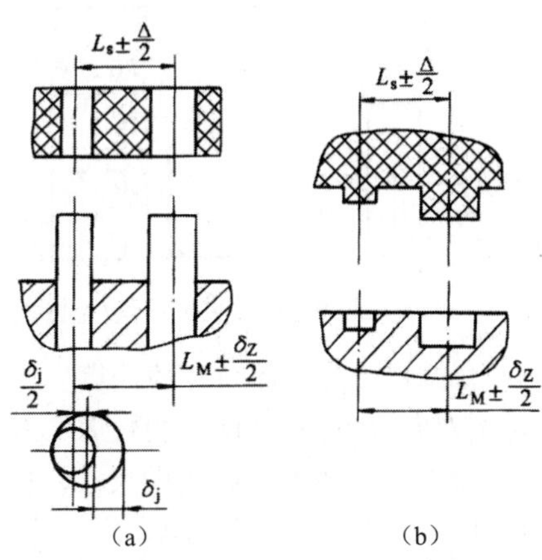

图 4-25　型芯中心距与塑件对应中心距的关系

中心距尺寸标准一般采用双向等值公差，设塑件中心距尺寸 $L_s\pm\Delta/2$，模具中心距尺寸为 $L_M\pm\delta_z/2$。影响模具中心距尺寸的因素有以下 4 个方面。

（1）模具制造公差 δ_z：模具上型芯的中心距取决于安装型芯的孔的中心距，用普通方法加工孔时，制造误差与孔间距离有关，表 4-1 列出了经济制造误差与孔间距之间的关系。在坐标镗床上加工时，轴线位置尺寸偏差不会超过 0.015～0.02mm，并与基本尺寸无关。

表 4-1　孔间距公差

孔间距/mm	制造公差
＜80	±0.01
80～220	±0.02
220～360	±0.03

（2）若型芯与模具上的孔成间隙配合时，配合间隙 δ_j 也会影响模具的中心距尺寸。对一个型芯来说，当偏移到极限位置时引起的中心距偏差为 $0.5\delta_j$，如图 4-25（a）所示。过盈配合的型芯或模具上的孔没有此项偏差。

（3）由于工艺条件和塑料变化引起收缩率波动，使中心距尺寸发生变化。

（4）假设模具在使用过程中型芯在圆周上系均匀磨损，则磨损不会使中心距发生变化。

由于塑件尺寸和模具尺寸都是按双向等值公差标准，磨损又不会引起中心距尺寸变化，因此塑件基本尺寸 L_s 和模具基本尺寸 L_M 分别是塑件和模具的平均尺寸，故有

$$L_M = L_s+L_sS_{cp}$$

标注制造公差后，则为

$$L_M = (L_s+L_sS_{cp})\pm\delta_z/2$$

Note

5. 型芯（或成型孔）中心到成型面距离尺寸计算

安装在凹模内的型芯（或孔）中心与凹模侧壁距离尺寸和安装在凸模上的型芯（或孔）中心与凸模边缘距离尺寸，都属于这类成型尺寸，如图 4-26 所示。

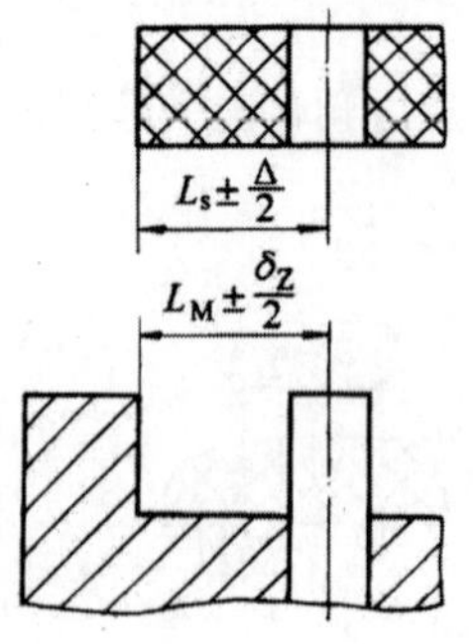

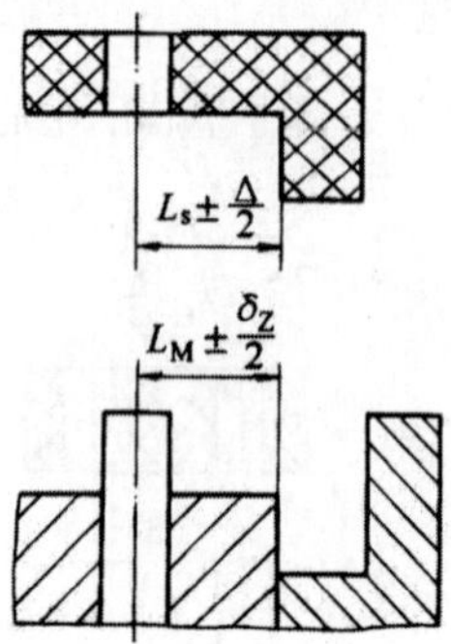

图 4-26　型芯（或成型孔）中心到成型面的距离

（1）安装在凹模内的型芯中心与凹模侧壁距离尺寸的计算

由于塑件尺寸和模具尺寸都是按双向等值公差值标注的，所以塑件的平均尺寸为 L_s，模具的平均尺寸为 L_M，在使用过程中型芯径向磨损并不改变该距离的尺寸，但型腔磨损会使该尺寸发生变化。设型腔径向允许磨损量为 δ_c，则就其一个侧壁与型芯的距离尺寸而言，允许最大磨损量为 δ_c 的 1/2，故该尺寸的平均值为 $L_M+\delta_c/2$。

按平均收缩率计算模具基本尺寸如下：

$$L_M+\delta_c/4=L_s+L_sS_{cp}$$

整理并标注制造公差

$$L_M=(L_s+L_sS_{cp}-\delta_c/4)\pm\delta_z/2$$

（2）安装在凸模上的型芯（或孔）中心与凸模边缘距离尺寸计算

由于凸模垂直壁在使用中不断磨损，使距离尺寸 L_M 发生变化，凸模壁最大磨损量为允许最大径向磨损量 δ_c 的 1/2，故该尺寸的平均值为 $L_M-\delta_c/4$。

经过类似的推导，可得出按平均收缩率计算的成型尺寸为

$$L_M=(L_s+L_sS_{cp}+\delta_c/4)\pm\delta_z/2$$

由于 $\delta_c/4$ 的数值很小（因为一般 $\delta_c/4=\Delta/6$），只有成型精密塑件时才考虑该磨损，一般塑件，此类尺寸仍可按中心距工作尺寸计算。

4.2.4　模具型腔侧壁和底板厚度的设计

1. 强度及刚度

塑料模型腔壁厚及底板厚度的计算是模具设计中经常遇到的重要问题，尤其对大型模具更为突出。目前常用计算方法有按强度和按刚度条件计算两大类，但实际的塑料模却要求既不允许因强度不足而发生明显变形甚至破坏，也不允许因刚度不足而发生过大变形。因此要求对强度及刚度加以合理考虑。

在塑料注射模注塑过程中，型腔所承受的力是十分复杂的。型腔所受的力有塑料熔体的压力、合模时的压力、开模时的拉力等，其中最主要的是塑料熔体的压力。在塑料熔体的压力作用下，型腔将产生内应力及变形。如果型腔壁厚和底板厚度不够，当型腔中产生的内应力超过型腔材料的许用应力

时，型腔即发生强度破坏。与此同时，刚度不足则发生过大的弹性变形，从而产生溢料和影响塑件尺寸及成型精度，也可能导致脱模困难等。可见模具对强度和刚度都有要求。

Note

对大尺寸型腔，刚度不足是主要矛盾，应按刚度条件计算；对小尺寸型腔，强度不够则是主要矛盾，应按强度条件计算。强度计算的条件是满足各种受力状态下的许用应力。刚度计算的条件则由于模具的特殊性，可以从下几个方面加以考虑。

（1）要防止溢料。模具型腔的某些配合面当高压塑料熔体注入时，会产生足以溢料的间隙。为了使型腔不致因模具弹性变形而发生溢料，此时应根据不同塑料的最大不溢料间隙来确定其刚度条件。如尼龙、聚乙烯、聚丙烯、聚丙醛等低黏度塑料，其允许间隙为0.025～0.03mm；对聚苯乙烯、有机玻璃、ABS等中等黏度塑料为0.05mm；对聚砜、聚碳酸酯、硬聚氯乙烯等高黏度塑料为0.06～0.08mm。

（2）应保证塑件精度。塑件均有尺寸要求，尤其是精度要求高的小型塑件，这就要求模具型腔具有很好的刚性。

（3）要有利于脱模。一般来说塑料的收缩率较大，故多数情况下，当满足上述两项要求时已能满足本项要求。

上述要求在设计模具时其刚度条件应以这些项中最苛刻者（允许最小的变形值）为设计标准，但也不宜无根据地过分提高标准，以免浪费钢材，增加制造困难。

2. 型腔和底板的强度及刚度计算

一般常用计算法和查表法，圆形和矩形凹模壁厚及底板厚度常用计算公式，型腔壁厚的计算比较复杂且烦琐，为了简化模具设计，一般采用经验数据或查有关表格。

4.3　分型工具

4.3.1　模具分型工具

在UG NX中进行分型设计，主要利用Mold Wizard中的“分型刀具”面板实现，如图4-27所示。模具分型工具包括：检查区域、曲面补片、定义区域、设计分型面、编辑分型面和曲面补片、定义型芯和型腔、交换模型、备份分型/补片和分型导航器9项功能。

图4-27　“分型刀具”面板

（1）检查区域：设计区域从模制部件验证（Molded Part Validation,，MPV）工具开始。MPV帮助我们分析一个产品模型，并为型腔和型芯的分型做好准备。

（2）曲面补片：曲面补片可以根据设计区域步骤的结果自动创建修补曲面。

（3）定义区域：定义区域可以根据前面设计区域步骤的结果提取型芯和型腔区域，并自动生成分型线。另外也提供旧的抽取型芯型腔区域的方法。

（4）设计分型面：根据设计区域步骤的结果，可以使用提取区域和分型线功能来创建分型线。在这种情况下，只需要定义分型线环的转换对象，就可以生成分型线段以创建分型面。

（5）编辑分型面和曲面补片：创建分型面，并自动将分型线环分成数段。这些段由转换对象和转换点来定义。编辑分型面可以每次创建一个分型段的分型面。一般来说，分型面由分型线通过拉伸，扫掠及扩大曲面的方法来创建。

（6）定义型芯和型腔：型芯和型腔创建两个修剪的片体，其中一个属于型芯，一个属于型腔。当单击创建型腔或创建型芯时，系统会预先选择分型面，型芯和型腔区域及全部修补面。当离开该对话框后，就完成了全部的分型。

Note

（7）交换模型：交换产品模型允许用一个新版本的模型来替代模具设计工程里的产品模型，并依然保持同现有模具设计特征的相关性。

（8）备份分型/补片：从现有的分型或补片片体进行备份。

（9）分型导航器：单击此按钮，弹出图4-28所示的“分型导航器”对话框。分型对象作为节点显示在分型导航器里。此树可以查看哪个对象位于哪一层，不需要记住对象层的位置。分型管理树允许控制分型过程中创建的分型对象的可见性。使用分型对象左边的检查框，可以一次只显示一个对象是否可见。可以通过改变树的层列中层号来改变分型对象的特定组的层。

图4-28 “分型导航器”对话框

4.3.2 设计分型面

单击“注塑模向导”选项卡“分型刀具”面板中的“设计分型面”按钮，系统弹出“设计分型面”对话框，如图4-29所示。

1. 编辑分型线

分型线定义为模具面与实际产品的相交线，一般零件分模面可以根据零件形状（如最大界面处）和成品从模具中的顶出方向等因素确定。但是系统指定的分模面不一定是符合要求的。

单击分型线栏中的“编辑分型线”按钮，在视图中选择曲线添加为分型线。

2. 搜索环

引导搜索功能从产品模型的某个分型线/边界开始选择，在每个型芯和型腔的相交区域查找相邻的线，并搜索候选的曲线/边界添加到分型线环中。如果发现有间隙或者分支，选择曲线和边界会用到公差。

单击“遍历分型线”按钮，系统弹出图4-30所示的“遍历分型线”对话框。

（1）公差：该选项用于定义选择下一个候选曲线或边界时的公差值。注射模向导会用临时显示

下一个候选线的方法来引导选择分型线。

（2）按面的颜色遍历：该选项用于选择任意一条两边有不同颜色的面的曲线。它会自动搜索所有与开始曲线有相同特征（两边有不同颜色的面）的相连曲线。

（3）终止边：用于选择一个两边有不同颜色的局部的线环。只有当“按面的颜色遍历”选项选中时，该选项才变得可选。

3. 编辑分型段

（1）选择分型或引导线：如果分型线不在同一个平面，系统就不能自动创建边界平面。这时就需要对分型线进行编辑或定义，将不在同一平面上的分型线进行转换。选中一段分型线，在 Mold Wizard 在该分型线的一端添加中止点，同时添加一个引导线。

（2）选择过渡曲线：是对已存在的过渡曲线进行选择或取消选择操作，以得到合理的过渡对象。

（3）编辑引导线：单击此按钮，系统弹出图 4-31 所示的“引导线”对话框。可以对引导线的长度和方向进行编辑。

图 4-29 “设计分型面”对话框

图 4-30 “遍历分型线”对话框

图 4-31 “引导线”对话框

4. 创建分型面

分型面用于分割和修剪型芯和型腔。Mold Wizard 提供了多种创建分型面的方式。创建分型面的最后一步为缝合曲面，可手工确定创建片体。

创建分型面前必须要创建分型线，分型面的形状根据分型线的形状确定。创建分型面栏如图 4-32 所示。

创建分型面包括两个步骤：

（1）从系统所识别的分型线中分段逐个创建片体，或者创建一个自定义的片体。

（2）缝合所创建的片体，使之从分型片体开始到成型镶件边缘之间形成连续的边界。

Note

Mold Wizard 将逐段高亮显示分型线段，根据所选择出的分型段的具体情况，设计者自行更改创建方法和分型面方向。

系统提供了分型面创建方法："拉伸"、"扫掠"、"有界平面"、"扩大的曲面"和"条带曲面"。

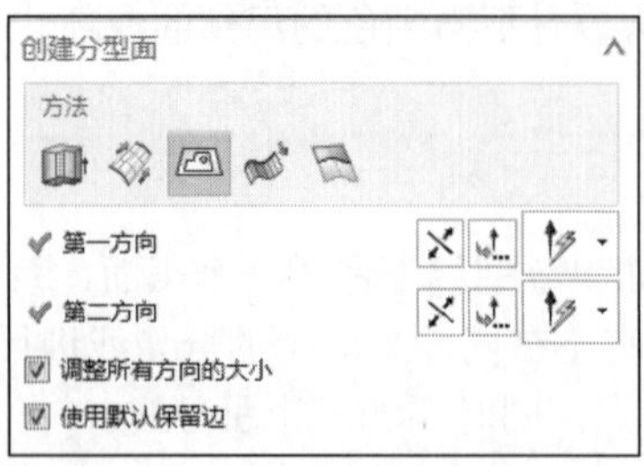

图 4-32 "创建分型面"栏

拉伸是让分模曲线或者过渡对象的某些部分沿着指定的方向扩展，从而创建出分模曲面。需要注意的是，边线拉伸时必须有单一的拉伸方向，并且角度必须小于 180°。单击"拉伸"按钮，其延展方向可以通过"拉伸方向"来指定。

如果所有的分型线环都在单一平面上，则可以使用"有界平面"创建分型面。

如果一个分段在一个单一曲面上，可以使用"扩展曲面"创建分型面。当在一个位于同一曲面的闭合的分型线段上创建一个"扩展面"时，扩大面会自动被该分型线修剪。当在一个位于同一曲面，但不闭合的分型线段上创建一个"扩展面"时，可以在分段的每端定义一个创建方向。在这种情况下，扩展面会由分型段和修剪方向来修剪。可以使用两个滑块来调整扩展面的大小。

4.3.3 区域分析

设计区域是指系统按照用户的设置分析检查型腔和型芯面，包括产品的脱模斜度是否合理，内部孔是否修补等信息。

单击"注塑模向导"选项卡"分型刀具"面板中的"检查区域"按钮，系统弹出图 4-33 所示的"检查区域"对话框，该对话框包括 4 个选项卡："计算"、"面"、"区域"和"信息"。

1. 计算选项卡

（1）选择脱模方向。该选项表示重新选择产品体在模具中的开模方向。单击指定脱模方向栏中的"矢量对话框"按钮，系统弹出"矢量"对话框，如图 4-34 所示，利用该对话框选择产品体的开模方向。

（2）区域计算选项。

① 保持现有的。该选项用来计算面属性而并不更新。

② 仅编辑区域。该选项表示将不执行面的计算。

③ 全部重置。该选项表示要将所有面重设为默认值。

2. 面选项卡

"面"功能选项用于分析产品模型的成型性（制模性）信息，如面拔模角和底切。单击该选项卡，弹出图 4-35 所示的"面"选项卡。该对话框包括的选项：高亮显示所选的面、拔模角限制、设置所有面的颜色、交叉面颜色、底切区域、底切边、选定的面透明度和未选定的面透明度。

图 4-33　“检查区域”对话框　　图 4-34　“矢量”对话框

图 4-35　“面”选项卡

（1）高亮显示所选的面：该选项用于高亮显示所设定特定拔模角的面。如果设置了“拔模角限制”选项和“面拔模角”类型，系统会高亮显示所选的面。

（2）拔模角限制：用于在后面的文本框中输入拔模角度值，只能是正值。“面拔模角”区域可以指定界限以定义六种拔模面：全部、正的（大于等于）、正的（大于）、竖直（等于）、负的（小于）和负的（小于等于）拔模角，并能高亮显示设定的拔模面，如图 4-36 所示。

图 4-36　高亮显示设定的拔模面

（3）设置所有面的颜色：单击此按钮，则将产品体的所有面的颜色设定为面拔模角中的颜色。可以选择调色板上的颜色来更改这些面的颜色，新颜色会立即应用，如图 4-37 所示。单击“设置所有面的颜色”按钮，则工作区中产品体颜色发生变化。

（4）透明度：利用选定的面/未选定的面透明度的滑块控制观察产品体时选中面/非选择面的透明度。

图 4-37　设置所有面的颜色

（5）拆分面：单击此按钮，系统弹出“拆分面”对话框，如图 4-38 所示。

（6）面拔模分析：单击“面拔模分析”按钮，显示标准的 UG NX 的“面分析”中的“拔模分析”对话框，如图 4-39 所示。

图 4-38　“拆分面”对话框

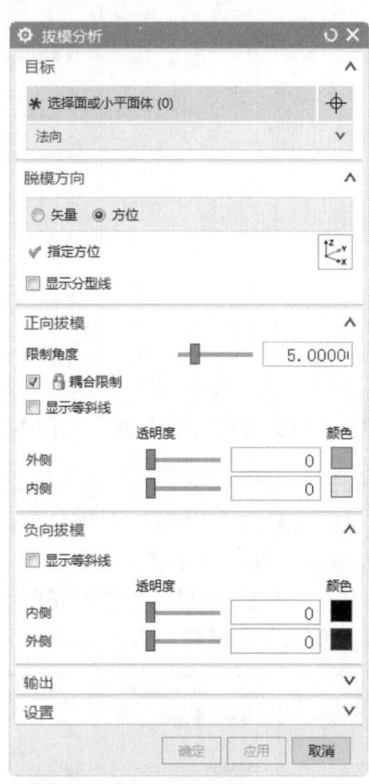

图 4-39　“拔模分析”对话框

3. 区域选项卡

用于从模型面上提取型芯和型腔区域，并指定颜色，以定义分型线，实现自动分型功能。单击对话框上端的“区域”，系统弹出“区域”选项卡，如图 4-40 所示。

（1）型腔/型芯区域：选定型腔活型芯区域后，拖动“型腔/型芯区域”后面的滑块，完成该区域的透明度设置，能更清楚地识别剩余的未定义面。

（2）未定义区域：用于定义面无法自动识别为型腔或者型芯面。这些面会列举在该部分，如交叉区域面，交叉竖直面或未知的面。

（3）设置区域颜色：单击此按钮，则将产品体的所有面的颜色设定为型腔/型芯区域中的颜色。可以选择调色板上的颜色来更改这些面的颜色，新颜色会立即应用，如图 4-41 所示。

（4）指派到区域：用于指定选中的区域是型腔区域还是型芯区域。

4. 信息选项卡

该选项卡功能用于检查产品体的面属性、模型属性和尖角。如图 4-42 所示。

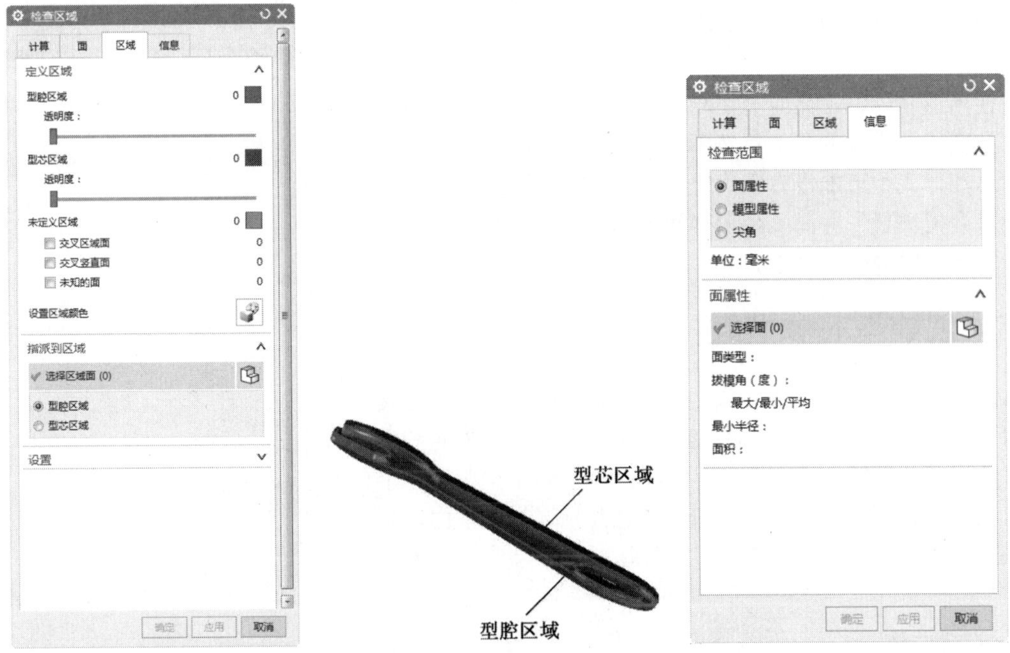

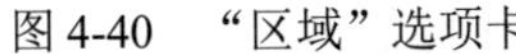

图 4-40　“区域”选项卡　　图 4-41　设置区域颜色　　图 4-42　“信息”选项卡

（1）面属性：选择“面属性”单选按钮，然后单击产品体上的某一个面，该面的属性会显示在对话框的下部，包括：面的类型、拔模角、半径、面积，如图 4-43 所示。

（2）模型属性：选择“模型属性”单选按钮，然后单击产品体，下列属性会显示在对话框的下部，包括：模型类型（实体或片体）、边界边（如果是片体的话）、体积/面积、面数、边数，如图 4-43 所示。

（3）尖角：选择“尖角”单选按钮，并定义一个角度的界限和半径的值，以确认模型可能存在的问题。可以单击颜色盒从调色板上选择一个不同的颜色，单击“应用”按钮，将此颜色应用到符合角度和半径要求的面和边界上，如图 4-43 所示。

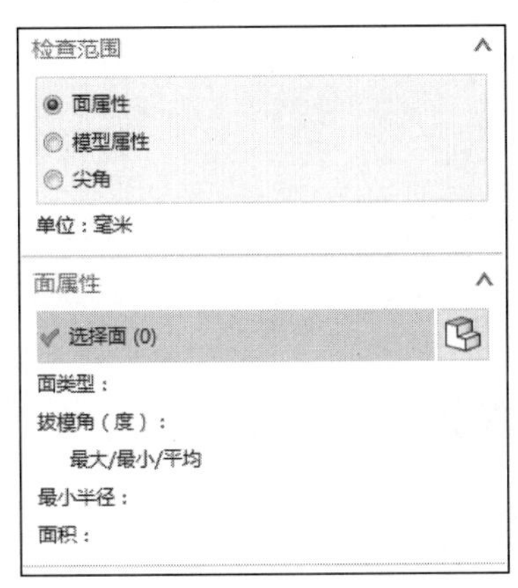

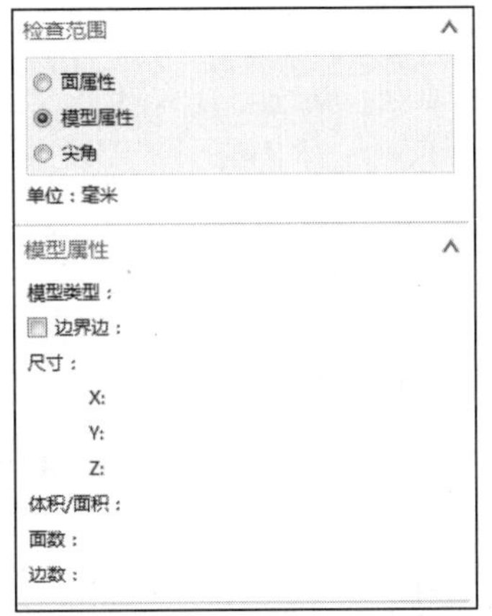

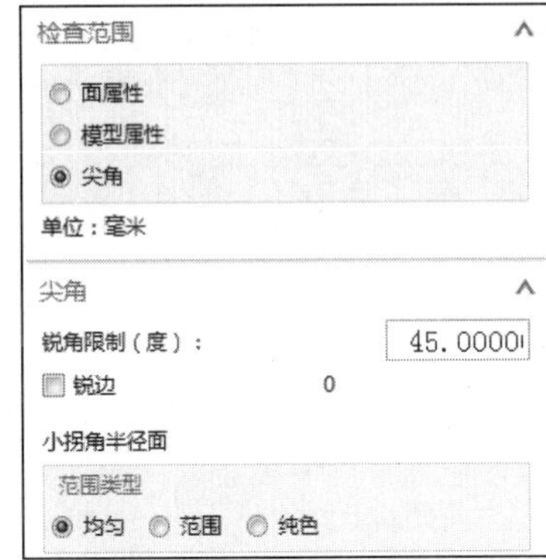

图 4-43　面、模型和尖角属性信息

Note

4.3.4　定义区域

单击“注塑模向导”选项卡“分型刀具”面板上的“定义区域”按钮，弹出如图4-44所示的“定义区域”对话框。

提取区域功能执行一个单一任务：提取型芯和型腔的区域。

在使用该功能时，系统会在相邻的分型线中自动搜索边界面和修补面。如果体的面的总数不等于分别复制到型芯和型腔的面的总和，则很可能没有正确定义边界面。如果发生这种情况，系统会提出警告并高亮显示有问题的面，但是仍然可以忽略这些警告并继续提取区域。

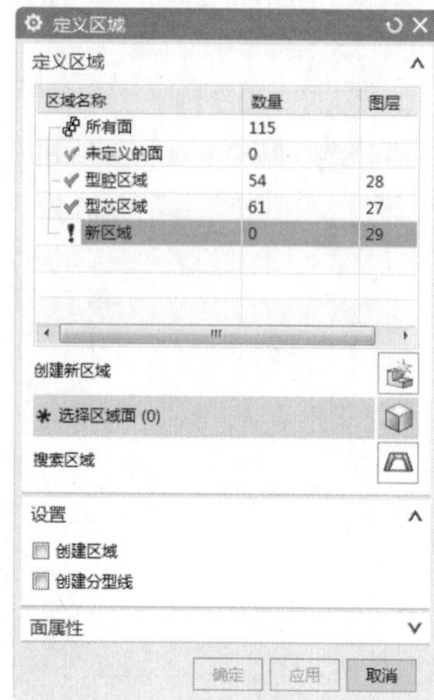

图4-44　“定义区域”对话框

4.3.5　创建型芯和型腔

单击“注塑模向导”选项卡“分型刀具”面板上的“定义型芯和型腔”按钮，弹出如图4-45所示的“定义型腔和型芯”对话框。此功能创建两个创建片体：一个用于型芯，一个用于型腔。选择区域后，系统会预先高亮并预选择分型面，型芯或型腔以及所有修补面。在退出该对话框时，会完成全部的分型。

1. 选择片体

选择“型腔区域”，补片面及型腔区域会高亮显示，修剪片体会链接到型腔部件中并自动修剪工件。

如果修剪片体创建成功，它会链接到型腔部件中，同时在收缩部件中的表达式 split_cavity_supp 的值会设定为1，以释放型腔部件中的修剪特征。之后型腔部件会切换为显示部件，型腔体会同查看分型结果对话框一起出现。在查看分型对话框中，可以选择选项来改变型腔的修剪方向。如图4-46所示的是“查看分型结果”对话框。

创建型芯的方法与之相同。选择“所有区域”，自动创建型芯和型腔。

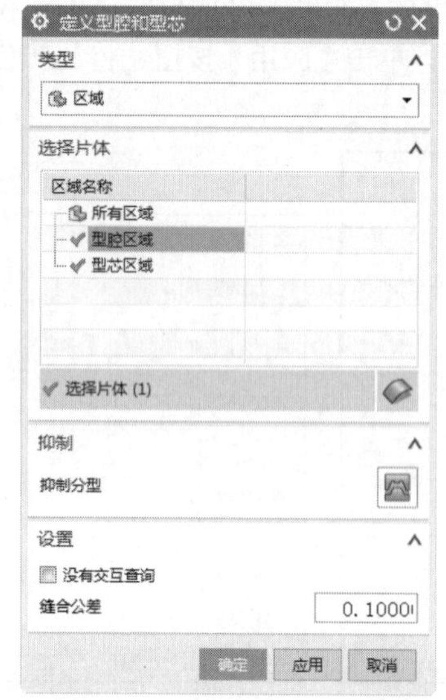

图4-45　“定义型腔和型芯”对话框

图4-46　“查看分型结果”对话框

2. 抑制

抑制分型功能允许在分型设计已经完成后，对产品模型做一个复杂的变更。抑制分型应用于以下几种情况：

（1）分型和模具组件设计已经完成；

（2）变更必须直接作用在模具设计工程里的产品模型上。

Note

4.3.6　交换模型

交换模型用于将一个新版本产品模型来代替模具设计中的原版产品模型，并保持原有的合适的模具设计特征。交换模型包括三个步骤：装配新产品模型、编辑补片/分型面和更新分型。

1. 加载一个新版的产品模

单击“注塑模向导”选项卡“分型刀具”面板上的“交换模型”按钮，系统弹出“打开”对话框，用于加载一个新版本的产品模型文件。选择一个新的部件文件后单击“OK”按钮，系统自动完成替换更新模型。

如果替换更新成功完成，会显示一个信息指出交换成功，如图 4-47 所示。同时会显示一个信息窗口，列出 parting 部件中更新失败的特征，并标记为过时的状态，如图 4-48 所示。如果交换失败，内容会替换为一个交换失败的信息，并出现一个撤销。

交换产品模型

产品模型替换成功。
将部件导航器中的上一个特征定为当前特征，以便全部更新。

确定(O)

图 4-47　“交换产品模型”对话框

图 4-48　“信息”对话框

2. 编辑分型线/分型面

当新模型文件的分型线和分型面发生变更时，单击“设计分型面”中的编辑分型线/编辑分型面功能以改变分型线或分型面，重新生成分型线和分型面。

3. 更新分型

可以自动或手动更新分型。

4.3.7　实例——壳体分型设计

下面讲述如何利用拉伸方法创建不同曲面上分型面实例，具体操作如下：

Note

（1）单击“注塑模向导”选项卡中的“初始化项目”按钮，装载 yuanwenjian\shell\shell.prt。在“初始化项目”对话框中设置材料为PS，其他采用默认设置，完成装载后的效果的产品体如图4-49所示。

（2）单击“注塑模向导”选项卡“主要”面板上的“模具坐标系”按钮，系统弹出“模具坐标系”对话框，选择“当前 WCS”选项，然后单击“确定”按钮。系统会自动把模具坐标系放在产品体坐标上，并且锁定Z轴。如图4-50所示。

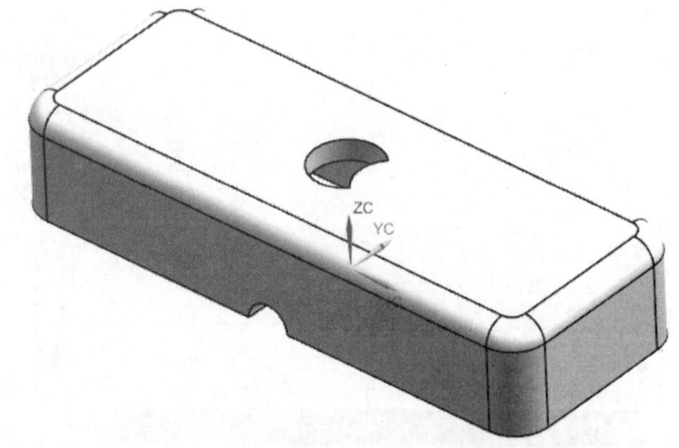

图4-49　产品体

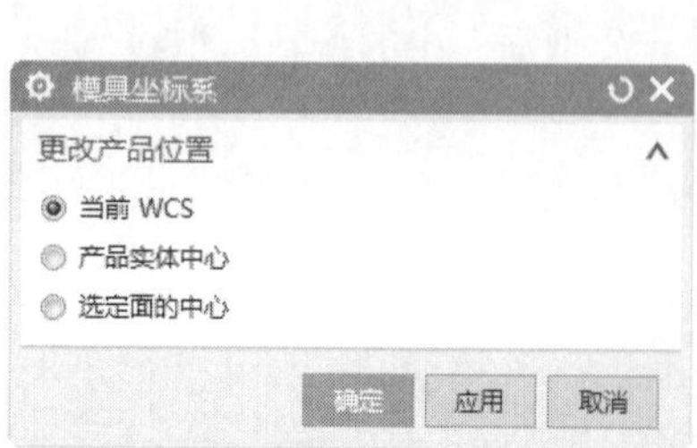

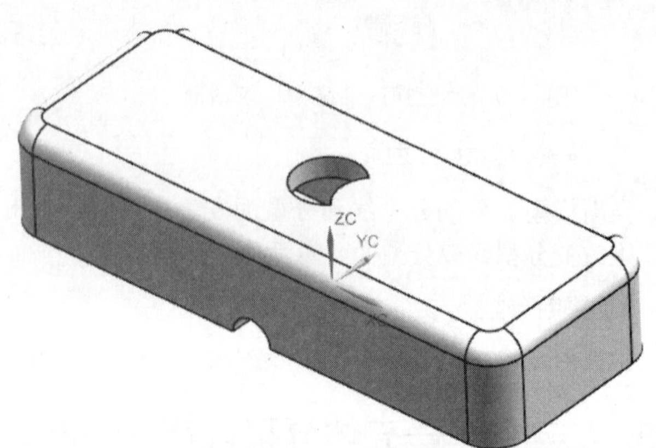

图4-50　选定模具坐标系

（3）单击“注塑模向导”选项卡“主要”面板上的“收缩”按钮，弹出“缩放体”对话框，选择“均匀”类型，设置收缩率为 1.006，如图 4-51 所示，单击“确定”按钮。

（4）单击“注塑模向导”选项卡“主要”面板上的“工件”按钮，系统弹出“工件”对话框，采用默认的工件尺寸，如图 4-52 所示，单击“确定”按钮，完成工件的创建，如图 4-53 所示。

图 4-51　“缩放体”对话框

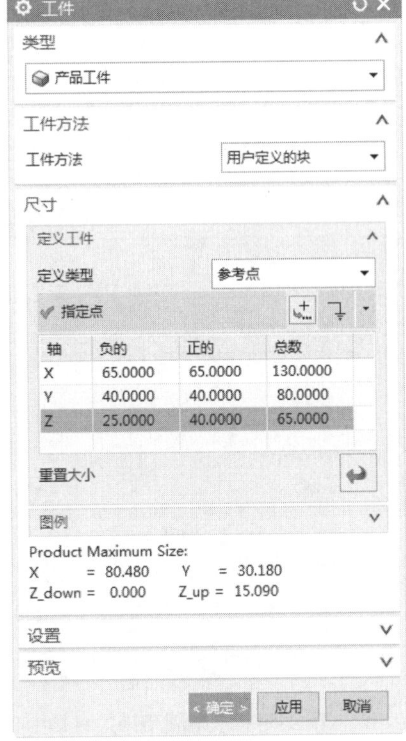

图 4-52　“工件”对话框

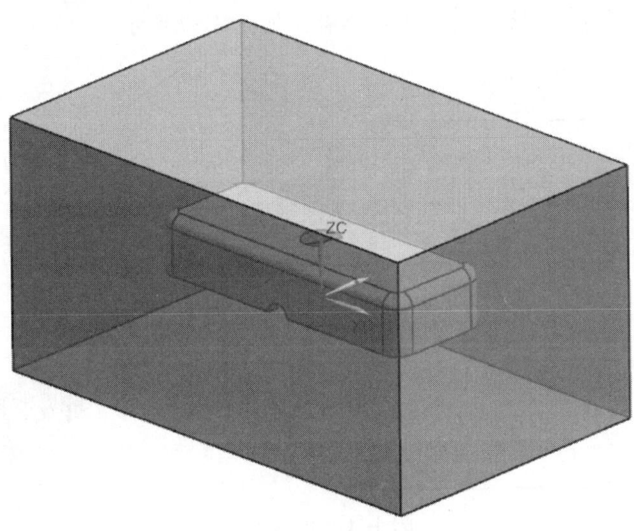

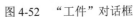

图 4-53　创建工件

（5）单击“注塑模向导”选项卡“主要”面板上的“型腔布局”按钮，系统弹出如图 4-54 所

Note

示的“型腔布局”对话框，单击“自动对准中心”按钮⊞，将模腔设置在模具的装配中心，然后单击“关闭”按钮，关闭对话框。

（6）单击“注塑模向导”选项卡“分型刀具”面板上的“曲面补片”按钮，系统自动打开“shell_parting.prt”文件，系统弹出如图4-55所示的“边补片”对话框。

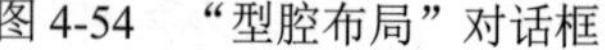

图4-54　“型腔布局”对话框

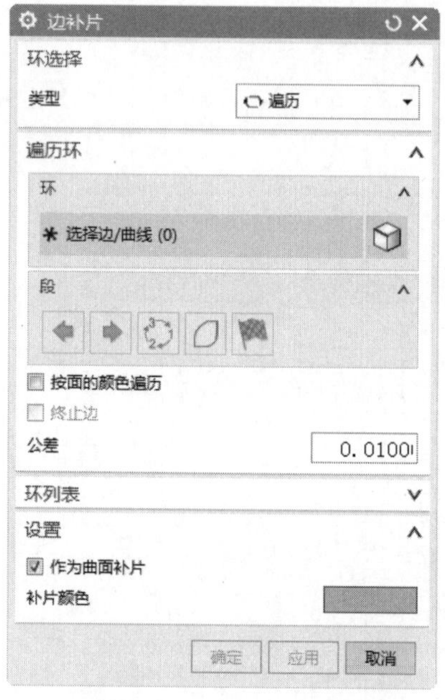

图4-55　“边补片”对话框

（7）选择“遍历”类型，取消选中“按面的颜色遍历”复选框，选取如图4-56所示的边线，添加到环列表中。单击“确定”按钮，完成曲面修补，如图4-57所示。

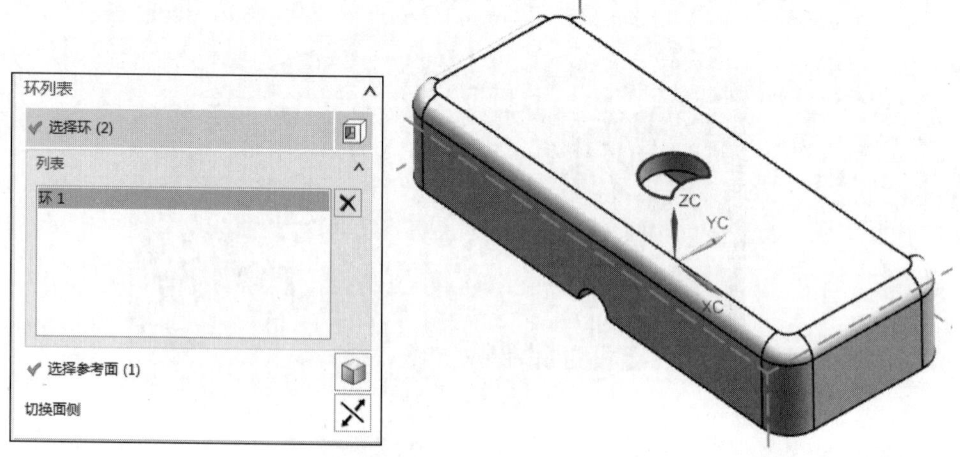

图4-56　选取边线

（8）单击“注塑模向导”选项卡“分型刀具”面板上的“设计分型面”按钮，系统弹出如图4-58所示的“设计分型面”对话框。

Note

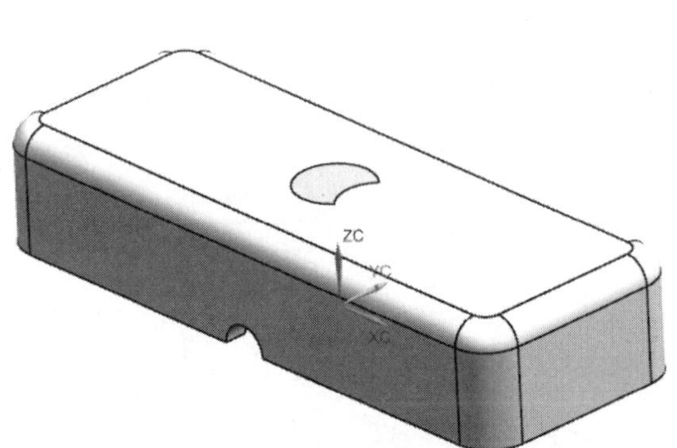

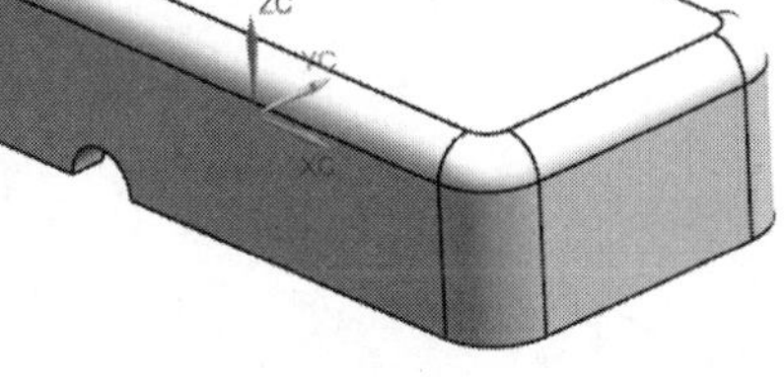

图 4-57　修补曲面

图 4-58　“设计分型面”对话框

（9）单击“编辑分型线”栏中的“遍历分型线”按钮，弹出如图 4-59 所示的“遍历分型线”对话框，选取零件底边线，如图 4-60 所示。单击“接受”按钮，沿着零件底边选取边线，直到底面边线全部选取形成封闭环，单击“确定”按钮，结果如图 4-61 所示。

图 4-59　“遍历分型线”对话框

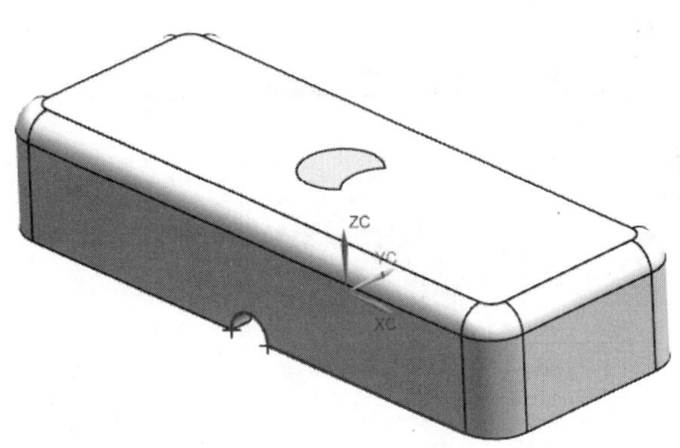

图 4-60　选取边线

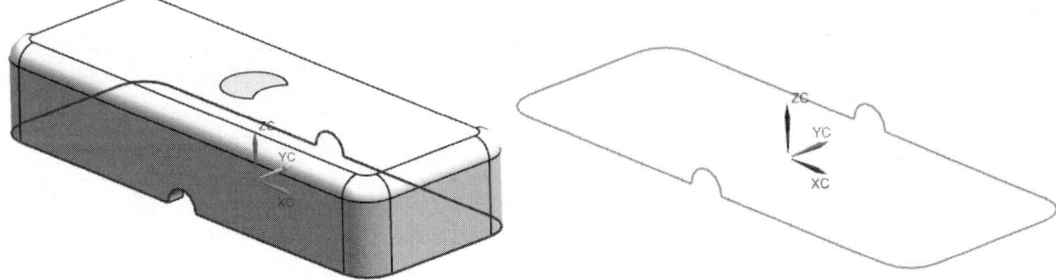

图 4-61　创建分型线

（10）单击“注塑模向导”选项卡“分型刀具”面板上的“设计分型面”按钮，弹出“设计分型面”对话框，单击“选择分型或引导线”选项，在如图4-62所示的位置创建引导线。

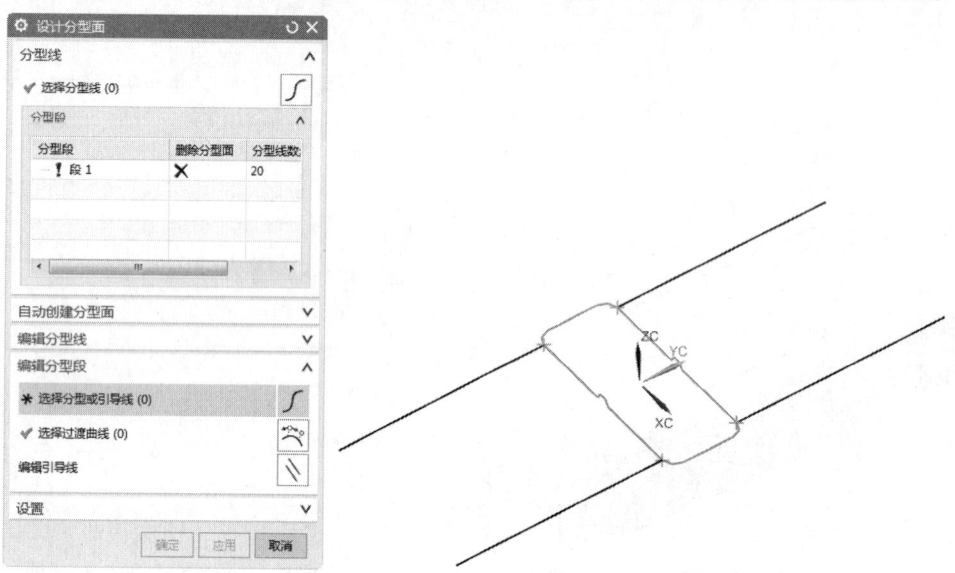

图4-62　编辑分型段

（11）单击“注塑模向导”选项卡“分型刀具”面板上的“设计分型面”按钮，在弹出的“设计分型面”对话框中分型段列表中选择分段1，在创建分型面栏中选中“拉伸”选项，选择-XC轴为拉伸方向，如图4-63所示。调节曲面延伸距离，使分型面的平面长度大于工件的长度，单击“应用”按钮。

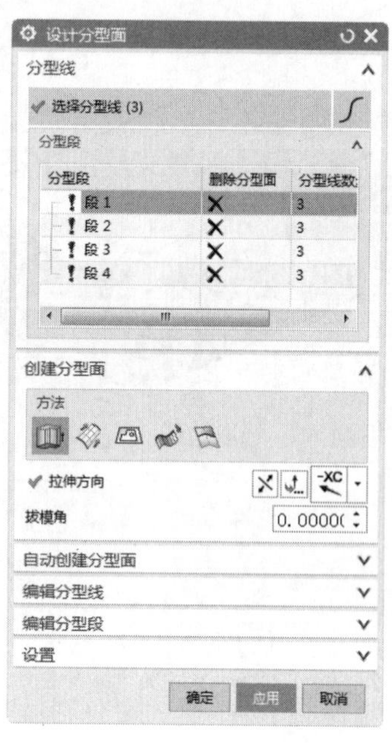

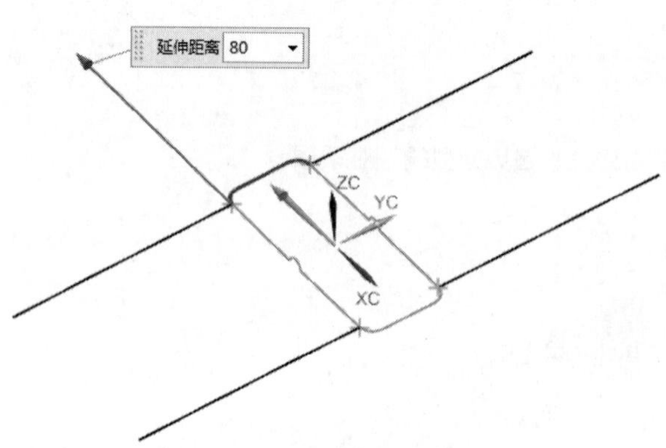

图4-63　分段1

（12）在“设计分型面”对话框中分型段列表中选择分段2，在创建分型面栏中选中“拉伸”选

项，采用默认的拉伸方向，用鼠标拖动“曲面延伸距离”标志，调节曲面延伸距离，使分型面的拉伸长度大于工件的长度，如图 4-64 所示，单击“应用”按钮。

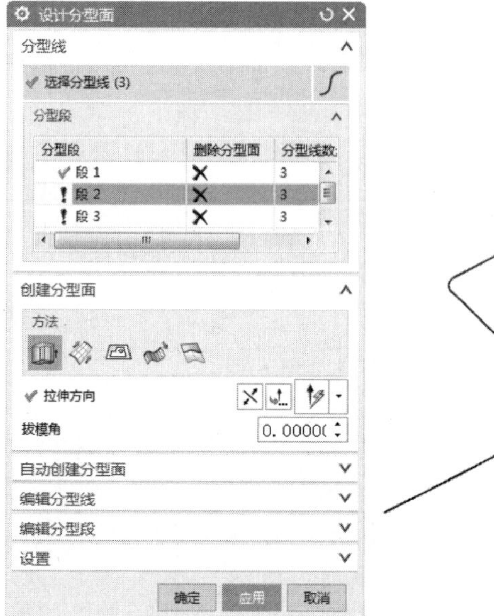

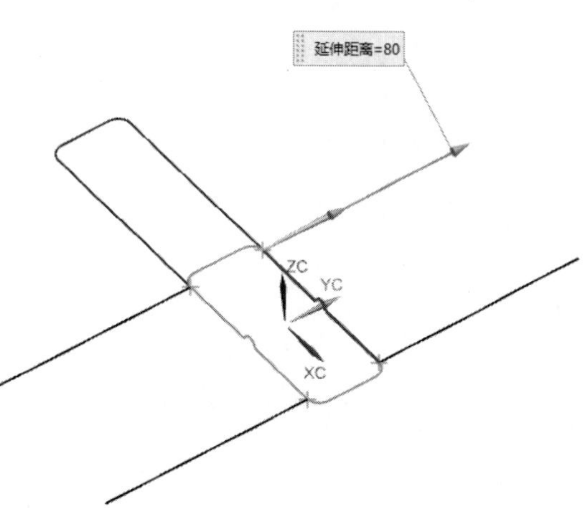

图 4-64　分段 2

（13）在弹出的“设计分型面”对话框中分型段列表中选择分段 3，在创建分型面栏中选中“拉伸”选项，选择 XC 轴为拉伸方向，如图 4-65 所示。调节曲面延伸距离，使分型面的平面长度大于工件的长度，单击“应用”按钮。

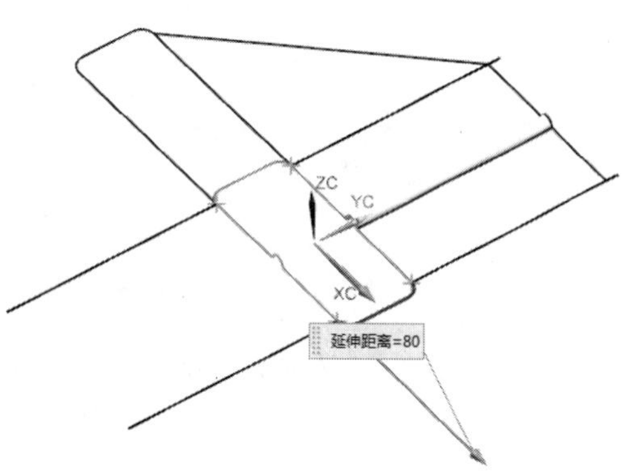

图 4-65　分段 3

Note

（14）在“设计分型面”对话框中分型段列表中选择分段 4，在创建分型面栏中选中“拉伸”选项，采用默认的拉伸方向，用鼠标拖动“曲面延伸距离”标志，调节曲面延伸距离，使分型面的拉伸长度大于工件的长度，如图 4-66 所示，单击“确定”按钮，完成分型面的创建，如图 4-67 所示。

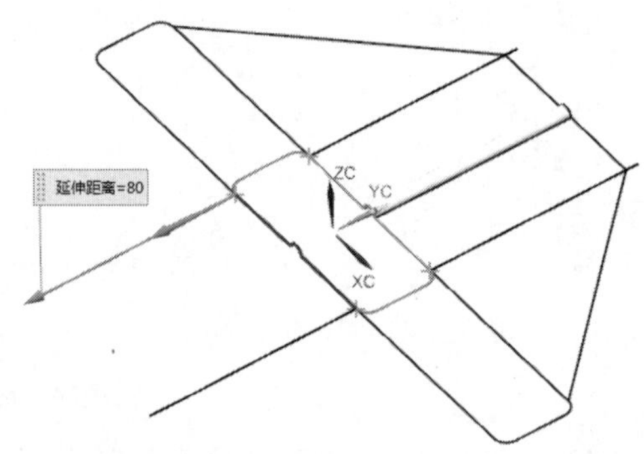

图 4-66　分段 4

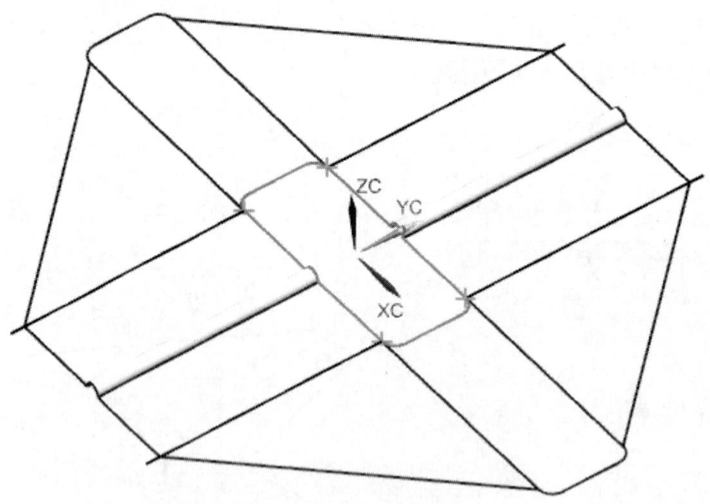

图 4-67　创建分型面

（15）单击“注塑模向导”选项卡“分型刀具”面板上的“检查区域”按钮，系统将弹出“检查区域”对话框，如图 4-68 所示，选择“保持现有的”单选按钮，默认脱模方向，单击“计算”按钮。

图 4-68　“检查区域”对话框

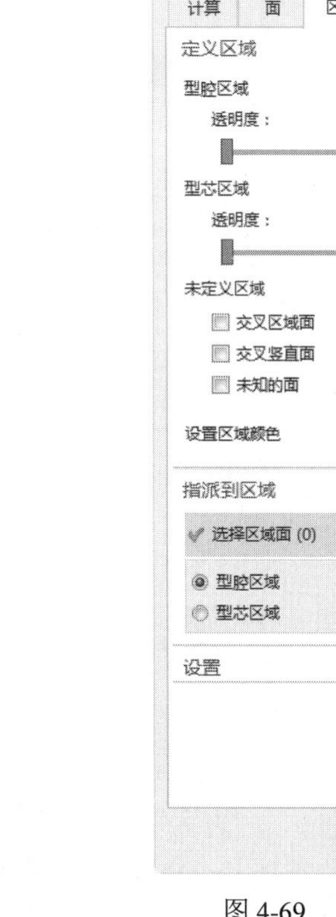

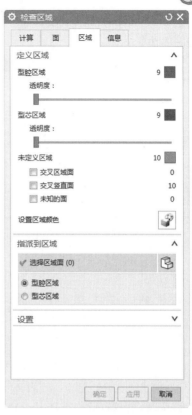

图 4-69　“区域”选项卡

（16）选择“区域”选项卡，从对话框中可以看到型腔面数为 9，型芯面数为 9，未定义的区域为 10，如图 4-69 所示。

（17）拖动型腔区域和型芯区域的透明度滑块，将定义的型芯和型腔区域透明化，观察未定义的区域，如图 4-70 所示，在指派到区域选择“型腔区域”选项，然后选取模型四周的未定义区域，单击“应用”按钮，将模型四周的未定义区域指派到型腔区域；选择“型芯区域”选项，然后选取模型中间部分的未定义区域，单击“应用”按钮，将其指派到型芯区域，可以看到型腔面（17）与型芯面（11）的和等于总面数（28）。

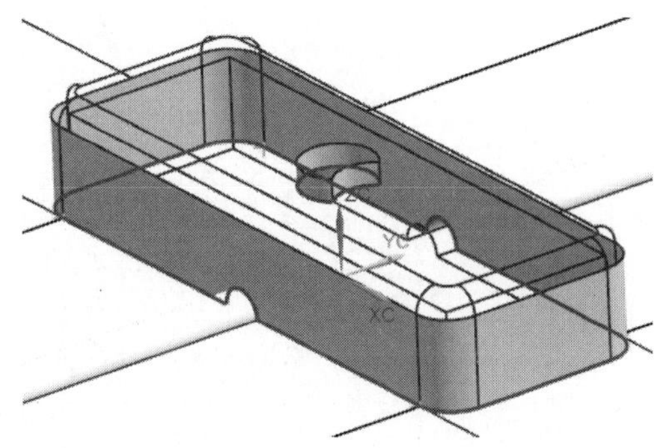

图 4-70　未定义区域

（18）单击“注塑模向导”选项卡“分型刀具”面板上的“定义区域”按钮，弹出图 4-71 所

示的“定义区域”对话框。选择“所有面”选项，选中“创建区域”复选框。单击“确定”按钮，完成型芯和型腔的抽取。

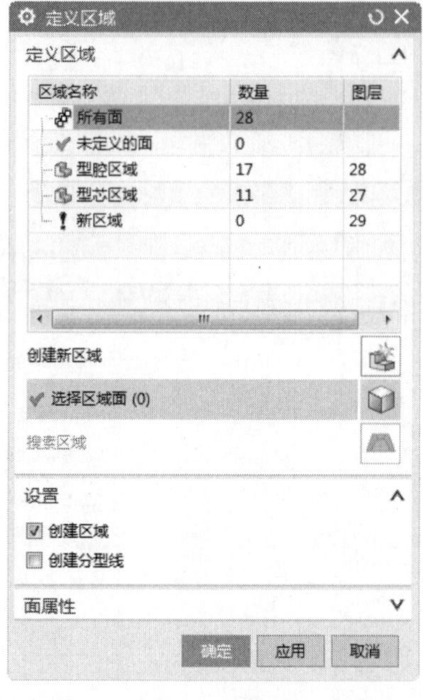

图 4-71 “定义区域”对话框

（19）单击“注塑模向导”选项卡“分型刀具”面板上的“定义型芯和型腔”按钮，系统弹出如图 4-72 所示的“定义型腔和型芯”对话框，选择“所有区域”选项，单击“确定”按钮。

（20）系统弹出“查看分型结果”对话框，如图 4-73 所示。同时工作区显示型腔效果图，如图 4-74 所示。

图 4-72 “定义型芯和型腔”对话框

图 4-73 “查看分型结果”对话框

Note

（21）系统弹出“查看分型结果”对话框，同时工作区显示型芯效果图，如图 4-75 所示，单击“确定”按钮。

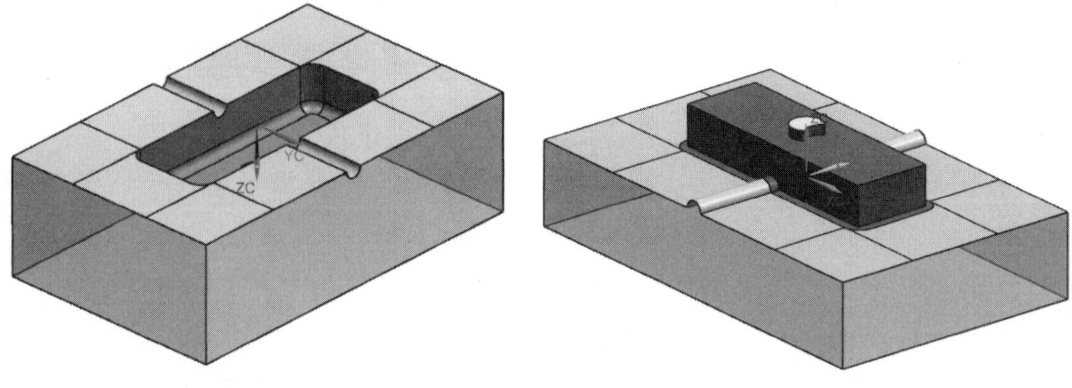

图 4-74　型腔　　　　图 4-75　型芯

（22）选择“文件”→“保存”→“全部保存”选项，保存所有部件文件。

第5章 模架和标准件

（视频讲解：10分钟）

模架主要用于安装型芯和型腔、顶出和分离机构，从而提高了生产效率。在Mold Wizard里面，已经将模架标准化并形成了标准模架库，使得结构、形式和尺寸都已经标准化和系列化。标准件是指模具的另一部分零件，Mold Wizard把它们标准化，主要是顶杆、浇口套和定位环等。

当完成了模具的型腔设计以后，就可以利用Mold Wizard的模架库和标准件功能来自动产生模板、模座和标准件，来完成模具设计。

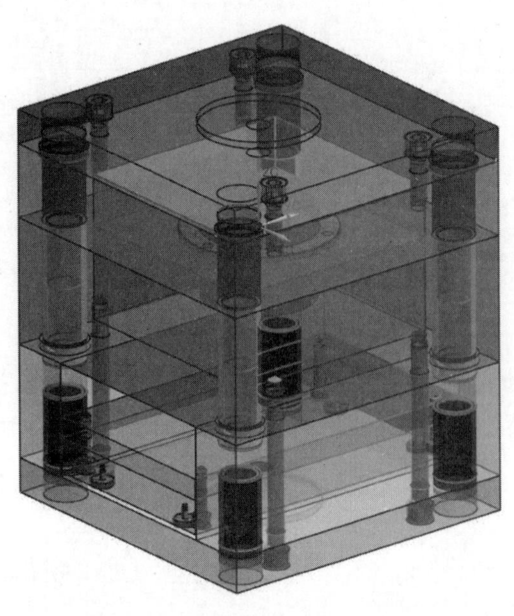

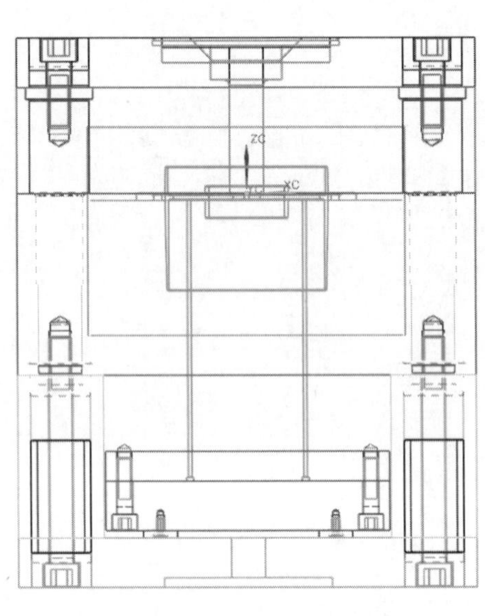

5.1　结构特征

本节简要讲述模具设计中各种结构的特征和设计方法。

5.1.1　支承零件的结构设计

塑料注射成型模具的支承零件包括动模（或上模）座板、定模（或下模）座板、动模（或上模）板、定模（或下模）板、支承板、垫块等。塑料注射成型模具支承零件的典型组合，如图 5-1 所示，塑料模的支承零件起装配、定位及安装作用。

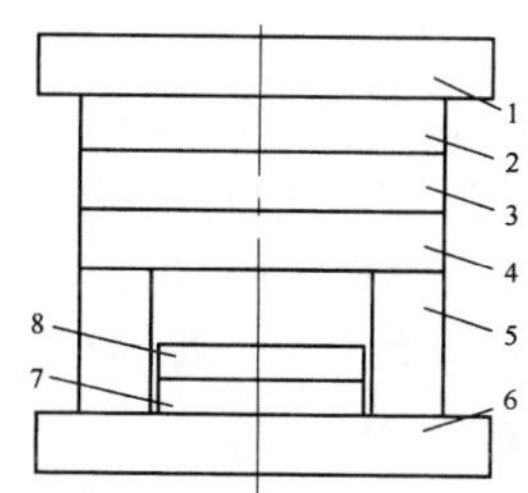

图 5-1　注射模支承零件的典型结构

1—定模座板　2—定模板　3—动模板　4—支承板　5—垫板　6—动模座极　7—推板　8—顶杆固定板

1. 动模座板和定模座板

动模座板和定模座板是动模和定模的基座，也是固定式塑料注射成型模具与成型设备连接的模板。因此，座板的轮廓尺寸和固定孔必须与成型设备上模具的安装板相适应。另外，还必须具有足够的强度和刚度。

2. 动模板和定模板

动模板和定模板的作用是固定型芯、凹模、导柱和导套等零件，所以俗称固定板。塑料注射成型模具种类及结构不同，固定板的工作条件也有所不同。但不论哪一种模具，为了确保型芯和凹模等零件固定稳固，固定板应有足够的厚度。

动模（或上模）板和定模（或下模）板与型芯或凹模的基本连接方式如图 5-2 所示。其中图 5-2（a）所示的是常用的固定方式，装卸较方便；图 5-2（b）所示的固定方法可以不用支承板，但固定板需加厚，对沉孔的加工还有一定要求，以保证型芯与固定板的垂直度；图 5-2（c）所示的是固定方法最简单，既不要加工沉孔又不要支承板，但必须有足够的螺钉销钉的安装位置，一般用于固定较大尺寸的型芯或凹模。

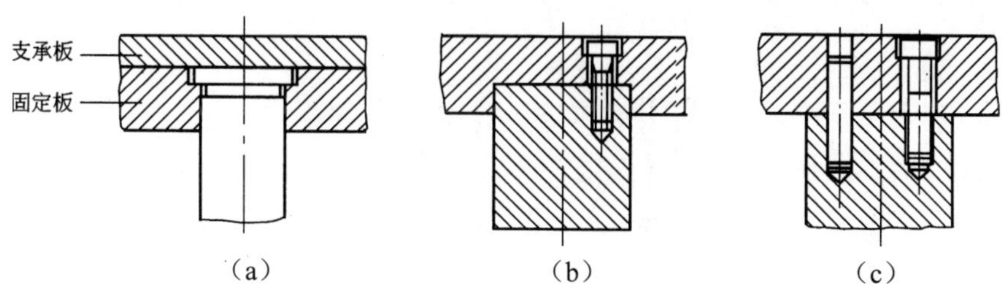

图 5-2　固定板与型芯或凹模的连接方式

Note

3. 支承板

支承板是垫在固定板背面的模板。它的作用是防止型芯、凹模、导柱、导套等零件脱出，增强这些零件的稳定性并承受型芯和凹模等传递来的成型压力。支承板与固定板的连接通常用螺钉和销钉，也有用铆接的。

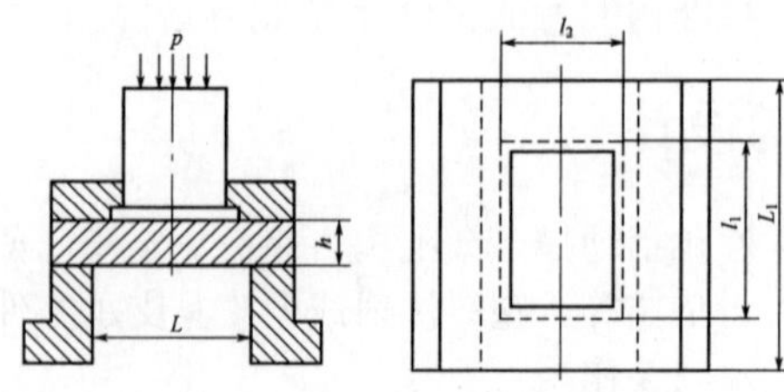

图 5-3　矩形型腔动模支承板受力

支承板应具有足够的强度和刚度，以承受成型压力而不过量变形。其强度和刚度计算方法与型腔底板的强度和刚度计算相似。现以矩形型腔动模支承板的厚度计算为例说明其计算方法。图 5-3 所示为矩形型腔动模支承板受力示意图。动模支承板一般都是中部悬空而两边用支架支承的，如果刚度不足将引起制品高度方向尺寸超差，或在分型面上产生溢料而形成飞边。从图 5-3 看出，支承板可看成受均布载荷的简支梁，最大挠曲变形发生在中线上。如果动模板（型芯固定板）也承受成型压力，则支承板厚度可以适当减小。如果计算得到的支承板厚度过厚，则可在支架间增设支承块或支柱，以减小支承板厚度。

支承板与固定板的连接方式如图 5-4 所示，如图 5-4（a）所示为螺纹连接，适用于顶杆分模的移动式模具和固定式模具，为了增加连接强度，一般采用圆柱头内六角螺钉；图 5-4（d）为铆钉连接，适用于移动式模具，它拆装麻烦，维修不便。

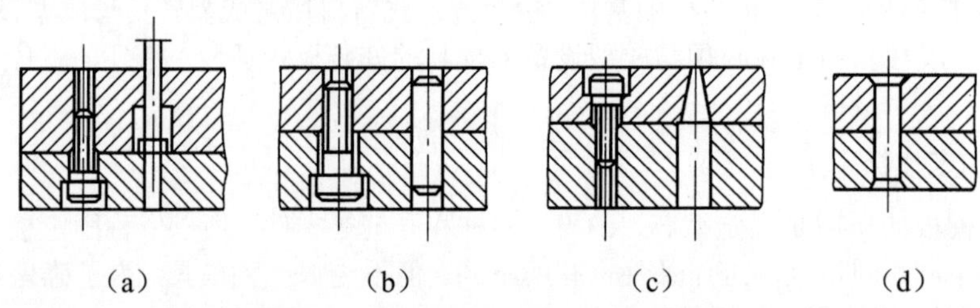

图 5-4　支承板与固定板的连接方式

4. 垫块

垫块的主要作用是使动模支承板与动模座板之间形成用于顶出机构运动的空间和调节模具总高度以适应成型设备上模具安装空间对模具总高的要求。因此，垫块的高度应根据以上需要而定。垫块与支承板和座板的组装方法，如图 5-5 所示，两边垫块高度应一致。

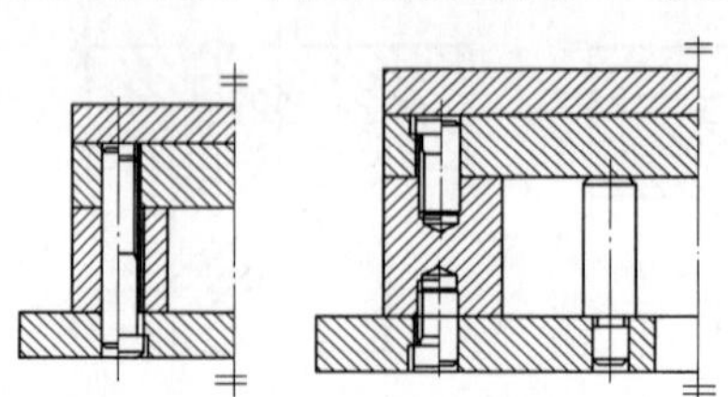
图 5-5　垫块的连接

5.1.2　合模导向装置的结构设计

合模导向装置是保证动模与定模或上模与下模合模时正确定位和导向的装置。合模导向装置主要有导柱导向和锥面定位。通常采用导柱导向，如图 5-6 所示。导柱导向装置的主要零件是导柱和导套。有的不用导套而在模板上镗孔代替导套，该孔通称导向孔。

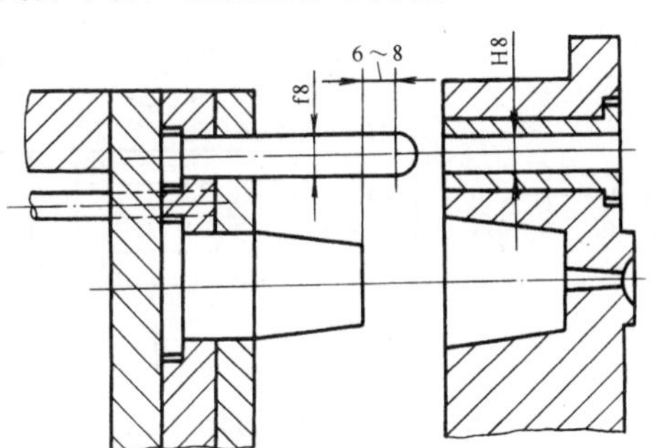

图 5-6　导柱导向装置

1. 导向装置的作用

（1）导向作用：动模和定模（上模和下模）合模时，首先是导向零件接触，引导上、下模准确合模，避免凸模或型芯先进入型腔，保证不损坏成型零件。

（2）定位作用：直接保证了动模和定模（上模和下模）合模位置的正确性，保证了模具型腔的形状和尺寸的正确性，从而保证制品精度。导向机构在模具装配过程中也起到了定位作用，便于装配和调整。

（3）承受一定的侧向压力：塑料注入型腔过程中会产生单向侧面压力，或由于成型设备精度的限制，使导柱在工作中承受一定的侧压力。但侧向压力很大时，则不能完全由导柱来承担，需要增设锥面定位装置。

2. 导向装置的设计原则

（1）导向零件应合理地均匀分布在模具的周围或靠近边缘的部位，其中心至模具边缘应有足够的距离，以保证模具的强度，防止压入导柱和导套时发生变形。

（2）根据模具的形状和大小，一副模具一般需要 2～3 个导柱。对于小型模具，通常只用两个直径相同且对称分布的导柱如图 5-7（a）所示。如果模具的凸模与凹模合模时有方位要求时，则用两个直径不同的导柱如图 5-7（b）所示，或用两个直径相同，但错开位置的导柱如图 5-7（c）所示。对于大中型模具，为了简化加工工艺，可采用三个或四个直径相同的导柱，如图 5-7（d）和图 5-7（e）所示。

（3）导柱可设置在定模，也可设置在动模。在不妨碍脱模取件的条件下，导柱通常设置在型芯高出分型面的一侧。

（4）当上模板与下模板采用合模加工工艺时，导柱装配处直径应与导套外径相等。

（5）为保证分型面很好地接触，导柱和导套在分型面处应制有承屑槽，一般都是削去一个面，如图 5-8（a）所示，或在导套的孔口倒角，如图 5-8（b）所示。

（6）各导柱、导套（导向孔）的轴线应保证平行，否则将影响合模的准确性，甚至损坏导向零件。

3. 导柱的结构、特点及用途

导柱的结构形式随模具结构大小及制品生产批量的不同而不同。目前在生产中常用的结构有以下几种。

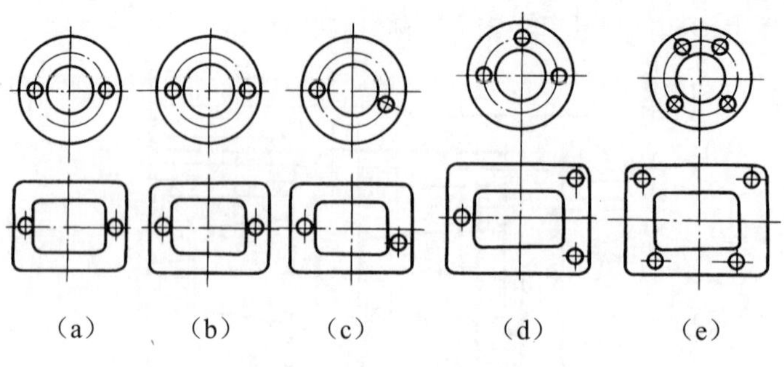

图 5-7　导柱的分布形式

（1）台阶式导柱：注射模常用的标准台阶式导柱有带头和有肩两类，压缩模也采用类似的导柱。图 5-9 所示为台阶式导柱导向装置。在小批量生产时，带头导柱通常不需要导套，导柱直接与模板导向孔配合如图 5-9（a）所示，也可以与导套配合如图 5-9（b）所示，带头导柱一般用于简单模具。有肩导柱一般与导套配合使用如图 5-9（c）所示，导套内径与导柱直径相等，便于导柱固定孔和导套固定孔的加工。如果导柱固定板较薄，可采用图 5-9（d）所示的有肩导柱，其固定部分有两段，分别固定在两块模板上。

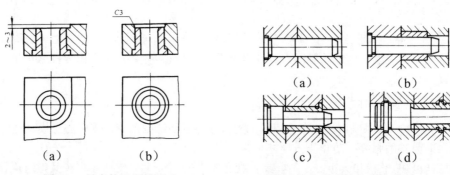

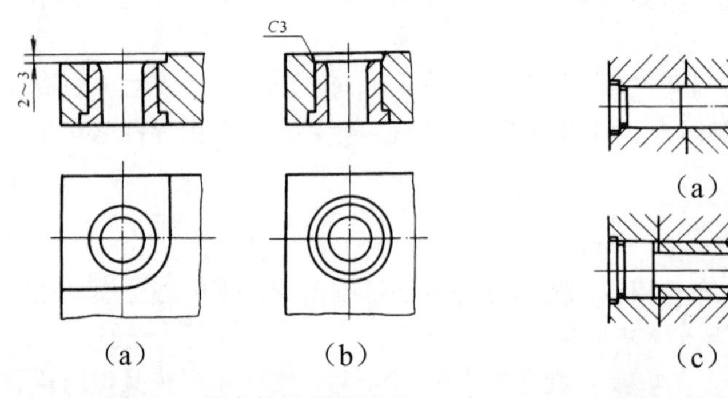

图 5-8　导套的承屑槽形式

（a）
（b）
（c）
（d）

图 5-9　台阶式导柱导向装置

（2）铆合式导柱结构：如图 5-10（a）所示结构的导柱固定不够牢固，稳定性较差，为此可将导柱沉入模板 1.5～2mm，如图 5-10（b）（c）所示。铆合式导柱结构简单，加工方便，但导柱损坏后更换麻烦，主要用于小型简单的移动式模具。

（3）合模销：如图 5-11 所示。在垂直分型面的组合式凹模中，为了保证锥模套中拼块相对位置的准确性，常采用两个合模销。分模时，为了使合模销不被拔出，其固定端部分采用 H7/k6 过渡配合，另一滑动端部分采用 H9/f8 间隙配合。

4. 导套和导向孔的结构及特点

（1）导套：注射模常用的标准导套有直导套和带头导套两大类。它的固定方式如图 5-12 所示，图 5-12（a）～（c）为直导套的固定方式，结构简单，制造方便，用于小型简单模具；图 5-12（d）为带头导套的固定方式，结构复杂，加工较难，主要用于精度要求高的大型模具。对于大型注射模或压缩模，为防止导套被拔出，导套头部安装方法如图 5-12（c）所示；如果导套头部无垫板时，则应

在头部加装盖板如图 5-12（d）所示。根据生产需要，也可在导套的导滑部分开设油槽。

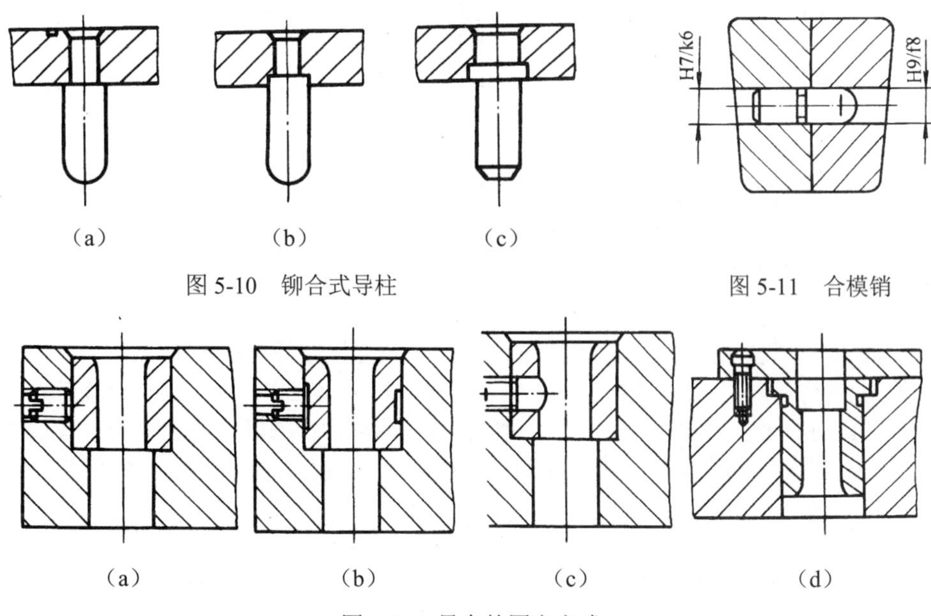

图 5-10　铆合式导柱

图 5-11　合模销

图 5-12　导套的固定方式

（2）导向孔：直接开设在模板上，它适用于生产批量小、精度要求不高的模具。导向孔应做成通孔，如图 5-13（b）所示，如加工成盲孔（见图 5-13（a）），则因孔内空气无法逸出，对导柱的进入有反压缩作用，有碍导柱导入。如果模板很厚，导向孔必须做成盲孔时，则应在盲孔侧壁增加通孔或排除废料的孔，或在导柱侧壁及导向孔开口端磨出排气槽，如图 5-13（c）所示。

在穿透的导向孔中，除按其直径大小需要一定长度的配合外，其余部分孔径可以扩大，以减少配合精加工面，并改善其配合状况。

5. 锥面定位结构

图 5-14 所示为增设锥面定位的模具，适用于模塑成型时侧向压力很大的模具。其锥面配合有两种形式：一种是两锥面之间镶上经淬火的零件 *A*；另一种是两锥面直接配合，此时两锥面均应热处理达到一定硬度，从而增加其耐磨性。

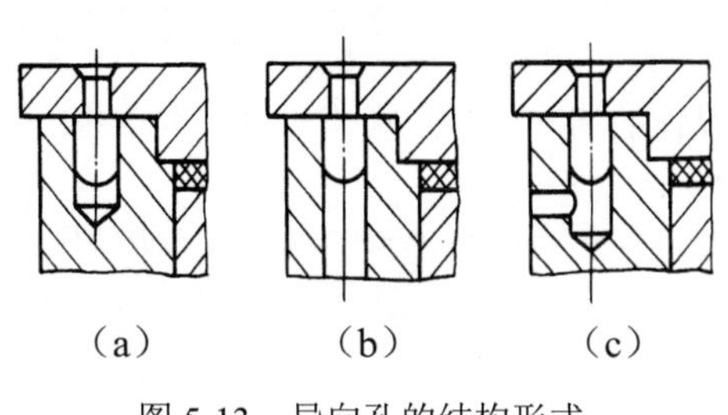

图 5-13　导向孔的结构形式

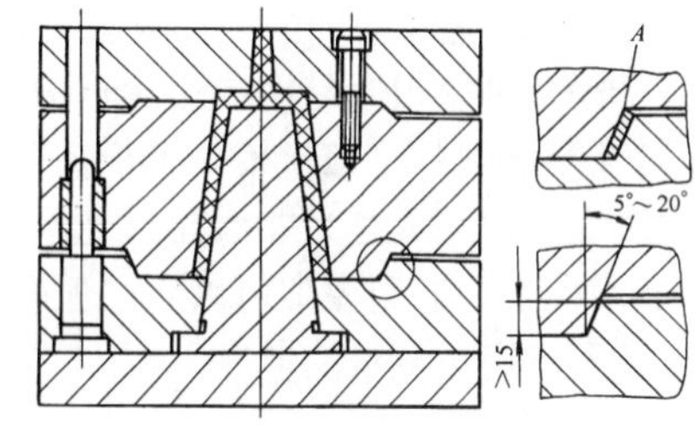

图 5-14　锥面定位结构

5.1.3　模具零件的标准化

随着人们对塑料制品需求量的不断增加，塑料模标准化显得更加重要。塑料制品加工行业的显著

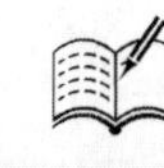

特点之一是高效率、大批量的生产方式。这样的生产方式要求尽量缩短模具的生产周期，提高模具制造质量。为了实现这个目标就必须采用模具标准模架及标准零件。一个国家的标准化程度越高，所制定的标准越符合生产实际，就表明这个国家的工业化程度越高。

标准化概括起来有以下的优点：

① 简单方便，买来即用，不必库存；

② 能使模具的价格降低；

③ 简化了模具的设计和制造；

④ 缩短了模具的加工周期，促进了塑料制品的更新换代；

⑤ 模具的精度及动作的可靠性得以保证；

⑥ 提高了模具中易损零件的互换性；

⑦ 模具标准化便于实现对外技术交流，扩大贸易，增强国家经济技术实力。

美国、德国、日本等工业发达的国家都十分重视模具标准化工作，目前世界较流行的标准有：国际模具标准化组织ISO/TC29/SC8制定的国际通用模具技术标准；德国的DIN标准；美国DME公司标准；日本的JIS和FUTABA标准等。我国十分重视模具标准化工作，由全国模具标准化技术委员会制订了冲模模架、塑料模模架和这两类模具的通用零件及其技术条件等国家标准。塑模国家标准大致分为3大类：

（1）基础标准：如塑料成型模术语标准（GB/T 8846－2005）、塑料模塑件尺寸公差标准（GB/T 14486－2008）。

（2）产品标准：如塑料注射模模架标准（GB/T 12555－2006）。

（3）工艺与质量标准：如塑料注射模零件技术条件（GB/T 4170－2006）、塑料注射模模架技术条件标准（GB/T 12556－2006）等。

5.2 模 架 设 计

模架是用于型腔和型芯装夹、顶出和分离的机构。模架尺寸和配置的要求对于不同类型的工程有很大不同。为了满足不同情况的特定要求，模架包括以下几种类型：标准模架、可互换的模架、通用模架和自定义模架。

（1）标准模架：用于要求使用标准目录模架的情况。标准的模架是由结构、形式和尺寸都标准化、系列化并具有一定互换性的零件成套组合而成。标准模架的基本参数如模具长度和宽度，板的厚度或模具打开距离可以很容易地在图5-15所示的“模架库”对话框中编辑。

（2）可互换模架：可互换模架用于需要非标准设计的情况。可互换模架以标准结构的尺寸为基础，但它可以很容易地调整为非标准的尺寸。

（3）通用模架：通用模架可以通过配置不同模架板来组合成数千种模架。通用模架用于当可互换模架选项还不能满足要求的情况。

（4）自定义模架：如果上面三种模架仍旧不符合需求，可以自己定义模架结构、形式和尺寸，并可以将它添加到注塑模向导的库中，以方便以后使用。

单击“注塑模向导”选项卡“主要”面板上的“模架库”按钮，系统弹出图5-15所示的“模架库”对话框和“重用库”对话框。

在“重用库”对话框包括文件夹视图、成员视图、部件、设置等选项。利用该对话框，可以选择一些供应商提供的标准模架或者自己组合生成模架。

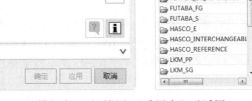

图 5-15　“模架库”对话框和“重用库”对话框

5.2.1　名称

在名称中可以选择不同模架供应商的规格体系以用作当前的模架，如图 5-16 所示。名称的选择依赖于工程的单位。如果工程单位是英制的，只有英制的模架才能使用；如果工程单位是公制的，则只有公制的模架才能使用。

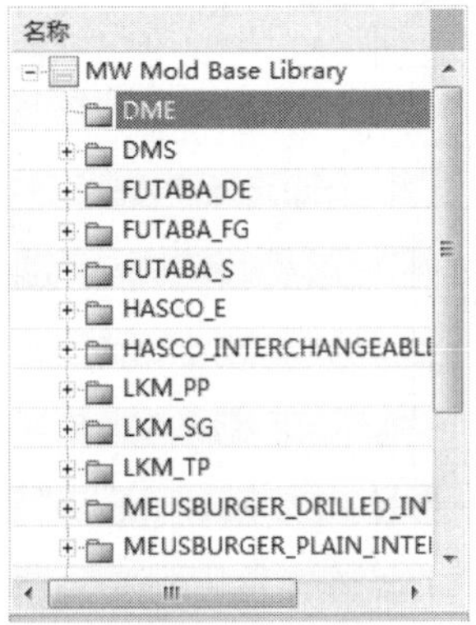

图 5-16　“名称”列表

公制的模架包括 DME、HASCO_E、FUTABA_S、FUTABA_DE、FUTABA _FG 等规格；英制的模架包括 DME、HASCO、Omni、UNIVERSAL(通用模架)。

5.2.2 成员选择

在“名称”中选择不同的模架库文件后，在“成员选择”列表中会显示不同配置的模架，如：A 系列，B 系列或三板模。如图 5-17 所示。选择不同的对象，会弹出图 5-18 所示的信息对话框，显示所选模架的信息。

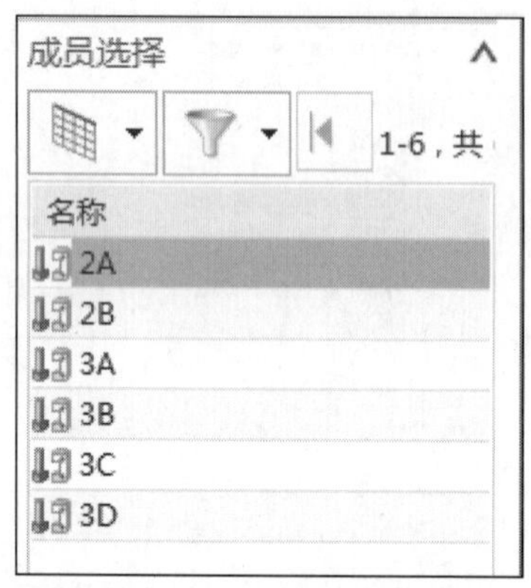

图 5-17 “成员选择”列表

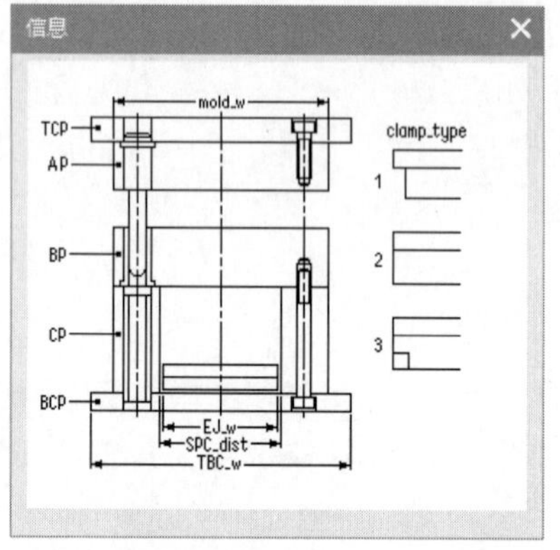

图 5-18 “信息”对话框

不同的模架规格有不同的类型。例如 DME 模架类型包括包括 2A（二板式 A 型）、2B（二板式 B 型）、3A（三板式 A 型）、3B（三板式 B 型）、3C（三板式 C 型）、3D（三板式 D 型）六种类型。

在选择模架时，首先根据工程单位和模具特点在目录下拉菜单中选择模架规格，然后再在后面的类型下拉列表中选择模架的类型。

下面介绍常用的二板式和三板式模架的特点。

1. 二板式注塑模

二板式注塑模是最简单的一种注塑模，它仅由动模和定模两块组成，如图 5-19 所示。这种简单的二板式注塑模在制品生产中的应用十分广泛，根据实际制品的要求，也可增加其他部件，如嵌件支撑销、螺纹成型芯和活动成型芯等，从而这种简单的二板式结构也可以演变成多种复杂的结构被使用。在大批量生产中，二板式注塑模可以被设计成多型腔模。

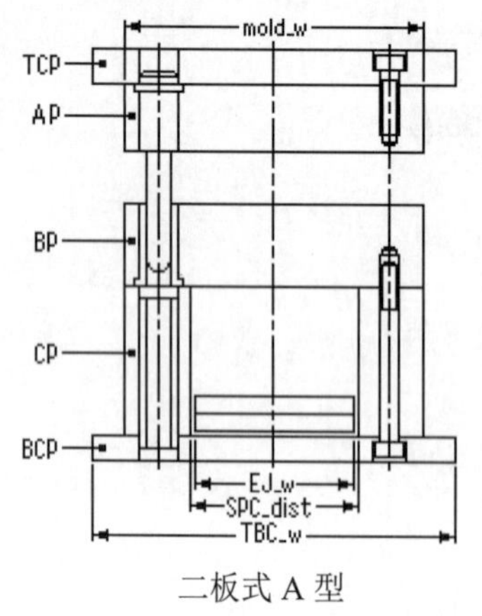

二板式 A 型

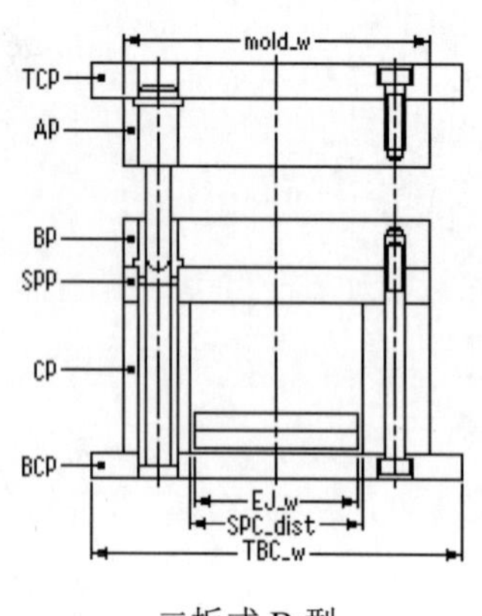

二板式 B 型

图 5-19 二板式注塑模

TCP—定模座板　AP—定模固定板　BP—动模固定板　SPP—动模垫板　CP—垫块　BCP—动模坐板

2. 三板式模具

三板式模具中流道和模具分型面在不同的平面上，当模具打开时，流道凝料能和制品一起被顶出并与模具分离。这种模具一大特点是制品必须是适合于中心浇口注射成型，除了边缘和侧壁可以在制品的任何位置设置浇口。三板式模具自身就是自断浇口。制品和流道自模具的不同平面落下，能够很容易地分开送出。

三板式模具组成包括定模板（也叫浇道、流道板或者锁模板）、中间板（也叫型腔板和浇口板）和动模板，如图 5-20 所示。和二板式模具相比，这种模具在定模板和动模板之间多了一个浮动模板，浇注系统常在定模板和中间板之间，而制品侧在浮动部分和动模固定板之间。

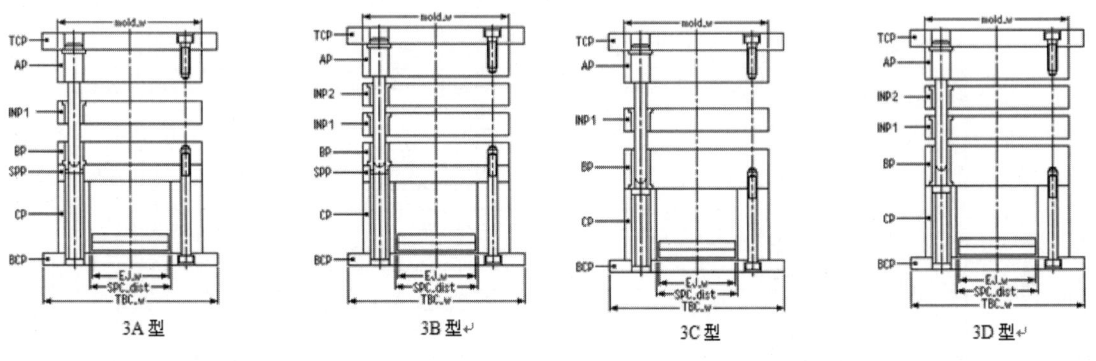

图 5-20　三板式模具

5.2.3　详细信息

在“成员选择”栏中选择对象后会在“模架库”对话框中增加“详细信息”栏，如图 5-21 所示。拖动滚动条可以浏览整个模架可编辑的尺寸。当选中一个尺寸时，它将显示在尺寸编辑窗口以编辑。

详细信息

名称	值
index	1010
AP_h	16
BP_h	16
CP_h	26
mold_w	99.5
mold_l	99.5

图 5-21　“详细信息”栏

5.2.4　设置

在“设置”栏中单击“编辑注册器”按钮打开模架登记电子表格文件。模架登记文件包含以下模架管理系统的信息：配置对话框和定位库中的模型的位置、控制数据库的电子表格，以及位图图像，如图 5-22 所示。

在“设置”栏中单击“编辑数据库”按钮，打开当前对话框中显示的模架数据库电子表格文件。数据库文件包括定义特定模架尺寸和选项的相关数据，如图 5-23 所示。

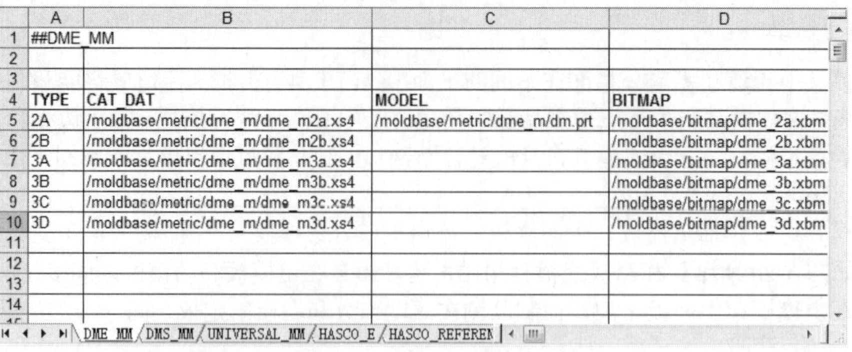

	A	B	C	D
1	##DME_MM			
2				
3				
4	TYPE	CAT_DAT	MODEL	BITMAP
5	2A	/moldbase/metric/dme_m/dme_m2a.xs4	/moldbase/metric/dme_m/dm.prt	/moldbase/bitmap/dme_2a.xbm
6	2B	/moldbase/metric/dme_m/dme_m2b.xs4		/moldbase/bitmap/dme_2b.xbm
7	3A	/moldbase/metric/dme_m/dme_m3a.xs4		/moldbase/bitmap/dme_3a.xbm
8	3B	/moldbase/metric/dme_m/dme_m3b.xs4		/moldbase/bitmap/dme_3b.xbm
9	3C	/moldbase/metric/dme_m/dme_m3c.xs4		/moldbase/bitmap/dme_3c.xbm
10	3D	/moldbase/metric/dme_m/dme_m3d.xs4		/moldbase/bitmap/dme_3d.xbm
11				
12				
13				
14				

DME_MM / DMS_MM / UNIVERSAL_MM / HASCO_E / HASCO_REFEREN

图 5-22　编辑记录文件

	A	B	C	D	E	F	G	H	I
1	## DME MOLDBASE METRIC								
2									
3	SHEET_TYPE	0							
4									
5	PARENT	<UM_ASS>							
6									
7	ATTRIBUTES								
8	MW_COMPONENT_NAME=MOLDBASE								
9	CATALOG=<index>								
10	DESCRIPTION=MOLDBASE								
11	SUPPLIER=DME								
12	MATERIAL=STD								
13	TCP::CATALOG=DME N0<TCP_name>-<index>-<TCP_h>								
14	TCP::SUPPLIER=DME								

DME_M

图 5-23　编辑数据库文件

视频讲解

5.2.5　实例——连接件的模架设计

下面将进行一个实例练习，重点是掌握模架的添加，并复习前面学到的创建工件、设置分型面以及建立型腔等操作。具体操作如下。

（1）单击“注塑模向导”选项卡中的“初始化项目”按钮，装载“yuanwenjian/connecter/connecter.prt”。在“初始化项目”对话框中设置材料为无，其他采用默认设置，完成装载效果后产品体如图 5-24 所示。

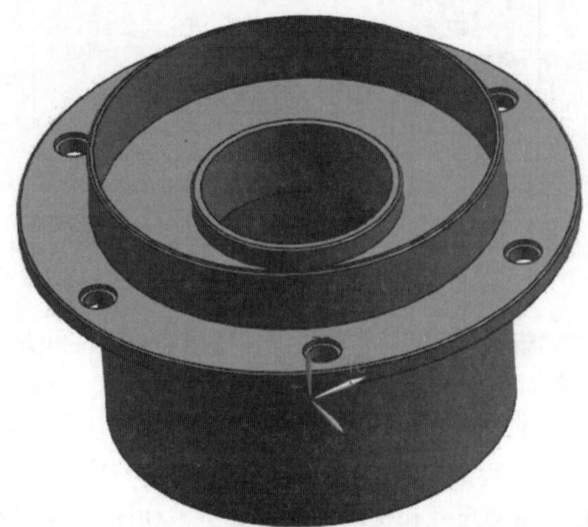

图 5-24　产品体

（2）选择“菜单”→“格式”→“WCS”→“原点”命令，弹出“点”对话框，选择“圆弧中心/椭圆中心/球心”类型，如图 5-25 所示，单击“确定”按钮，完成坐标系的移动。

图 5-25　移动坐标系

（3）单击“注塑模向导”选项卡“主要”面板上的“模具坐标系”按钮，系统弹出“模具坐标系”对话框，选择“当前 WCS”选项，然后单击“确定”按钮。系统会自动把模具坐标系放在产品体中心上，并且锁定 Z 轴。如图 5-26 所示。

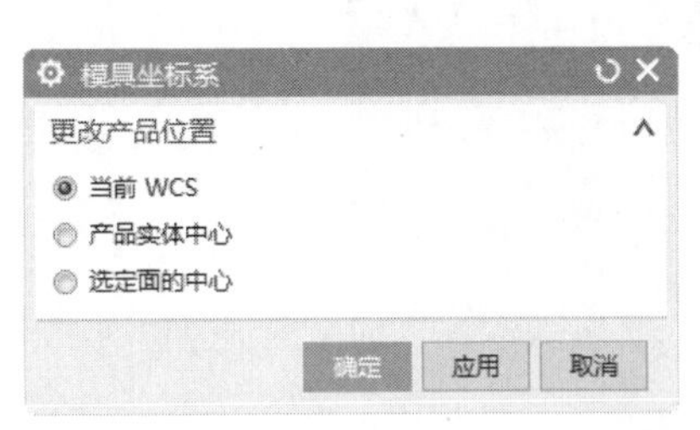

图 5-26　选定模具坐标系

（4）单击“注塑模向导”选项卡“主要”面板上的“收缩”按钮，弹出“缩放体”对话框，选择“均匀”类型，设置收缩率为 1.006，如图 5-27 所示，单击“确定”按钮。

（5）单击“注塑模向导”选项卡“主要”面板上的“工件”按钮，系统弹出“工件”对话框，按照图 5-28 所示进行尺寸设置，单击“确定”按钮，完成工件的创建，如图 5-29 所示。

Note

图 5-27 “缩放体”对话框

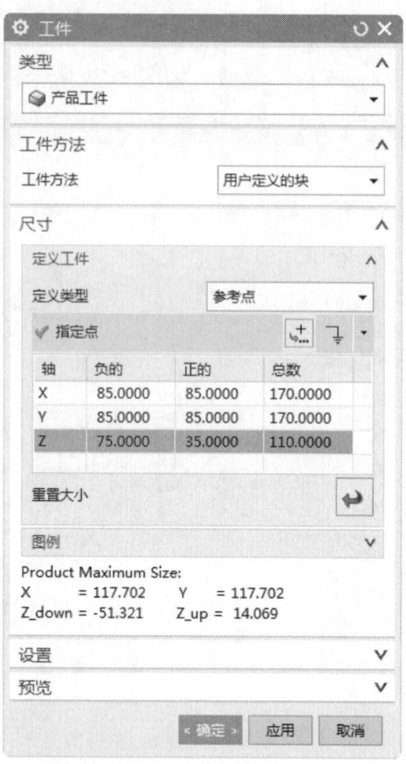

图 5-28 “工件”对话框

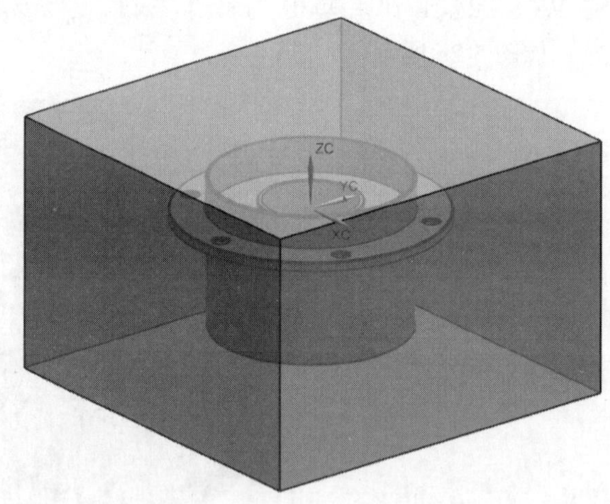

图 5-29 创建工件

（6）单击“注塑模向导”选项卡“主要”面板上的“型腔布局”按钮，系统弹出如图 5-30 所示的“型腔布局”对话框，单击“自动对准中心”按钮，将模腔设置在模具的装配中心，然后单击“关闭”按钮，关闭对话框。

（7）单击“注塑模向导”选项卡“分型刀具”面板上的“曲面补片”按钮，系统自动打开“connecter_parting.prt”文件，弹出如图 5-31 所示的“边补片”对话框。

图 5-30　“型腔布局”对话框

图 5-31　“边补片”对话框

（8）选择“体”类型，选取模型，系统自动选取孔边线添加到环列表中，如图 5-32 所示。选取环 8 和环 9，单击“移除”按钮，移除选取的环，然后选取所有的环，单击“确定”按钮，完成曲面修补，如图 5-33 所示。

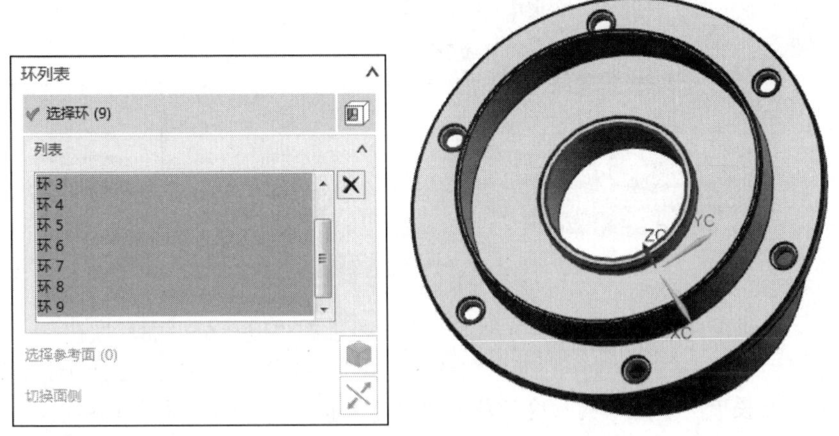

图 5-32　选取边线

（9）单击“注塑模向导”选项卡“分型刀具”面板上的“设计分型面”按钮，系统弹出如图 5-34 所示的“设计分型面”对话框。

Note

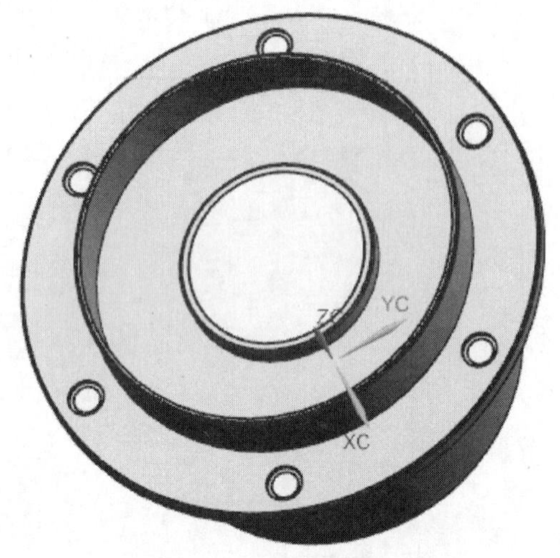

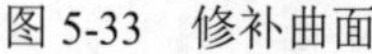

图 5-33　修补曲面

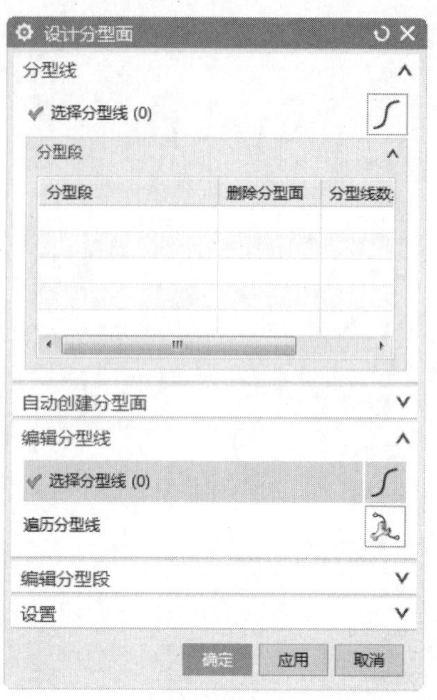

图 5-34　“设计分型面”对话框

（10）单击编辑分型线栏中的“选择分型线”选项，选取模型的最大截面边线，单击“确定”按钮，结果如图 5-35 所示。

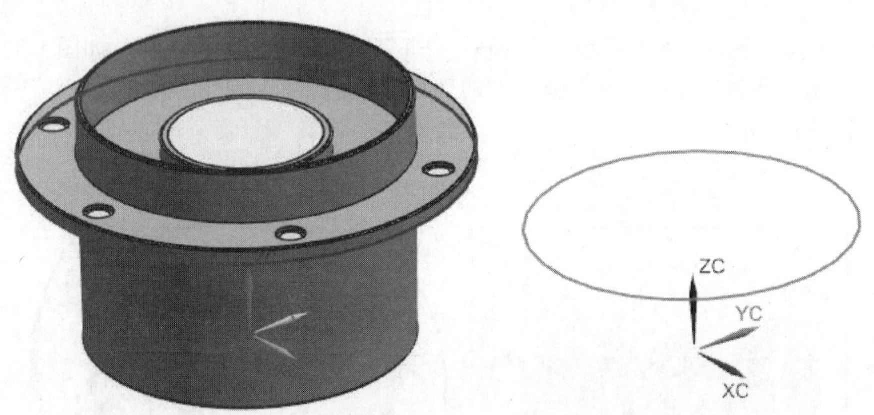

图 5-35　创建分型线

（11）单击“注塑模向导”选项卡“分型刀具”面板上的“设计分型面”按钮，在创建分型面栏中选中“有界平面”选项，选中“使用默认保留边”复选框，如图 5-36 所示。调节曲面延伸距离，使分型面的平面长度大于工件的长度，单击“确定”按钮，完成分型面的创建。

（12）单击“注塑模向导”选项卡“分型刀具”面板上的“检查区域”按钮，系统将弹出“检查区域”对话框，如图 5-37 所示，选择“保持现有的”选项，默认脱模方向，单击“计算”按钮。

（13）选择“区域”选项卡，从对话框中可以看到型腔面数为 22，型芯面数为 9，未定义的区域为 8，如图 5-38 所示。

（14）拖动型腔区域和型芯区域的透明度滑块，将定义的型芯和型腔区域透明化，在指派到区域选中“型腔区域”单选按钮，然后选取模型四周的未定义区域，单击“应用”按钮，将模型外部的未

定义区域指派到型腔区域；选择“型芯区域”选项，然后选取模型内部的未定义区域，单击“应用”按钮，将其指派到型芯区域，可以看到型腔面（23）与型芯面（16）的和等于总面数（39）。

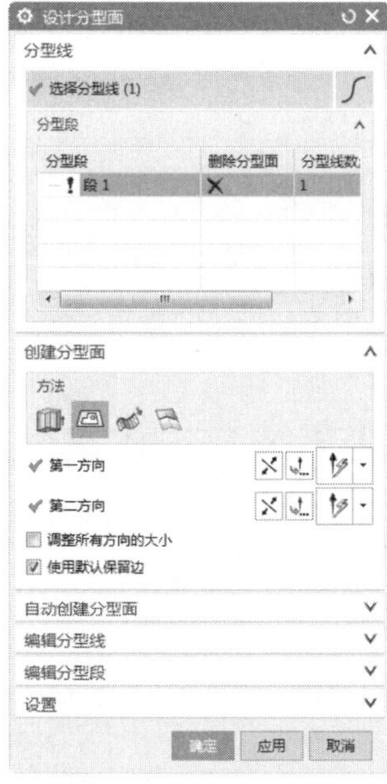

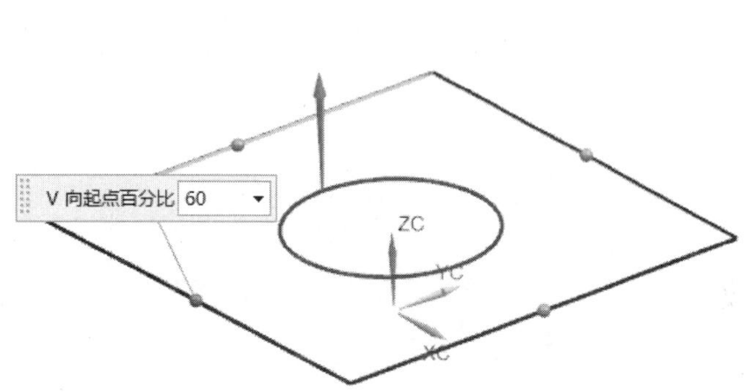

图 5-36　调整分型面

（15）单击“注塑模向导”选项卡“分型刀具”面板上的“定义区域”按钮，弹出图 5-39 所示的“定义区域”对话框。选择“所有面”选项，选中“创建区域”复选框。单击“确定”按钮，完成型芯和型腔的抽取。

图 5-37　“检查区域”对话框

图 5-38　“区域”选项卡

Note

图 5-39 “定义区域”对话框

（16）单击“注塑模向导”选项卡“分型刀具”面板上的“定义型芯和型腔”按钮，系统弹出如图 5-40 所示的“定义型腔和型芯”对话框，选择“所有区域”选项，单击“确定”按钮。

（17）系统弹出“查看分型结果”对话框，如图 5-41 所示。同时工作区显示型腔效果图，如图 5-42 所示。

图 5-40 “定义型腔和型芯”对话框

图 5-41 “查看分型结果”对话框

（18）系统弹出“查看分型结果”对话框，同时工作区显示型芯效果图，如图 5-43 所示，单击“确定”按钮。

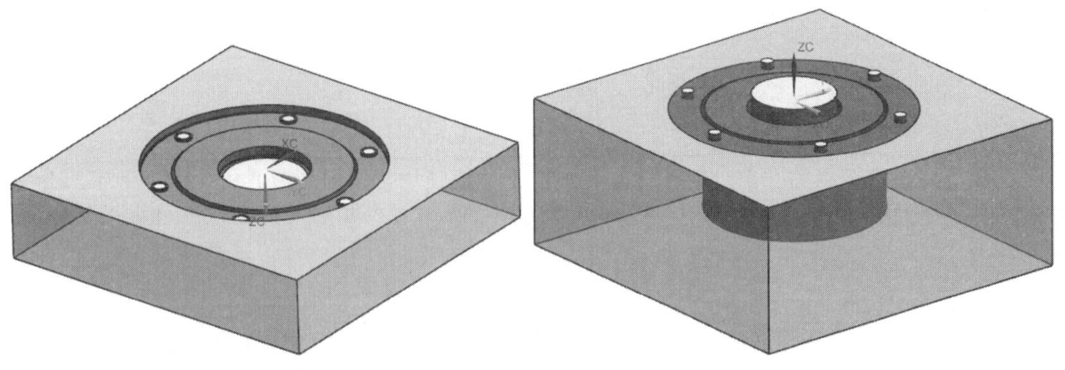

图 5-42　型腔　　　　图 5-43　型芯

（19）单击“注塑模向导”选项卡“主要”面板上的“模架库”按钮，系统弹出“重用库”对话框和“模架库”对话框。

（20）在“名称”列表中选择名称“DME”，并在“成员选择”列表中选择对象“2A”，在“详细信息”列表中选择模架的型号为“2525”，设置“AP_h”的值为“56”，“BP_h”的值为“96”，“CP_h”的值为“86”，如图 5-44 所示。

（21）单击“确定”按钮，系统开始自动加载模架。加载后的效果如图 5-45 所示。

（22）选择“文件”→“保存”→“全部保存”选项，保存所有部件文件。

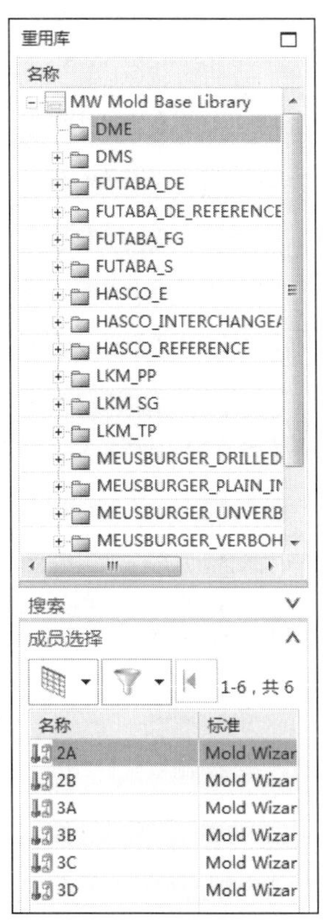

图 5-44　模架参数设计　　　　图 5-45　加载模架

5.3 标　准　件

模具标准件是将模具的一部分附件标准化，便于替换使用，以提高模具生产效率。本节介绍如何创建标准件及编辑标准件。单击“注塑模向导”选项卡“主要”面板上的“标准件库”按钮，弹出图 5-46 所示的“标准件管理”对话框和“重用库”对话框，包括名称、成员选择等选项。

5.3.1 名称

“名称”列表中列出了可用的标准件库。公制的库用于用公制单位初始化的模具工程，英制的库用于用英制单位初始化的模具工程。图 5-47 所示的标准件库包括 DME_MM、HASCO_MM、FUTABA_MM、MISUMI 等选项。日本 FUTABA 公司的标准件比较常用，表 5-1 给出了 FUTABA_MM 系列标准件名称的意义。

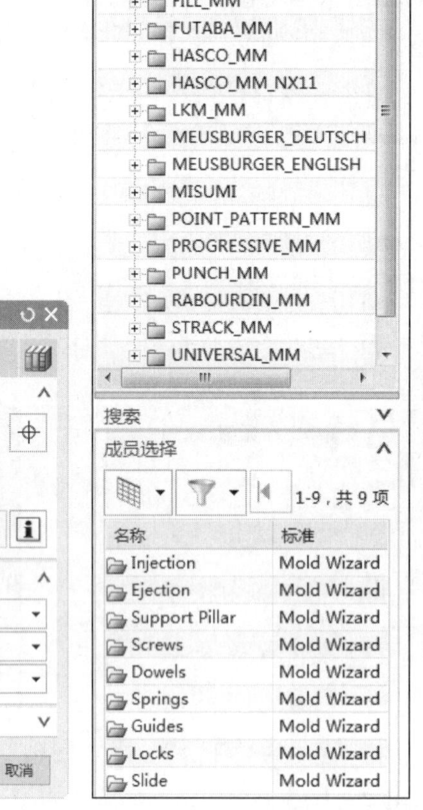

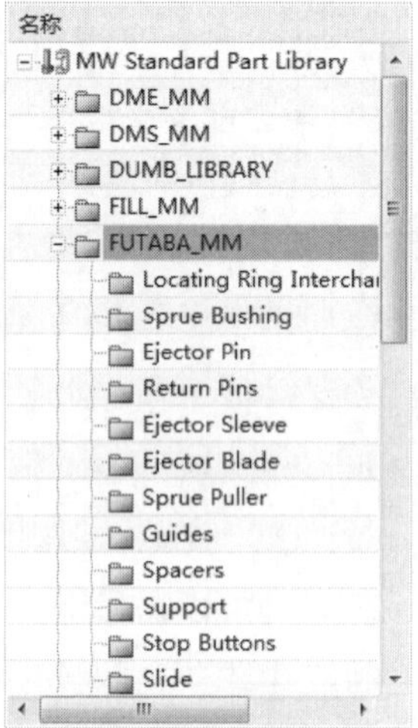

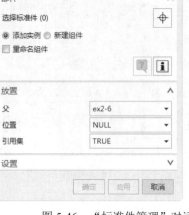

图 5-46　“标准件管理”对话框和“重用库”对话框

图 5-47　“名称”列表

表 5-1　FUTABA_MM 系列标准件名称解释

名　称	注　解	名　称	注　解
Locating Ring Interchangeable	可互换定位环	Support	支撑柱
Spruce Bushing	浇口套	Stop Buttons	限位钉
Ejector Pin	顶杆（推件杆）	Slide（滑块）	斜销
Return Pins	复位杆	Lock Unit	定位杆
Ejector Sleeve	顶管（推件管）	Screws	定距螺钉
Ejector Blade	扁顶杆（扁推件杆）	Gate Bushings	点浇口嵌套
Spruce Puller	拉料杆	Strap	定距拉板
Guides	导柱导套	Pull Pin	尼龙扣
Spacers	垫圈	Springs	弹簧

5.3.2　成员选择

在名称列表中选择不同的标准件库后，在成员选择列表中会显示不同的标准件规格，如图 5-48 所示。选择不同的对象，弹出图 5-49 所示的“信息”对话框，显示所选标准件的信息。

图 5-48　“成员选择”列表

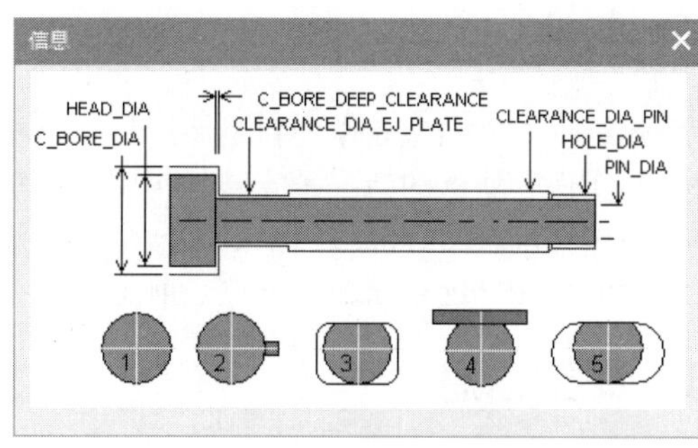

图 5-49　“信息”对话框

5.3.3　放置

1. 父

“父”下拉列表允许用户为所加入的标准件选择一个父装配，如图 5-50 所示。如果下拉列表中没有要选的父装配名称，可以在加入标准件前，把该父装配设为工作部件。

2. 位置

“位置”下拉列表为标准件选择主要的定义参数方式，包括“NULL”“WCS”“WCS_XY”“POINT”“POINT PATTERN”“PLANE”“ABSOLUTE”等选项，如图 5-51 所示。

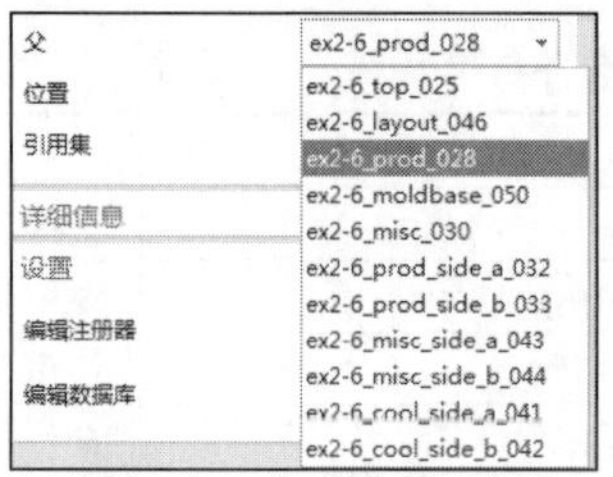

图 5-50　父级下拉列表

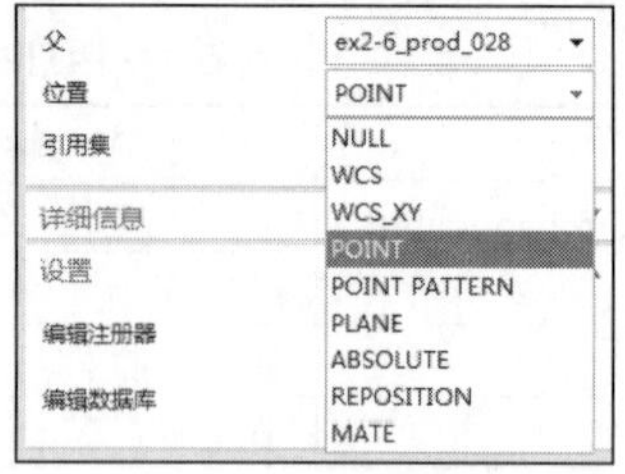

图 5-51　位置下拉列表

下面介绍各选项含义。

（1）NULL：该选项表示标准件的原点为装配树的绝对坐标原点（0，0，0）。

（2）WCS：该选项表示标准件的原点为当前工作坐标系 WCS 原点（0，0，0）。

（3）WCS_XY：该选项表示标准件的原点为工作坐标平面上的点。

（4）POINT：该选项表示标准件的原点为用户所选 XY 平面上的点。

（5）PLANE：该选项表示先选择一平面作为 XY 平面，然后定义标准件的原点为 XY 平面上的点。

（6）MATE：该选项表示现在任意点加入标准件，然后用 MATE 条件对标准件进行定位装配。

3. 引用集

引用集三个选项用于控制标准部件的显示状态。大多数模具组件都要求创建一个在模架中剪切的腔体以放置组件。要求放置腔体的标准件会包含一个腔体剪切用的 FALSE 体，该体用于定义腔体的形状。

（1）TRUE：选择此选项，表示显示标准件实体，不显示放置标准件用的腔体。

（2）FALSE：选择此选项，表示不显示标准件实体，显示标准件建腔后的型体。

（3）整个部件：选择此选项，标准部件实体和建腔后的型体都会显示。

5.3.4　部件

“新建组件”选项允许作为新组件添加多个相同类型的组件，而不是作为组件的引用件来添加。

“添加实例”默认的情况是安装一个组件的单独的引用组件（假设没有选择组件编辑），或者可以从屏幕中选择现有的标准组件来添加一个现有标准件的引用组件。

“重命名组件”选项在加载部件之前重命名组部件。

5.3.5　详细信息

在“重用库”对话框的“成员选择”栏中选择对象后，会在“标准件管理”对话框中显示“详细信息”栏并弹出“信息”对话框，如图 5-52 所示。

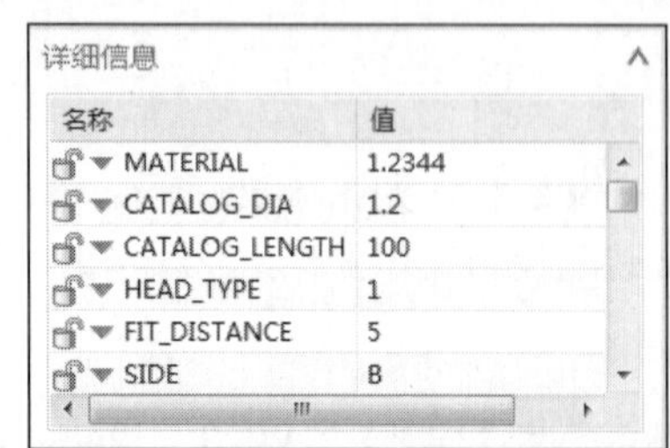

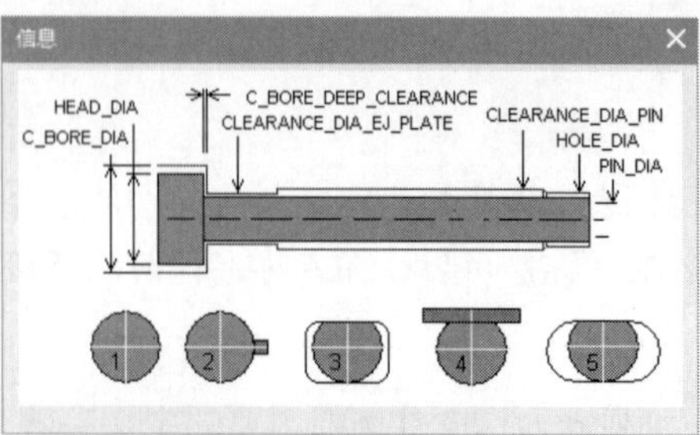

图 5-52　“详细信息”栏和“信息”对话框

拖动滚动条可以浏览整个标准件可编辑的尺寸。当选中一个尺寸时，它将显示在尺寸编辑窗口以编辑。

5.3.6　设置

单击“编辑注册器”按钮，打开标准件的注册文件，进行编辑和修改。

单击“编辑数据库”按钮，打开当前对话框中显示的标准件数据库电子表格文件，对其目录数据进行修改。数据库文件包括定义特定的标准件尺寸和选项的相关数据。

5.3.7　实例——连接件模具的标准件设计

下面将进行一个实例练习，重点是掌握添加定位环、浇口套等标准件，并复习前面学到的创建工件、设置分型面、建立型腔以及装载模架等操作。具体操作如下：

（1）继续上一个实例，或打开 connecter_top.prt 文件。

（2）单击“注塑模向导”选项卡“主要”面板上的“标准件库”按钮，系统弹出“重用库”对话框和“标准件管理”对话框。

（3）在“重用库”对话框的“名称”列表中选择“HASCO_MM”→“Locating Ring”选项，在“成员选择”列表中选择“K100C”选项，然后在“详细信息”列表中设置 DIAMETER 为“100”，“THICKNESS”为“13”，如图 5-53 所示。然后单击“应用”按钮，生成的定位环如图 5-54 所示。

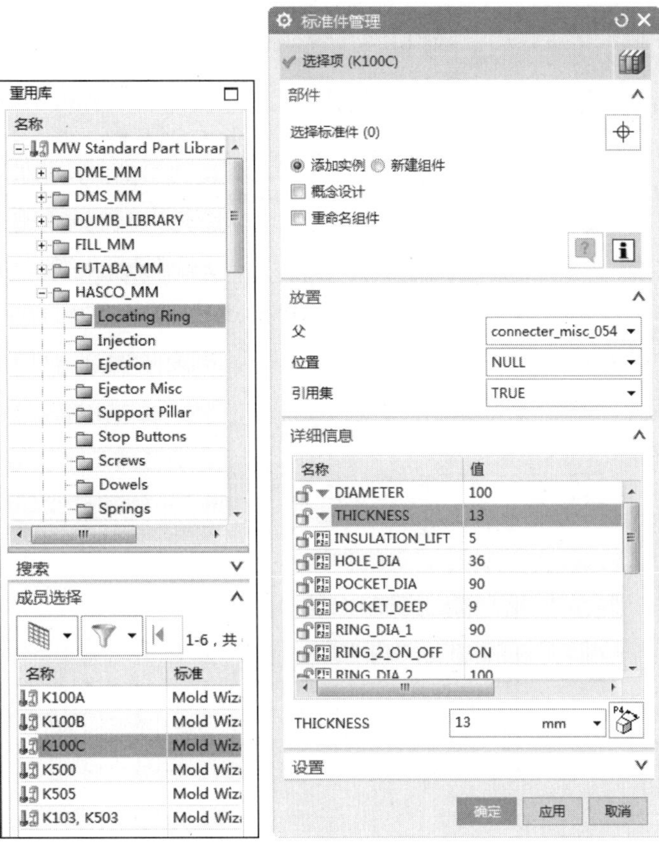

图 5-53　定位环参数设置

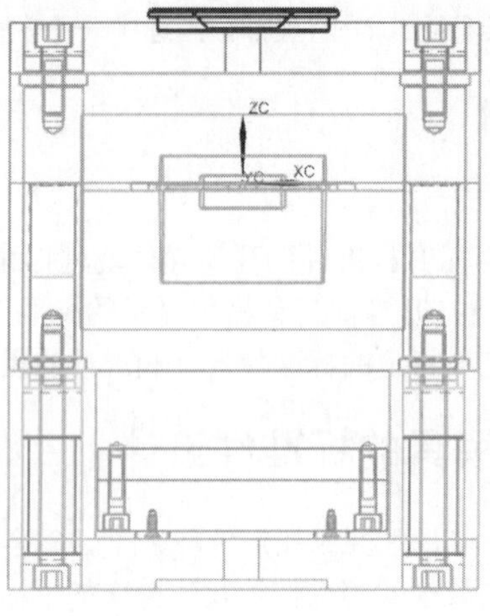

图 5-54　定位环

（4）在“标准件管理”对话框中单击“重定位”按钮，弹出“移动组件”对话框，选择“点到点”运动，指定出发点和目标点，如图 5-55 所示，单击“确定”按钮，移动定位环，结果如图 5-56 所示。

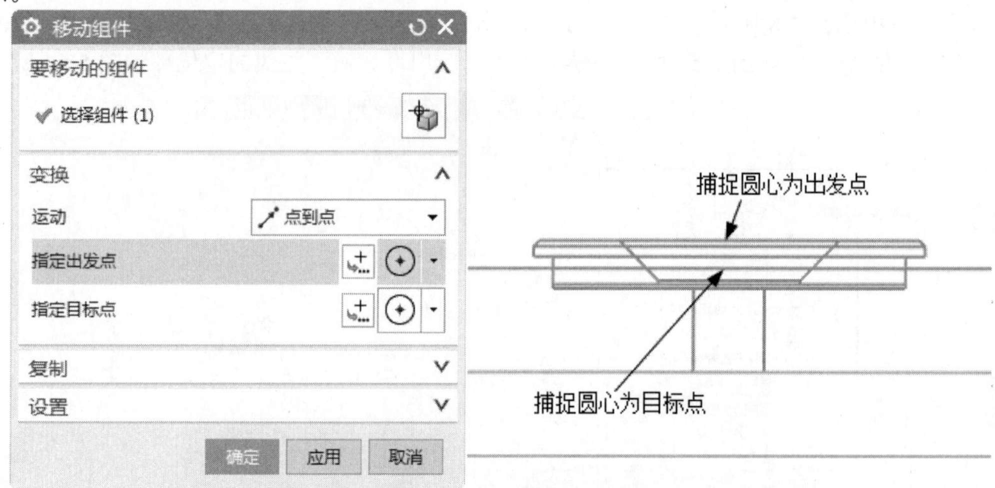

图 5-55　“移动组件”对话框

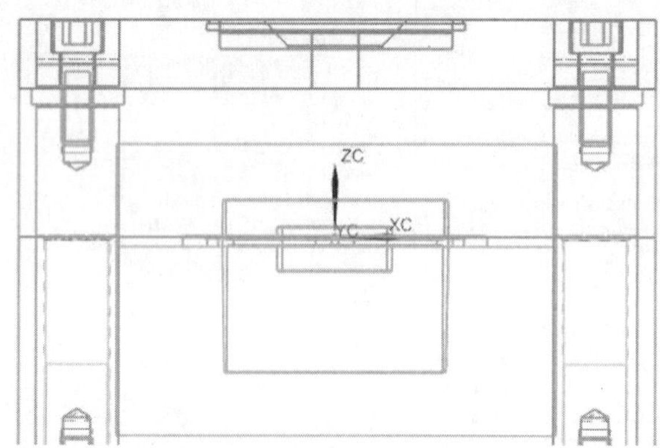

图 5-56　移动定位环

（5）单击“注塑模向导”选项卡“主要”面板上的“标准件库”按钮，弹出“重用库”对话框和“标准件管理”对话框。

（6）在名称中选择“HASCO_MM”→“Injection”，在成员选择中选择 Spruce Bushing（Z50，Z51，Z52，Z53），并在详细信息栏中设置 CATALOG_DIA 为 18，CATALOG_LENGTH 为 64，如图 5-57 所示。单击“应用”按钮，将浇口套加入到模具装配中，单击“局部着色”按钮，效果如图 5-58 所示。

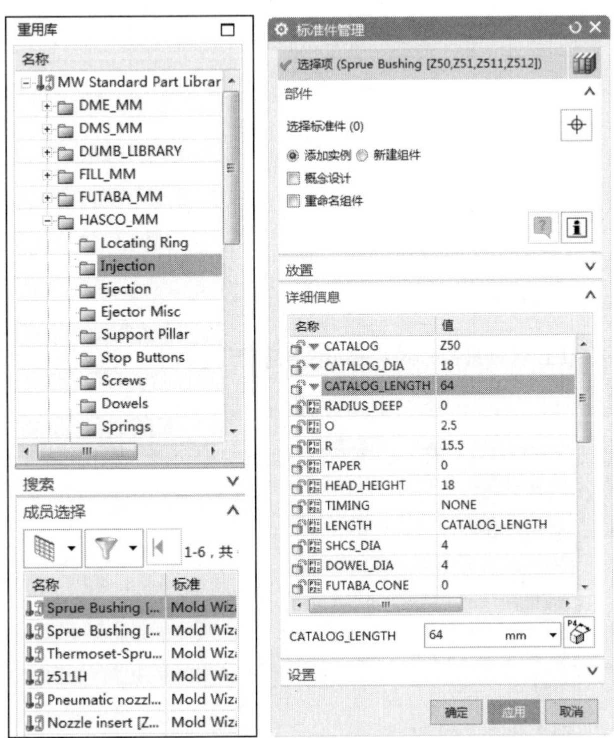

图 5-57　设置浇口套尺寸

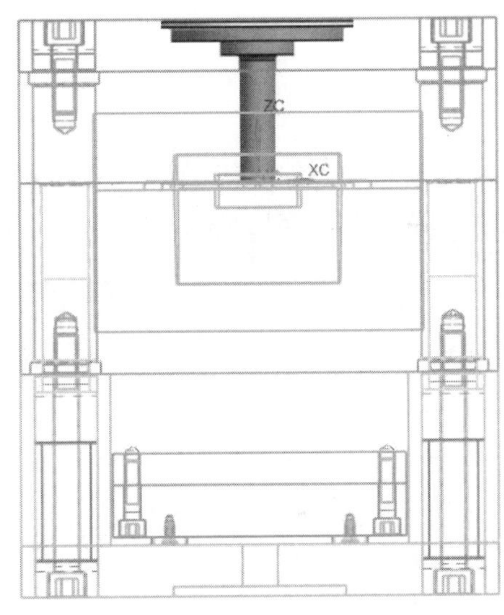

图 5-58　加入浇口套

（7）在“标准件管理”对话框中单击“重定位”按钮，弹出“移动组件”对话框，选择“动态”运动，输入坐标，如图 5-59 所示，单击“确定”按钮，移动浇口套，结果如图 5-60 所示。

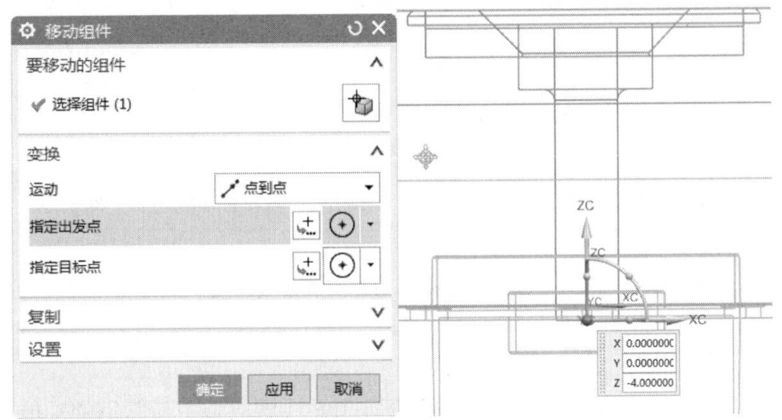

图 5-59　“移动组件”对话框

Note

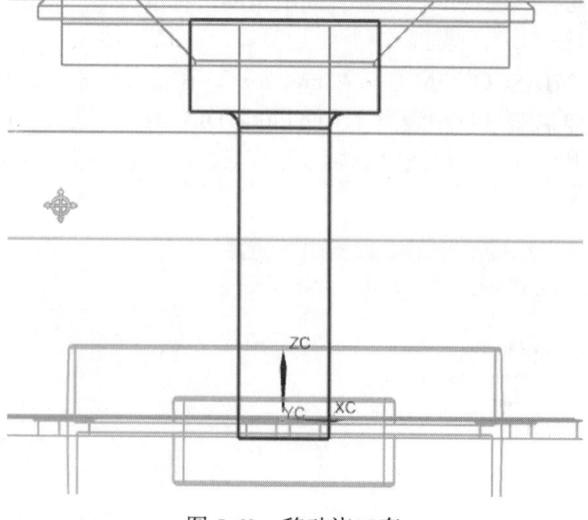

图 5-60　移动浇口套

（8）在“详细信息”栏中更改 CATALOG_LENGTH 为 64，单击“确定”按钮，完成浇口套的更改，结果如图 5-61 所示。

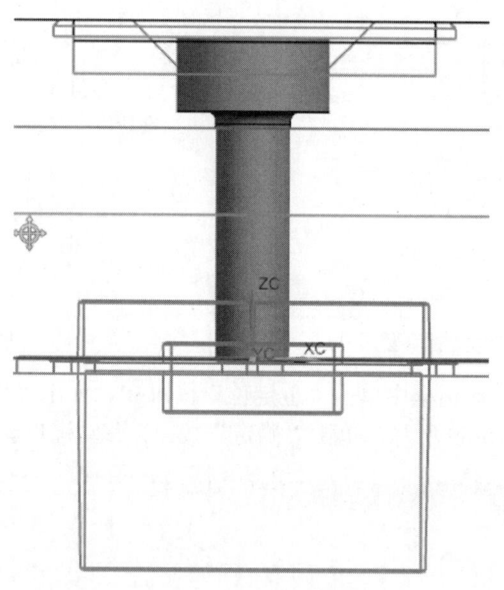

图 5-61　编辑浇口套

（9）选择“文件”→“保存”→“全部保存”选项，保存所有部件文件。

5.4　顶 杆 设 计

顶杆是顶出制品或浇注系统凝料的杆件，顶杆顶出是注塑成型中最常用的功能。在设计顶杆时，一般在“标准件管理”中选择好顶杆并加载，并保证顶杆的长度必须要穿过产品体，然后再利用“顶

杆”功能进行裁减。“顶杆”功能可以改变用标准件功能创建的顶杆的长度并设定配合的距离。由于顶杆功能要用到形成型腔型芯的分型片体（或已完成型腔型芯的提取区域），因此在使用顶杆功能之前必须先创建型腔型芯。在用标准件创建顶杆时，必须选择一个比要求值长的顶杆，才可以将它调整到合适的长度。

Note

5.4.1 顶出机构的结构

常用的顶出机构是简单顶出机构，也叫一次顶出机构。即制品在顶出机构的作用下，通过一次动作就可脱出模外的形式。它一般包括顶杆顶出机构、顶管顶出机构、推件板顶出机构、推块顶出机构等，这类顶出机构最常见，应用也最广泛。

1. 顶杆顶出机构

（1）顶杆的特点和工作过程。

顶杆顶出机构是最简单、最常用的一种顶出机构。由于设置顶杆的自由度较大，而且顶杆截面大部分为圆形，容易达到顶杆与模板或型芯上顶杆孔的配合精度，顶杆顶出时运动阻力小，顶出动作灵活可靠，损坏后也便于更换，因此在生产中广泛应用。但是因为顶杆的顶出面积一般比较小，易引起较大局部应力而顶穿制品或者使得制品变形，所以很少用于脱模斜度小和脱模阻力大的管类或箱类制品。

图 5-62 所示的工作过程是：开模时，当注射机顶杆与顶板 5 接触时，制品由于顶杆 3 的支承处于静止位置，模具继续开模，制品便离开动模 1 脱出模外；合模时，顶出机构由于复位杆 2 的作用回复到顶出之前的初始位置。

（2）顶杆的设计。

顶杆的基本形状如图 5-63 所示。图 5-63（a）为直通式顶杆，尾部采用台肩固定，是最常用的形式；图 5-63（b）为阶梯式顶杆，由于工作部分较细，故在其后部加粗以提高刚性，一般直径小于 2.5～3mm 时采用；图 5-63（c）所示为顶盘式顶杆，这种顶杆加工起来比较困难，装配时也与其他顶杆不同，需从动模型芯插入，端部用螺钉固定在顶杆固定板上，适合于深筒形制品的顶出。

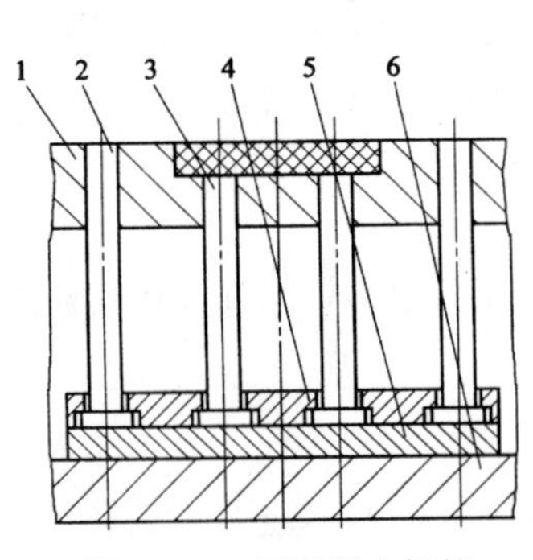

图 5-62 顶杆顶出机构

1—动模 2—复位杆 3—顶杆 4—顶杆固定板

5—顶板 6—动模底板图

d h L

（a）

d_1 d h L_1 L

（b）

（c）

图 5-63 顶杆的基本形状

图 5-64 所示为顶杆在模具中的固定形式。图 5-64（a）是最常用的形式，直径为 d 的顶杆，在顶杆固定板上的孔应为（d＋1）mm，顶杆台肩部分的直径为（d＋6）mm；图 5-64（b）为采用垫块或

垫圈来代替图 5-64（a）中固定板上沉孔的形式，这样可使加工方便；图 5-64（c）顶杆底部采用顶丝拧紧的形式，适合于顶杆固定板较厚的场合；图 5-64（d）用于较粗的顶杆，采用螺钉固定。

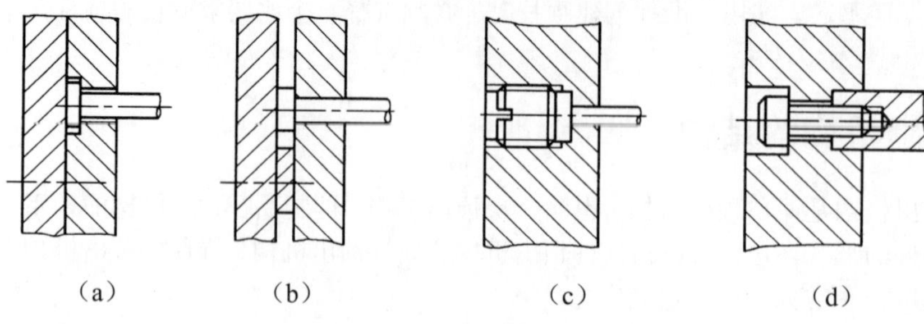

图 5-64　顶杆的固定形式

（3）顶杆设计的注意事项

① 顶杆应选择在脱模阻力最大的地方，因制品对型芯的包紧力在四周最大，若制品较深，则应在制品内部靠近侧壁的地方设置顶杆，如图 5-65（a）所示，若制品局部有细而深的凸台或筋，则必须在该处设置顶杆，如图 5-65（b）所示。

② 顶杆不宜设在制品最薄处，否则很容易使制品变形甚至破坏，必要时可增大顶杆面积来降低制品单位面积上的受力，如图 5-65（c）所示的采用顶盘顶出。

③ 当细长顶杆受到较大脱模力时，顶杆就会失稳变形，如图 5-66 所示。这时就必须增大顶杆直径或增加顶杆的数量，同时要保证制品顶出时受力均匀，从而使制品顶出平稳而且不变形。

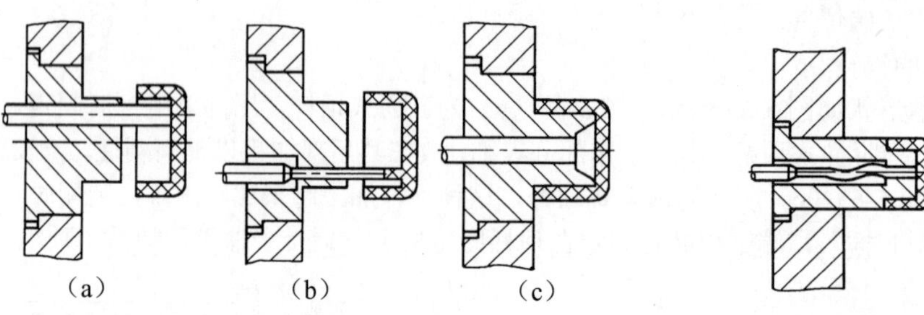

图 5-65　顶杆位置的选择　　　图 5-66　顶杆本身刚性

④ 因顶杆的工作端面是成型制品部分的内表面，如果顶杆的端面低于或高于该处型面，则制品上就会产生凸台或凹痕，影响其使用及美观。因此通常顶杆装入模具后，其端面应与型腔面平齐或高出 0.05～0.1mm。

⑤ 当制品各处脱模阻力相同时，应均匀布置顶杆，且数量不宜过多，以保证制品被顶出时受力均匀、平稳、不变形。

2. 顶管顶出机构

用来顶出圆筒形、环形制品或带孔的制品的一种特殊结构形式，其脱模运动方式和顶杆相同。由于顶管是一种空心顶杆，故整个周边接触制品，顶出的力量均匀，制品不易变形，也不会留下明显的顶出痕迹。

（1）顶管顶出机构的结构形式。

如图 5-67（a）所示的形式的顶管是最简单、最常用的结构形式，模具型芯穿过推板固定于动模座板。这种结构的型芯较长，可兼作顶出机构的导向柱，多用于脱模距离不大的场合，结构比较可靠。图 5-67（b）所示的形式是型芯用销或键固定在动模板上的结构。这种结构要求在顶管的轴向开一长

槽，容纳与销（或键）相干涉的部分，槽的位置和长短依模具的结构和顶出距离而定，一般是略长于顶出距离。与上一种形式相比，这种结构形式的型芯较短，模具结构紧凑，缺点是型芯的紧固力小，适用于受力不大的型芯。图 5-67（c）所示的形式是型芯固定在动模垫板上，而顶管在动模板内滑动，这种结构可使顶管与型芯的长度大为缩短，但顶出行程包含在动模板内，致使动模板的厚度增加，用于脱模距离不大的场合。

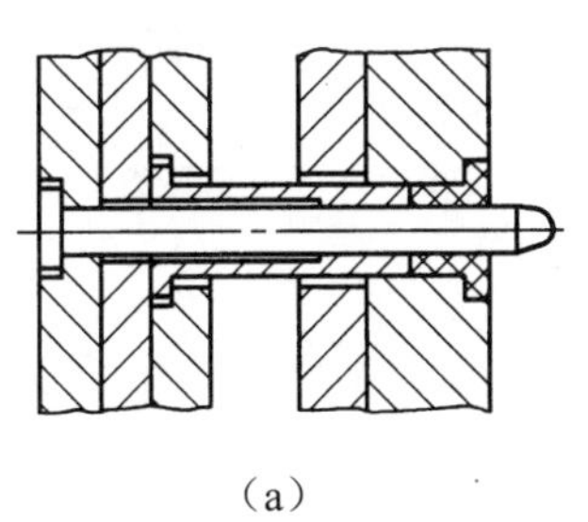

（a）

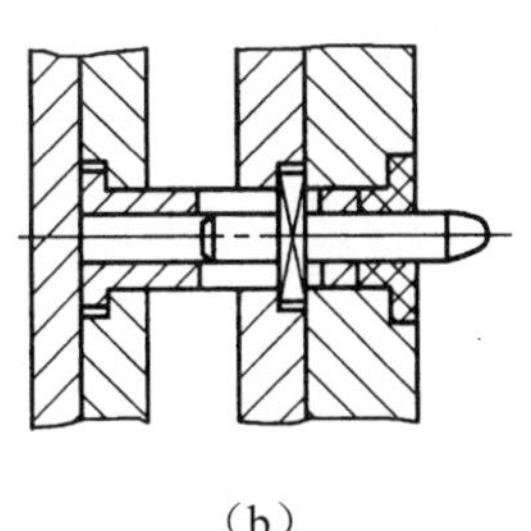

（b）

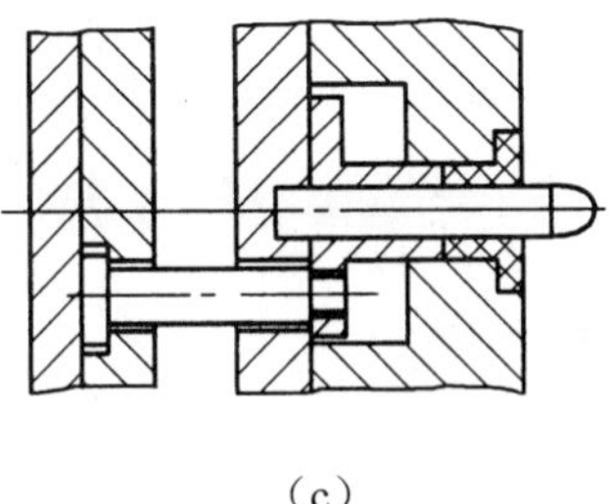

（c）

图 5-67　顶管顶出机构的形式

（2）有关顶管的配合。

顶管的配合如图 5-68 所示。顶管的内径与型芯相配合，小直径时选用 H8/f7 的配合，大直径取 H7/f7 的配合；外径与模板上的孔相配合，直径较小时采用 H8/f8 的配合，直径较大时采用 H8/f7 的配合。顶管与型芯的配合长度一般比顶出行程大 3～5mm，顶管与模板的配合长度一般为顶管外径的 1.5～2 倍，顶管固定端外径与模板有单边 0.5mm 装配间隙，顶管的材料、热处理硬度要求及配合部分的表面粗糙度要求与顶杆相同。

3. 顶出机构的导向与复位

（1）导向零件：有时顶出机构中的顶杆较细、较多或顶出力不均匀，顶出后推板可能发生偏斜，造成顶杆弯曲或折断，此时应考虑设计顶出机构的导向装置。常见的顶出机构导向装置如图 5-69 所示：图 5-69 中（a）（b）中的导柱除起导向作用外还能起支承作用，以减小在注射成型时动模垫板的变形；图 5-69（c）的结构只起导向作用。模具小、顶杆少、制品产量又不多时，可只用导柱不用导套；反之模具还需装导套，以延长模具的使用寿命及增加模具的可靠性。

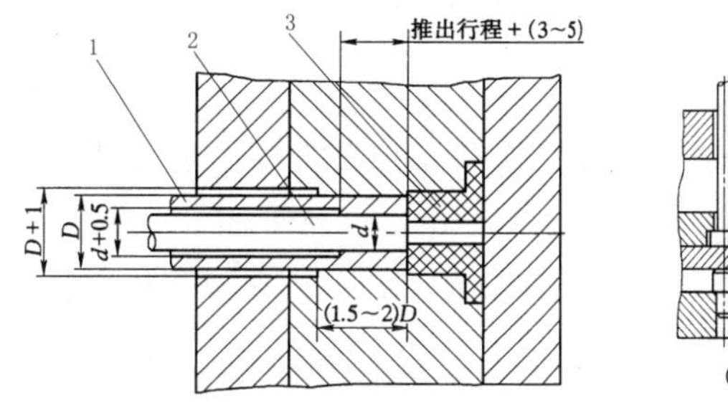

图 5-68　顶管的配合

1—顶管　2—型芯　3—制品

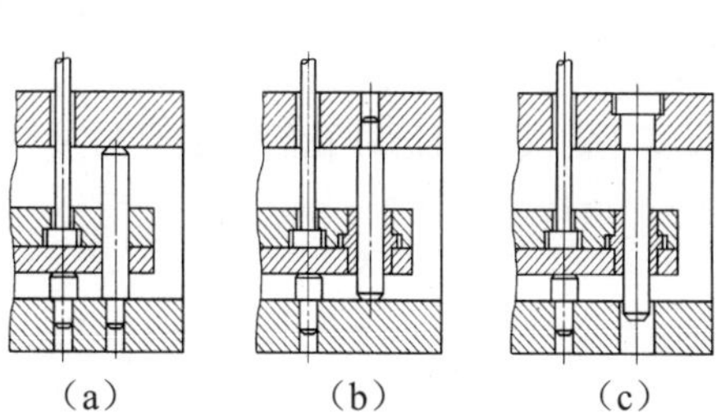

图 5-69　顶出机构的导向部件

（2）复位零件：顶出机构在开模顶出制品后，为下一次注射成型做准备，需使顶出机构复位，以便恢复完整的模腔，所以必须设计复位装置。最简单的方法是在推固定板上同时安装复位杆，也叫回程杆。

5.4.2 顶杆后处理

Note

单击“注塑模向导”选项卡“主要”面板上的“顶杆后处理”按钮，系统弹出图 5-70 所示的“顶杆后处理”对话框，用于对顶杆进行修剪。

1. 类型

（1）调整长度：是指用参数来调整顶针，而不是用建模面来修剪顶针，将顶杆的长度调整到与型芯表面的最高点一致，会造成产品体凹痕。如图 5-71 所示。

图 5-70 “顶杆后处理”对话框

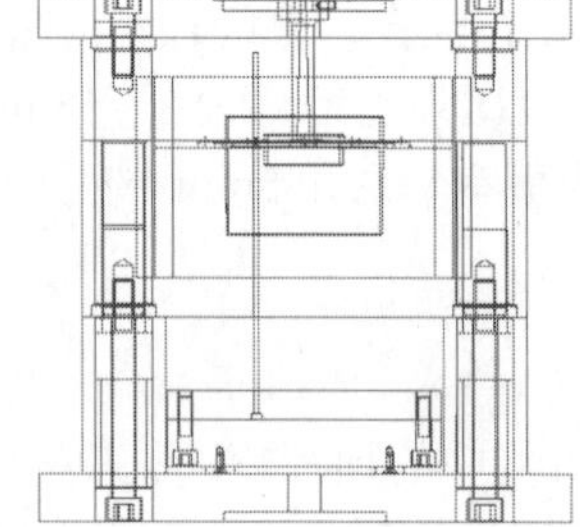

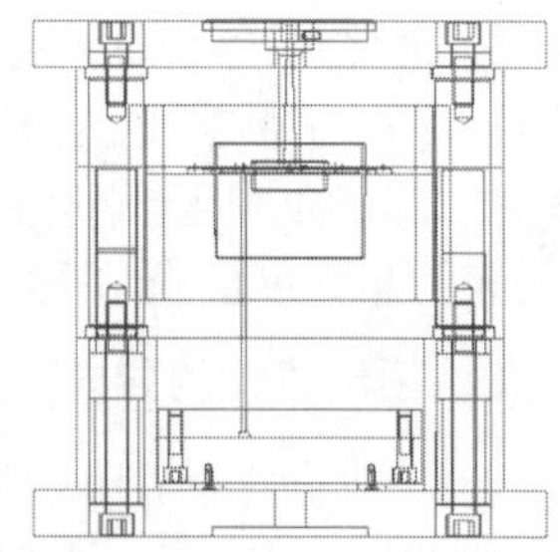

图 5-71 调整长度修剪

（2）修剪：用一个建模面（型腔侧面）来修剪顶针，使顶杆头部与型芯表面相适应。如图 5-72 所示。

（3）取消修剪：是指取消对顶杆的修剪。

2. 设置

“配合长度”定义修剪顶杆孔的最低点与顶杆孔偏置开始的位置之间的距离。如图 5-73 所示。

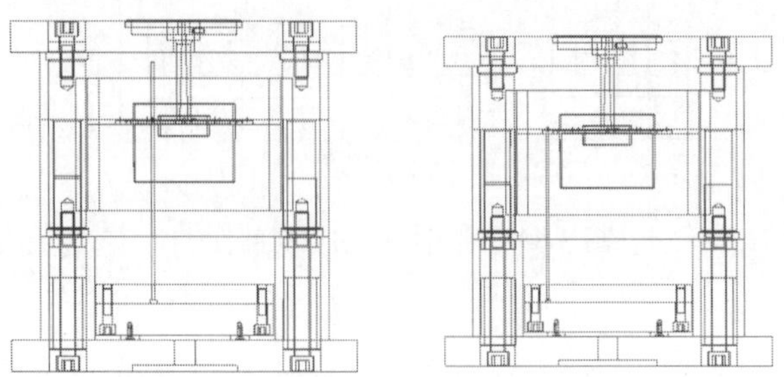

图 5-72 片体修剪示意图

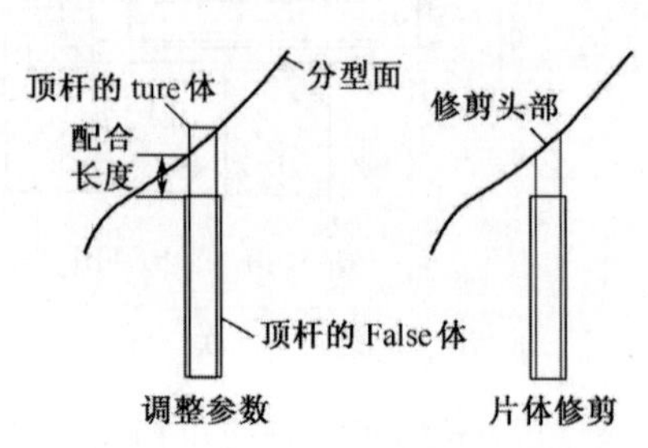

图 5-73 配合长度示意图

3. 工具

（1）修边部件：使用修边部件来定义包含顶杆修剪面的文件。默认值是修剪部件。

（2）修边曲面：使用修边曲面来定义修剪部件中选择的修剪部件的哪些面用来修剪顶杆。每个修剪部件有多个修剪片体。选择面可以直接选择任意面，再将它们链接到顶杆组件中来修剪顶杆。这里，如果选择了多个面，Mold Wizard 会把它们缝合在一起。有 4 种方式："CORE_TRIM_SHEEF""CAVITY_TRIM_ SHEEF""选择片体"和"选择面"可供选择。

5.4.3 实例——连接件模具的顶杆设计

下面利用上一节保存的练习来继续进行顶杆操作，具体操作如下。

（1）继续上一个实例，或打开"connecter_top.prt"文件。

（2）单击"注塑模向导"选项卡"主要"面板上的"标准件库"按钮，弹出"重用库"对话框和"标准件管理"对话框。

（3）从"名称"列表选择"DME_MM"→"Ejection"选项，然后在成员选择列表中选择"Ejector Pin[Straight]"选项，在"标准件管理"对话框的详细信息栏中设置"CATALOG_DIA"的值为 2，"CATALOG_LENGTH"的值为 200，如图 5-74 所示。

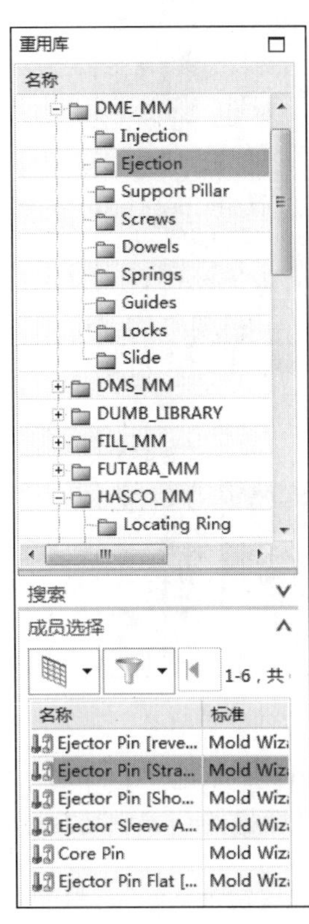

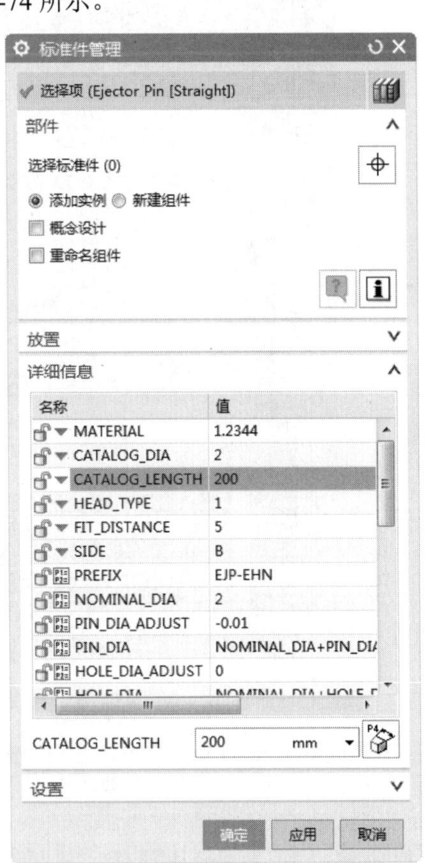

图 5-74　顶杆参数设置

（4）单击"确定"按钮，系统弹出"点"对话框，分别输入以下点坐标：(31，0，0)(-31，0，0)，如图 5-75 所示，输入一次，单击"确定"按钮一次，完成后如图 5-76 所示。

Note

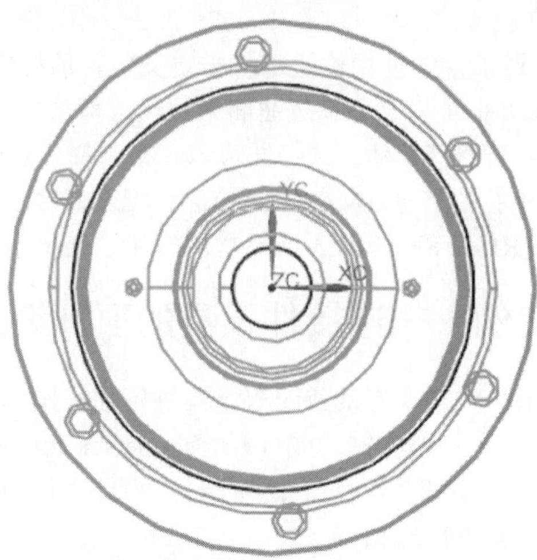

图 5-75　输入顶杆点

图 5-76　生成顶杆

（5）单击“注塑模向导”选项卡“主要”面板上的“顶杆后处理”按钮，系统打开“顶杆后处理”对话框，如图 5-77 所示。选择“修剪”类型，在目标栏的列表中选择已经创建的待处理的顶杆。

（6）在工具栏中接受默认的修边部件。接受默认的修剪曲面，即型芯修剪片体（CORE_TRIM_SHEET）。单击“确定”按钮，完成对顶杆的剪切，如图 5-78 所示。

（7）选择“文件”→“保存”→“全部保存”选项，保存所有部件文件。

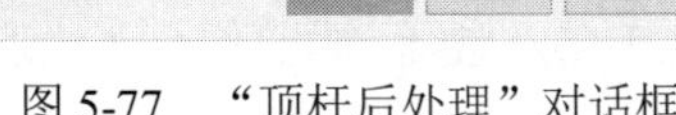

图 5-77　“顶杆后处理”对话框

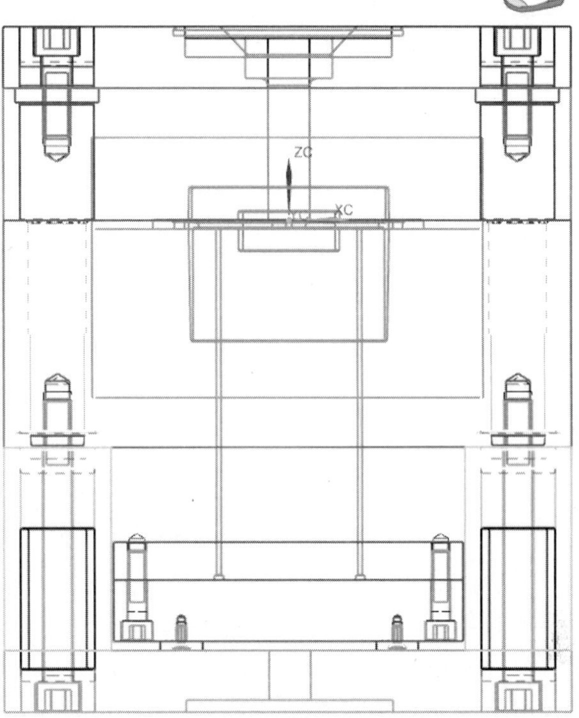

图 5-78　修剪顶杆

第6章 镶块、滑块和抽芯机构

（视频讲解：16 分钟）

镶块用于型芯或型腔容易发生消耗的区域，也可以用于简化型芯型腔的加工。在模具设计中，对于产品体存在的倒扣现象，经常会考虑适用滑块和抽芯机构来完成。

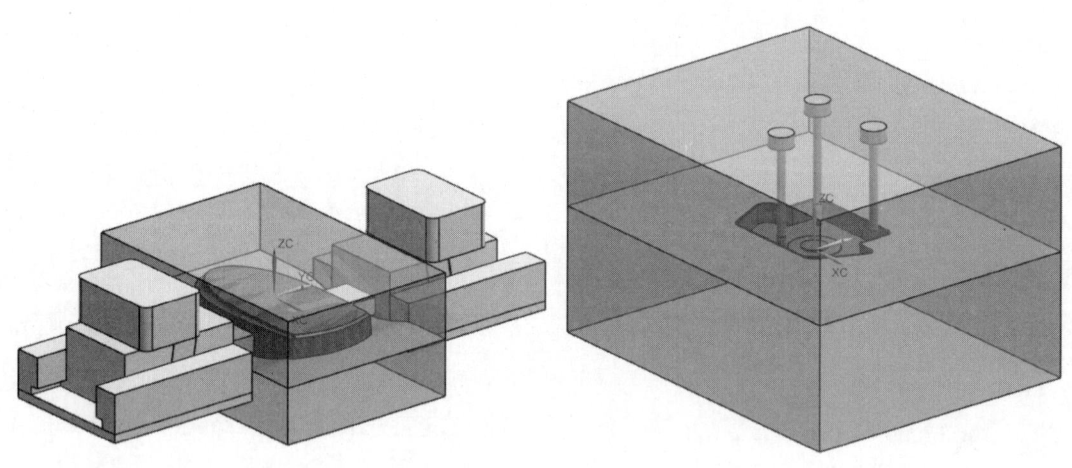

6.1　镶　　块

镶件用于型芯或型腔容易发生消耗的区域，也可以用于简化型芯型腔的加工。一个完整的镶件装配由镶件头部和镶件足/体组成。

6.1.1　镶块设计

单击“注塑模向导”选项卡“主要”面板上的“子镶块库”按钮，系统弹出图 6-1 所示的“重用库”对话框和“子镶块设计”对话框。

该对话框类似于前面“标准件管理”对话框，利用该对话框可以方便地插入镶块标准件。镶件形状分为矩形内嵌件和圆形内嵌件，并可以设置是否带支承底面（支承底面），以及所用的材料。

图 6-1　“重用库”对话框和“子镶块设计”对话框

单击成员选择中的文件，系统弹出图 6-2 所示的“信息”对话框，可在详细信息栏中修改镶件的尺寸。修改完成后，单击“应用”按钮。

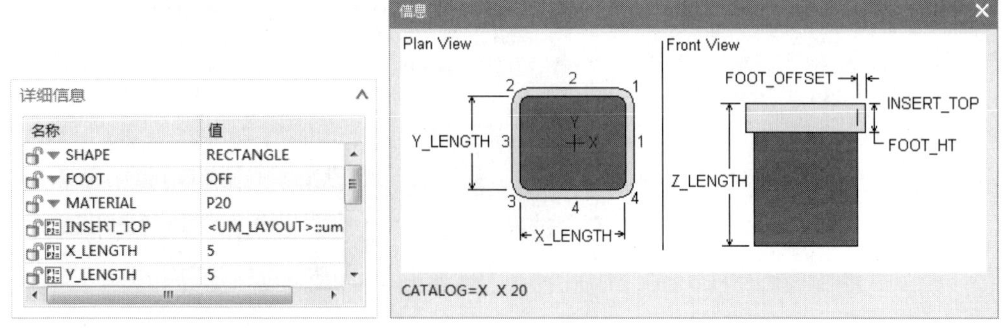

图 6-2　“信息”对话框

视频讲解

Note

6.1.2 实例——盖模具的镶块设计

下面将通过一个实例练习来重点掌握镶块创建步骤。具体操作如下。

（1）单击“注塑模向导”选项卡中的“初始化项目”按钮，装载“yuanwenjian/gai/gai.prt”。在“初始化项目”对话框中设置材料为无，其他采用默认设置，完成装载后的效果的产品体如图 6-3 所示。

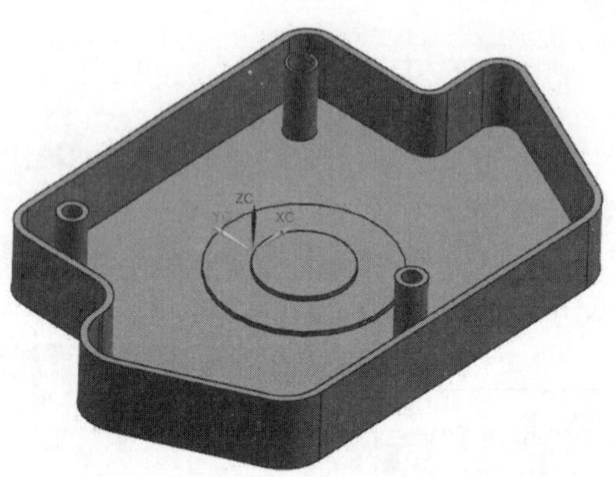

图 6-3　产品体

（2）单击“注塑模向导”选项卡“主要”面板上的“模具坐标系”按钮，系统弹出“模具坐标系”对话框，选择“当前 WCS”选项，然后单击“确定”按钮。系统会自动把模具坐标系放在产品体中心上，并且锁定 Z 轴。

（3）单击“注塑模向导”选项卡“主要”面板上的“工件”按钮，系统弹出“工件”对话框，采用默认的工件尺寸，如图 6-4 所示，单击“确定”按钮，完成工件的创建，如图 6-5 所示。

图 6-4　“工件”对话框

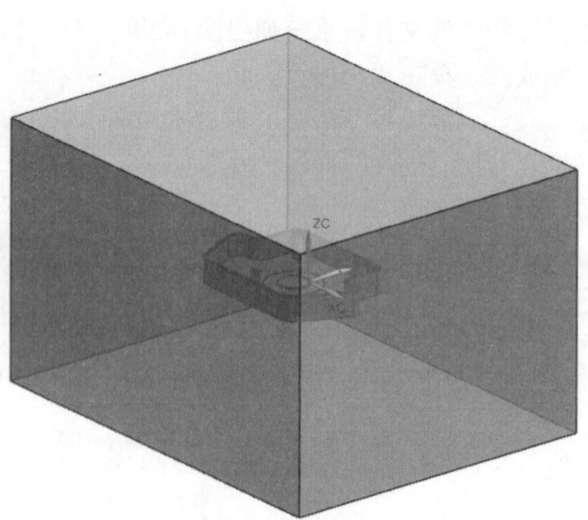

图 6-5　创建工件

（4）单击“注塑模向导”选项卡“主要”面板上的“型腔布局”按钮，系统弹出如图 6-6 所示的“型腔布局”对话框，单击“自动对准中心”按钮，将模腔设置在模具的装配中心，然后单击“关闭”按钮，关闭对话框。

（5）单击“注塑模向导”选项卡“分型刀具”面板上的“设计分型面”按钮，系统自动打开“gai_parting.prt”文件，弹出如图 6-7 所示的“设计分型面”对话框。

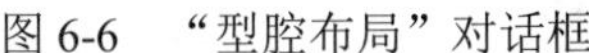

图 6-6　“型腔布局”对话框

图 6-7　“设计分型面”对话框

（6）单击编辑分型线栏中的“选择分型线”选项，选取模型的最大截面边线，单击“确定”按钮，结果如图 6-8 所示。

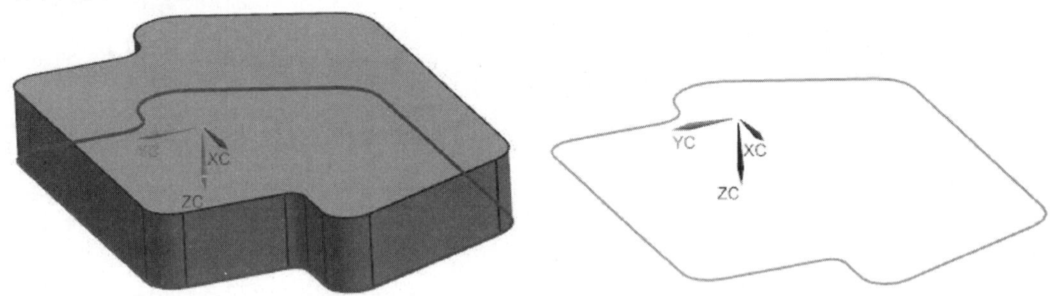

图 6-8　创建分型线

（7）单击“注塑模向导”选项卡“分型刀具”面板上的“设计分型面”按钮，在创建分型面栏中选中“有界平面”选项，选中“使用默认保留边”复选框，如图 6-9 所示。调节曲面延伸距离，使分型面的平面长度大于工件的长度，单击“确定”按钮，完成分型面的创建。

（8）单击“注塑模向导”选项卡“分型刀具”面板上的“检查区域”按钮，系统将弹出“检查区域”对话框，如图 6-10 所示，选中“保持现有的”单选按钮，默认脱模方向，单击“计算”按钮。

（9）选择“区域”选项卡，从对话框中可以看到型腔面数为 34，型芯面数为 1，未定义的区域为 16，如图 6-11 所示。

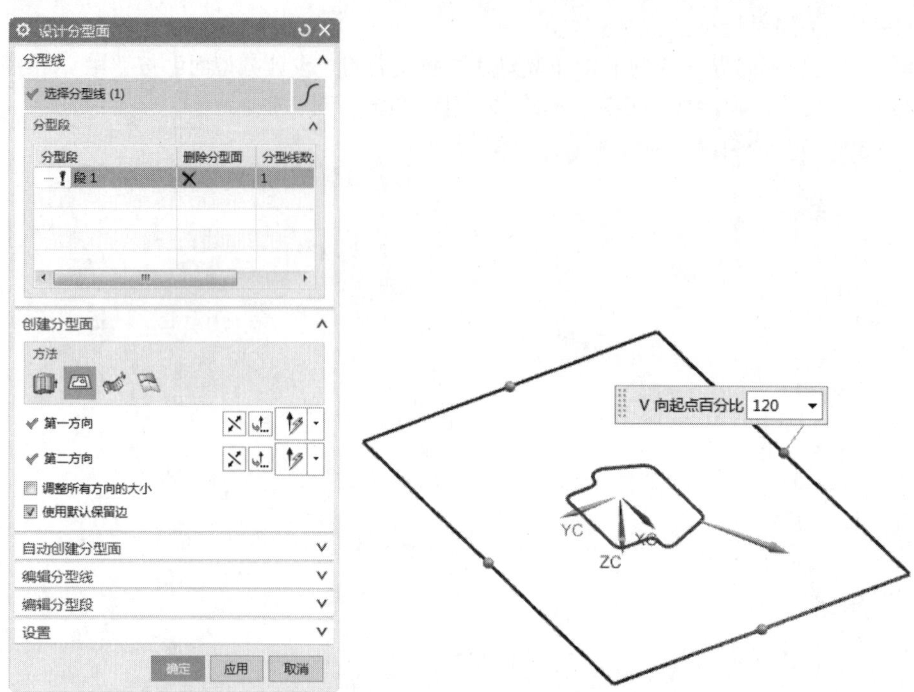

图 6-9　创建分型面

图 6-10　“检查区域”对话框

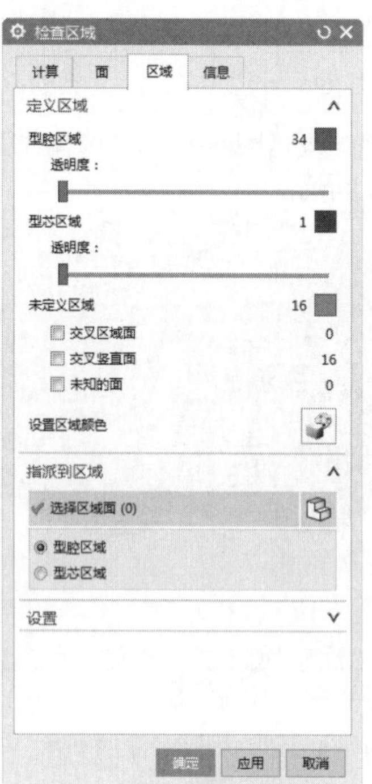

图 6-11　“区域”选项卡

（10）拖动型腔区域和型芯区域的透明度滑块，将定义的型芯和型腔区域透明化，在指派到区域选择“型芯区域”选项，然后选取模型四周的未定义区域，单击“应用”按钮，将模型外部的未定义区域指派到型芯区域；可以看到型腔面（34）与型芯面（17）的和等于总面数（51）。

（11）单击“注塑模向导”选项卡“分型刀具”面板上的“定义区域”按钮，弹出图 6-12 所示的“定义区域”对话框。选择“所有面”选项，选中“创建区域”复选框。单击“确定”按钮，完成型芯和型腔的抽取。

（12）单击“注塑模向导”选项卡“分型刀具”面板上的“定义型芯和型腔”按钮，系统弹出如图 6-13 所示的“定义型腔和型芯”对话框，选择“所有区域”选项，单击“确定”按钮。

图 6-12　“定义区域”对话框

图 6-13　“定义型腔和型芯”对话框

（13）系统弹出“查看分型结果”对话框，如图 6-14 所示。同时工作区显示型腔效果图，如图 6-15 所示。

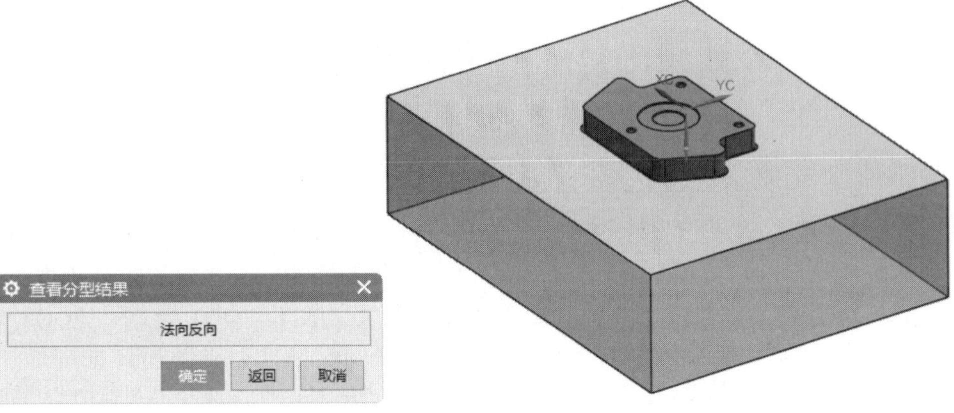

图 6-14　“查看分型结果”对话框

图 6-15　型腔

Note

（14）系统弹出“查看分型结果”对话框，同时工作区显示型芯效果图，如图 6-16 所示，单击“确定”按钮。

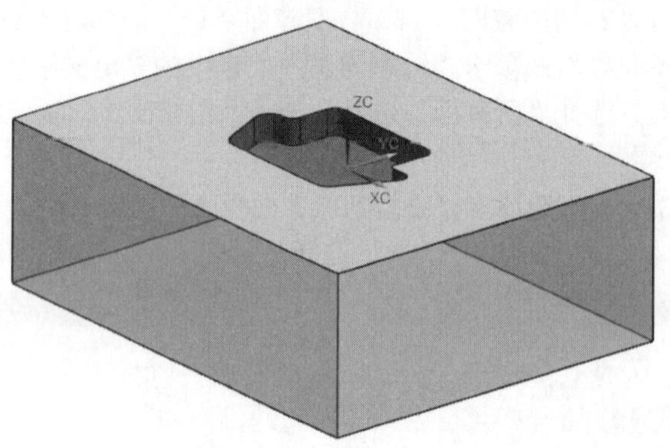

图 6-16　型芯

（15）单击“视图”选项卡“窗口”列表中的 top 文件，打开总装配文件。

（16）单击“注塑模向导”选项卡“主要”面板上的“子镶块库”按钮，弹出“重用库”对话框和“子镶块设计”对话框。如图 6-17 所示。

图 6-17　“重用库”对话框和“子镶块设计”对话框（2）

（17）在“重用库”对话框的“成员选择”中选择 CAVITY_SUB_INSERT 类型的镶块。在“子镶块设计”对话框的“详细信息”栏中设置 SHAPE 为 ROUND，FOOT 为 ON，FOOT_OFFSET_1 为 2，X_LENGTH 为 2，Z_LENGTH 为 29.5。

（18）单击“确定”按钮，弹出图 6-18 所示的“点”对话框，选择“圆弧中心/椭圆中心/球心”类型，依次选择型腔的三个圆心作为镶块的放置位置，如图 6-19 所示，单击“确定”按钮，放置三个镶块的结果如图 6-20 所示。

图 6-18 “点”对话框

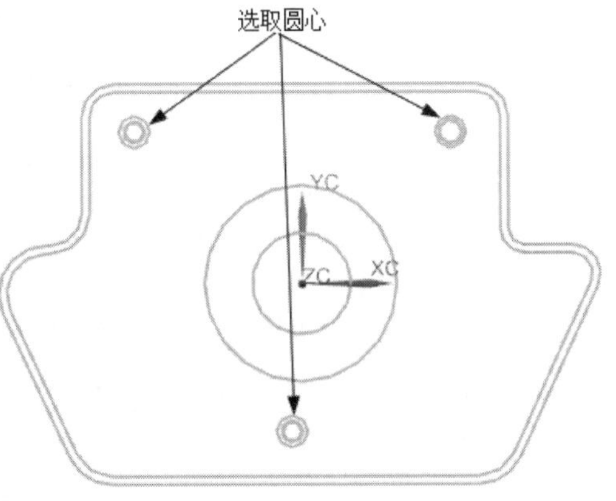

图 6-19 捕捉圆心

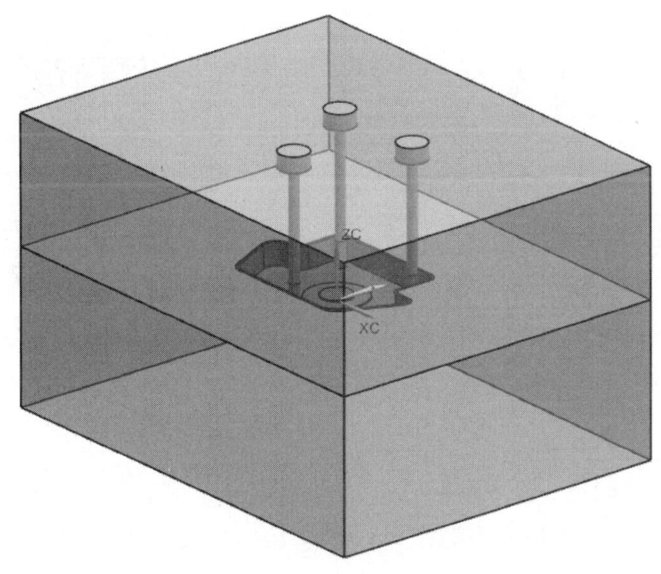

图 6-20 创建镶块

（19）选择“文件”→“保存”→“全部保存”选项，保存所有部件文件。

6.2 滑块和内抽芯

当制品上具有与开模方向不一致的侧孔、侧凹或凸台时，在脱模之前必须先抽掉侧向成型零件（或侧型芯），否则就无法脱模。这种带动侧向成型零件移动的机构称为侧向分型机构。在 Mold Wizard 里面，作为滑块/抽芯标准件进行调用和编修。

根据动力来源的不同，自动侧向分型机构一般可分为机动和气动（液压）两大类。

1. 机动侧向分型与抽芯机构

机动侧向分型与抽芯机构是利用注射机的开模力，通过传动件使模具中的侧向成型零件移动一定

距离而完成侧向分型与抽芯动作。这类模具结构复杂，制造困难，成本较高，但其优点是劳动强度小，操作方便，生产率较高，易实现自动化，故生产中应用较为广泛。

Note

2. 液压或气动侧向分型与抽芯机构

液压或气动侧向分型与抽芯机构是以液压力或压缩空气作为侧向分型与抽芯的动力。它的特点是传动平稳，抽拔力大，抽芯距长，但液压或气动装置成本较高。

6.2.1 结构设计

利用斜导柱进行侧向抽芯的机构是一种最常用的机动抽芯机构，如图 6-21 所示。其结构组成包括斜导柱 3、侧型芯滑块 9、滑块定位装置 6、7、8 及锁紧装置 1。其工作过程为：开模时，开模力通过斜导柱作用于滑块，迫使滑块在开模开始时沿动模的导滑槽向外滑动，完成抽芯。滑块定位装置将滑块限制在抽芯终了的位置，以保证合模时斜导柱能插入滑块的斜孔中，使滑块顺利复位。锁紧楔用于在注射时锁紧滑块，防止侧型芯受到成型压力的作用时向外移动。

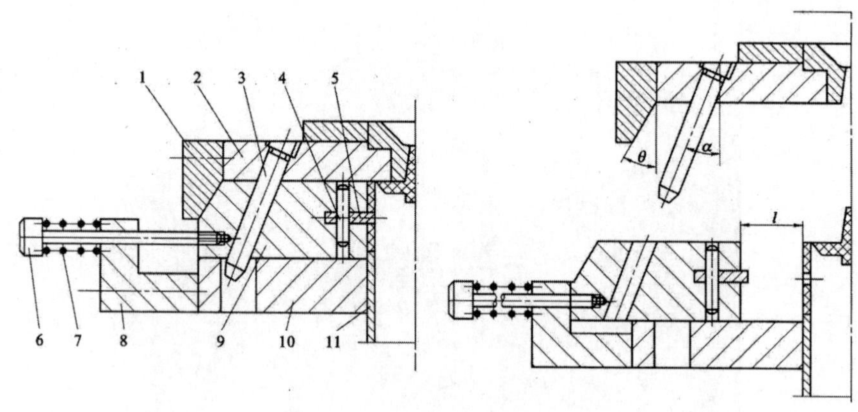

图 6-21　利用斜导柱侧向抽芯

1—锁紧楔　2—定模板　3—斜导柱　4—销钉　5—型芯　6—螺钉

7—弹簧　8—支架　9—滑块　10—动模板　11—推管

1. 斜导柱设计

（1）斜导柱的结构如图 6-22 所示。图 6-22（a）是圆柱形的斜导柱，有结构简单、制造方便和稳定性能好等优点，所以使用广泛；图 6-22（b）是矩形的斜导柱，当滑块很狭窄或抽拔力大时使用，其头部形状进入滑块比较安全；图 6-22（c）适用于延时抽芯的情况，可作斜导柱内抽芯用；图 6-22（d）与 6-22（c）使用情况类似。

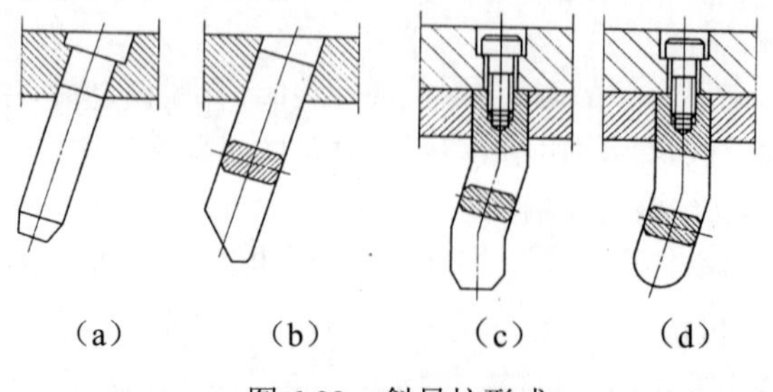

图 6-22　斜导柱形式

斜导柱固定端与模板之间的配合采用 H7/m6，与滑块之间的配合采用 0.5～1mm 的间隙。斜导柱的材料多为 T8、T10 等碳素工具钢，也可以采用 20 钢渗碳处理，热处理要求 HRC≥55，表面粗糙度 Ra≤0.8μm。

（2）斜导柱倾角 α 是决定其抽芯工作效果的重要因素。倾斜角的大小关系到斜导柱承受的弯曲力和实际达到的抽拔力，也关系到斜导柱的有效工作长度、抽芯距和开模行程。倾斜角实际上就是斜导柱与滑块之间的压力角，因此，α 应小于 25°，一般在 12° ～ 25°内选取。

（3）斜导柱直径 d。根据材料力学，可推导出斜导柱 d 的计算公式为：

$$d = \sqrt[3]{\frac{FL_{\mathrm{w}}}{0.1[\sigma_{\mathrm{w}}\cos\alpha]}}$$

式中：d——斜导柱直径，mm；

F——抽出侧型芯的抽拔力，N；

L_{w}——斜导柱的弯曲力臂（见图 6-23），mm；

$[\sigma_{\mathrm{w}}]$——斜导柱许用弯曲应力，对于碳素钢可取为 140MPa；

α——斜导柱倾斜角，(°)。

（4）斜导柱长度的计算。斜导柱长度根据抽芯距 s、斜导柱直径 d、固定轴肩直径 D、倾斜角 α 以及安装导柱的模板厚度 h 来确定，如图 6-24 所示。

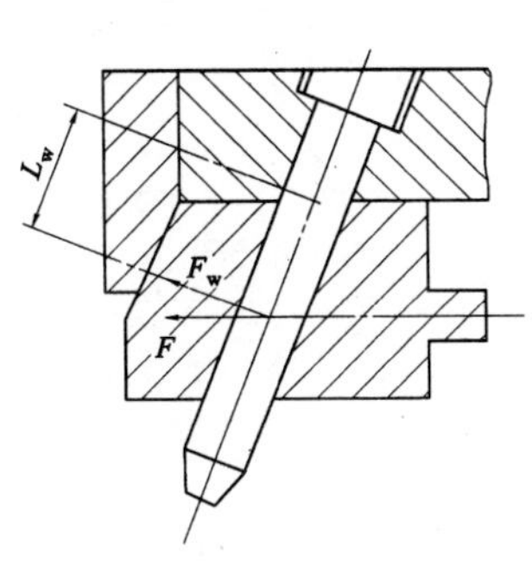

图 6-23　斜导柱的弯曲力臂

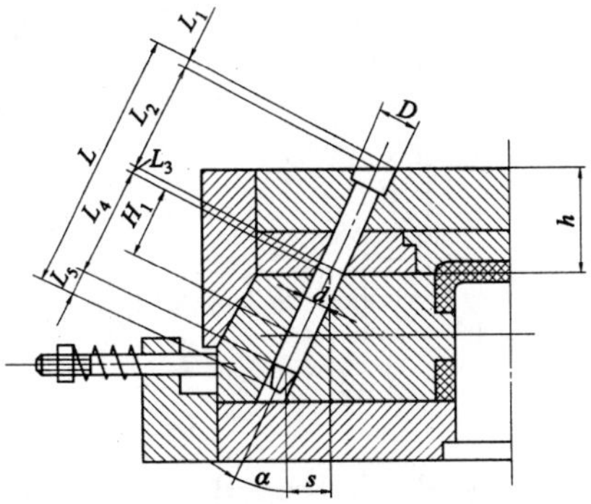

图 6-24　斜导柱长度的确定

$$\begin{aligned} L &= L_1 + L_2 + L_3 + L_4 + L_5 \\ &= \frac{D}{2}\tan\alpha + \frac{h}{\cos\alpha} + \frac{d}{2}\tan\alpha + \frac{s}{\sin\alpha} + (10 \sim 15)\mathrm{mm} \end{aligned}$$

式中：D——斜导柱固定部分的大端直径，mm；

h——斜导柱固定板厚度，mm；

s——抽芯距，mm。

2. 滑块设计

（1）滑块形式分整体式和组合式两种。组合式是将型芯安装在滑块上，这样可以节省钢材，且加工方便，因而应用广泛。型芯与滑块的固定形式如图 6-25 所示：图 a、b 为较小型芯的固定形式；也可采用图 6-25（c）的螺钉固定形式；图 6-25（d）为燕尾槽固定形式，用于较大型芯；对于多个型芯，可用图 6-25（e）所示的固定板固定形式；型芯为薄片时，可用图（f）所示的通槽固定形式。滑块材料一般采用 45 钢或 T8、T10 工具钢，热处理硬度 40HRC 以上。

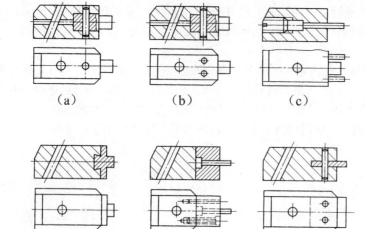

Note

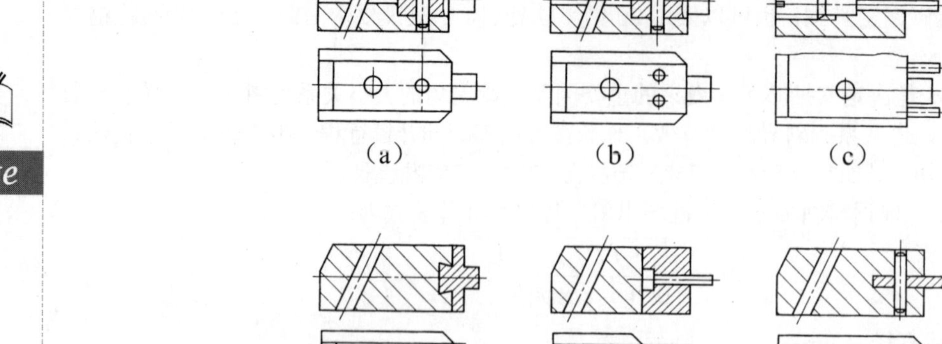

图 6-25　型芯与滑块的固定形式

（2）滑块的导滑形式如图 6-26 所示：图 6-26（a）、（e）为整体式；图 6-26（b）～（f）为组合式，加工方便。导滑槽常用 45 钢，调质热处理 28HRC～32HRC。盖板的材料用 T8、T10 工具钢或 45 钢，热处理硬度 50HRC 以上。滑块与导滑槽的配合为 H8/f8，配合部分表面粗糙度 Ra ≤ 0.8μm，滑块长度应大于滑块宽度的 1.5 倍，抽芯完毕，留在导滑槽内的长度不小于自身长度的 2/3。

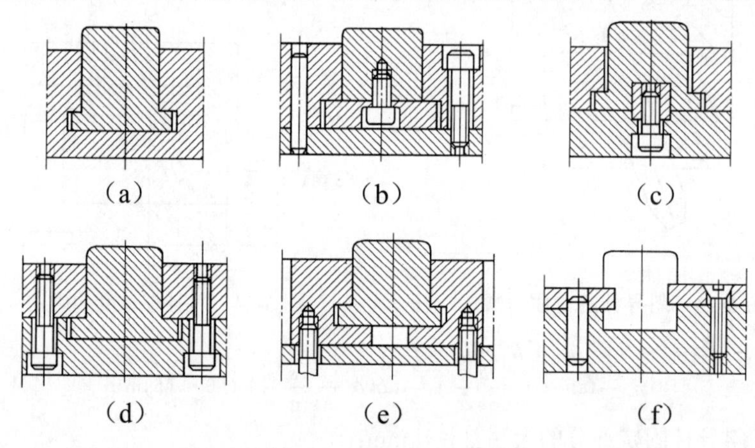

图 6-26　滑块的导滑形式

3. 滑块定位装置

用于保证开模后滑块停留在刚脱离斜导柱的位置上，使合模时斜导柱能准确地进入滑块的孔内，顺利合模。滑块定位装置的结构如图 6-27 所示：图 6-27（a）为滑块利用自重停靠在限位挡块上，结构简单，适用于向下方抽芯的模具；图 6-27（b）为靠弹簧力使滑块停留在挡块上，适用于各种抽芯的定位，定位比较可靠，经常采用；图 6-27（c）、（d）、（e）为弹簧止动销和弹簧钢球定位的形式，结构比较紧凑。

4. 锁紧楔

其作用就是锁紧滑块，以防在注射过程中，活动型芯受到型腔内塑料熔体的压力作用而产生位移。常用的锁紧楔形式如图 6-28 所示：图（a）为整体式，结构牢固可靠，刚性好，但耗材多，加工不便，

磨损后调整困难；图 6-28（b）形式适用于锁紧力不大的场合，制造调整都较方便；图 6-28（c）形式利用 T 形槽固定锁紧楔，销钉定位，能承受较大的侧向压力，但磨损后不易调整，适用于较小模具；图 6-28（d）为锁紧楔整体嵌入模板的形式，刚性较好，修配方便，适用于较大尺寸的模具；图 6-28（e）、（f）形式对锁紧楔进行了加强，适用于锁紧力大的场合。

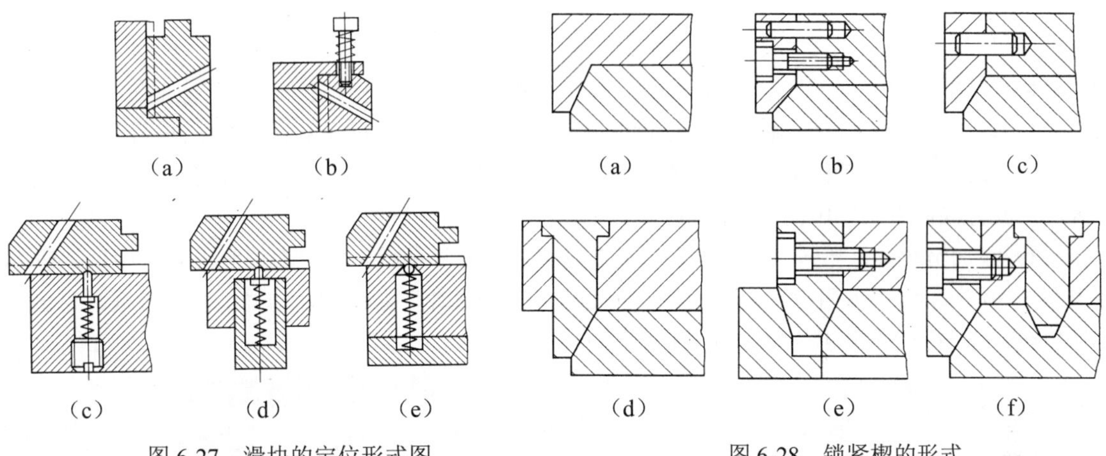

图 6-27　滑块的定位形式图　　　　图 6-28　锁紧楔的形式

6.2.2　设计方法

1. 滑块/抽芯概览

从结构上来看，滑块/抽芯的组成大概可以分为两部分：滑块/抽芯头部和滑块/抽芯体。头部依赖于产品的形状，体则由可自定义的标准件组成。

（1）头部设计：可以用以下方法来创建滑块或斜顶的头部。

① 用实体头部方法创建滑块或斜顶头部。单击“注塑模向导”选项卡“注塑模工具”面板上的“分割实体”按钮。如果在型芯或型腔中创建好了实体头部，并添加了滑块或斜顶体，就可以将该头部链接到滑块或斜顶体中并将它们并到一起。也可以创建一个新的组件，再将头部链接到新组件中。实体头部方法经常用于滑块头部的设计。

② 直接添加滑块或斜顶到模架中，然后设定滑块和抽芯的本体作为工作部件。使用 NX 的装配的 Wave 几何链接器将型芯或型腔分型面链接到当前的工作部件中。最后用该分型面来修剪滑块或斜顶的本体。

（2）体的设计：滑块/抽芯体一般由几个组件组成，如本体和导向件等。这些组件由 NX 的装配功能装配到一起。滑块/斜顶的大小由尺寸控制。滑块/斜顶的装配可以视为标准件，因此标准件方法会应用在滑块/抽芯设计中。图 6-29 给出了 Push-Pull 滑块的结构形式，可以参考其给出的形式。

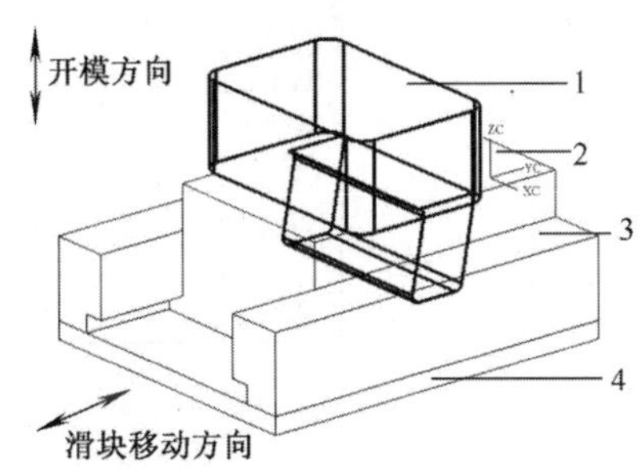

图 6-29　Push-Pull 滑块结构

1—滑块驱动部分　2—滑块体

3—固定导轨　4—底板

注塑模向导提供了几种类型的滑块/抽芯结构。因为标准件功能是一个开放式结构的设计，所以可以向注塑模向导中添加自定义的滑块/抽芯结构。

滑块/抽芯文件保存在“文件目录/moldwizard/slider_lifter”中。在使用之前所有滑块/抽芯都需要进行注册。注册文件的名称是 slider_lifter_reg.xls。有两个注册的变更分别对

应不同单位类型：SLIDE_IN 用于英制，SLIDE_MM 用于公制。选择编辑注册文件，注册文件会加载到表格中编辑。

滑块/抽芯机构以子装配体的形式加入到模具装配体的 prod 节点下，其装配体一般含有滑块头、斜楔、滑块体和导轨等使滑块/抽芯能够移动所必需的零部件。

Note

2. 滑块设计

滑块设计的用户界面同标准件的界面相同，下面举例说明滑块的设计步骤。

（1）设计滑块头部：使用模具工具中的交互建模的方法在型芯或型腔部件中创建滑块的头部。

（2）设定 WCS（工作坐标系）：将 WCS 设定在头部底线的中心，Z+指向顶出方向，Y+指向底切区域。其方向同滑块库中的设计方向相关。

（3）添加滑块体：单击“注塑模向导”选项卡“主要”面板上的“滑块和浮升销库”按钮，弹出图 6-30 所示的“重用库”对话框和“滑块和浮升销设计”对话框，选择适当的参数，单击“确定”按钮，添加一个标准尺寸的滑块体。

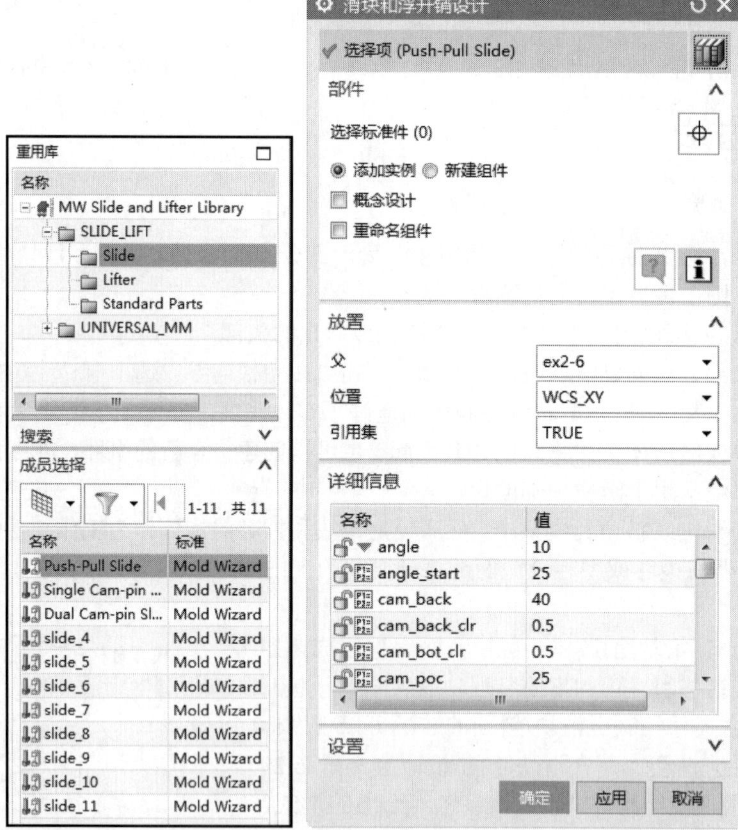

图 6-30 “重用库”对话框和“滑块和浮升销设计”对话框（1）

（4）链接滑块体：使用 Wave 几何链接器工具，将滑块头部链接到滑块的本体部件中，修改滑块体的尺寸，并将它们布尔合并到一起。

（5）如果有必要，调整模架尺寸。

6.2.3　实例——鼠标模具的滑块体设计

下面将通过一个实例练习来重点掌握镶件创建步骤。具体操作如下。

（1）单击“注塑模向导”选项卡中的“初始化项目”按钮，装载“yuanwenjian/ mouse/mouse_bottom.prt”。在“初始化项目”对话框中设置材料为无，其他采用默认设置，完成装载后的效果的产品体如图 6-31 所示。

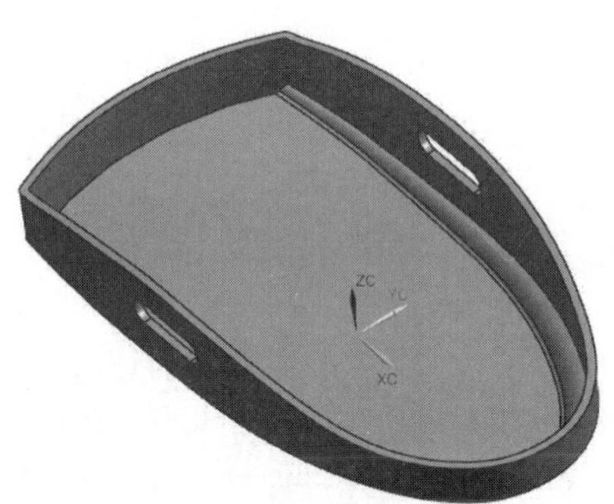

图 6-31　产品体

（2）选择“菜单”→“格式”→“WCS”→“旋转”命令，弹出对话框，选择“+YC 轴：ZC-->XC”选项，输入角度为 180，如图 6-32 所示，单击“确定”按钮，完成坐标系的旋转，如图 6-33 所示。

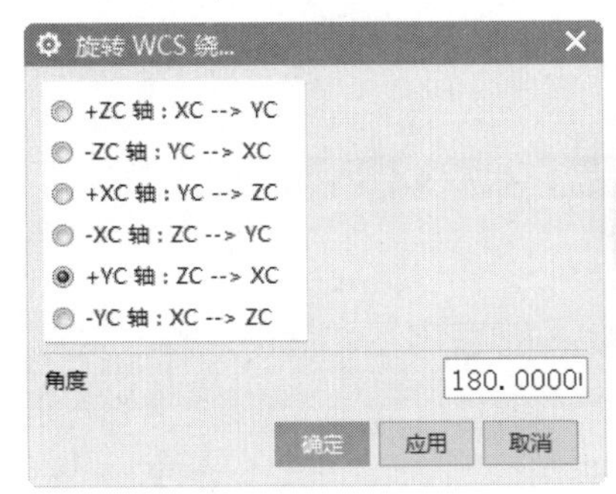

图 6-32　“旋转 WCS 绕...”对话框

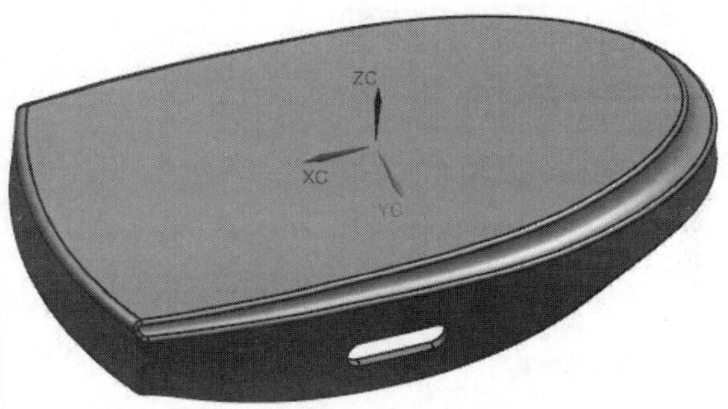

图 6-33　旋转坐标系

（3）单击“注塑模向导”选项卡“主要”面板上的“模具坐标系”按钮，系统弹出“模具坐标系”对话框，选择“当前 WCS”选项，然后单击“确定”按钮。系统会自动把模具坐标系放在产品体中心上，并且锁定 Z 轴。

（4）单击“注塑模向导”选项卡“主要”面板上的“工件”按钮，系统弹出“工件”对话框，按照图 6-34 所示设置工件尺寸，单击“确定”按钮，完成工件的创建，如图 6-35 所示。

（5）单击“注塑模向导”选项卡“主要”面板上的“型腔布局”按钮，系统弹出“型腔布局”对话框如图 6-36，单击“自动对准中心”按钮，将模腔设置在模具的装配中心，然后单击“关闭”按钮，关闭对话框。

（6）单击“注塑模向导”选项卡“分型刀具”面板上的“曲面补片”按钮，系统自动打开“mouse_bottom_parting.prt”文件，弹出如图 6-37 所示的“边补片”对话框。

Note

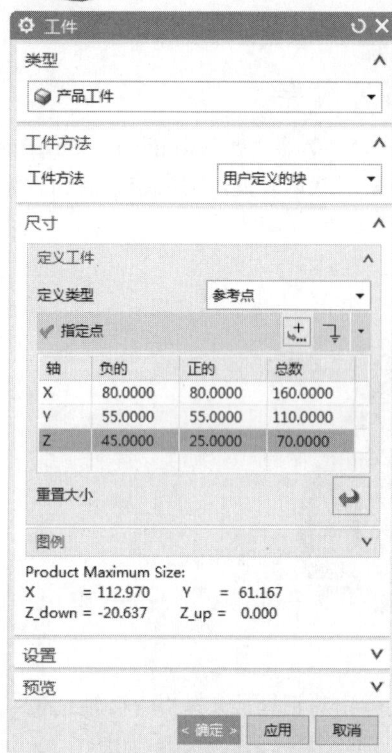

图 6-34 “工件”对话框

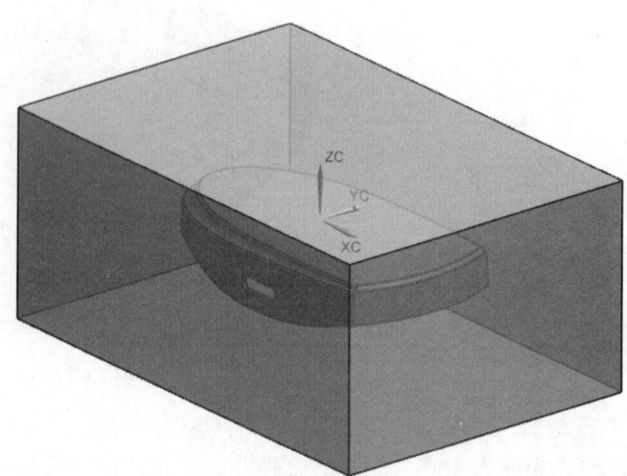

图 6-35 创建工件

图 6-36 “型腔布局”对话框

图 6-37 “边补片”对话框

（7）选择“体”类型，选取模型，系统自动选取孔边线添加到环列表中如图 6-38 所示。单击“确定”按钮，完成曲面修补，如图 6-39 所示。

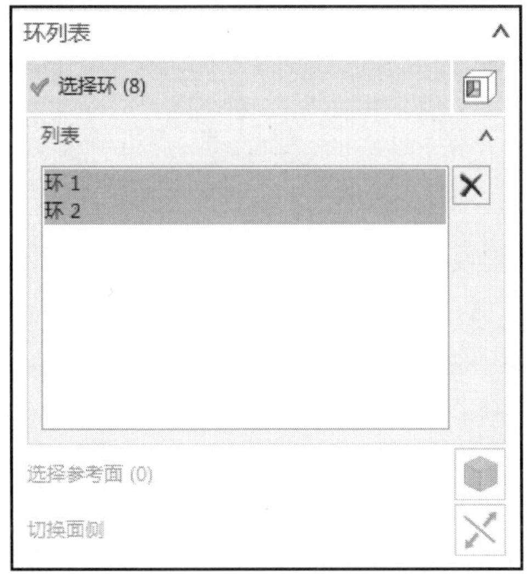

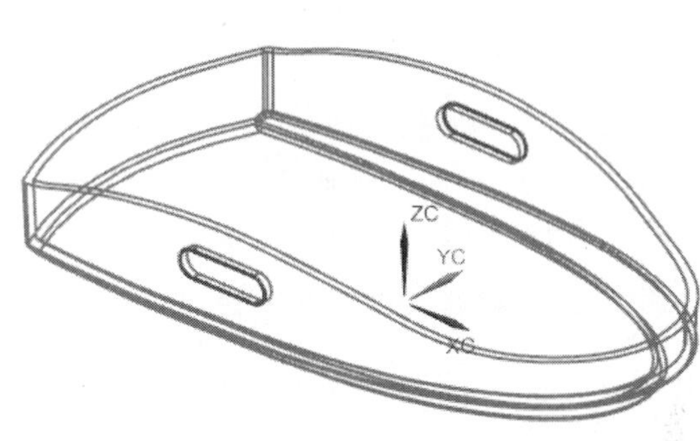

图 6-38　选取边线

（8）单击“注塑模向导”选项卡“分型刀具”面板上的“设计分型面”按钮，系统弹出如图 6-40 所示的“设计分型面”对话框。

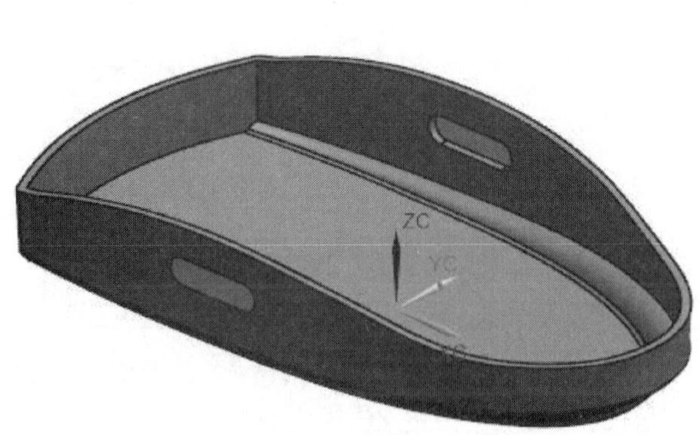

图 6-39　曲面修补

图 6-40 “设计分型面”对话框

（9）单击编辑分型线栏中的“选择分型线”选项，选取模型的最大截面边线，单击“确定”按钮，结果如图 6-41 所示。

Note

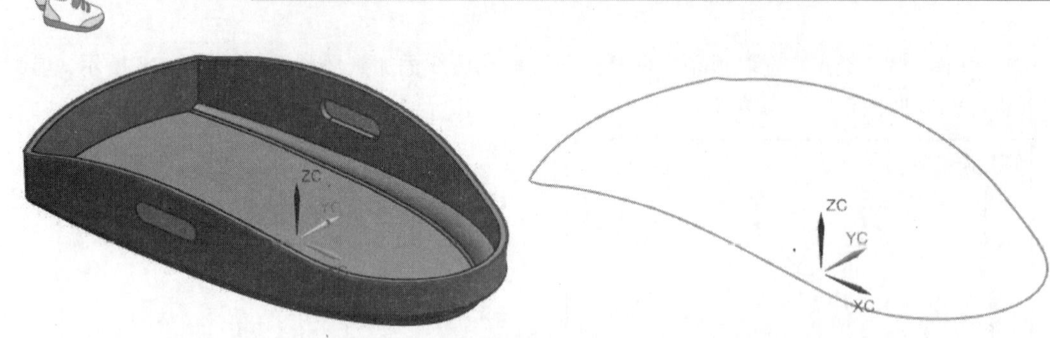

图 6-41　创建分型线

（10）单击“注塑模向导”选项卡“分型刀具”面板上的“设计分型面”按钮，在创建分型面栏中选中“扩大的曲面”选项，选中“使用默认保留边”复选框，如图 6-42 所示。调节曲面延伸距离，使分型面的平面长度大于工件的长度，单击“确定”按钮，完成分型面的创建。

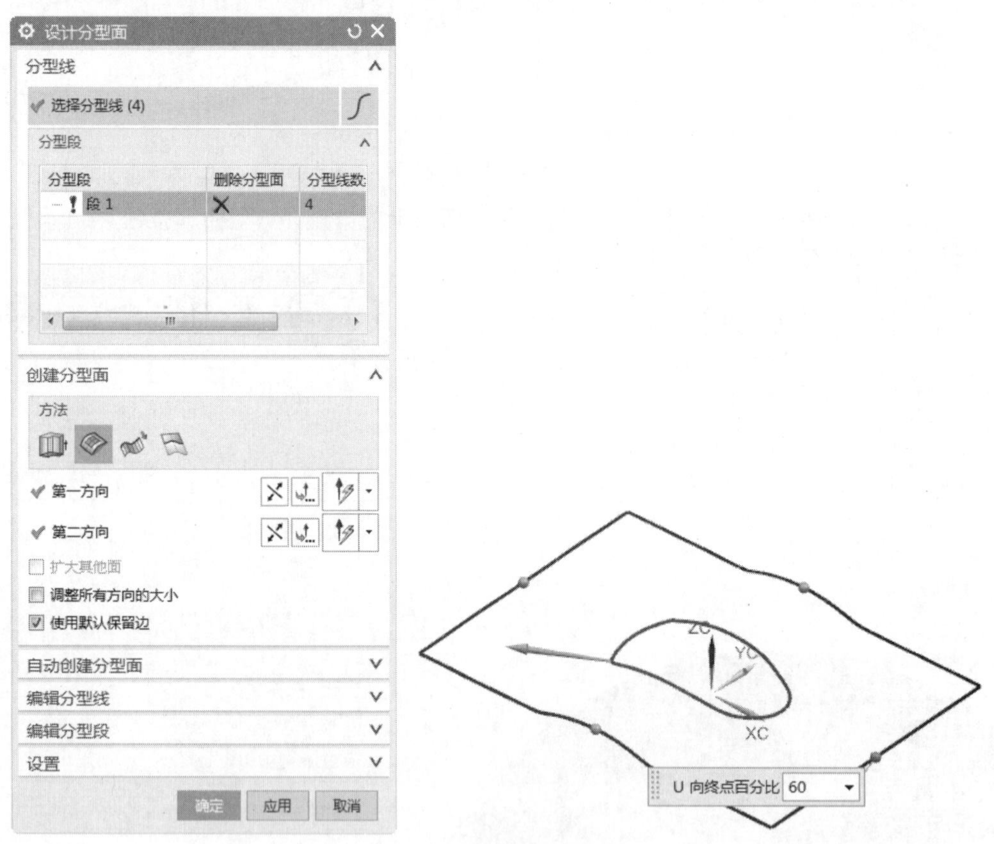

图 6-42　调整分型面

（11）单击“注塑模向导”选项卡“分型刀具”面板上的“检查区域”按钮，系统将弹出“检查区域”对话框，如图 6-43 所示，选择“保持现有的”选项，指定 ZC 轴为脱模方向，单击“计算”按钮。

（12）选择“区域”选项卡，从对话框中可以看到型腔面数为 6，型芯面数为 17，未定义的区域为 6，如图 6-44 所示。

图 6-43　“检查区域”对话框

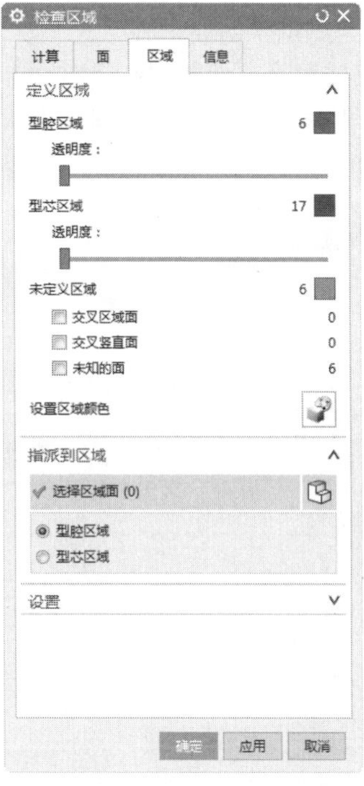

图 6-44　“区域”选项卡

（13）拖动型腔区域和型芯区域的透明度滑块，将定义的型芯和型腔区域透明化，在指派到区域选择“型腔区域”选项，然后选取两侧凹槽的 8 个面，单击“应用”按钮，将其指派到型腔区域；可以看到型腔面 14 与型芯面 15 的和等于总面数 29。

（14）单击“注塑模向导”选项卡“分型刀具”面板上的“定义区域”按钮，弹出图 6-45 所示的“定义区域”对话框。选择“所有面”选项，选中“创建区域”复选框。单击“确定”按钮，完成型芯和型腔的抽取。

图 6-45　“定义区域”对话框

（15）单击“注塑模向导”选项卡“分型刀具”面板上的“定义型芯和型腔”按钮，系统弹出如图 6-46 所示的“定义型腔和型芯”对话框，选择“所有区域”选项，单击“确定”按钮。

（16）系统弹出“查看分型结果”对话框，如图 6-47 所示。同时工作区显示型腔效果图，如图 6-48 所示。

Note

图 6-46 “定义型腔和型芯”对话框

图 6-47 “查看分型结果”对话框

（17）系统弹出“查看分型结果”对话框，同时工作区显示型芯效果图，如图 6-49 所示，单击“确定”按钮。

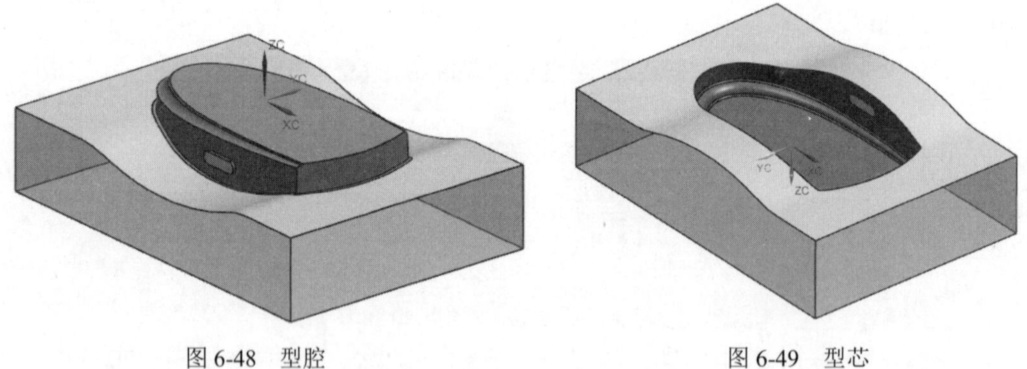

图 6-48 型腔

图 6-49 型芯

（18）单击“注塑模向导”选项卡“主要”面板上的“模架库”按钮，系统弹出“重用库”对话框和“模架库”对话框。

（19）在“名称”列表中选择名称“FUTABA_S”，并在“成员选择”列表中选择对象“SC”，在“详细信息”列表中选择模架的型号为“2530”，设置“AP_h”的值为“60”，“BP_h”的值为“80”，“CP_h”的值为“90”，如图 6-50 所示。

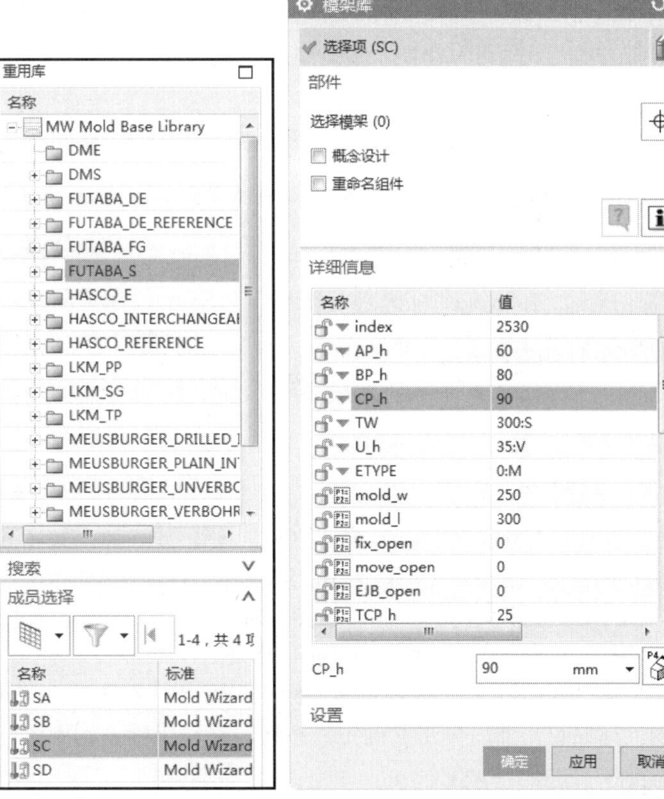

图 6-50　模架参数设计

（20）单击“确定”按钮，系统开始自动加载模架。加载后的效果如图 6-51 所示。

（21）在装配导航器中选取 mouse_bottom_core 文件，右击，在打开的快捷菜单中选择“在窗口中打开”选项，如图 6-52 所示，打开型芯文件。

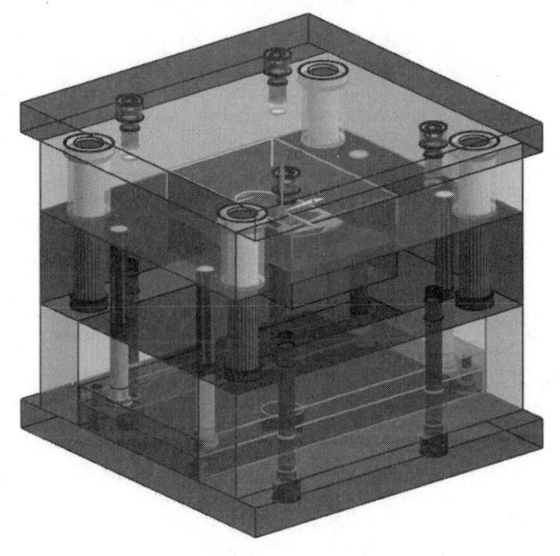

图 6-51　加载模架效果

图 6-52　快捷菜单

Note

（22）单击“主页”选项卡“直接草图”面板上的“草图”按钮，选择如图 6-53 所示的平面为草绘平面，进入到草绘环境，绘制如图 6-54 所示的长方形。

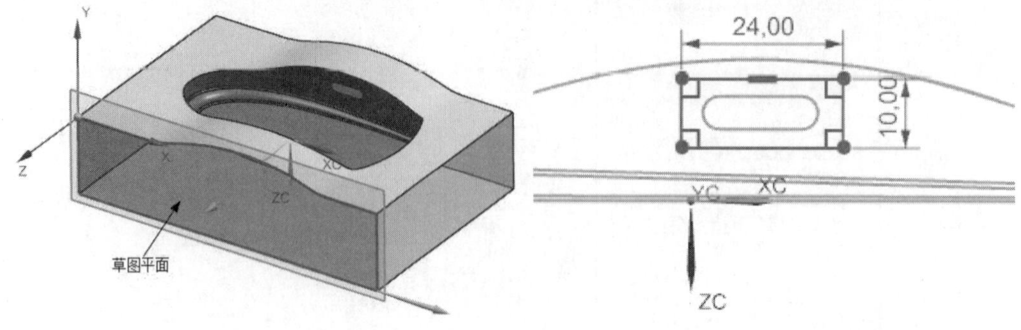

图 6-53　选择草绘平面　　　　图 6-54　绘制草绘图形

（23）单击“主页”选项卡“特征”面板上的“拉伸”按钮，弹出如图 6-55 所示的“拉伸”对话框，指定-YC 轴为拉伸方向。输入开始距离为 0，结束为“直至延伸部分”，选择如图 6-55 所示的面。单击“确定”按钮，完成过渡实体的创建，如图 6-56 所示。

（24）采用相同的方法，在另一侧创建相同参数的拉伸体。

（25）选择“菜单”→“格式”→“WCS”→“原点”命令，系统弹出“点”对话框，选择如图 6-57 所示边的中点为坐标原点，然后单击“确定”按钮，移动坐标系到如图 6-58 所示的位置。

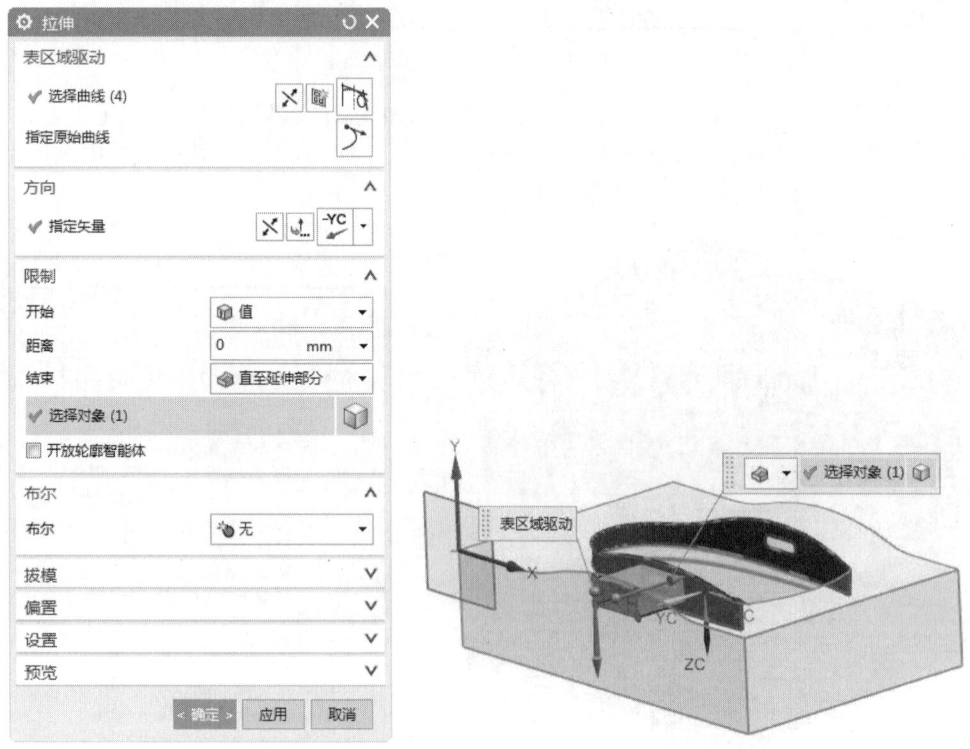

图 6-55　设置拉伸距离

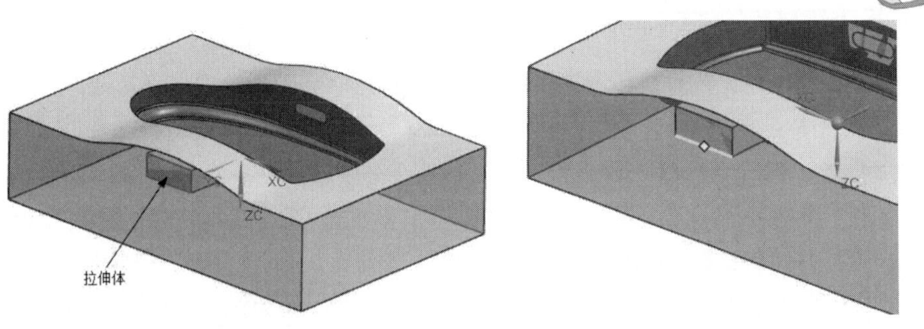

图 6-56 创建拉伸体　　　　图 6-57 选择坐标原点

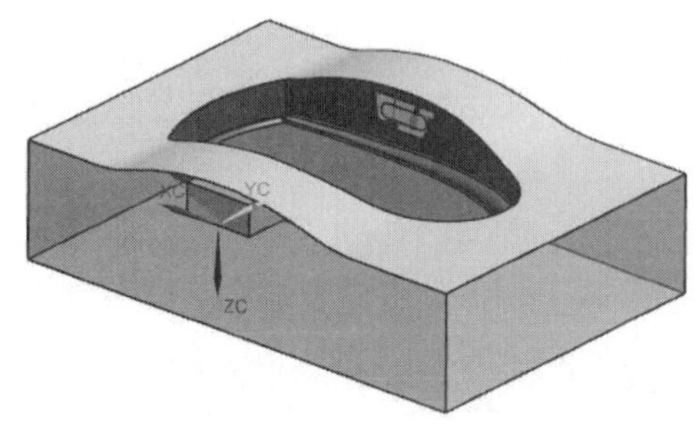

图 6-58 移动坐标系

（26）单击“注塑模向导”选项卡“主要”面板上的“滑块和浮升销库”图标，系统弹出“重用库”对话框和“滑块和浮升销设计”对话框，在“重用库”对话框的“名称”列表中选择“SLIDE_LIFT”→“Slide”选项，然后在“成员选择”列表中选择“Push-Pull Slide”选项，在“详细信息”中设置gib_long为95，其他采用默认设置，如图 6-59 所示。

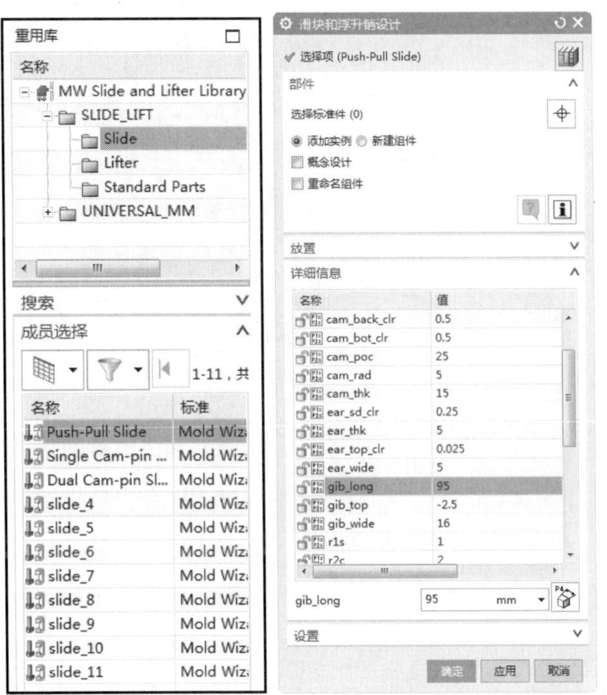

图 6-59 “重用库”对话框和“滑块和浮升销设计”对话框（2）

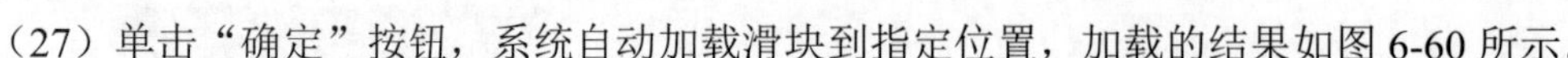

Note

（27）单击“确定”按钮，系统自动加载滑块到指定位置，加载的结果如图 6-60 所示。

（28）单击滑块体，设置滑块体为工作部件，然后单击“装配”选项卡“常规”面板中的“WAVE 几何链接器”按钮，系统弹出“WAVE 几何链接器”对话框，如图 6-61 所示，从类型的下拉菜单中选择“体”按钮，选择滑块头作为链接对象链接到滑块体上。

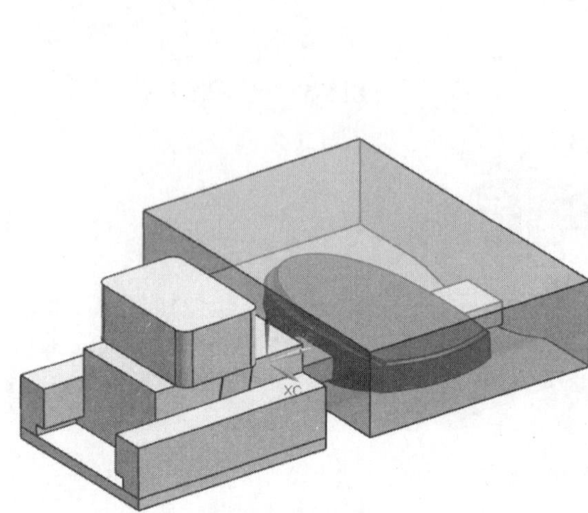

图 6-60　加载滑块

图 6-61 “WAVE 几何链接器”对话框

（29）采用相同的方法，创建另一侧的滑块，结果如图 6-62 所示。

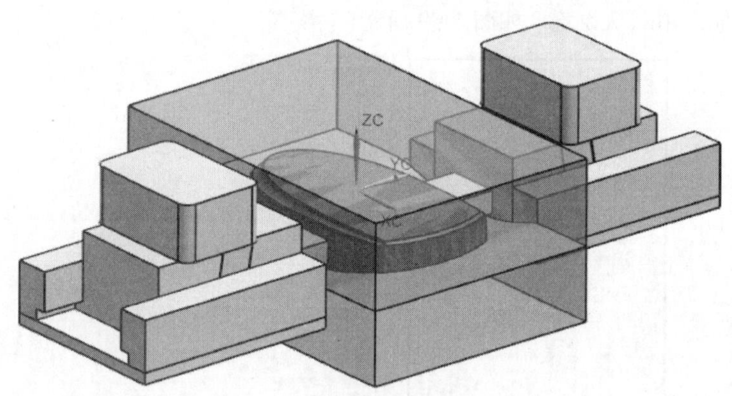

图 6-62　创建另一侧滑块

（30）选择“文件”→“保存”→“全部保存”选项，保存所有部件文件。

第7章 浇注和冷却系统

（视频讲解：9分钟）

浇注系统设计是注射模具设计中最重要的问题之一。浇注系统是引导塑料熔体从注塑机喷嘴到模具型腔为止的一种完整的输送通道。它具有传质和传压的功能，对塑件质量具有决定性影响。它的设计合理与否，影响着制品的质量、模具的整体结构及工艺操作的难易程度。

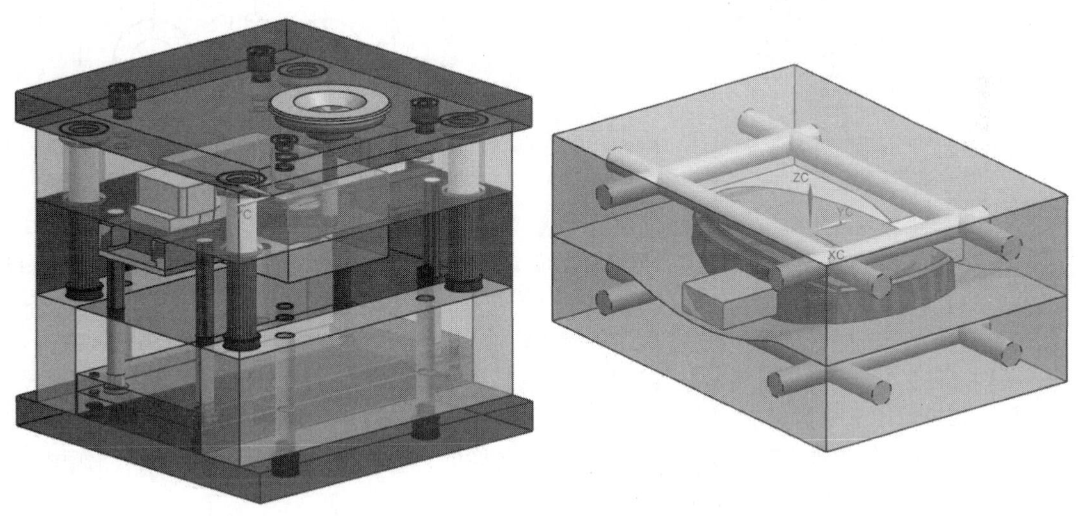

7.1 浇注系统

Note

浇注系统是指模具中从接触注塑机喷嘴开始到进入型腔为止的塑料流动通道。它的主要作用是使溶体平稳地填充型腔。它的位置以及尺寸决定热量的散失、摩擦损耗的大小和填充速度，它与制品的形状、尺寸以及成型数量等因素有关。

7.1.1 浇注系统简介

注射模的浇注系统是指塑料熔体从注射机喷嘴进入模具开始到型腔为止所流经的通道。它的作用是将熔体平稳地引入模具型腔，并在填充和固化定型过程中，将型腔内气体顺利排出，且将压力传递到型腔的各个部位，以获得组织致密、外形清晰、表面光洁和尺寸稳定的制品。因此，浇注系统设计的正确与否直接关系到注射成型的效率和制品质量。浇注系统可分为普通浇注系统和热流道浇注系统两大类。

1. 普通浇注系统的组成

普通浇注系统组成如图 7-1 和图 7-2 所示，浇注系统由主浇道、分浇道、浇口及冷料穴等四部分组成。

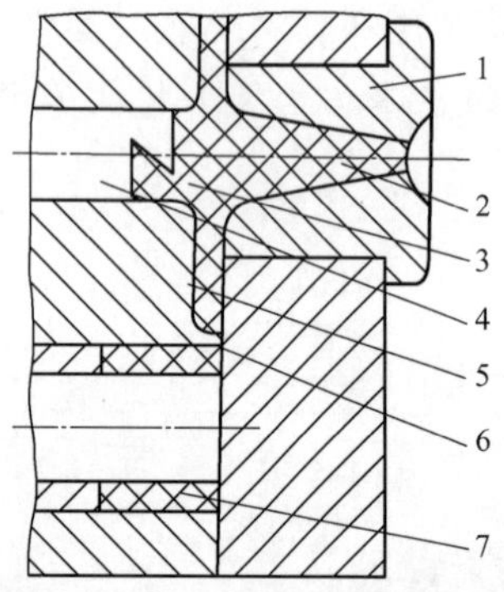

图 7-1　卧式、立式注射机用模具普通浇注系统

1—主浇道衬套　2—主浇道　3—冷料穴
4—拉料杆　5—分浇道　6—浇口　7—制品

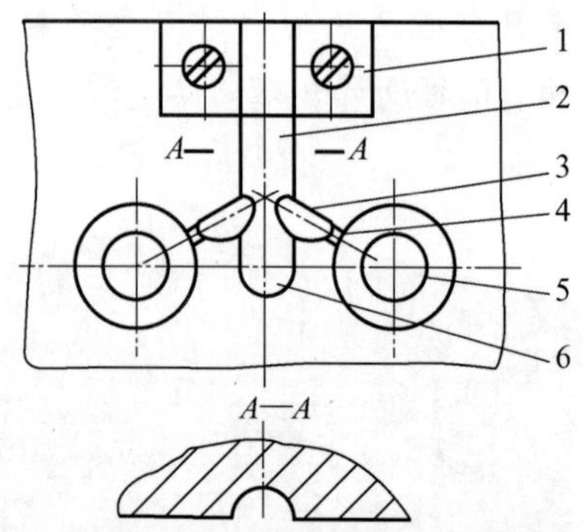

图 7-2　直角式注射机用模具普通浇注系统

1—主浇道镶块　2—主浇道　3—分浇道
4—浇口　5—模腔　6—冷料穴

（1）主浇道：主浇道是指从注射机喷嘴与模具接触处开始，到有分浇道支线为止的一段料流通道。它起到将熔体从喷嘴引入模具的作用，其尺寸的大小直接影响熔体的流动速度和填充时间。

（2）分浇道：分浇道是主浇道与型腔进料口之间的一段流道，主要起分流和转向作用，是浇注系统的断面变化和熔体流动转向的过渡通道。

（3）浇口：浇口是指料流进入型腔前最狭窄部分，也是浇注系统中最短的一段，其尺寸狭小且短，目的是使料流进入型腔前加速，便于充满型腔，又利于封闭型腔口，防止熔体倒流。另外，也便于成型后冷料与制品分离。

（4）冷料穴：在每个注射成型周期开始时，最前端的料接触低温模具后会降温、变硬被称之为冷料，为防止此冷料堵塞浇口或影响制件的质量而设置的料穴。冷料穴一般设在主浇道的末端，有时在分浇道的末端也增设冷料穴。

2. 浇注系统设计的基本原则

浇注系统设计是注射模设计的一个重要环节，它直接影响注射成型的效率和质量。设计时一般遵循以下基本原则。

① 必须了解塑料的工艺特性，以便考虑浇注系统尺寸对熔体流动的影响。

② 排气良好的浇注系统应能顺利地引导熔体充满型腔，料流快而不紊，并能把型腔的气体顺利排出。图 7-3（a）所示的浇注系统，从排气角度考虑，浇口的位置设置就不合理，如改用图 7-3（b）和图 7-3（c）所示的浇注系统设置形式，则排气良好。

③ 为防止型芯和制品变形，高速熔融塑料进入型腔时，要尽量避免料流直接冲击型芯或嵌件。对于大型制品或精度要求较高的制品，可考虑多点浇口进料，以防止浇口处由于收缩应力过大而造成制品变形。

④ 减少熔体流程及塑料耗量，在满足成型和排气良好的前提下，塑料熔体应以最短的流程充满型腔，这样可缩短成型周期，提高成型效果，减少塑料用量。

⑤ 去除与修整浇口方便，并保证制品的外观质量。

⑥ 要求热量及压力损失最小，浇注系统应尽量减少转弯，采用较低的表面粗糙度，在保证成型质量的前提下，尽量缩短流程，合理选用流道断面形状和尺寸等，以保证最终的压力传递。

3. 普通浇注系统设计

（1）主浇道设计。主浇道轴线一般位于模具中心线上，与注射机喷嘴轴线重合。在卧式和立式注射机注射模中，主浇道轴线垂直于分型面（见图 7-4），主浇道断面形状为圆形。在直角式注射机用注射模中，主浇道轴线平行于分型面（见图 7-5），主浇道截面一般为等截面柱形，截面可为圆形、半圆形、椭圆形和梯形，以椭圆形应用最广。主浇道设计要点如下。

① 为便于凝料从直浇道中拔出，主浇道设计成圆锥形（见图 7-4），锥角α=2°～4°，通常主浇道进口端直径应根据注射机喷嘴孔径确定。设计主浇道截面直径时，应注意喷嘴轴线和主浇道轴线对中，主浇道进口端直径应比喷嘴直径大 0.5～1 mm。主浇道进口端与喷嘴头部接触的形式一般是弧面，如图 7-5 所示。通常主浇道进口端凹下的球面半径 R_2 比喷嘴球面半径 R_1 大 1～2mm，凹下深度约 3～5mm。

② 主浇道与分浇道结合处采用圆角过渡，其半径 R 为 1～3mm，以减小料流转向过渡时阻力。

③ 在保证制品成型良好的前提下，主浇道的长度 L 尽量短，以减小压力损失及废料，一般主浇道长度视模板的厚度，浇道的开设等具体情况而定。

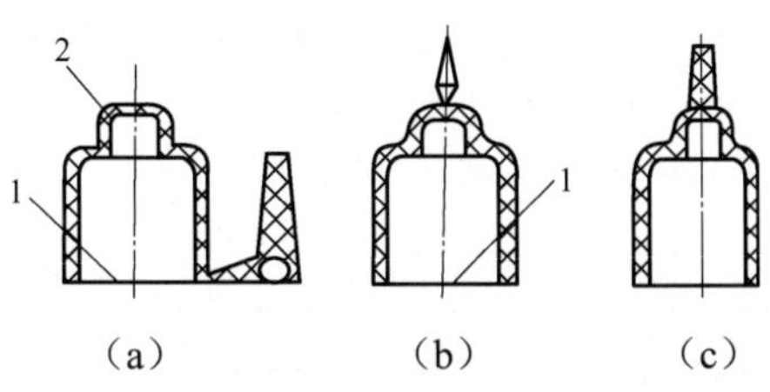

图 7-3　浇注系统与填充的关系

1—分型面　2—气泡

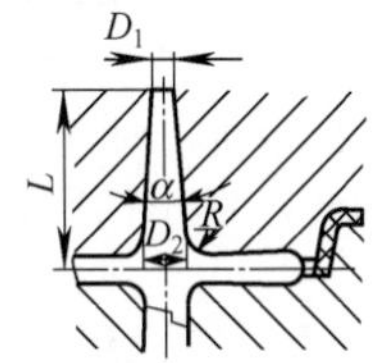

图 7-4　主浇道的形状和尺寸

④ 设置主浇道衬套，由于主浇道要与高温塑料和喷嘴反复接触和碰撞，容易损坏。所以，一般不将主浇道直接开在模板上，而是将它单独设在一个主浇道衬套中。如图 7-6 所示。

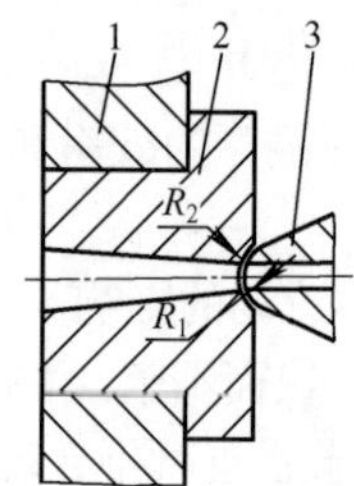

图 7-5 注射机喷嘴与主浇道衬套球面接触

1—定模底板 2—主浇道衬套 3—喷嘴

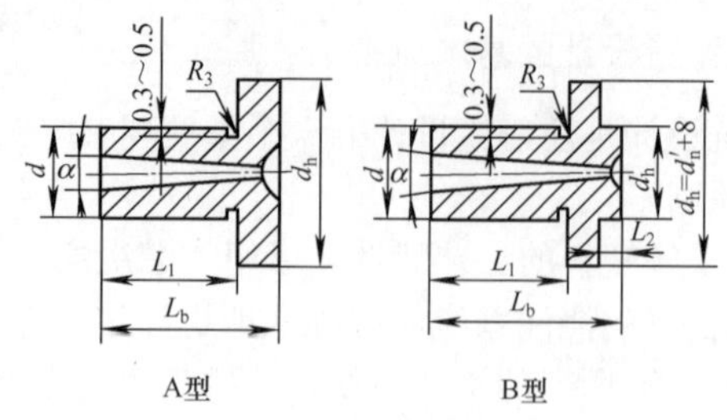

图 7-6 主浇道衬套的形式

（2）分浇道设计。对于小型制品单型腔的注射模，通常不设分浇道；对于大型制品采用多点进料或多型腔注射模都需要设置分浇道。分浇道的要求是：塑料熔体在流动中热量和压力损失最小，同时使流道中的塑料量最少；塑料熔体能在相同的温度，压力条件下，从各个浇口尽可能同时地进入并充满型腔；从流动性、传热性等因素考虑，分浇道的比表面积（分浇道侧表面积与体积之比）应尽可能小。

① 分浇道的截面形状及尺寸：分浇道的形状尺寸主要取决于制品的体积、壁厚、形状以及所用塑料的种类、注射速率、分浇道长度等。分浇道断面积过小，会降低单位时间内输送的塑料量，并使填充时间延长，塑料会出现缺料、波纹等缺陷；分浇道断面积过大，不仅积存空气增多，制品容易产生气泡，而且增大塑料耗量，延长冷却时间。但对注射黏度较大或透明度要求较高的塑料，如有机玻璃，应采用断面积较大的分浇道。

常用的分浇道截面形状及特点如表 7-1 所示。

圆形断面分浇道直径 D 一般在 2～12mm 范围内变动。实验证明，对多数塑料来说，分浇道直径在 5～6mm 以下时，对熔体流体性影响较大，直径在 8mm 以上时，再增大直径，对熔体流动性影响不大。

分浇道的长度一般在 8～30mm，一般根据型腔布置适当加长或缩短，但最短不宜小于 8mm。否则，会给制品修磨合分割带来困难。

② 分浇道的布置形式：分浇道的布置形式，取决于型腔的布局，其遵循的原则应是，排列紧凑，能缩小模板尺寸，减小流程，锁模力力求平衡。

分浇道的布置形式有平衡式和非平衡式两种，以平衡式布置最佳。

平衡式的布置形式见表 7-2。其主要特征是：从主浇道到各个型腔的分浇道，其长度、断面形状及尺寸均相等，以达到各个型腔能同时均衡进料的目的。

分浇道非平衡布置形式如表 7-3 所示。它的主要特征是各型腔的流程不同，为了达到各型腔同时均衡进料，必须将浇口加工成不同尺寸，同样空间时，比平衡式排列容纳的型腔数目多，型腔排列紧凑，总流程短。因此，对于精度要求特别高的制品，不宜采用非平衡式分浇道。

表 7-1 分浇道截面形状及特点

截 面 形 状	特 点	截 面 形 状	特 点
圆形截面形状 $D=T_{max}+1.5$	优点：比表面积最小，因此阻力小，压力损失小，冷却速度最慢，流道中心冷凝慢有利于保压 缺点：同时在两半模上加工圆形凹槽，难度大，费用高 T_{max}一制品最大壁厚	梯形截面形状 b=4～12mm；h=（2 / 3）b；r=1～3	与 U 形截面特点近似，但比 U 形截面流道的热量损失及冷凝料都多，加工也较方便，因此也较常用

续表

截面形状	特　点	截面形状	特　点
抛物线形截面（或 U 形） $h=2r$（r 为圆的半径） $a=10°$	较常用 优点：比表面积值比圆形截面大，但单边加工方便，且易于脱模 缺点：与圆形截面流道相比，热量及压力损失大，冷凝料多	半圆形和矩形截面	两者的比表面积均较大，其中矩形最大，热量及压力损失大，一般不常用

③ 分浇道设计要点：分浇道的断面和长度设计，应在保证顺利充模的前提下尽量取小，尤其小型制品更为重要。

分浇道的表面粗糙度一般为 1.6μm 即可，这样可以使熔融塑料的冷却皮层固定，有利于保温。

表 7-2　分浇道平衡式布置的形式

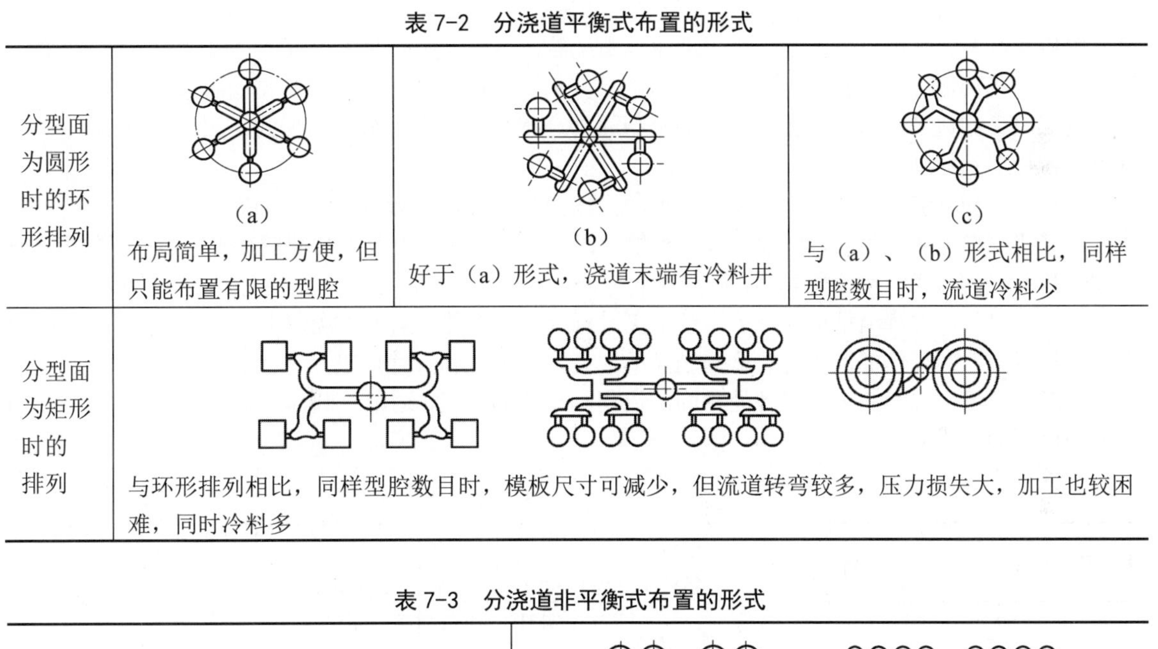

分型面为圆形时的环形排列	(a) 布局简单，加工方便，但只能布置有限的型腔	(b) 好于（a）形式，流道末端有冷料井	(c) 与（a）、（b）形式相比，同样型腔数目时，流道冷料少
分型面为矩形时的排列	与环形排列相比，同样型腔数目时，模板尺寸可减少，但流道转弯较多，压力损失大，加工也较困难，同时冷料多		

表 7-3　分浇道非平衡式布置的形式

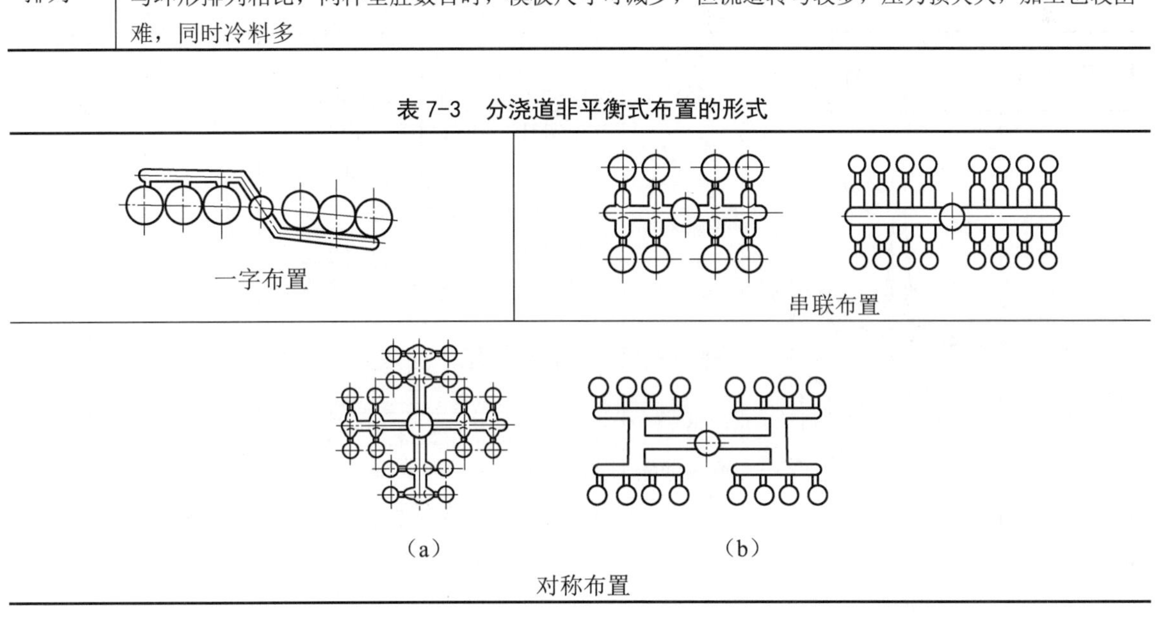

Note

当分浇道较长时，在分浇道末端应开设冷料穴见表 7-2 和表 7-3 所示，以容纳冷料，保证制品的质量。

分浇道与浇口的连接处要以斜面或圆弧过渡如图 7-7 所示，有利于熔料的流动及填充。否则会引起反压力，消耗动能。

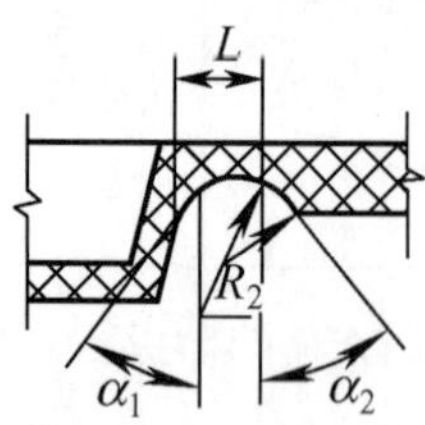

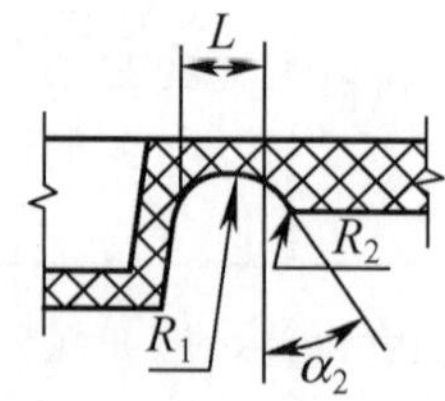

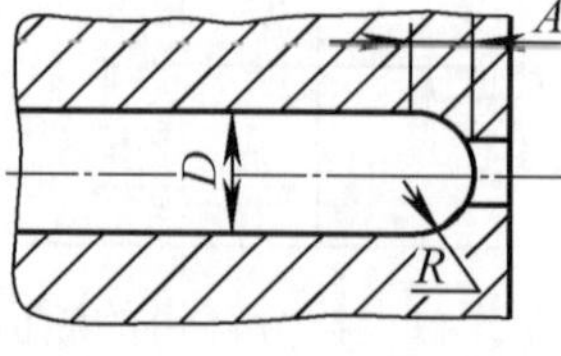

图 7-7　分浇道与浇口的连接形式

（3）浇口设计。浇口是连接分浇道与型腔的进料通道，是浇注系统中截面最小的部分。其作用是使熔料通过浇口时产生加速度，从而迅速充满型腔；接着浇注处的熔料首先冷凝，封闭型腔，防止熔料倒流；成形后浇口处凝料最薄，利于与制品分离。浇口的形式很多，常见的有以下几种。

侧浇口又称边缘浇口，设置在模具的分型面处，截面通常为矩形，其形式和尺寸如表 7-4 所示，可用于各种形状的制品。

扇形浇口和侧浇口类似，用于成型宽度较大的薄片制品，其形状和尺寸如表 7-5 所示。

平缝式浇口又叫薄片式，该形式可改善熔料流速，降低制品内应力和翘曲变形，适用于成型大面积扁平塑料，其形式与尺寸如表 7-6 所示。

直接浇口又叫主浇道型浇口，熔体经主浇道直接进入型腔，由于该浇口尺寸大，流动阻力小，常用于高黏度塑料的壳体类及大型、厚壁制品的成型，其形状和尺寸如表 7-7 所示。

环形浇口该形式浇口可获得各处相同的流程和良好的排气，适用于圆筒形或中间带孔的制品，其形式和尺寸如表 7-8 所示。

表 7-4　侧浇口形状和尺寸　（单位：mm）

模具类型	浇口简图	塑料名称	a			b	l
			壁厚<1.5	壁厚 1.5～3	壁厚>3		
热塑性塑料注射模		聚乙烯 聚丙烯 聚苯乙烯	简单塑料 0.5～0.7 复杂塑料 0.5～0.6	简单塑料 0.6～0.9 复杂塑料 0.6～0.8	简单塑料 0.8～1.1 复杂塑料 0.8～1.0	中小型	0.7～2
		ABS 聚甲醛	简单塑料 0.6～0.8 复杂塑料 0.5～0.8	简单塑料 1.2～1.4 复杂塑料 0.8～1.2	简单塑料 0.8～1.1 复杂塑料 0.8～1.0		
		聚碳酸酯 聚苯醚	简单塑料 0.8～1.2 复杂塑料 0.6～1.0	简单塑料 1.3～1.6 复杂塑料 1.2～1.5	简单塑料 1.0～1.6 复杂塑料 1.4～1.6	3～10a 大型制品>10a	

续表

模具类型	浇口简图	塑料名称	a 壁厚<1.5	a 壁厚 1.5～3	a 壁厚>3	b	l
热固性塑料注射模		注射型酚醛塑料粉	0.2～0.5			2～5	2～5

表 7-5　扇形浇口形状和尺寸　（单位：mm）

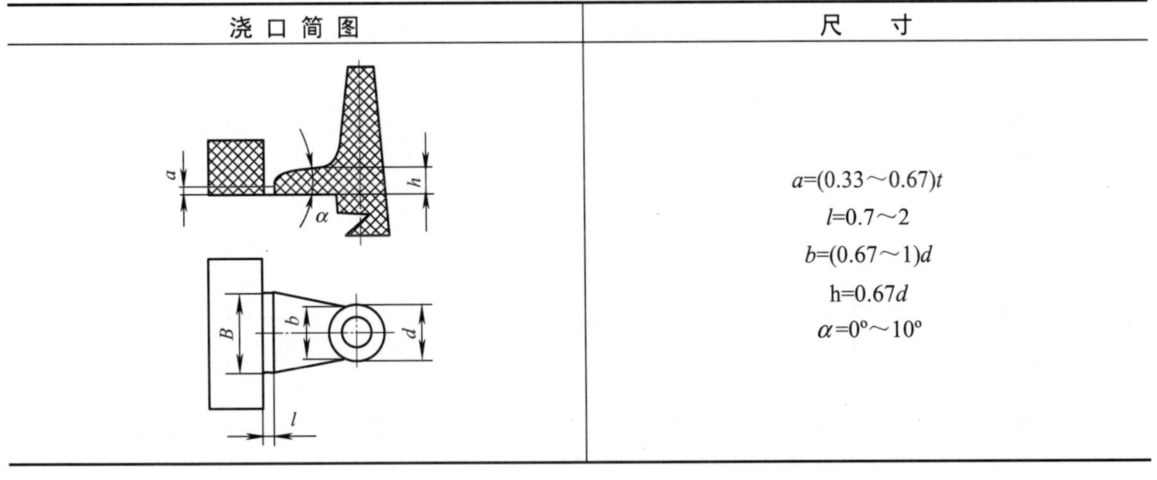

浇口简图	尺寸
	a=(0.33～0.67)t l=0.7～2 b=(0.67～1)d h=0.67d α=0º～10º

表 7-6　平缝式浇口　（单位：mm）

浇口简图	尺寸
	a=0.2～1.5 l<1.5 b=0.75～1B

表 7-7　直接浇口形状和尺寸　（单位：mm）

浇口简图	尺寸
	L<30 时，d=Φ6 L>30 时，d=Φ9

Note

表 7-8　环形浇口形状和尺寸　　（单位：mm）

模具类型	浇口简图	尺寸
热塑性塑料注射模	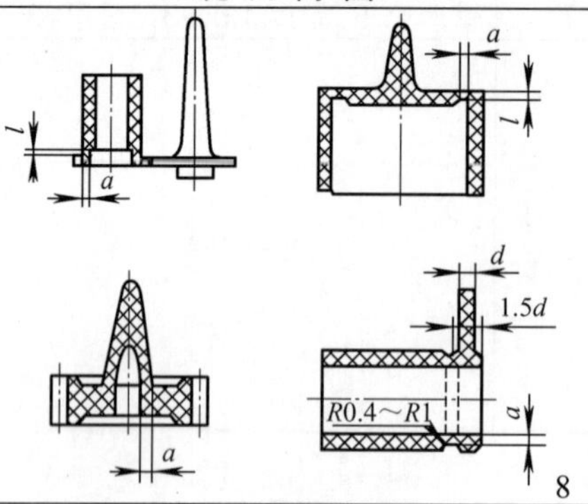	a=0.25～1.6 l=0.8～2 d——直角式浇注系统的主浇道直径或立、卧式浇注系统的分浇道直径
热固性塑料注射模	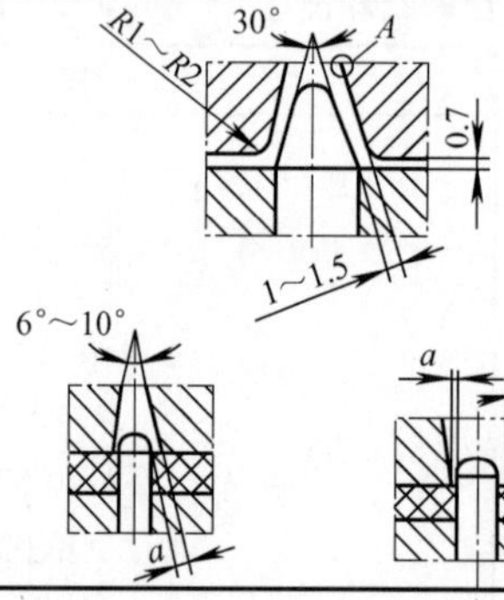	a=0.3～0.5 A 处应保持锐角

轮辐式浇口的特点是浇口去除方便，但制品上往往留有熔接痕，适用范围与环形浇口相似，如表 7-9 所示。

爪形浇口是轮辐式的变异形式浇口，尺寸可以参考轮辐式浇口，该浇口常设在分流锥上，适用于孔径较小的管状制品和同心度要求较高的制品的成型，如表 7-10 所示。

点浇口又叫橄榄形浇口或菱形浇口，截面小如针点，适用于盆型及壳体类制品成型，而不适宜平薄易变形和复杂形状制品以及流动性较差和热敏性塑料成型，其形状和尺寸如表 7-11 所示。

表 7-9　轮辐式浇口形状和尺寸　　（单位：mm）

浇口类型	浇口简图	尺寸
轮辐式浇口	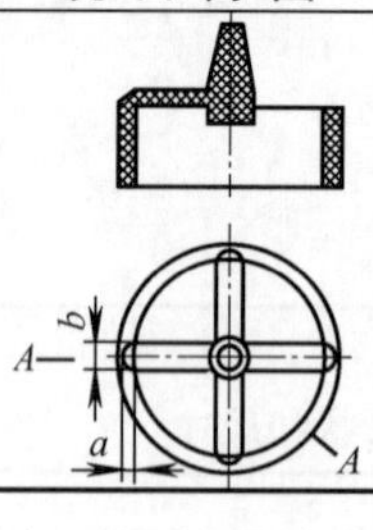	a=0.8～1.8 b=1.6～6.4

表 7-10　爪形浇口形状和尺寸　　（单位：mm）

浇口类型	浇口简图	尺寸
爪形浇口	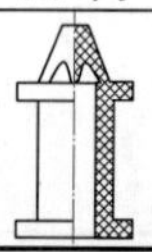	参考轮辐式浇口

表 7-11　点浇口形状和尺寸

模具类型	浇口简图	尺寸/mm	说明
热塑性塑料注射模	(a)　(b)　(c)　(d)　(e)	$D=\Phi0.5\sim1.5$ $l=0.5\sim2$ $\beta=6^\circ\sim15^\circ$ $R=1.5\sim3$ $r=0.2\sim0.5$ $H=3$ $H_1=0.75D$	图（a）、（b）适用于外观要求不高的制品。图（c）、（d）适用于外观要求较高，薄壁及热固性塑料，图（e）适用于多型腔结构
热固性塑料注射模		$d=\Phi0.4\sim1.5$ $R=0.5$ 或 $0.3\times45^\circ$ $l=0.5\sim1.5$	当一个进料口不能充满型腔时，不宜增大浇口孔径，而应采用多点进料

潜伏式浇口又叫隧道式、剪切式浇口，是点浇口的演变形式，其特点是利于脱模，适用于要求外表面不留浇口痕迹的制品，对脆性塑料也不宜采用，其形状和尺寸见表 7-12 所示。

表 7-12　潜伏式浇口形状和尺寸

类型	浇口简图	尺寸/mm
推切式	分型面　塑件	$d=\Phi0.8\sim1.5$ $\alpha=30^\circ\sim45^\circ$ $\beta=5^\circ\sim20^\circ$ $l=1\sim1.5$ $R=1.5\sim3$
拉切式		
二次浇道式		$d=\Phi1.5\sim2.5$　$\alpha=30^\circ\sim45^\circ$ $\beta=5^\circ\sim20^\circ$　$l=1\sim1.5$ $b=0.6\sim0.8t$　$\theta=0\sim2^\circ$ $L>3d_1$

护耳式浇口又叫凸耳式、冲击型浇口，适用于聚氯乙烯、聚碳酸酯、ABS 及有机玻璃等塑料的成型。其优点是可避免因喷射而造成塑料的翘曲、层压、糊状斑等缺陷，缺点是浇口切除困难，制品上留有较大的浇口痕迹，其形状和尺寸如表 7-13 所示。

表 7-13　护耳式浇口形状和尺寸

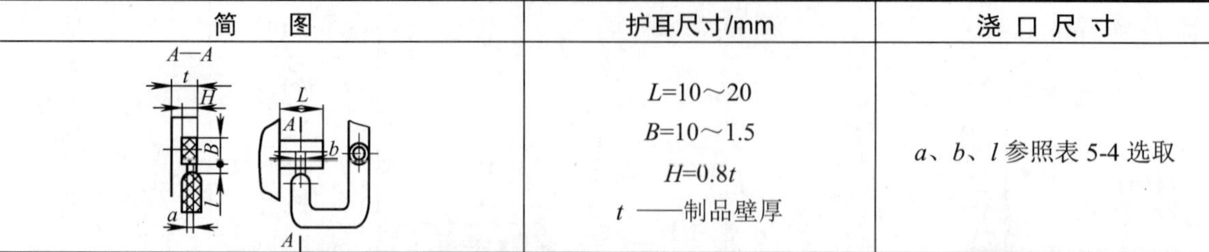

简　图	护耳尺寸/mm	浇口尺寸
	L=10～20 B=10～1.5 H=0.8t t ——制品壁厚	a、b、l 参照表 5-4 选取

（4）浇口位置设计。浇口位置需要根据制品的几何形状、结构特征，技术和质量要求及塑料的流动性能等因素综合加以考虑。浇口的位置选择如表 7-14 所示。

（5）冷料穴和拉料杆设计。冷料穴是用来收集料流前锋的冷料，常设在主浇道或分浇道末端；拉料杆的作用是在开模时，将主浇道凝料从定模中拉出。其形状及尺寸如表 7-15 所示。

表 7-14　浇口位置的选择

简　图	说　明	简　图	说　明
	圆环形制品采用切向进浇，可减少熔接痕，提高熔接部位强度，有利于排气，但会增加熔接痕数量，适用于大型制品		箱体形制品设置的浇口流程短，焊接痕少，焊接强度好
	框形制品采用对角设置浇口，可减少制品收缩变形，圆角处有反料作用，增大流速，利于成型		对于大型制品采用双点浇口进料，改善流动性，提高制件质量
	圆锥形制品，当其外观无特殊要求时，采用点浇口进料为合适		圆形齿轮制品，采用直接浇口，可避免产生接缝线，齿形外观质量也可以保证
	对于壁厚不均匀制品，浇口位置应使流程一致，避免涡流而形成明显的焊接痕		薄板形塑料，浇口设在中间长孔中，缩短流程，防止缺料和焊接痕，制件质量良好
	骨架形制品，浇口位置选择在中间，缩短流程，减少了填充时间		长条形制品，采用从两端切线方向进料，可缩短流程，如有纹向要求时，可改从一端切线方向进料
	对于多层骨架而薄壁制品采用多点浇口，改善填充条件		圆形扁平制品，采用径向扇形浇口，可以防止涡流，利于排气，保证制件质量

表 7-15　冷料穴与拉料杆

型　式	简　图	说　明	型　式	简　图	说　明
带工形拉料杆的冷料穴		常用于热塑性塑料模，也可用于热固性塑料模，使用这种拉料杆，在制品脱模后，必须作侧向移动，否则无法取出制品	带拉料杆的球形冷料穴		常用于推板推出和弹性较好的塑料

续表

型　　式	简　　图	说　　明	型　　式	简　　图	说　　明
带推杆的倒锥形冷料穴		适用于软质塑料	带推杆的菌形冷料穴		常用于推板推出和弹性较好的塑料
带推杆的圆环形冷料穴		用于弹性较好的塑料	主浇道延长式冷料穴		常用于直角注射机模具

（6）排气孔设计。排气孔常设在型腔最后充满的部位，通过试模后确定。其形状及尺寸如表 7-16 所示。

表 7-16　排气孔的形状和尺寸

简　　图	说　　明
1—浇口　2—排气槽	排气槽开设在型腔最后充满的地方
（a）　（b）	图（a）为在推杆上开设排气槽 1 的形式 图（b）为大型模具曲线型排气槽 1
A—A	用于热塑性塑料注射模： h<0.05mm　t=0.8～1.5mm B=1.5～6mm 用于热固性塑料注射模： h=0.03～0.06mm　B=3～15mm

注意： 本小节主要讲述了模具设计的一些基础知识，更深的知识可以参照各种模具设计手册和书籍，但是设计一套好的模具更需要有丰富的经验。本书的宗旨不是详细讲述如何能更好地设计出模具，而是如何通过 UG 系统来完成模具设计的一些基本的操作。当掌握了这些基本的操作以后，可以结合自己的设计经验，运用 UG 设计出更出色的模具。

7.1.2　流道

主流道是熔体进入模具最先经过的一段流道。一般使用标准浇口套成型设计而成。

单击“注塑模向导”选项卡“主要”面板上的“标准件库”按钮，系统弹出图 7-8 所示的“重用库”对话框和“标准件管理”对话框，在“重用库”对话框中选择“DME_MM”→“Injection”选项，然后从成员视图中选择需要的标准浇口套。

Note

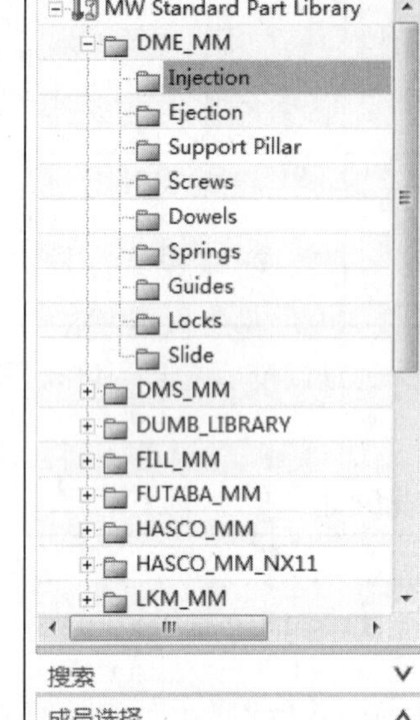

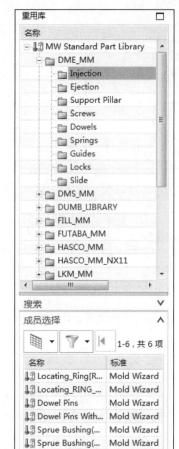

图 7-8 “重用库”对话框和“标准件管理”对话框

7.1.3 分流道

分流道是熔料经过主流道进入浇口之前的路径，设计要素分为流动路径和流道截面形状。

单击“注塑模向导”选项卡“主要”面板上的“流道”按钮，系统弹出如图 7-9 所示的“流道”对话框。

1. 引导

引导线串的设计根据浇道管道、分型面和参数调整要求的综合情况来考虑，共分为三种方法。

① 输入草图式样。

② 曲线通过点。

③ 从引导线上增加/去除曲线。

单击“绘制截面”按钮，进入草图环境绘制引导线，也可以单击“曲线”按钮，选择已有的曲线作为引导线。

2. 截面类型

系统提供了 5 种常用的流道截面形式：Circular(圆形)、Parabolic(抛物线形)、Trapezoidal(梯形)、Hexagonal(六边形)和 Semi_Circular(半圆形)。不同的截面形状有不同的控制参数。

3. 设置

① 编辑注册文件：每个草图式样在使用之前都必须在注塑模向导中登记。

② 编辑数据库：显示一个草图数据的电子表格。

图 7-9　“流道”对话框

7.1.4　浇口

浇口是指连接流道和型腔的熔料进入口，如图 7-10 所示。浇口根据模型特点及产品外观要求的不同有很多种设计方法。

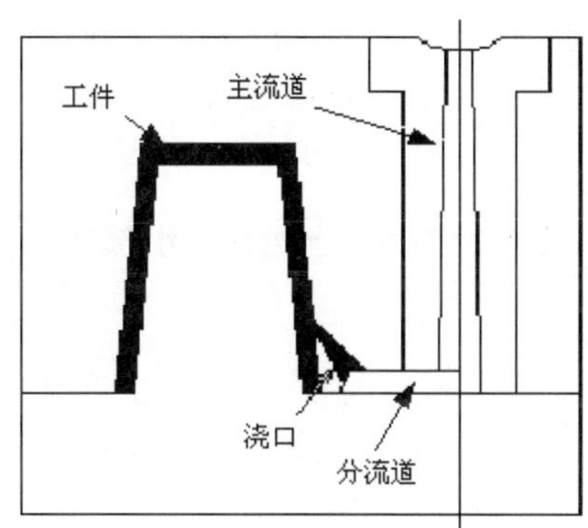

图 7-10　浇口示意图

使用设计填充命令时，NX 自动将浇口组件添加到流道特征内的所有位置。

Note

单击“注塑模向导”选项卡“主要”面板上的“设计填充”按钮，系统弹出图 7-11 所示的“重用库”对话框和“设计填充”对话框。

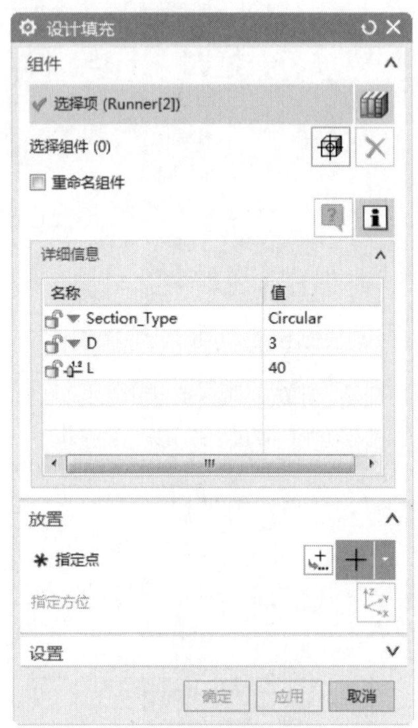

图 7-11　“重用库”对话框和“设计填充”对话框

1. 名称

此列表中列出了可用的库文件。

2. 成员选择

在成员选择列表中会显示不同的规格，如图 7-12 所示，包括流道和浇口，选择不同的对象，弹出图 7-13 所示的“信息”对话框，显示所选部件的信息。

3. 组件

选中“重命名组件”复选框，在加载部件之前重命名组部件。

4. 详细信息

在“重用库”对话框的“成员选择”栏中选择对象后，会在“设计填充”对话框中显示“详细信息”栏并弹出“信息”对话框，如图 7-14 所示。拖动滚动条可以浏览整个标准件可编辑的尺寸。当选中一个尺寸时，它将显示在尺寸编辑窗口以编辑。

5. 放置

指定位置放置所选的流道或浇口组件。

图 7-12　成员选择列表

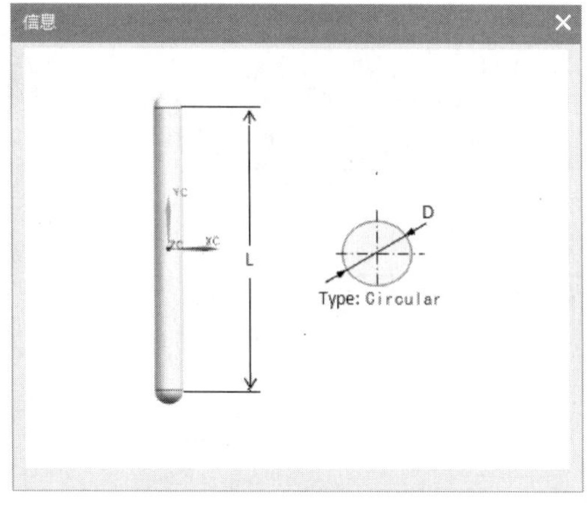

图 7-13　“信息”对话框

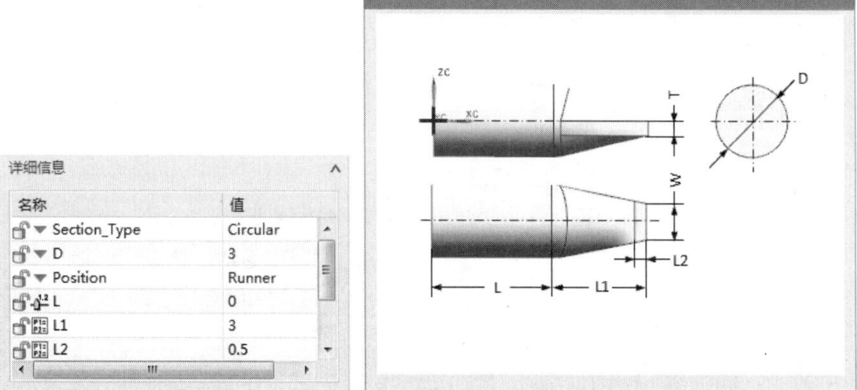

图 7-14　“详细信息”栏和“信息”对话框

6. 设置

“编辑注册器”：每个浇口模型都注册在注塑模向导模块中并可以编辑。

“编辑数据库”：每个浇口模型的参数都保存在电子表格中并可以编辑。

7.1.5　实例——鼠标模具的浇注系统设计

下面通过一个实例来进行浇注系统的设计，包括主流道、分流道和浇口的设计。具体设计过程如下。

（1）打开“mouse/mouse_bottom_top.prt”文件，如图 7-15 所示。此时该模具还没有进行浇注系统设计，模架上也还没有装配浇口套。

（2）在装配导航器中取消选中 mouse_bottom_fs，使模架变得不可见。采用相同的方法使滑块不可见。这时工作区只显示型芯、型腔和工件，如图 7-16 所示。

Note

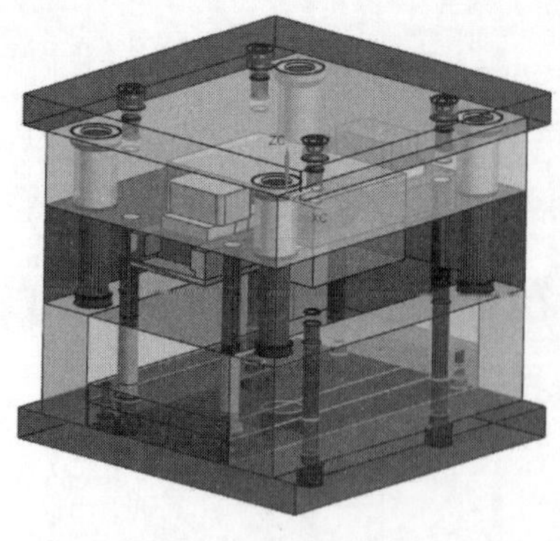

图 7-15　打开模具文件

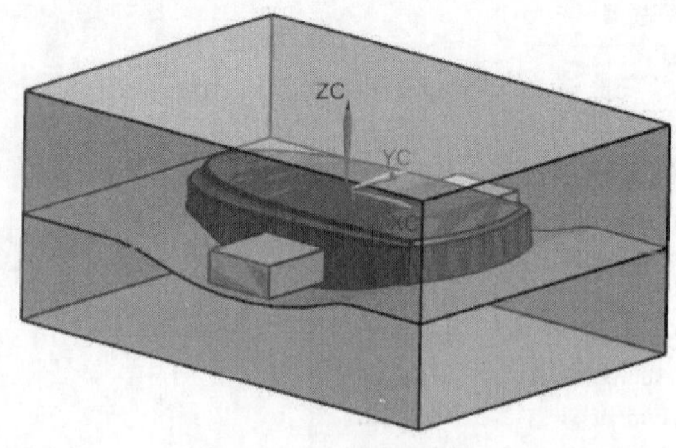

图 7-16　取消模架显示

（3）单击“曲线”选项卡“曲线”面板中的“点”按钮＋，弹出“点”对话框，选择“曲线/边上的点”类型，选取如图 7-17 所示的曲线，输入弧长百分比为 50，单击“确定”按钮，创建点，如图 7-18 所示。

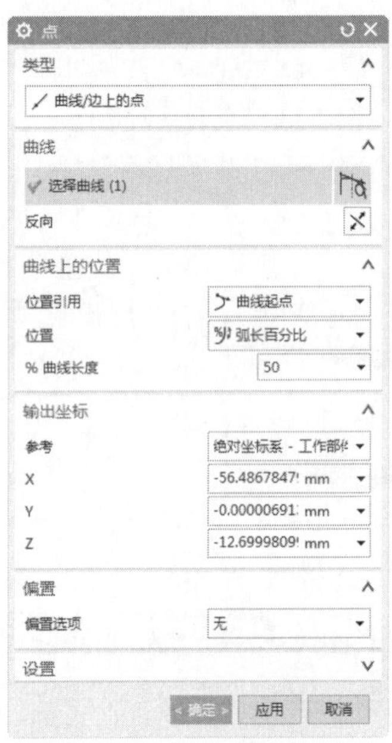

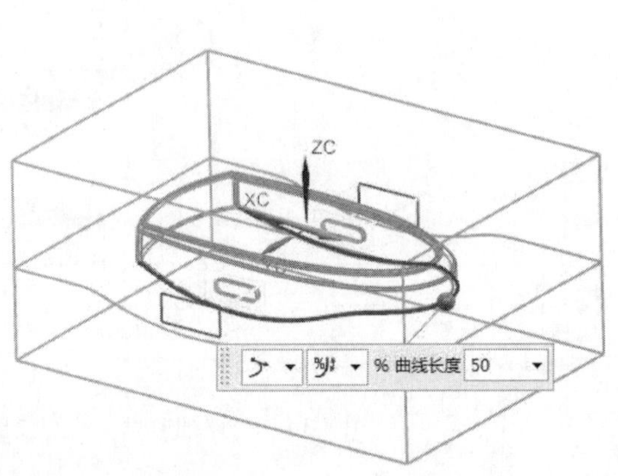

图 7-17　选取曲线

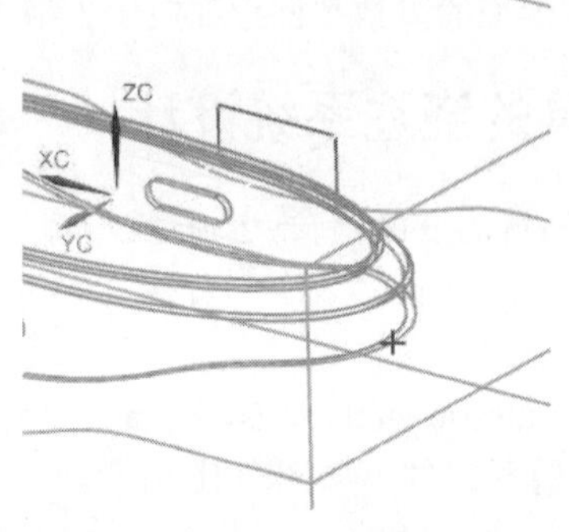

图 7-18　创建点

（4）单击“注塑模向导”选项卡“主要”面板上的“设计填充”按钮，系统弹出“重用库”对话框和“设计填充”对话框。

（5）在“重用库”对话框的“名称”列表中选择“FILL_MM”选项，然后在“成员选择”列表中选择“Gate[Subarine]”选项，在“详细信息”中设置 D 为 6，Position 为 Parting，L 为 8，D1 为 1，其他采用默认设置，如图 7-19 所示。

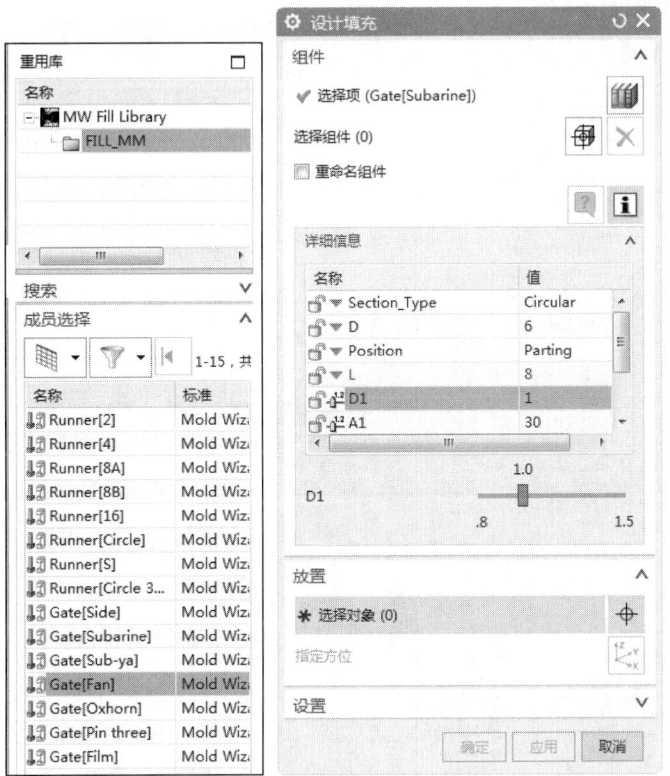

图 7-19　“重用库”对话框和“设计填充”对话框

（6）单击“选择对象”选项，捕捉前面创建的点，单击“确定”按钮，完成浇口的创建，如图 7-20 所示。

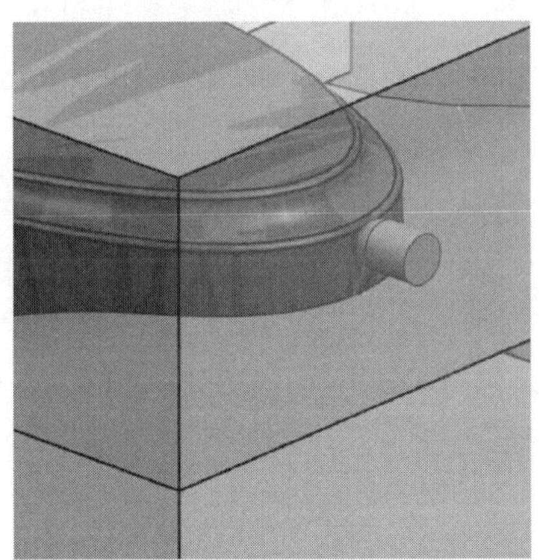

图 7-20　生成浇口

（7）显示所有文件，单击“注塑模向导”选项卡“主要”面板上的“标准件库”按钮，系统弹出“重用库”对话框和“标准件管理”对话框，在“重用库”对话框的“名称”列表中选择“HASCO_MM”→“Locating Ring”选项，接着在“成员选择”列表中选择“K100C”选项，然后在“详细信息”列表中设置 DIAMETER 为“100”，“THICKNESS”为“13”，如图 7-21 所示。然后单击“应用”按钮，生成的定位环如图 7-22 所示。

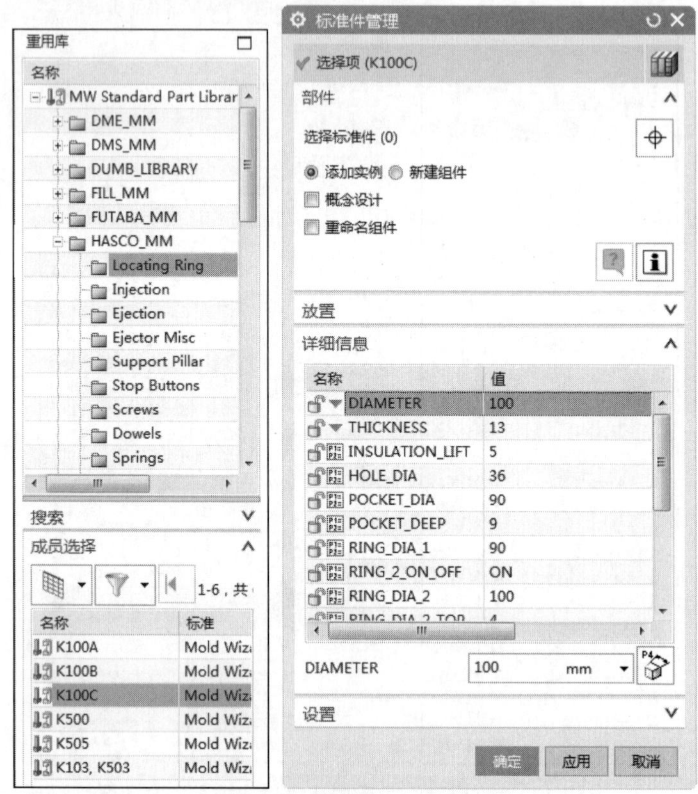

图 7-21　定位环参数设置

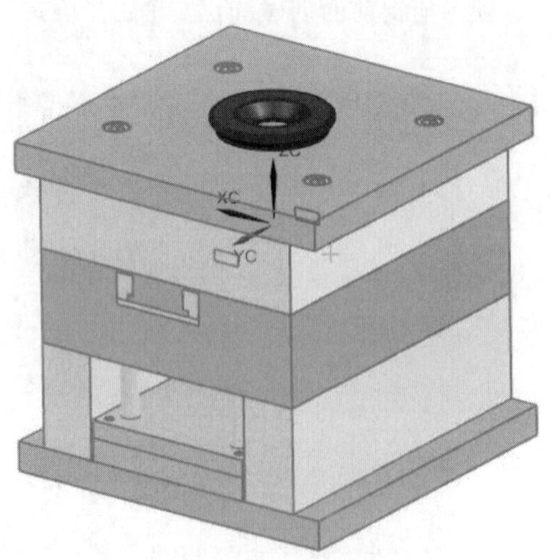

图 7-22　定位环

（8）在“标准件管理”对话框中单击“重定位”按钮，打开“移动组件”对话框，如图 7-23 所示。选择“动态”运动，输入坐标为（-70，0，0），按 Enter 键，如图 7-24 所示。单击“确定”按钮，完成定位环的移动。

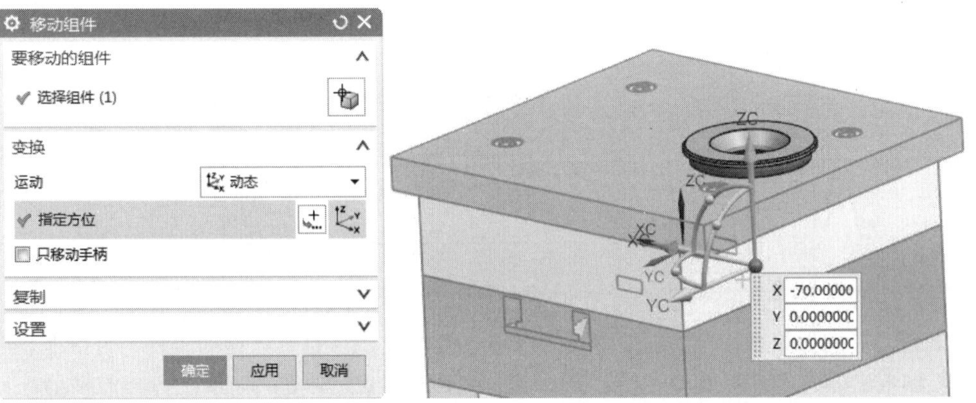

图 7-23　“移动组件”对话框　　　　图 7-24　移动定位环

（9）单击“注塑模向导”选项卡“主要”面板上的“标准件库”按钮，弹出“重用库”对话框和“标准件管理”对话框，在名称中选择“HASCO_MM”→“Injection”，在成员选择中选择 Sprue Bushing[Z50，Z51，Z511，Z512]，并在详细信息栏中设置为 CATALOG_DIA 为 12，CATALOG_LENGTH 为 76，如图 7-25 所示。单击“应用”按钮，将浇口套加入到模具装配中，如图 7-26 所示。

图 7-25　设置浇口套尺寸

Note

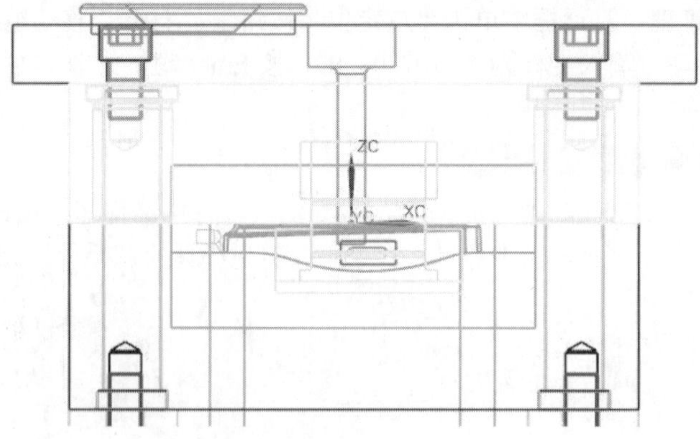

图 7-26　加入浇口套

（10）在“标准件管理”对话框中单击“重定位”按钮，打开“移动组件”对话框，选择“动态”运动，输入坐标为（-70，0，0），按 Enter 键，单击“确定”按钮，完成浇口套的移动，如图 7-27 所示。

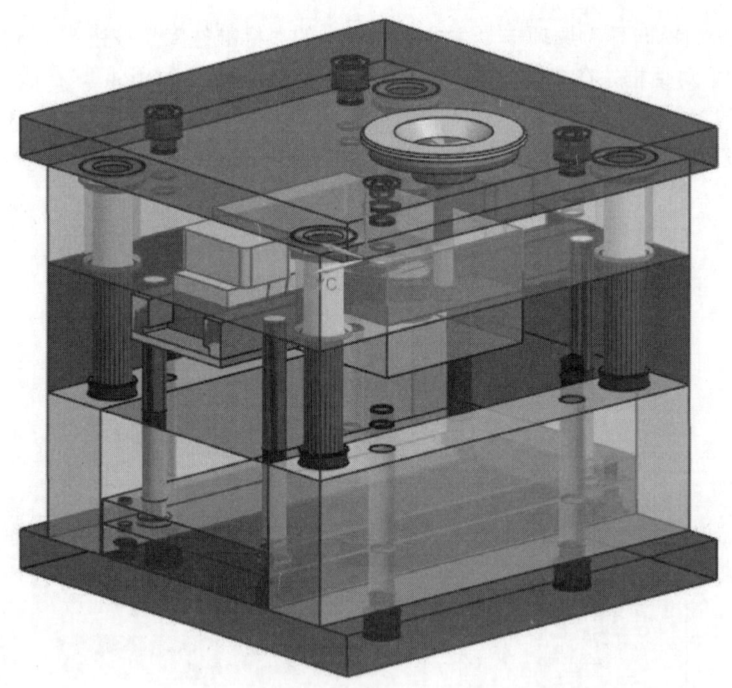

图 7-27　移动浇口套

（11）选择“文件”→“保存”→“全部保存”选项，保存所有部件文件。

7.2　冷却系统设计

注塑模具型腔壁的温度高低及其均匀性对成型效率和制品的质量影响很大，一般注入模具的塑料

熔体温度为 200℃～300℃，而制品固化从模具取出时的温度为 60℃～80℃以下。为了调节型腔的温度，需要在模具内开设冷却水通道（或油通道），进行冷却系统设计。

7.2.1　冷却组件

单击“注塑模向导”选项卡“冷却工具”面板上的“冷却标准件库”按钮，系统弹出图 7-28 所示的“重用库”对话框和“冷却组件设计”对话框，提供设计冷却系统用的标准件。具体参数和操作过程可以参考 5.3 节标准件。

图 7-28　“重用库”对话框和“冷却组件设计”对话框（1）

7.2.2　实例——鼠标模具的冷却系统设计

下面将通过一个实例来讲述如何创建模具的冷却系统。具体操作如下。

（1）打开“mouse/mouse_bottom_top.prt”，打开的文件如图 7-29 所示。此时该模具还没有进行冷却系统设计。

（2）在装配导航器中取消选中 mouse_bottom_fs，使模架变得不可见。采用相同的方法使定位环、浇口套、浇口、滑块不可见。这时工作区只显示型芯、型腔和工件。如图 7-30 所示。

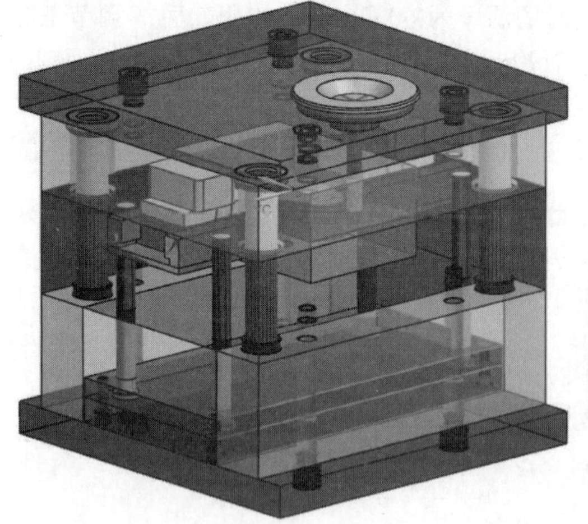

图 7-29　打开模具文件

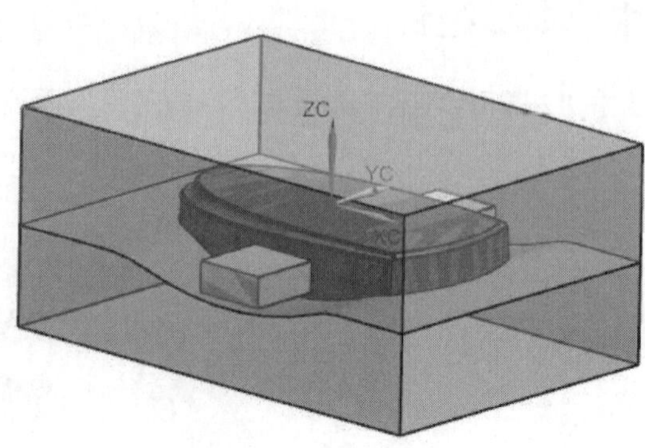

图 7-30　取消模架显示

（3）单击“注塑模向导”选项卡“冷却工具”面板上的“冷却标准件库”按钮，系统弹出“重用库”对话框和“冷却组件设计”对话框。

（4）在“重用库”对话框的“名称”列表中选择“COOLING”→“Water”选项，在“成员选择”列表中选择“COOLING HOLE”选项，在“详细信息”列表中设置“PIPE_THREAD”为M10，“HOLE_1_DEPTH”为155，“HOLE_2_DEPTH”为155，如图 7-31 所示。

图 7-31　“重用库”对话框和“冷却组件设计”对话框（2）

Note

（5）单击对话框中的“选择面或平面”选项，选择一个面放置水道，选择如图 7-32 所示的平面作为放置面。单击“确定”按钮。

（6）系统弹出“标准件位置”对话框，单击参考点中的“点对话框”按钮，弹出“点”对话框，设置参考点为（0，0，0），单击“确定”按钮，返回到“标准件位置”对话框，设置“X 偏置”为 30，“Y 偏置”为 0，如图 7-33 所示，单击“应用”按钮。

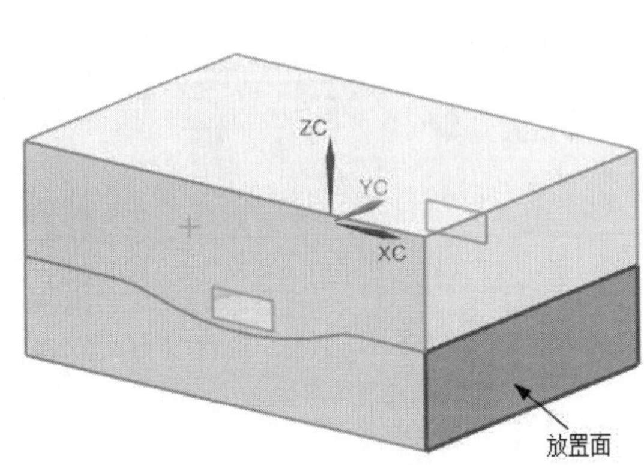

图 7-32　选择放置面

标准件位置
参考点
指定点
面中心
偏置
指定点
X 偏置　30　mm
Y 偏置　0　mm
设置
确定　应用　取消

图 7-33　“标准件位置”对话框

（7）设置“X 偏置”为-30，“Y 偏置”为 0，单击“确定”按钮。创建好的冷却水道如图 7-34 所示。

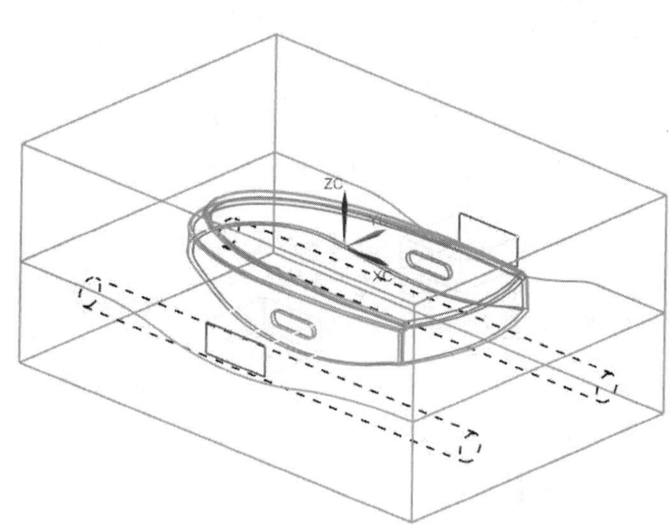

图 7-34　创建冷却水道

（8）单击“注塑模向导”选项卡“冷却工具”面板上的“冷却标准件库”按钮，系统弹出“重用库”对话框和“冷却组件设计”对话框。

（9）在“重用库”对话框的“名称”列表中选择“COOLING”→“Water”选项，在“成员选择”列表中选择“COOLING HOLE”选项，在“详细信息”列表中设置“PIPE_THREAD”为 M10，“HOLE_1_DEPTH”为 95，“HOLE_2_DEPTH”为 95，如图 7-35 所示。

Note

图 7-35 “重用库”对话框和“冷却组件设计”对话框（3）

（10）单击对话框中的“选择面或平面”选项，选择一个面放置水道，选择如图 7-36 所示的平面作为放置面。单击“确定”按钮。

（11）系统弹出“标准件位置”对话框，单击参考点中的“点对话框”按钮，弹出“点”对话框，设置参考点为（0，0，0），单击“确定”按钮，返回到“标准件位置”对话框，设置“X 偏置”为 50，“Y 偏置”为 0，如图 7-37 所示，单击“应用”按钮。

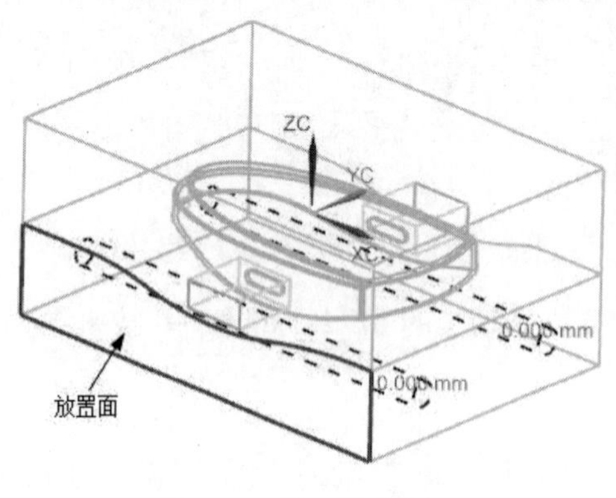

图 7-36 选择放置面

图 7-37 “标准件位置”对话框

（12）设置“X 偏置”为-50，“Y 偏置”为 0，单击“确定”按钮。创建好的冷却水道如图 7-38 所示。

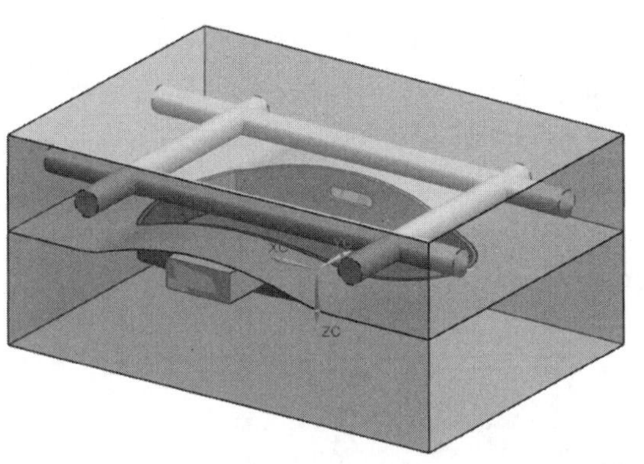

图 7-38 创建型腔水道

（13）单击“注塑模向导”选项卡“冷却工具”面板上的“冷却标准件库”按钮，系统弹出“重用库”对话框和“冷却组件设计”对话框。

（14）在“重用库”对话框的“名称”列表中选择“COOLING”→“Water”选项，在“成员选择”列表中选择“COOLING HOLE”选项，在“详细信息”列表中设置“PIPE_THREAD”为 M10，“HOLE_1_DEPTH”为 155，“HOLE_2_DEPTH”为 155，如图 7-39 所示。

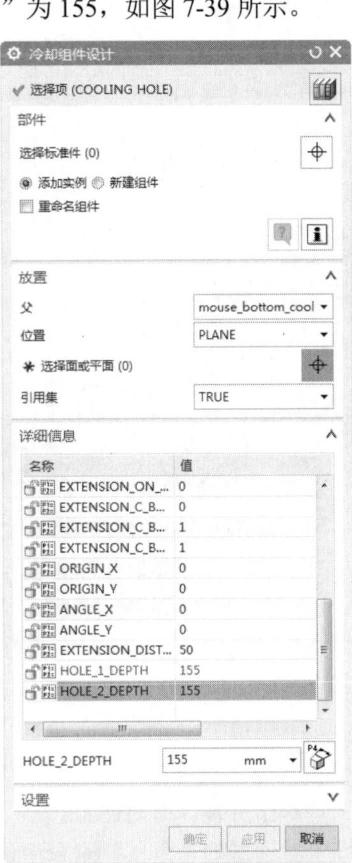

图 7-39 “重用库”对话框和“冷却组件设计”对话框（4）

（15）单击对话框中的“选择面或平面”选项，选择一个面放置水道，选择如图 7-40 所示的平面作为放置面，单击“确定”按钮。

Note

（16）系统弹出“标准件位置”对话框，单击参考点中的“点对话框”按钮，弹出“点”对话框，设置参考点为（0，0，0），单击“确定”按钮，返回到“标准件位置”对话框，设置“X 偏置”为 30，“Y 偏置”为 5，如图 7-41 所示，单击“应用”按钮。

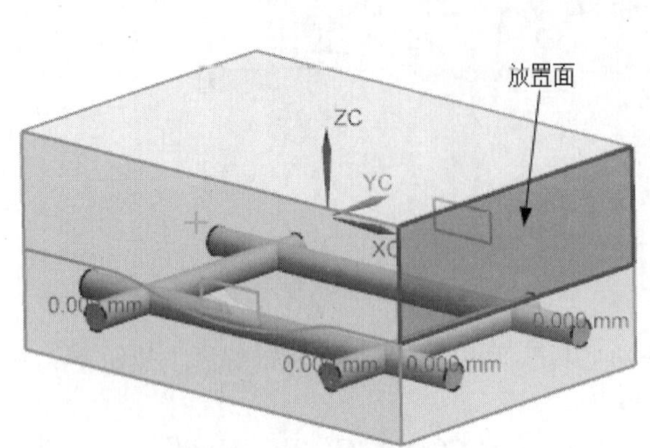

图 7-40　选择放置面

图 7-41　“位置”对话框

（17）设置“X 偏置”为-30，“Y 偏置”为 5，单击“确定”按钮。创建好的冷却水道如图 7-42 所示。

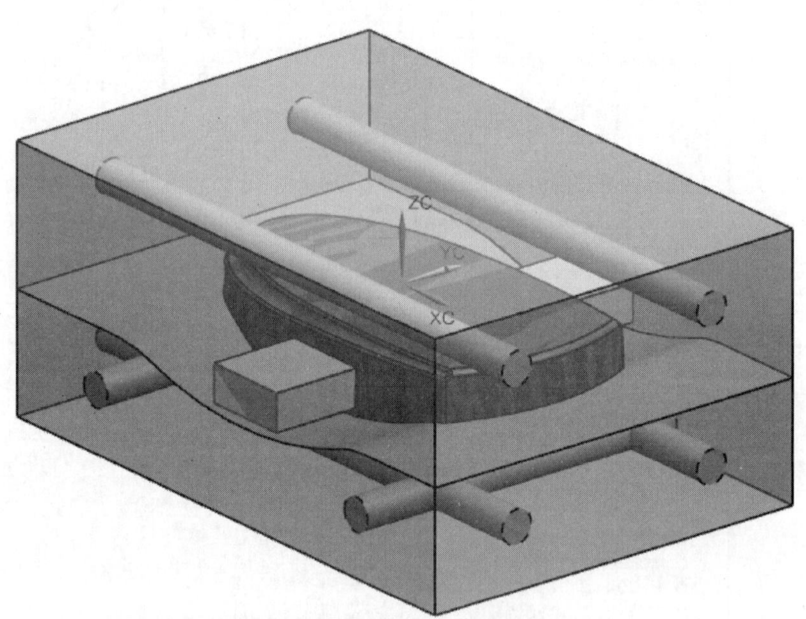

图 7-42　创建好的冷却水道

（18）单击“注塑模向导”选项卡“冷却工具”面板上的“冷却标准件库”按钮，系统弹出“重用库”对话框和“冷却组件设计”对话框。

（19）在“重用库”对话框的“名称”列表中选择“COOLING”→“Water”选项，在“成员选择”列表中选择“COOLING HOLE”选项，在“详细信息”列表中设置“PIPE_THREAD”为 M10，“HOLE_1_DEPTH”为 95，“HOLE_2_DEPTH”为 95，如图 7-43 所示。

图 7-43 “重用库”对话框和“冷却组件设计”对话框（5）

（20）单击对话框中的“选择面或平面”选项，选择一个面放置水道，选择如图 7-44 所示的平面作为放置面。单击“确定”按钮。

（21）系统弹出“标准件位置”对话框，单击参考点中的“点对话框”按钮，弹出“点”对话框，设置参考点为（0，0，0），单击“确定”按钮，返回到“标准件位置”对话框，设置“X 偏置”为 50，“Y 偏置”为 9，如图 7-45 所示，单击“应用”按钮。

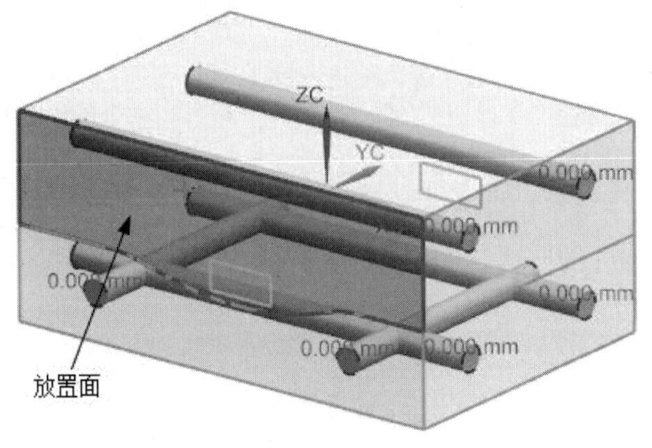

图 7-44 选择放置面

图 7-45 “标准件位置”对话框

（22）设置“X偏置”为-50，“Y偏置”为9，单击“确定”按钮。创建好的冷却系统如图7-46所示。

Note

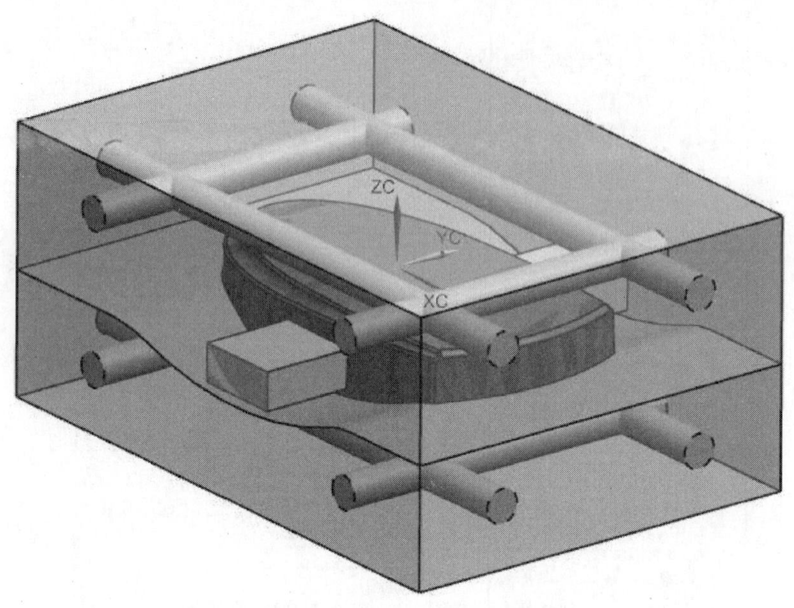

图7-46 创建好的冷却系统

（23）选择“文件”→“保存”→“全部保存”选项，保存所有部件文件。

其他工具

本章主要介绍电极、模具材料清单、模具图、视图管理等工具的具体操作步骤。

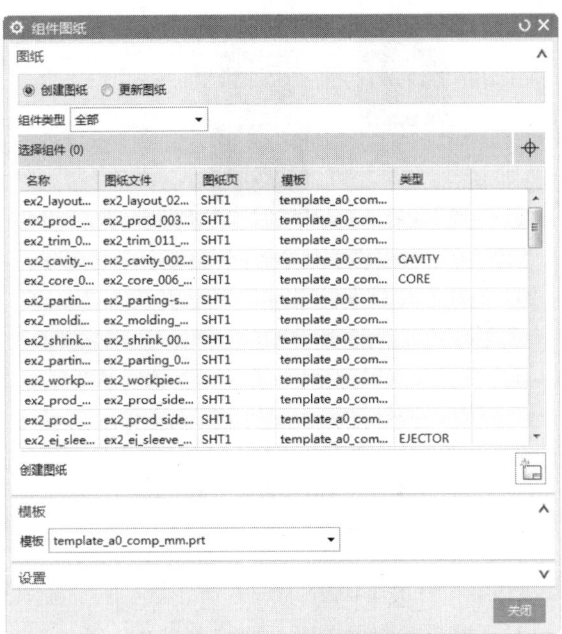

8.1 电极设计

Note

模具的型芯、型腔或者嵌件通常具有复杂的外形，有些加工非常困难，一般采用电极来解决复杂区域的加工。要进行放电加工，首先使用电极材料（一般是铜和石墨）制作电极，然后将电极安装到电火花机上，对型芯、型腔的某个区域或整个区域进行加工。

单击“注塑模向导”选项卡“主要”面板上的“电极”按钮，弹出图 8-1 所示的“电极设计”对话框。

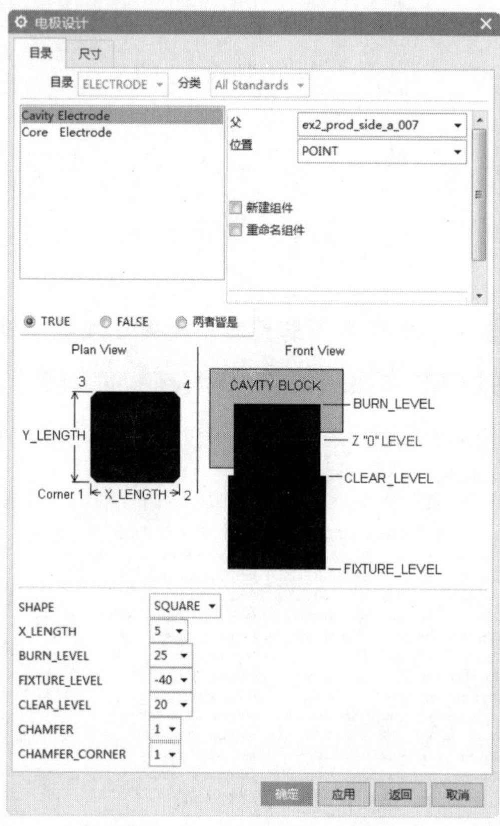

图 8-1 “电极设计”对话框

1. 目录

单击对话框的“目录”选项卡，有以下内容。

（1）定义电极属性：该对话框包括两种电极，型腔电极（Cavity Electrode）和型芯电极（Core Electrode），如图 8-2 和图 8-3 所示。

（2）父级和位置。“父”下拉列表允许用户为所加入的标准件选择一个父装配，如图 8-4 所示。如果下拉列表中没有要选的父装配名称，可以在加入标准件前，把该父装配设为工作部件。

“位置”下拉列表为标准件选择主要的定义参数方式，包括“NULL”“WCS”“WCS_XY”“POINT”“POINT PATTERN”“PLANE”“ABSOLUTE”等选项，如图 8-5 所示。

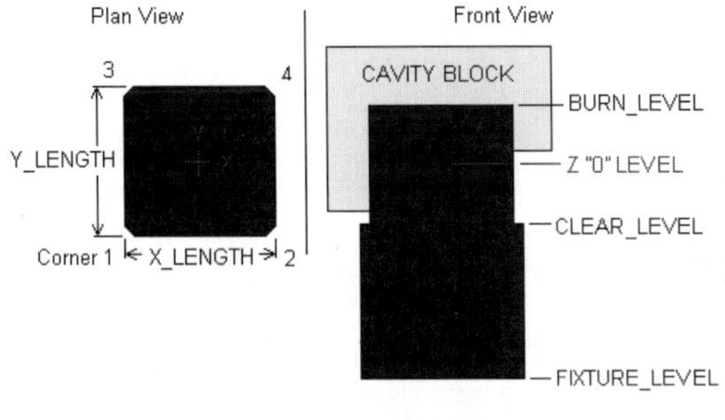

图 8-2　型腔电极

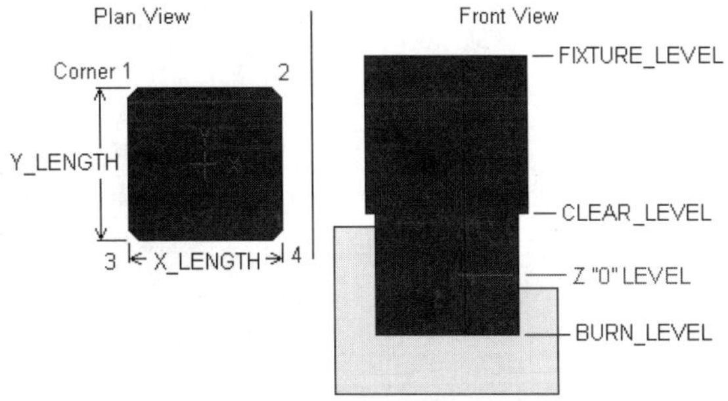

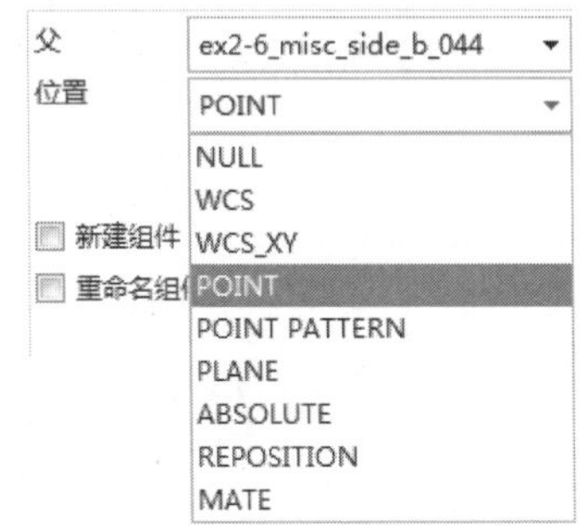

图 8-3　型芯电极

父　ex2-6_prod_side_b_033

位置

ex2-6_prod_side_a_032
ex2-6_top_025
ex2-6_layout_046
ex2-6_prod_028
ex2-6_moldbase_050
ex2-6_misc_030
ex2-6_prod_side_b_033
ex2-6_misc_side_a_043
ex2-6_misc_side_b_044

新建组件

重命名组件

图 8-4　父级下拉列表

父　ex2-6_misc_side_b_044

位置　POINT

NULL
WCS
WCS_XY
POINT
POINT PATTERN
PLANE
ABSOLUTE
REPOSITION
MATE

新建组件

重命名组件

图 8-5　位置下拉列表

（3）SHAPE：定义标准镶件的类型。包括正方形、矩形和圆形三种电极形状。选择不同的电极类型，对应不同的电极参数。如图 8-6 所示。

（4）X-LENGTH：用于定义电极 X 向尺寸。

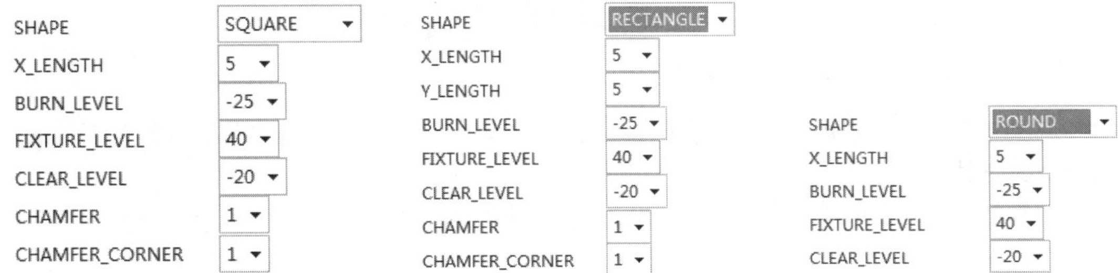

图 8-6　电极参数

（5）Y-LENGTH：用于定义电极 Y 向尺寸。

（6）BURN_LEVEL：用于定义电极的放电高度。

（7）FIXTURE_LEVEL：用于定义电极的安装高度。

（8）CLEAR_LEVEL：用于定义电极的余量高度。

2. 尺寸

单击对话框中的尺寸，系统弹出图 8-7 所示对话框，用于定义电极的形状参数。通过该对话框，可以根据实际需要对标准件库中的电极件进行编辑，制作出合适的电极来。

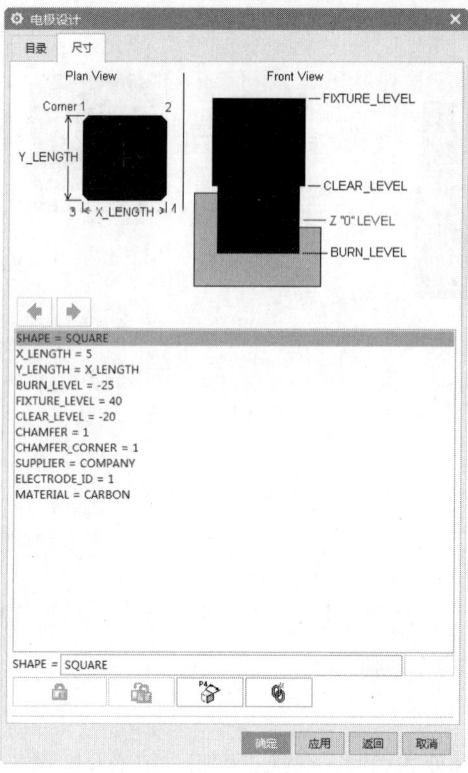

图 8-7 “尺寸”选项卡

8.2 模具材料清单

注塑模向导包含一个带目录排序信息的相关的材料清单（BOM）。清单产生的部件列表功能在制图（Drafting）模块中。

单击“注塑模向导”选项卡“主要”面板上的“材料清单”按钮，弹出图 8-8 所示的“物料清单”对话框。

1. BOM 列表

部件列表信息显示在列表窗口中。第一行和最后一行记录区域名称代表每一列的意义。

当选择一个记录时，详细的记录信息会显示在文本区域，相应的组件会在 NX 的绘图区中显示。当在 NX 的绘图区中选择一个标准组件时，相应的记录也会高亮显示。如果选择的组件不在当前列表窗口的记录当中，会有一个信息框提示要将它添加到列表窗口中。

在每个记录中的相邻的值域中间，有一个竖直的间隔（|）。区域的值会以适当的宽度显示，如果太宽，后面的字符会以省略号（...）来代替。如果区域名称长度超过 132 个字符，某些区域的名称将会切掉以符合列表窗口。

2. 隐藏列表

单击“隐藏列表”按钮，隐藏 BOM 列表。

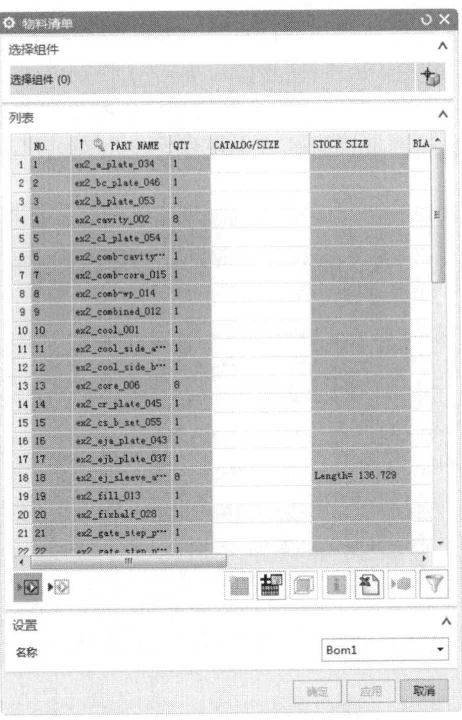

图 8-8　“物料清单”对话框

8.3　模　具　图

根据实际要求，Mold Wizard 可以自动创建模具工程图，并可以添加不同的视图和截面，包括装配图纸，组件图纸和孔表 3 种。

8.3.1　装配图纸

装配图纸功能自动创建和管理模具绘图。使用者可以创建绘图，给绘图输入预定义图框，及创建视图。

单击“注塑模向导”选项卡“模具图纸”面板上的“装配图纸”按钮，弹出“装配图纸”对话框。

在注塑模向导中创建一个模具装配图纸的步骤如下。

- 定义图纸页的名称，单位和模板并创建图纸。
- 设定装配组件的可见性属性。
- 创建视图并控制各视图中组件的可见性。

1. 图纸

在对话框中选择“图纸”类型，对话框如图 8-9 所示，注塑模向导支持创建两种类型的图纸。

- 主模型：图纸在一个单独的部件文件中创建，装配的顶层部件（top）会添加为该主模型部件文件的子组件。
- 自包含：图纸在装配的顶层部件（top）中创建。

（1）自包含图纸：创建模具装配自包含图纸的第一个步骤是从列表中选择一个图纸模板。系统会根据工作部件的单位，显示默认模板列表。例如，如果工作部件是英制的，默认模板列表将会是英制的。当然，也可以切换到公制并从列表中的公制模板中选择图纸模板。

Note

（2）主模型图纸：在“装配图纸”对话框中选择主模型选项作为图纸类型，便可以创建主模型图纸。用该选项创建图纸有两种方法。

① 新建主模型文件：单击此按钮，弹出“新建部件文件”对话框。定义新建主模型部件文件的位置、单位及文件名后，单击“OK”按钮。该文件的完整路径名称显示在创建/部件模具图纸对话框中。

该对话框显示默认的图纸名称和图纸模板，可以选择这些默认值，也可以根据需要来更改。如果单击“应用”按钮，指定文件名和单位的主模型部件文件就会在指定位置创建。图纸会创建在该部件文件中并输入选择的模板。图纸的名称在对话框中定义。

② 打开主模型文件：如果选择了一个正确的主模型部件文件，该文件会打开作为显示部件。该主模型部件文件的所有图纸都会列举在图纸下拉菜单中。如果希望在该主模型部件文件中创建一个新的图纸，在图纸下拉菜单中选择创建新的选项。

2. 可见性

为了控制图纸各个视图的组件的可见性，要在可见性页面中指定各组件的可见性属性，如图 8-10 所示。

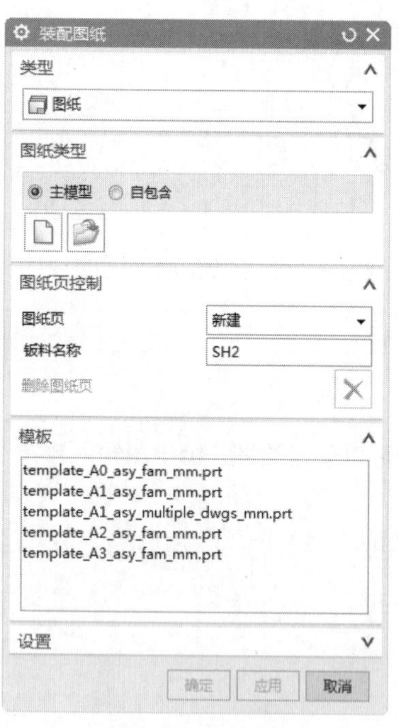

图 8-9　图纸类型

图 8-10　可见性类型

（1）属性名称：注塑模向导有两种属性可以指定给一个组件：MW_SIDE 和 MW_COMPONENT_NAME。“属性名称”是 MW_SIDE 。

① MW_SIDE 属性：该属性决定部件属于哪一侧。组件可以属于 A 侧或者 B 侧。选定属性值为 A 或 B。如果不希望组件显示在任何视图中，可以从下拉菜单中指定为隐藏属性。

② MW_COMPONENT_NAME 属性：该属性决定组件的类型。该属性用于在一个视图中只显示

确定的组件类型。默认组件类型列举在“属性值”下拉菜单中。

可以更改，去除或添加组件类型。打开文件 MW_Drawing_ComponentTypes1 和 MW_Drawing_ComponentTypes2 并更改。这些更改在下次使用装配图纸功能并打开该对话框时可以使用。

一个组件只能是其中一种类型。例如，它可以是斜顶或顶针，但不能两者都是。如果先指定了属性 MW_COMPONENT_NAME=LIFTER，再指定 MW_COMPONENT_NAME= EJECTOR 给同一个组件，先指定的属性会被第二个属性覆盖，最终结果是=EJECTOR。

（2）属性值：默认的“属性值”是 A。第一次打开该对话框时，列表窗口显示 A 侧的组件名称，如果没有组件含有属性 MW_SIDE=A，则“选定组件”列表是空的。

（3）列出相关对象：如果选择一个组件，其所有子组件也都会选中，可以从 NX 的绘图窗口中取消选择一个子组件。

3. 视图页面

图纸的模板和当前图纸中的所有的视图都显示在图纸列表中。比例和其他显示属性从图纸模板中读取，如图 8-11 所示。

图 8-11　视图类型

可见性控制的默认值如下。

- 型芯侧视图（CORE）：显示 B 侧选项打开。
- 型腔侧视图（CAVITY）：显示 A 侧选项打开。
- 前剖视（FRONTSECTION）：显示 A 侧和显示 B 侧选项均打开。
- 右剖视（RIGHTSECTION）：显示 A 侧和显示 B 侧选项均打开。
- 其他视图：显示 A 侧和显示 B 侧选项打开。

Note

8.3.2 组件图纸

组件图纸功能为模具装配组件自动创建并管理图纸。可以为装配的每个组件创建图纸，输入预定义图框式样到图纸中，以及创建视图。

单击“注塑模向导”选项卡“模具图纸”面板上的“组件图纸”按钮，弹出图 8-12 所示的“组件图纸”对话框。

1. 全部

选择此选项，列表中列出所有组件。

2. 类型

在组件中选择组件类型，列表只显示能够匹配选择类型的组件。

8.3.3 孔表

孔表可以为组件中的所有孔创建一个表。表由制图模块创建并使用制图的表格注释。其内容包括：按不同直径和类型来分类的孔；按直径升序来分类的孔；按到基准的距离升序来分类的孔；每种分类的 ID（编号）、孔径、孔的类型和孔的深度；也可以定制这些属性的显示。

单击“注塑模向导”选项卡“模具图纸”面板上的“孔表”按钮，弹出如图 8-13 所示的“孔表”对话框。

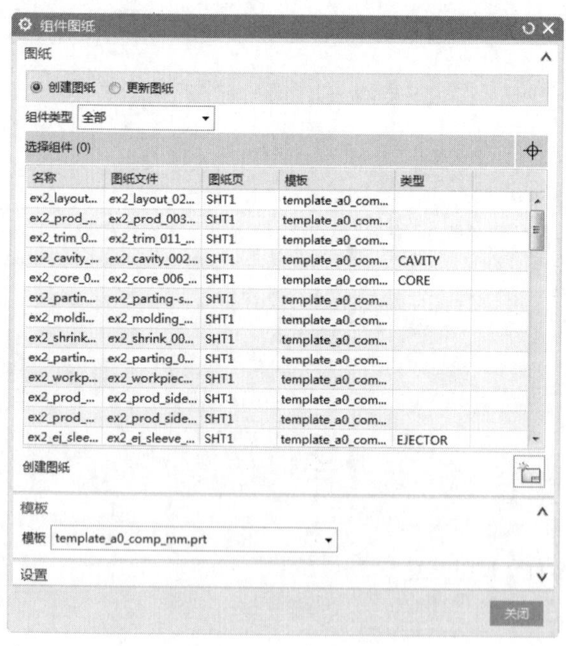

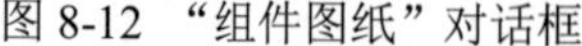
图 8-12 “组件图纸”对话框

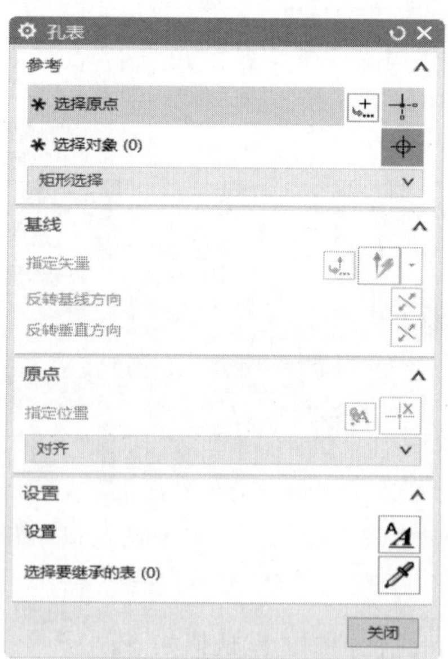

图 8-13 “孔表”对话框

孔表可以自动搜索参考面上的孔，将它们按直径和类型来分类，并计算各个孔中心到原点的距离。

孔表使用模板来创建孔表。孔表是由制图模块生成的。在制图模块中，可以使用建模状态或绘图状态（通过切换“显示绘图”开关）。孔表会自动识别那些包含孔的最顶层的面。如果没有找到有孔

Note

的顶层面，系统将会输出一个错误信息并退出孔表功能。

1. 选择原点

在该选择步骤中，需要定义一个原点来计算孔的坐标位置。孔表功能用坐标原点计算，这类似于在制图中创建坐标原点。选择创建坐标原点的对象，并在对话框中输入坐标原点名称，系统会在选定的对象上创建一个坐标原点。另外，也可以选择一个现有的坐标原点。

2. 选择对象

从绘图区选择一个视图。孔表会在该视图中创建。

3. 原点

在孔表功能自动搜索并分类完孔后，系统会提示选择一个创建孔表的位置。NX 会切换到将孔表放置在选择的位置点上。

8.4 视图管理

视图管理提供了模具构件的可见性控制、颜色编辑、更新控制以及打开或关闭文件的管理功能。视图管理功能可以和注塑模向导的其他功能一起使用。

单击“注塑模向导”选项卡“主要”面板上的“视图管理器”按钮，弹出图 8-14 所示的“视图管理器导航器”对话框，该对话框包含一个可查看部件结构树的滚动窗口和控制结构树显示的按钮及选项，如图 8-14 所示。

视图管理器导航器

标题	隔离	冻结...	打开...	数量
Top				145
mold fixed half				19
mold move half				47
Core / Cavity / Regi...				6
Cooling				1
Fastener				16
Guide				12
Electrode				2
Injection				3
Ejection				24
Slider/Lifter				2
Work Piece/Insert				5
Freeze				8

图 8-14　“视图管理器导航器”对话框

滚动窗口包含部件的结构树。每列控制每个模具特征（如型腔，型芯，A 侧）的显示。

（1）标题：该列列出了模具所有者 holders 和节点的名称。该名称可以是标准组件的名称，或自定义的名称。

（2）隔离：使用该列以只显示特定组件。但选择树中的某个父节点，子节点也会选中并显示。

（3）冻结状态：在当前任务中可以冻结（锁定）/解冻（解锁）WAVE interpart 中的一个组件或部件系列。

（4）打开状态：可以打开、关闭 holders 和节点。

（5）数量：显示当前装配部件的数量。

8.5 删除文件

在模具设计过程中，如果出现了没有被使用过的，或者重复创建的部件会被 Mold Wizard 记录下来，然后通过“删除文件”功能显示。

单击“注塑模向导”选项卡“主要”面板上的“未用部件管理”按钮，弹出图 8-15 所示的“未用部件管理”对话框。

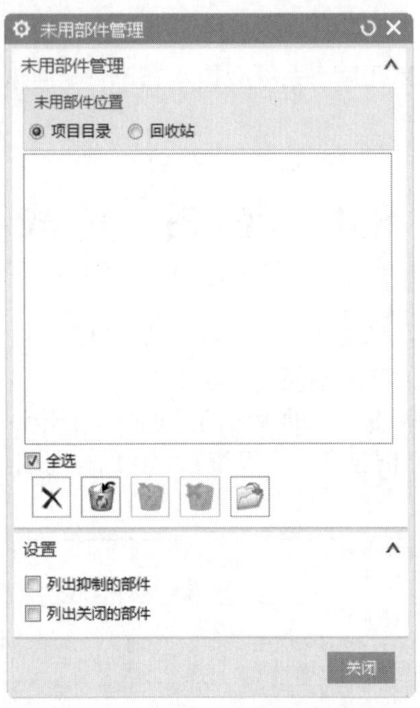

图 8-15 “未用部件管理”对话框

其按钮功能如下。

（1）项目目录：选择该选项，列举工程目录中所有未使用的部件文件。

（2）回收站：选择该选项，列举回收站中的所有文件。

（3）从项目目录中删除文件：直接从文件系统中删除未使用的文件。这些文件将不可恢复。

（4）将文件放入回收站：将未使用的文件放入回收站目录中。

（5）恢复文件：从回收站中将未使用文件恢复到项目目录中。

（6）清空回收站：从文件系统中删除回收站目录中的未使用文件。

（7）打开项目文件夹：单击此按钮，打开项目文件夹，从中选取需要的文件。

第9章 零件帽模具设计

（视频讲解：32分钟）

零件帽是工业生产中经常用到的一种零件，该零件结构形状比较简单，没有侧孔、倒勾等需要抽芯的部位，所以分型面的设计就相对简单一些。注塑件拟采用的材料为PP。

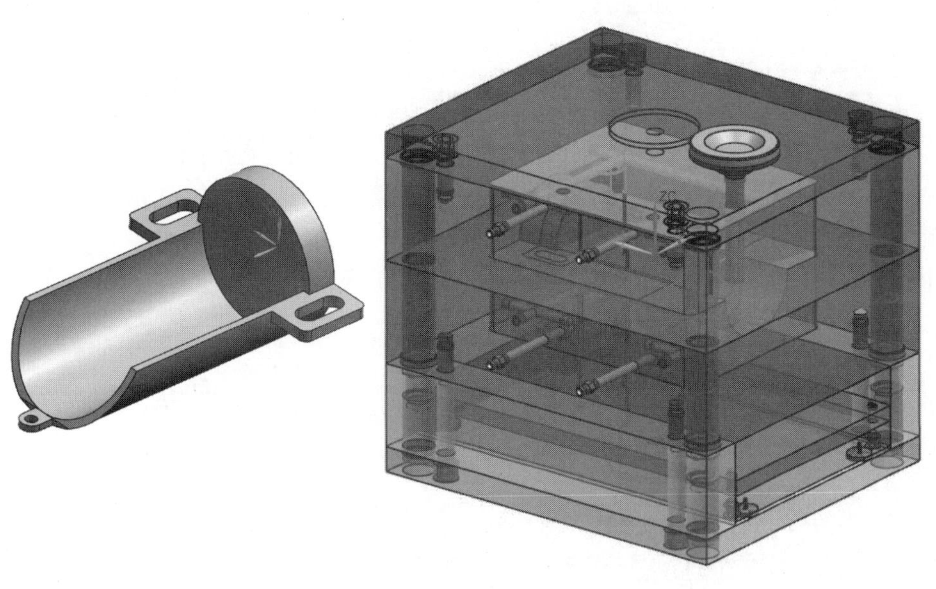

9.1 初始化设置

Note

下面将对该产品体进行初始化设置，包括项目初始化、设定坐标系、设置收缩率、创建工件和型腔布局。

9.1.1 初始化项目

初始化项目是 UG NX 12.0/Mold Wizard 模具设计的第一步，利用该命令功能可以加载产品模型。具体操作步骤如下。

（1）单击“注塑模向导”选项卡中的“初始化项目”按钮，弹出“部件名”对话框，装载零件帽产品文件“yuanwenjian/lingjianmao/lingjianmao.prt”，单击“OK”按钮。

（2）在弹出的“初始化项目”对话框中，设置“项目单位”为毫米，并设置好项目路径和项目名称，单击“编辑材料数据库”按钮，打开 Excel 电子表格，添加材料 PP 及其收缩率 1.006，如图 9-1 所示。保存文件并关闭。

（3）在“初始化项目”对话框中设置材料为 PP，其他采用默认设置，如图 9-2 所示，单击对话框中的“确定”按钮，加载产品至 UG/Mold Wizard，完成产品装载，如图 9-3 所示。此时，在“装配导航器”中显示系统自动产生的模具装配结构如图 9-4 所示。

	A	B
1		
2	**MATERIAL**	**SHRINKAGE**
3	NONE	1.000
4	NYLON	1.016
5	ABS	1.006
6	PPO	1.010
7	PS	1.006
8	PC+ABS	1.0045
9	ABS+PC	1.0055
10	PC	1.0045
11	PC	1.006
12	PMMA	1.002
13	PA+60%GF	1.001
14	PC+10%GF	1.0035
15	PP	1.006

图 9-1　添加材料

图 9-2　“初始化项目”对话框

Note

提示： 如果编辑材料数据库中添加的材料在“初始化项目”对话框中没有，只需要重新启动软件，打开“初始化项目”对话框即可。

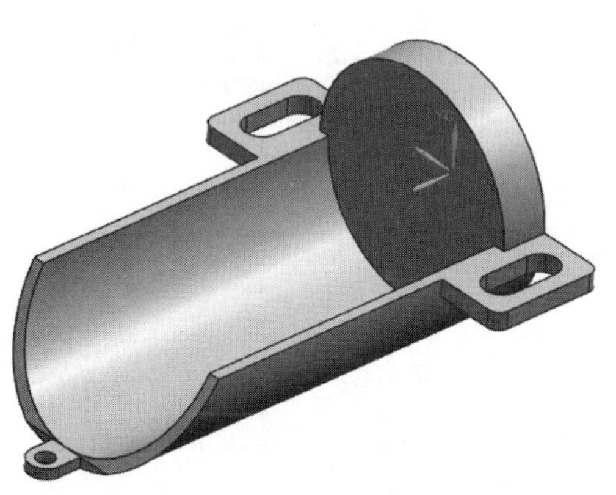

图 9-3　加载产品

图 9-4　模具装配结构图

9.1.2　设定模具坐标系和收缩率

产品体的当前坐标系中 Z 轴方向并未指向模具的开模方向，需要进行旋转坐标系，然后再设定模具坐标系和设置注塑件的收缩率。

（1）单击“菜单”→“格式”→“WCS”→“旋转”命令，系统弹出“旋转 WCS 绕...”对话框，如图 9-5 所示，选中“+ZC 轴：XC→YC”单选按钮，输入旋转角度为“90”，单击“应用”按钮。再选中“+YC 轴：ZC→XC”单选按钮，输入旋转角度为“90”，然后单击“确定”按钮，旋转后的结果如图 9-6 所示。

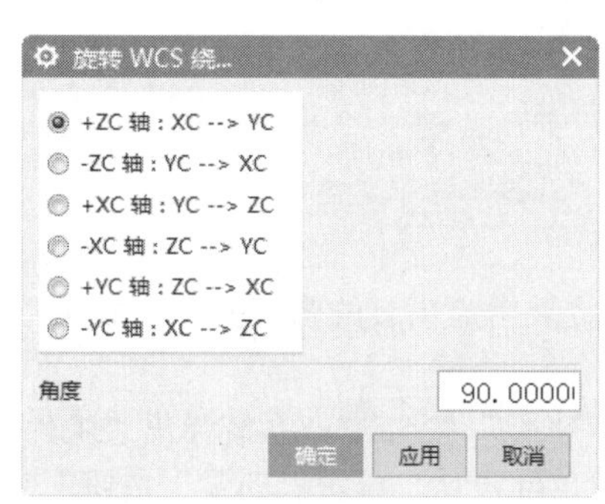

图 9-5　“旋转 WCS 绕...”对话框

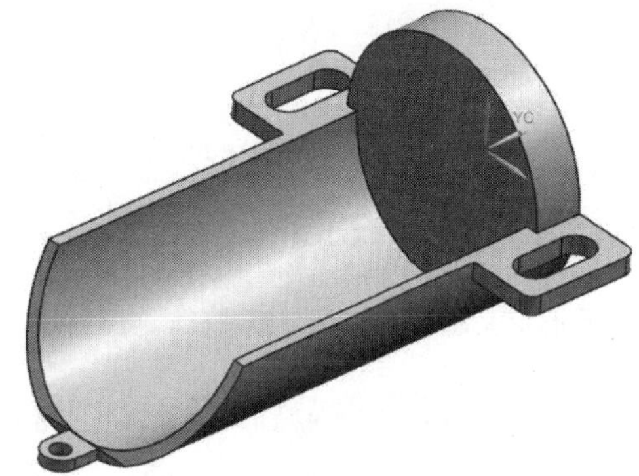

图 9-6　旋转工作坐标系

（2）单击“注塑模向导”选项卡“主要”面板上的“模具坐标系”按钮，系统弹出如图 9-7 所示的“模具坐标系”对话框，选择“锁定 Z 值”和“产品实体中心”选项，然后单击“确定”按钮。系统会自动把模具坐标系放在坐标系原点上，并且锁定 Z 轴，如图 9-8 所示。

Note

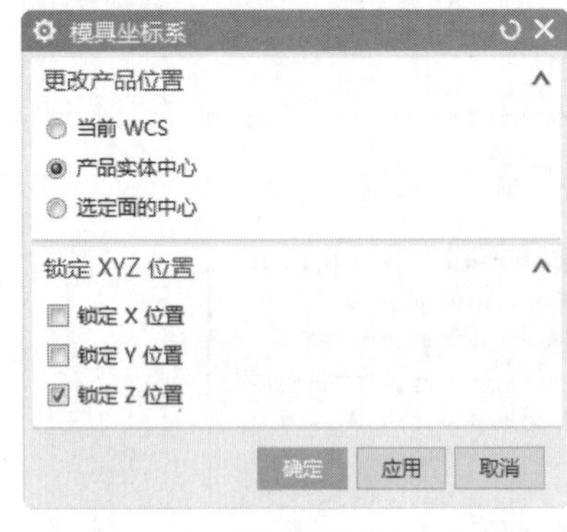

图 9-7 “模具坐标系”对话框

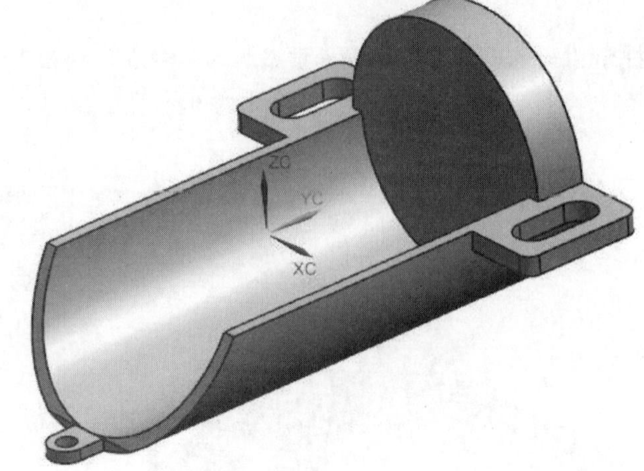

图 9-8 选定模具坐标系

（3）单击“注塑模向导”选项卡“主要”面板上的“收缩”按钮，系统弹出“缩放体”对话框，选择“均匀”类型，设置比例因子为 1.006，如图 9-9 所示。单击“确定”按钮。

图 9-9 “缩放体”对话框

9.1.3 创建工件和布局

工件用于把定义型腔和型芯的镶块体，在创建工件时需要考虑模具的强度要求。利用“布局”功能来对准坐标系。

（1）单击“注塑模向导”选项卡“主要”面板上的“工件”按钮，系统弹出“工件尺寸”对话框，选择“参考点”定义类型，并依如图 9-10 所示设置工件尺寸，单击“确定”按钮，生成工件。

（2）单击“注塑模向导”选项卡“主要”面板上的“型腔布局”按钮，系统弹出如图 9-11 所示的“型腔布局”对话框，单击对话框中“自动对准中心”按钮，将模腔设置在模具的装配中心，如图 9-12 所示，单击“关闭”按钮，关闭对话框。

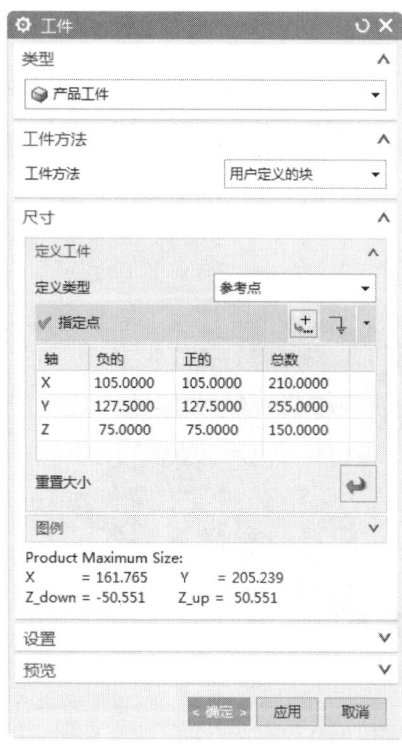

图 9-10　“工件”对话框

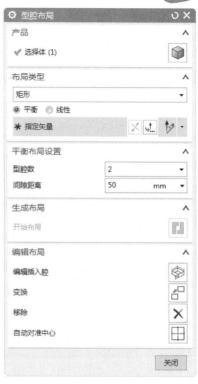

图 9-11　“型腔布局”对话框

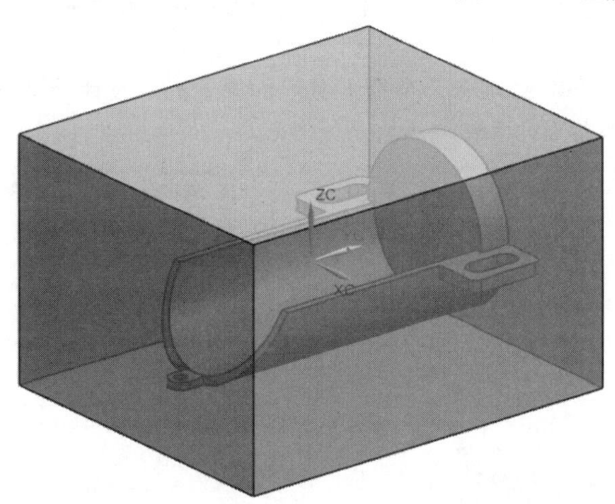

图 9-12　生成工件

9.2　分型设计

9.2.1　创建分型线

在创建分型面前需要先创建分型线，由于该产品体的分型线不在一个平面上，所以还需要创建分型段操作。

（1）单击“注塑模向导”选项卡“注塑模工具”面板上的“曲面补片”按钮，系统弹出如图 9-13 所示的“边补片”对话框。

图 9-13　“边补片”对话框

（2）选择“体”类型，系统自动选取零件上的孔边线并添加到环列表中。单击“确定”按钮，完成曲面修补，结果如图 9-14 所示。

（3）单击“注塑模向导”选项卡“分型刀具”面板上的“设计分型面”按钮，系统弹出如图 9-15 所示的“设计分型面”对话框。

图 9-14　修补开孔区域

图 9-15　“设计分型面”对话框

（4）单击编辑分型线栏中的选择分型线，在视图上依次选择实体的底面边线，使其形成封闭环，单击“确定”按钮，系统自动生成图 9-16 所示的分型线。

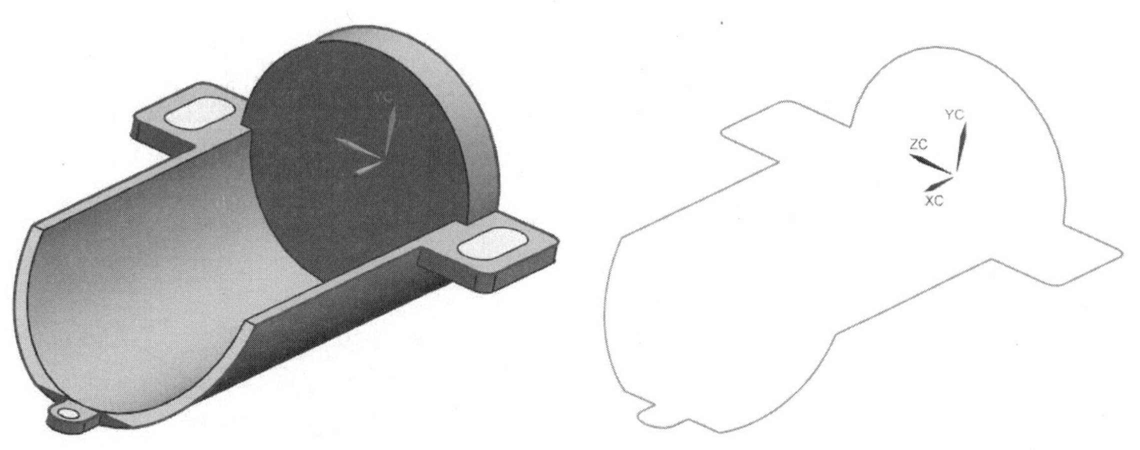

图 9-16 生成分型线

（5）单击“注塑模向导”选项卡“分型刀具”面板上的“设计分型面”按钮，弹出“设计分型面”对话框，单击选择分型或引导线栏，在如图 9-17 所示的位置创建引导线。

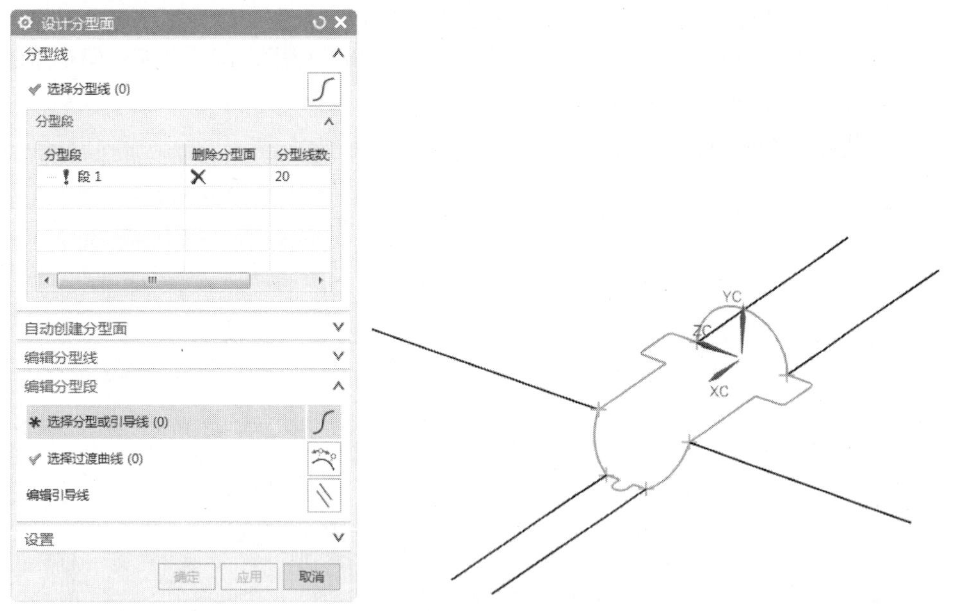

图 9-17 创建引导线

9.2.2 创建分型面

（1）单击“注塑模向导”选项卡“分型刀具”面板上的“设计分型面”按钮，在弹出的“设计分型面”对话框中分型段列表中选择分段 2，在创建分型面栏中选中“有界平面”选项，选中“使用默认保留边”复选框，如图 9-18 所示。调节曲面延伸距离，使分型面的平面长度大于工件的

长度，单击“应用”按钮。

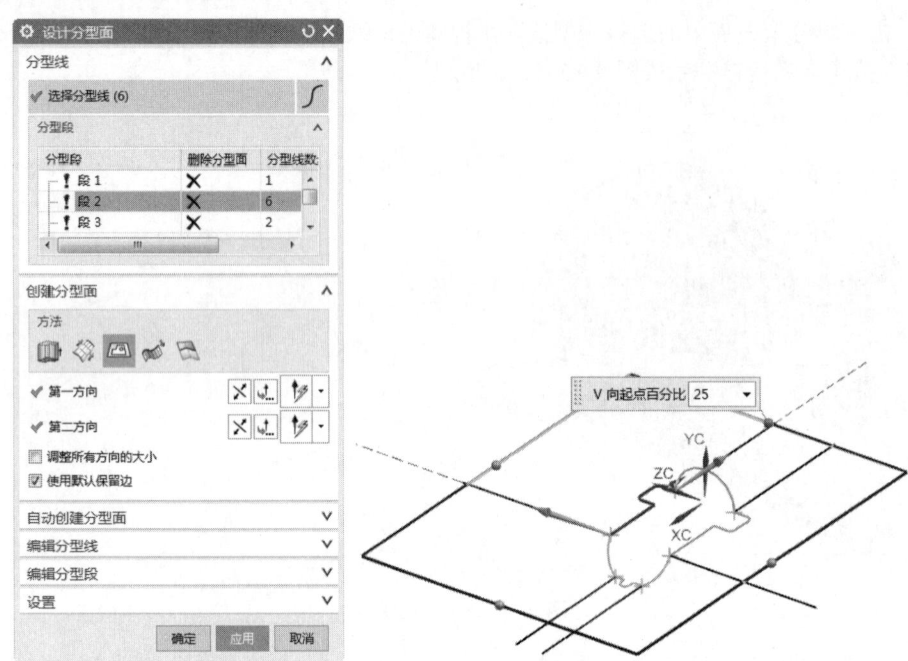

图 9-18　选择分段 2

（2）在“设计分型面”对话框中分型段列表中选择分段 3，在创建分型面栏中选中“拉伸”选项，选择 XC 轴为拉伸方向，用鼠标拖动“曲面延伸距离”标志，调节曲面延伸距离，使分型面的拉伸长度大于工件的长度，如图 9-19 所示，单击“应用”按钮。

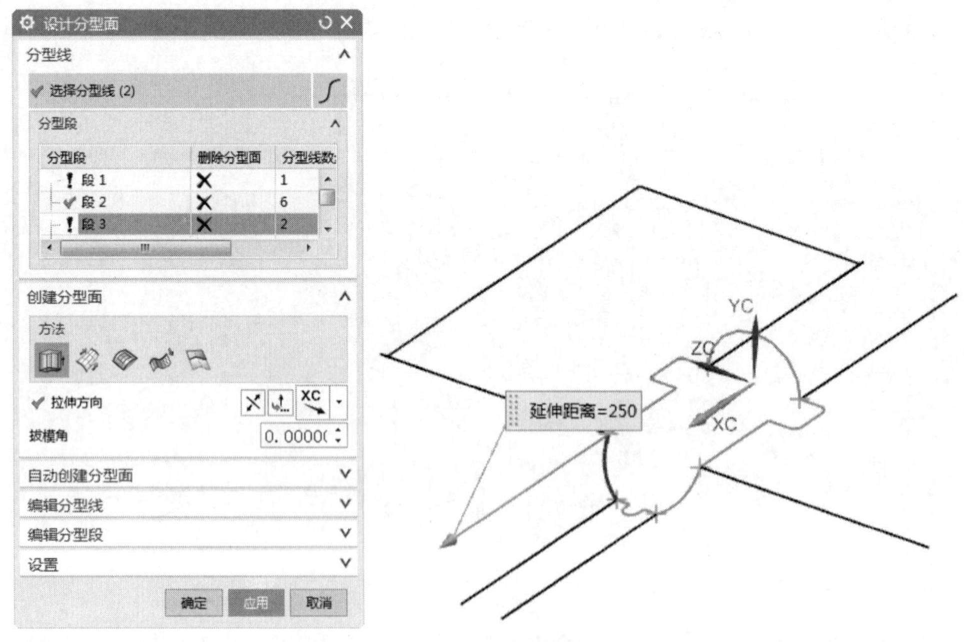

图 9-19　选择分段 3

（3）在“设计分型面”对话框中分型段列表中选择分段 4，在创建分型面栏中选中“拉伸”选

项，采用默认的拉伸方向，用鼠标拖动“曲面延伸距离”标志，调节曲面延伸距离，使分型面的拉伸长度大于工件的长度，如图 9-20 所示，单击“应用”按钮。

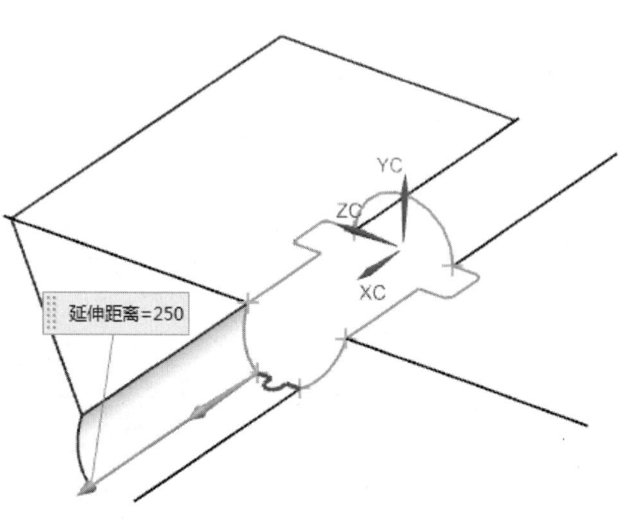

图 9-20　选择分段 4

（4）在“设计分型面”对话框中分型段列表中选择分段 1，在创建分型面栏中选中“拉伸”选项，采用默认的拉伸方向，用鼠标拖动“曲面延伸距离”标志，调节曲面延伸距离，使分型面的拉伸长度大于工件的长度，如图 9-21 所示，单击“应用”按钮。

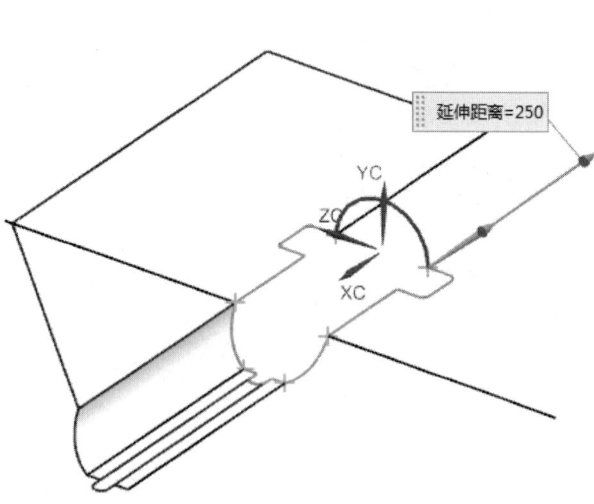

图 9-21　选择分段 1

（5）在“设计分型面”对话框中分型段列表中选择分段 6，在创建分型面栏中选中“有界平面”

选项，选中“使用默认保留边”复选框，如图9-22所示。调节曲面延伸距离，使分型面的平面长度大于工件的长度，单击“应用”按钮。

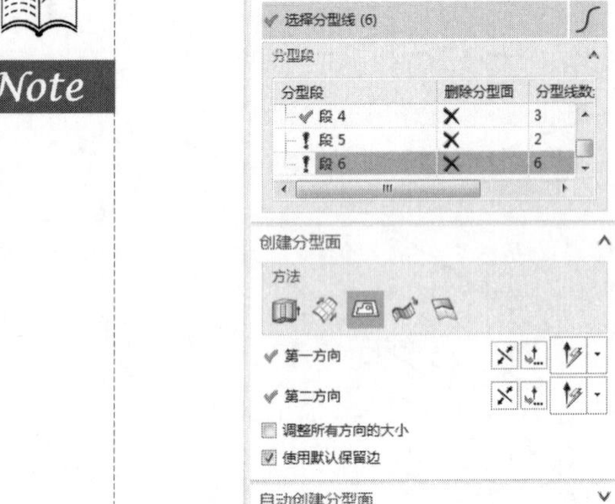

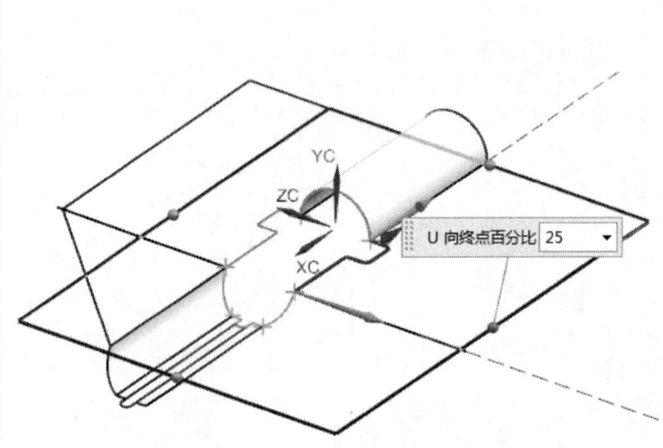

图 9-22　选择分段 6

（6）在“设计分型面”对话框中分型段列表中选择分段 5，在创建分型面栏中选中“拉伸”选项，选择 XC 轴为拉伸方向，如图 9-23 所示。用鼠标拖动“曲面延伸距离”标志，调节曲面延伸距离，使分型面的拉伸长度大于工件的长度，单击“确定”按钮，完成分型面的创建，如图 9-24 所示。

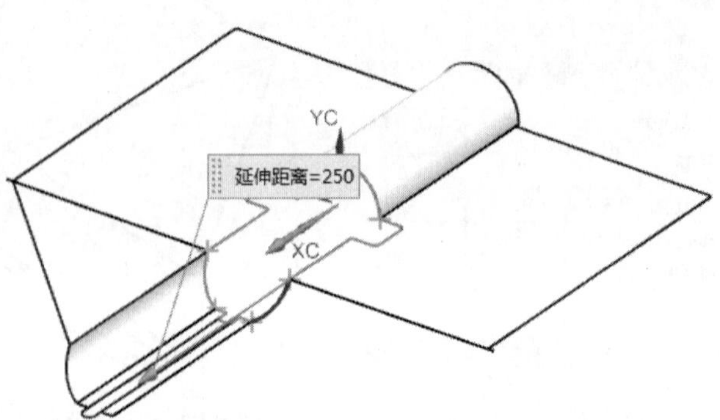

图 9-23　选择分段 5

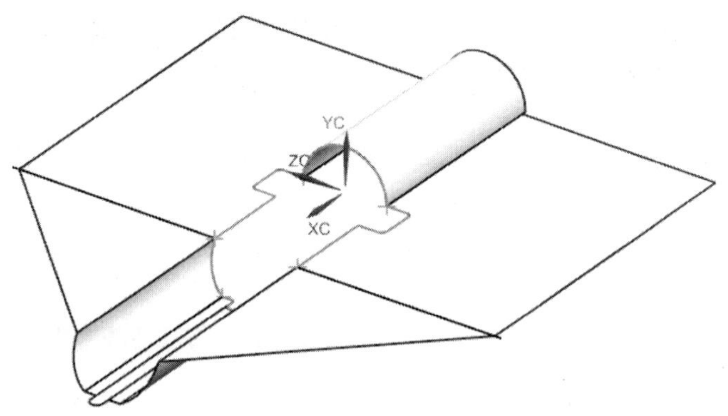

图 9-24　创建分型面

9.2.3　创建型腔和型芯

（1）单击“注塑模向导”选项卡“分型刀具”面板上的“检查区域”按钮，系统将弹出“检查区域”对话框，如图 9-25 所示，选择“保持现有的”选项，默认脱模方向，单击“计算”按钮。

（2）选择“区域”选项卡，从对话框中可以看到型腔面数为 8，型芯面数为 7，未定义的区域为 21，如图 9-26 所示。将未定义的区域分别指派到型腔或型芯区域。单击对话框中“确定”按钮。可以看到型腔面 8 与型芯面 28 的和等于总面数 36。

图 9-25　“检查区域”对话框

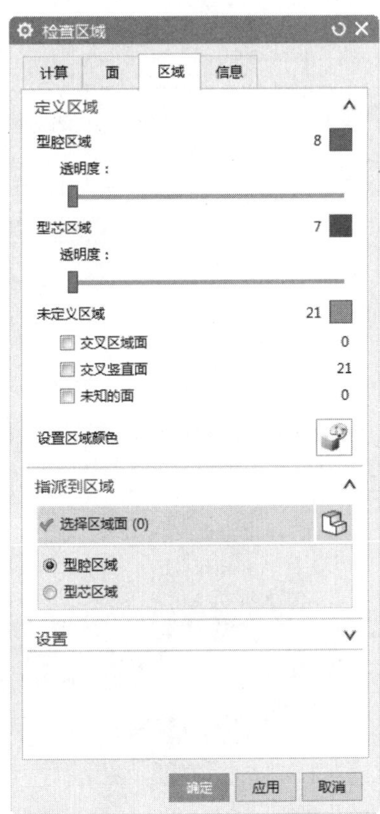

图 9-26　“区域”选项卡

（3）单击“注塑模向导”选项卡“分型刀具”面板上的“定义区域”按钮，弹出图 9-27 所示的“定义区域”对话框。选择“所有面”选项，选中“创建区域”复选框。单击“确定”按钮，完成型腔和型芯的抽取。

（4）单击“注塑模向导”选项卡“分型刀具”面板上的“定义型腔和型芯”按钮，系统弹出如图 9-28 所示的“定义型腔和型芯”对话框，选择“所有区域”选项，单击“确定”按钮。

（5）系统弹出“查看分型结果”对话框，如图 9-29 所示。同时工作区显示型腔效果图，如图 9-30 所示。

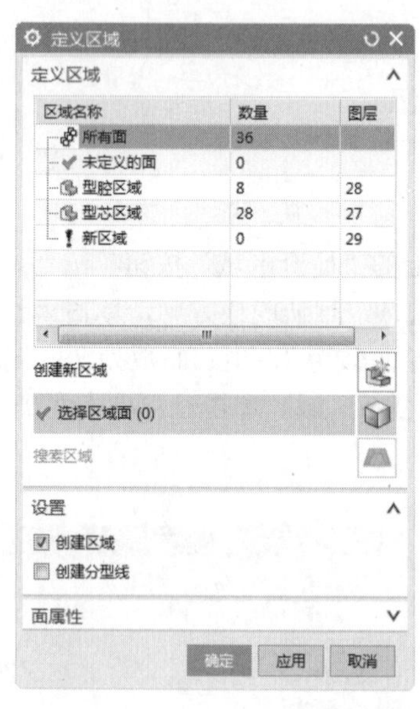

图 9-27 “定义区域”对话框

图 9-28 “定义型腔和型芯”对话框

图 9-29 “查看分型结果”对话框

（6）系统弹出“查看分型结果”对话框，同时工作区显示型芯效果图，如图 9-31 所示，单击“确定”按钮。

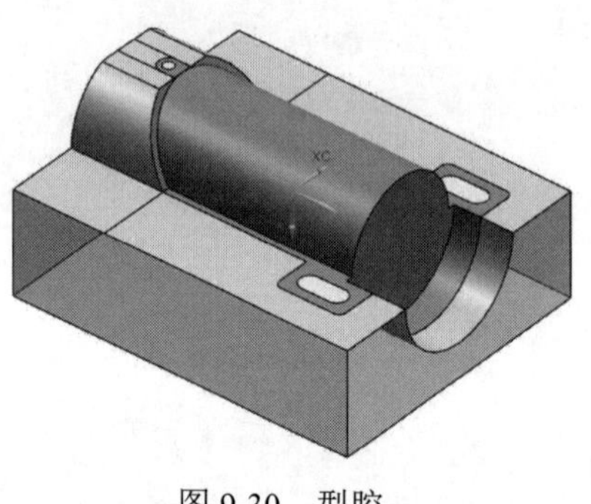

图 9-30 型腔

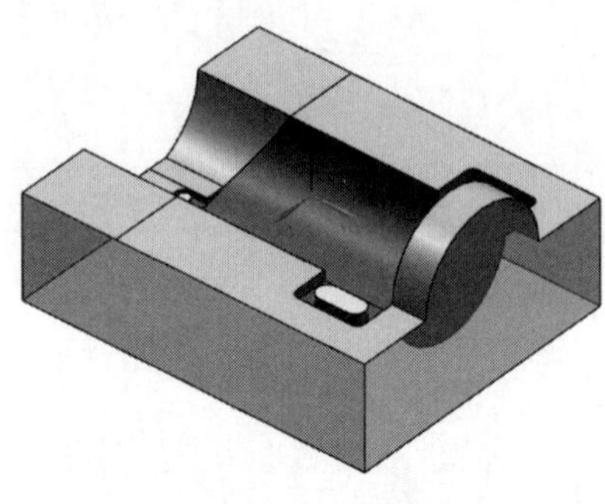

图 9-31 型芯

（7）单击“文件”→“保存”→“全部保存”选项，保存所有部件文件。

9.3　辅助系统设计

9.3.1　模架设计

（1）单击“注塑模向导”选项卡“主要”面板上的“模架库”按钮，系统弹出“重用库”对话框和“模架库”对话框。

（2）在“名称”列表中选择名称“DME”，并在“成员选择”列表中选择对象“2A”，在“详细信息”列表中选择模架的型号为“3540”，设置“AP_h”的值为“106”，“BP_h”的值为“106”，“CP_h”的值为“86”，如图 9-32 所示。

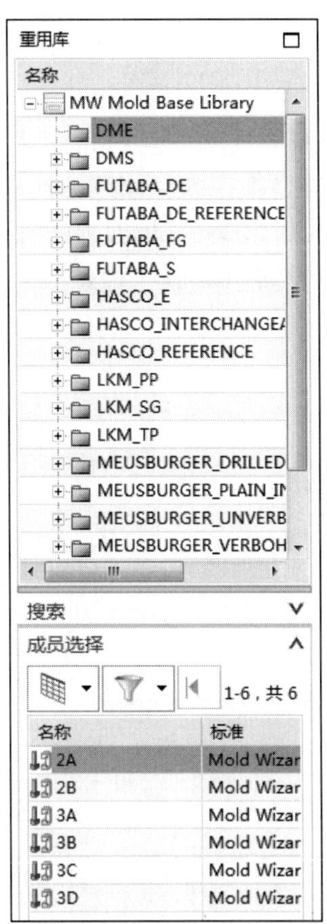

图 9-32　模架参数设计

（3）单击“确定”按钮，系统开始自动加载模架。加载后的效果如图 9-33 所示。

9.3.2　标准件设计

（1）单击“注塑模向导”选项卡“主要”面板上的“标准件库”按钮，系统弹出“重用库”对话框和“标准件管理”对话框。

Note

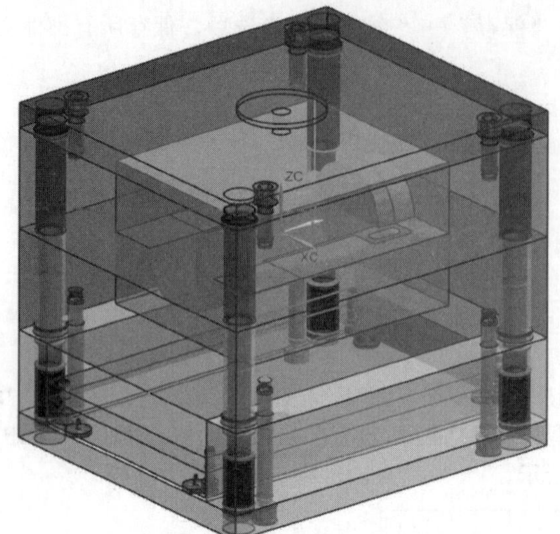

图 9-33　加载模架

（2）在“重用库”对话框的“名称”列表中选择“HASCO_MM”→“Locating Ring”选项，然后在“成员选择”列表中选择“K100C”选项，然后在“详细信息”列表中设置 DIAMETER 为“90”，“THICKNESS”为“13”，如图 9-34 所示。然后单击“确定”按钮，生成的定位环如图 9-35 所示。

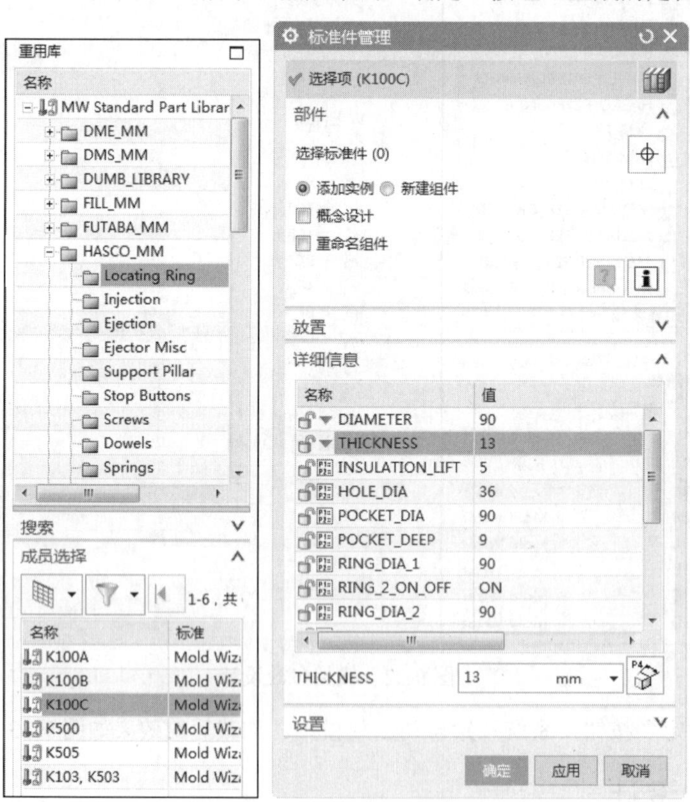

图 9-34　定位环参数设置

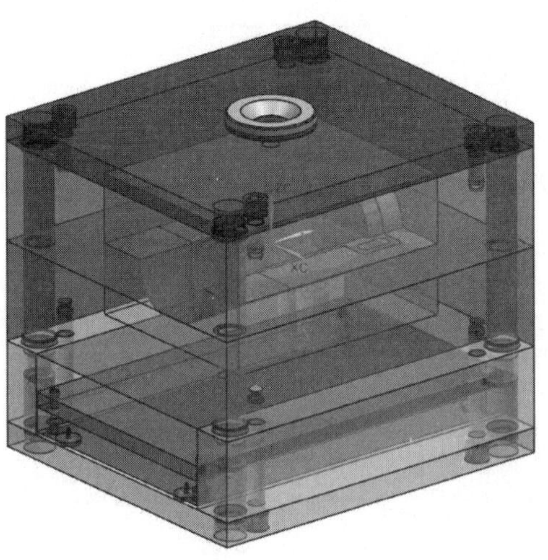

图 9-35　定位环

（3）单击“注塑模向导”选项卡“主要”面板上的“标准部件库”按钮，弹出“重用库”对话框和“标准件管理”对话框。

（4）在名称中选择“HASCO_MM”→“Injection”，在成员选择中选择 Spruce Bushing[Z50，Z51，Z511，Z512]，并在详细信息栏中设置为 CATALOG_DIA 为 18， CATALOG_LENGTH 为 116，如图 9-36 所示。单击“确定”按钮，将浇口套加入到模具装配中，如图 9-37 所示。

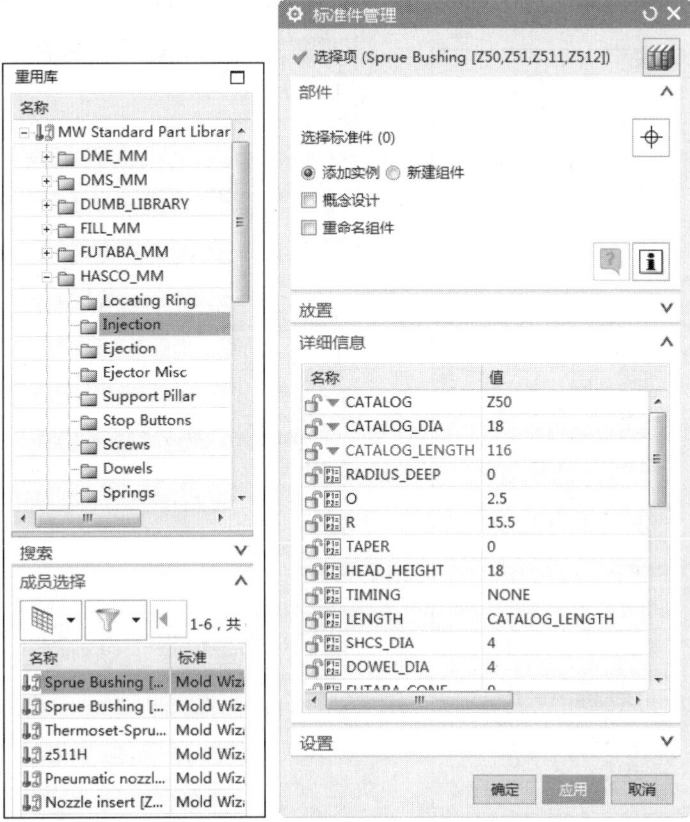

图 9-36　设置浇口套尺寸

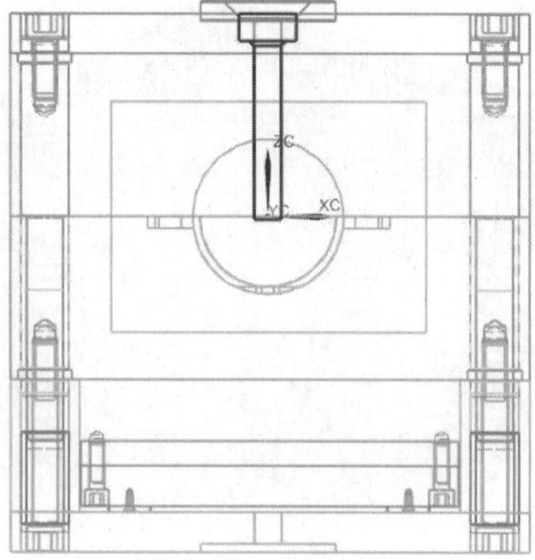

图 9-37　加入浇口套

9.3.3　顶出系统设计

（1）单击“注塑模向导”选项卡“主要”面板上的“标准件库”按钮，弹出“重用库”对话框和“标准件管理”对话框，从“名称”列表选择“DME_MM”→“Ejection”选项，然后在成员选择列表中选择“Ejiection Pin[Straight]”选项，在“标准件管理”对话框的详细信息栏中设置“CATALOG_DIA”的值为 4，“CATALOG_LENGTH”的值为 200，如图 9-38 所示。

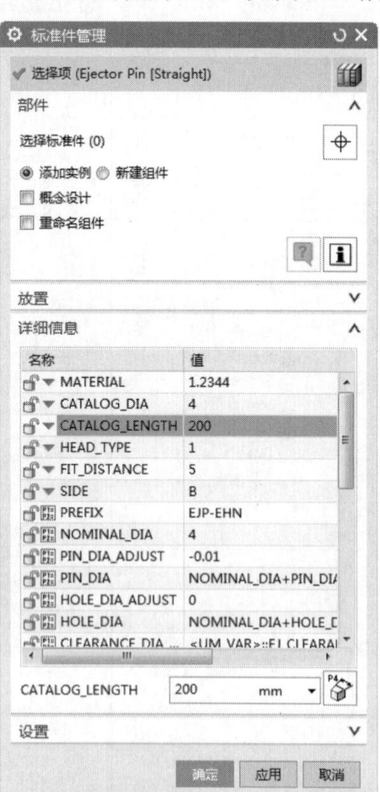

图 9-38　顶杆参数设置

（2）单击“确定”按钮，系统弹出“点”对话框，分别输入以下点坐标：（0，92，0），（0，−70，0），（45，0，0），（−45，0，0），（35，65，0），（−35，65，0），如图 9-39 所示，输入一次，单击“确定”按钮一次，完成后如图 9-40 所示。

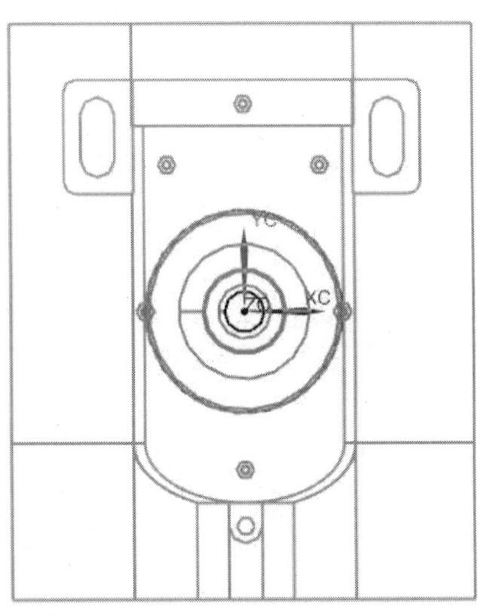

图 9-39　输入顶杆点

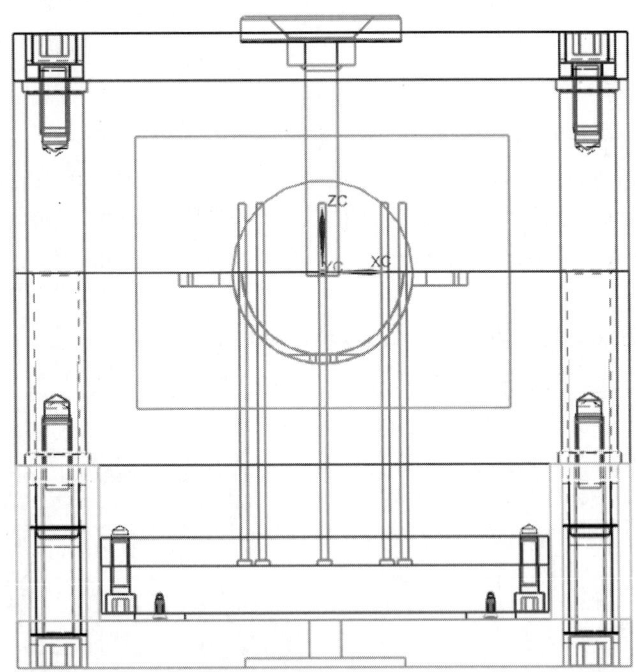

图 9-40　生成顶杆

（3）单击“注塑模向导”选项卡“主要”面板上的“顶杆后处理”按钮，系统打开“顶杆后处理”对话框，如图 9-41 所示。选择“修剪”类型，在目标栏的列表中选择已经创建的待处理的顶杆。

（4）在工具栏中接受默认的修边部件。接受默认的修剪曲面，即型芯修剪片体（CORE_

Note

TRIM_SHEET）。单击“确定”按钮，完成对顶杆的剪切，如图 9-42 所示。

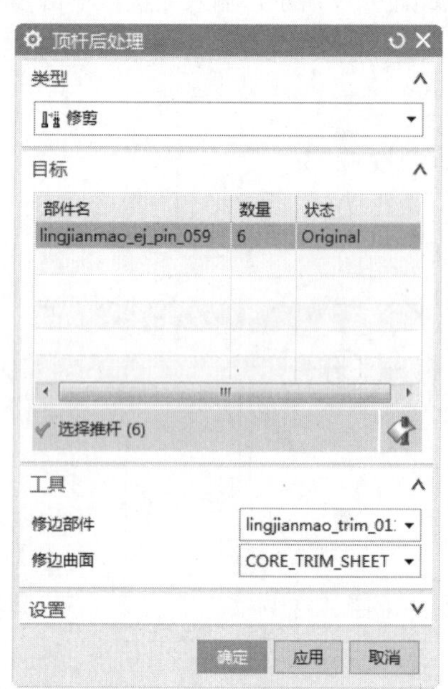

图 9-41 “顶杆后处理”对话框

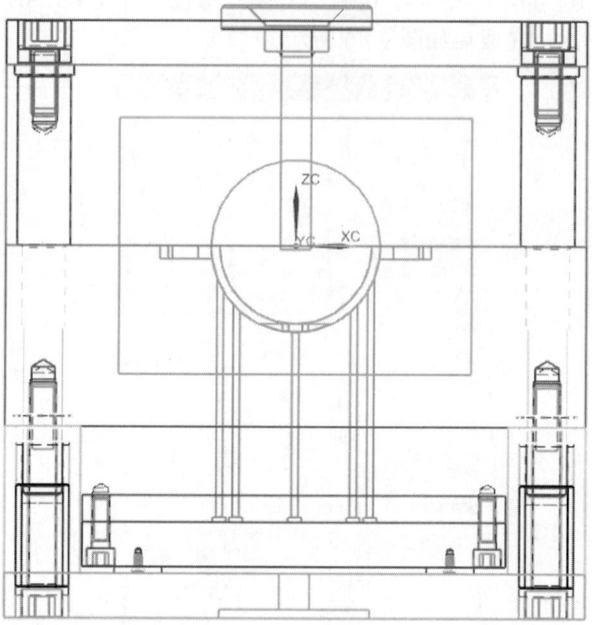

图 9-42 修剪顶杆

9.3.4 浇注系统设计

作为单型腔模具，根据模具形状选择从侧边进行浇注，开设一个浇口。

（1）在装配导航器中选取浇口套，右击，在打开的快捷菜单中选择“编辑工装组件”选项，打开“标准件管理”对话框，单击“重定位”按钮，打开“移动组件”对话框，如图 9-43 所示。选择“动态”运动，输入 Y 为-100，按 Enter 键，如图 9-44 所示。单击“确定”按钮，完成浇口套的移动。

（2）采用相同的方法重定位定位环，结果如图 9-45 所示。

图 9-43 “移动组件”对话框

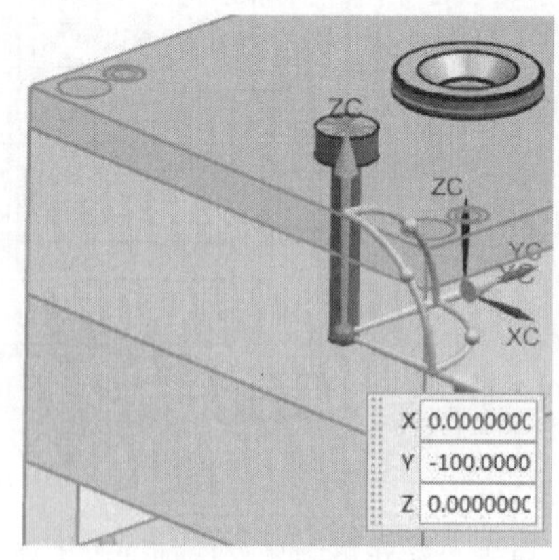

图 9-44 移动浇口套

（3）隐藏模架和型腔，显示如图 9-46 所示的部件。单击“注塑模向导”选项卡“主要”面板上

Note

的“设计填充”按钮，弹出“重用库”和“设计填充”对话框。

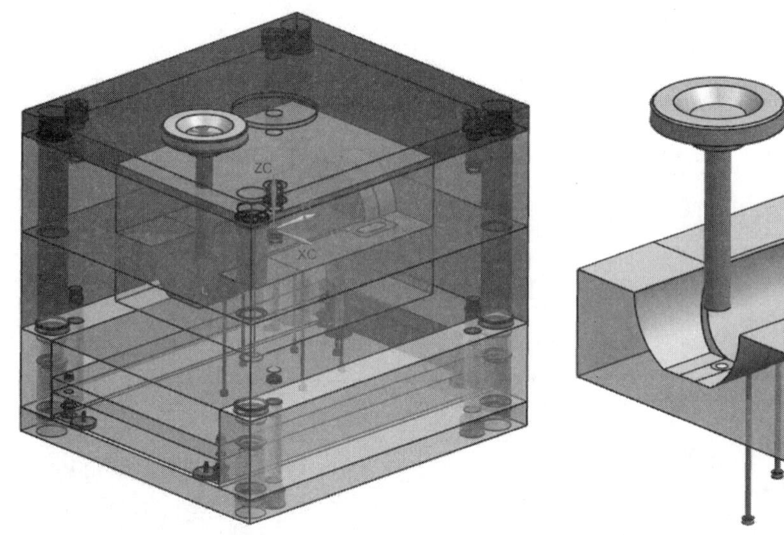

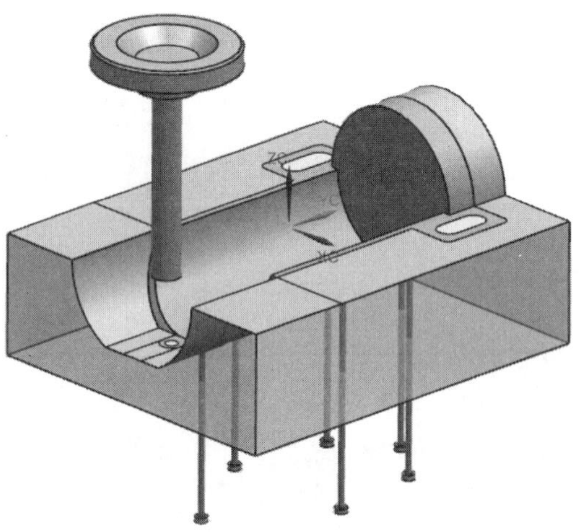

图 9-45 重定位定位环　　图 9-46 显示部件

（4）在“成员选择”列表中选择“Gate[Pin three]”成员，在“设计填充”对话框“详细信息”栏中更改 d 为 1.5，其他采用默认设置，如图 9-47 所示。

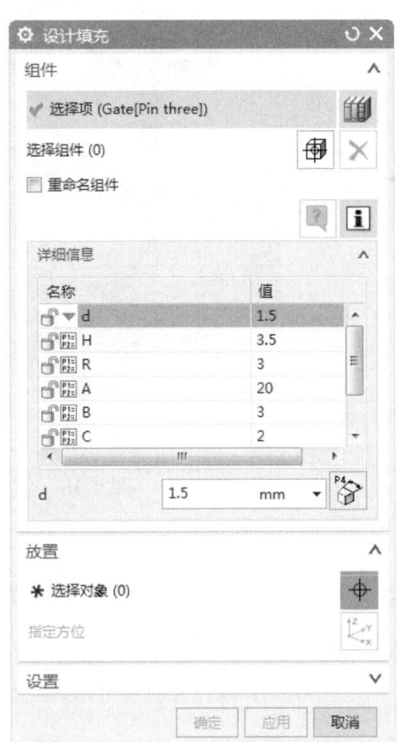

图 9-47 浇口设计

（5）在“放置”栏中单击“选择对象”图标，捕捉如图 9-48 所示浇口套的下端圆心为放置浇口位置。

Note

（6）选取视图中的动态坐标系上的 ZC 轴，输入距离为-52，按 Enter 键，将浇口向下移动，如图 9-49 所示。

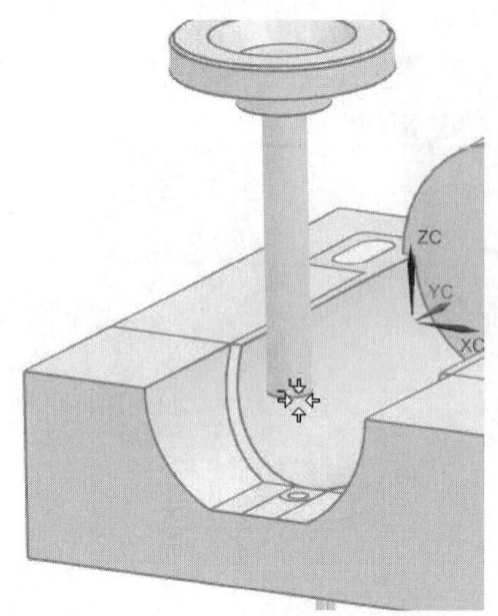

图 9-48　捕捉直线端点

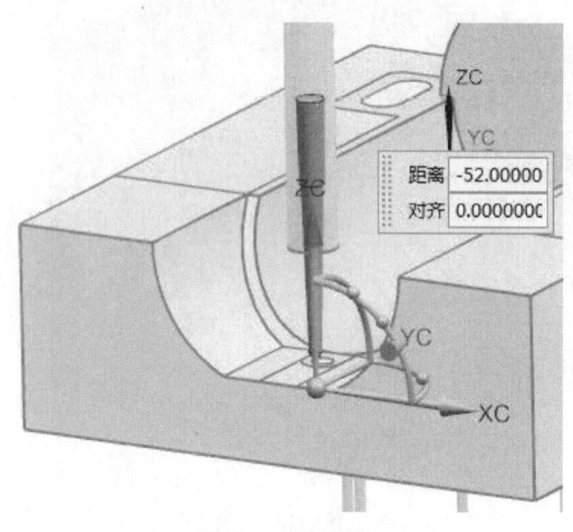

图 9-49　移动浇口

（7）单击“确定”按钮，完成浇口的创建，如图 9-50 所示。

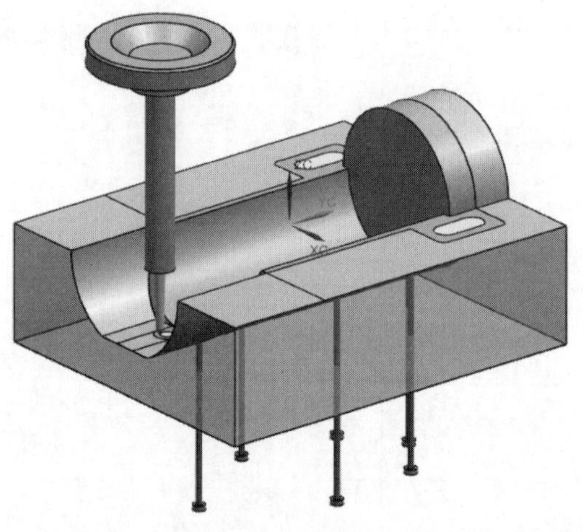

图 9-50　创建浇口

9.4　冷却系统设计

根据产品体特点，考虑把水道开在模架的侧面上。

9.4.1　型芯冷却系统设计

（1）在装配导航器上选择型芯部件，右击，在打开的快捷菜单中选择“在窗口中打开”选项，打开型芯部件，如图 9-51 所示。

Note

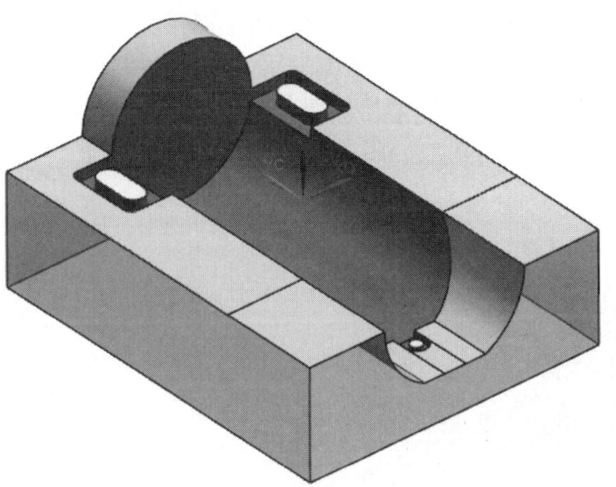

图 9-51　型芯部件

（2）单击“注塑模向导”选项卡“冷却工具”面板上的“冷却标准件库”按钮，系统弹出“重用库”对话框和“冷却组件设计”对话框。

（3）在“重用库”对话框的“名称”列表中选择“COOLING”→“Water”选项，在“成员选择”列表中选择“COOLING HOLE”选项，在“详细信息”列表中设置“PIPE_THREAD”为 M10，“HOLE_1_DEPTH”为 180，“HOLE_2_DEPTH”为 180，如图 9-52 所示。

图 9-52　“重用库”对话框和“冷却组件设计”对话框（1）

Note

（4）选择一个面放置水道，选择如图9-53所示的平面作为放置面。单击“确定”按钮。

（5）系统弹出“标准件位置”对话框，单击参考点中的“点对话框”按钮，弹出“点”对话框，设置参考点为（0，0，0），单击“确定”按钮，返回到“标准件位置”对话框，设置“X偏置”为90，“Y偏置”为-20，如图9-54所示，单击“应用”按钮。

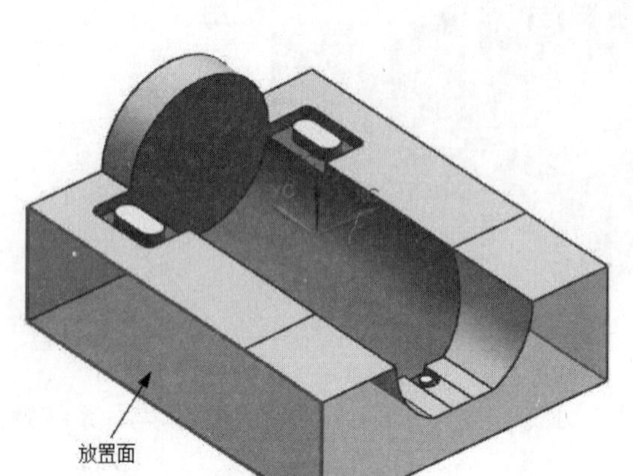

图9-53　选择放置面（1）

图9-54　“标准件位置”对话框

（6）设置“X偏置”为-90，“Y偏置”为-20，单击“确定”按钮。创建好的冷却水道如图9-55所示。

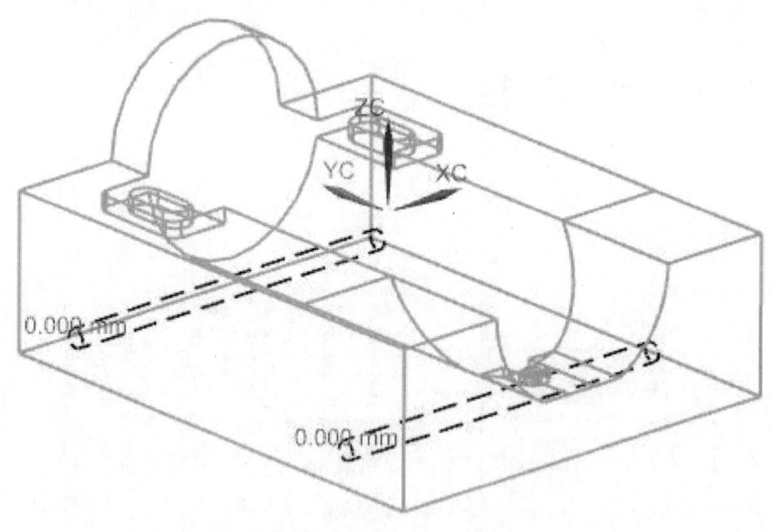

图9-55　创建冷却水道（1）

（7）单击“注塑模向导”选项卡“冷却工具”面板上的“冷却标准件库”按钮，系统弹出“重用库”对话框和“冷却组件设计”对话框。

（8）在“重用库”对话框的“名称”列表中选择“COOLING”→“Water”选项，在“成员选择”列表中选择“COOLING HOLE”选项，在“详细信息”列表中设置“PIPE_THREAD”为M10，“HOLE_1_DEPTH”为230，“HOLE_2_DEPTH”为230。

（9）选择一个面放置水道，选择如图9-56所示的平面作为放置面。单击“确定”按钮。

（10）系统弹出“标准件位置”对话框，单击参考点中的“点对话框”按钮，弹出“点”对话框，设置参考点为（0，0，0），单击“确定”按钮，返回到“标准件位置”对话框，设置“X 偏置”为-65，“Y 偏置”为-45，如图 9-57 所示，单击“确定”按钮。创建好的冷却水道如图 9-58 所示。

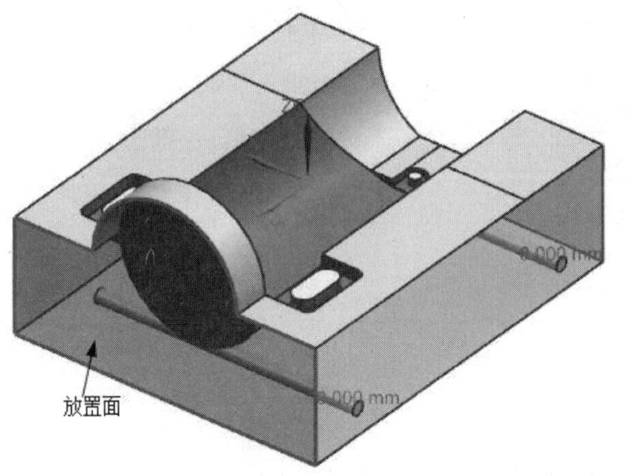

图 9-56　选择放置面（2）

图 9-57　“标准件位置”对话框

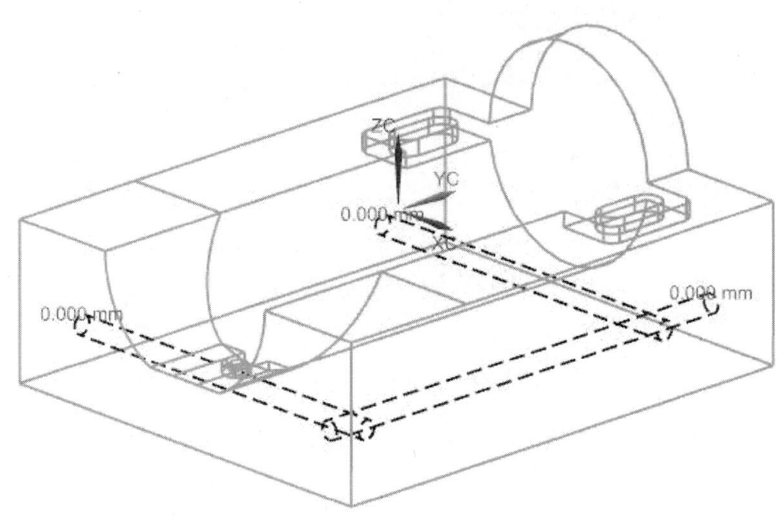

图 9-58　创建冷却水道（2）

（11）单击“注塑模向导”选项卡“冷却工具”面板上的“冷却标准件库”按钮，系统弹出“重用库”对话框和“冷却组件设计”对话框。

（12）在“重用库”对话框的“名称”列表中选择“COOLING”→“Water”选项，在“成员选择”列表中选择“COOLING HOLE”选项，在“详细信息”列表中设置“PIPE_THREAD”为 M10，“HOLE_1_DEPTH”为 80，“HOLE_2_DEPTH”为 80。

（13）选择一个面放置水道，选择如图 9-59 所示的平面作为放置面。单击“确定”按钮。

（14）系统弹出“标准件位置”对话框，单击参考点中的“点对话框”按钮，弹出“点”对话框，设置参考点为（0，0，0），单击“确定”按钮，返回到“标准件位置”对话框，设置“X 偏置”为-75，“Y 偏置”为-20，单击“确定”按钮。创建好的冷却水道如图 9-60 所示。

Note

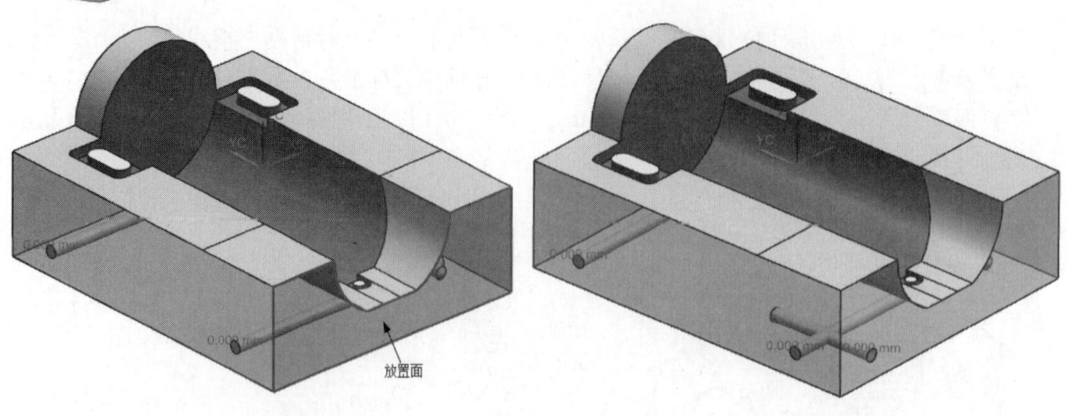

图 9-59　选择放置面（3）　　　　图 9-60　创建冷却水道（3）

（15）采用相同的方法，在另一侧面创建相同参数的水道，如图 9-61 所示。

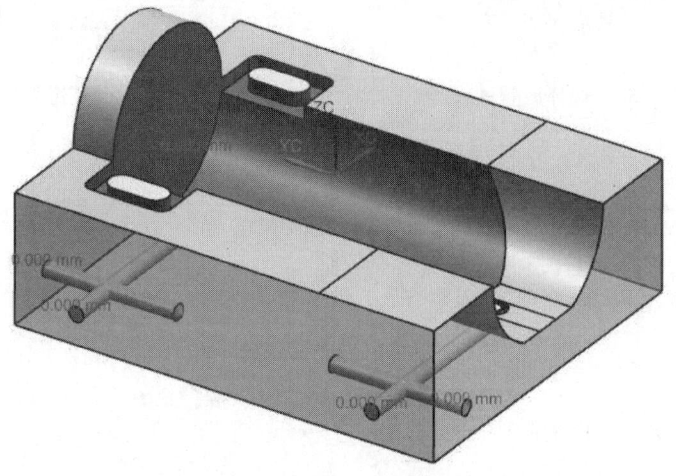

图 9-61　创建冷却水道（4）

（16）单击“注塑模向导”选项卡“冷却工具”面板上的“冷却标准件库”按钮，系统弹出“重用库”对话框和“冷却组件设计”对话框。

（17）在“重用库”对话框的“名称”列表中选择“COOLING”→“Water”选项，在“成员选择”列表中选择“COOLING HOLE”选项，在“详细信息”列表中设置“PIPE_THREAD”为 M10，“HOLE_1_DEPTH”为 20，“HOLE_2_DEPTH”为 20。

（18）选择一个面放置水道，选择如图 9-62 所示的平面作为放置面。单击“确定”按钮。

（19）系统弹出“标准件位置”对话框，单击参考点中的“点对话框”按钮，弹出“点”对话框，设置参考点为（0，0，0），单击“确定”按钮，返回到“标准件位置”对话框，设置“X 偏置”为 75，“Y 偏置”为 55，单击“应用”按钮。

（20）设置“X 偏置”为 75，“Y 偏置”为-55，单击“确定”按钮。创建好的冷却水道如图 9-63 所示。

（21）选择型芯体，然后右击，从打开的快捷菜单中选择“隐藏”选项，隐藏型芯体，完成的结果如图 9-64 所示。

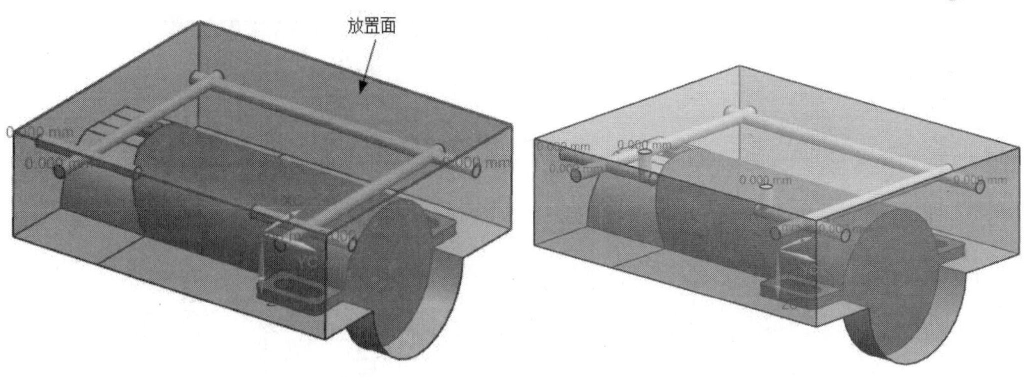

图 9-62　选择放置面（4）　　　　图 9-63　创建冷却水道（4）

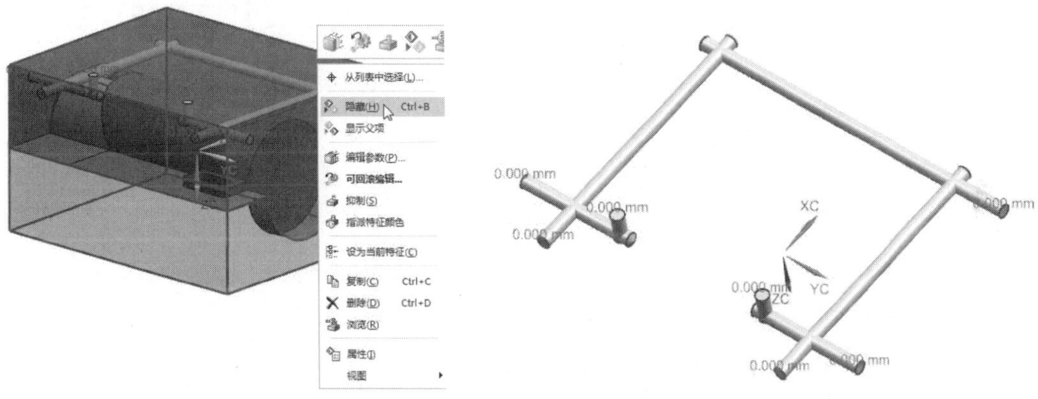

图 9-64　冷却系统

（22）为了使型芯的冷却系统定向流动，必须在冷却水道的端部设置喉塞。单击“注塑模向导”选项卡“冷却工具”面板上的“冷却标准件库”按钮，系统弹出“重用库”对话框和“冷却组件设计”对话框。

（23）选择如图 9-65 所示的冷却水道，在“重用库”对话框的“名称”列表中选择“COOLING”→“Water”选项，在“成员选择”列表中选择“PIPE PLUG”选项，在“详细信息”列表中设置 SUPPLIER 为 DME，“PIPE_THREAD”为 M10，其他采用默认设置，如图 9-66 所示。

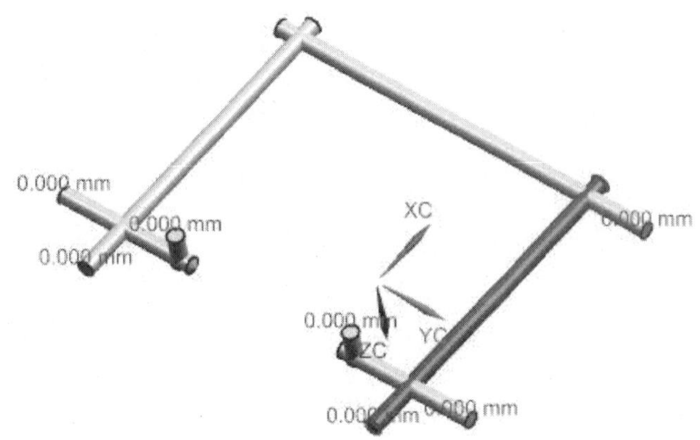

图 9-65　选取水道

Note

图 9-66　设置喉塞参数

（24）单击“确定”按钮，设置完成后的喉塞如图 9-67 所示。依照同样的方法设置其余的喉塞，完成后的结果如图 9-68 所示。

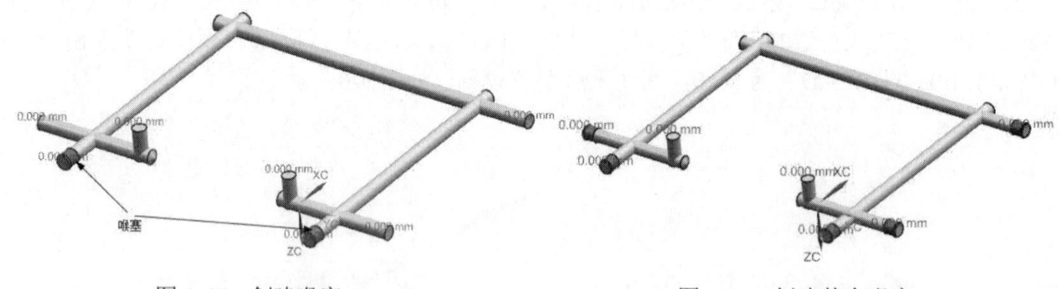

图 9-67　创建喉塞

图 9-68　创建其余喉塞

（25）在“装配导航器”中选中型芯部件，右击，从弹出的菜单中选中“显示”选项，重新显示型芯体。

（26）单击“主页”选项卡“特征”面板上的“边倒圆”按钮，系统弹出如图 9-69 所示的“边倒圆”对话框。依次选中型芯的四条边，然后在设置后面的文本框中输入半径“10”，完成边倒圆的特征如图 9-70 所示。

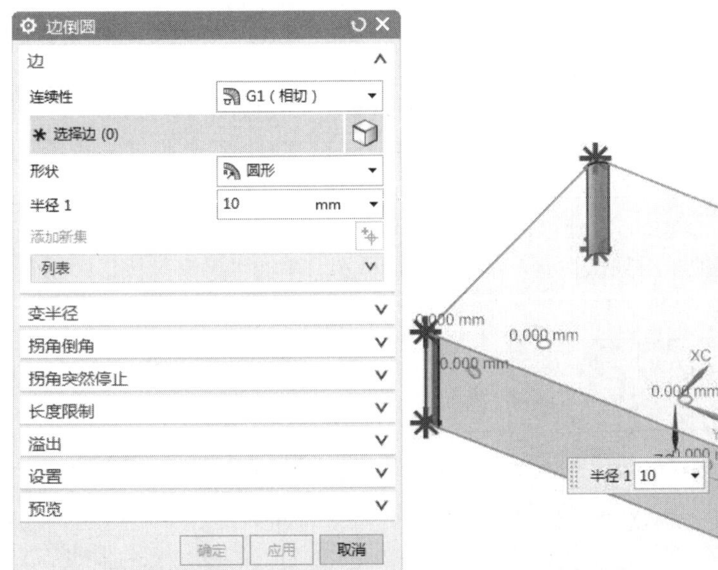

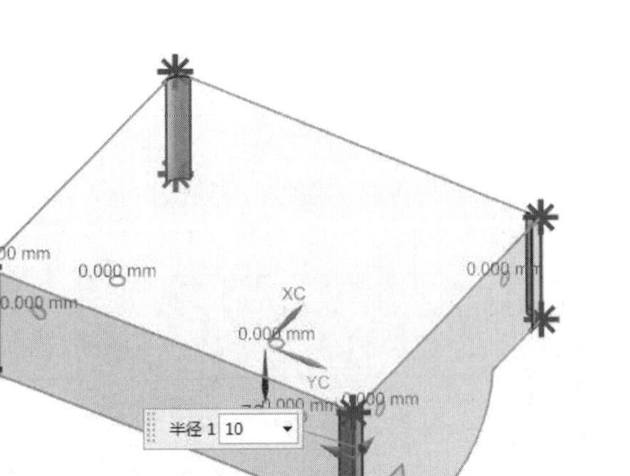

图 9-69　“边倒圆”对话框设置（1）

（27）在总装配文件中，单击“注塑模向导”选项卡“冷却工具”面板上的“冷却标准件库”按钮，系统弹出“重用库”对话框和“冷却组件设计”对话框。

（28）在“重用库”对话框的“名称”列表中选择“COOLING”→“Water”选项，在“成员选择”列表中选择“COOLING HOLE”选项，在“详细信息”列表中设置“PIPE_THREAD”为 M10，“HOLE_1_DEPTH”为 110，“HOLE_2_DEPTH”为 110。

（29）选择一个面放置水道，选择如图 9-71 所示的平面作为放置面。单击“确定”按钮。

（30）系统弹出“标准件位置”对话框，单击参考点中的“点对话框”按钮，弹出“点”对话框，设置参考点为（0，0，0），单击“确定”按钮，返回到“标准件位置”对话框，设置“X 偏置”为 55，“Y 偏置”为-15，单击“应用”按钮。

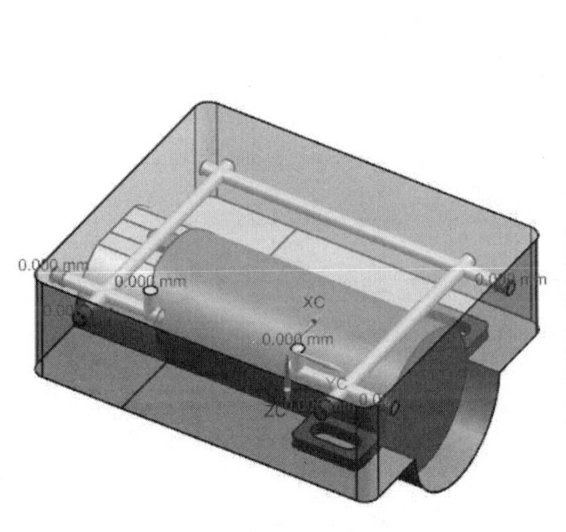

图 9-70　边倒圆特征效果

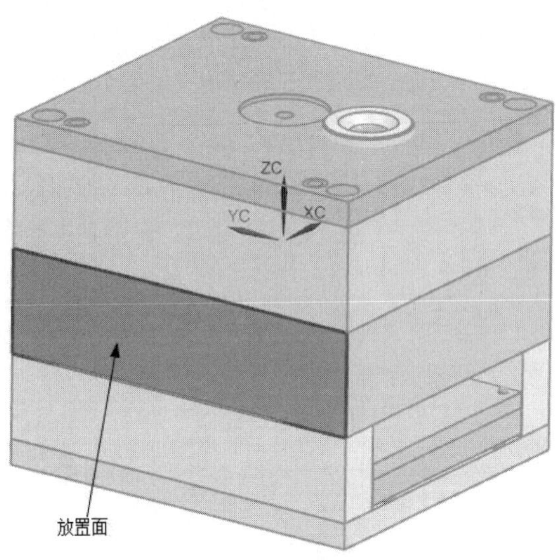

图 9-71　选择放置面

Note

（31）设置“X 偏置”为-55，“Y 偏置”为-15，单击“确定”按钮。创建好的冷却水道如图 9-72 所示。

（32）为了绘制方便，将所有部件隐藏，只显示水道，单击“注塑模向导”选项卡“冷却工具”面板上的“冷却标准件库”按钮，弹出“重用库”对话框和“冷却组件设计”对话框，选择如图 9-73 所示的水道，在“重用库”对话框的“名称”列表中选择“COOLING”→“Water”选项，在“成员选择”列表中选择“O-RING”选项，在“详细信息”列表中设置 SUPPLIER 为 HRSCO，“FITTING_DIA”为 9.6，其他采用默认设置，如图 9-74 所示，单击“确定”按钮；创建如图 9-75 所示的防水圈。

图 9-72　冷却水道

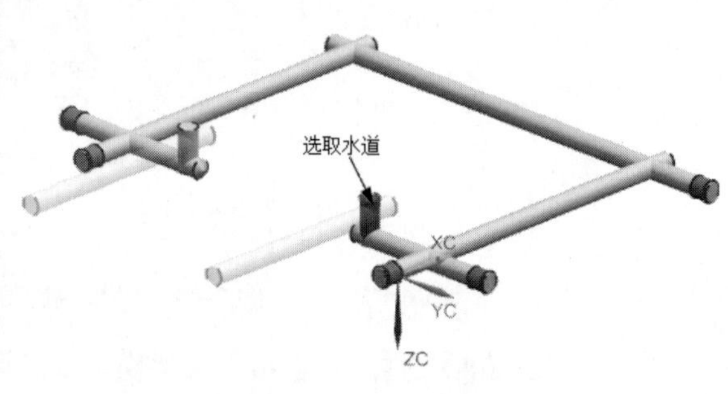

图 9-73　选取水道

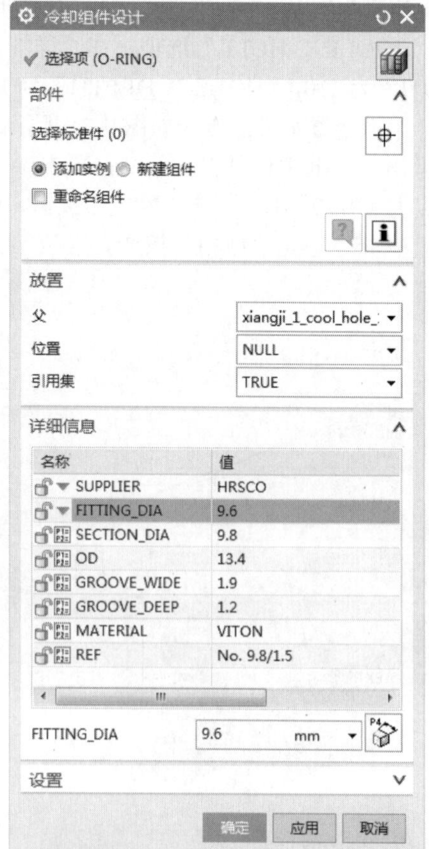

图 9-74　防水圈设计参数

Note

（33）单击“注塑模向导”选项卡“冷却工具”面板上的“冷却标准件库”按钮，弹出“重用库”对话框和“冷却组件设计”对话框，选择图 9-76 所示的冷却道，在“重用库”对话框的“名称”列表中选择“COOLING”→“Water”选项，在“成员选择”列表中选择“CONNECTOR PLUG”选项，在“详细信息”列表中设置“SUPPLER”为 HASCO，“PIPE_THREAD”为 M10，如图 9-77 所示，然后单击“确定”按钮，效果图如图 9-78 所示。

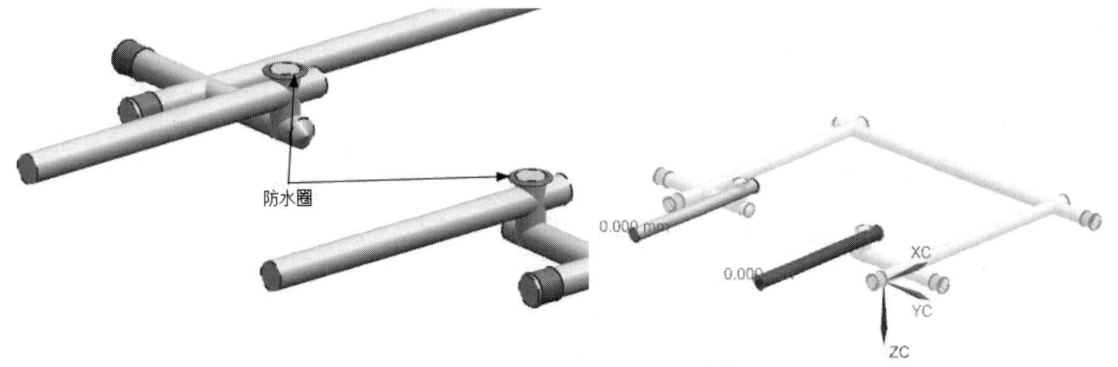

图 9-75　创建防水圈　　　　图 9-76　选择冷却水道

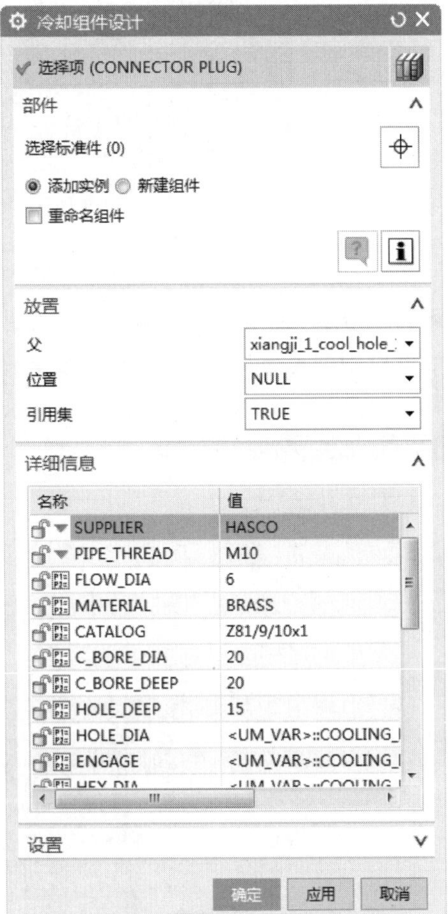

图 9-77　“重用库”对话框和“冷却组件设计”对话框（2）

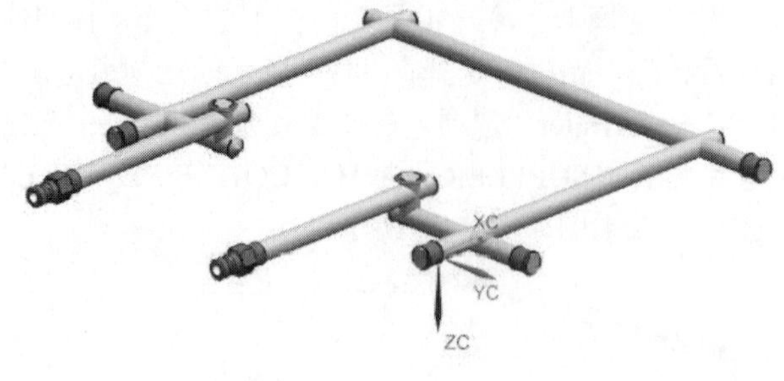

图 9-78　创建水嘴

9.4.2　型腔冷却系统设计

（1）在装配导航器上选择型腔部件，右击，在打开的快捷菜单中选择“在窗口中打开”选项，打开型腔部件，如图 9-79 所示。

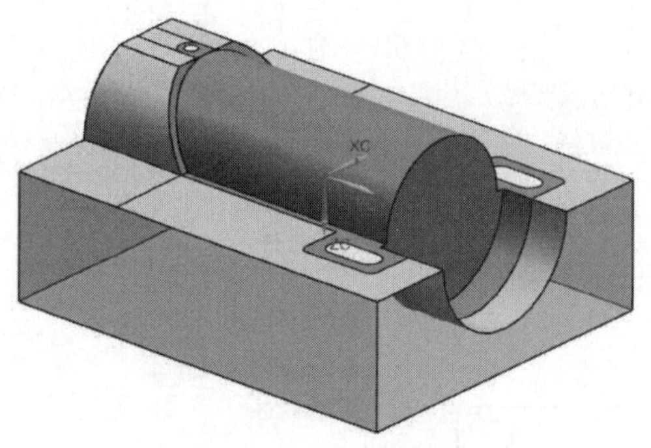

图 9-79　型腔部件

（2）单击“主页”选项卡“特征”面板上的“边倒圆”按钮，系统弹出如图 9-80 所示的“边倒圆”对话框。依次选中型腔的四条边，然后在设置后面的文本框中输入半径“10”，完成边倒圆的特征如图 9-81 所示。

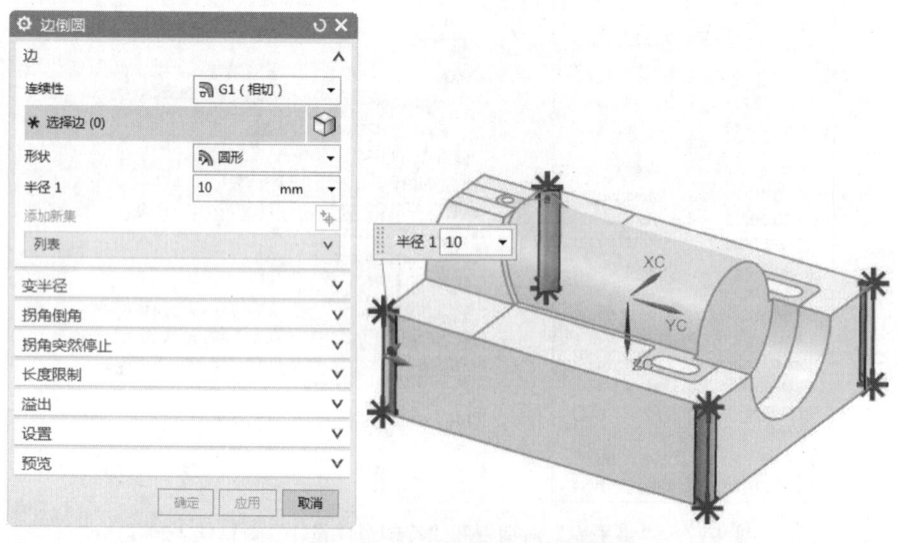

图 9-80　“边倒圆”对话框设置（2）

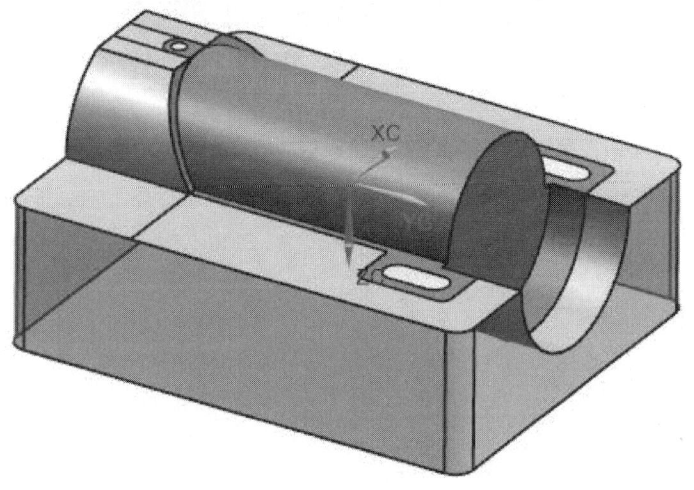

图 9-81　边倒圆特征

（3）在总装配文件中，单击“装配”选项卡“组件”面板上的“镜像装配”按钮，弹出“镜像装配向导”对话框，如图 9-82 所示。选择左侧“镜像步骤”列表下的“选择组件”选项，然后单击“下一步”按钮。

图 9-82　“镜像装配向导”对话框（1）

（4）在出现“镜像装配向导”对话框（2）之后，如图 9-83 所示，选择如图 9-78 所示的冷却系统，选择完成后，“镜像装配向导”对话框变成如图 9-84 所示，然后单击“下一步”按钮，弹出“镜像装配向导”对话框（4），如图 9-85 所示。

（5）单击“镜像装配向导”对话框（4）上的“创建基准平面”按钮，弹出“基准平面”对话框，如图 9-86 所示。选择“XC-YC 平面”类型，输入偏移距离为 0，然后单击“确定”按钮，返回至“镜像装配向导”对话框（4）。

图 9-83 “镜像装配向导”对话框（2）

图 9-84 “镜像装配向导”对话框（3）

图 9-85 “镜像装配向导”对话框（4）

Note

图 9-86　“基准平面”对话框

（6）在“镜像装配向导”对话框（4）中单击“下一步”按钮，弹出“镜像装配向导”对话框（5），如图 9-87 所示。接着单击“下一步”按钮，出现“镜像装配向导”对话框（6），如图 9-88 所示。再接着单击“下一步”按钮，出现“镜像装配向导”对话框（7），如图 9-89 所示，单击“完成”按钮，结果如图 9-90 所示。

图 9-87　“镜像装配向导”对话框（5）

图 9-88　“镜像装配向导”对话框（6）

Note

图 9-89 “镜像装配向导”对话框（7）

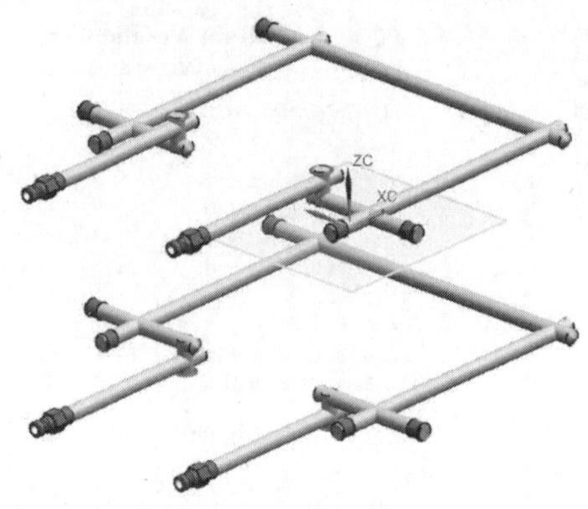

图 9-90 镜像装配结果

（7）在总装配文件的装配导航器中选取总装配，右击，在打开的快捷菜单中选择“显示”选项，显示所有文件，如图 9-91 所示。

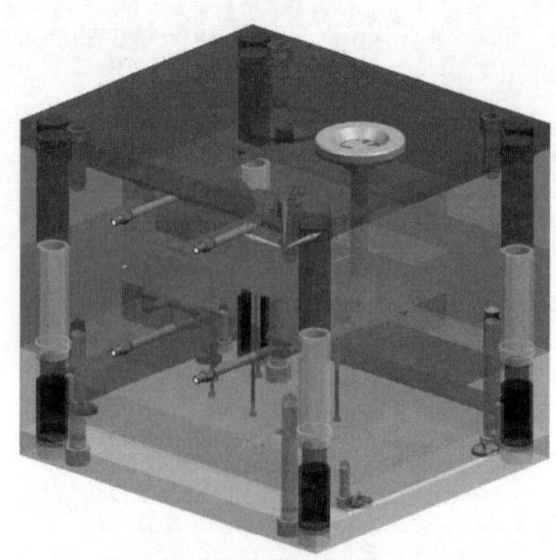

图 9-91 总装配文件

（8）单击“注塑模向导”选项卡“主要”面板上的“腔”按钮，系统弹出如图 9-92 所示的“开腔”对话框，选择“去除材料”模式。

（9）选中模架为目标体，选取型芯、型腔、浇注系统、冷却水道，顶杆等为工具体，然后单击“确定”按钮进行建腔如图 9-93 所示。

（10）选择“文件”→“保存”→“全部保存”选项，保存所有模具文件。

图 9-92　“开腔”对话框

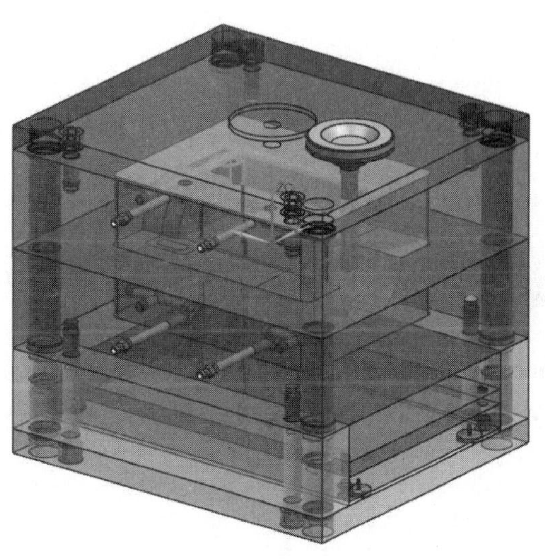

图 9-93　建腔

第10章

照相机模具设计

（视频讲解：51分钟）

照相机是日常生活中经常使用的产品，该零件结构形状比较简单，没有侧孔、倒勾等需要抽芯的部位，所以分型面的设计就相对简单一些，利用MW自动分模功能就能实现。

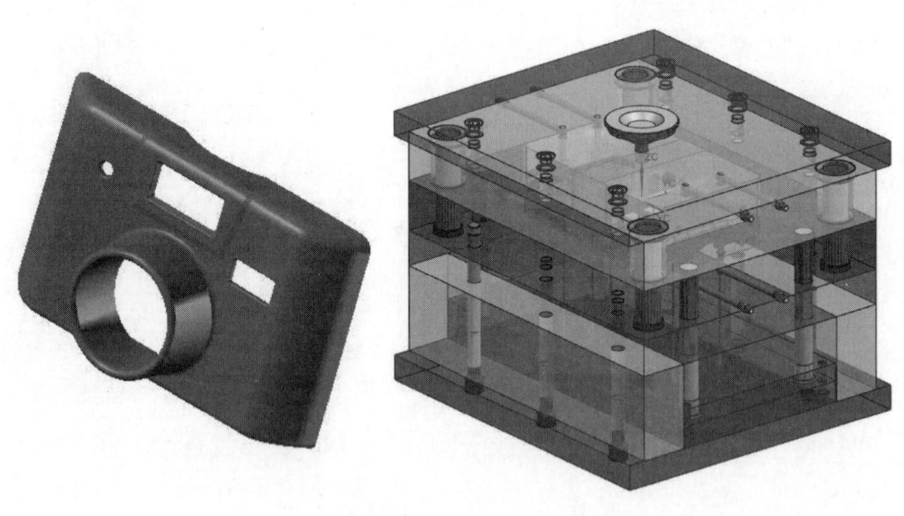

10.1 初始化设置

下面将对该产品体进行初始化设置，包括项目初始化、设定坐标系、设置收缩率、创建工件和型腔布局。具体操作如下。

10.1.1 项目初始化

项目初始化是 UG NX Mold Wizard 模具设计的第一步，利用该命令功能可以加载产品模型。具体操作步骤如下：

（1）单击“注塑模向导”选项卡中的“初始化项目”按钮，弹出“部件名”对话框，装载相机产品文件：yuanwenjian/cameral/xiangji_1.prt，单击“OK”按钮。

（2）在弹出的“初始化项目”对话框中，设置“项目单位”为毫米，并设置好项目路径和项目名称，设置“材料”为“无”，其他采用默认设置，如图 10-1 所示。

（3）单击对话框中的“确定”按钮，加载产品至 UG/Mold Wizard，完成产品装载，如图 10-2 所示。此时，在“装配导航器”中显示系统自动产生的模具装配结构如图 10-3 所示。

图 10-1 “初始化项目”对话框设置

图 10-2 加载产品

图 10-3 模具装配结构图

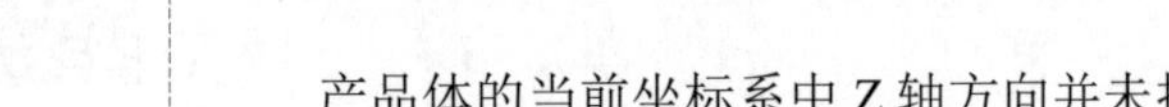

10.1.2 设定模具坐标系和收缩率

产品体的当前坐标系中 Z 轴方向并未指向模具的开模方向，需要进行旋转坐标系，然后再设定模具坐标系和设置注塑件的收缩率。

（1）选择“菜单”→“格式”→“WCS”→“旋转”命令，系统弹出“旋转 WCS 绕...”对话框，如图 10-4 所示，选择“+ZC 轴：XC→YC”单选按钮，旋转角度为“90”，然后单击“应用”按钮。再选择“-YC 轴：ZC→XC”单选按钮，旋转角度为“90”，单击“应用”按钮，然后单击“取消”按钮，旋转后的结果如图 10-5 所示。

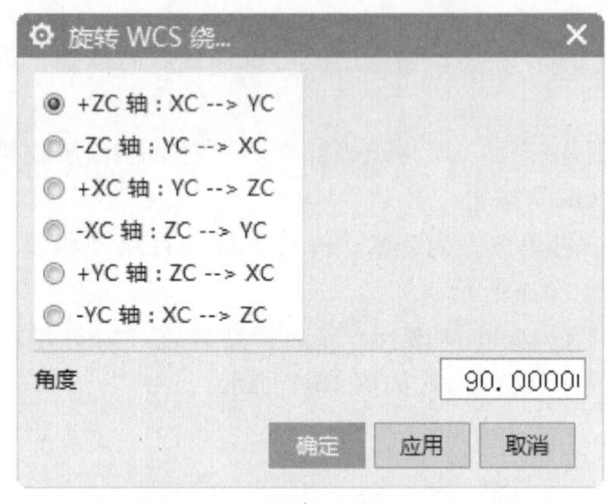

图 10-4 “旋转 WCS 绕...”对话框

图 10-5 旋转工作坐标系

（2）单击“注塑模向导”选项卡“主要”面板上的“模具坐标系”按钮，系统弹出如图 10-6 所示“模具坐标系”对话框，选择“锁定 Z 值”和“产品体中心”选项，然后单击“确定”按钮。系统会自动把模具坐标系放在坐标系原点上，并且锁定 Z 轴。如图 10-7 所示。

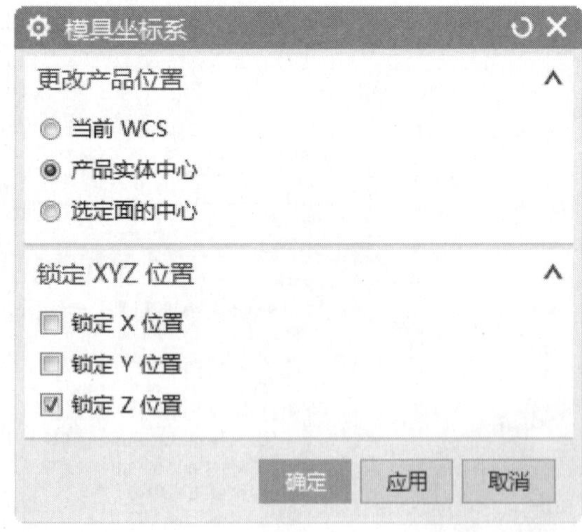

图 10-6 “模具坐标系”对话框

图 10-7 选定模具坐标系

（3）单击“注塑模向导”选项卡“主要”面板上的“收缩”按钮，系统弹出“缩放体”对话框，选择“均匀”选项，设置比例因子为 1.006，如图 10-8 所示。单击“确定”按钮。

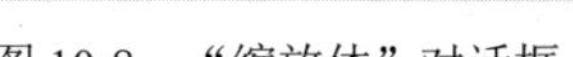

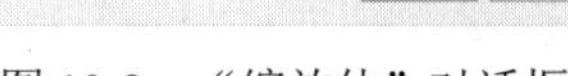

图 10-8 “缩放体”对话框

10.1.3 创建工件和布局

工件用于定义型腔和型芯的镶块体，在创建工件时需要考虑模具的强度要求。利用“布局”功能来对准坐标系。

（1）单击“注塑模向导”选项卡“主要”面板上的“工件”按钮，系统弹出“工件”对话框，设置定义类型为“参考点”，如图 10-9 所示，并依图设置工件尺寸，单击“确定”按钮，完成工件的创建。

（2）单击“注塑模向导”选项卡“主要”面板上的“型腔布局”按钮，系统弹出如图 10-10 所示的“型腔布局”对话框，设置布局类型为“矩形”，型腔数为“2”，间隙距离为“50”，指定矢量为 XC 轴，然后单击“开始布局”按钮。

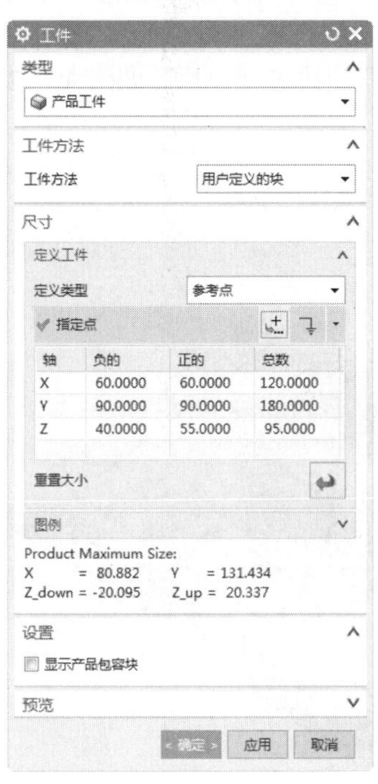

图 10-9 “工件”对话框

图 10-10 “型腔布局”对话框

（3）单击“自动对准中心”按钮田，将模腔设置在模具的装配中心。然后单击对话框中的“关闭”按钮，生成的型腔布局如图 10-11 所示。

Note

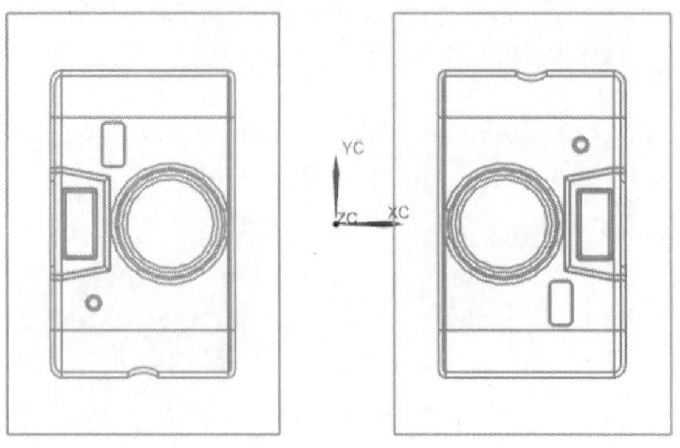

图 10-11 型腔布局

视频讲解

10.2 分型设计

10.2.1 创建分型线

在创建分型面以前需要先创建分型线，由于该产品体的分型线不在一个平面上，所以还需要创建分型段操作。

（1）单击“注塑模向导”选项卡“注塑模工具”面板上的“曲面补片”按钮，系统弹出“边补片”对话框。

（2）选择“体”类型，选取零件，自动选取零件上的孔边线进行补片，如图 10-12 所示，然后单击“确定”按钮，生成曲面补片。

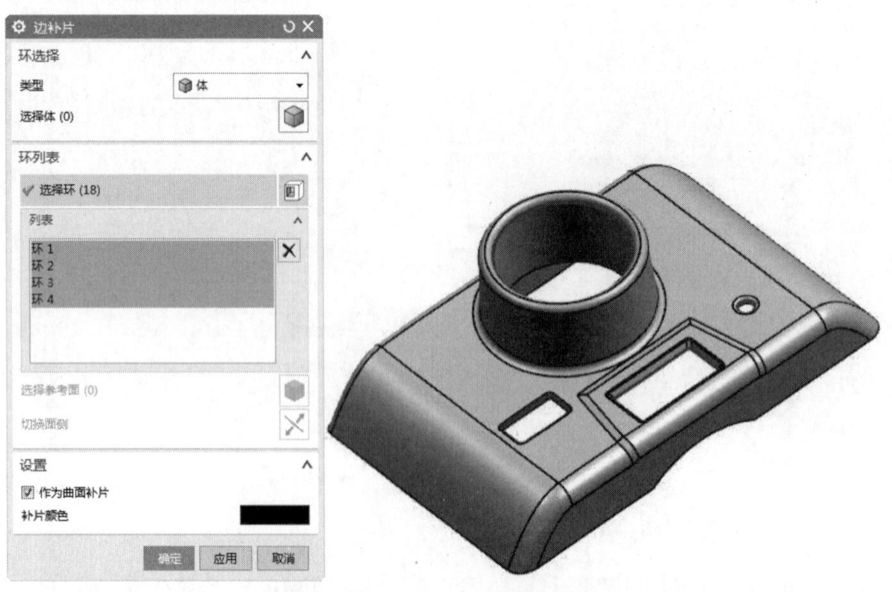

图 10-12 曲面补片设置及效果

（3）单击“注塑模向导”选项卡“分型刀具”面板上的“设计分型面”按钮，系统弹出如图 10-13 所示的“设计分型面”对话框。

（4）单击编辑分型线栏中的“选择分型线”，在视图上依次选择实体的底面边线，使其形成封闭环，单击“确定”按钮，系统自动生成图 10-14 所示的分型线。

图 10-13　“设计分型面”对话框

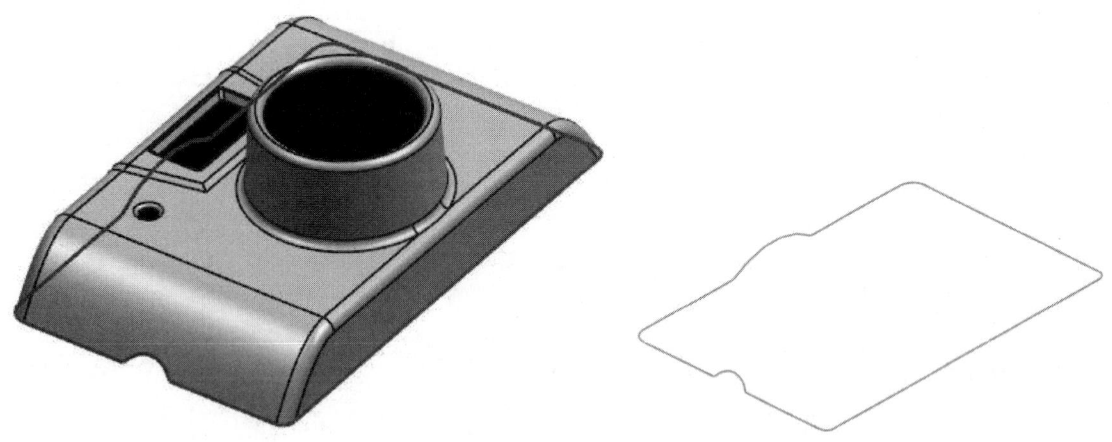

图 10-14　生成分型线

（5）单击“注塑模向导”选项卡“分型刀具”面板上的“设计分型面”按钮，弹出“设计分型面”对话框，单击选择分型或引导线栏，在如图 10-15 所示的位置创建引导线，单击“确定”按钮，结果如图 10-15 所示。

Note

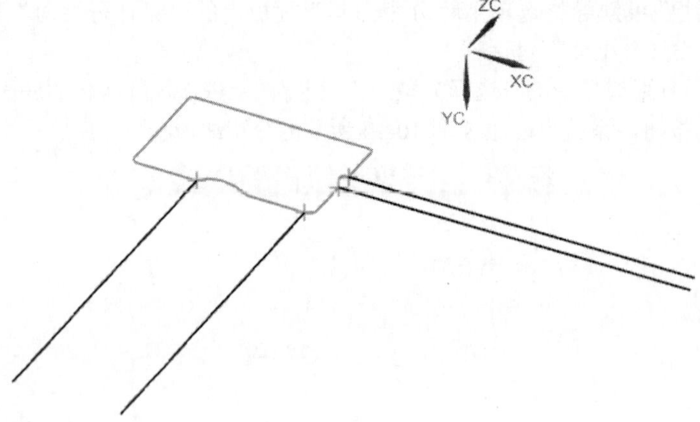

图 10-15 创建引导线

10.2.2 创建分型面

（1）单击“注塑模向导”选项卡“分型刀具”面板上的“设计分型面”按钮，在弹出的“设计分型面”对话框中分型段列表中选择分段 1，如图 10-16 所示。在创建分型面栏中选中“拉伸”选项，采用默认拉伸方向，用鼠标拖动“曲面延伸距离”标志，调节曲面延伸距离，使分型面的拉伸长度大于工件的长度，单击“应用”按钮。

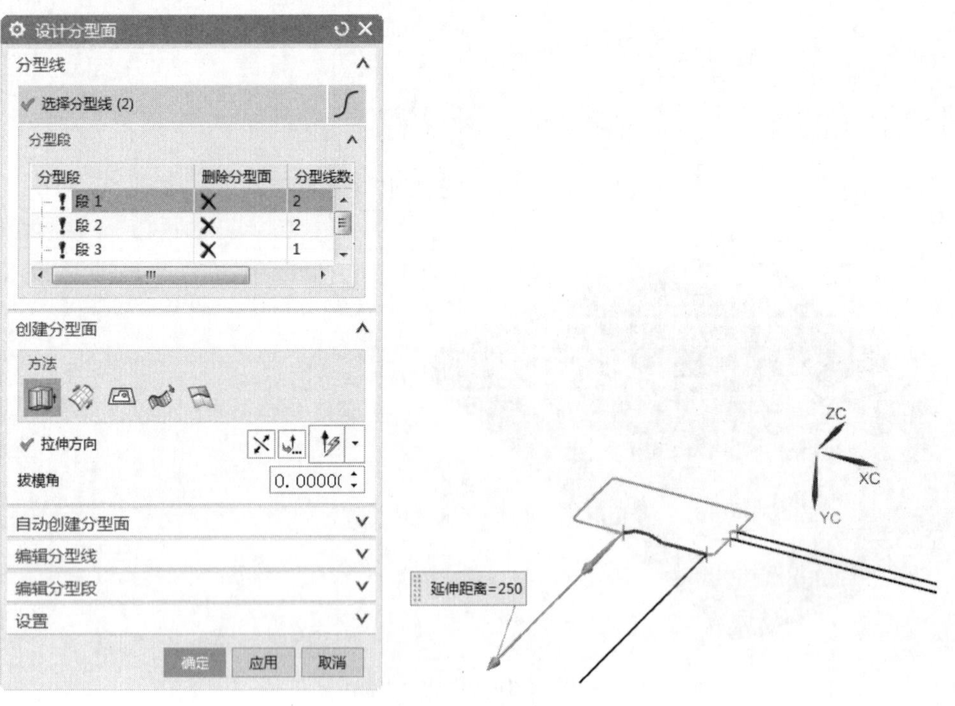

图 10-16 选择分段 1

（2）在“设计分型面”对话框中分型段列表中选择分段 4，如图 10-17 所示。在创建分型面栏中选中“有界平面”选项，选中“使用默认保留边”复选框，调节曲面延伸距离，使分型面的平面长度大于工件的长度，单击“应用”按钮。

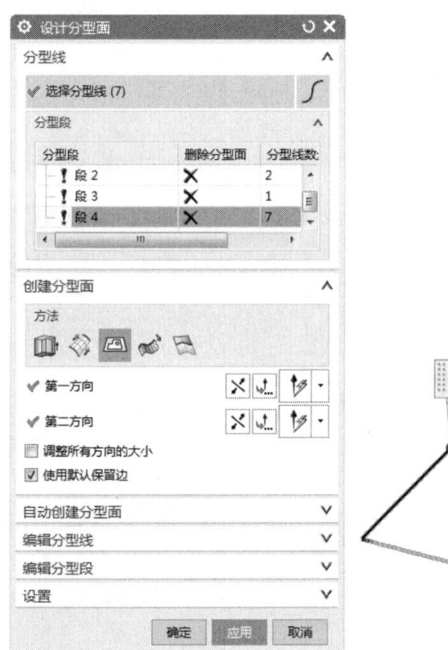

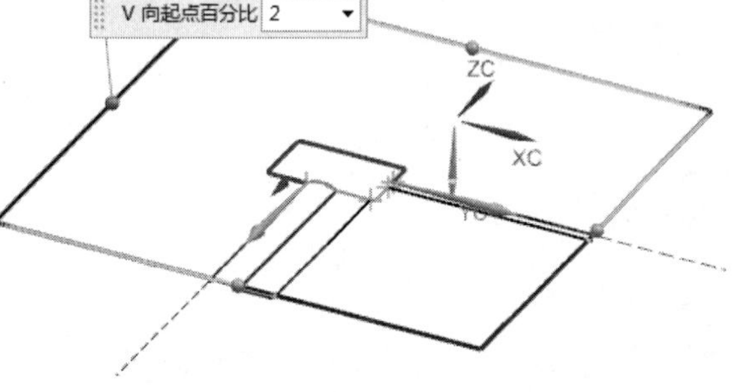

图 10-17　选择分段 4

（3）在弹出的“设计分型面”对话框中分型段列表中选择分段 3，如图 10-18 所示。在创建分型面栏中选中“拉伸”选项，采用默认拉伸方向，用鼠标拖动“曲面延伸距离”标志，调节曲面延伸距离，使分型面的拉伸长度大于工件的长度，单击“应用”按钮。

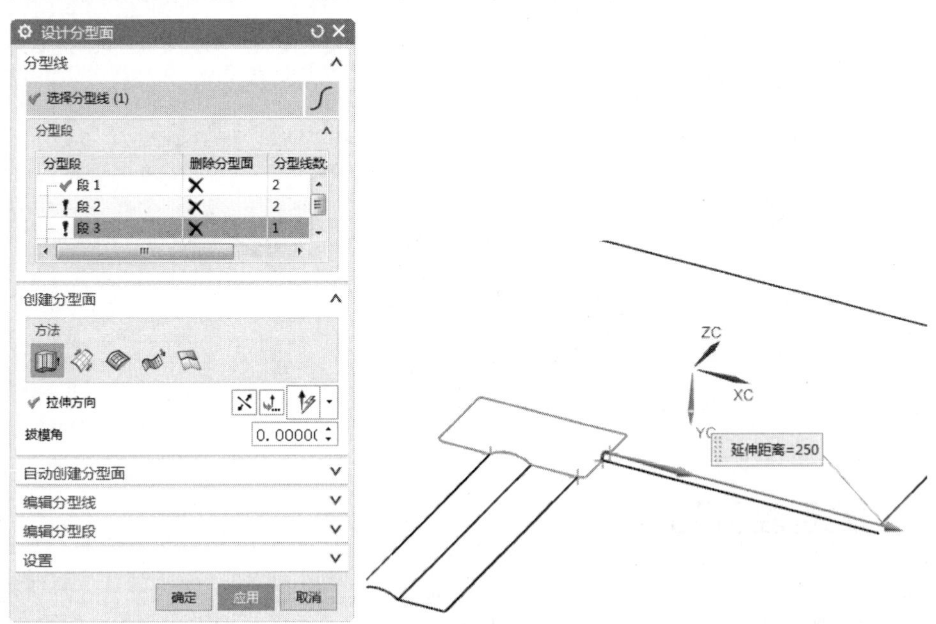

图 10-18　选择分段 3

（4）在“设计分型面”对话框中分型段列表中选择分段 2，在创建分型面栏中选中“有界平面”选项，选中“使用默认保留边”复选框，如图 10-19 所示。调节曲面延伸距离，使分型面的平面长度大于工件的长度，单击“确定”按钮，完成分型面的创建，如图 10-20 所示。

Note

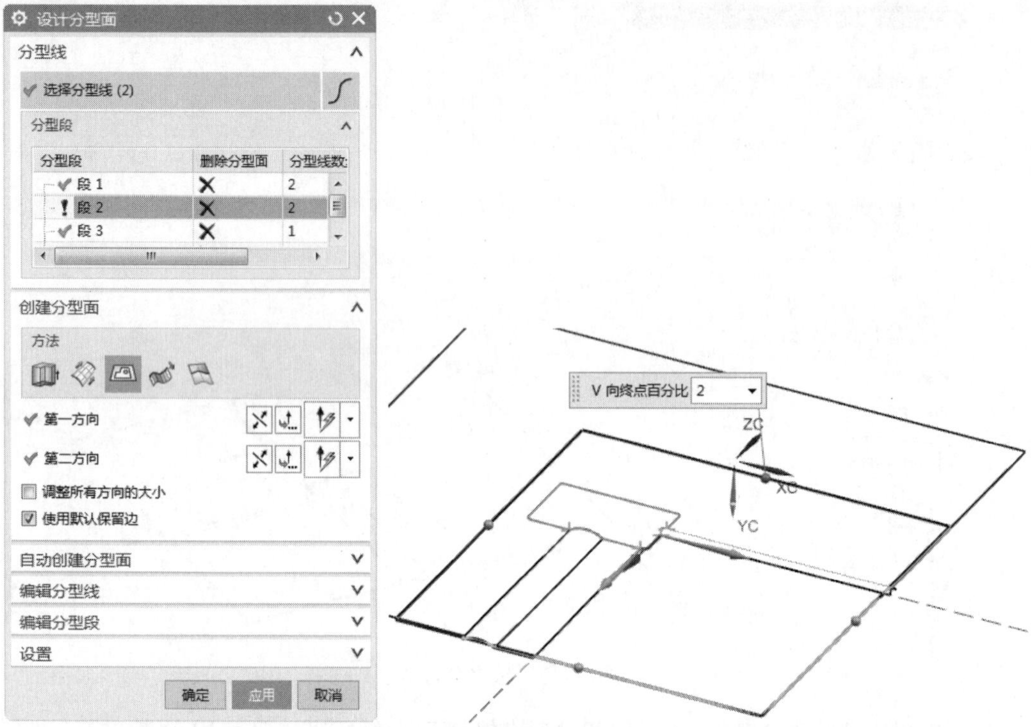

图 10-19　选择分段 2

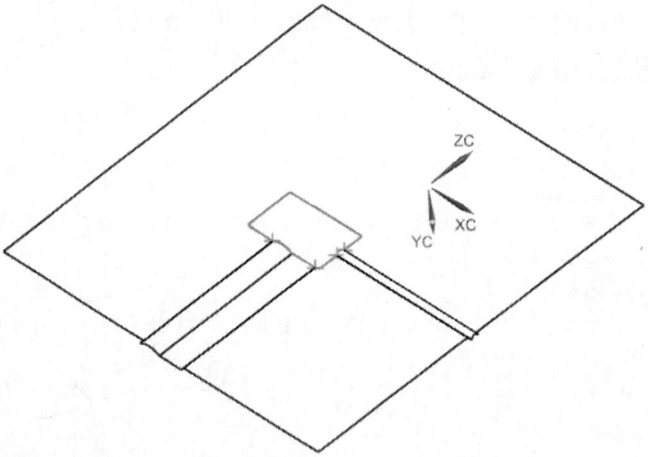

图 10-20　创建分型面

10.2.3　创建型腔和型芯

（1）单击“注塑模向导”选项卡“分型刀具”面板上的“检查区域”按钮，系统将弹出“检查区域”对话框，如图 10-21 所示，选择“保持现有的”选项，选择脱模方向为 YC 轴，单击“计算”按钮。

（2）选择“区域”选项卡，从对话框中可以看到型腔区域为 47，型芯区域为 23，未定义的区域为 12，如图 10-22 所示。将模型的侧面指派为型腔区域，然后将其余的未定义的区域全部指派为型芯区域。单击对话框中“确定”按钮。可以看到型腔面（49）与型芯面（33）的和等于总面数（82）。

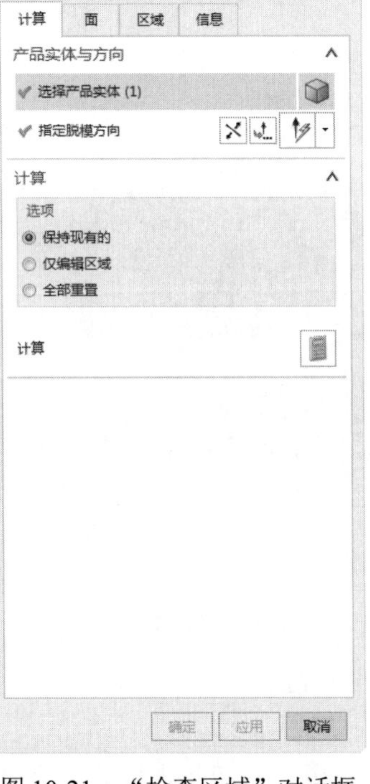

图 10-21　“检查区域”对话框

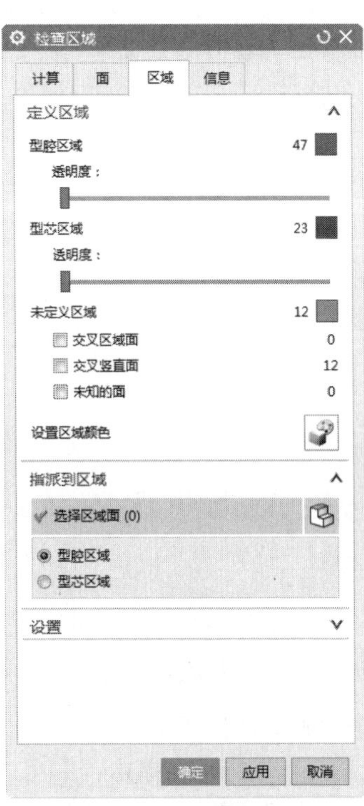

图 10-22　“区域”选项卡

（3）单击“注塑模向导”选项卡“分型刀具”面板上的“定义区域”按钮，弹出如图 10-23 所示的“定义区域”对话框。选择“所有面”选项，选中“创建区域”复选框。单击“确定”按钮，完成型芯和型腔的抽取。

（4）单击“注塑模向导”选项卡“分型刀具”面板上的“定义型芯和型腔”按钮，系统弹出如图 10-24 所示的“定义型腔和型芯”对话框，选择“型腔区域”选项，单击“应用”按钮。

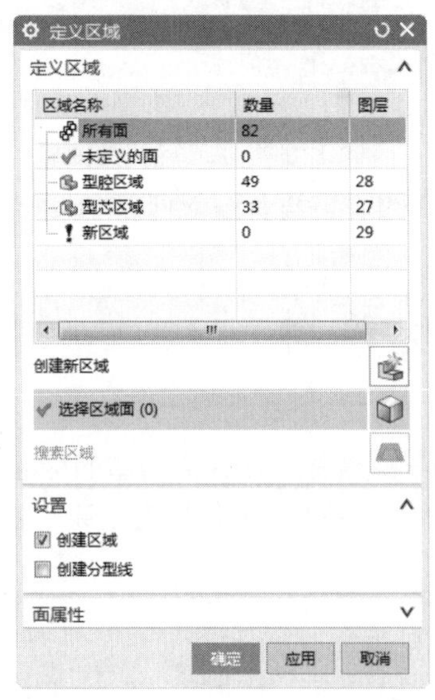

图 10-23　“定义区域”对话框

图 10-24　“定义型腔和型芯”对话框

（5）系统弹出“查看分型结果”对话框，如图 10-25 所示。同时工作区显示型腔效果图，显示型腔如图 10-26 所示。

Note

图 10-25 “查看分型结果”对话框（1）

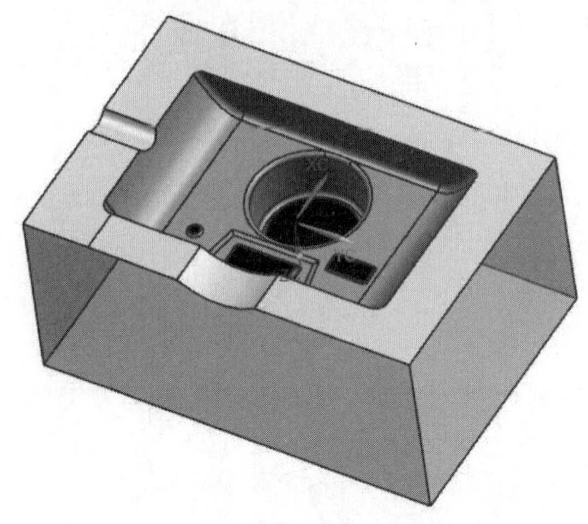

图 10-26 生成腔体

（6）单击“确定”按钮，返回到“定义型芯和型腔”对话框，同时工作区显示分模结果，选择对话框中“型芯区域”选项，单击“应用”按钮。

（7）系统弹出“查看分型结果”对话框，如图 10-27 所示。同时工作区显示型芯效果图，如图 10-28 所示，单击“确定”按钮。

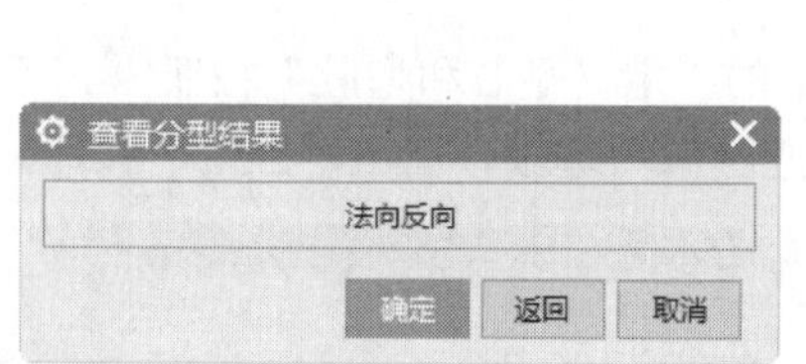

图 10-27 “查看分型结果”对话框（2）

图 10-28 生成型芯

（8）单击“文件”→“保存”→“全部保存”选项，保存所有装配文件。

视频讲解

10.3 辅助系统设计

分型完毕后，下面要进行载入模架和标准件操作。由于系统提供了许多类型的标准件，所以只要选择好正确的标准件类型和参数，便可以完成标准件的设计，可以极大地提高设计的效率。

10.3.1 模架设计

（1）单击“注塑模向导”选项卡“主要”面板上的“模架库”按钮，系统弹出“重用库”对话框和“模架库”对话框。

（2）在“名称”列表中选择名称“FUTABA_S”，并在“成员选择”列表中选择对象“SA”，在

Note

“详细信息”列表中选择模架的型号为“4050”，设置“AP_h”的值为“70”，“BP_h”的值为“70”，“CP_h”的值为“120”，如图 10-29 所示。

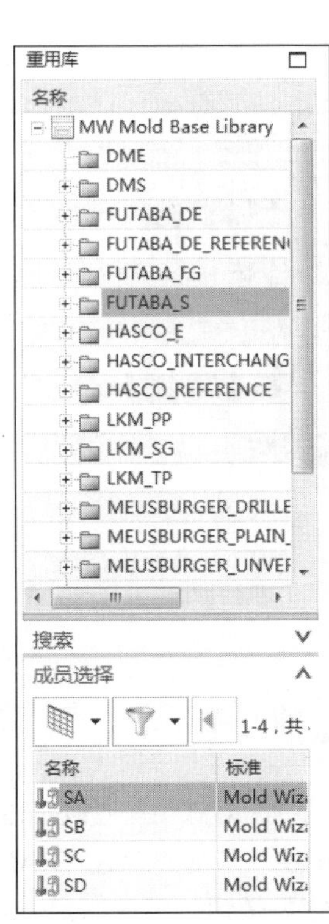

图 10-29　模架参数设计

（3）单击“应用”按钮，系统开始自动加载模架。加载后的效果如图 10-30 所示。

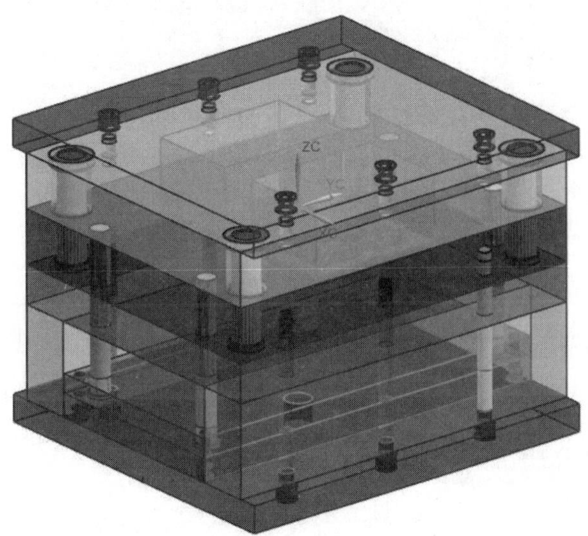

图 10-30　加载模架

（4）发现模架的尺寸与型腔的尺寸有冲突。单击“模架库”对话框中的“旋转模架”按钮，系统自动对调模架长宽方向尺寸，单击“确定”按钮，旋转后的模架如图 10-31 所示。

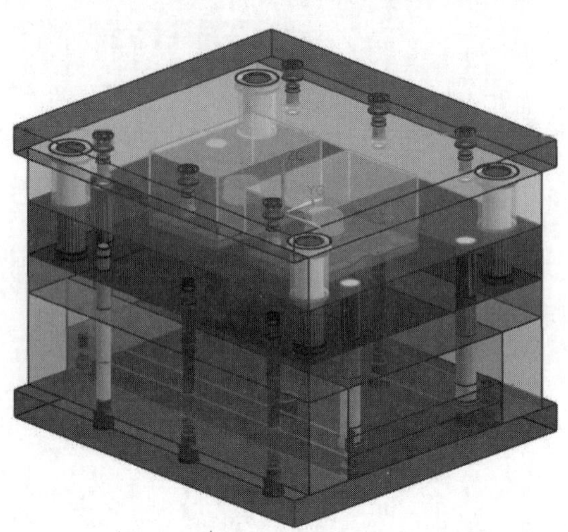

图 10-31　旋转模架

10.3.2　标准件设计

（1）单击“注塑模向导”选项卡“主要”面板上的“标准件库”按钮，系统弹出“重用库”对话框和“标准件管理”对话框。

（2）在“重用库”对话框的“名称”列表中选择“HASCO_MM”→“Locating Ring”选项，在“成员选择”列表中选择“K100C”选项，然后在“详细信息”列表中设置 DIAMETER 为“100”，“THICKNESS”为“13”，如图 10-32 所示。然后单击“确定”按钮，生成的定位环如图 10-33 所示。

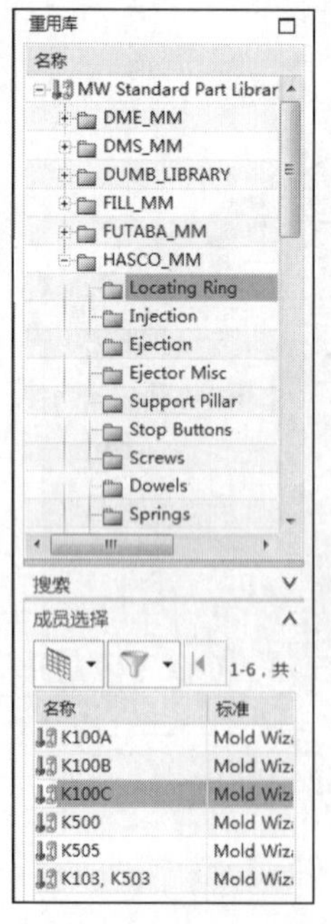

图 10-32 定位环参数设置

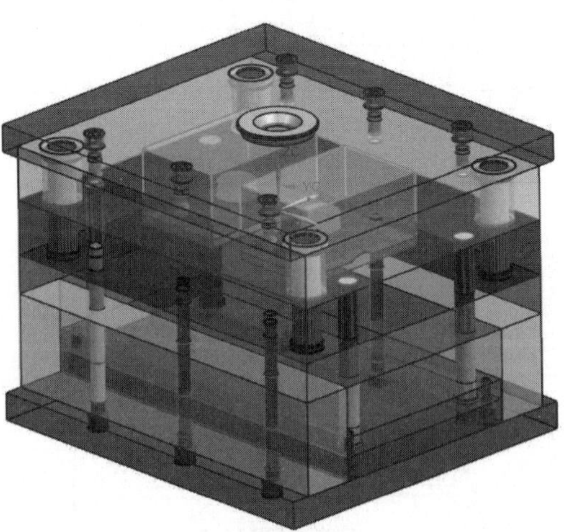

图 10-33　定位环

（3）单击“注塑模向导”选项卡“主要”面板上的“标准件库”按钮，弹出“重用库”对话框和“标准件管理”对话框。

（4）在名称中选择“HASCO_MM”→“Injection”，在成员选择中选择 Spruce Bushing[Z50，Z51，Z511，Z512]，并在详细信息栏中设置为 CATALOG_DIA 为 18， CATALOG_LENGTH 为 86，如图 10-34 所示。单击“确定”按钮，将主流道加入模具装配中，如图 10-35 所示。

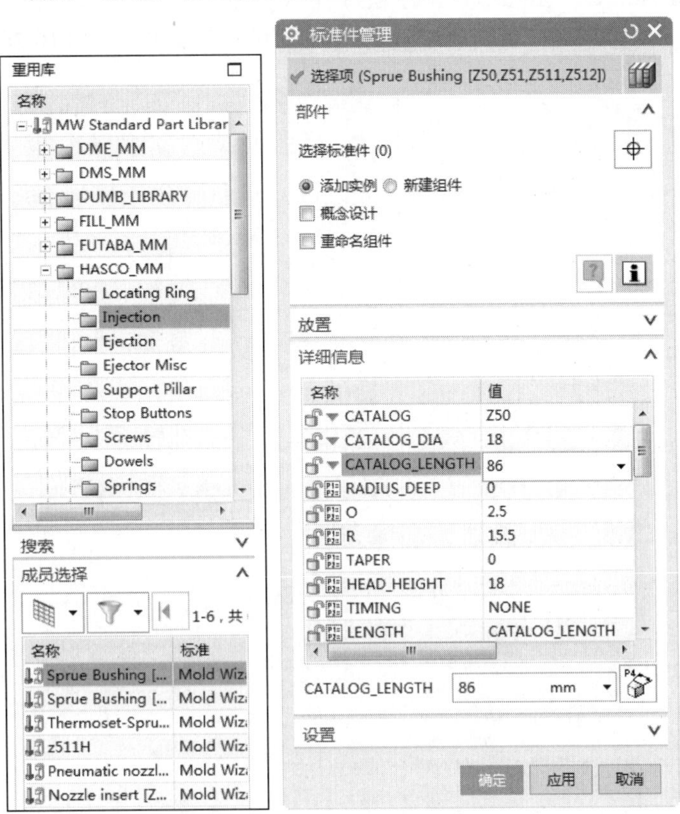

图 10-34　主流道参数设置

Note

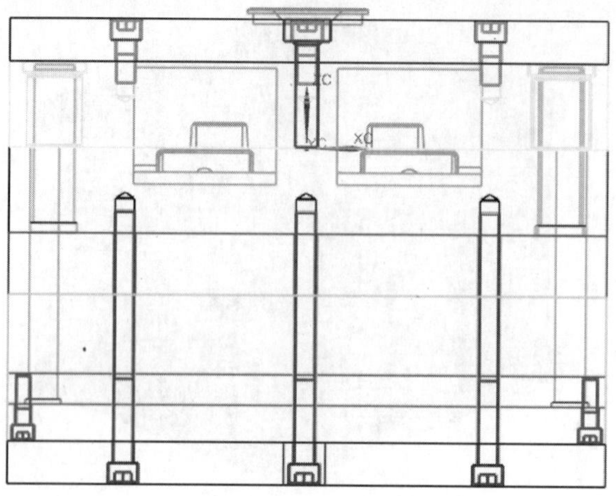

图 10-35　加入主流道

10.3.3　顶出系统设计

（1）单击“注塑模向导”选项卡“主要”面板上的“标准件库”按钮，弹出“重用库”对话框和“标准件管理”对话框，从“名称”列表选择“DME_MM”→“Ejection”选项，然后在成员选择列表中选择“Ejiector Pin [Straight]”选项，在“标准件管理”对话框的详细信息栏中设置“CATALOG_DIA”的值为 3，“CATALOG_LENGTH”的值为 250，如图 10-36 所示。

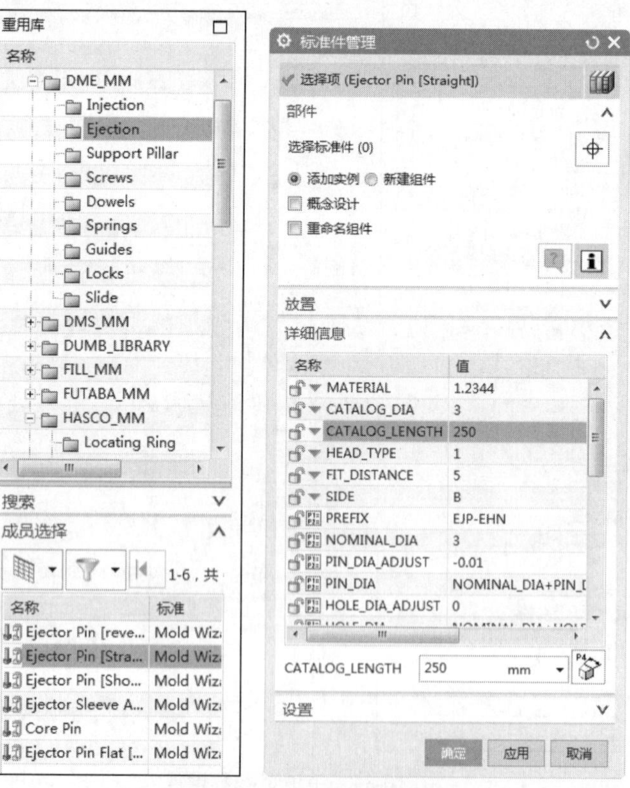

图 10-36 顶杆参数设置

（2）单击“确定”按钮，系统弹出“点”对话框，分别输入以下点坐标：(–115，40，0)，(–115，–40，0)，(–55，40，0)，(–55，–40，0)，如图 10-37 所示，输入一次，单击“确定”按钮一次，完成后效果如图 10-38 所示。

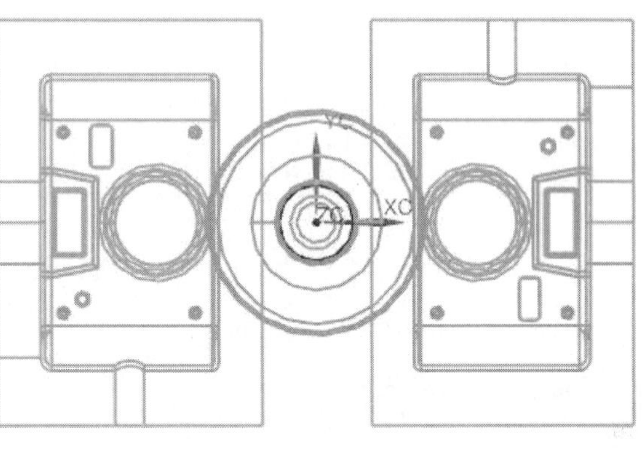

图 10-37　输入顶杆点

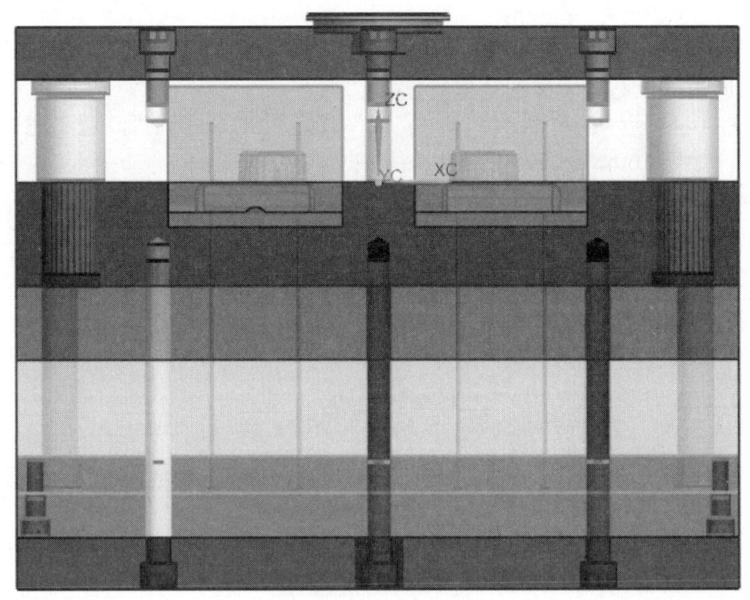

图 10-38　生成顶杆

（3）单击“注塑模向导”选项卡“主要”面板上的“顶杆后处理”按钮，系统打开“顶杆后处理”对话框，如图 10-39 所示。选择“修剪”类型，在目标栏的列表中选择已经创建的待处理的顶杆。

（4）在工具栏中接受默认的修边部件。接受默认的修剪曲面，即型芯修剪片体（CORE_TRIM_SHEET）。单击“确定”按钮，完成对顶杆的修剪，如图 10-40 所示。

图 10-39 “顶杆后处理”对话框

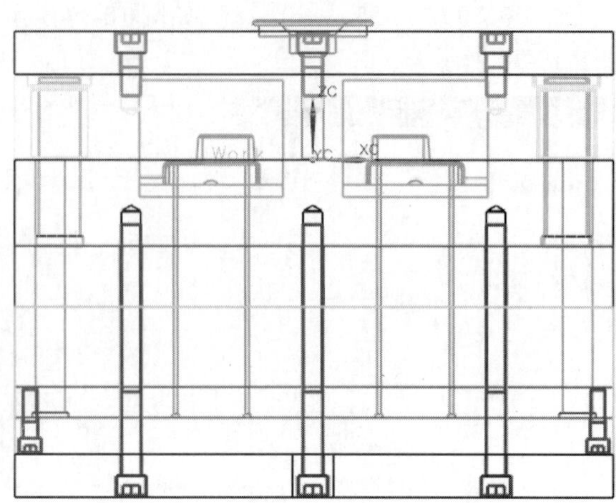

图 10-40 修剪顶杆

10.3.4 浇注系统设计

（1）单击“注塑模向导”选项卡“主要”面板上的“流道”按钮，弹出“流道”对话框，如图 10-41 所示。

（2）单击“绘制截面”按钮，弹出如图 10-42 所示“创建草图”对话框，采用默认草图绘制面，单击“确定”按钮，进入草图绘制环境。

（3）绘制如图 10-43 所示的草图，单击“完成”按钮，返回到“流道”对话框，单击“确定”按钮，加入分流道，如图 10-44 所示。

图 10-41 “流道”对话框

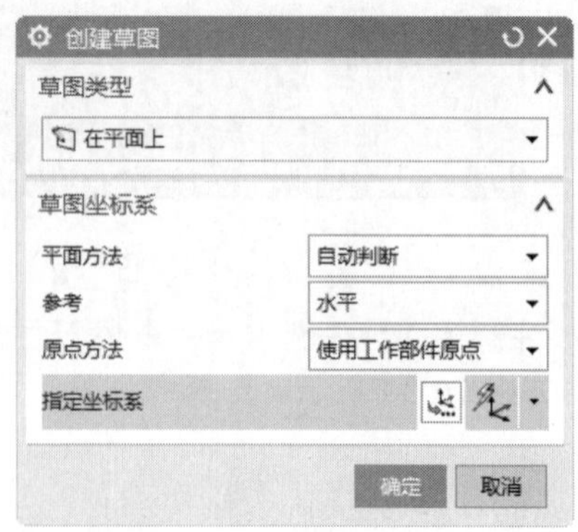

图 10-42 “创建草图”对话框

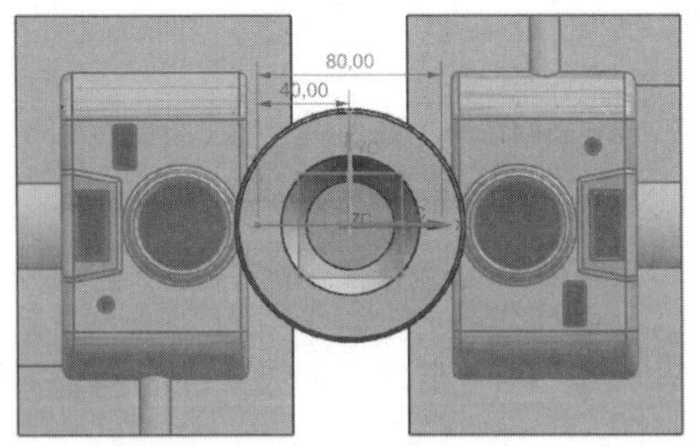

图 10-43　绘制草图

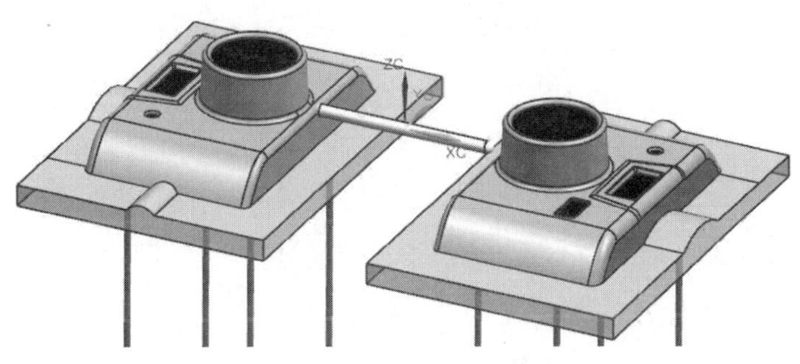

图 10-44　加入分流道

（4）单击“注塑模向导”选项卡“主要”面板上的“设计填充”按钮，弹出“重用库”和“设计填充”对话框。

（5）在“成员选择”列表中选择“Gate[Fan]”成员，在“设计填充”对话框“详细信息”栏中更改 D 为 6，L 为 0，其他采用默认设置，如图 10-45 所示。

图 10-45　浇口参数设计

（6）在“放置”栏中单击“选择对象”图标⊕，捕捉如图 10-46 所示流道的草图直线端点为放置浇口位置。

Note

（7）选取视图中的动态坐标系上的绕 Z 轴旋转，输入角度为 180 度，按 Enter 键，将浇口绕 Z 轴旋转 180 度，如图 10-47 所示。

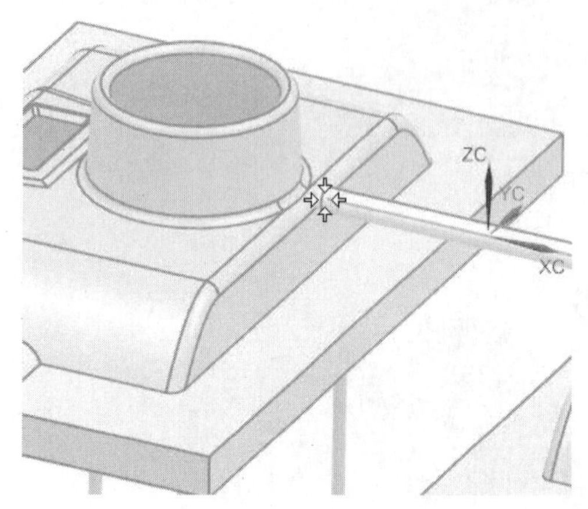

图 10-46　捕捉直线端点

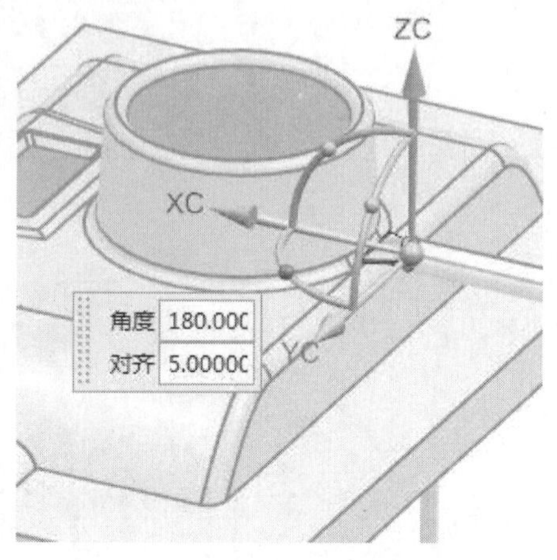

图 10-47　旋转浇口

（8）单击“确定”按钮，完成一个浇口的创建，如图 10-48 所示，采用相同的方法，创建流道上另一侧的浇口，结果如图 10-49 所示。

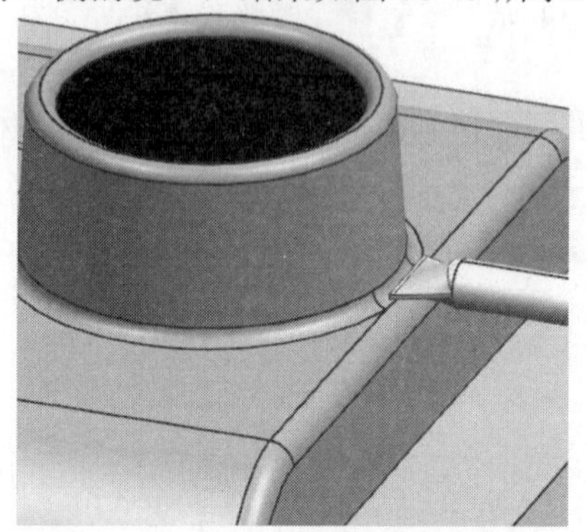

图 10-48　创建浇口 1

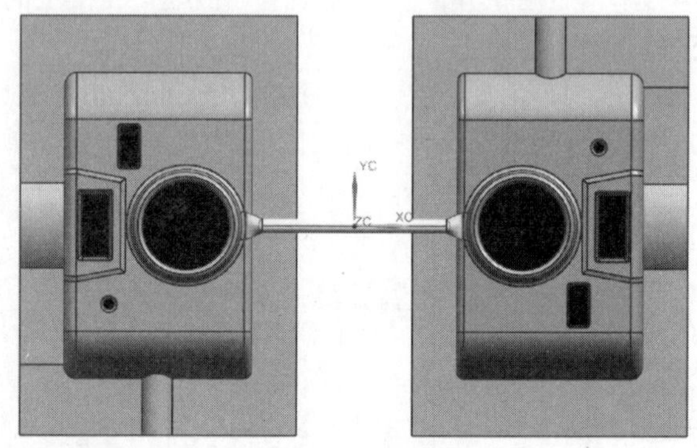

图 10-49　全部浇口

视频讲解

10.4　冷却系统设计

根据产品体特点，考虑把水道开在模架的侧面上。

10.4.1　型腔冷却系统设计

（1）在部件导航上选择型腔部件，右击，在打开的快捷菜单中选择“在窗口中打开”选项，如图 10-50 所示，打开型腔部件，如图 10-51 所示。

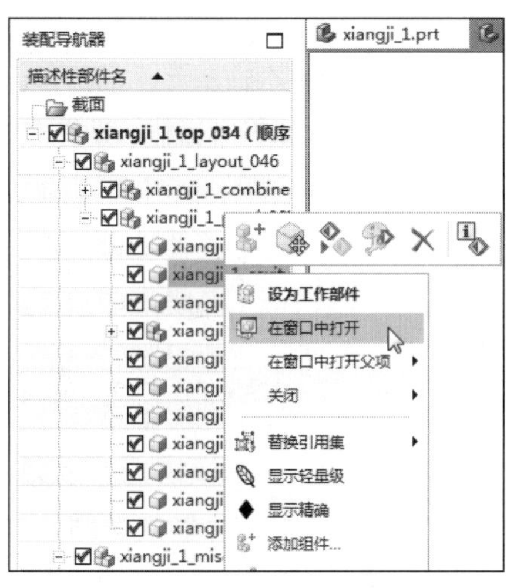

图 10-50 快捷菜单

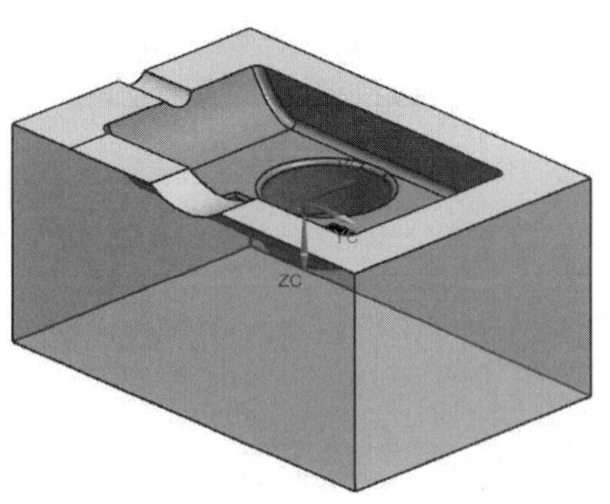

图 10-51 型腔

（2）单击“注塑模向导”选项卡“冷却工具”面板上的“冷却标准件库”按钮，系统弹出“重用库”对话框和“冷却组件设计”对话框。

（3）在“重用库”对话框的“名称”列表中选择“COOLING”→“Water”选项，在“成员选择”列表中选择“COOLING HOLE”选项，在“详细信息”列表中设置“PIPE_THREAD”为 M10，“HOLE_1_DEPTH”为 120，“HOLE_2_DEPTH”为 120，如图 10-52 所示。

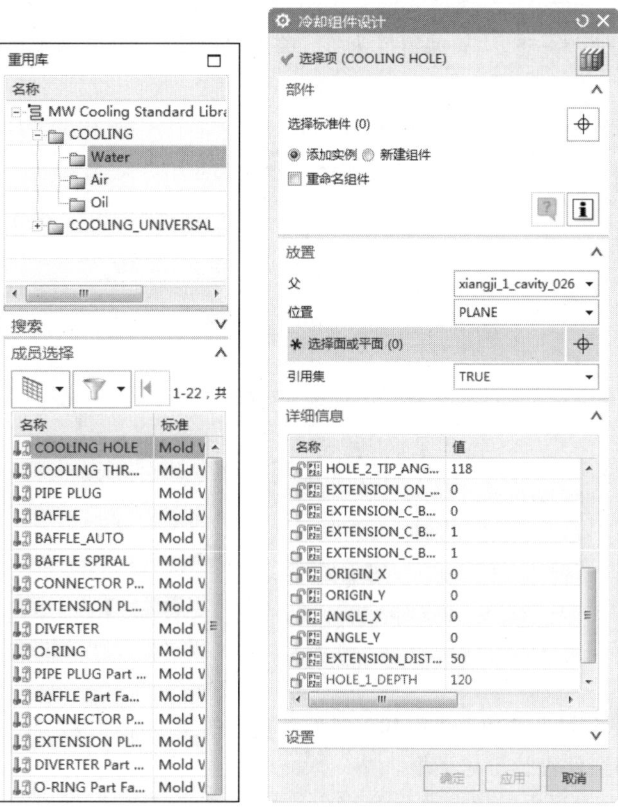

图 10-52 “重用库”对话框和“冷却组件设计”对话框

Note

（4）选择一个面放置水道，选择如图 10-53 所示的平面作为放置面。单击“确定”按钮。

（5）系统弹出“标准件位置”对话框，单击参考点中的“点对话框”按钮，弹出“点”对话框，设置参考点为（0，0，0），单击“确定”按钮，返回到“标准件位置”对话框，设置“X 偏置”为 55，“Y 偏置”为 0，如图 10-54 所示，单击“应用”按钮。

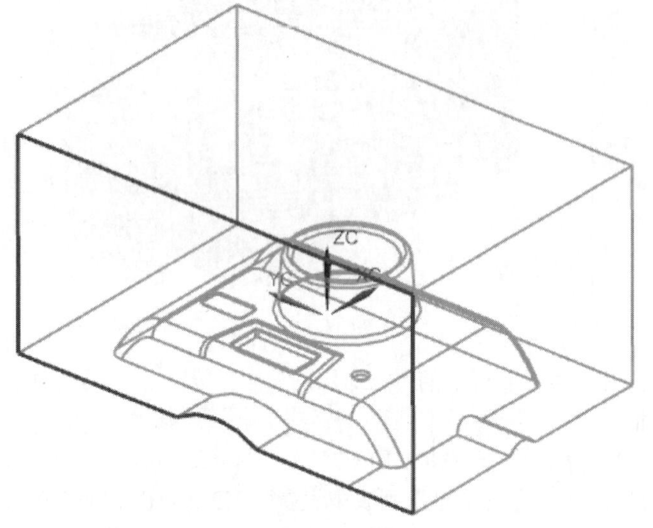

图 10-53　选择放置面（1）

图 10-54　“标准件位置”对话框

（6）设置“X 偏置”为-55，“Y 偏置”为 0，单击“确定”按钮。创建好的冷却水道如图 10-55 所示。

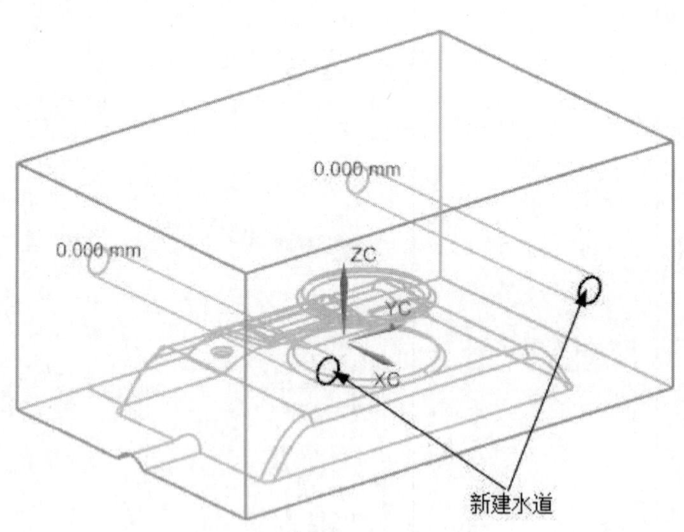

图 10-55　创建的冷却水道（1）

（7）单击“注塑模向导”选项卡“冷却工具”面板上的“冷却标准件库”按钮，系统弹出“重用库”对话框和“冷却组件设计”对话框。

（8）在“重用库”对话框的“名称”列表中选择“COOLING”→“Water”选项，在“成员选择”列表中选择“COOLING HOLE”选项，在“详细信息”列表中设置“PIPE_THREAD”为 M10，

Note

"HOLE_1_DEPTH"为 160，"HOLE_2_DEPTH"为 160。

（9）选择一个面放置水道，选择如图 10-56 所示的平面作为放置面。单击"确定"按钮。

（10）系统弹出"标准件位置"对话框，单击参考点中的"点对话框"按钮，弹出"点"对话框，设置参考点为（0，0，0），单击"确定"按钮，返回到"标准件位置"对话框，设置"X 偏置"为 50，"Y 偏置"为 0，如图 10-57 所示，单击"确定"按钮。创建好的冷却水道如图 10-58 所示。

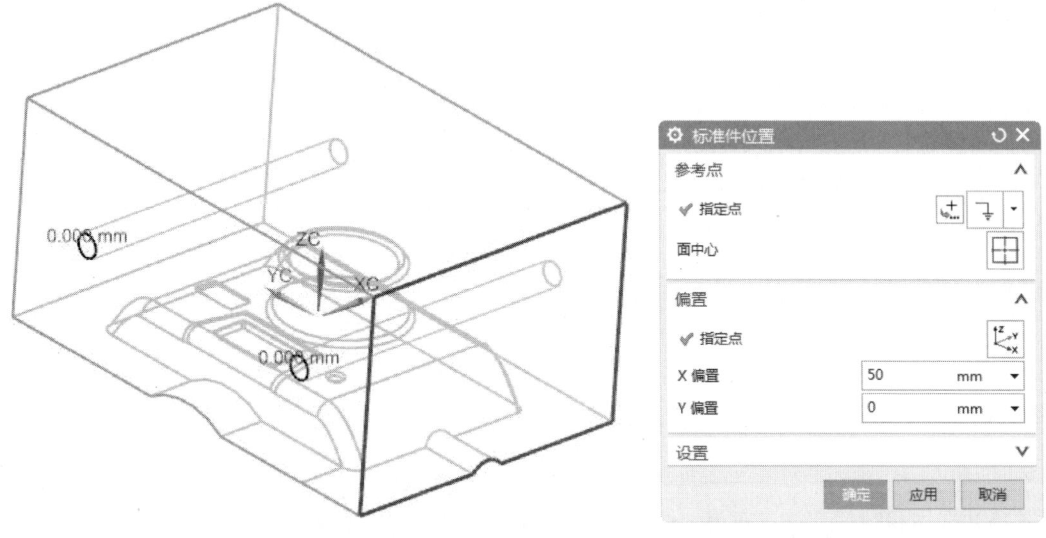

图 10-56　选择放置面（2）

图 10-57　"标准件位置"对话框

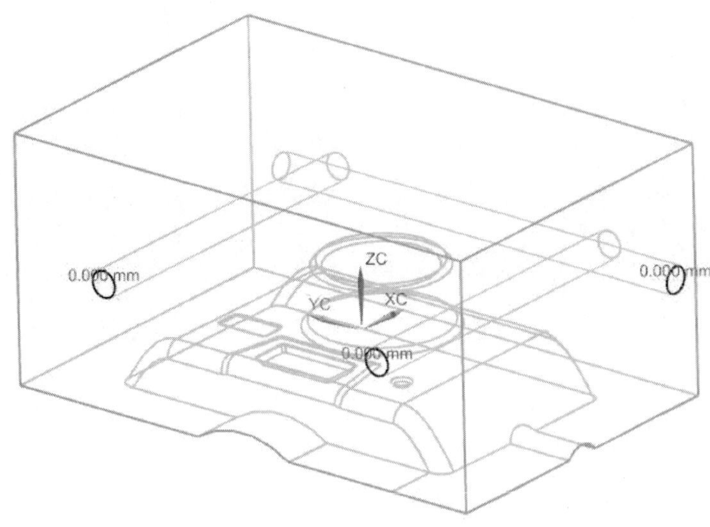

图 10-58　创建的冷却水道（2）

（11）单击"注塑模向导"选项卡"冷却工具"面板上的"冷却标准件库"按钮，系统弹出"重用库"对话框和"冷却组件设计"对话框。

（12）在"重用库"对话框的"名称"列表中选择"COOLING"→"Water"选项，在"成员选择"列表中选择"COOLING HOLE"选项，在"详细信息"列表中设置"PIPE_THREAD"为 M10，"HOLE_1_DEPTH"为 70，"HOLE_2_DEPTH"为 70。

Note

（13）选择一个面放置水道，选择如图 10-59 所示的平面作为放置面。单击“确定”按钮。

（14）系统弹出“标准件位置”对话框，单击参考点中的“点对话框”按钮，弹出“点”对话框，设置参考点为（0，0，0），单击“确定”按钮，返回到“标准件位置”对话框，设置“X 偏置”为-45，“Y 偏置”为 0，单击“确定”按钮。创建好的冷却水道如图 10-60 所示。

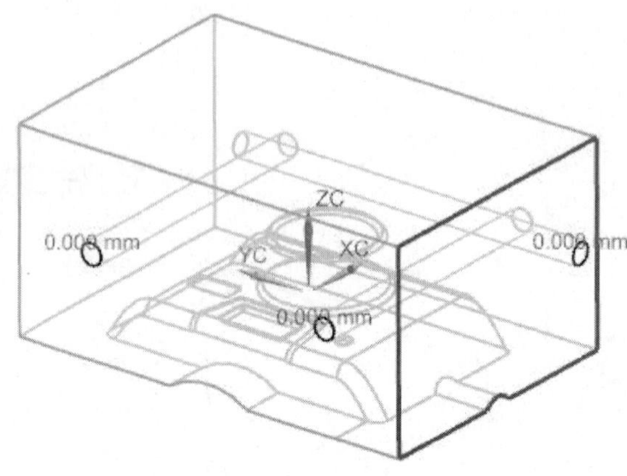

图 10-59　选择放置面（3）

（15）采用相同的方法，在另一侧面创建相同参数的水道，如图 10-61 所示。

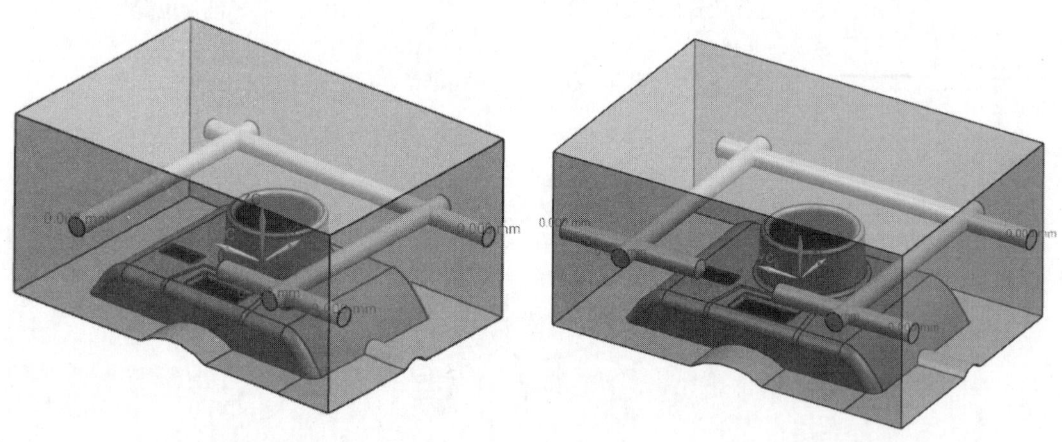

图 10-60　创建好的冷却水道（3）　　图 10-61　创建相同冷却水道

（16）单击“注塑模向导”选项卡“冷却工具”面板上的“冷却标准件库”按钮，系统弹出“重用库”对话框和“冷却组件设计”对话框。

（17）在“重用库”对话框的“名称”列表中选择“COOLING”→“Water”选项，在“成员选择”列表中选择“COOLING HOLE”选项，在“详细信息”列表中设置“PIPE_THREAD”为 M10，“HOLE_1_DEPTH”为 45，“HOLE_2_DEPTH”为 45。

（18）选择一个面放置水道，选择如图 10-62 所示的平面作为放置面。单击“确定”按钮。

（19）系统弹出“标准件位置”对话框，单击参考点中的“点对话框”按钮，弹出“点”对

话框，设置参考点为（0，0，0），单击“确定”按钮，返回到“标准件位置”对话框，设置“X 偏置”为-45，“Y 偏置”为 30，单击“应用”按钮。

（20）设置“X 偏置”为-45，“Y 偏置”为-30，单击“确定”按钮。创建好的冷却水道如图 10-63 所示。

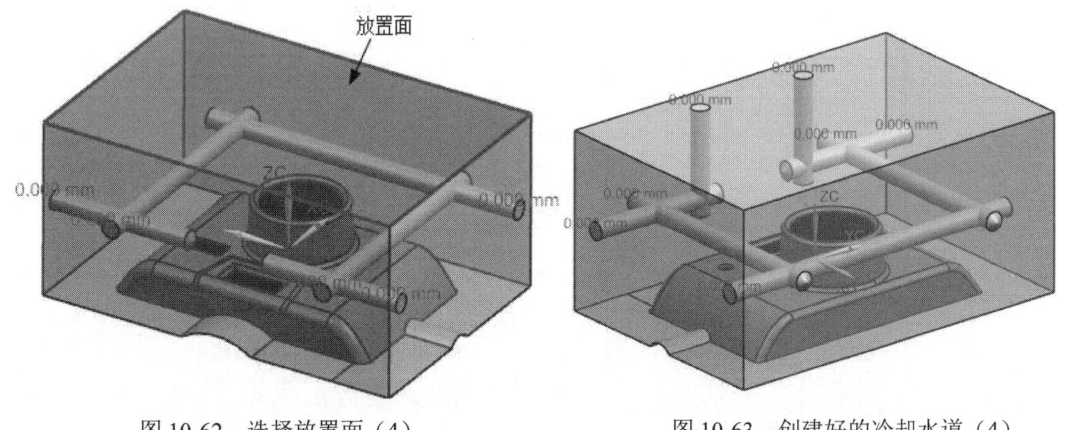

图 10-62　选择放置面（4）　　　　图 10-63　创建好的冷却水道（4）

（21）选择型腔体，然后右击，从打开的快捷菜单中选择“隐藏”选项，隐藏型腔体，完成的结果如图 10-64 所示。

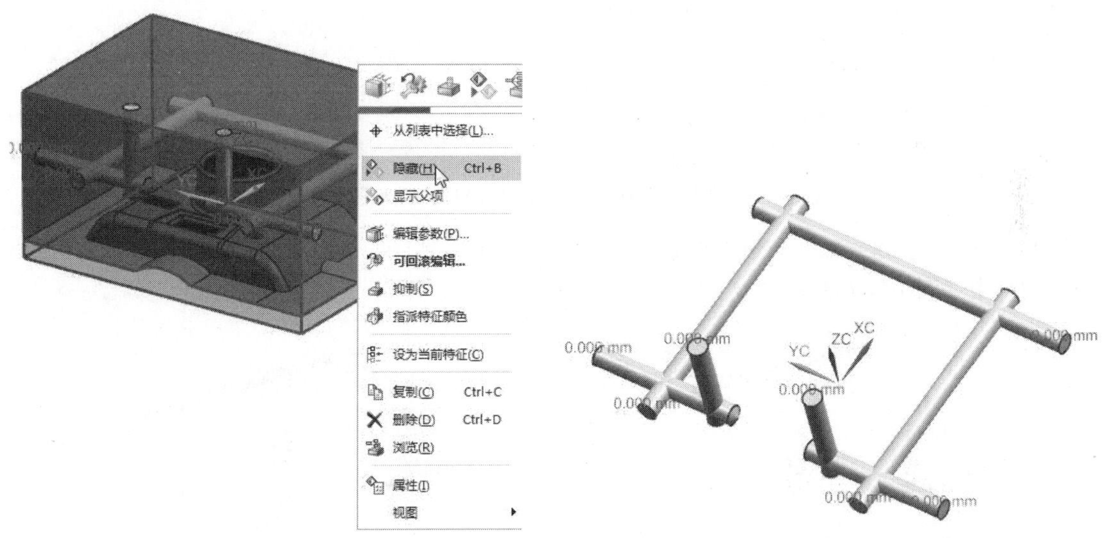

图 10-64　完成冷却系统

（22）为了使型腔的冷却系统定向流动，必须在冷却水道的端部设置喉塞。单击“注塑模向导”选项卡“冷却工具”面板上的“冷却标准件库”按钮，系统弹出“重用库”对话框和“冷却组件设计”对话框，如图 10-65 所示。

（23）选择要创建喉塞的冷却水道，在“重用库”对话框的“名称”列表中选择“COOLING”→“Water”选项，在“成员选择”列表中选择“PIPE PLUG”选项，在“详细信息”列表中设置 SUPPLIER 为 DME，“PIPE_THREAD”为 M10，其他采用默认设置。

Note

图 10-65　“重用库”和“冷却组件设计”对话框设置（1）

（24）单击“应用”按钮，设置完成后的喉塞如图 10-66 所示。依照同样的方法设置其余的喉塞，完成后的结果如图 10-67 所示。

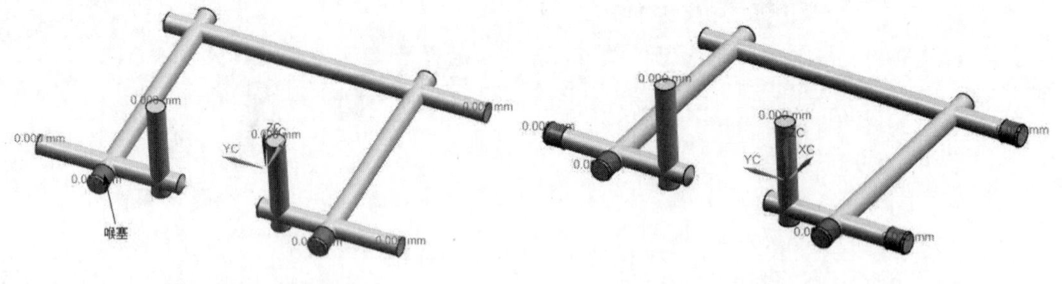

图 10-66　创建喉塞　　　　图 10-67　创建其余喉塞

（25）单击“装配导航器”，选中型腔部件，右击，从弹出的菜单中选中“显示”选项，重新显示型腔体。

（26）单击“主页”选项卡“特征”面板上的“边倒圆”按钮，系统弹出如图 10-68 所示的“边倒圆”对话框。依次选中型腔的四条边，然后在设置后面的文本框中输入半径“10”，完成边倒圆的特征如图 10-69 所示。

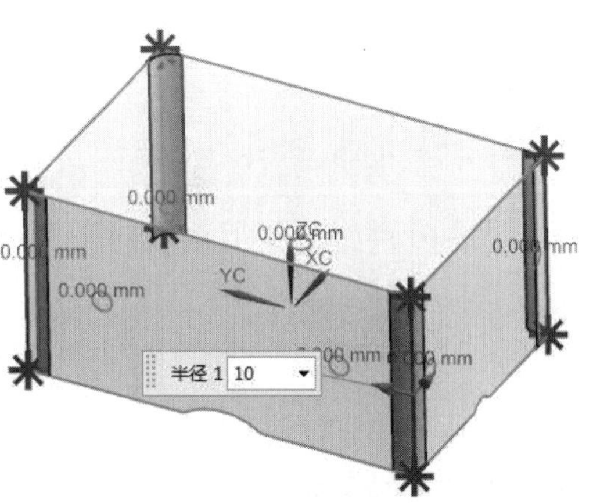

图 10-68　“边倒圆”对话框设置

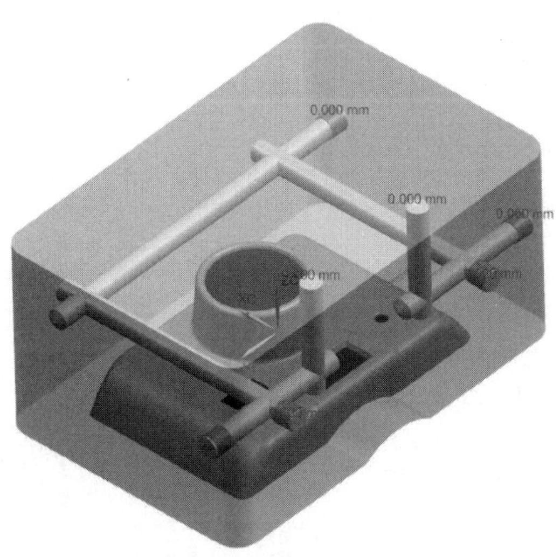

图 10-69　边倒圆特征

（27）打开总装配文件，隐藏所有文件，选取模架中的 A 板，右击，在弹出的快捷菜单选择“设为工作部件”命令，将 A 板转化为当前工作部件，如图 10-70 所示。

（28）单击“主页”选项卡“特征”面板上的“拉伸”按钮，系统弹出“拉伸”对话框，单击“绘制草图”按钮，弹出“创建草图”对话框，选择系统默认平面作为草绘平面，单击“确定”按钮，系统进入到草绘环境。

（29）绘制如图 10-71 所示的草图，单击“完成”按钮，返回到“拉伸”对话框，设定拉伸的深度为 55，在布尔下拉列表中选取“减去”选项，系统自动选取 A 板为主体，其他采用默认设置，如图 10-72 所示。单击“确定”按钮，结果如图 10-73 所示。

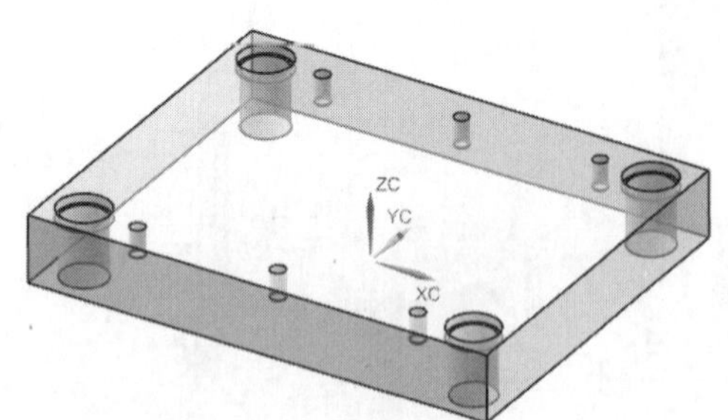

图 10-70　显示 A 板

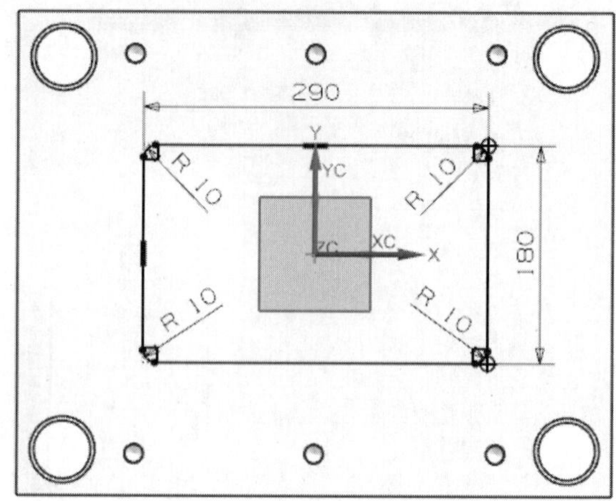

图 10-71　绘制草图

图 10-72　“拉伸”对话框

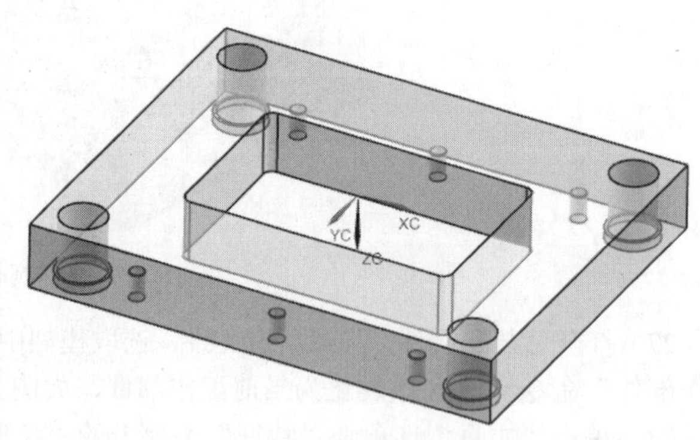

图 10-73　创建拉伸特征

（30）取消所有部件的隐藏，并将总装配文件设置为工作部件。单击“注塑模向导”选项卡“冷却工具”面板上的“冷却标准件库”按钮，系统弹出“重用库”对话框和“冷却组件设计”对话框。

（31）在“重用库”对话框的“名称”列表中选择“COOLING”→“Water”选项，在“成员选择”列表中选择“COOLING HOLE”选项，在“详细信息”列表中设置“PIPE_THREAD”为 M10，“HOLE_1_DEPTH”为 15，“HOLE_2_DEPTH”为 15。

（32）选择如图 10-74 所示的 A 板凹槽的底面作为水道放置面。单击“确定”按钮。

（33）系统弹出“标准件位置”对话框，单击参考点中的“点对话框”按钮，弹出“点”对话框，设置参考点为（0，0，0），单击“确定”按钮，返回到“标准件位置”对话框，设置“X 偏置”为 30，“Y 偏置”为 130，单击“应用”按钮。

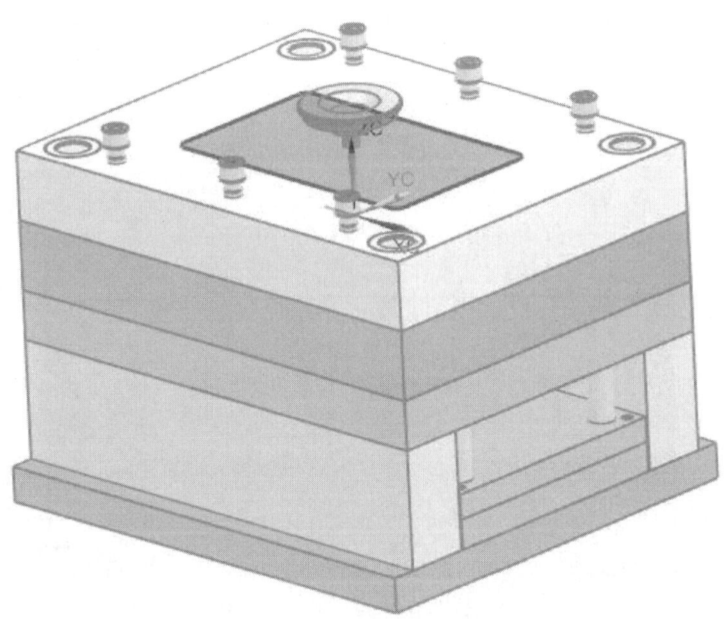

图 10-74　选择放置面（5）

（34）设置“X 偏置”为-30，“Y 偏置”为 130，单击“确定”按钮。创建好的冷却水道如图 10-75 所示。

图 10-75　创建好的冷却水道（5）

（35）单击“注塑模向导”选项卡“冷却工具”面板上的“冷却标准件库”按钮，系统弹出“重用库”对话框和“冷却组件设计”对话框。

（36）在“重用库”对话框的“名称”列表中选择“COOLING”→“Water”选项，在“成员选择”列表中选择“COOLING HOLE”选项，在“详细信息”列表中设置“PIPE_THREAD”为 M10，

Note

“HOLE_1_DEPTH”为125，“HOLE_2_DEPTH”为125。

（37）选择如图10-76所示的A板侧面作为水道放置面。单击“确定”按钮。

（38）系统弹出“标准件位置”对话框，单击参考点中的“点对话框”按钮，弹出“点”对话框，设置参考点为（0，0，0），单击“确定”按钮，返回到“标准件位置”对话框，设置“X偏置”为30，“Y偏置”为30，单击“应用”按钮。

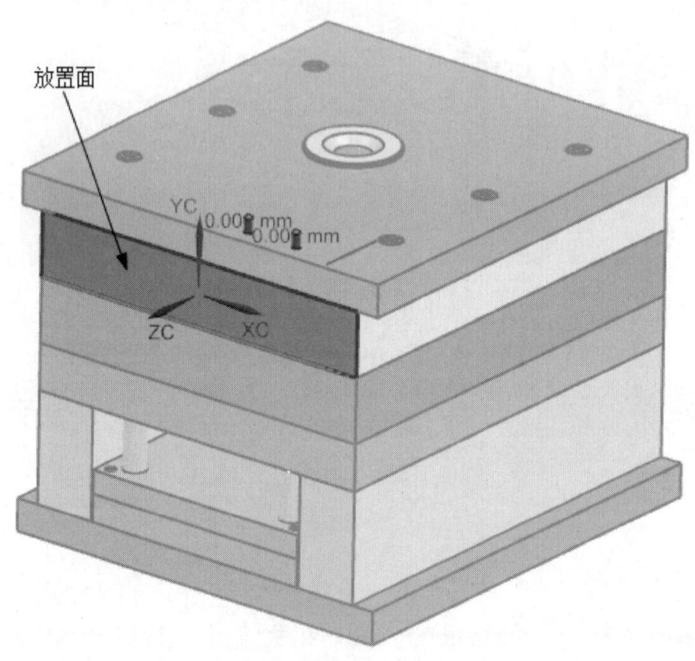

图10-76　选择放置面（6）

（39）设置“X偏置”为-30，“Y偏置”为30，单击“确定”按钮。创建好的冷却水道如图10-77所示。

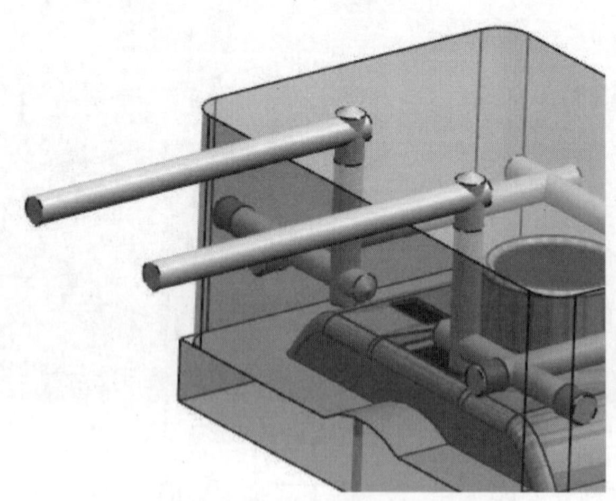

图10-77　创建好的冷却水道（6）

（40）单击“注塑模向导”选项卡“冷却工具”面板上的“冷却标准件库”按钮，弹出“重用库”对话框和“冷却组件设计”对话框，选择如图10-78所示的水道，在“重用库”对话框的“名

称”列表中选择“COOLING”→“Water”选项，在“成员选择”列表中选择“O-RING”选项，在“详细信息”列表中设置 SUPPLIER 为 HRSCO，“FITTING_DIA”为 9.6，其他采用默认设置，如图 10-79 所示，单击“确定”按钮；创建如图 10-80 所示的防水圈。

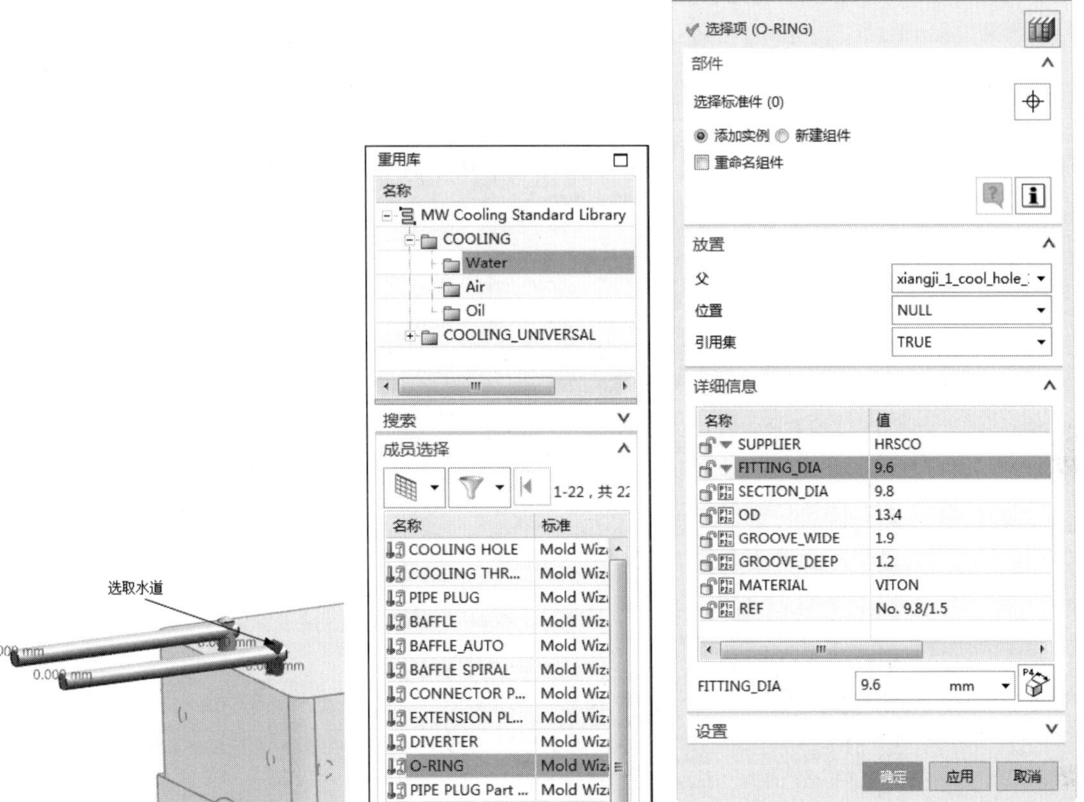

图 10-78　选取水道　　　　图 10-79　防水圈参数设置

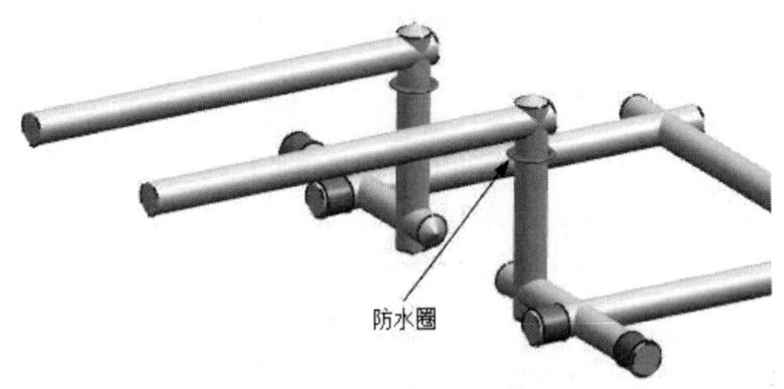

图 10-80　创建防水圈

（41）单击“注塑模向导”选项卡“冷却工具”面板上的“冷却标准件库”按钮，弹出“重用库”对话框和“冷却组件设计”对话框，选择图 10-81 所示的冷却水道，在“重用库”对话框的“名称”列表中选择“COOLING”→“Water”选项，在“成员选择”列表中选择“CONNECTOR PLUG”选项，在“详细信息”列表中设置“SUPPLER”为 HASCO，“PIPE_THREAD”为 M10，如图 10-82 所示，然后单击“确定”按钮，效果图如图 10-83 所示。

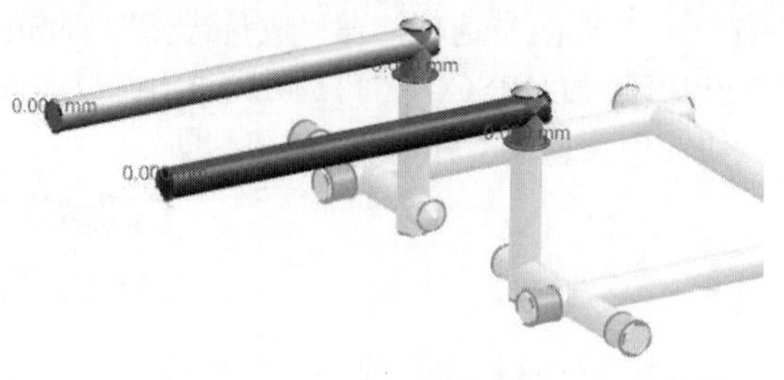

图 10-81　选择冷却水道

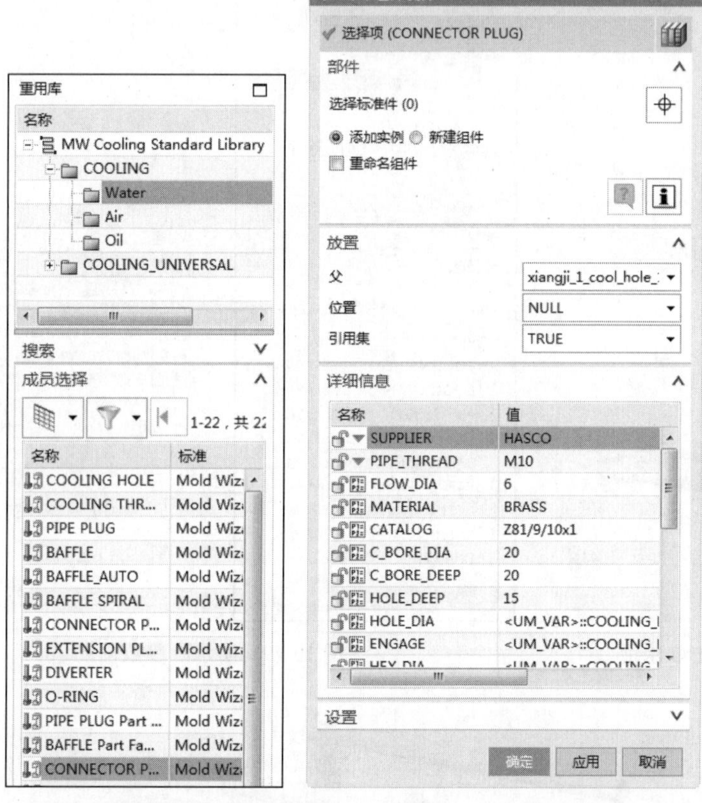

图 10-82　“重用库”对话框和“冷却组件设计”对话框设置（2）

图 10-83　创建水嘴

（42）单击“装配”选项卡“组件”面板上的“镜像装配”按钮，弹出“镜像装配向导”对话框，如图 10-84 所示。选择左侧“镜像步骤”列表下的“选择组件”选项，然后单击“下一步”按钮。

（43）在出现“镜像装配向导”对话框（2）之后，如图 10-85 所示，选择如图 10-83 所示的冷却系统，选择完成后，“镜像装配向导”对话框变成如图 10-86 所示，然后单击“下一步”按钮，弹出“镜像装配向导”对话框（4），如图 10-87 所示。

（44）单击“镜像装配向导”对话框（4）上的“创建基准平面”按钮，弹出“基准平面”对话框，如图 10-88 所示。选择“YC-ZC 平面”类型，输入偏移距离为 0，然后单击“确定”按钮，返回至“镜像装配向导”对话框（4）。

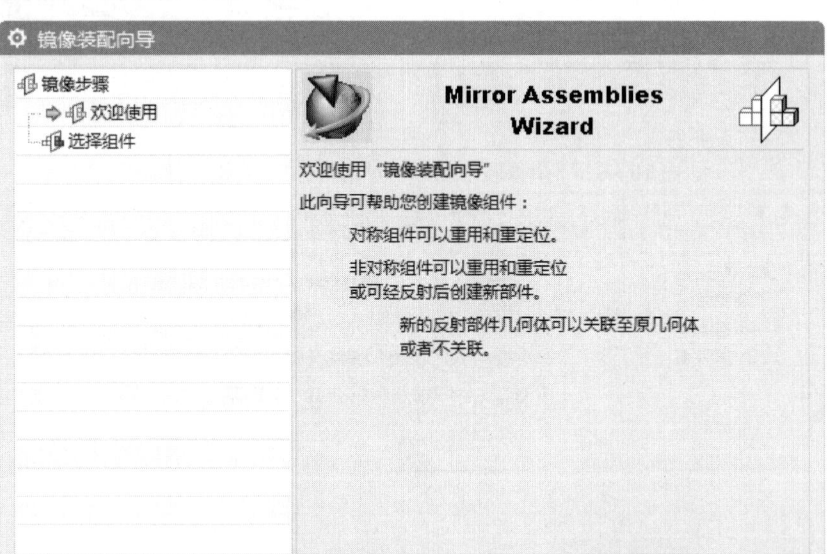

图 10-84 “镜像装配向导”对话框（1）

图 10-85 “镜像装配向导”对话框（2）

Note

图 10-86 “镜像装配向导”对话框（3）及操作效果

图 10-87 “镜像装配向导”对话框（4）

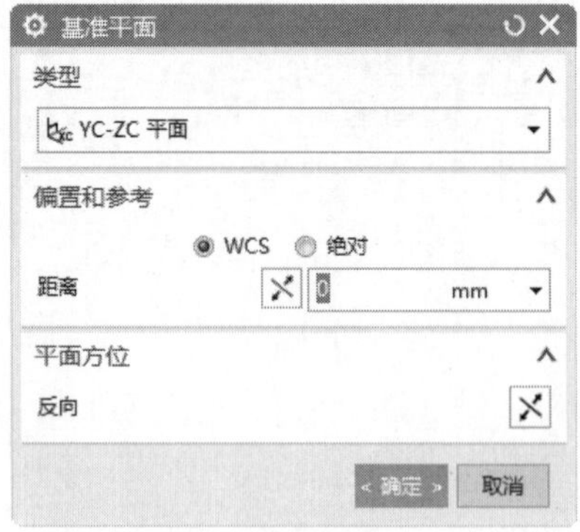

图 10-88 “基准平面”对话框

（45）在“镜像装配向导”对话框（4）中单击“下一步”按钮，弹出“镜像装配向导”对话框（5），如图 10-89 所示。接着单击“下一步”按钮，出现“镜像装配向导”对话框（6），如图 10-90 所示。再接着单击“下一步”按钮，出现“镜像装配向导”对话框（7），如图 10-91 所示，单击“完成”按钮，结果如图 10-92 所示。

图 10-89 “镜像装配向导”对话框（5）

图 10-90 “镜像装配向导”对话框（6）

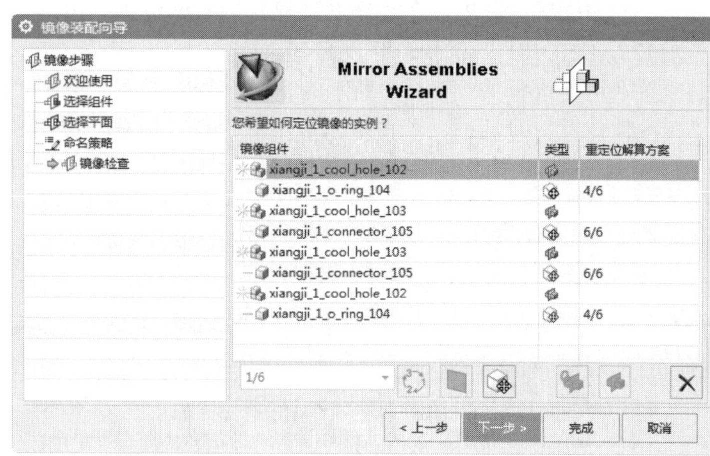

图 10-91 “镜像装配向导”对话框（7）

Note

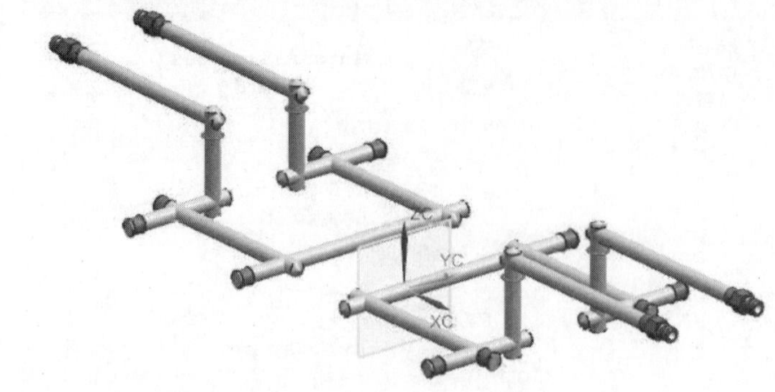

图 10-92　镜像装配结果

10.4.2　型芯冷却系统设计

（1）在部件导航上选择型芯部件，右击，在打开的快捷菜单中选择“在窗口中打开”选项，打开型芯部件，如图 10-93 所示。

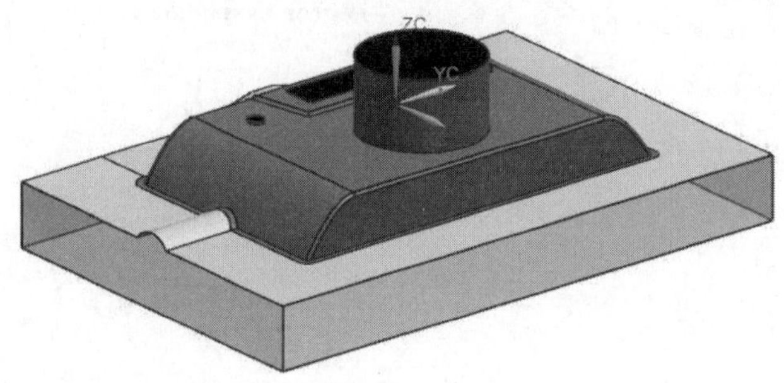

图 10-93　型芯部件

（2）单击“注塑模向导”选项卡“冷却工具”面板上的“冷却标准件库”按钮，系统弹出“重用库”对话框和“冷却组件设计”对话框。

（3）在“重用库”对话框的“名称”列表中选择“COOLING”→“Water”选项，在“成员选择”列表中选择“COOLING HOLE”选项，在“详细信息”列表中设置“PIPE_THREAD”为 M10，“HOLE_1_DEPTH”为 120，“HOLE_2_DEPTH”为 120。

（4）选择一个面放置水道，选择如图 10-94 所示的平面作为放置面。单击“确定”按钮。

（5）系统弹出“标准件位置”对话框，单击参考点中的“点对话框”按钮，弹出“点”对话框，设置参考点为（0，0，0），单击“确定”按钮，返回到“标准件位置”对话框，设置“X 偏置”为 55，“Y 偏置”为 0，单击“应用”按钮。

（6）设置“X 偏置”为-55，“Y 偏置”为 0，单击“确定”按钮。创建好的冷却水道如图 10-95 所示。

（7）单击“注塑模向导”选项卡“冷却工具”面板上的“冷却标准件库”按钮，系统弹出“重用库”对话框和“冷却组件设计”对话框。

（8）在“重用库”对话框的“名称”列表中选择“COOLING”→“Water”选项，在“成员选择”列表中选择“COOLING HOLE”选项，在“详细信息”列表中设置“PIPE_THREAD”为 M10，“HOLE_1_DEPTH”为 160，“HOLE_2_DEPTH”为 160。

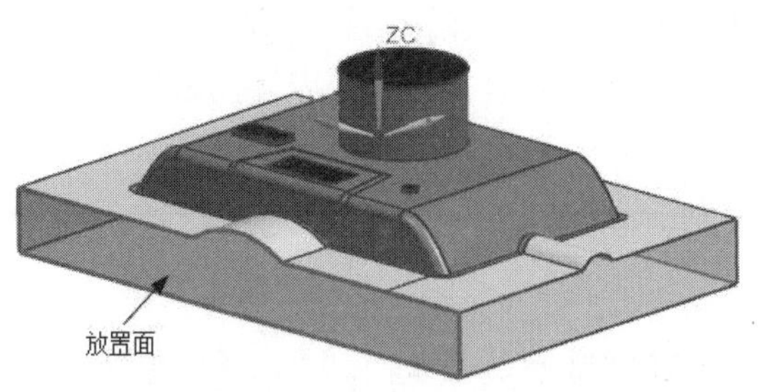

图 10-94　选择型芯放置面（1）

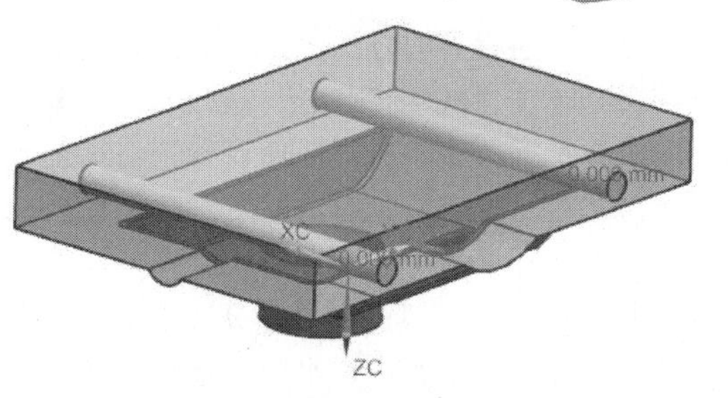

图 10-95　创建型芯冷却水道（1）

（9）选择一个面放置水道，选择如图 10-96 所示的平面作为放置面。单击“确定”按钮。

（10）系统弹出“标准件位置”对话框，单击参考点中的“点对话框”按钮，弹出“点”对话框，设置参考点为（0，0，0），单击“确定”按钮，返回到“标准件位置”对话框，设置“X 偏置”为 50，“Y 偏置”为 1，单击“确定”按钮。创建好的冷却水道如图 10-97 所示。

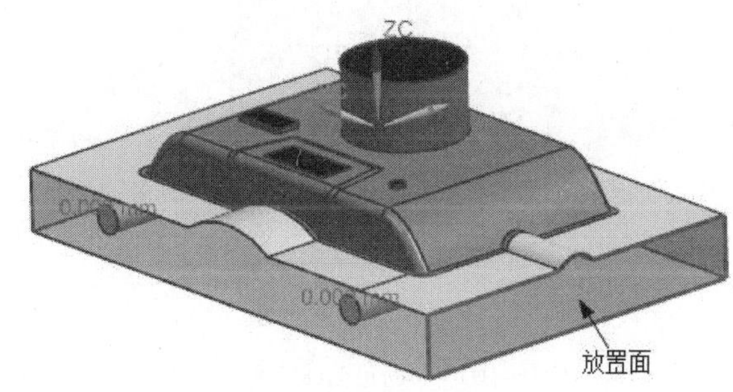

图 10-96　选择型芯放置面（2）

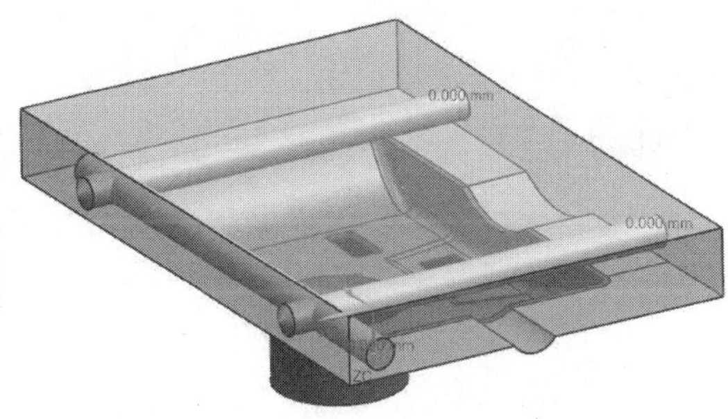

图 10-97　创建型芯冷却水道（2）

（11）单击“注塑模向导”选项卡“冷却工具”面板上的“冷却标准件库”按钮，系统弹出“重用库”对话框和“冷却组件设计”对话框。

（12）在“重用库”对话框的“名称”列表中选择“COOLING”→“Water”选项，在“成员选择”列表中选择“COOLING HOLE”选项，在“详细信息”列表中设置“PIPE_THREAD”为 M10，“HOLE_1_DEPTH”为 70，“HOLE_2_DEPTH”为 70。

（13）选择一个面放置水道，选择如图 10-98 所示的平面作为放置面。单击“确定”按钮。

（14）系统弹出“标准件位置”对话框，单击参考点中的“点对话框”按钮，弹出“点”对话框，设置参考点为（0，0，0），单击“确定”按钮，返回到“标准件位置”对话框，设置“X 偏置”为 45，“Y 偏置”为 1，单击“确定”按钮。创建好的冷却水道如图 10-99 所示。

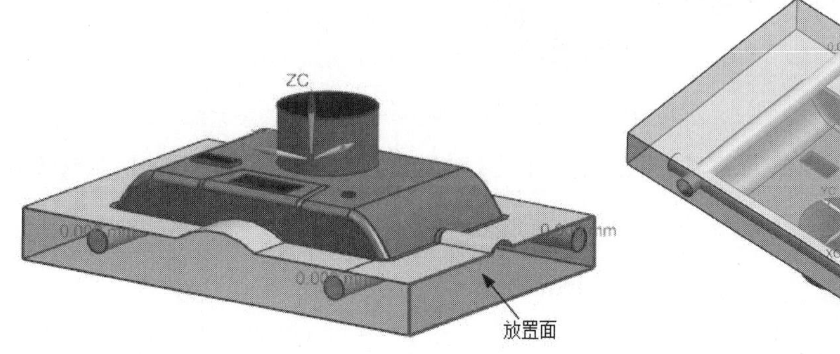

图 10-98　选择型芯放置面（3）

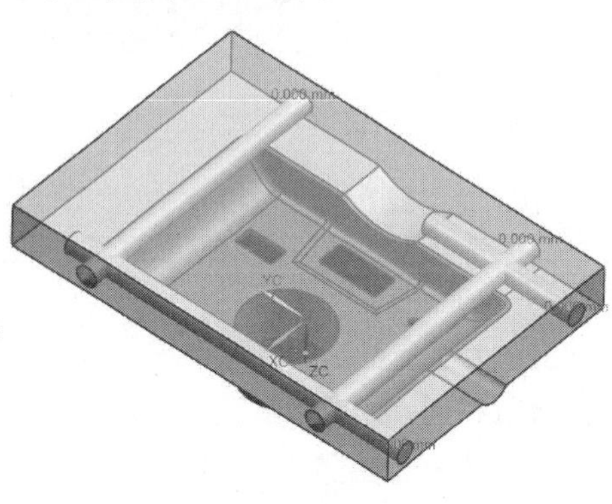

图 10-99　创建型冷却芯水道（3）

Note

（15）采用相同的方法，在另一侧面创建相同参数的水道，如图 10-100 所示。

（16）单击“注塑模向导”选项卡“冷却工具”面板上的“冷却标准件库”按钮，系统弹出“重用库”对话框和“冷却组件设计”对话框。

（17）在“重用库”对话框的“名称”列表中选择“COOLING”→“Water”选项，在“成员选择”列表中选择“COOLING HOLE”选项，在“详细信息”列表中设置“PIPE_THREAD”为 M10，“HOLE_1_DEPTH”为 20，“HOLE_2_DEPTH”为 20。

（18）选择一个面放置水道，选择如图 10-101 所示的平面作为放置面。单击“确定”按钮。

（19）系统弹出“标准件位置”对话框，单击参考点中的“点对话框”按钮，弹出“点”对话框，设置参考点为（0，0，0），单击“确定”按钮，返回到“标准件位置”对话框，设置“X 偏置”为 45，“Y 偏置”为 30，单击“应用”按钮。

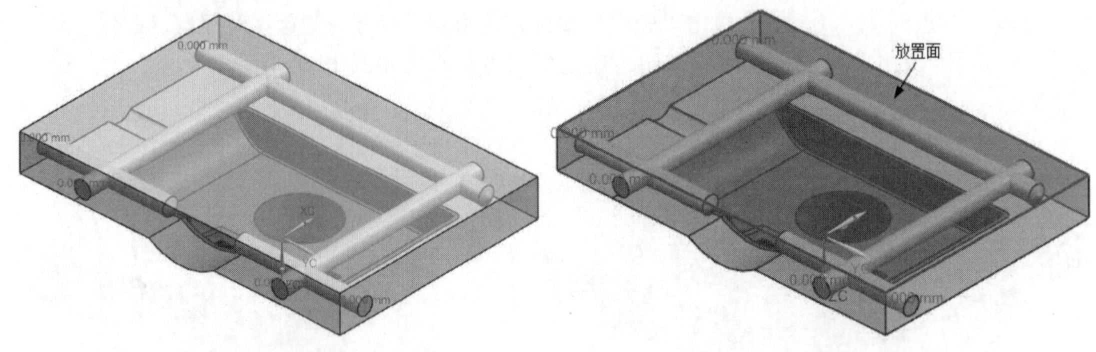

图 10-100　创建相同参数水道　　　图 10-101　选择型芯放置面（4）

（20）设置“X 偏置”为 45，“Y 偏置”为-30，单击“确定”按钮。创建好的冷却水道如图 10-102 所示。

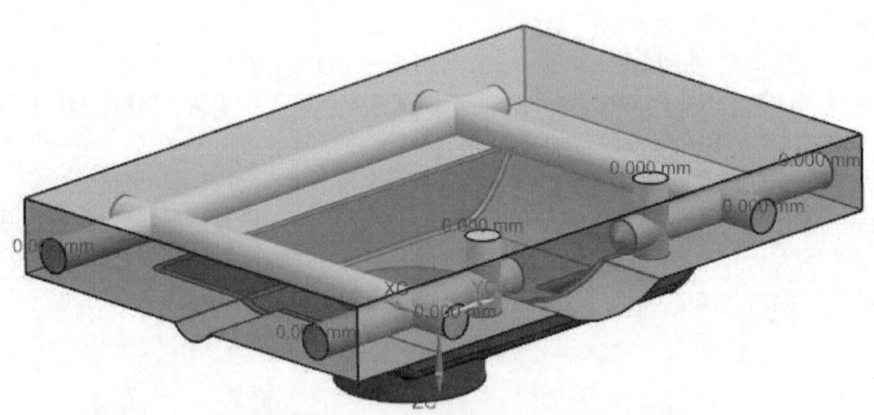

图 10-102　创建好的型芯水道

（21）选择型芯体，右击，在打开的快捷菜单中选择“隐藏”选项，隐藏型芯体，完成的结果如图 10-103 所示。

（22）为了使型芯的冷却系统定向流动，必须在冷却水道的端部设置喉塞。创建方法与创建型腔冷却系统时相同。创建好后的喉塞如图 10-104 所示。

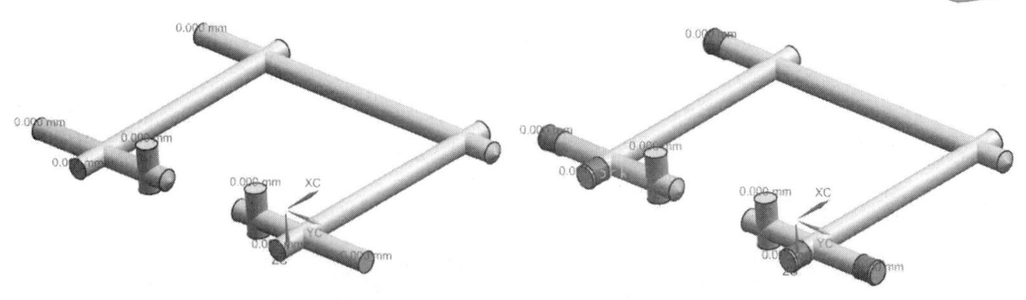

图 10-103 完成冷却系统　　　　图 10-104 创建喉塞

（23）在“装配导航器”中选择型芯部件，右击，从弹出的菜单中选中“显示”选项，重新显示型腔体。

（24）单击“主页”选项卡“特征”面板上的“边倒圆”按钮 ，系统弹出如图 10-105 所示的“边倒圆”对话框。输入半径“10”，依次选中型芯的四条边，单击“确定”按钮，结果如图 10-106 所示。

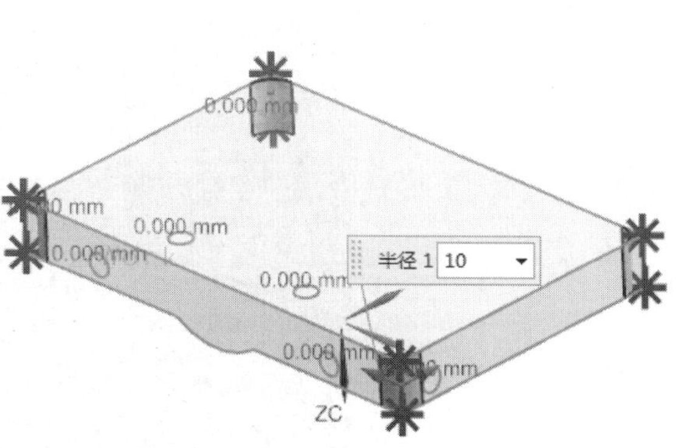

图 10-105 “边倒圆”对话框设置

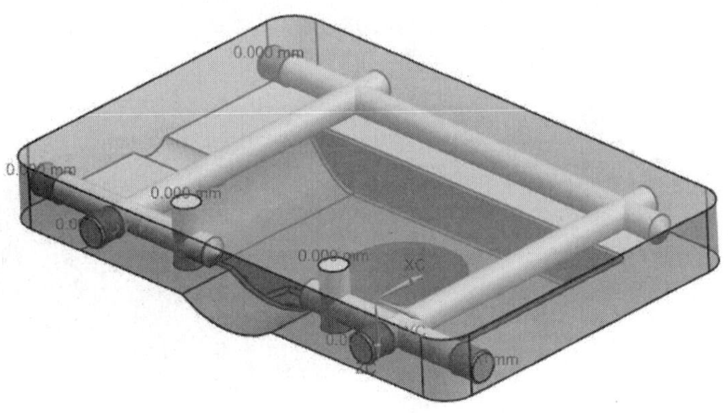

图 10-106 边倒圆效果

Note

（25）打开总装配文件，隐藏所有文件，选取模架中的B板，右击，在弹出的快捷菜单选择“设为工作部件”命令，将B板转化为当前工作部件，如图10-107所示。

（26）单击“主页”选项卡“特征”面板上的“拉伸”按钮，系统弹出“拉伸”对话框，单击“绘制草图”按钮，弹出“创建草图”对话框，选择B板的上表面作为草绘平面，单击“确定”按钮，系统进入到草绘环境。

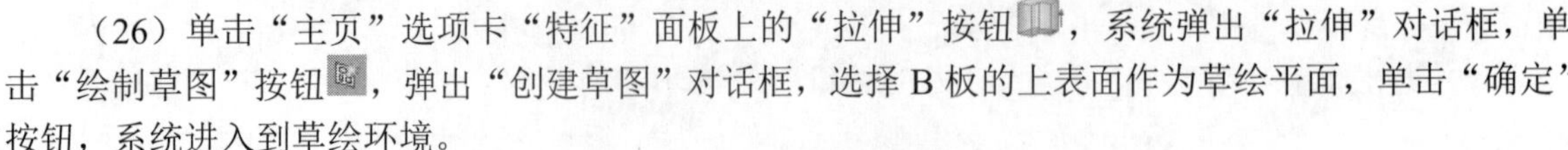

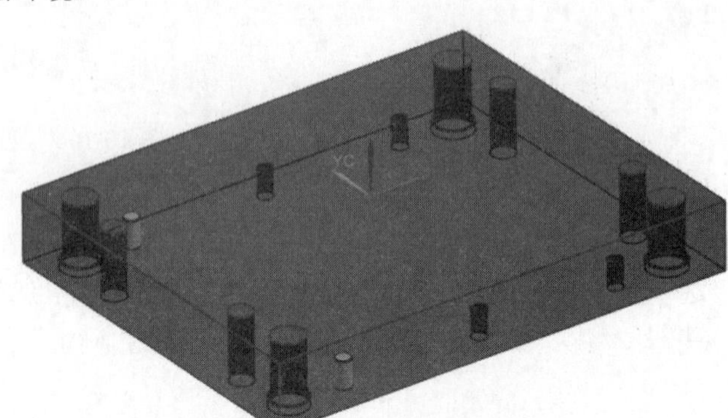

图10-107　显示B板

（27）绘制如图10-108所示的草图，单击“完成”按钮，返回到“拉伸”对话框，设定拉伸的深度为40，在布尔下拉列表中选取“减去”选项，系统自动选取B板为主体，其他采用默认设置，单击“确定”按钮，结果如图10-109所示。

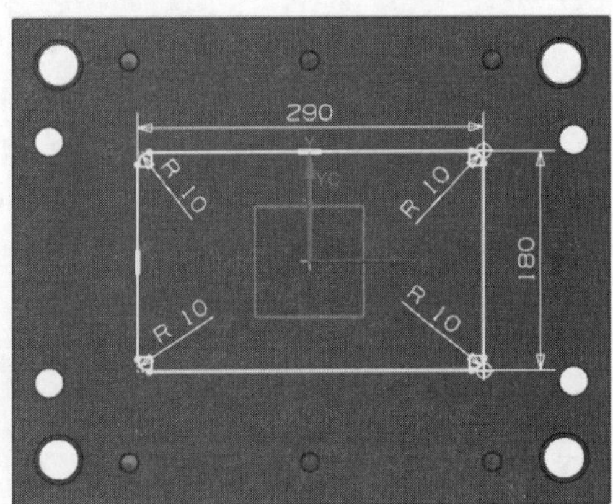

图10-108　绘制草图

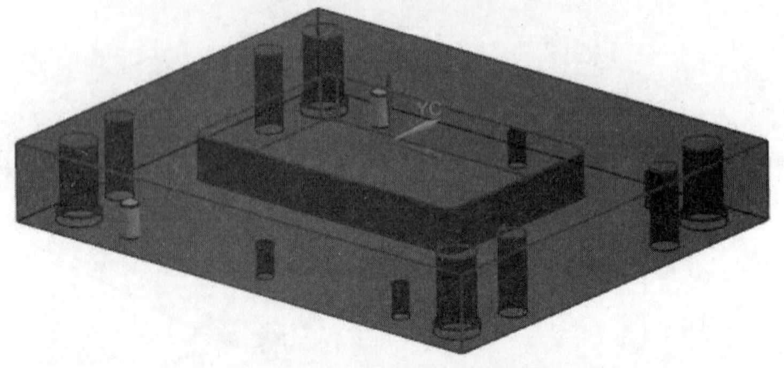

图10-109　创建拉伸特征

（28）取消所有部件的隐藏，并将总装配文件设置为工作部件，然后隐藏 B 板以下的模架。单击“注塑模向导”选项卡“冷却工具”面板上的“冷却标准件库”按钮，系统弹出“重用库”对话框和“冷却组件设计”对话框。

（29）在“重用库”对话框的“名称”列表中选择“COOLING”→“Water”选项，在“成员选择”列表中选择“COOLING HOLE”选项，在“详细信息”列表中设置“PIPE_THREAD”为 M10，“HOLE_1_DEPTH”为 30，“HOLE_2_DEPTH”为 30。

（30）选择如图 10-110 所示的 B 板凹槽的底面作为水道放置面。单击“确定”按钮。

（31）系统弹出“标准件位置”对话框，单击参考点中的“点对话框”按钮，弹出“点”对话框，设置参考点为（0，0，0），单击“确定”按钮，返回到“标准件位置”对话框，设置“X 偏置”为 130，“Y 偏置”为 30，单击“应用”按钮。

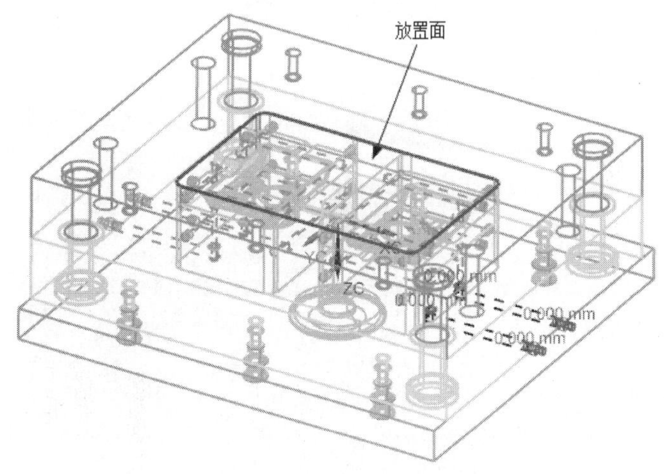

图 10-110　选择水道放置面

（32）设置“X 偏置”为 130，“Y 偏置”为-30，单击“确定”按钮。创建好的冷却水道如图 10-111 所示。

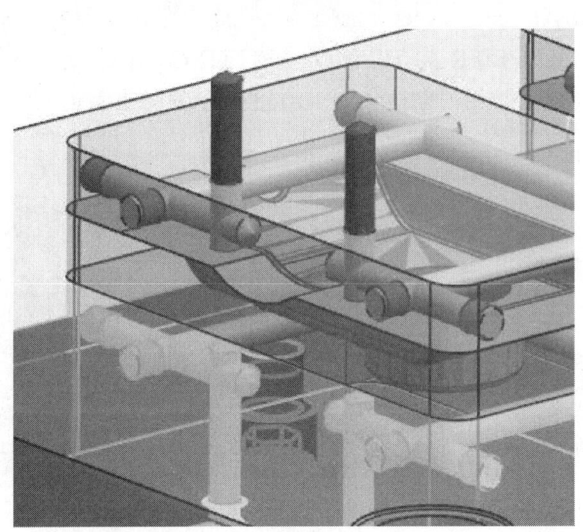

图 10-111　创建好的冷却水道（1）

（33）单击“注塑模向导”选项卡“冷却工具”面板上的“冷却标准件库”按钮，系统弹出“重用库”对话框和“冷却组件设计”对话框。

（34）在“重用库”对话框的“名称”列表中选择“COOLING”→“Water”选项，在“成员选择”列表中选择“COOLING HOLE”选项，在“详细信息”列表中设置“PIPE_THREAD”为M10，“HOLE_1_DEPTH”为125，“HOLE_2_DEPTH”为125。

Note

（35）选择B板侧面作为水道放置面。单击“确定”按钮。

（36）系统弹出“标准件位置”对话框，单击参考点中的“点对话框”按钮，弹出“点”对话框，设置参考点为（0，0，0），单击“确定”按钮，返回到“标准件位置”对话框，设置“X偏置”为30，“Y偏置”为-30，单击“应用”按钮。

（37）设置“X偏置”为-30，“Y偏置”为-30，单击“确定”按钮。创建好的冷却水道如图10-112所示。

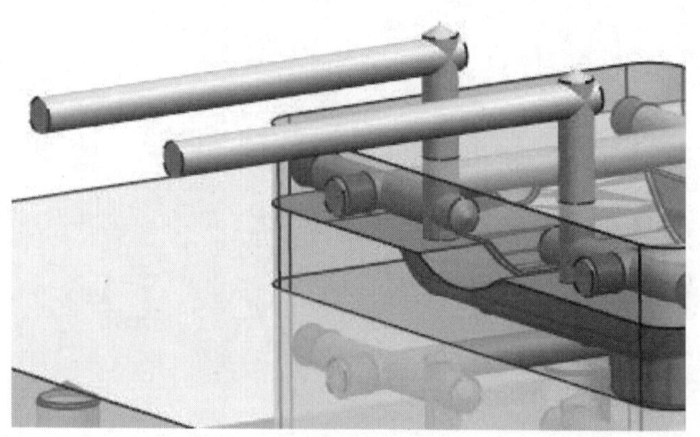

图10-112　创建好的冷却水道（2）

（38）单击“注塑模向导”选项卡“冷却工具”面板上的“冷却标准件库”按钮，弹出“重用库”对话框和“冷却组件设计”对话框，选择如图10-113所示的水道，在“重用库”对话框的“名称”列表中选择“COOLING”→“Water”选项，在“成员选择”列表中选择“O-RING”选项，在“详细信息”列表中设置SUPPLIER为HRSCO，“FITTING_DIA”为9.6，其他采用默认设置，如图10-114所示，单击“确定”按钮；创建如图10-115所示的防水圈。

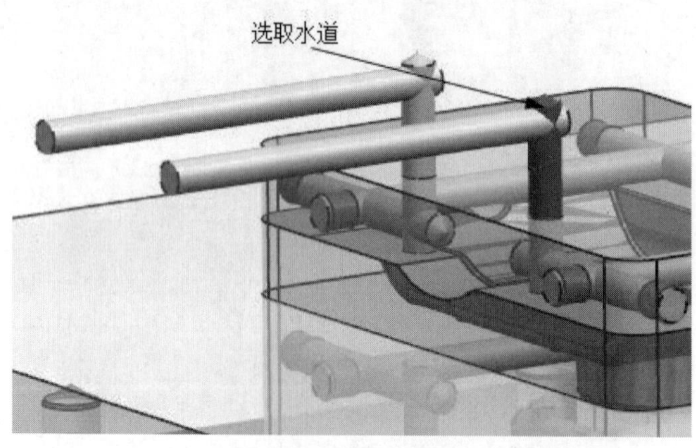

图10-113　选取水道

图 10-114　防水圈参数设置

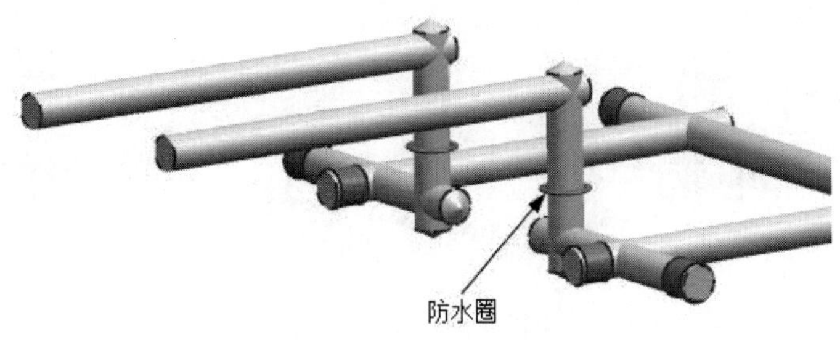

图 10-115　创建防水圈

（39）单击“注塑模向导”选项卡“冷却工具”面板上的“冷却标准件库”按钮，弹出“重用库”对话框和“冷却组件设计”对话框，选择冷却水道，在“重用库”对话框的“名称”列表中选择“COOLING”→“Water”选项，在“成员选择”列表中选择“CONNECTOR PLUG”选项，在“详细信息”列表中设置“SUPPLER”为 HASCO，“PIPE_THREAD”为 M10，如图 10-116 所示，然后单击“确定”按钮，效果图如图 10-117 所示。

Note

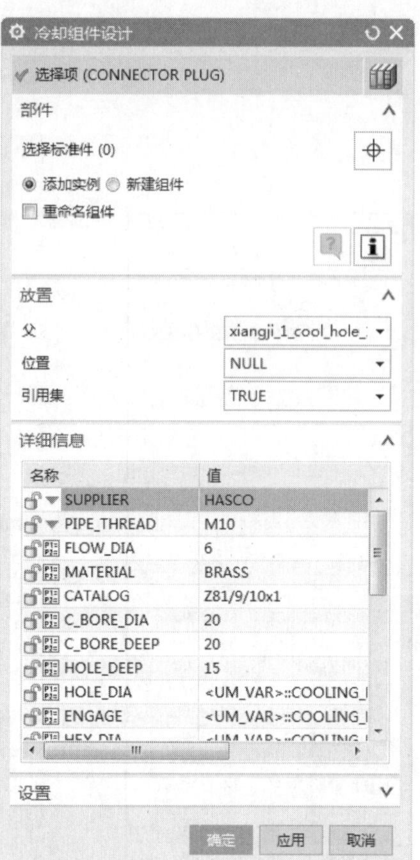

图 10-116 “重用库”对话框和“冷却组件设计”对话框设置（3）

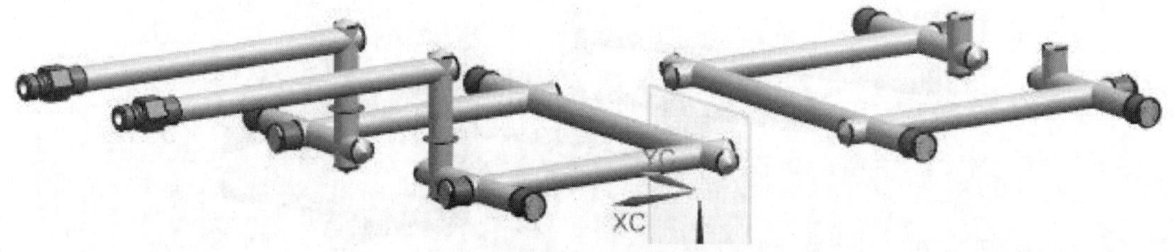

图 10-117 创建水嘴

（40）单击“装配”选项卡“组件”面板上的“镜像装配”按钮，弹出“镜像装配向导”对话框，如图 10-118 所示。选择左侧“镜像步骤”列表下的“选择组件”选项，然后单击“下一步”按钮。

（41）在出现“镜像装配向导”对话框（2）之后，如图 10-119 所示，选择如图 10-117 所示的冷却系统，选择完成后，“镜像装配向导”对话框变成如图 10-120 所示，然后单击“下一步”按钮，弹出“镜像装配向导”对话框（4），如图 10-121 所示。

（42）单击“镜像装配向导”对话框（4）上的“创建基准平面”按钮，弹出“基准平面”对话框，如图 10-122 所示。选择“YC-ZC 平面”类型，输入偏移距离为 0，然后单击“确定”按钮，返回至“镜像装配向导”对话框（4）。

图 10-118　“镜像装配向导”对话框（1）

图 10-119　“镜像装配向导”对话框（2）

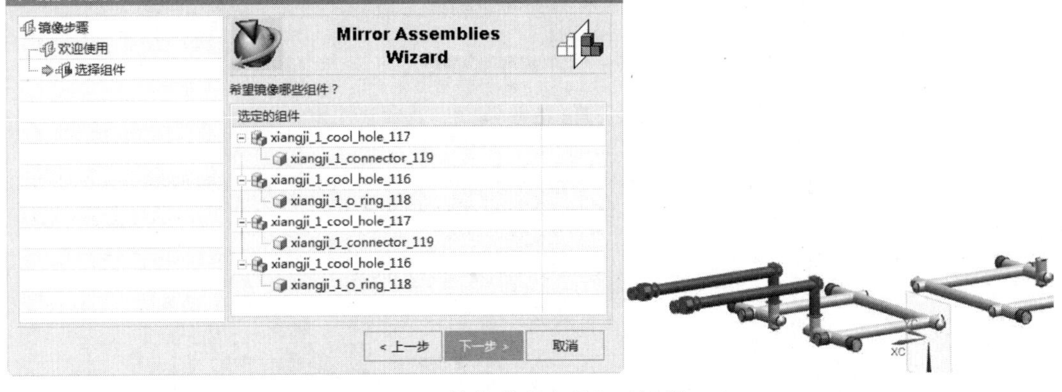

图 10-120　“镜像装配向导”对话框（3）

Note

图 10-121　“镜像装配向导”对话框（4）

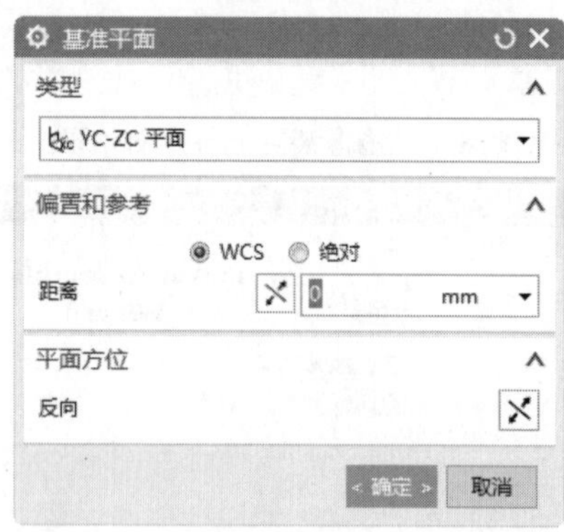

图 10-122　“基准平面”对话框

（43）在“镜像装配向导”对话框（4）中单击“下一步”按钮，弹出“镜像装配向导”对话框（5），如图 10-123 所示。接着单击“下一步”按钮，出现“镜像装配向导”对话框（6），如图 10-124 所示。再接着单击“下一步”按钮，出现“镜像装配向导”对话框（7），如图 10-125 所示，单击“完成”按钮，结果如图 10-126 所示。

图 10-123　“镜像装配向导”对话框（5）

图 10-124　“镜像装配向导”对话框（6）

图 10-125　“镜像装配向导”对话框（7）

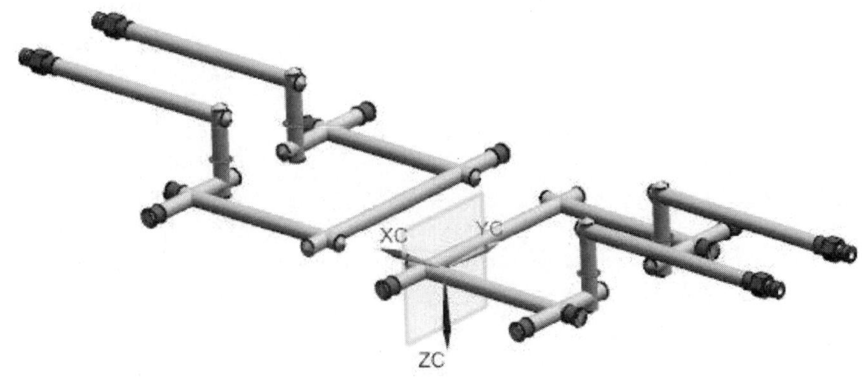

图 10-126　镜像装配结果

（44）在总装配文件中将所有文件显示，并转化为工作部件。

（45）单击“注塑模向导”选项卡“主要”面板上的“腔”按钮，系统弹出如图 10-127 所示的“开腔”对话框，选择“去除材料”模式。

（46）选中模架、型腔和型芯为目标体，选取浇注系统、冷却水道，顶杆等为工具体，然后单击“确定”按钮进行建腔，结果如图 10-128 所示。

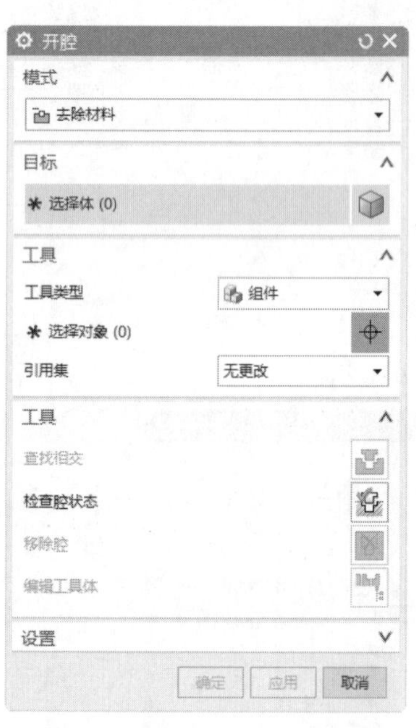

图 10-127 “开腔”对话框

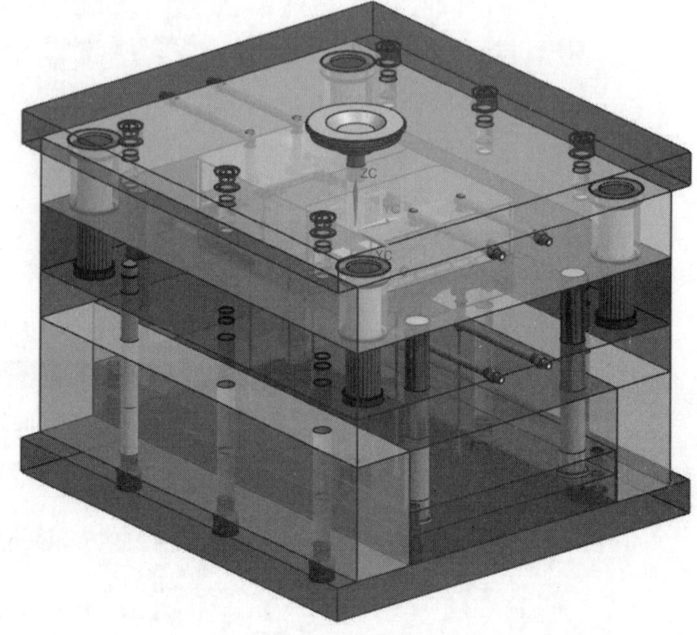

图 10-128 模具效果

（47）选择“文件”→“保存”→“全部保存”选项，保存所有模具文件。

第11章 充电器上盖模具设计

（视频讲解：51分钟）

充电器上盖广泛应用于小家电电池充电中，该零件结构复杂，包含一些破面，需要利用模具工具进行修补，另外对侧孔还需要用滑块装置进行设计。本实例采用一模两腔进行设计，注塑材料采用PS。

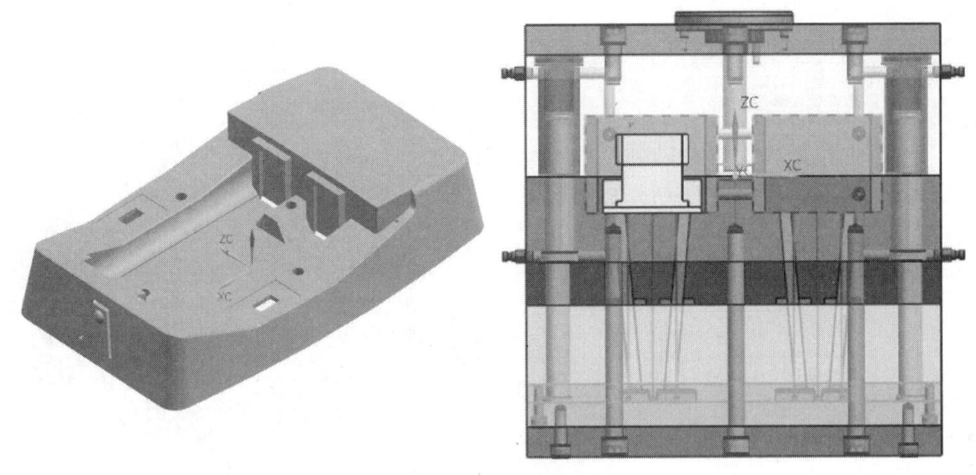

视频讲解

Note

11.1 初始化设计

下面将对该产品体进行初始化设置，包括项目初始化、设定坐标系、设置收缩率、创建工件和型腔布局。

11.1.1 项目初始化

项目初始化是 Mold Wizard 模具设计的第一步，利用该命令功能可以加载产品模型。具体操作步骤如下。

单击“注塑模向导”选项卡中的“初始化项目”按钮，弹出“部件名”对话框，装载“yuanwenjian/chongdianqi/chongdianqi.prt”，单击“OK”按钮，系统弹出“初始化项目”对话框，并设置好项目路径和项目名称，完成装载后的效果的产品体如图 11-1 所示。

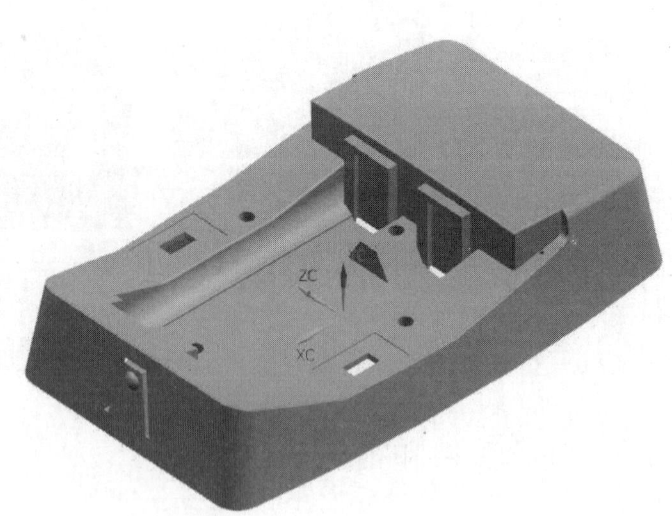

图 11-1　初始化项目

11.1.2 设定模具坐标系和收缩率

产品体的当前坐标系中 Z 轴方向并未指向模具的开模方向，需要进行旋转坐标系操作，然后再设

Note

定模具坐标系和设置注塑件的收缩率。

（1）单击“菜单”→“格式”→“WCS”→“旋转”命令，系统弹出“旋转 WCS 绕”对话框，如图 11-2 所示，从中选中“+YC 轴：ZC→XC”单选按钮，旋转角度为“90”，然后单击“应用”按钮。再选择“-XC 轴：ZC→YC”单选按钮，旋转角度为“90”，然后单击“确定”按钮，旋转后的结果如图 11-3 所示。

图 11-2　重定义坐标方向

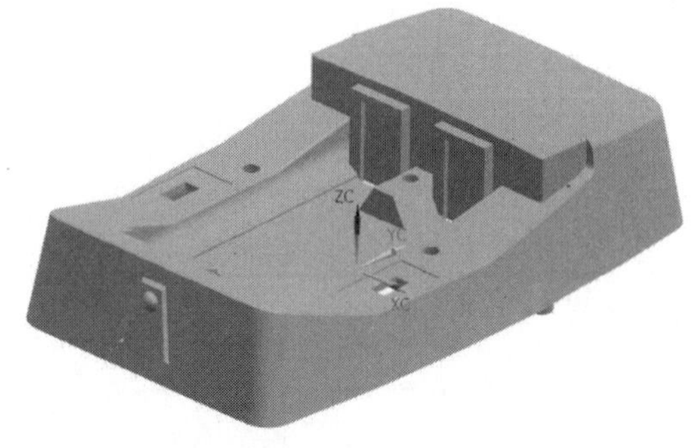

图 11-3　旋转坐标系

（2）单击“注塑模向导”选项卡“主要”面板上的“模具坐标系”按钮，系统弹出如图 11-4 所示的“模具坐标系”对话框，选中“选定面的中心”单选按钮，在视图中选择如图 11-5 所示的面，然后选中“锁定 Z 位置”复选框，单击“确定”按钮。系统会自动把模具坐标系放在所选面的中心，并且锁定 Z 轴。

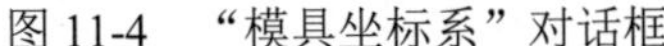

图 11-4　“模具坐标系”对话框

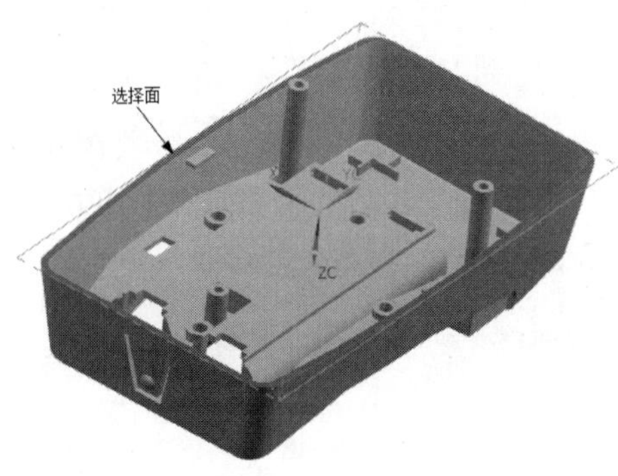

图 11-5　选择面

（3）单击“注塑模向导”选项卡“主要”面板上的“收缩”按钮，系统弹出“缩放体”对话框，选择“均匀”类型，设置比例因子均匀为 1.006，如图 11-6 所示。单击“确定”按钮。

11.1.3　创建工件和布局

工件用于定义型腔和型芯的镶块体，在创建工件时需要考虑模具的强度要求。利用“布局”功能来对准坐标系。

（1）单击“注塑模向导”选项卡“主要”面板上的“工件”按钮，系统弹出“工件”对话框，选择“参考点”定义类型，如图 11-7 所示，并依图设置工件尺寸，单击“确定”按钮，完成工件的创建。

Note

（2）单击“注塑模向导”选项卡“主要”面板上的“型腔布局”按钮，系统弹出如图 11-8 所示的“型腔布局”对话框，设置布局类型为“矩形”，指定矢量为 XC 轴，型腔数为“2”，间隙距离为“30”，然后单击“开始布局”按钮。

图 11-6 “缩放体”对话框

图 11-7 “工件”对话框

（3）单击“自动对准中心”按钮，将模腔设置在模具的装配中心。然后单击对话框中的“关闭”按钮，关闭对话框，生成的工件如图 11-9 所示。

图 11-8 “型腔布局”对话框

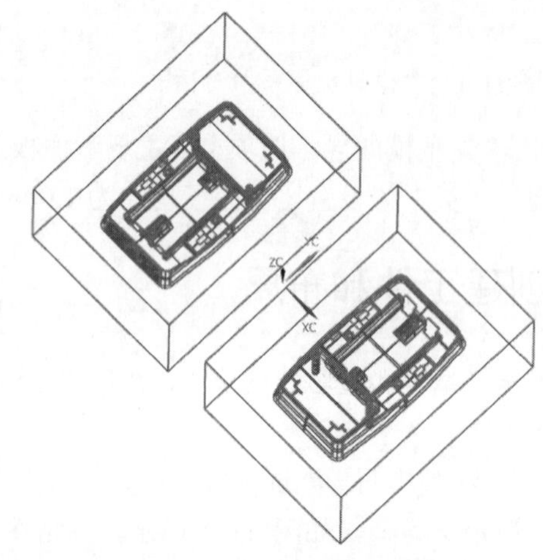

图 11-9 生成工件

11.2 分型设计

11.2.1 修补实体

（1）由于该产品体存在多处破面，需要利用模具工具进行补面操作。在操作前，需要在装配导航器中选择“chongdianqi_parting_17.prt”，右击，在弹出的快捷菜单中选择“在窗口中打开”选项，如图 11-10 所示。打开“chongdianqi_parting_17.prt”文件。

图 11-10 设置产品体为显示部件

（2）单击“注塑模向导”选项卡“注塑模工具”面板上的“包容体”按钮，系统弹出如图 11-11 所示的“包容体”对话框，设置“偏置”为 1，然后选择如图 11-12 所示的面，单击“确定”按钮，创建包容体。

图 11-11 “包容体”对话框（1）

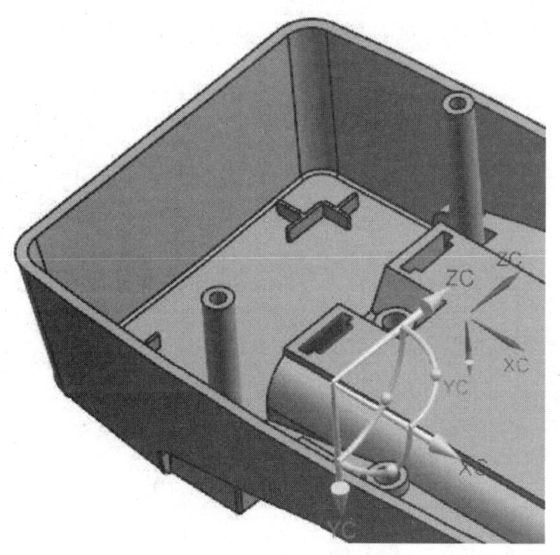

图 11-12 选择面创建包容体（1）

Note

（3）单击“注塑模向导”选项卡“注塑模工具”面板上的“分割实体”按钮，系统弹出“分割实体”对话框，如图 11-13 所示。选择“修剪”类型，选择刚创建的包容体为目标体，选择如图 11-14 所示的面为工具体，同时工作区出现箭头表示切割方向。单击“应用”按钮，完成的修剪特征。

图 11-13 “分割实体”对话框

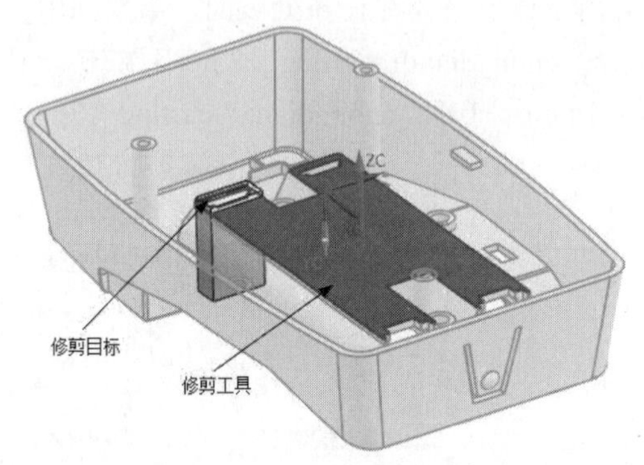

图 11-14 选择工具体

（4）采用相同的方法，选择包容体为目标体，选择如图 11-15 所示的面为分割面，同时工作区出现箭头表示切割方向，单击“反向”按钮，调整切割方向，单击“应用”按钮。

（5）采用相同的方法，选择包容体为目标体，选择如图 11-16 所示的面为分割面，单击“反向”按钮，调整切割方向，单击“应用”按钮。

（6）采用相同的方法，选择包容体为目标体，选择如图 11-17 所示的面为分割面，同时工作区出现箭头表示切割方向，单击“反向”按钮，调整切割方向，单击“应用”按钮。

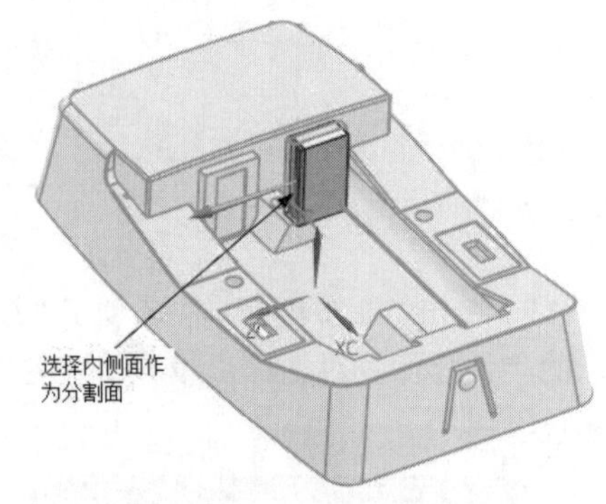

图 11-15 选择分割面（1）

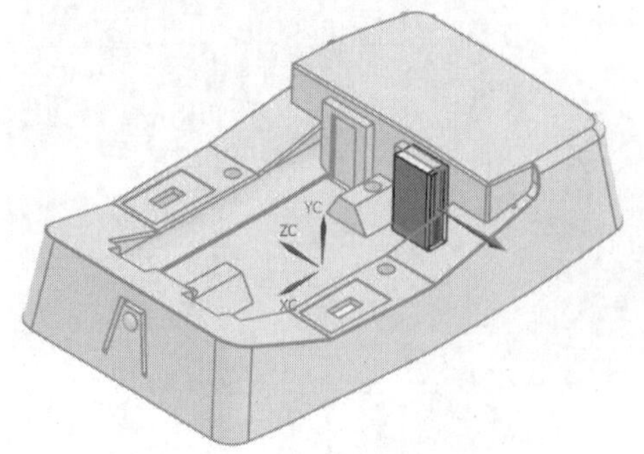

图 11-16 选择分割面（2）

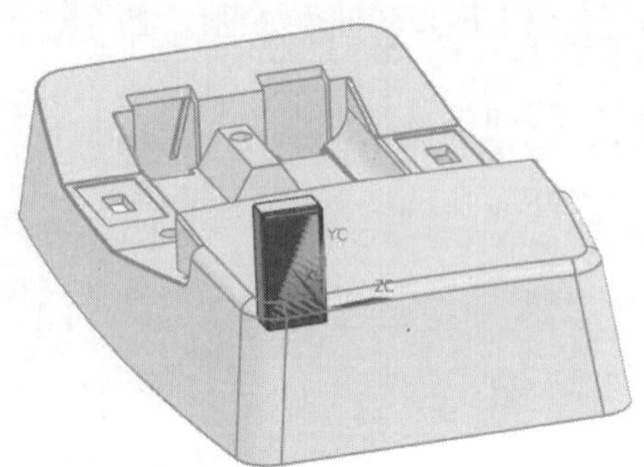

图 11-17 选择分割面（3）

（7）采用相同的方法，选择包容体为目标体，选择如图 11-18 所示的面为分割面，同时工作区

出现箭头表示切割方向，单击“反向”按钮，调整切割方向，单击“确定”按钮，生成的分割特征如图 11-19 所示。

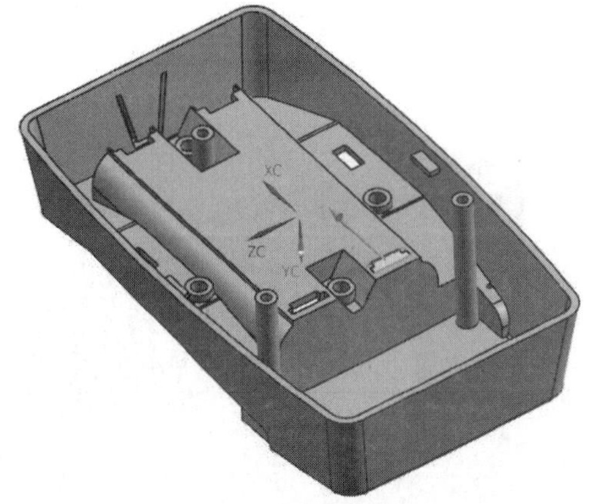

图 11-18　选择分割面（4）

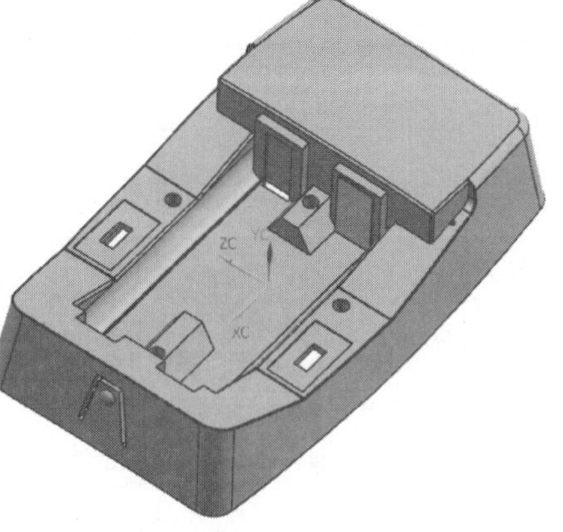

图 11-19　分割特征（1）

（8）单击“主页”选项卡“特征”面板上的“减去”按钮，系统弹出如图 11-20 所示的“求差”对话框，选中“保存工具”复选框，选择刚修剪好的包容体为目标体，选择产品体为工具体，如图 11-20 所示，然后单击“确定”按钮，生成“差”特征。

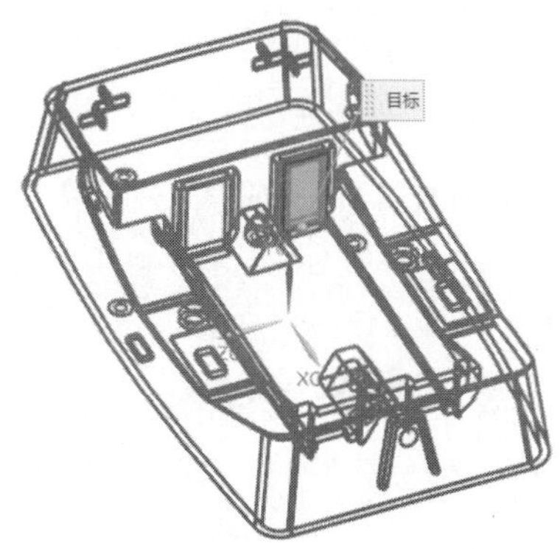

图 11-20　进行求差操作（1）

（9）依照上面步骤创建如图 11-21 所示的修补实体特征。

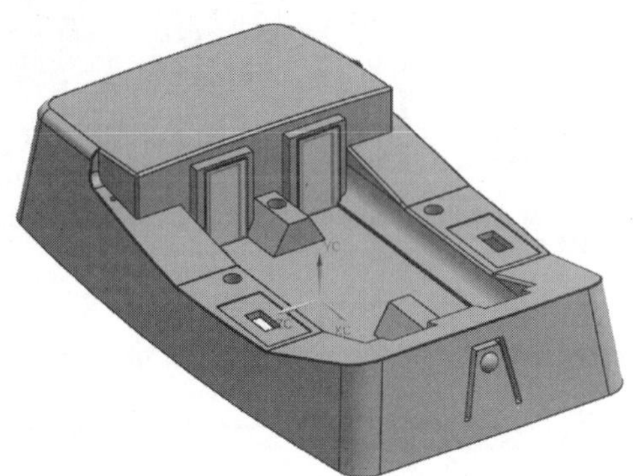

图 11-21　生成修补实体特征

Note

（10）单击“注塑模向导”选项卡“注塑模工具”面板上的“包容体”按钮，系统弹出如图 11-22 所示的“包容体”对话框，然后把鼠标移到产品体上选择如图 11-23 所示的面，然后单击“确定”按钮。

图 11-22　“包容体”对话框（2）

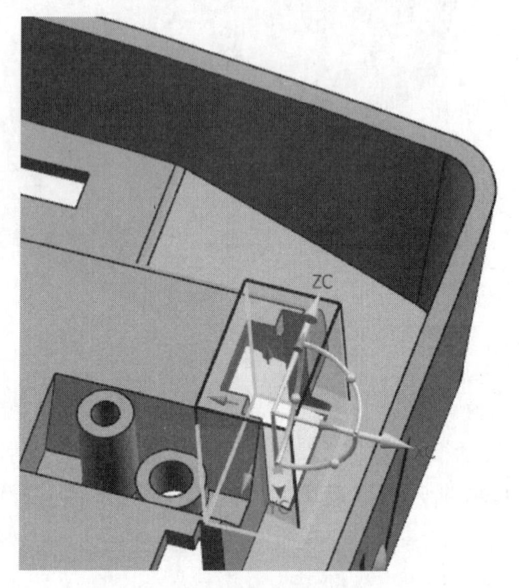

图 11-23　选择面创建包容体（2）

（11）单击“注塑模向导”选项卡“注塑模工具”面板上的“分割实体”按钮，系统弹出“分割实体”对话框，如图 11-24 所示。选择“修剪”类型，选择刚创建的包容体为目标体，选择如图 11-25 所示的面为工具体，同时工作区出现箭头表示切割方向。单击“应用”按钮，完成的修剪特征。

图 11-24　“分割实体”对话框（2）

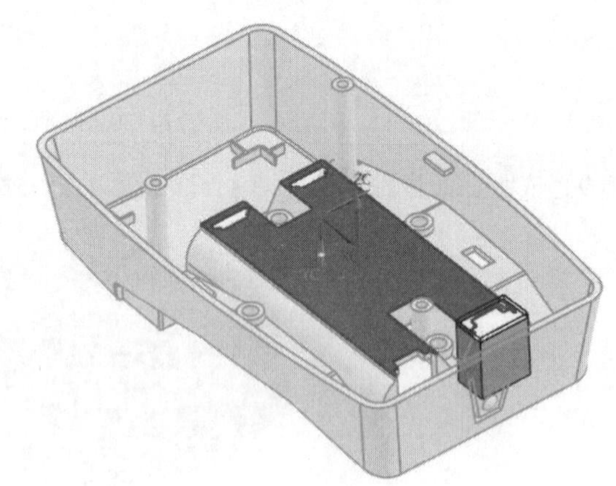

图 11-25　选择分割面（5）

（12）采用相同的方法，选择包容体为目标体，选择如图 11-26 所示的面为分割面，同时工作区出现箭头表示切割方向，单击“反向”按钮，调整切割方向，单击“应用”按钮。

（13）采用相同的方法，选择包容体为目标体，选择如图 11-27 所示的面为分割面，同时工作区

出现箭头表示切割方向，单击“反向”按钮，调整切割方向，单击“应用”按钮。

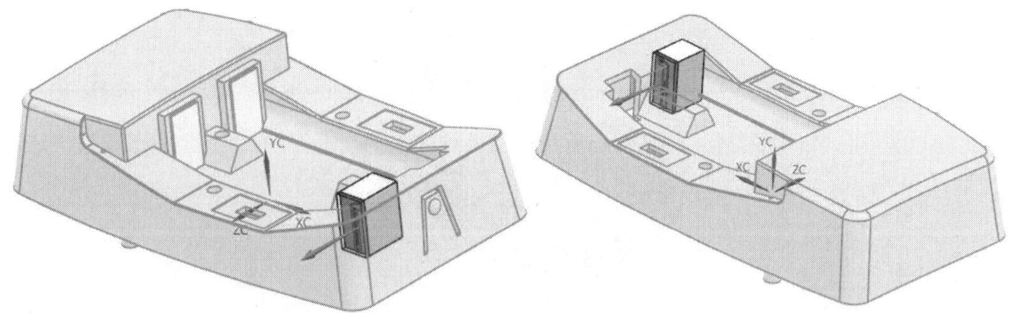

图 11-26　选择分割面（6）　　　　图 11-27　选择分割面（7）

（14）采用相同的方法，选择包容体为目标体，选择如图 11-28 所示的面为分割面，同时工作区出现箭头表示切割方向，单击“反向”按钮，调整切割方向，单击“应用”按钮。

（15）采用相同的方法，选择包容体为目标体，选择如图 11-29 所示的面为分割面，同时工作区出现箭头表示切割方向，单击“反向”按钮，调整切割方向，单击“应用”按钮。

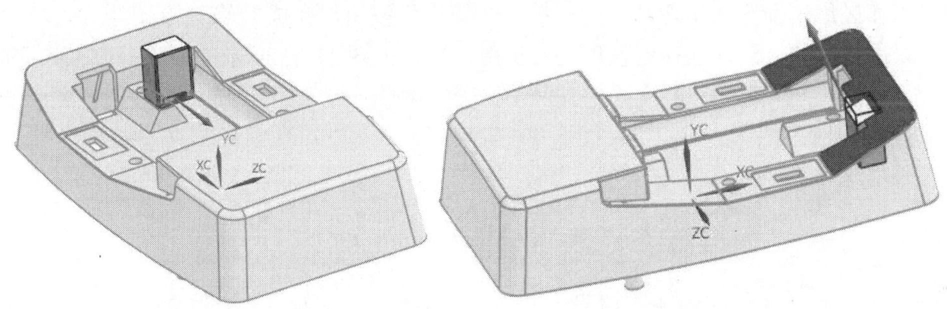

图 11-28　选择分割面（8）　　　　图 11-29　创建分割特征（1）

（16）采用相同的方法，选择包容体为目标体，选择如图 11-30 所示的面为分割面，同时工作区出现箭头表示切割方向，单击“反向”按钮，调整切割方向，单击“确定”按钮，生成分割特征。

（17）单击“主页”选项卡“特征”面板上的“减去”按钮，系统弹出“求差”对话框，选中“保存工具”复选框，选择刚修剪好的包容体为目标体，选择产品体为工具体，如图 11-31 所示，然后单击对话框中“确定”按钮，生成“差”特征。

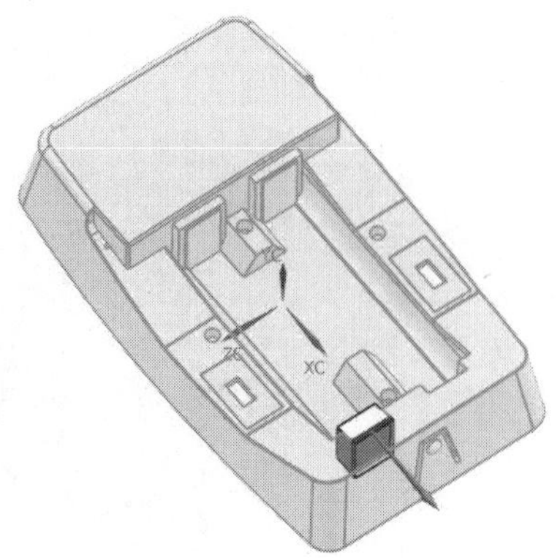

图 11-30　创建分割特征（2）

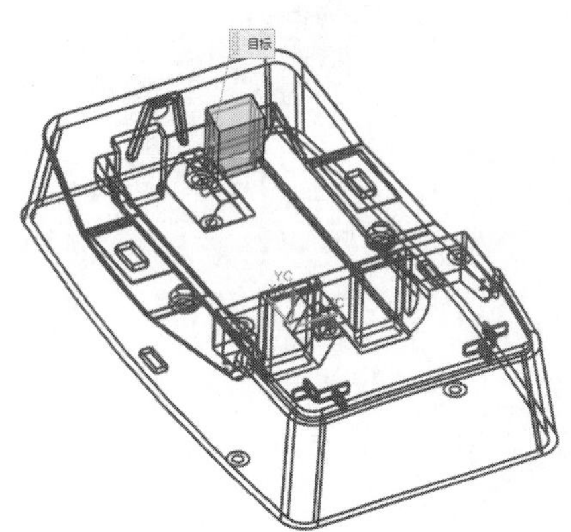

图 11-31　进行求差操作（2）

Note

（18）依照上面步骤创建如图 11-32 所示的另一侧修补实体特征。

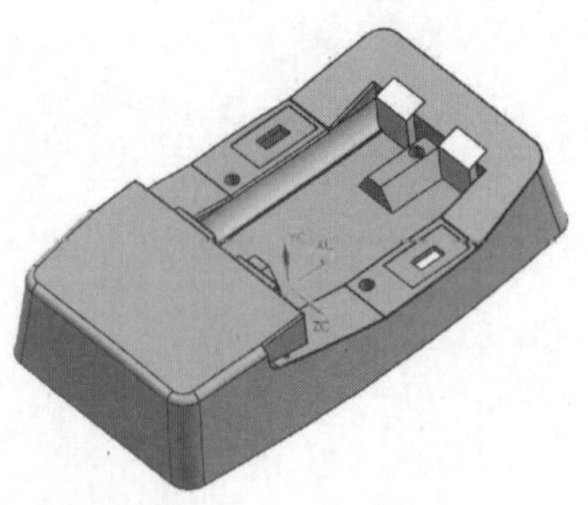

图 11-32　完成另一侧修补实体特征

（19）单击“注塑模向导”选项卡“注塑模工具”面板上的“包容体”按钮，系统弹出“包容体”对话框，然后把鼠标移到产品体上选择如图 11-33 所示的面，然后单击“确定”按钮。

（20）单击“注塑模向导”选项卡“注塑模工具”面板上的“分割实体”按钮，系统弹出“分割实体”对话框，选择“修剪”类型，选择刚创建的包容体为目标体，选择如图 11-34 所示的面为工具体，同时工作区出现箭头表示切割方向。单击“应用”按钮，完成的修剪特征。

（21）采用相同的方法，选择包容体为目标体，选择如图 11-35 所示的面为分割面，同时工作区出现箭头表示切割方向，单击“反向”按钮，调整切割方向，单击“确定”按钮，完成特征分割，如图 11-36 所示。

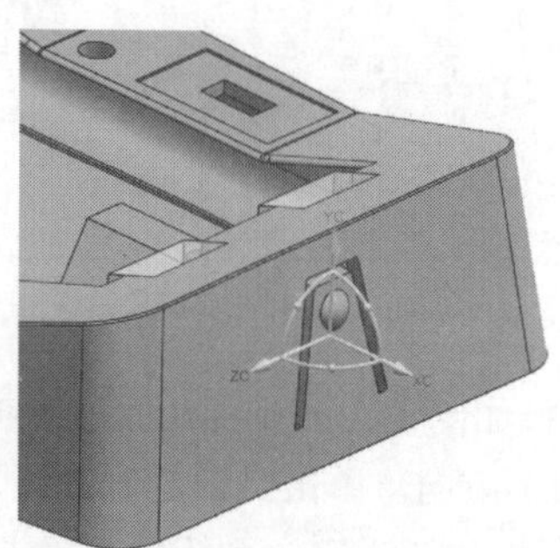

图 11-33　选择面创建包容体（3）

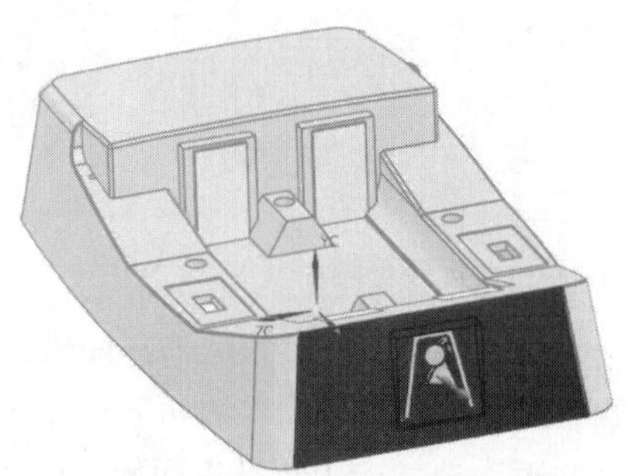

图 11-34　选择分割面（9）

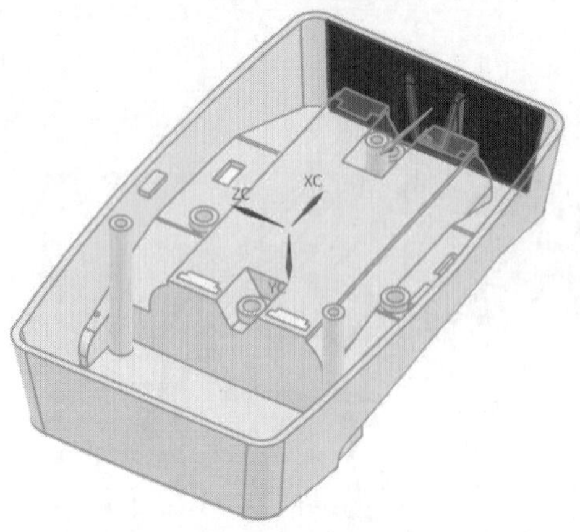

图 11-35　选择分割面（10）

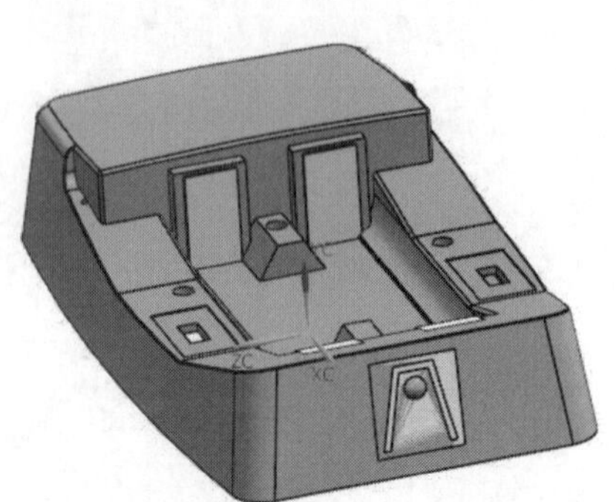

图 11-36　分割特征（2）

（22）单击“主页”选项卡“特征”面板上的“减去”按钮，系统弹出“求差”对话框，选中“保存工具”复选框，选择刚修剪好的包容体为目标体，选择产品体为工具体，如图 11-37 所示，然后单击对话框中“确定”按钮，生成“差”特征，结果如图 11-38 所示。

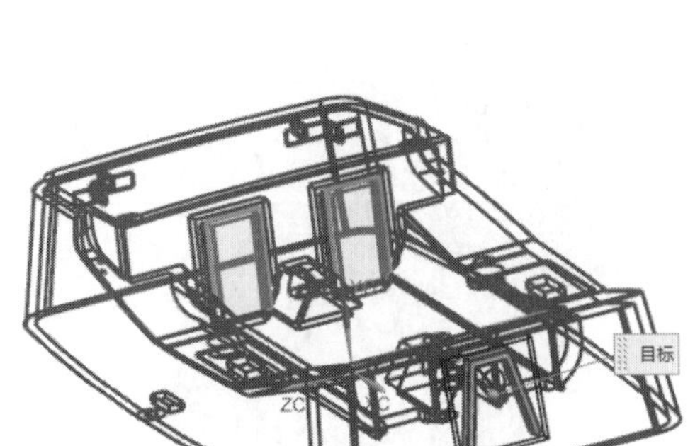

图 11-37　进行求差操作

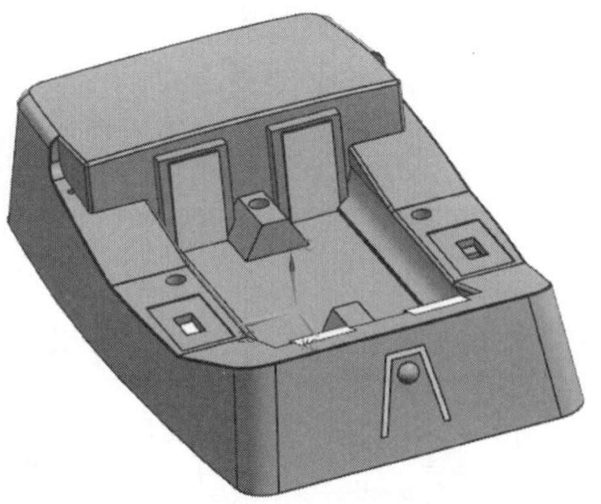

图 11-38　完成修补特征

（23）单击“注塑模向导”选项卡“注塑模工具”面板上的“实体补片”按钮，系统弹出如图 11-39 所示的“实体补片”对话框，系统自动选择产品实体，然后选择上面创建的五个修补实体，然后单击“取消”按钮，最终完成实体修补后的产品体如图 11-40 所示。

图 11-39　“实体补片”对话框

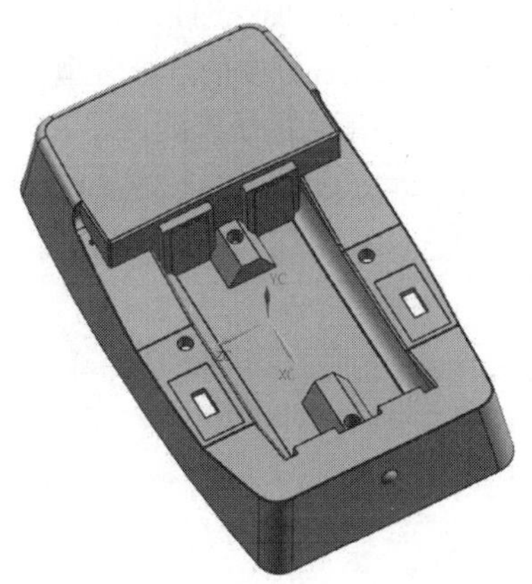

图 11-40　完成实体修补

11.2.2　创建分型面

完成实体修补后，将进行曲面补片、创建分型线并建立分型面操作。

（1）单击“注塑模向导”选项卡“注塑模工具”面板上的“曲面补片”按钮，系统弹出“边补片”对话框。

（2）选择“体”类型，选取模型，自动提取边线，如图 11-41 所示，然后单击“确定”按钮，完成曲面补片。

Note

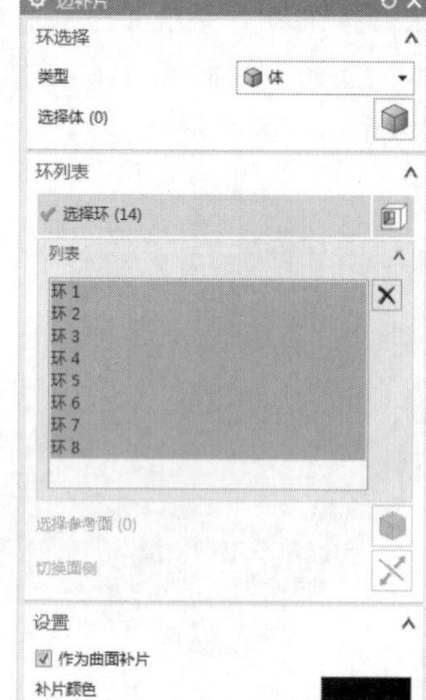

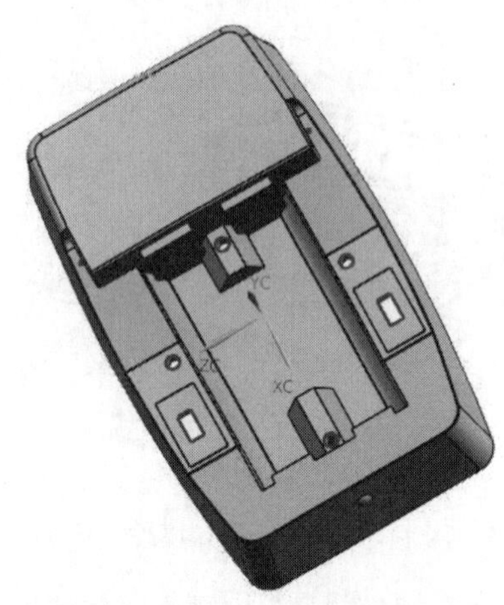

图 11-41　选择边

（3）单击“注塑模向导”选项卡“分型刀具”面板上的“设计分型面”按钮，系统弹出如图 11-42 所示的“设计分型面”对话框。

（4）单击编辑分型线栏中的选择分型线，在视图上选择实体的底面边线，单击“确定”按钮，系统自动生成图 11-43 所示的分型线。

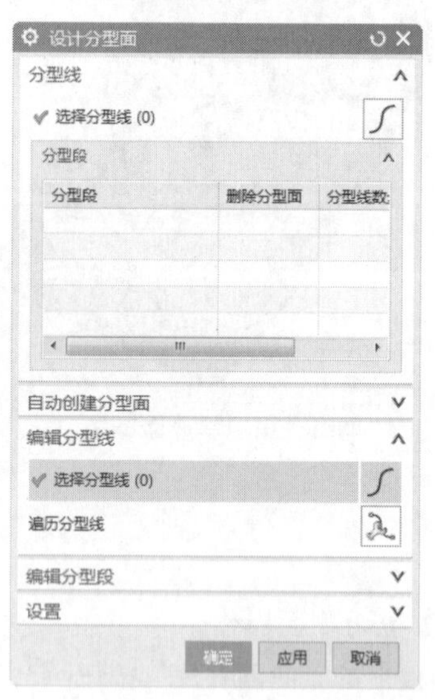

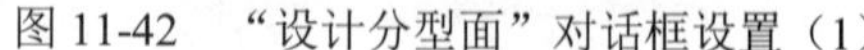

图 11-42　“设计分型面”对话框设置（1）

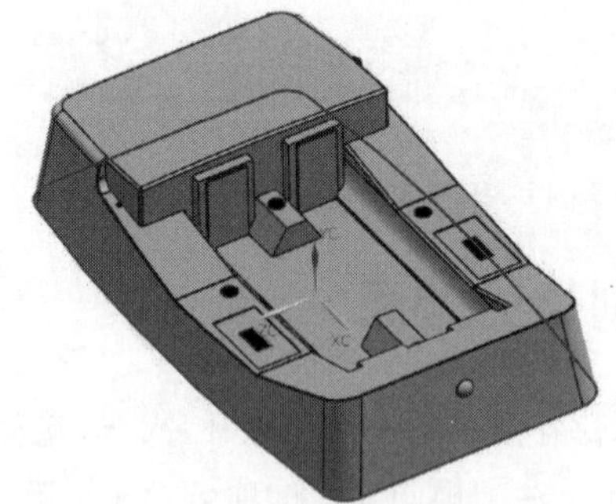

图 11-43　生成分型线

（5）单击“注塑模向导”选项卡“分型刀具”面板上的“设计分型面”按钮，弹出图 11-44 所示的“设计分型面”对话框。

（6）在创建分型面栏中选中“有界平面”选项，自动选择分型线作为母线，单击“确定”按钮创建分型面，结果如图 11-45 所示。

Note

图 11-44　“设计分型面”对话框设置（2）

图 11-45　创建分型面

11.2.3　创建型腔和型芯

（1）单击“注塑模向导”选项卡“分型刀具”面板上的“检查区域”按钮，系统将弹出“检查区域”对话框，如图 11-46 所示，选中“保持现有的”单选按钮，选择脱模方向为 YC 轴，单击“计算”按钮。

（2）选择“区域”选项卡，从对话框中可以看到型腔面数为 135，型芯面数为 133，未定义的区域为 14，如图 11-47 所示。将未定义的区域全部指派为型芯区域。单击对话框中“确定”按钮。

图 11-46　“检查区域”对话框

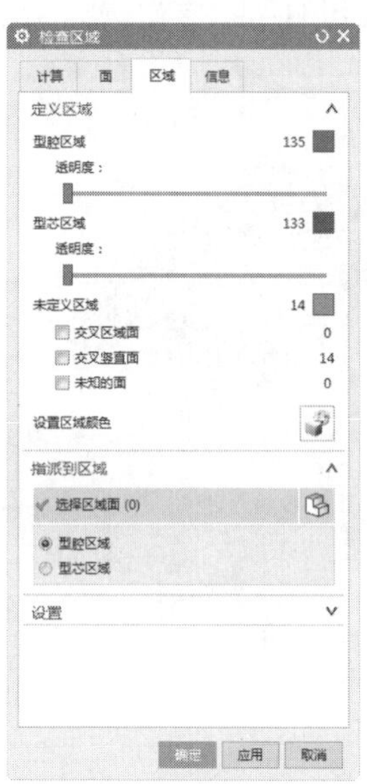

图 11-47　“检查区域”选项卡

（3）单击“注塑模向导”选项卡“分型刀具”面板上的“定义区域”按钮，弹出如图 11-48 所示的“定义区域”对话框。选择“所有面”选项，选中“创建区域”复选框。单击“确定”按钮，完成型芯和型腔的抽取。

Note

（4）单击“注塑模向导”选项卡“分型刀具”面板上的“定义型芯和型腔”按钮，系统弹出如图 11-49 所示的“定义型腔和型芯”对话框，选择“所有区域”选项，单击“确定”按钮，接受方向。创建的型芯和型腔如图 11-50 所示。

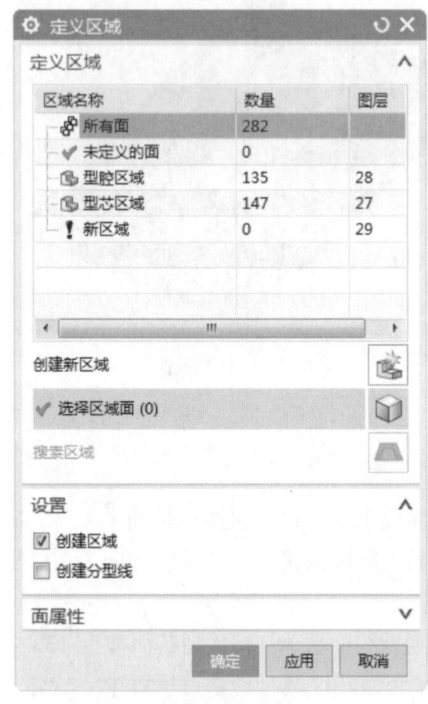

图 11-48“定义区域”对话框

图 11-49　“定义型腔和型芯”对话框

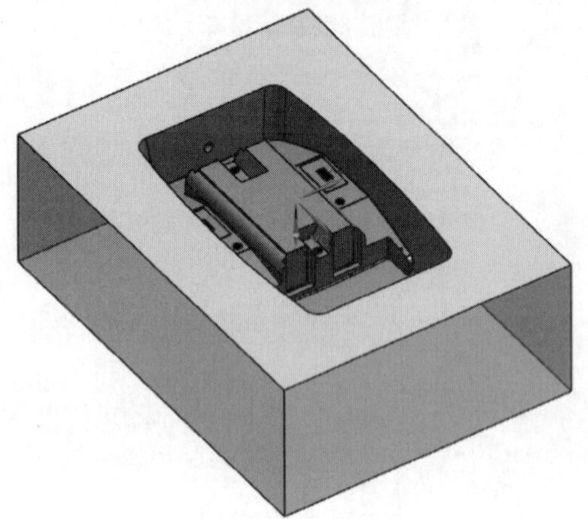

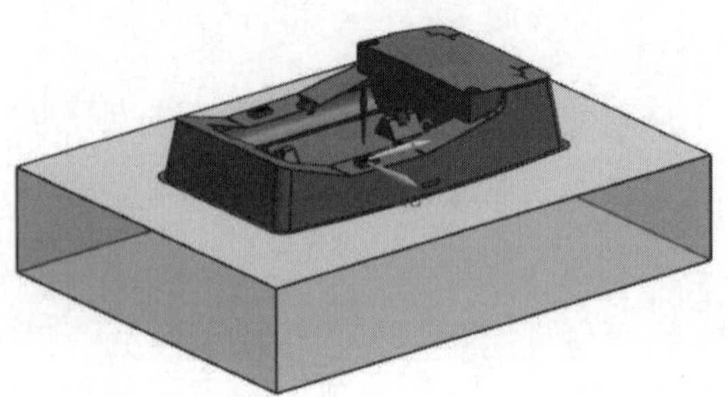

图 11-50　自动创建型腔和型芯

Note

11.3　辅助系统设计

分型完毕后，下面要进行载入模架、标准件，顶出系统，浇注系统，滑块等操作。

11.3.1　模架和标准件设计

（1）单击“注塑模向导”选项卡“主要”面板上的“模架库”按钮，系统弹出“重用库”对话框和“模架库”对话框，如图 11-51 所示。

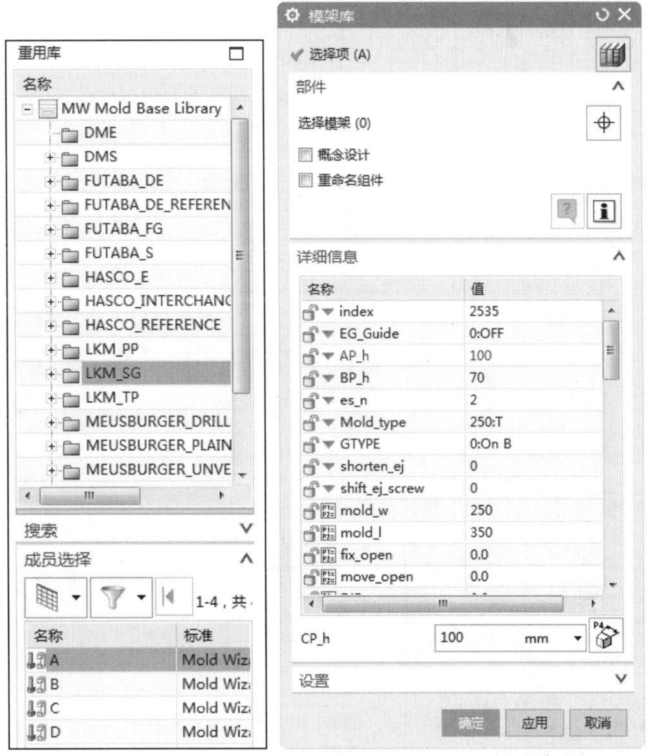

图 11-51　“重用库”对话框和“模架库”对话框

（2）在“重用库”对话框中选择名称“LKM_SG”，并在成员选择列表中选择对象“A”。

（3）在“模架库”对话框的详细信息中选择模架编号 2535，修改 AP_h 值为 100，BP_h 的值为 70，CP_h 值为 100。

（4）单击“模架库”对话框中的“应用”按钮，系统开始自动加载模架。加载后的效果如图 11-52 所示。可以发现模架长宽尺寸与工件的长宽尺寸不太符合，单击对话框中的“旋转”按钮，然后再单击“确定”按钮，创建好的模架如图 11-53 所示。

（5）选择“文件”→“保存”→“全部保存”命令，保存所有模具文件。

（6）单击“注塑模向导”选项卡“主要”面板上的“标准件库”按钮，系统弹出“重用库”对话框和“标准件管理”对话框，在“重用库”对话框的“名称”列表中选择“FUTABA_MM”→

Note

“Locating Ring Interchangeable”选项，然后在“成员选择”列表中选择“Locating Ring”选项，然后在“详细信息”列表中设置 TYPE 为“M_LRB”，DIAMETER 为“100”，“BOTTOM_C_CORE_DIA”为“36”，如图 11-54 所示。然后单击“确定”按钮，生成的定位圈如图 11-55 所示。

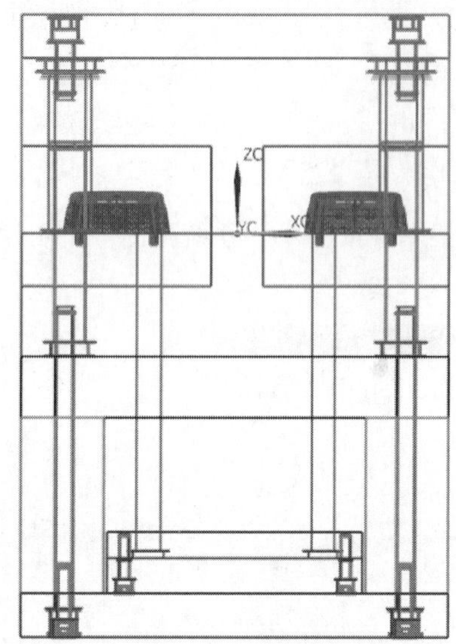

图 11-52 加载模架

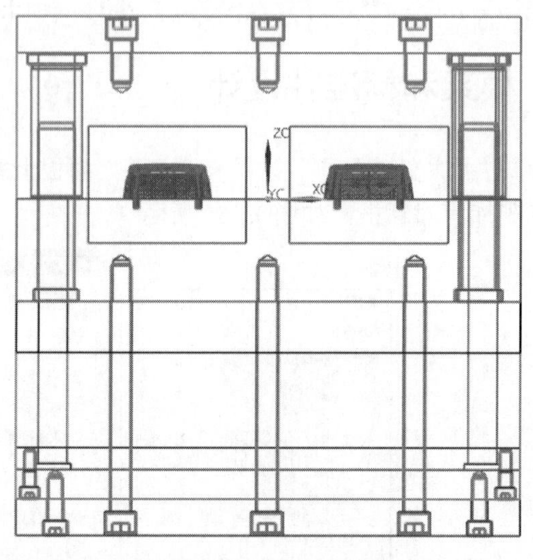

图 11-53 旋转模架

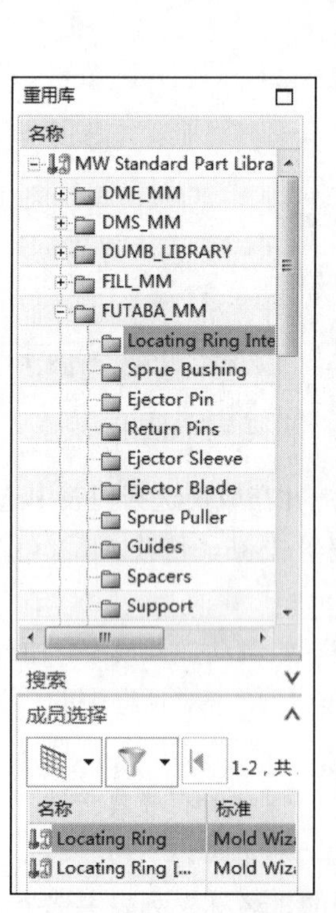

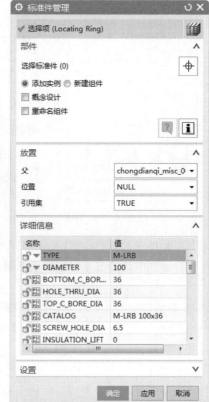

图 11-54 “重用库”对话框和“标准件管理”对话框

（7）单击“注塑模向导”选项卡“主要”面板上的“标准件库”按钮，系统弹出“重用库”对话框和“标准件管理”对话框，在“重用库”对话框的“名称”列表中选择“FUTABA_MM” → “Sprue Bushing”选项，然后在“成员选择”列表中选择“Sprue Bushing”选项，在“详细信息”列表中设置 CATALOG_DIA 为 20， CATALOG_LENGTH 为 120，HEAD_HEIGHT 为 15，如图 11-56 所示，然后单击“确定”按钮，生成的浇口衬套如图 11-57 所示。

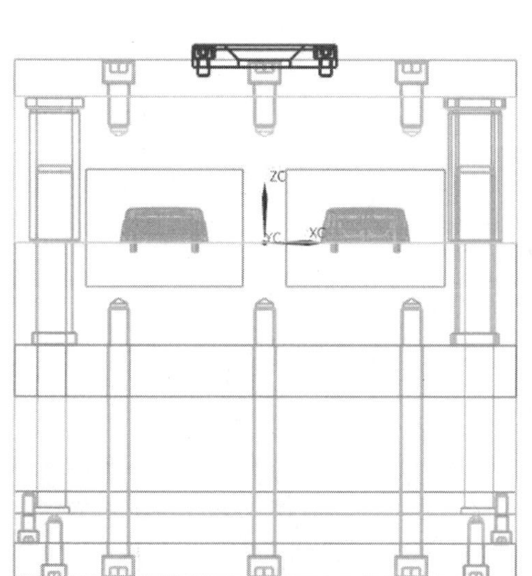

图 11-55　创建定位圈

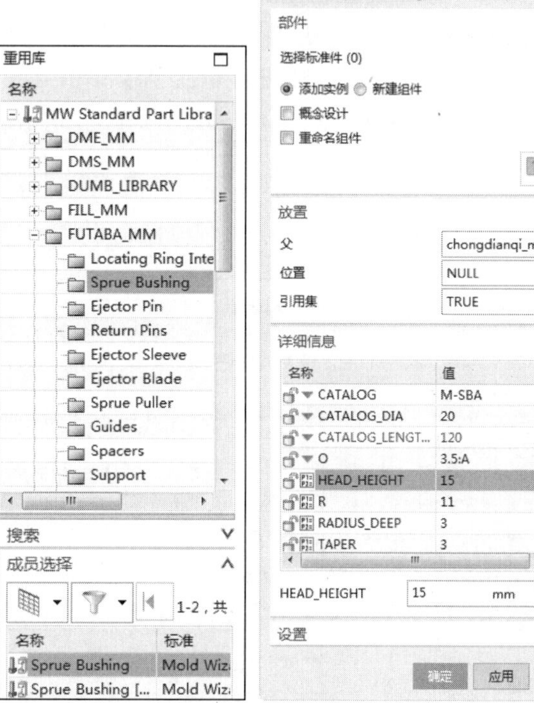

图 11-56　“重用库”对话框和“标准件管理”对话框（2）

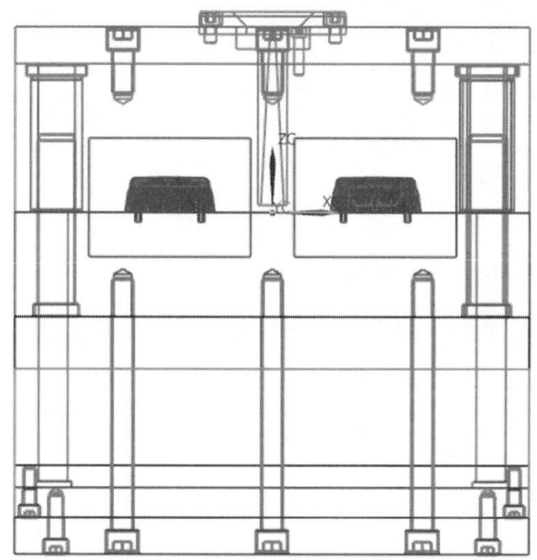

图 11-57　创建浇口衬套

11.3.2 顶出系统设计

Note

（1）单击“注塑模向导”选项卡“主要”面板上的“标准件库”按钮，系统弹出“重用库”对话框和“标准件管理”对话框，如图 11-58 所示。

（2）在“重用库”对话框的“名称”列表选择“FUTABA_MM”→“Ejector Pin”选项，然后在“成员选择”列表中选择“Ejector Pin Straight [EJ,EH,EQ,EA]”选项，在“标准件管理”对话框的“详细信息”列表中设置 CATALOG 为 EJ，CATALOG_DIA 为 2.0，CATALOG_LENGTH 为 200，单击“确定”按钮。

（3）系统弹出“点”对话框，输入坐标（70，12，0），（90，-42，0），（50，-42，0），（90，42，0），（50，42，0），每输入一个点，单击“确定”按钮一次，完成后如图 11-59 所示。

图 11-58 “重用库”对话框和“标准件管理”对话框（3）

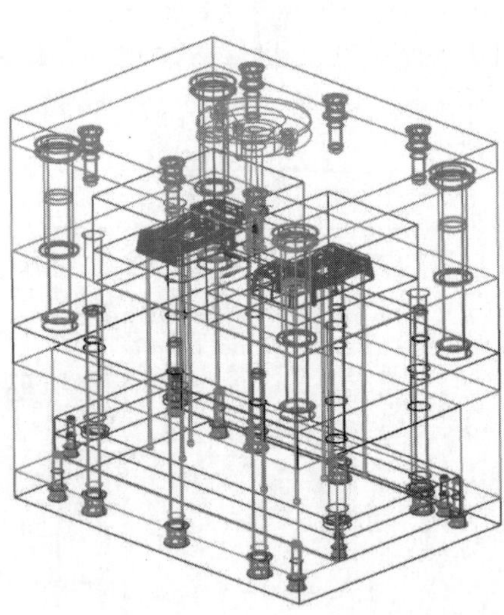

图 11-59 生成顶杆

（4）单击“注塑模向导”选项卡“主要”面板上的“顶杆后处理”按钮，系统打开“顶杆后处理”对话框，选择“修剪”类型，如图 11-60 所示。

（5）选择刚创建的五个顶杆为目标，选择型芯为修边曲面，然后单击“确定”按钮，完成修剪后的结果如图 11-61 所示。

图 11-60 “顶杆后处理”对话框

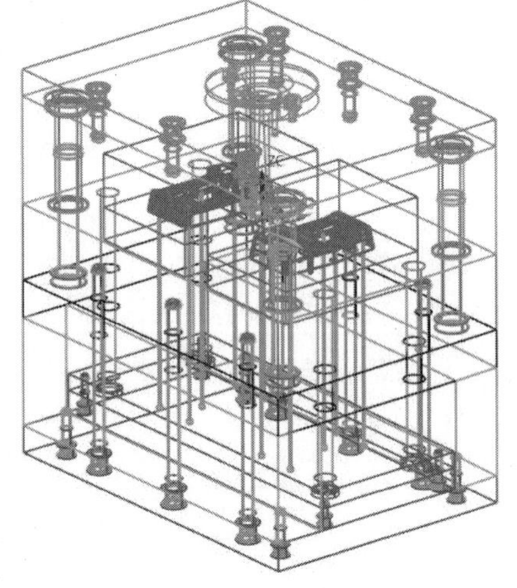

图 11-61 修剪顶杆

11.3.3 斜顶体设计

（1）打开“chongdianqi_prod_003”文件。

（2）选择“菜单”→“格式”→“WCS”→“原点”命令，弹出“点”对话框，选择如图 11-62 所示的边界中点作为 WCS 坐标系的原点。然后选择“菜单”→“格式”→“WCS”→“旋转”命令，设置坐标系的方向，系统弹出“旋转 WCS 绕”对话框，选择“-ZC 轴: XC-->YC”单选选项，旋转的角度为 90，单击“应用”按钮，然后单击“取消”按钮，旋转后的结果如图 11-63 所示。

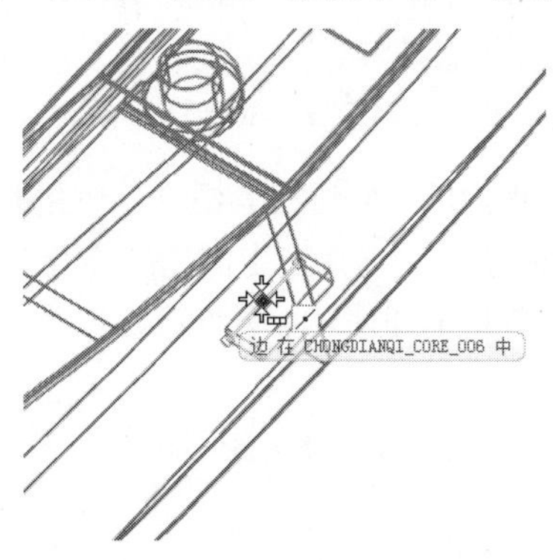

图 11-62 设置坐标原点

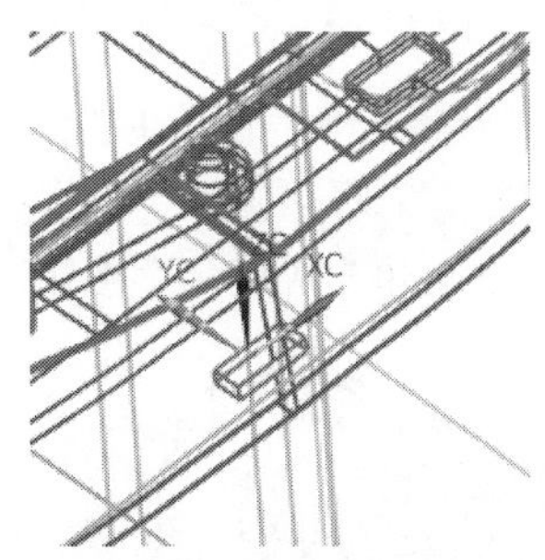

图 11-63 旋转坐标系

（3）单击“注塑模向导”选项卡“主要”面板上的“滑块和浮升销库”按钮，系统弹出“重用库”对话框和“滑块和浮升销设计”对话框，在“重用库”对话框的“名称”列表中选择“SLIDE_LIFT”→“Lifter”选项，然后在“成员对象”列表中选择“Dowel lifter”选项，在“详细信息”中设置 riser_top 为 6，其他采用默认设置，如图 11-64 所示。

（4）单击“确定”按钮，系统自动加载浮升销到指定位置，加载的结果如图 11-65 所示。可以看到浮升销的头部比较大，需要进行修剪。

Note

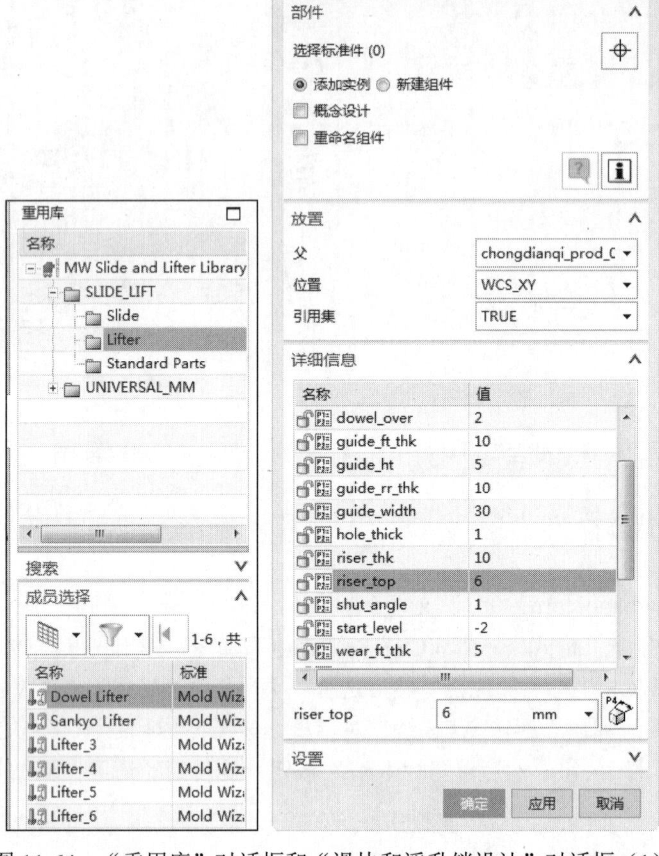

图 11-64　“重用库”对话框和“滑块和浮升销设计”对话框（1）

（5）单击“注塑模向导”选项卡“修剪工具”面板上的“修边模具组件”按钮，系统弹出“修边模具组件”对话框，选择“修剪”类型，如图 11-66 所示。选择上步创建的浮升销为目标，选择型芯作为修剪片体，然后单击“确定”按钮，生成的修剪特征如图 11-67 所示。

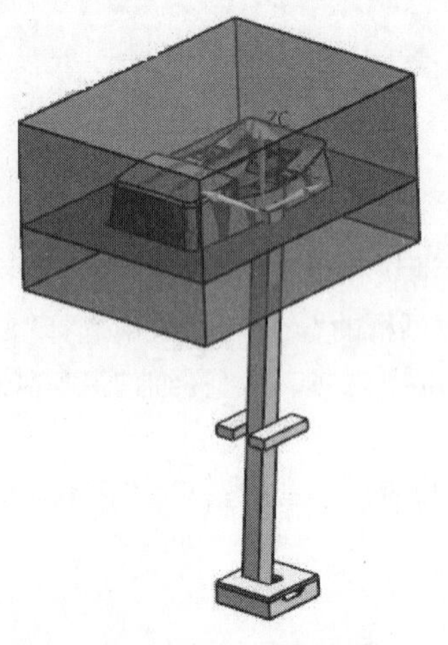

图 11-65　加载浮升销

图 11-66　“修边模具组件”对话框

（6）依照上述方法再创建另一侧浮升销装置，创建完成后结果如图 11-68 所示。

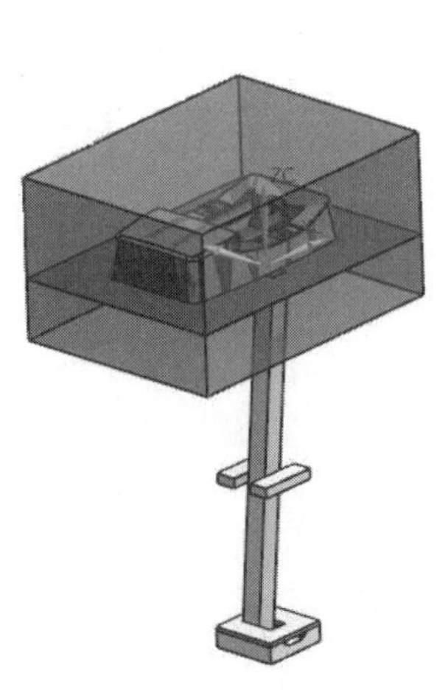

图 11-67　修剪浮升销机构

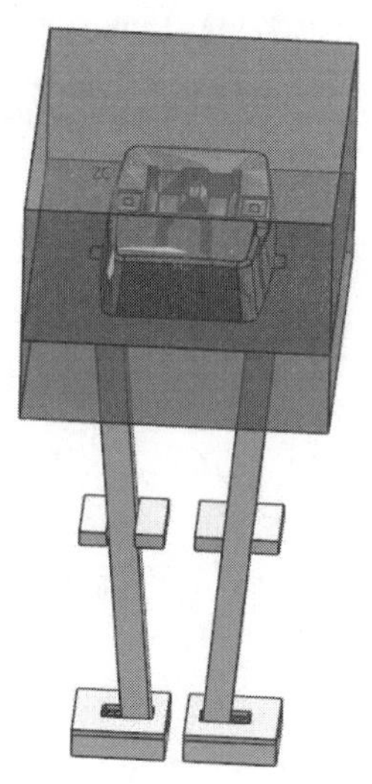

图 11-68　完成浮升销创建

11.3.4　滑块体设计

（1）由于该产品体前端有一个不规则孔，为保证产品体能够顺利分模，下面进行滑块体设计。打开型腔部件。

（2）单击“主页”选项卡“直接草图”面板上的“草图”按钮，选择如图 11-69 所示的平面为草绘平面，进入草绘环境，绘制如图 11-70 所示的长方形。

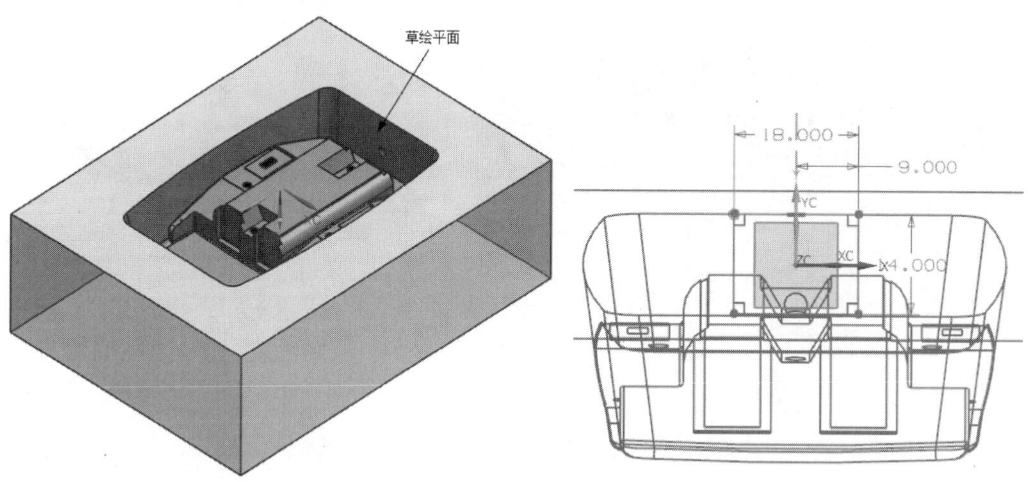

图 11-69　选择草绘平面

图 11-70　绘制草绘图形

（3）单击“主页”选项卡“特征”面板上的“拉伸”按钮，弹出 11-71 所示的“拉伸”对话框。输入开始距离为 0.1，结束为“直至选定”，选择如图 11-71 所示的面。单击“确定”按钮，完成过渡实体的创建，如图 11-72 所示。

Note

（4）选择“菜单”→“格式”→“WCS”→“原点”命令，系统弹出“点”对话框，选择如图 11-73 所示边的中点为坐标原点，然后单击“确定”按钮。

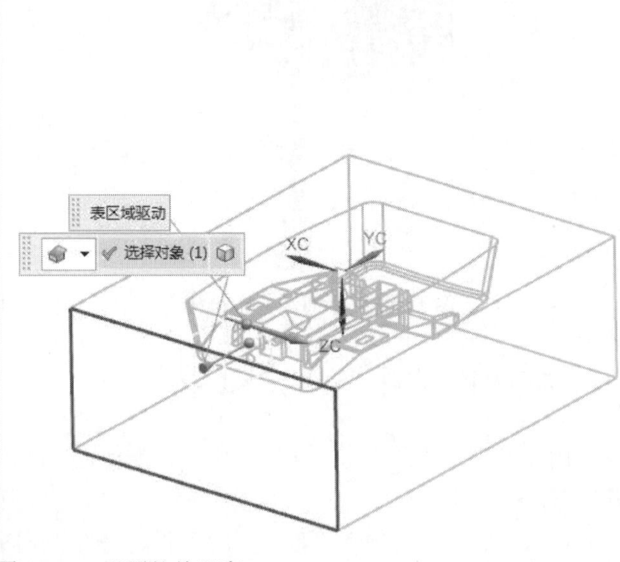

图 11-71　设置拉伸距离

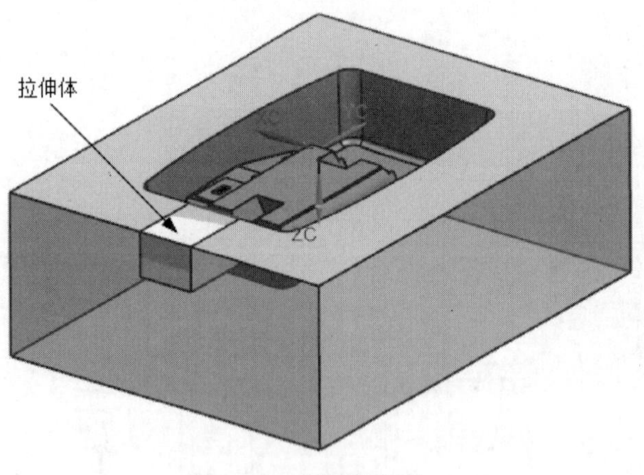

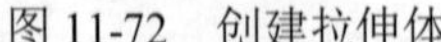

图 11-72　创建拉伸体

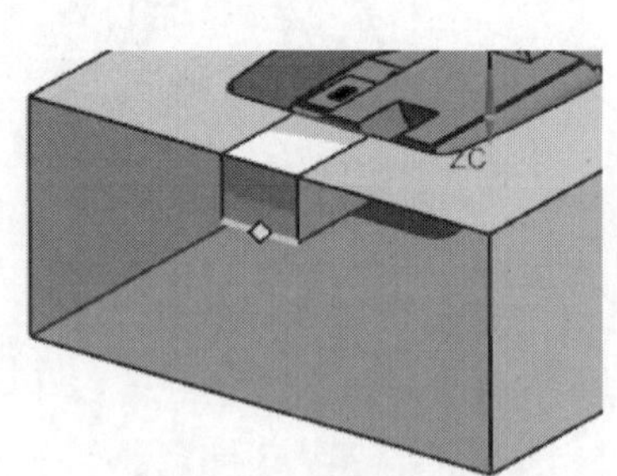

图 11-73　选择坐标原点

（5）单击“注塑模向导”选项卡“主要”面板上的“滑块和浮升销库”图标，系统弹出“重用库”对话框和“滑块和浮升销设计”对话框，在“重用库”对话框的“名称”列表中选择“SLIDE_LIFT”→“Slide”选项，然后在“成员选择”列表中选择“Push-Pull Slide”选项，在“详细信息”中设置 gib_long 为 75，其他采用默认设置，如图 11-74 所示。单击“确定”按钮，系统自动加载滑块到指定位置。

（6）单击滑块体，设置滑块体为工作部件，然后选择“菜单”→“插入”→“关联复制”→“WAVE 几何链接器”命令，系统弹出“WAVE 几何链接器”对话框，如图 11-75 所示，从类型的下拉菜单中选择“体”按钮，选择滑块头作为链接对象链接到滑块体上。

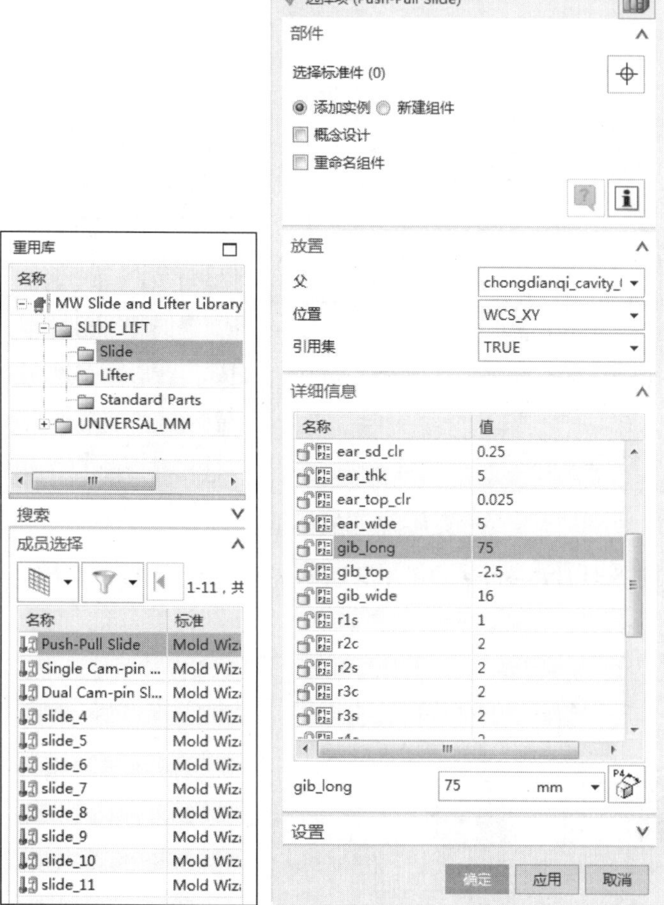

图 11-74　“重用库”对话框和“滑块和浮升销设计”对话框（2）

图 11-75　“WAVE 几何链接器”对话框

11.3.5　浇注系统设计

作为一模两腔模具，根据模具形状进行如下流道设计。

（1）单击“注塑模向导”选项卡“主要”面板上的“流道”按钮，系统弹出如图 11-76 所示的“流道”对话框，单击“绘制截面”按钮，弹出“创建草图”对话框，选择“自动判断”平面方法。

（2）系统自动选择 XC-YC 平面为草图绘制面，绘制如图 11-77 所示的草图。单击“完成”按钮，退出草图绘制环境。

Note

图 11-76　“流道”对话框

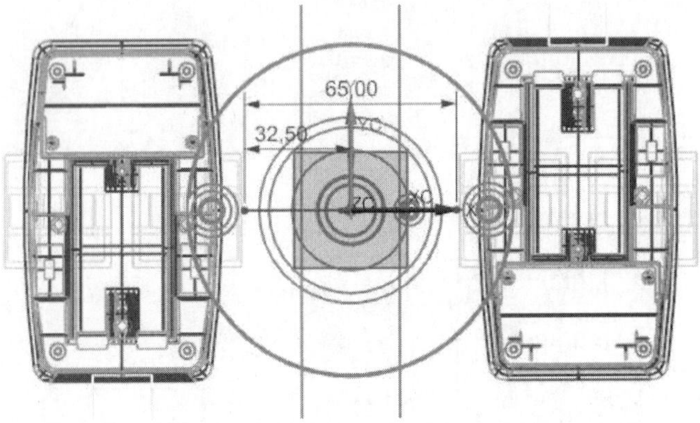

图 11-77　绘制草图

（3）返回到“流道”对话框，指定截面类型为 Circular（圆形），直径为 8，单击“确定”按钮，生成的流道如图 11-78 所示。

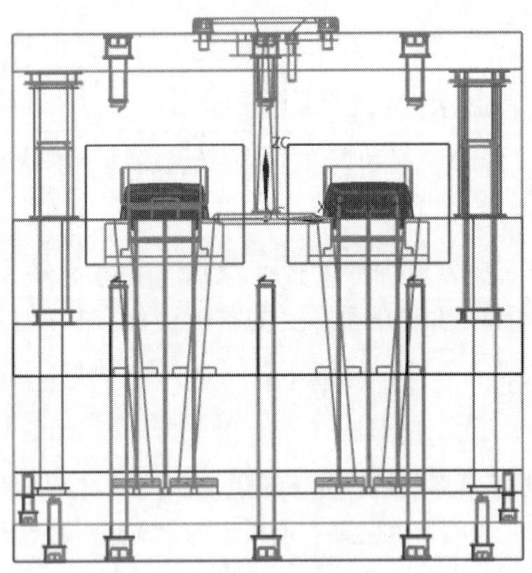

图 11-78　生成流道

（4）单击“注塑模向导”选项卡“主要”面板上的“设计填充”按钮，系统弹出“重用库”对话框和“设计填充”对话框。

（5）在“重用库”对话框的“名称”列表中选择“FILL_MM”选项，然后在“成员选择”列表中选择“Gate[Fan]”选项，在“详细信息”中设置 D 为 8，L2 为 7，其他采用默认设置，如图 11-79 所示。

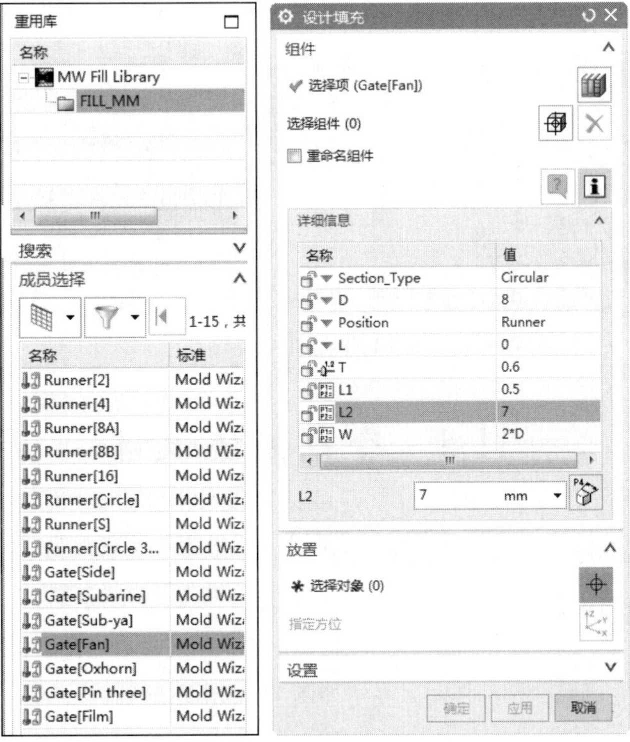

图 11-79　“重用库”对话框和“设计填充”对话框

（6）单击“选择对象”选项，捕捉流道的草图直线端点放置浇口，如图 11-80 所示。

（7）单击绕 ZC 轴旋转，输入旋转角度为 180，按 Enter 键确认，如图 11-81 所示。

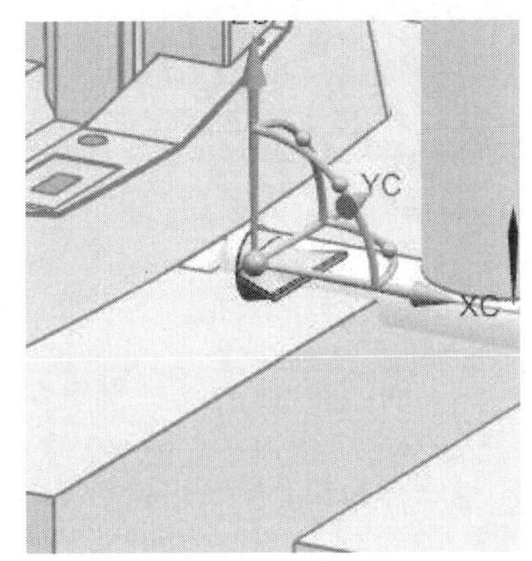

图 11-80　放置浇口

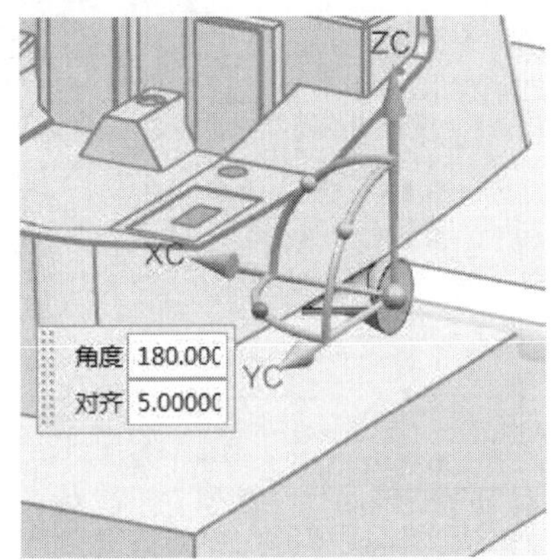

图 11-81　旋转浇口

（8）单击“确定”按钮，完成一侧浇口的创建，采用相同的方法，在流道的另一侧创建相同参数的浇口，如图 11-82 所示。

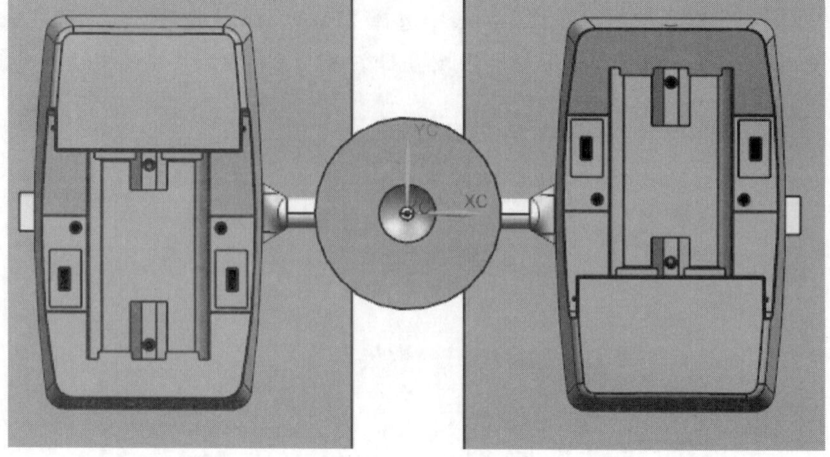

图 11-82　生成浇口

11.4　冷却系统设计

根据产品体特点，考虑把水道开在模架的侧面上。

11.4.1　型腔冷却系统设计

（1）为方便操作，隐藏全部部件，只显示如图 11-83 所示的部件。

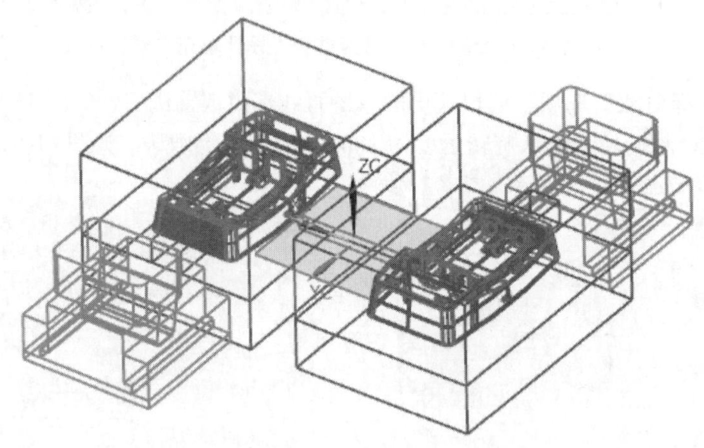

图 11-83　显示部件

（2）单击“注塑模向导”选项卡“冷却工具”面板上的“冷却标准件库”按钮，系统弹出“重用库”对话框和“冷却组件设计”对话框。

（3）在“重用库”对话框的“名称”列表中选择“COOLING”→“Water”选项，在“成员选择”列表中选择“COOLING HOLE”选项，在“详细信息”列表中设置“PIPE_THREAD”为 M10，“HOLE_1_DEPTH”为 110，“HOLE_2_DEPTH”为 110，如图 11-84 所示。

（4）选择一个面放置水道，选择如图 11-85 所示的平面作为放置面。单击“确定”按钮。

（5）系统弹出“标准件位置”对话框，单击参考点中的“点对话框”按钮，弹出“点”对话框，设置参考点为（0，0，0），单击“确定”按钮，返回到“标准件位置”对话框，设置 X 偏置为 50，Y 偏置为 10，如图 11-86 所示，单击“应用”按钮。

图 11-84　“重用库”对话框和“冷却组件设计”对话框（1）

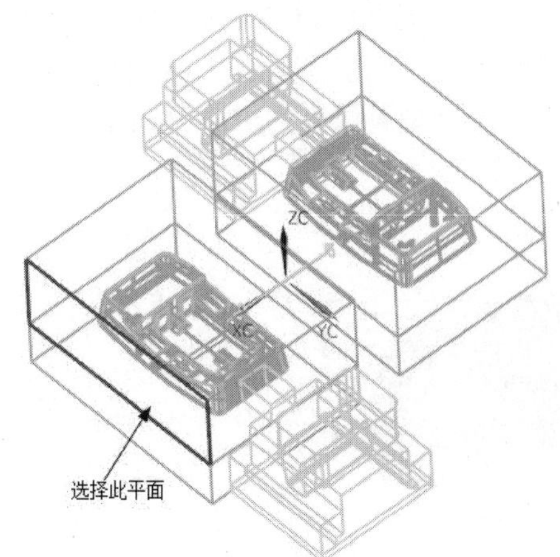

图 11-85　选择放置面（1）

图 11-86　“位置”对话框

（6）设置“X 偏置”为-50，Y 偏置为 10，单击“确定”按钮。创建好的冷却水道如图 11-87 所示。

Note

（7）单击“注塑模向导”选项卡“冷却工具”面板上的“冷却标准件库”按钮，系统弹出“重用库”对话框和“冷却组件设计”对话框。在“重用库”对话框的“名称”列表中选择“COOLING”→“Water”选项，在“成员选择”列表中选择“COOLING HOLE”选项，在“详细信息”列表中设置“PIPE_THREAD”为 M10，“HOLE_1_DEPTH”为 145，“HOLE_2_DEPTH”为 145。

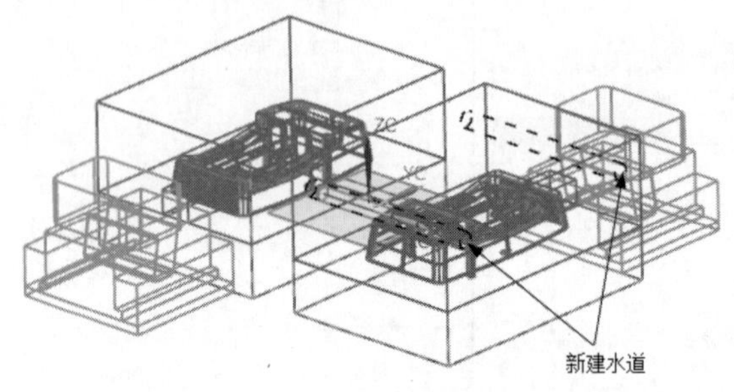

图 11-87　创建冷却水道（1）

（8）选择一个面放置水道，选择如图 11-88 所示的平面作为放置面。

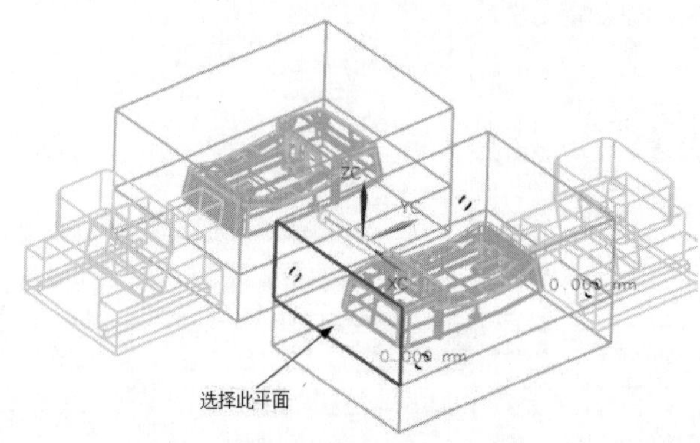

图 11-88　选择放置面（2）

（9）选择好放置面后，系统在该面上建立工作坐标系，同时系统弹出“标准件位置”对话框，单击参考点中的“点对话框”按钮，弹出“点”对话框，设置参考点为（0，0，0），单击“确定”按钮，返回到“标准件位置”对话框，设置“X 偏置”为 35，“Y 偏置”为 10，然后单击“确定”按钮。创建好的冷却水道如图 11-89 所示。

图 11-89　创建冷却水道（2）

（10）单击“注塑模向导”选项卡“冷却工具”面板上的“冷却标准件库”按钮，系统弹出“重用库”对话框和“冷却组件设计”对话框。在“重用库”对话框的“名称”列表中选择“COOLING”→“Water”选项，在“成员选择”列表中选择“COOLING HOLE”选项，在“详细信息”列表中设置“PIPE_THREAD”为 M10，“HOLE_1_DEPTH”为 20，“HOLE_2_DEPTH”为 20。

（11）选择一个面放置水道，选择如图 11-90 所示的平面作为放置面。

（12）弹出“标准件位置”对话框，单击参考点中的“点对话框”按钮，弹出“点”对话框，设置参考点为（0，0，0），单击“确定”按钮，返回到“标准件位置”对话框，设置“X 偏置”为 35，“Y 偏置”为 15，然后单击“应用”按钮。然后设置“X 偏置”为 35，“Y 偏置”为-15，单击“确定”按钮生成的流道如图 11-91 所示。

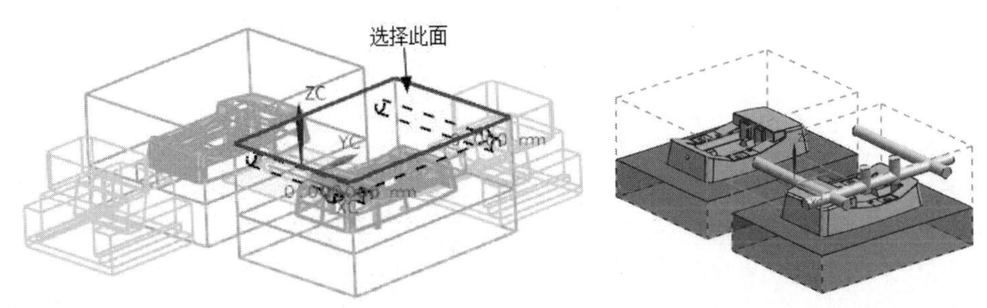

图 11-90　选择放置面（3）　　图 11-91　新建流道

（13）单击“装配”选项卡“组件”面板上的“镜像装配”按钮，弹出“镜像装配向导”对话框，如图 11-92 所示。选择左侧“镜像步骤”列表下的“选择组件”选项，然后单击“下一步”按钮。

图 11-92　“镜像装配向导”对话框（1）

（14）在出现“镜像装配向导”对话框（2）之后，如图 11-93 所示，选择型腔冷却水道，选择完成后，“镜像装配向导”对话框变成如图 11-94 所示，然后单击“下一步”按钮，弹出“镜像装配

向导”对话框（4），如图 11-95 所示。

（15）单击“镜像装配向导”对话框（4）上的“创建基准平面”按钮，弹出“基准平面”对话框，如图 11-96 所示。选择“YC-ZC 平面”类型，然后单击“确定”按钮，返回至“镜像装配向导”对话框（4）。

图 11-93　“镜像装配向导”对话框（2）

图 11-94　“镜像装配向导”对话框（3）

图 11-95 “镜像装配向导”对话框（4）

图 11-96 “基准平面”对话框

（16）在“镜像装配向导”对话框（4）中单击“下一步”按钮，弹出“镜像装配向导”对话框（5），如图 11-97 所示。接着单击“下一步”按钮，出现“镜像装配向导”对话框（6），如图 11-98 所示。再接着单击“下一步”按钮，出现“镜像装配向导”对话框（7），如图 11-99 所示，单击“完成”按钮。

（17）完成上述步骤后的操作结果如图 11-100 所示。

图 11-97 “镜像装配向导”对话框（5）

图 11-98 “镜像装配向导”对话框（6）

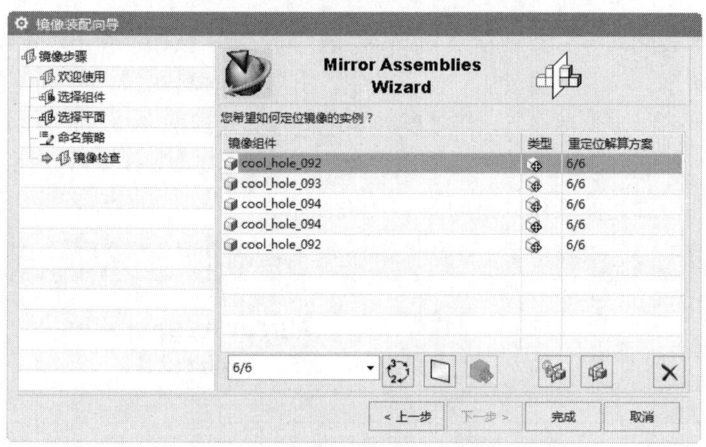

图 11-99 “镜像装配向导”对话框（7）

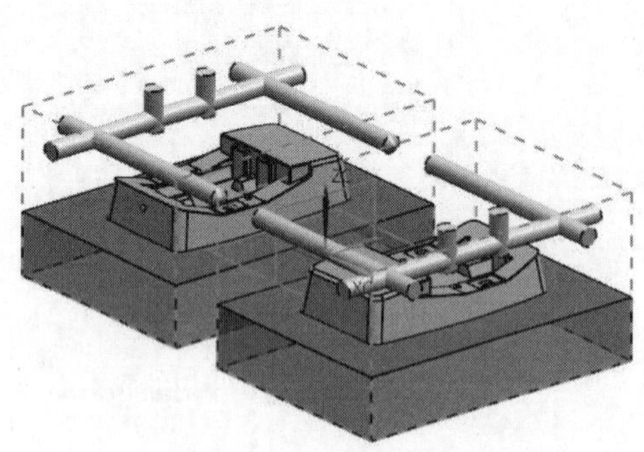

图 11-100 镜像装配的结果

（18）为了使型腔的冷却系统定向流动，必须在冷却水道的端部设置喉塞。单击“注塑模向导”选项卡“冷却工具”面板上的“冷却标准件库”按钮，系统弹出“重用库”对话框和“冷却组件设计”对话框，如图 11-101 所示。

（19）选择要创建喉塞的冷却水道，在“重用库”对话框的“名称”列表中选择“COOLING”

→“Water”选项，在“成员选择”列表中选择“PIPE PLUG”选项，在“详细信息”列表中设置“PIPE_THREAD”为 M10，其他采用默认设置，如图 11-101 所示。

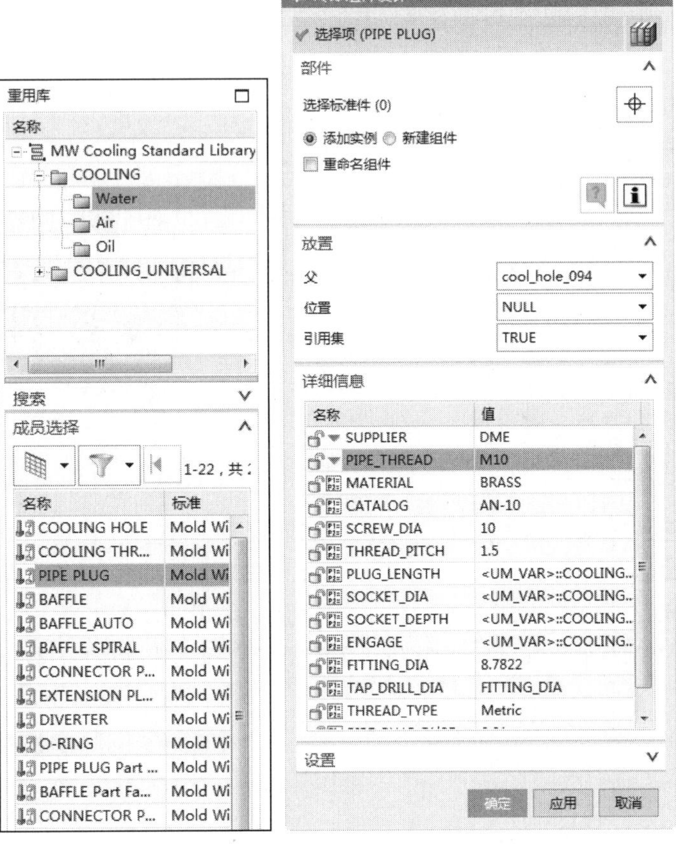

图 11-101　喉塞参数设置

（20）单击“应用”按钮，设置完成后的喉塞如图 11-102 所示。依照同样的方法设置其余的喉塞，完成后的结果如图 11-103 所示。

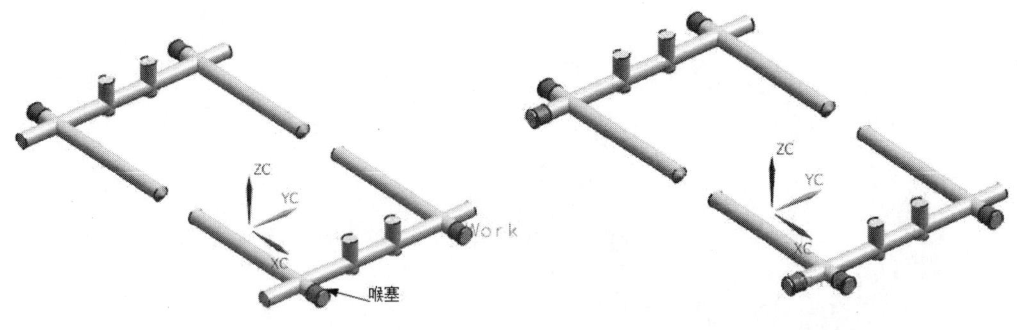

图 11-102　创建喉塞　　　　图 11-103　创建其余喉塞

（21）将型腔文件设为工作部件。单击“主页”选项卡“特征”面板上的“边倒圆”按钮，系统弹出如图 11-104 所示的“边倒圆”对话框。依次选中型腔的四条边，然后在设置后面的文本框中输入半径“10”，完成边倒圆的特征如图 11-105 所示。

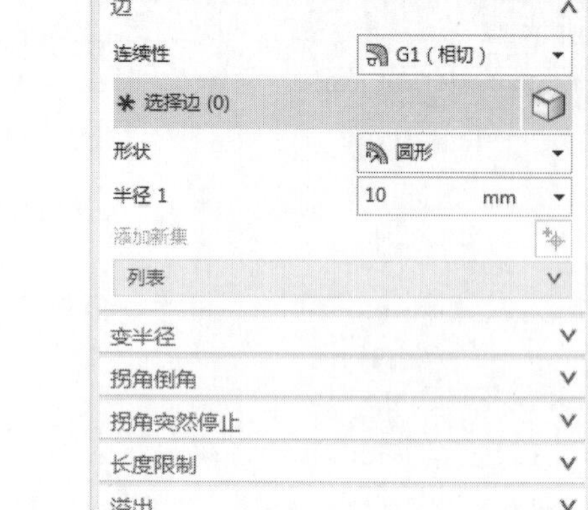

图 11-104 “边倒圆”对话框

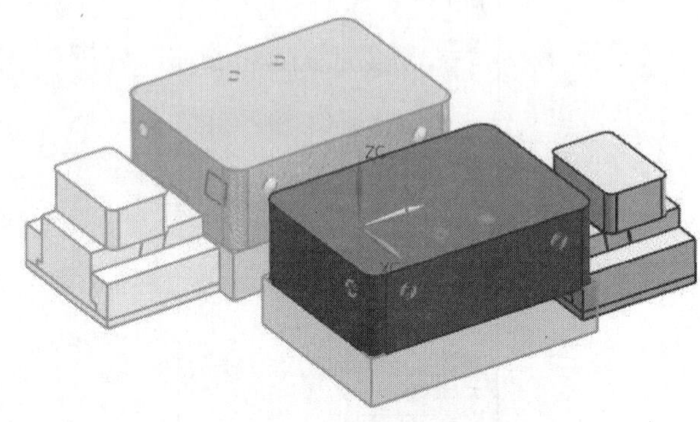

图 11-105 边倒圆特征

（22）在装配导航器中选取 A 板，右击，在弹出的快捷菜单选择“在窗口中打开”命令，打开 A 板文件，如图 11-106 所示。

（23）单击“主页”选项卡“特征”面板上的“拉伸”按钮，系统弹出如图 11-107 所示的“拉伸”对话框，单击“绘制截面”按钮，系统进入到草绘环境，选择如图 11-108 所示的平面作为草绘平面。

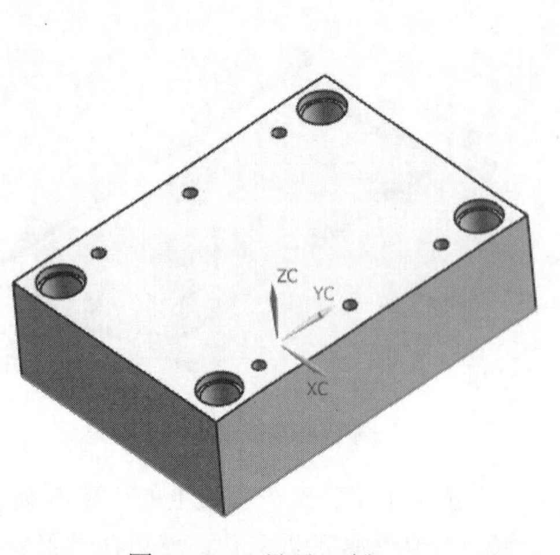

图 11-106 显示 A 板

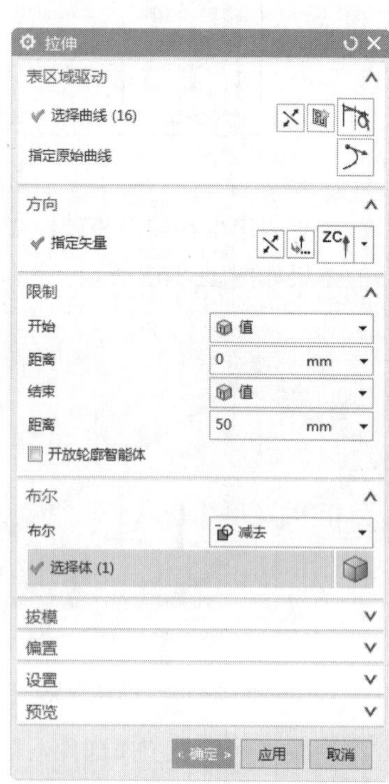

图 11-107 “拉伸”对话框

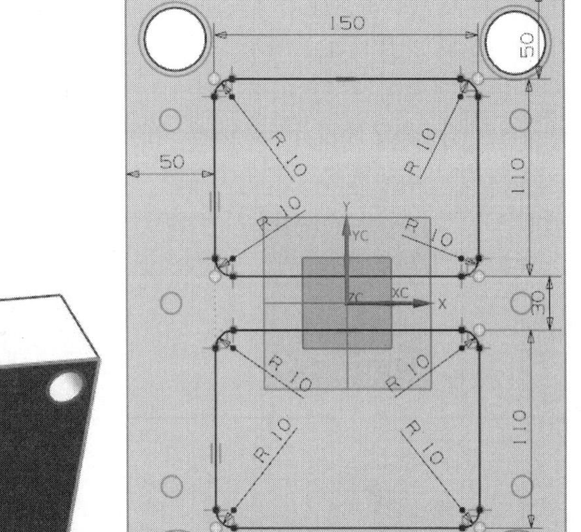

图 11-108　选择草绘平面并绘制草图

（24）绘制完成后，单击“完成”按钮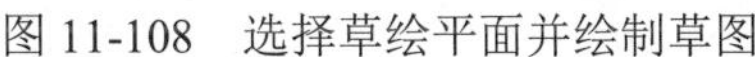，返回到“拉伸”对话框，设定拉伸的深度为 50，选择布尔为“减去”，如图 11-109 所示。

（25）打开总装配文件，单击“注塑模向导”选项卡“冷却工具”面板上的“冷却标准件库”按钮，系统弹出“重用库”对话框和“冷却组件设计”对话框。在“重用库”对话框的“名称”列表中选择“COOLING”→“Water”选项，在“成员选择”列表中选择“COOLING HOLE”选项，在“详细信息”列表中设置“PIPE_THREAD”为 M10，“HOLE_1_DEPTH”为 30，“HOLE_2_DEPTH”为 30。

（26）选择如图 11-110 所示的平面作为水道放置面。

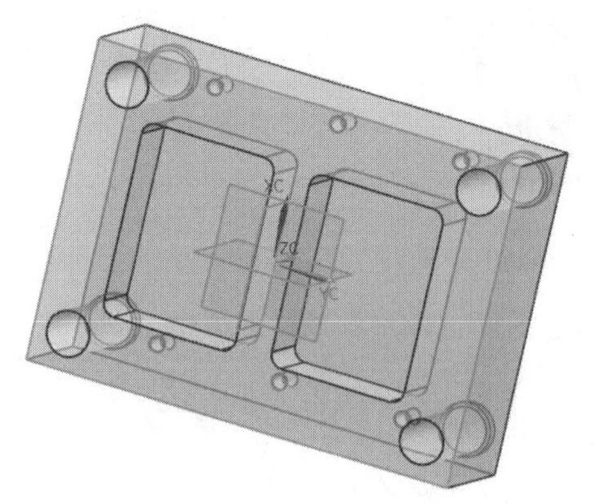

图 11-109　创建拉伸特征

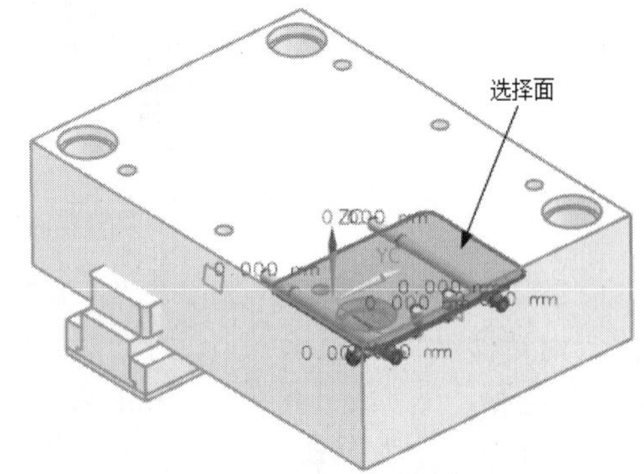

图 11-110　选择水道放置面（1）

（27）系统弹出“标准件位置”对话框，单击参考点中的“点对话框”按钮，弹出“点”对话框，设置参考点为（0，0，0），单击“确定”按钮，返回到“标准件位置”对话框，设置“X 偏置”

Note

为 15，“Y 偏置”为 35，单击“应用”按钮。然后设置“X 偏置”为-15，“Y 偏置”为 35，单击“确定”按钮，生成的流道如图 11-111 所示。

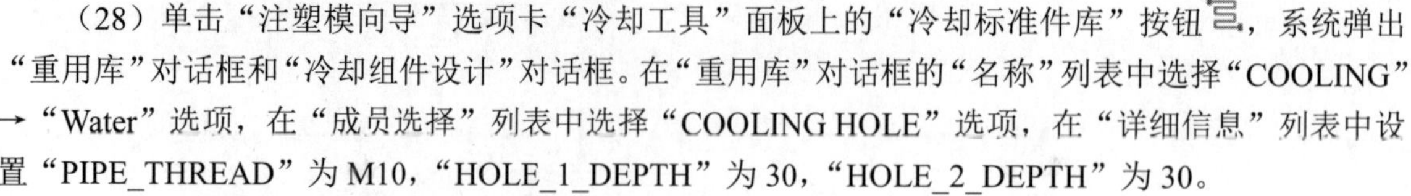

（28）单击“注塑模向导”选项卡“冷却工具”面板上的“冷却标准件库”按钮，系统弹出“重用库”对话框和“冷却组件设计”对话框。在“重用库”对话框的“名称”列表中选择“COOLING”→“Water”选项，在“成员选择”列表中选择“COOLING HOLE”选项，在“详细信息”列表中设置“PIPE_THREAD”为 M10，“HOLE_1_DEPTH”为 30，“HOLE_2_DEPTH”为 30。

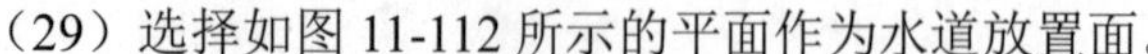

（29）选择如图 11-112 所示的平面作为水道放置面。

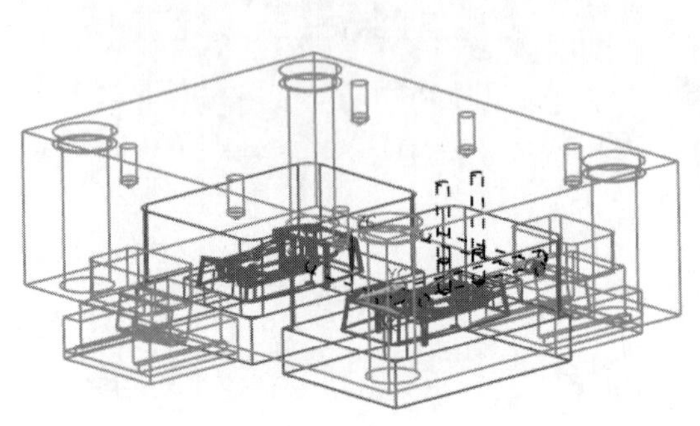

图 11-111　新建流道

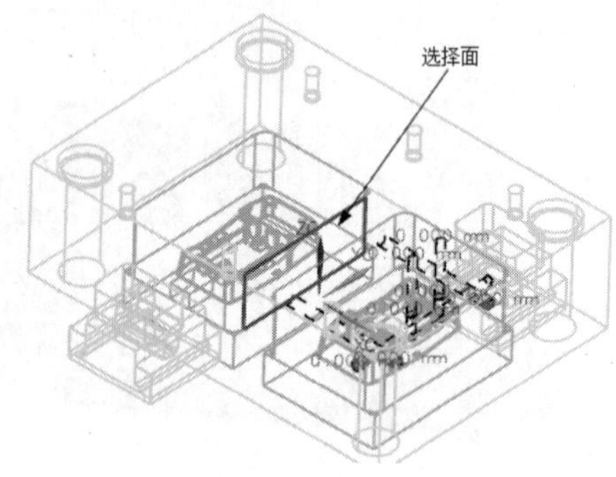

图 11-112　选择水道放置面（2）

（30）系统弹出“标准件位置”对话框，单击参考点中的“点对话框”按钮，弹出“点”对话框，设置参考点为（0，0，0），单击“确定”按钮，返回到“标准件位置”对话框，设置 X 偏置为 50，“Y 偏置”为 10，然后单击“应用”按钮；然后设置“X 偏置”为-50，“Y 偏置”为 10，单击“确定”按钮，生成的流道如图 11-113 所示。

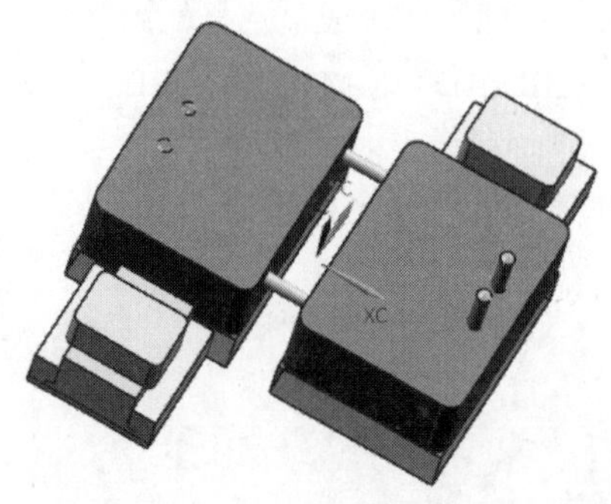

图 11-113　生成的流道

（31）单击“注塑模向导”选项卡“冷却工具”面板上的“冷却标准件库”按钮，系统弹出“重用库”对话框和“冷却组件设计”对话框。在“重用库”对话框的“名称”列表中选择“COOLING”→“Water”选项，在“成员选择”列表中选择“COOLING HOLE”选项，在“详细信息”列表中设置“PIPE_THREAD”为 M10，“HOLE_1_DEPTH”为 75，“HOLE_2_DEPTH”为 75。

（32）选择如图 11-114 所示的平面作为水道放置面。

（33）系统弹出“标准件位置”对话框，单击参考点中的“点对话框”按钮，弹出“点”对话框，设置参考点为（0，0，0），单击“确定”按钮，返回到“标准件位置”对话框，设置“X 偏置”为 15，“Y 偏置”为 35，然后单击“应用”按钮；然后设置“X 偏置”为-15，“Y 偏置”为 35，然后单击“确定”按钮，生成的水道如图 11-115 所示。

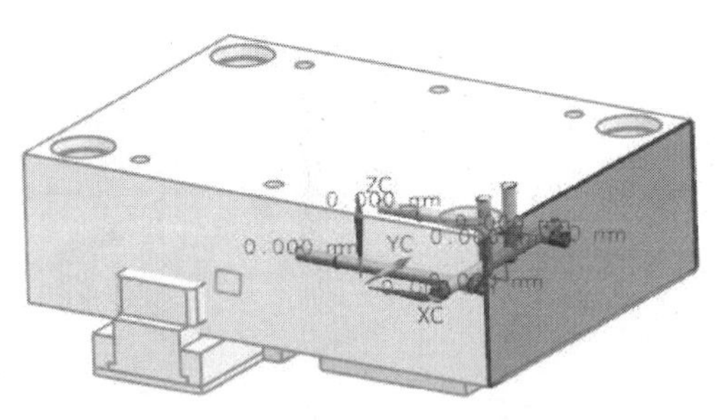

图 11-114 选择水道放置面（3）

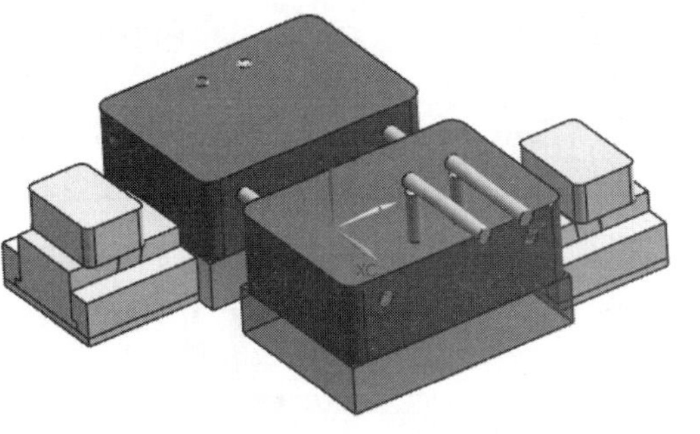

图 11-115 新建水道

（34）单击“注塑模向导”选项卡“冷却工具”面板上的“冷却标准件库”按钮，弹出“重用库”对话框和“冷却组件设计”对话框，选择水道，在“重用库”对话框的“名称”列表中选择“COOLING”→“Water”选项，在“成员选择”列表中选择“O-RING”选项，在“详细信息”列表中设置“FITTING_DIA”为 12，其他采用默认设置，如图 11-116 所示，单击“应用”按钮；采用相同的方法，创建如图 11-117 所示的防水圈。

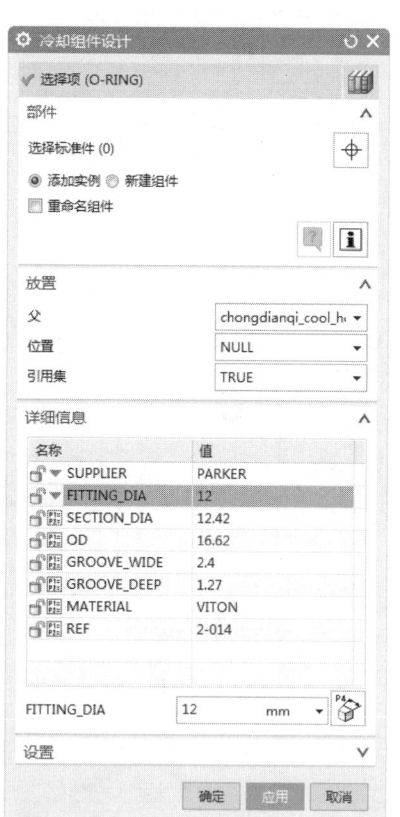

图 11-116 “冷却组件设计”对话框设置

（35）单击“注塑模向导”选项卡“冷却工具”面板上的“冷却标准件库”按钮，弹出“重用库”对话框和“冷却组件设计”对话框，选择图 11-118 所示的冷却水道，在“重用库”对话框的“名称”列表中选择“COOLING”→“Water”选项，在“成员选择”列表中选择“CONNECTOR PLUG”选项，在“详细信息”列表中设置“SUPPLIER”为 DMS，“PIPE_THREAD”为 M10，如图 11-119

所示，然后单击“确定”按钮，效果图如图 11-120 所示。

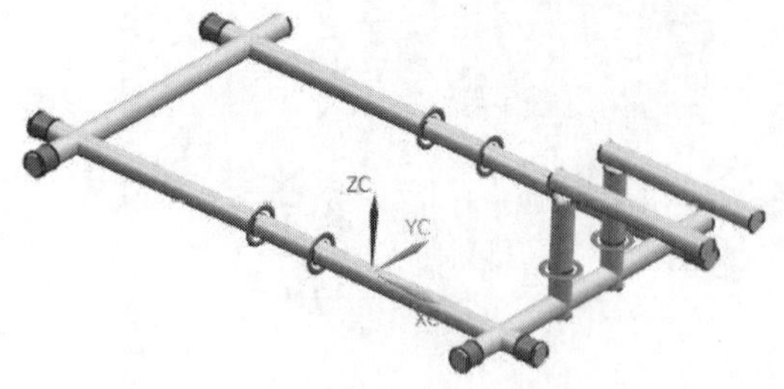

图 11-117　创建防水圈

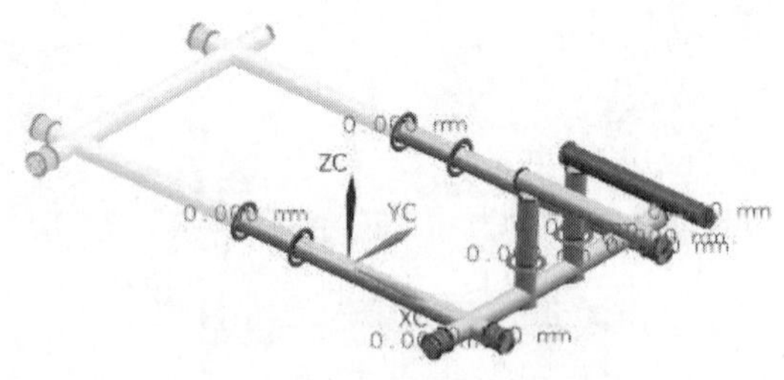

图 11-118　选择冷却水道

图 11-119　“重用库”对话框和“冷却组件设计”对话框（2）

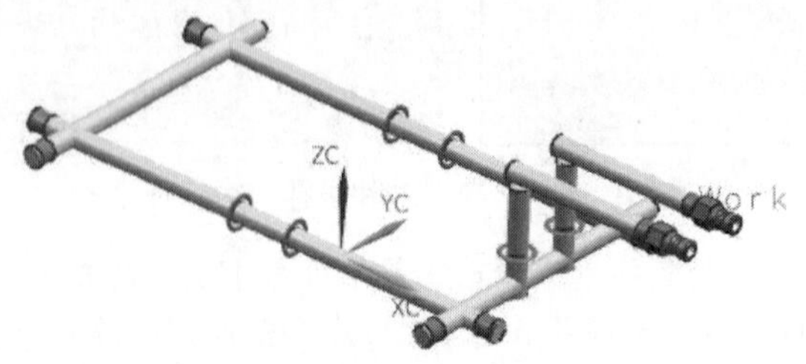

图 11-120　创建水嘴

（36）单击“装配”选项卡“组件”面板上的“镜像装配”按钮，弹出“镜像装配向导”对话框，如图 11-121 所示。选择左侧“镜像步骤”列表下的“选择组件”选项，然后单击“下一步”按钮。

（37）在出现“镜像装配向导”对话框 2 之后，如图 11-122 所示，选择 A 板与型腔的冷却系统，选择完成后，“镜像装配向导”对话框变成如图 11-123 所示，然后单击“下一步”按钮，弹出“镜像装配向导”对话框 4，如图 11-124 所示。

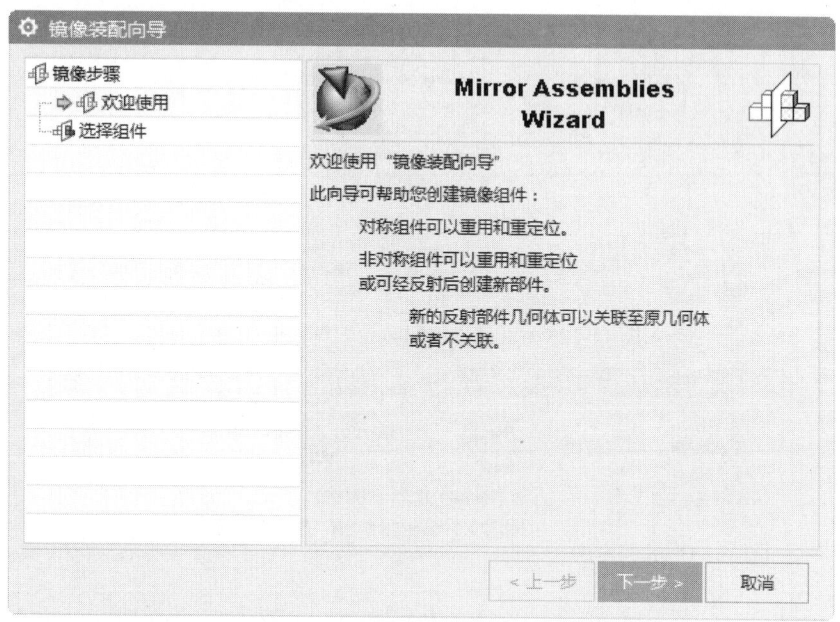

图 11-121 “镜像装配向导”对话框（1）

图 11-122 “镜像装配向导”对话框（2）

Note

图 11-123 “镜像装配向导”对话框（3）

图 11-124 “镜像装配向导”对话框（4）

（38）单击“镜像装配向导”对话框（4）上的“创建基准平面”按钮，弹出“平面”对话框，如图 11-125 所示。选择“YC-ZC 平面”类型，输入偏移距离为 0，然后单击“确定”按钮，返回至“镜像装配向导”对话框（4）。

（39）在“镜像装配向导”对话框（4）中单击“下一步”按钮，弹出“镜像装配向导”对话框（5），如图 11-126 所示。接着单击“下一步”按钮，出现“镜像装配向导”对话框（6），如图 11-127 所示。再接着单击“下一步”按钮，出现“镜像装配向导”对话框（7），如图 11-128 所示，单击“完成”按钮。

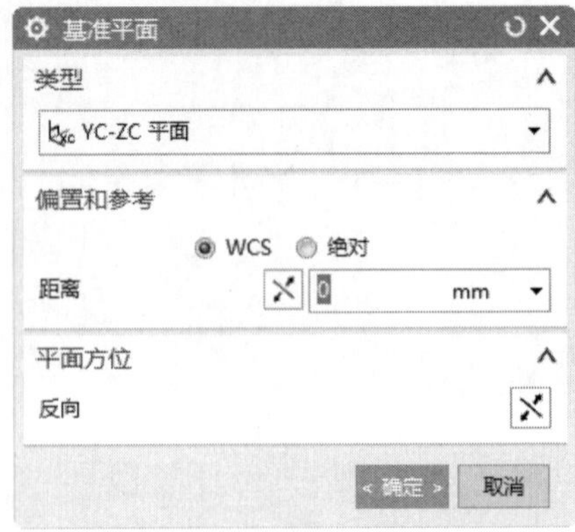

图 11-125 “基准平面”对话框

图 11-126　“镜像装配向导”对话框（5）

图 11-127　“镜像装配向导”对话框（6）

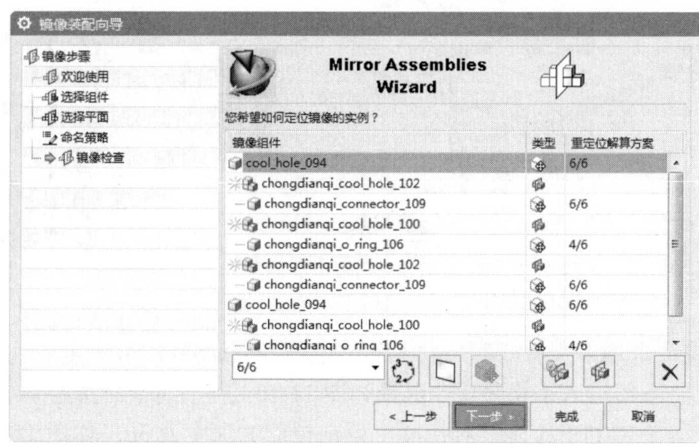

图 11-128　“镜像装配向导”对话框（7）

Note

（40）完成上述步骤后的操作结果如图 11-129 所示。

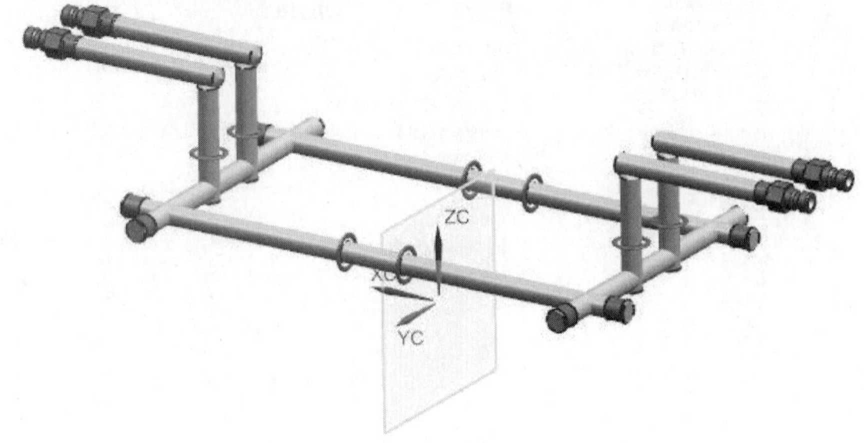

图 11-129　镜像装配后的结果

11.4.2　型芯冷却系统设计

（1）采用相同的步骤，选择如图 11-129 所示的部件，以 XC-YC 平面为镜像平面进行镜像，结果如图 11-130 所示。

（2）打开装配导航器，选取模架中的 B 板，右击，在弹出的快捷菜单选择“在窗口中打开”命令，打开 B 板文件，如图 11-131 所示。

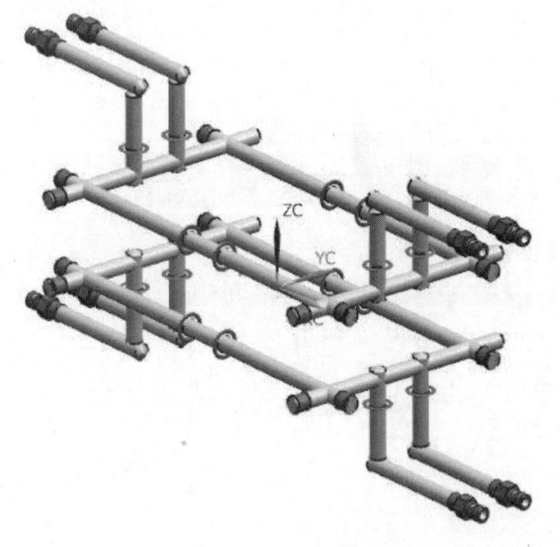

图 11-130　镜像部件

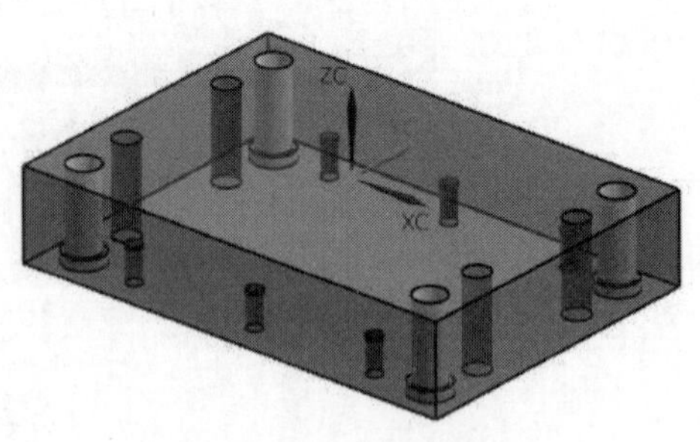

图 11-131　显示 B 板

（3）单击“主页”选项卡“特征”面板上的“拉伸”按钮，系统弹出“拉伸”对话框，单击“绘制截面”按钮，系统进入草绘环境，选择如图 11-132 所示的平面作为草绘平面。绘制完成后，单击“完成”按钮，返回到“拉伸”对话框，设定拉伸的深度为 30，如图 11-133 所示，单击“确定”按钮，操作结果如图 11-134 所示。

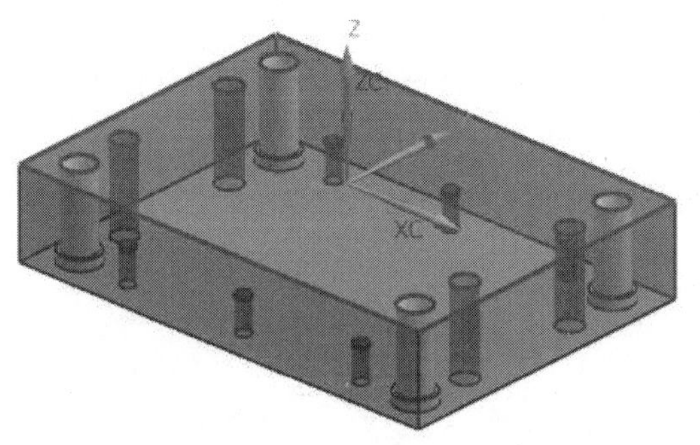

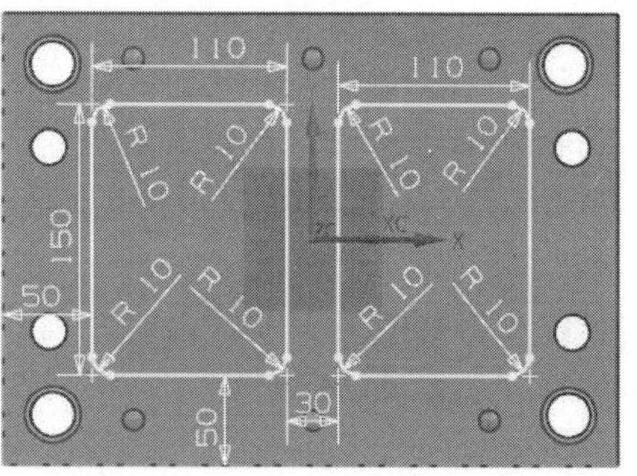

图 11-132 选择草绘平面并绘制草图

（4）打开型芯文件，单击“主页”选项卡“特征”面板中的“边倒圆”按钮，系统弹出“边倒圆”对话框。依次选中型芯的四条边，然后在设置后面的文本框中输入半径“10”，完成边倒圆的特征如图 11-135 所示。

图 11-133 “拉伸”对话框

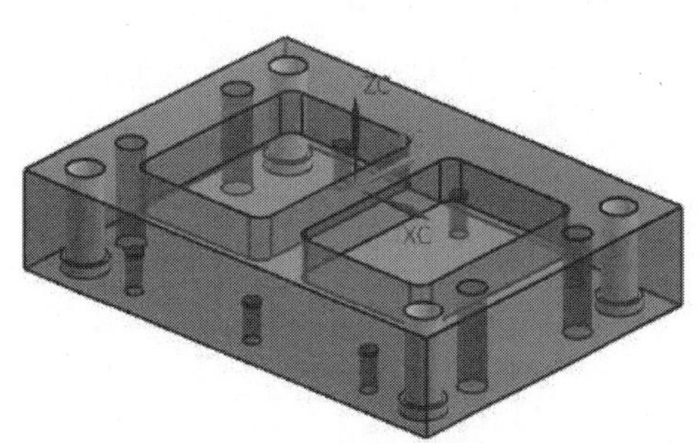

图 11-134 创建拉伸特征

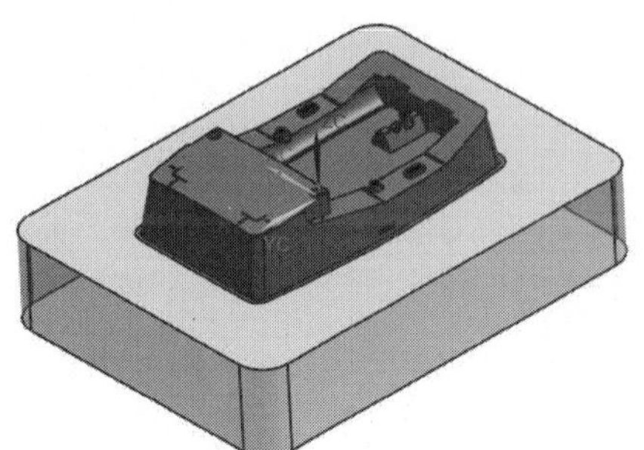

图 11-135 创建边倒圆特征

（5）打开总装配文件，并将所有文件显示，并转化为工作部件。

（6）单击“注塑模向导”选项卡“主要”面板上的“腔”按钮，系统弹出如图 11-136 所示的“开腔”对话框，选择“去除材料”模式。

Note

（7）选中模架为目标体，选取滑块、浇注系统、冷却水道，顶杆等为工具体，然后单击“确定”按钮进行建腔如图 11-137 所示。

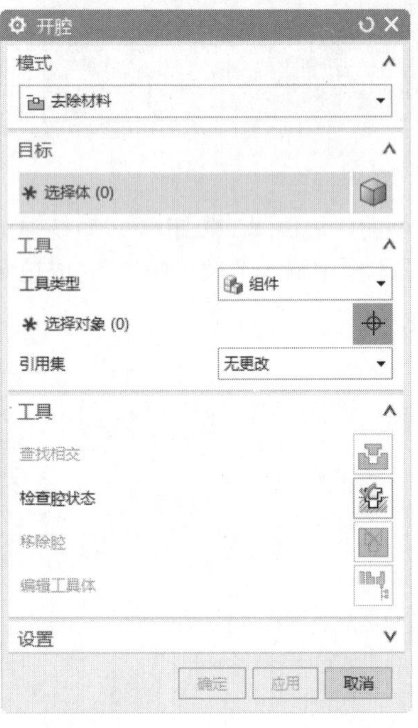

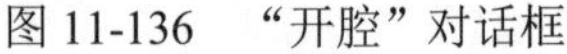

图 11-136 “开腔”对话框

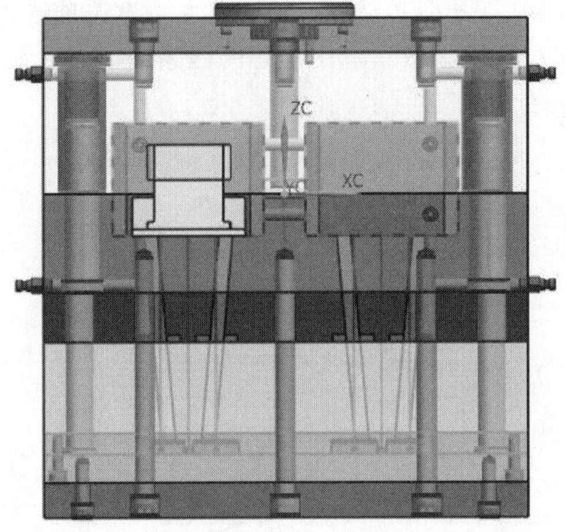

图 11-137 完成建腔

（8）选择“文件”→“保存”→“全部保存”选项，保存所有模具文件。

第12章 电器配件模具设计

（视频讲解：77 分钟）

本套模具将采用一模四腔的方式进行分模，也就是在一套模具中 4 个相同的型腔。电器配件的形状比较复杂，分模时需要进行大量的补面，以达到分模的目的。根据形状分析可知，该套模具使用三板模，采用 LKM_PP 模架。产品材料采用 PC，收缩率为 0.6%。

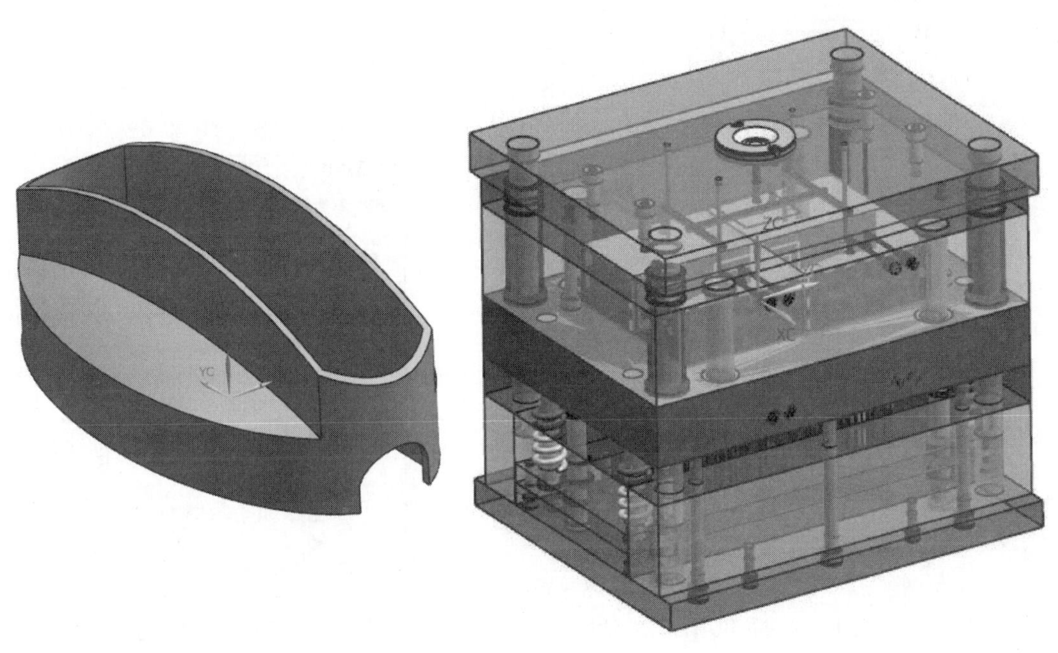

视频讲解

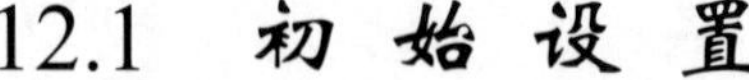

Note

12.1 初始设置

12.1.1 装载产品

项目初始化是 UG NX Mold Wizard 模具设计的第一步，利用该命令功能可以加载产品模型。

（1） 单击“注塑模向导”选项卡中的“初始化项目”按钮，弹出“部件名”对话框，选择电器配件的产品文件“yuanwenjian/dqpj/dqpj.prt”，单击“OK”按钮。在弹出的“初始化项目”对话框中，设置“项目单位”为毫米，设置“材料”为 PS，“收缩”为“1.006”，如图 12-1 所示。

（2）单击对话框中的“确定”按钮，加载产品至 UGMold Wizard，完成产品装载。此时，在“装配导航器”中显示系统自动产生的模具装配结构如图 12-2 所示。

图 12-1 “初始化项目”对话框

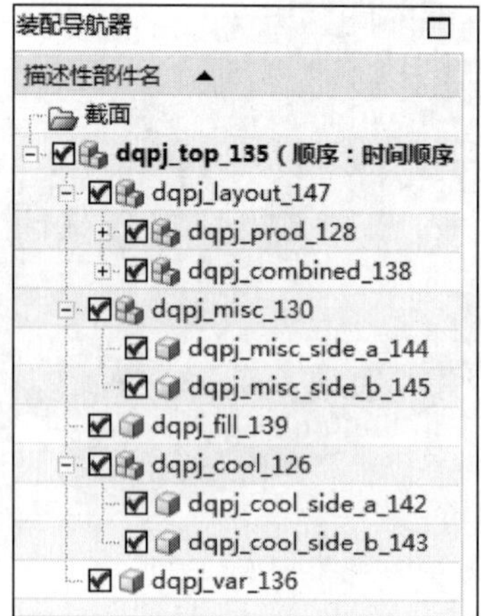

图 12-2 模具装配结构图

12.1.2　设定模具坐标系

（1）选择“菜单”→“格式”→“WCS”→“旋转”命令，系统弹出“旋转 WCS 绕...”对话框，如图 12-3 所示，设置绕 ZC 轴正方向旋转，由 XC 轴转向 YC 轴，角度为 90°。单击“确定”按钮，完成坐标方向的重新定义，如图 12-4 所示。

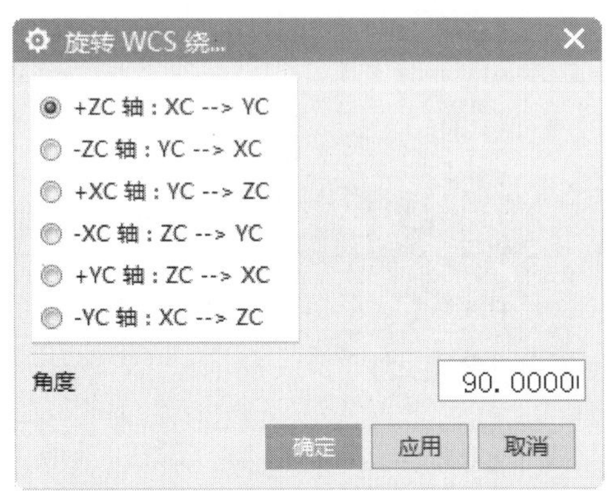

图 12-3　“旋转 WCS 绕...”对话框

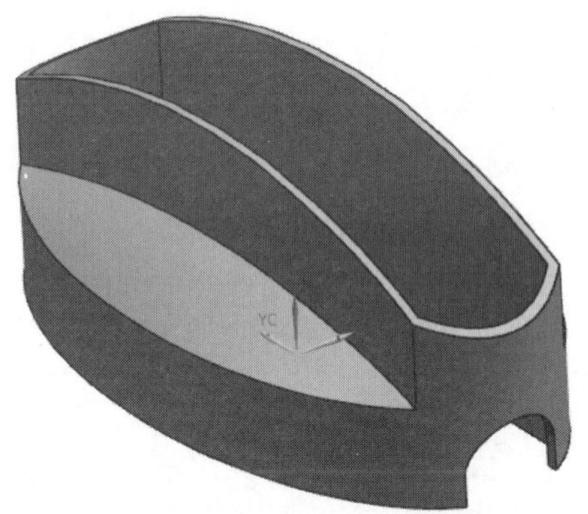

图 12-4　定义坐标系

（2）单击“注塑模向导”选项卡“主要”面板上的“模具坐标系”按钮，打开如图 12-5 所示的“模具坐标系”对话框。选择“当前 WCS”选项，单击“确定”按钮，系统会自动把模具坐标系放在坐标系原点上，完成模具坐标系的设置，如图 12-6 所示。

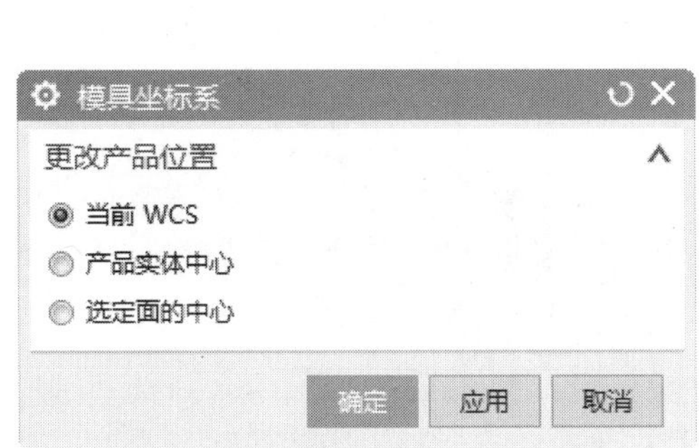

图 12-5　“模具坐标系”对话框

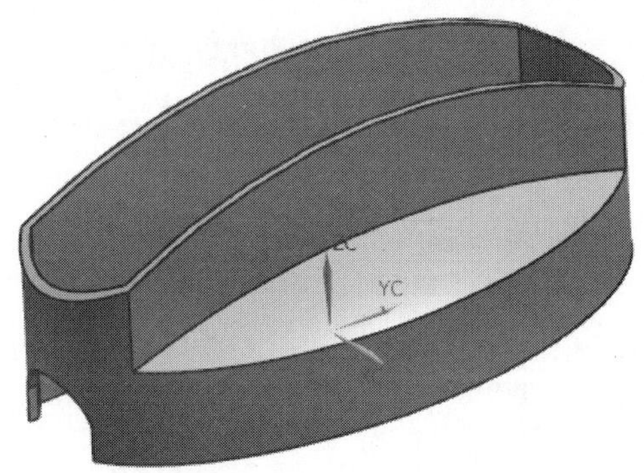

图 12-6　选定模具坐标系

12.1.3 设置布局

（1）单击“注塑模向导”选项卡“主要”面板上的“工件”按钮，系统弹出“工件”对话框，选择“参考点”定义类型，如图 12-7 所示，并依图设置工件尺寸。

（2）单击“注塑模向导”选项卡“主要”面板上的“型腔布局”按钮，打开如图 12-8 所示的“型腔布局”对话框。在“型腔布局”对话框的“布局类型”下拉列表中选择“矩形”，再选中“平衡”单选按钮，指定矢量为 XC 轴，“腔型数”设置为“4”，“第一距离”选项设置为“0”，第二“距离”选项设置为“0”，选择 XC 方向为布局方向，然后单击“开始布局”按钮，生成的型腔布局如图 12-9 所示。

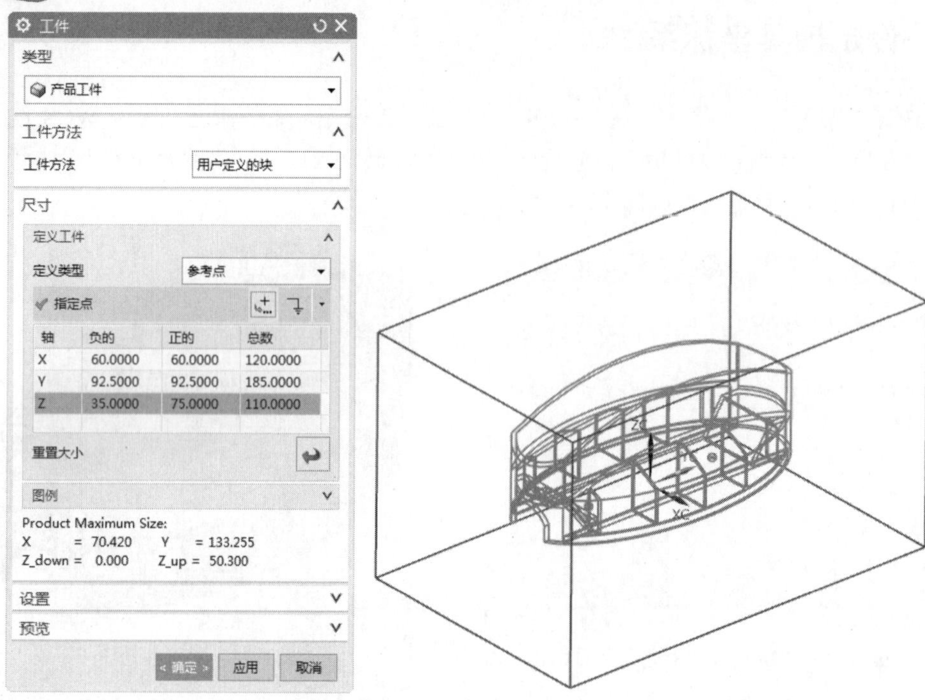

图 12-7 设定工件尺寸

（3）单击对话框中“自动对准中心”按钮⊞，将模腔设置在模具的装配中心，完成最终的型腔布局如图 12-10 所示。然后单击对话框中的“关闭”按钮。

图 12-8 型腔布局对话框

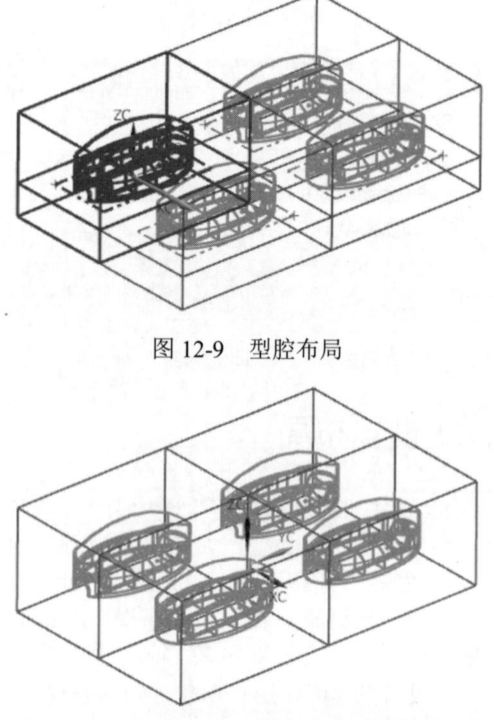

图 12-9 型腔布局

图 12-10 自动对准后的型腔布局

注意：由于该套模具是一模多腔，所以生成多腔模之后，一定要单击“自动对准中心”按钮，以调整到多腔模的中心。该步骤在多腔模具设计中是必不可少的，其直接影响到模架的装配位置。

视频讲解

12.2　分 型 设 计

12.2.1　创建分型线

（1）单击“注塑模向导”选项卡“注塑模工具”面板上的“曲面补片”按钮，弹出“边补片”对话框，如图 12-11 所示。选择“遍历”类型，取消选中“按面的颜色遍历”复选框。在视图中分别选取如图 12-12 所示的边，然后单击“确定”按钮，完成曲面补片，如图 12-13 所示。

（2）单击“注塑模向导”选项卡“注塑模工具”面板上的“曲面补片”按钮，弹出“边补片”对话框。选择“遍历”类型，取消选中“按面的颜色遍历”复选框，选择如图 12-14 所示的曲线，接着单击“接受”或者“循环候选项”按钮来完成引导边界。当边界封闭后，自动添加到环列表中，单击“确定”按钮，完成边缘补片，如图 12-15 所示。

（3）单击“注塑模向导”选项卡“分型刀具”面板上的“设计分型面”按钮，系统弹出如图 12-16 所示的“设计分型面”对话框。单击“编辑分型线”栏中的“选择分型线”，在视图上选择实体的底面边线，系统提示分型线没有封闭，接着选取凹槽部分边线，直至分型线封闭，单击“确定”按钮，产生如图 12-17 所示的分型线。

图 12-11　“边补片”对话框

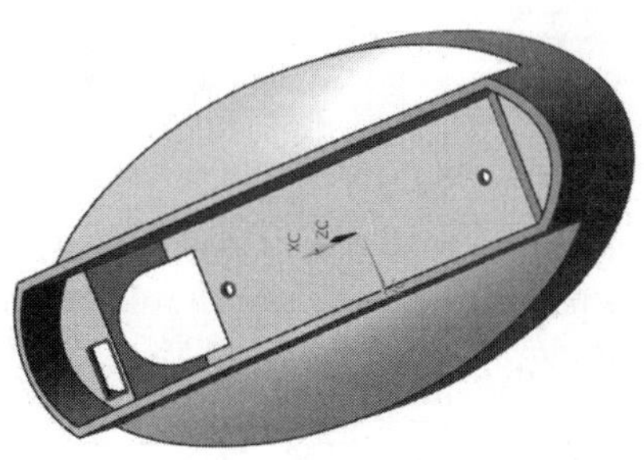

图 12-12　选择边

图 12-13　生成的补片面

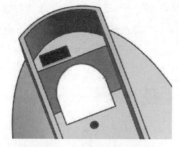

图 12-14　选择引导边界线

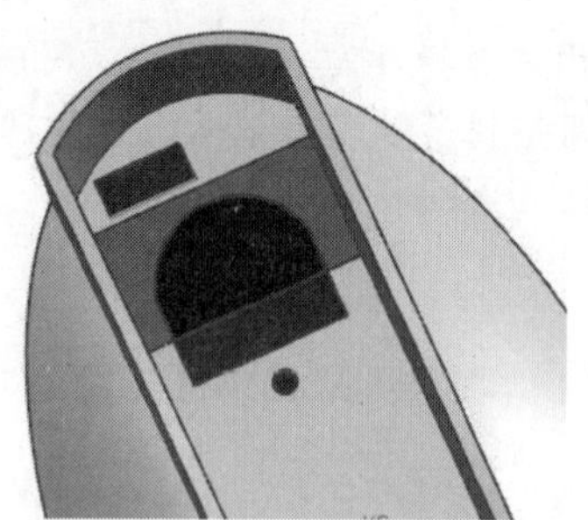

图 12-15　边缘补片

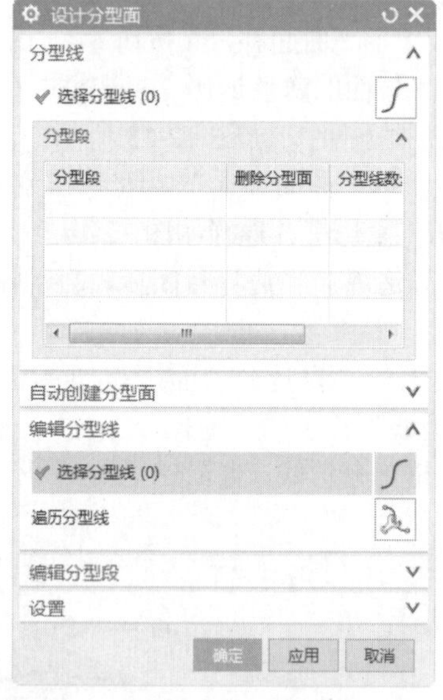

图 12-16　“设计分型面”对话框

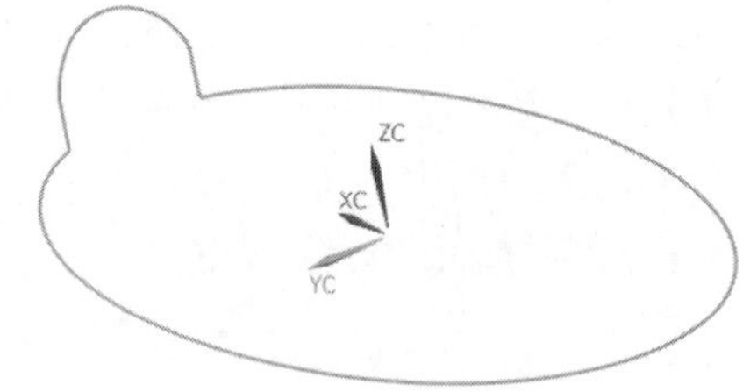

图 12-17　创建分型线

（4）单击“注塑模向导”选项卡“分型刀具”面板上的“设计分型面”按钮，弹出“设计分型面”对话框，单击选择分型或引导线栏，在如图 12-18 所示的位置创建引导线，结果如图 12-19 所示。

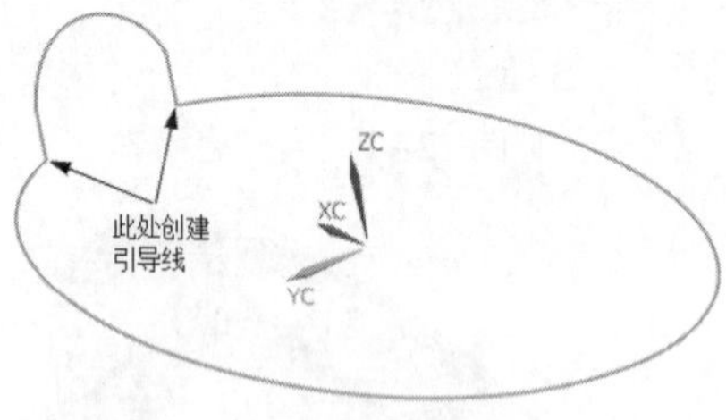

图 12-18　引导线位置

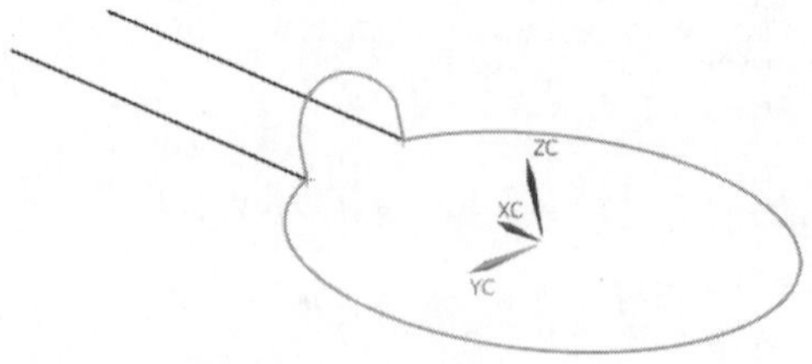

图 12-19　创建引导线

12.2.2　创建分型面

（1）单击“注塑模向导”选项卡“分型刀具”面板上的“设计分型面”按钮，在弹出的“设计分型面”对话框中分型段列表中选择分段 1，如图 12-20 所示。在创建分型面栏中选中“拉伸”选项，采用默认拉伸方向，用鼠标拖动“曲面延伸距离”标志，调节曲面延伸距离，使分型面的拉

伸长度大于工件的长度，单击“应用”按钮。

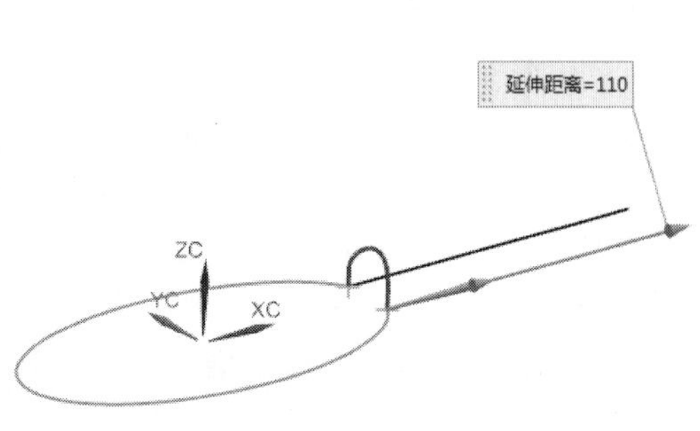

图 12-20　选择分段 1

（2）在“设计分型面”对话框中分型段列表中选择分段 2，如图 12-21 所示。在创建分型面栏中选中“有界平面”选项，取消选中“调整所有方向的大小”和“使用默认保留边”复选框，调节曲面延伸距离，使分型面的平面长度大于工件的长度，单击“确定”按钮，完成分型面的创建，如图 12-22 所示。

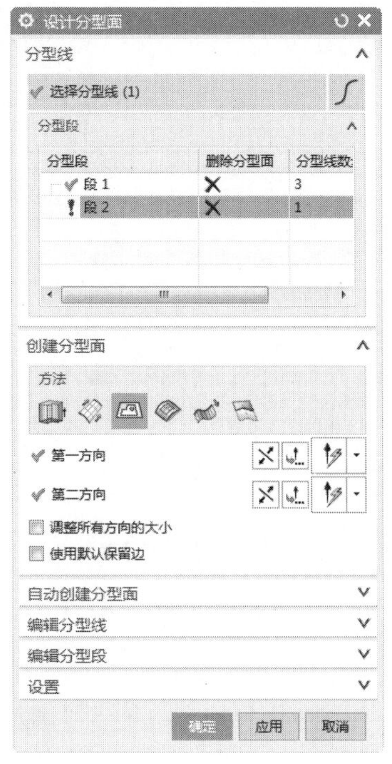

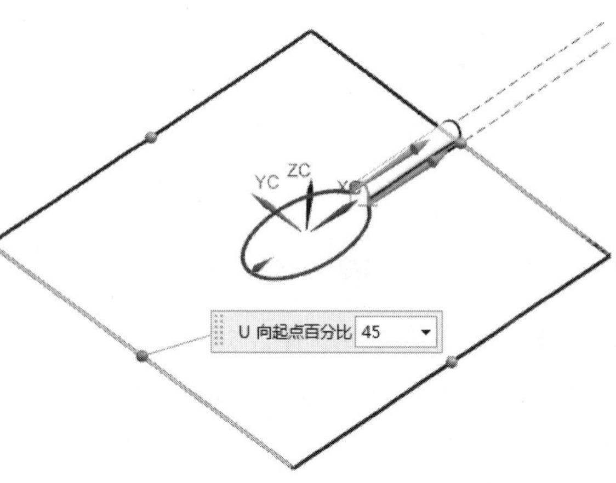

图 12-21　选择分段 2

Note

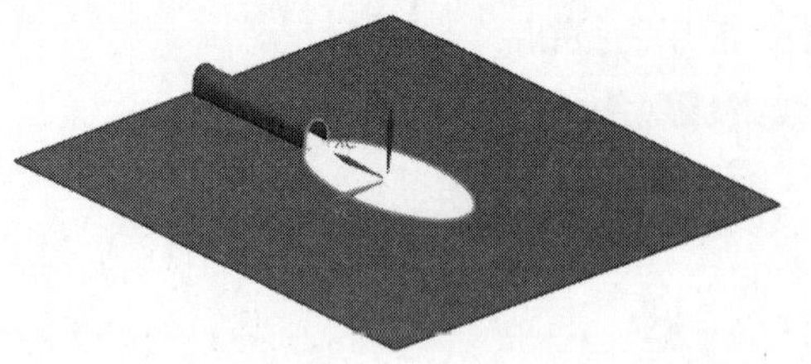

图 12-22 创建分型面

12.2.3 创建型腔和型芯

（1）单击“注塑模向导”选项卡“分型刀具”面板上的“检查区域”按钮，弹出“检查区域”对话框，如图 12-23 所示。选中“保持现有的”单选按钮，其他采用默认设置，单击计算按钮。

（2）选择“区域”选项卡，从对话框中可以看到型腔面数为 15，型芯面数为 81，未定义的区域为 8，如图 12-24 所示，将零件外侧面定义为型腔区域，将剩下未定义的区域定义为型芯区域，单击“确定”按钮，可以看到型腔面 16 与型芯面 88 的和等于总面数 104。

图 12-23 “检查区域”对话框

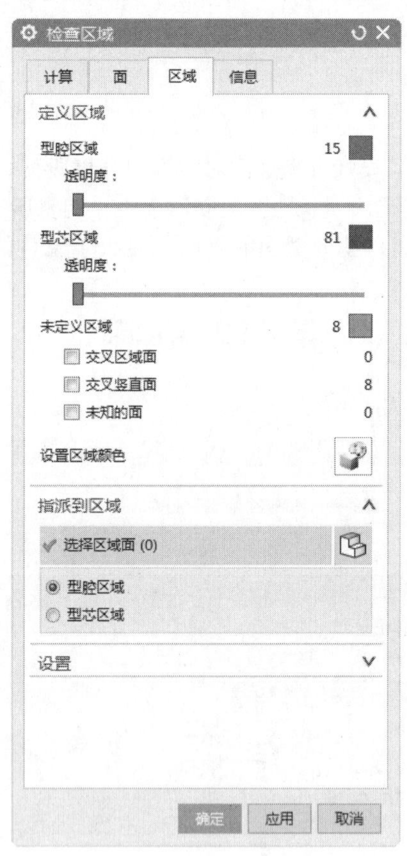

图 12-24 “区域”选项卡

（3）单击“注塑模向导”选项卡“分型刀具”面板上的“定义区域”按钮，弹出如图 12-25 所示的“定义区域”对话框。选择“所有面”选项，选中“创建区域”复选框。单击“确定”按钮，完成型芯和型腔的抽取。

（4）单击“注塑模向导”选项卡“分型刀具”面板上的“定义型芯和型腔”按钮，系统弹出如

图 12-26 所示的“定义型腔和型芯”对话框，选择“所有区域”选项，单击“确定”按钮，接受方向。系统自动生成型腔和型芯片体，如图 12-27 所示。

（5）选择“文件”→“保存”→“全部保存”命令，保存完成的所有数据。

图 12-25　“定义区域”对话框

图 12-26　“定义型腔和型芯”对话框

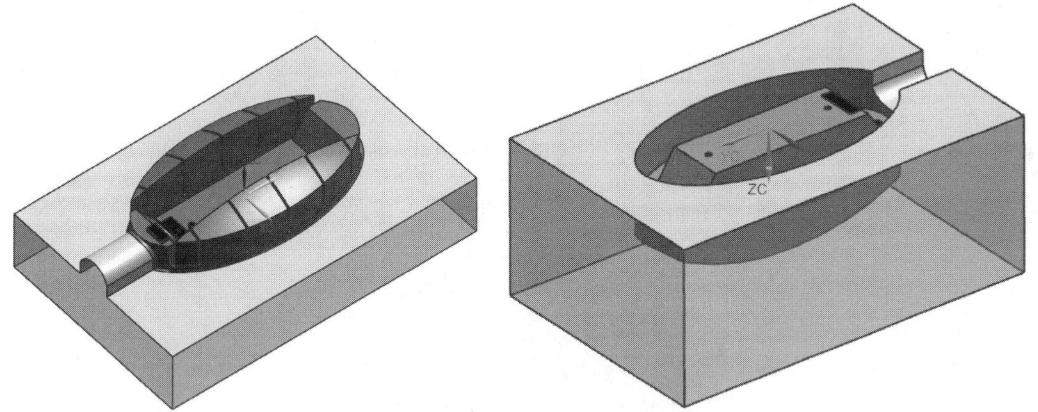

图 12-27　型腔和型芯

12.3　辅助系统设计

12.3.1　添加模架

（1）单击“注塑模向导”选项卡“主要”面板上的“模架库”按钮，系统弹出“重用库”对话框和“模架库”对话框。

（2）在“名称”列表中选择名称“LKM_PP”，并在“成员选择”列表中选择对象“DA”，在“详细信息”列表中选择模架的型号为“4055”，设置“AP_h”的值为“120”，“BP_h”的值为“80”，“shift_ej_screw”的值为“0”，“shorten_ej”的值为“0”，如图 12-28 所示。

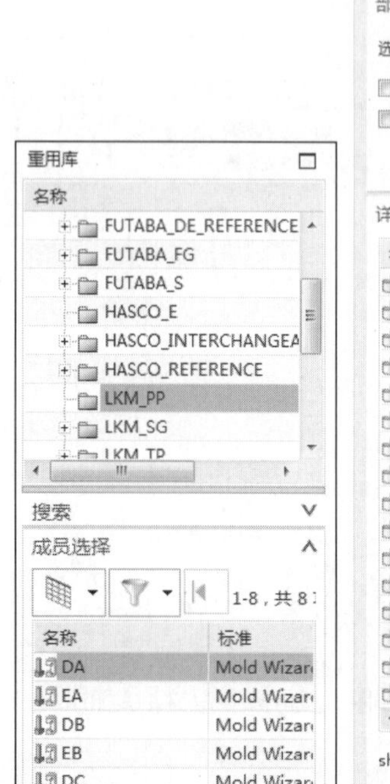

图 12-28 设置模架参数及选项

（3）单击“确定”按钮后，系统自动加载模架，如图 12-29 所示。

图 12-29 加载模架

注意： 由于此处为多腔模，注塑材料时需要通过主流道转分流道才能进入型腔，所以选用三板模架。以分界面为界，由于型腔厚度为 75，所以模架 A 板厚度设置为 120；而型芯厚度为 25，则模架 B 板厚度设置为 80。该套模具中采用 I 字型模架结构，这种结构形式在国内是常用的结构，而 H 型模架结构是国外常用的。读者应主要了解两种结构的生成方法，而实际的机构应根据客户要求。

12.3.2　顶出机构设计

（1）在“装配导航器”中选择型芯文件，右击，在弹出的快捷菜单中选择“在窗口中打开”命令，打开型芯文件。

注意： 由于 UG 系统具有自动跟踪性，只要在基准型芯中设置顶杆，其余的相同型芯可自动生成相应位置的顶杆。

（2）单击“主页”选项卡“直接草图”面板中的“草图”按钮，弹出“创建草图”对话框，如图 12-30 所示。使用默认平面作为草图绘制面，单击“确定”按钮进入草图绘制环境。

（3）单击“主页”选项卡“直接草图”面板中的“点”按钮＋，弹出“草图点”对话框，单击“点对话框”按钮，弹出“点”对话框，如图 12-31 所示。在“点”对话框中的 XC、YC、ZC 文本框中分别输入（8，15，0）、（8，35，0）、（8，−15，0）、（8，−32，0）、（−8，−32，0）、（−8，−15，0）、（−8，15，0）、（−8，35，0）共 8 个坐标值，每输入一组坐标值单击一次“确定”按钮，完成最后一组坐标后，单击“关闭”按钮，创建点的结果如图 12-32 所示。单击“完成草图”按钮，退出草绘界面。

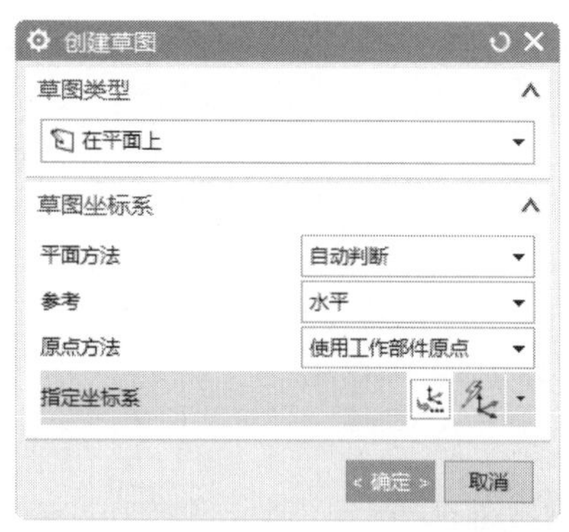

图 12-30　“创建草图”对话框

图 12-31　“点”对话框

（4）单击“主页”选项卡“直接草图”面板中的“草图”按钮，使用默认的平面绘制 7 个坐标点，坐标分别是（20，42，0）、（−20，42，0）、（20，−42，0）、（−20，−42，0）、（−10，−57，0）、（10，55，0）、（−10，55，0），在图形中的表达位置如图 12-33 所示。单击“完成草图”按钮，退出草绘界面。

（5）单击“主页”选项卡“直接草图”面板中的“草图”按钮，使用默认的平面绘制 6 个

Note

坐标点，坐标分别是（27，5，0）、（25，18，0）、（-27，5，0）、（-25，18，0）、（27，-18，0）、（-27，-18，0），在图形中的表达位置如图 12-34 所示。单击“完成草图”按钮，退出草绘界面。

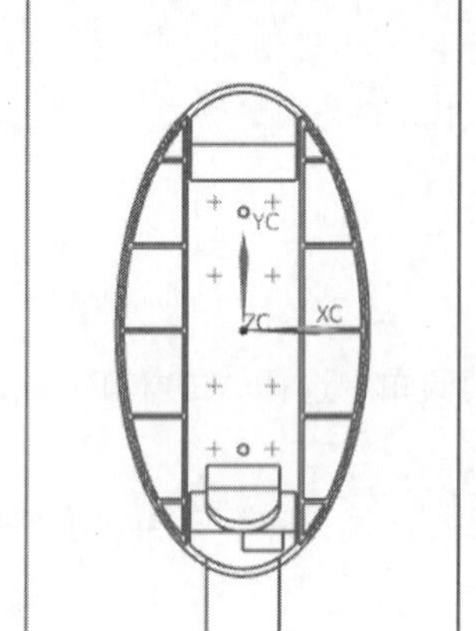

图 12-32 创建 8 点坐标

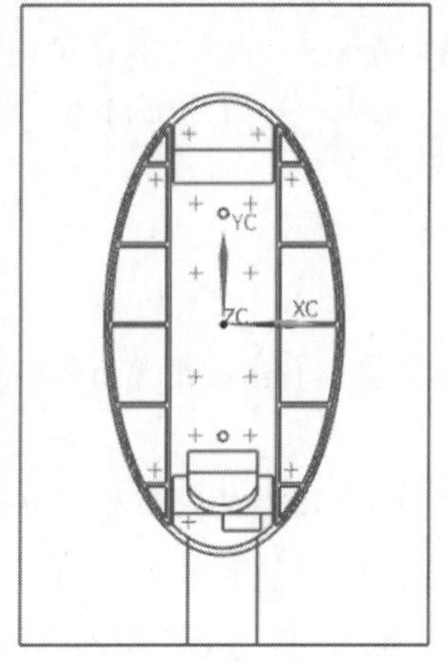

图 12-33 创建 7 点坐标

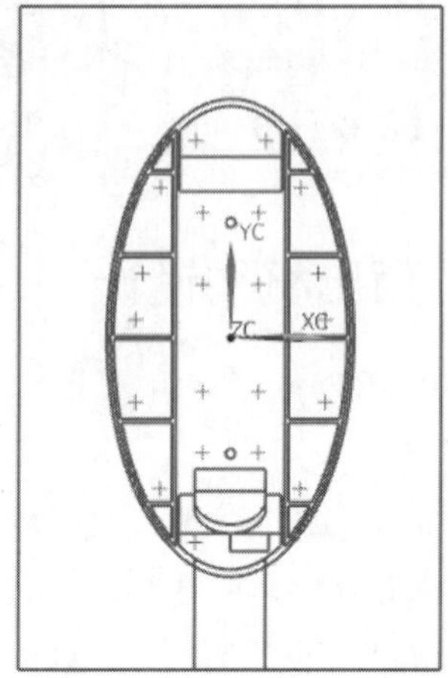

图 12-34 创建 6 点坐标

（6）在总装配文件中，单击“注塑模向导”选项卡“主要”面板上的“标准件库”按钮，系统弹出“重用库”对话框和“标准件管理”对话框。从“名称”列表选择“FUTABA_MM”→“Ejector Pin”选项，然后在“成员选择”列表中选择“Ejector Pin Straight [EJ，EH，EQ，EA]”选项，在“详细信息”列表中设置 CATALOG 为 EJ，CATALOG_DIA 为 4.0，CATALOG_LENGTH 为 250，如图 12-35 所示，用于在型芯中创建 $\phi 4$ 的推杆。

图 12-35 设置顶杆参数（1）

（7）单击“确定”按钮，弹出“点”对话框，在“类型”下拉列表中选择“现有点”选项，然后捕捉在步骤（3）种创建的 8 个坐标点，完成后在“点”对话框中单击“取消”按钮，结果如图 12-36 所示。

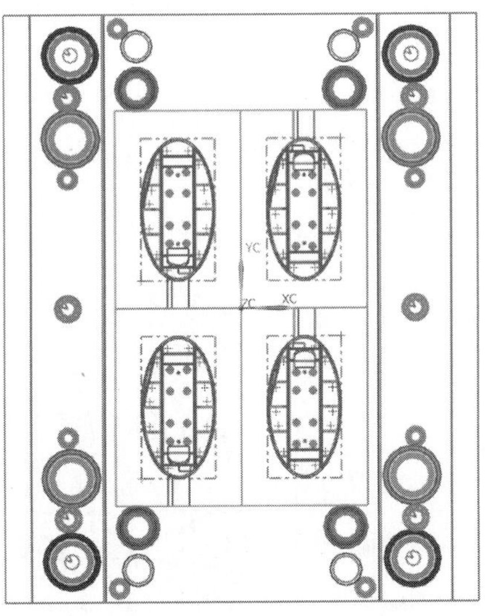

图 12-36 创建顶杆 1

（8）单击“注塑模向导”选项卡“主要”面板上的“标准件库”按钮，系统弹出“重用库”对话框和“标准件管理”对话框。从“名称”列表选择“FUTABA_MM”→“Ejector Pin”选项，然后在“成员选择”列表中选择“Ejector Pin Straight [EJ，EH，EQ，EA]”选项，在“详细信息”列表中设置 CATALOG 为 EJ，CATALOG_DIA 为 3.0，CATALOG_LENGTH 为 250，HEAD_TYPE 为 4，如图 12-37 所示，用于在型芯中创建$\phi 3$的推杆。

（9）单击“确定”按钮，弹出“点”对话框，在“类型”下拉列表中选择“现有点”选项，然后捕捉在步骤（4）中创建的 7 个坐标点，完成后在“点”对话框中单击“取消”按钮，结果如图 12-38 所示。

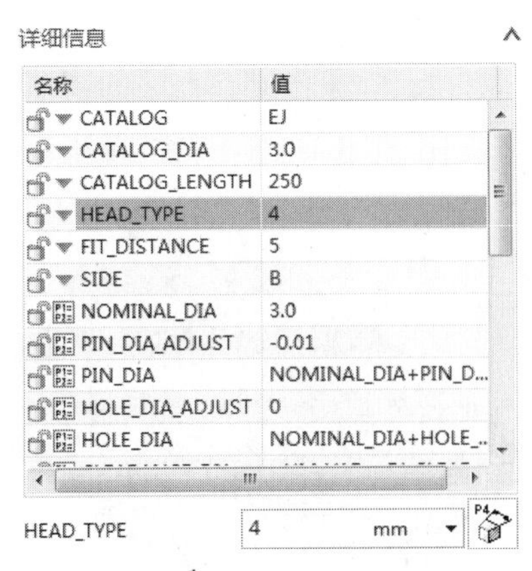

详细信息

名称	值
CATALOG	EJ
CATALOG_DIA	3.0
CATALOG_LENGTH	250
HEAD_TYPE	4
FIT_DISTANCE	5
SIDE	B
NOMINAL_DIA	3.0
PIN_DIA_ADJUST	-0.01
PIN_DIA	NOMINAL_DIA+PIN_D...
HOLE_DIA_ADJUST	0
HOLE_DIA	NOMINAL_DIA+HOLE_...

HEAD_TYPE 4 mm

图 12-37 设置顶杆参数（2）

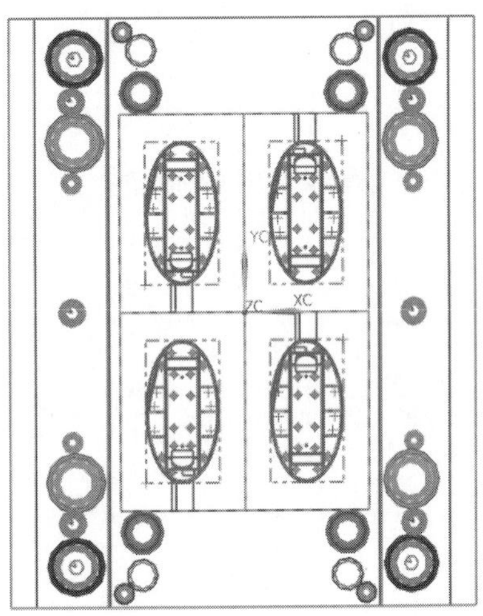

图 12-38 创建顶杆（2）

（10）单击“注塑模向导”选项卡“主要”面板上的“标准件库”按钮，系统弹出“重用库”对话框和“标准件管理”对话框。从“名称”列表选择“FUTABA_MM”→“Ejector Pin”选项，然后在“成员选择”列表中选择“Ejector Pin Straight [EJ，EH，EQ，EA]”选项，在“详细信息”列表中设置 CATALOG 为 EJ，CATALOG_DIA 为 5.0，CATALOG_LENGTH 为 250，HEAD_TYPE 为 4，如图 12-39 所示，用于在型芯中创建$\phi 5$的推杆。

（11）单击“确定”按钮，弹出“点”对话框，在“类型”下拉列表中选择“现有点”选项，然后捕捉在步骤（5）中创建的 6 个坐标点，完成后在“点”对话框中单击“取消”按钮，结果如图 12-40 所示。

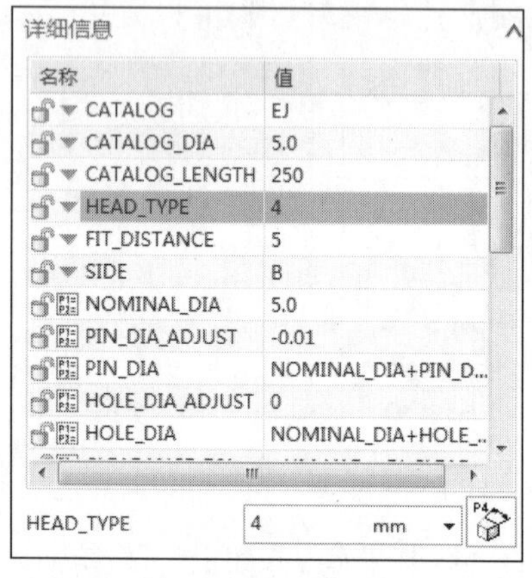

图 12-39　设置顶杆参数（3）

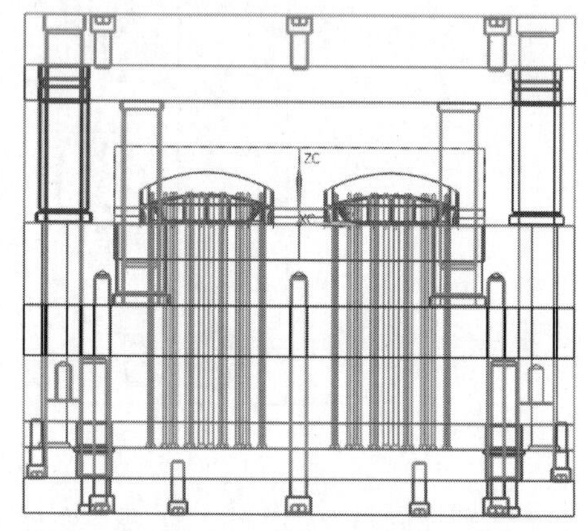

图 12-40　创建顶杆（3）

（12）单击“注塑模向导”选项卡“主要”面板上的“顶杆后处理”按钮，弹出“顶杆后处理”对话框，如图 12-41 所示，对$\phi 4$顶杆进行修剪。

（13）在“修剪曲面”下拉列表中选择“选择面”选项。选择如图 12-42 所示的修剪参考面，然后单击“确定”按钮，完成对$\phi 4$杆的修剪，如图 12-43 所示。

图 12-41　顶杆后处理对话框

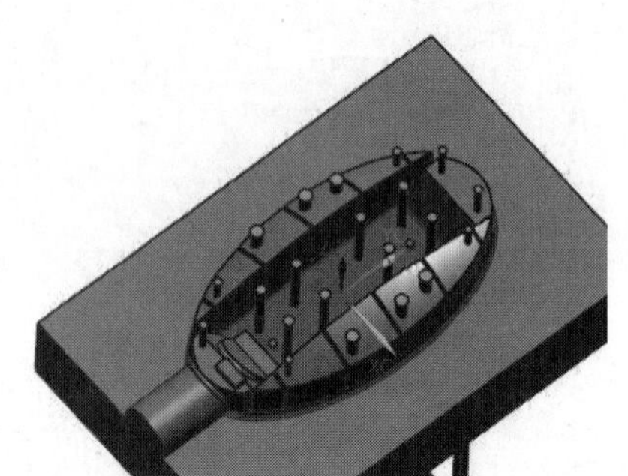

图 12-42　选择修剪参考面

（14）重复步骤（12）和（13），完成对$\phi 3$和$\phi 5$顶杆的修剪，结果如图12-44所示。

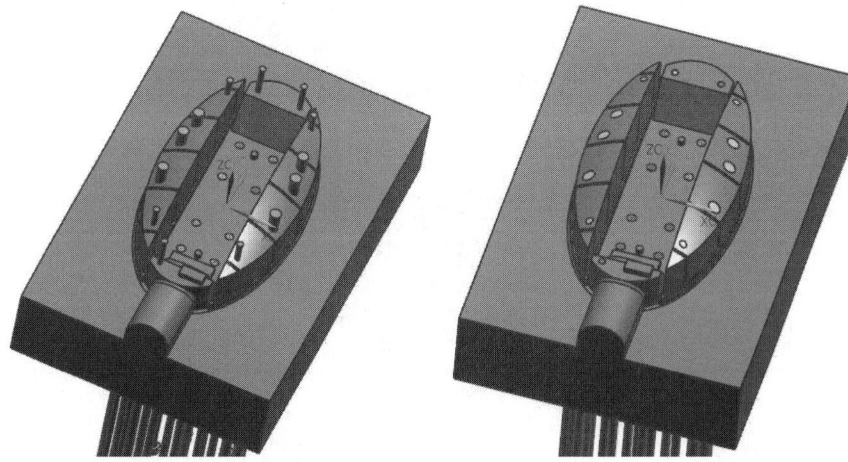

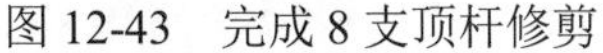

图12-43　完成8支顶杆修剪　　　　图12-44　完成顶杆修剪

12.3.3　添加标准件

（1）打开“装配导航器”，显示全部部件，单击“注塑模向导”选项卡“主要”面板上的“标准件库”按钮，弹出“重用库”对话框和“标准件管理”对话框，如图12-45所示。从“名称”列表中选择“FUTABA_MM”→“Locating Ring Interchangeable”选项，然后在“成员选择”列表中选择“Locating Ring ”选项，然后在“详细信息”列表中设置TYPE为“M-LRB”，DIAMETER为“100”，“BOTTOM_C_BORE_DIA”为“36”，用于创建定位环部件。单击“确定”按钮创建定位环部件，结果如图12-46所示。

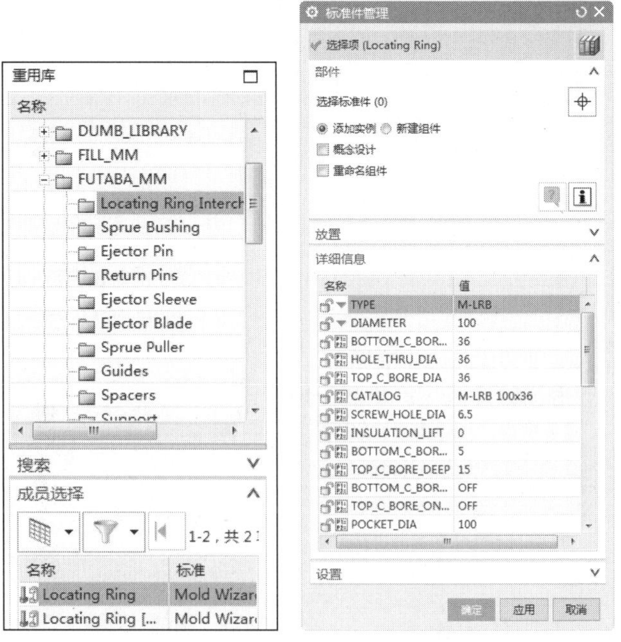

图12-45　定位环参数设置

Note

图 12-46 创建定位环

（2）单击“注塑模向导”选项卡“主要”面板上的“标准件库”按钮，弹出“重用库”对话框和“标准件管理”对话框。从“名称”列表中选择“MISUMI”→“Sprue Bushings”选项，然后在“成员选择”列表中选择“SBS-”选项，在“详细信息”列表中设置 SR 为 12，P 为 3.5，L 为 60，A 为 1，D 为 10，其他值默认，如图 12-47 所示，单击“应用”按钮创建浇口套部件，结果如图 12-48 所示。

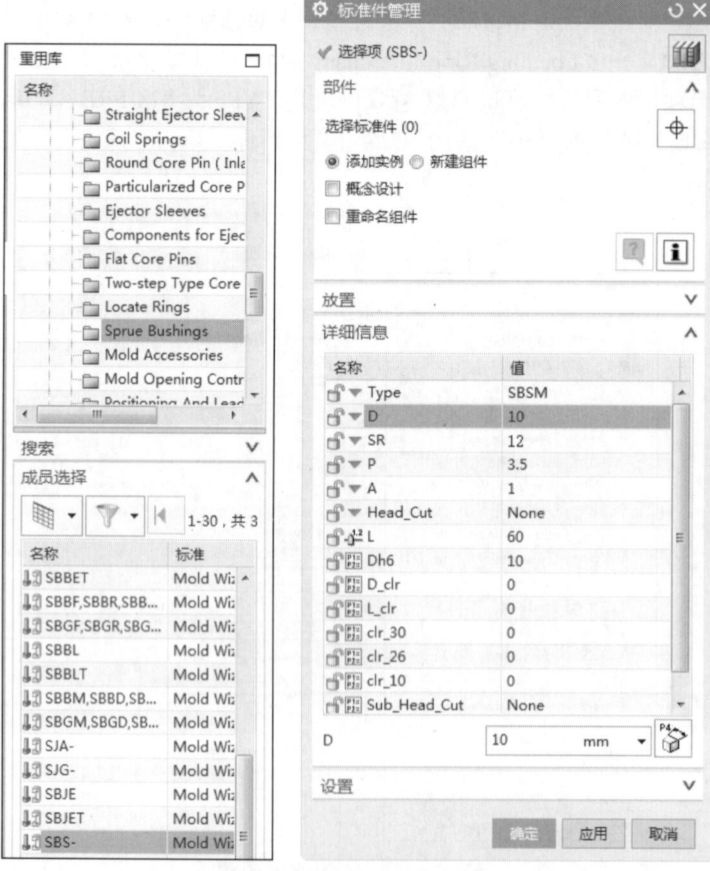

图 12-47 “重用库”和“标准件管理”对话框（1）

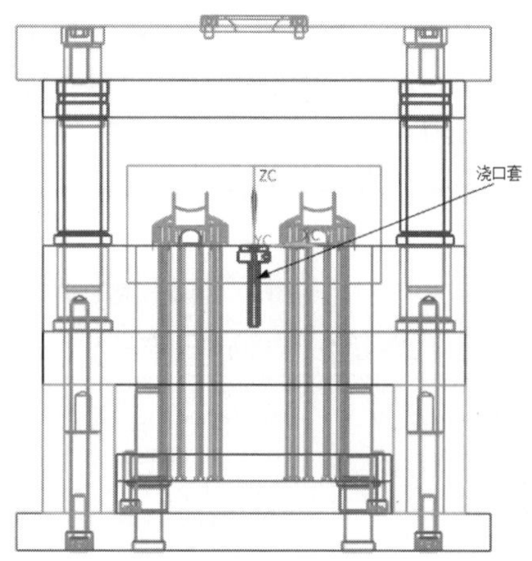

图 12-48 创建浇口套

（3）单击“重定位”按钮，弹出“移动组件”对话框如图 12-49 所示，在“运动”下拉列表中选择“点到点”选项，设置出发点为（0，0，0），目标点为（0，0，205）。单击“确定”按钮，即可显示浇口套移动后的位置，如图 12-50 所示。

图 12-49 “移动组件”对话框

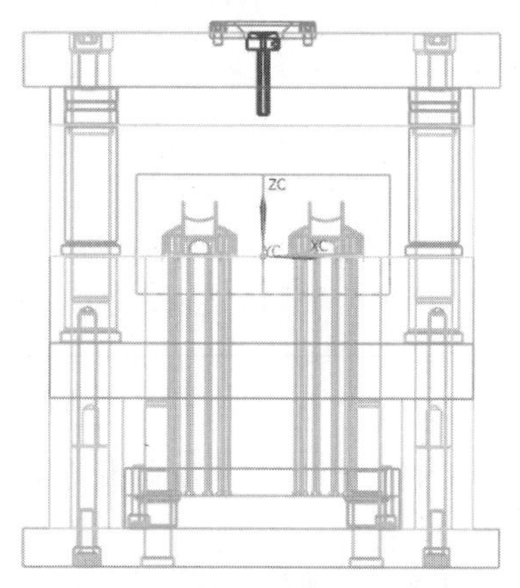

图 12-50 浇口套的移动后位置

（4）打开“装配导航器”，暂时隐藏部分部件，使显示效果如图 12-51 所示。

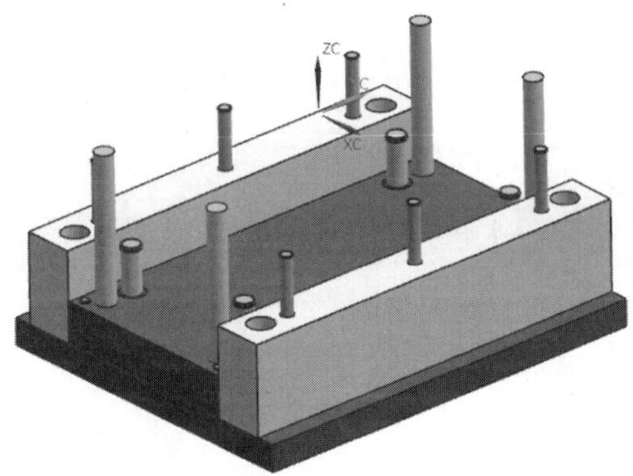

图 12-51 显示的部件

Note

（5）单击“注塑模向导”选项卡“主要”面板上的“标准件库”按钮，系统弹出“重用库”对话框和“标准件管理”对话框。从“名称”列表中选择“FUTABA_MM”→“Springs”选项，然后在“成员选择”列表中选择“Spring[M-FSB]”选项，然后在“详细信息”列表中设置 WIRE_TYPE 为“ROUND”，DIAMETER 为“45.5”，“CATALOG_LENGTH”为“80”，“DISPLAY 为 DETAILED”，如图 12-52 所示，用于创建弹簧部件。

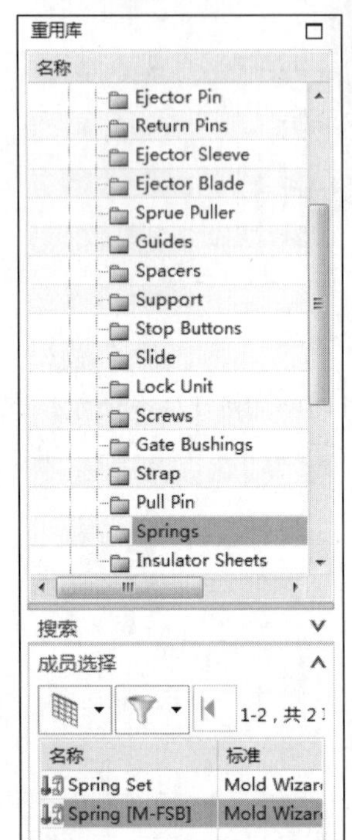

图 12-52　设置弹簧参数

（6）在“标准件管理”对话框中单击“选择面或平面”选项，选择顶杆板的上表面为弹簧放置面，如图 12-53 所示。

（7）单击“确定”按钮后，弹出“标准件位置”对话框如图 12-54 所示。然后捕捉需要安装弹簧部件处的圆心，如图 12-55 所示。单击“应用”按钮，即可生成如图 12-56 所示的弹簧。

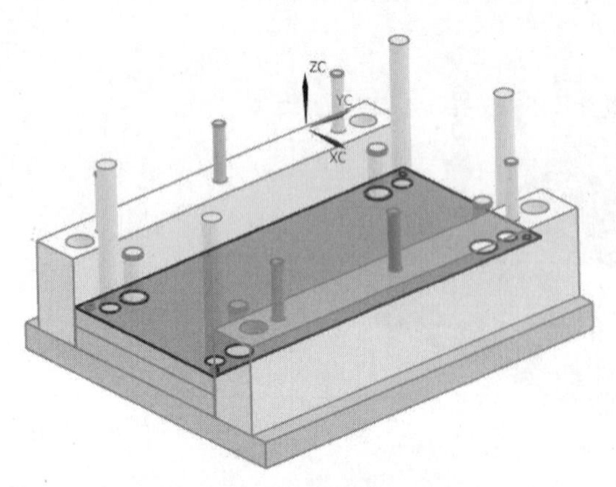

图 12-53　选择弹簧放置平面

图 12-54　“标准件位置”对话框

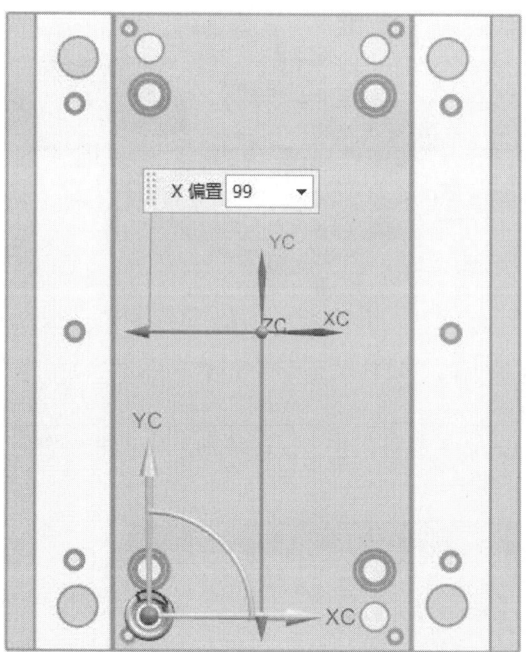

图 12-55 捕捉圆心

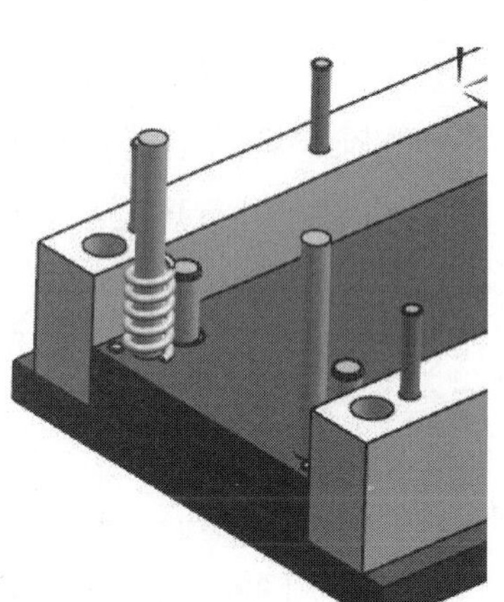

图 12-56 创建弹簧

（8）重复步骤（7），完成其他三处弹簧的创建，结果如图 12-57 所示。

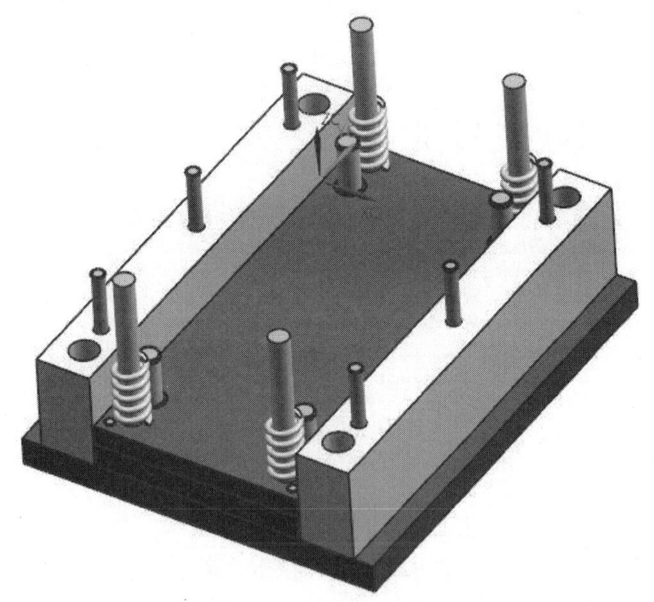

图 12-57 创建弹簧特征后的效果图

12.3.4 浇注系统设计

注意： 该套模具是三板模具，其浇注系统线路图如图 12-58 所示。

（1）打开“装配导航器”，只显示型芯部件，将其他部件暂时隐藏起来，效果如图 12-59 所示。

Note

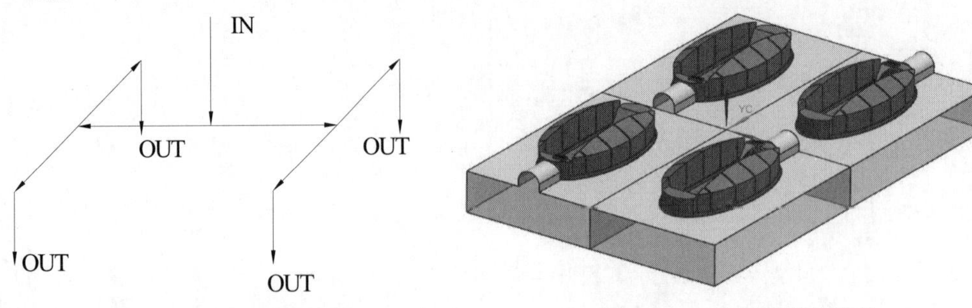

图 12-58　浇注系统线路图　　　　图 12-59　只显示型芯部件

（2）单击“注塑模向导”选项卡“主要”面板上的“设计填充”按钮，弹出“重用库”和“设计填充”对话框。

（3）在“成员选择”列表中选择“Gate[Pin three]”成员，在“设计填充”对话框“详细信息”栏中更改 d 为 1.5，其他采用默认设置，如图 12-60 所示。

图 12-60　浇口参数设置

（4）在“放置”栏中单击“选择对象”图标，捕捉坐标原点为放置浇口位置，更改 L1 为 45。

（5）单击对话框中的“指定方位”选项，在显示的坐标输入框中输入坐标点为（−60，−92.5，120），如图 12-61 所示。

（6）选取视图中的动态坐标系上的绕 Y 轴旋转，输入旋转角度为 180，按 Enter 键，将浇口绕 Y 轴旋转，如图 12-62 所示。

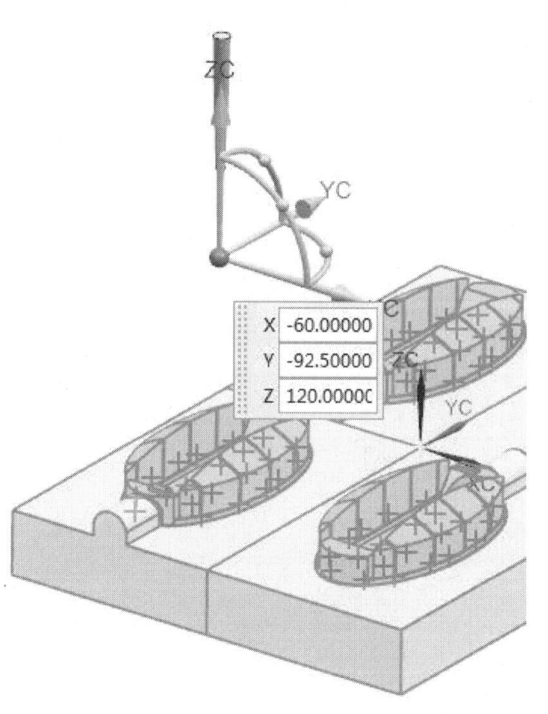

图 12-61　移动浇口

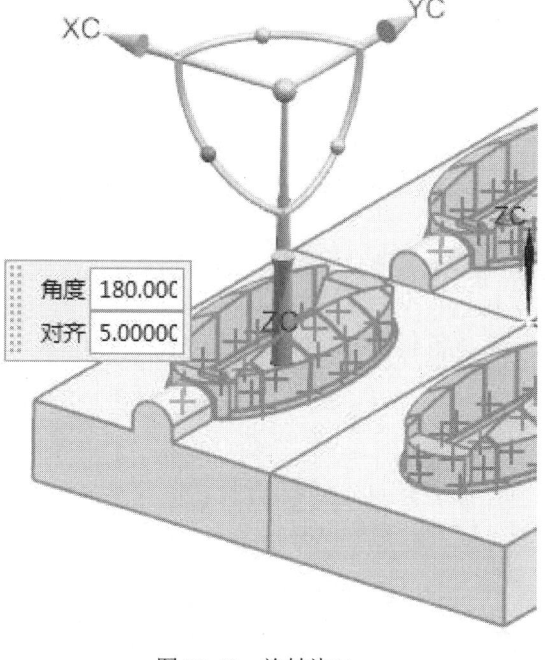

图 12-62　旋转浇口

（7）单击“应用”按钮，完成一个浇口的创建，在对话框中选择“复制实例”选项，然后选择“指定方位”选项或者直接在视图中选取动态坐标系基点，输入复制后的坐标点为（-60，92.5，120）、（60，-92.5，120）、（60，92.5，120），每输入一次坐标，单击“应用”按钮，结果如图 12-63 所示。

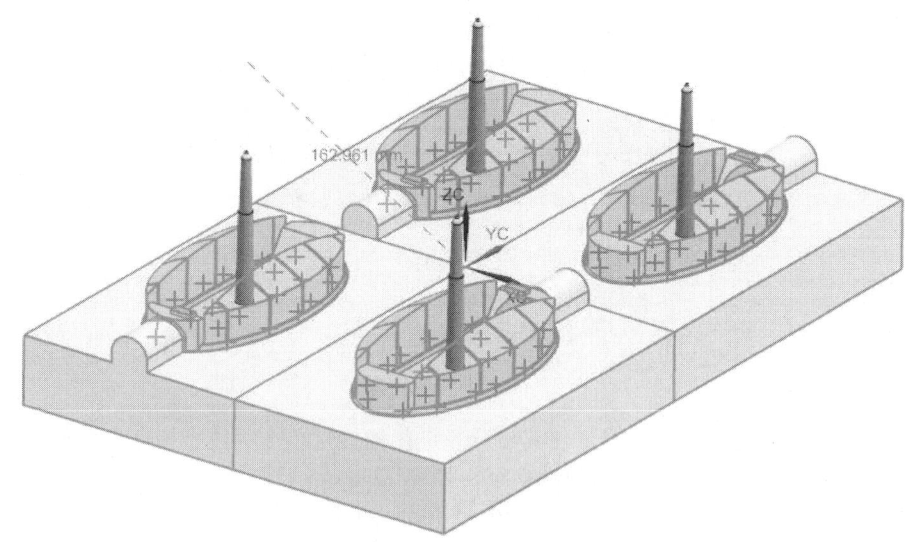

图 12-63　创建浇口

（8）重复“设计填充”命令，在浇口的上端创建如图 12-64 所示的浇口，单击“应用”按钮，完成上端第一个浇口的创建。

Note

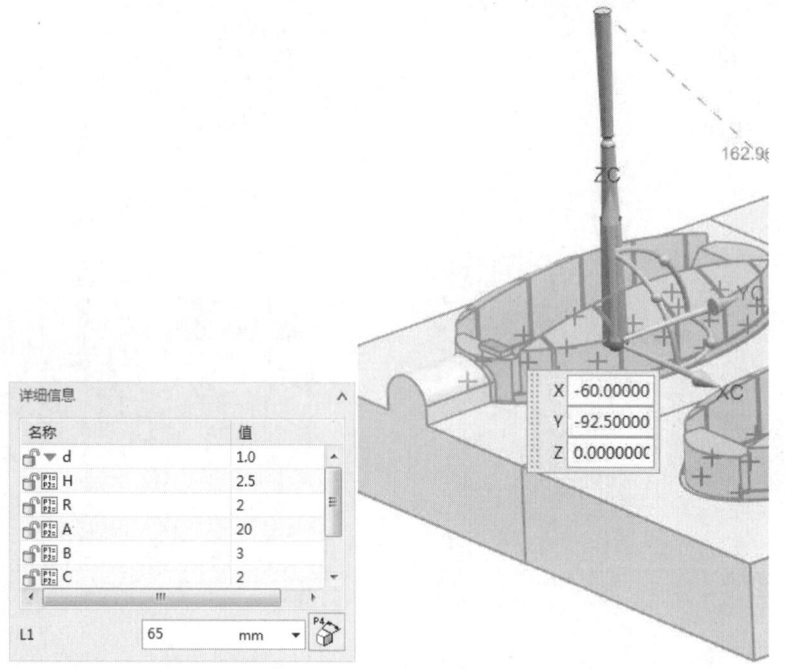

图 12-64 创建上端第一个浇口

（9）复制浇口到（-60，92.5，0）、（60，-92.5，0）、（60，92.5，0），结果如图 12-65 所示。

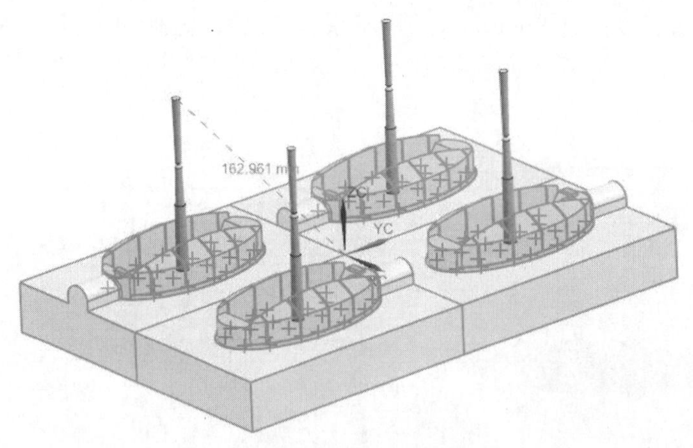

图 12-65 创建浇口效果

（10）接下来在 A 板上创建主流道，使其与分流道相连接，单击"注塑模向导"选项卡"主要"面板上的"流道"按钮，弹出"流道"对话框，如图 12-66 所示。

（11）单击"绘制截面"按钮，弹出图 12-67 所示"创建草图"对话框，选择平面方法为"新平面"，在指定平面下拉列表中选择"XC-YC"平面，输入距离为 120，单击"确定"按钮，进入草图绘制环境。绘制如图 12-68 所示的草图，单击"完成"按钮，退出草图绘制环境。

Note

图 12-66 “流道”对话框

图 12-67 “创建草图”对话框

（12）选择横截面类型为“Trapezoidal（梯形）”，其中的参数 D 为 8，H 为 5，C 为 5，R 为 2，如图 12-69 所示，单击“确定”按钮，创建主流道，如图 12-70 所示。

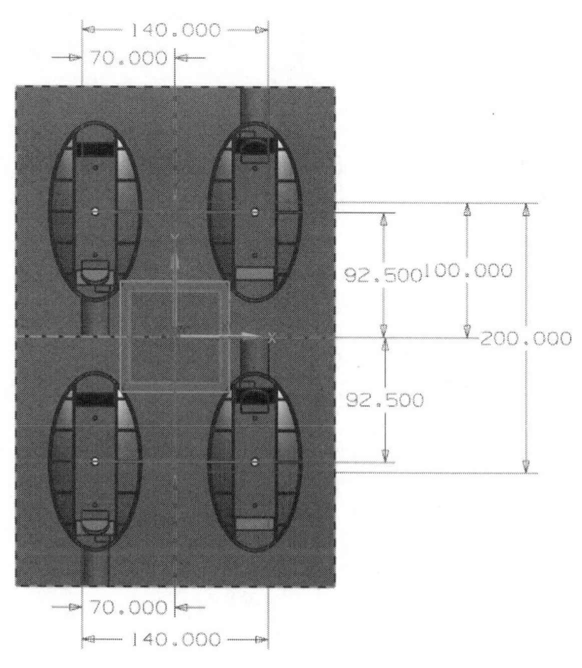

图 12-68 绘制草图

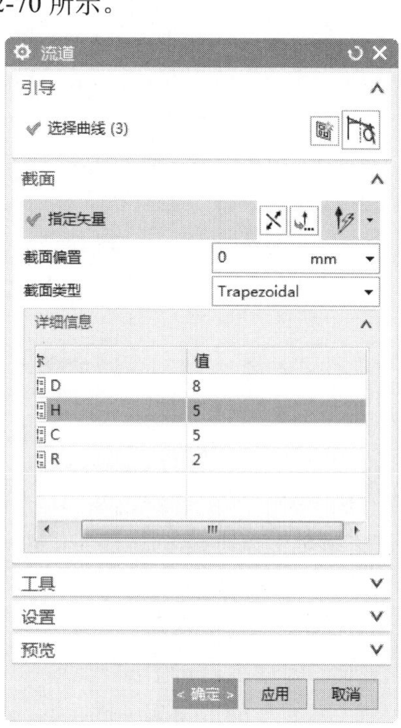

图 12-69 流道参数设置

Note

12.3.5 自动脱模机构和拉料杆设计

（1）打开“装配导航器”暂时隐藏部分部件，只显示A板、浇口板、定模版、主流道和分流道，如图12-71所示。

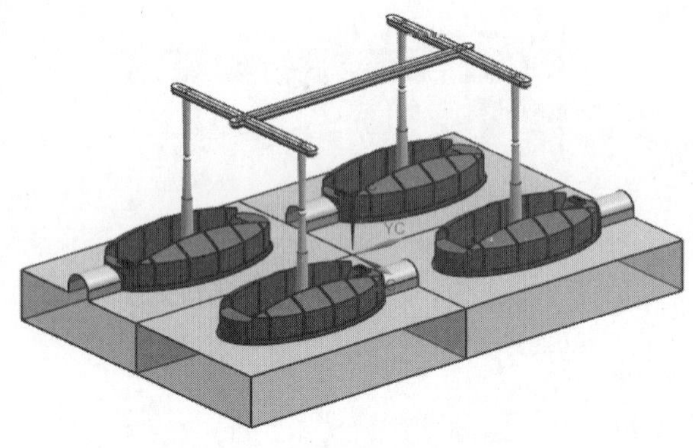

图12-70 主流道效果图

图12-71 三板效果图

（2）单击“注塑模向导”选项卡“主要”面板上的“标准件库”按钮，系统弹出“重用库”对话框和“标准件管理”对话框，从“名称”列表选择“FUTABA_MM”→“Sprue Puller”选项，然后在“成员选择”列表中选择“Sprue Puller [M-RLA]”选项，在“详细信息”列表中设置CATALOG_DIA为6，CATALOG_LENGTH为84.5，如图12-72所示，用于在A板顶面与定模版之间创建拉料杆部件。

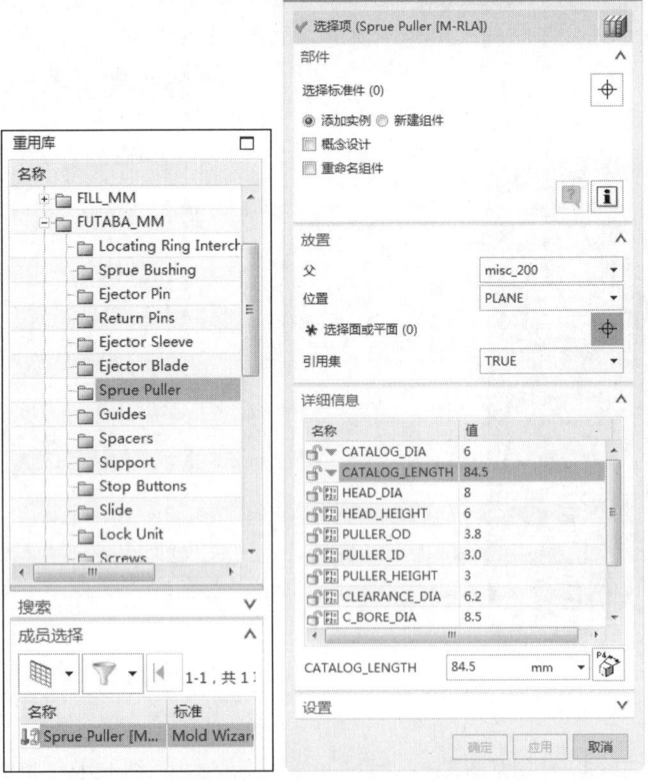

图12-72 “重用库”和“标准件管理”对话框（2）

（3）选择定模板的顶面为添加拉料杆的平面，单击“确定”按钮，弹出如图 12-73 所示的“标准件位置”对话框，捕捉分流道的圆心，如图 12-74 所示。单击“应用”按钮。用相同的的操作方法，捕捉其他三处分流道的圆心，结果如图 12-75 所示。

图 12-73　“标准件位置”对话框

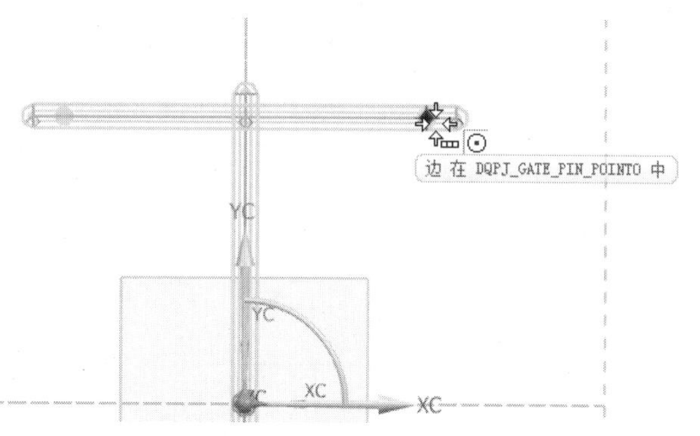

图 12-74　捕捉分流道的圆心

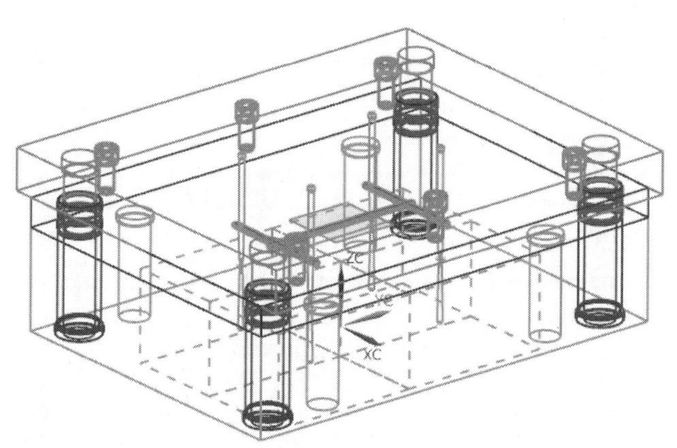

图 12-75　创建拉料杆效果图

（4）打开“装配导航器”，隐藏定模板，只显示 A 板、浇口板、主流道和分流道，如图 12-76 所示。

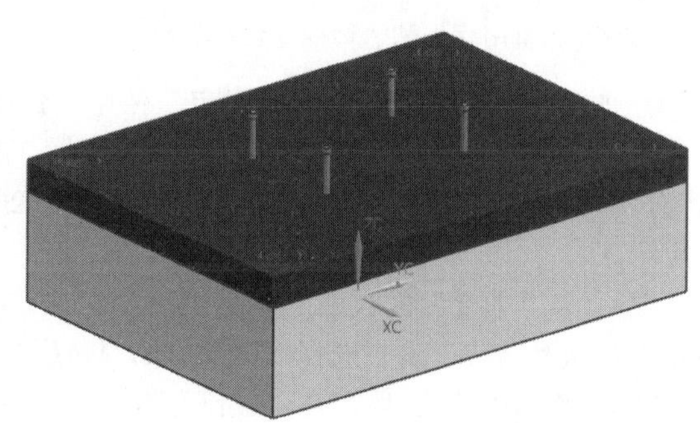

图 12-76　隐藏定模板

Note

（5）单击“注塑模向导”选项卡“主要”面板上的“标准件库”按钮，系统弹出“重用库”对话框和“标准件管理”对话框，从“名称”列表选择“FUTABA_MM”→“Screws”选项，然后在“成员选择”列表中选择“SHSB [M-PBB]”选项，在“详细信息”列表中设置 THREAD 为 12，SHOULDER_LENGTH 为 30，THREAD_PITCH 为 1.75，PLATE_HEIGHT 为 50，如图 12-77 所示，用于在浇口板中创建限位钉部件。

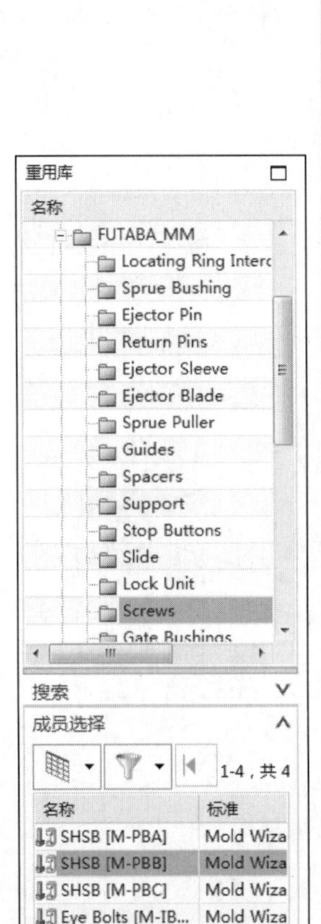

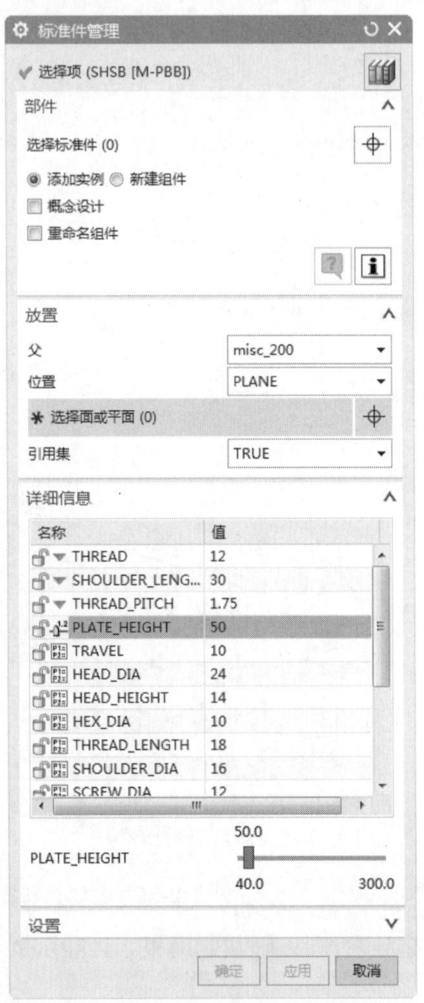

图 12-77 “重用库”和“标准件管理”对话框（3）

（6）选择浇口板的顶面为添加限位钉的平面，单击“确定”按钮。弹出“标准件位置”对话框，设置“X 偏置”为 60，“Y 偏置”为 200，如图 12-78 所示，单击“应用”按钮。

（7）采用相同的方法，分别输入“X 偏置”和“Y 偏置”为（60，-200）、（-60，-200）、（-60，200），操作结果如图 12-79 所示。

（8）单击“注塑模向导”选项卡“主要”面板上的“标准件库”按钮，系统弹出“重用库”对话框和“标准件管理”对话框，从“名称”列表选择“FUTABA_MM”→“Screws”选项，然后在“成员选择”列表中选择“SHSB [M-PBB]”选项，在“详细信息”列表中设置 THREAD 为 12，SHOULDER_LENGTH 为 100，THREAD_PITCH 为 1.75，PLATE_HEIGHT 为 120，如图 12-80 所示，用于在浇口板底面创建限位钉部件。

图 12-78　“标准件位置”对话框

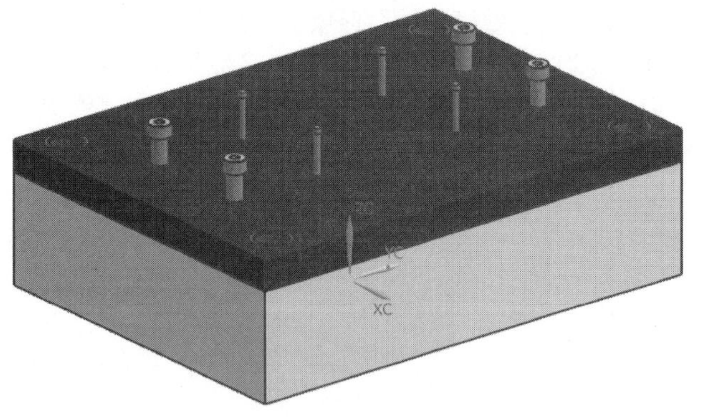

图 12-79　创建限位钉效果图（1）

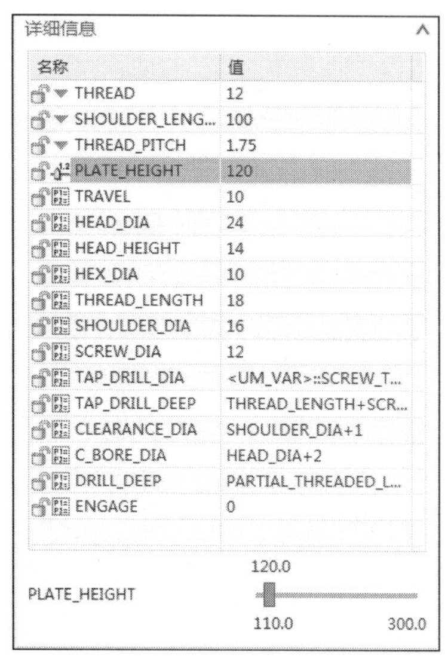

详细信息

名称	值
THREAD	12
SHOULDER_LENG...	100
THREAD_PITCH	1.75
PLATE_HEIGHT	120
TRAVEL	10
HEAD_DIA	24
HEAD_HEIGHT	14
HEX_DIA	10
THREAD_LENGTH	18
SHOULDER_DIA	16
SCREW_DIA	12
TAP_DRILL_DIA	<UM_VAR>::SCREW_T...
TAP_DRILL_DEEP	THREAD_LENGTH+SCR...
CLEARANCE_DIA	SHOULDER_DIA+1
C_BORE_DIA	HEAD_DIA+2
DRILL_DEEP	PARTIAL_THREADED_L...
ENGAGE	0

PLATE_HEIGHT　120.0　110.0　300.0

图 12-80　限位钉参数设置（2）

（9）类似于步骤（7）和（8），选择浇口板的底面为添加限位钉的平面，单击“确定”按钮后，弹出“标准件位置”对话框。分别输入 X、Y 偏置为（100，210）、（100，-210）、（-100，-210）、（-100，210），操作结果如图 12-81 所示。

（10）打开“装配导航器”中暂时隐藏部分部件，只显示 B 板，如图 12-82 所示。

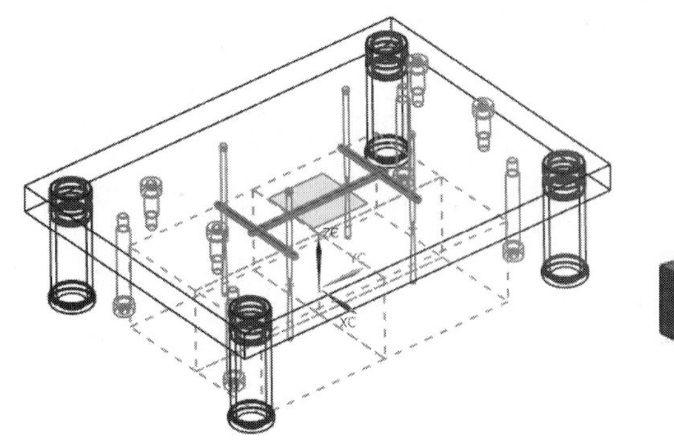

图 12-81　创建的限位钉主视图

图 12-82　只显示 B 板

Note

（11）单击“注塑模向导”选项卡“主要”面板上的“标准件库”按钮，系统弹出“重用库”对话框和“标准件管理”对话框，从“名称”列表选择“FUTABA_MM”→“Pull Pin”选项，然后在“成员选择”列表中选择“M-PLL”选项，在“详细信息”列表中设置 DIAMETER 为 16，如图 12-83 所示。

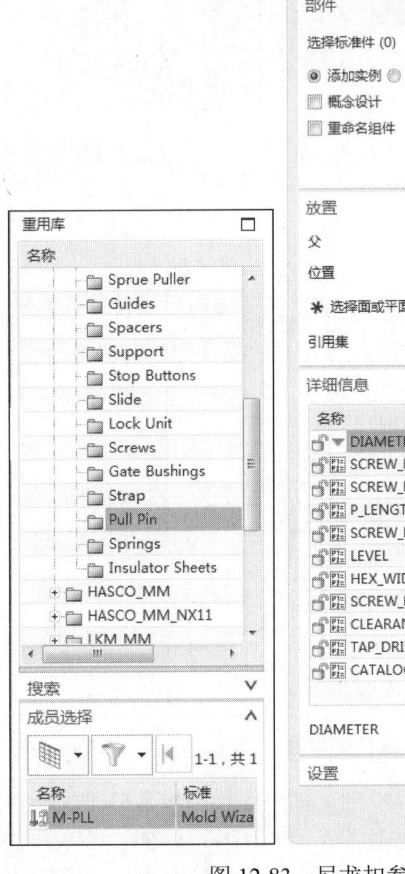

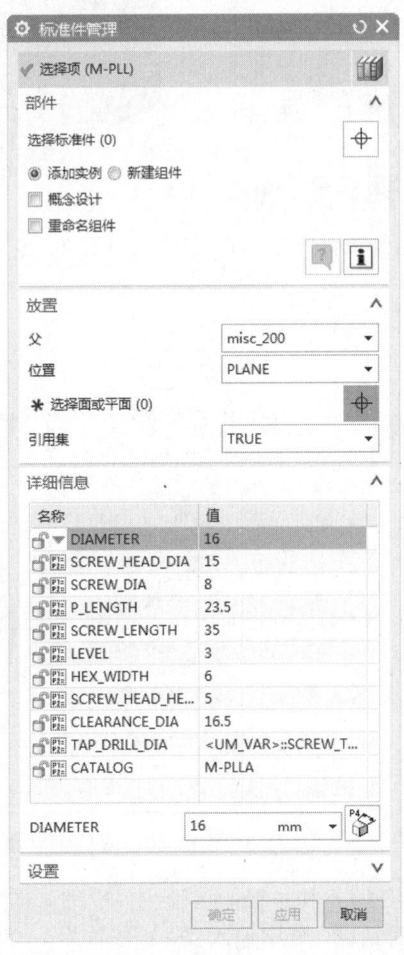

图 12-83 尼龙扣参数设置

（12）类似于步骤（7）和（8），选择 B 板的顶面为添加尼龙扣的平面，单击“确定”按钮后，弹出“标准件位置”对话框。分别输入 X、Y 偏值为（150，90）、（150，-90）、（-150，-90）、（-150，90），操作结果如图 12-84 所示。

注意： 创建限位螺钉后，该套模具可以自动脱浇口，但由于生成标准模架时，系统自动在定模板与浇口板之间生成了 6 个固定螺钉，如图 12-85 所示，所以必须将 6 个固定螺钉在模架中删除，模具在开模时才能自动脱浇口。

（13）打开“装配导航器”，选择定模板与浇口板之间的 6 个固定螺钉如图 12-85 所示，然后右击，在弹出的快捷菜单中选择“删除”命令，出现如图 12-86 所示的提示，单击“确定”按钮确定删除，结果如图 12-87 所示。

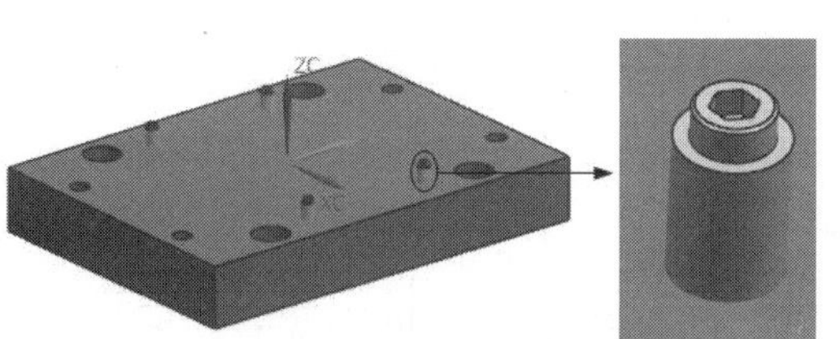

图 12-84　创建的尼龙扣效果图

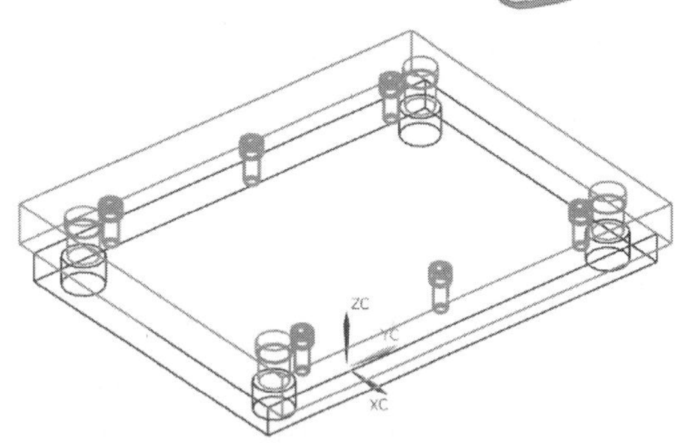

图 12-85　定模板与浇口板之间的固定螺钉

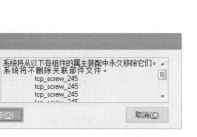

删除

系统将从以下各组件的属主装配中永久移除它们。
系统将不删除关联部件文件。
tcp_screw_245
tcp_screw_245
tcp_screw_245

确定(O)　取消(C)

图 12-86　删除固定螺钉提示

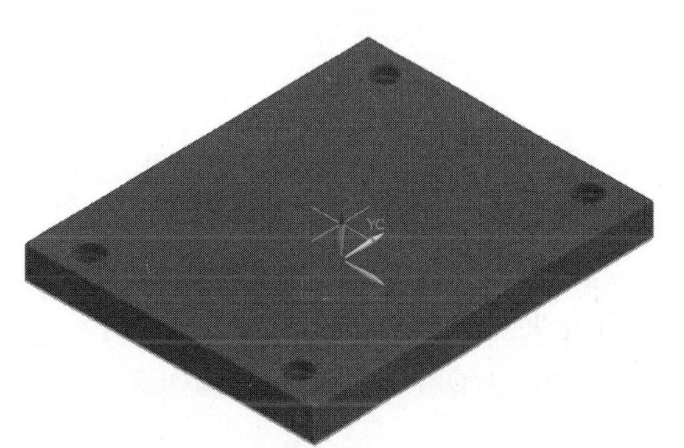

图 12-87　删除固定螺钉孔的结果

12.4　冷却系统设计

12.4.1 型腔冷却系统设计

该模具由于限位钉放置在模具的侧面，而且是多腔排布，所以考虑在模架的正面进水，方向表达如图 12-88 所示，型腔冷却系统设计线路图如图 12-89 所示。

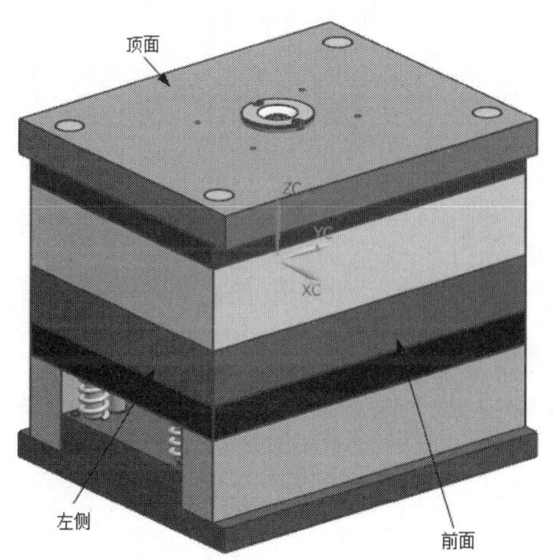

图 12-88　方向表达方式

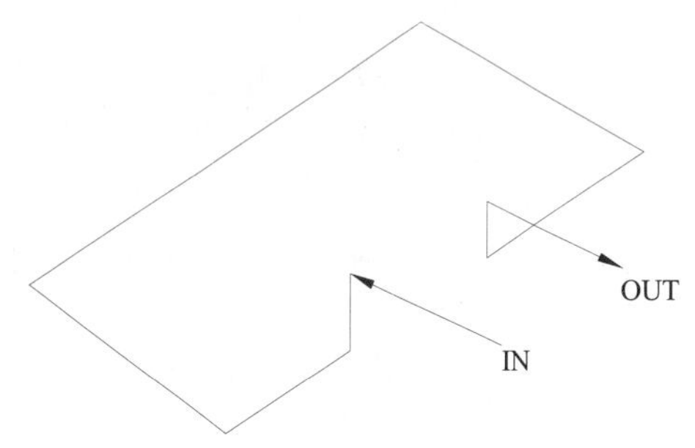

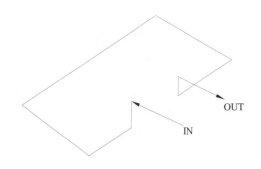

图 12-89　型腔冷却系统设计线路图

（1）在“装配导航器”中暂时隐藏部分部件，并将型腔转换为工作部件，只显示单一型腔，如图 12-90 所示。

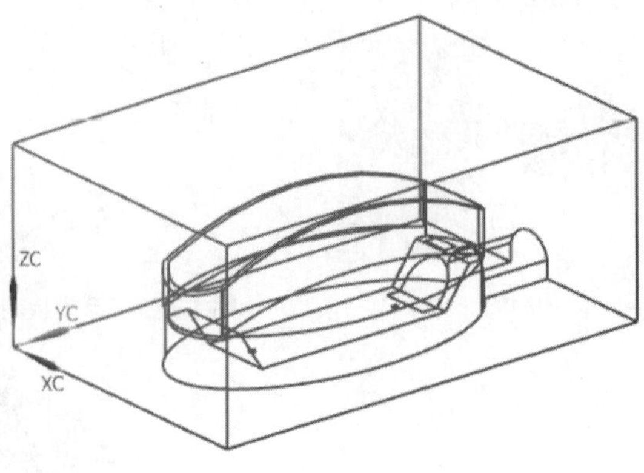

图 12-90　显示型腔

（2）单击“注塑模向导”选项卡“冷却工具”面板上的“冷却标准件库”按钮，弹出“重用库”对话框和“冷却组件设计”对话框。在“名称”列表中选择“COOLING”→“Water”选项，在“成员选择”列表中选择“COOLING HOLE”选项，在“详细信息”列表中设置“PIPE_THREAD”为 M8，“HOLE_1_DEPTH”为 90，“HOLE_2_DEPTH”为 90，如图 12-91 所示。

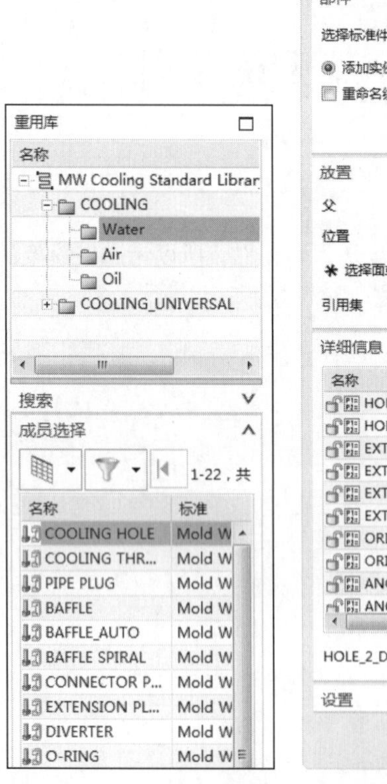

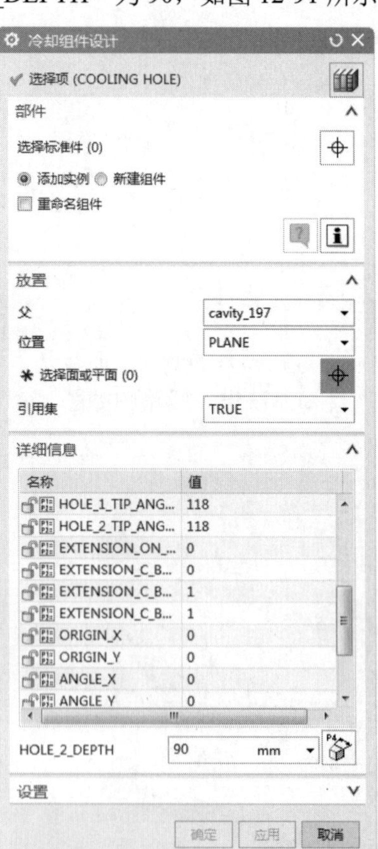

图 12-91　冷却道参数设置

（3）选择型腔上前面为放置面，单击“确定”按钮，弹出“标准件位置”对话框，然后单击参考点中的“点对话框”按钮，在弹出的“点”对话框中输入参考点坐标为（0，0，0），单击“确定”按钮，返回到“标准件位置”对话框，分别设置 X、Y 偏置为（-80，0）和（80，0），结果如图 12-92 所示。

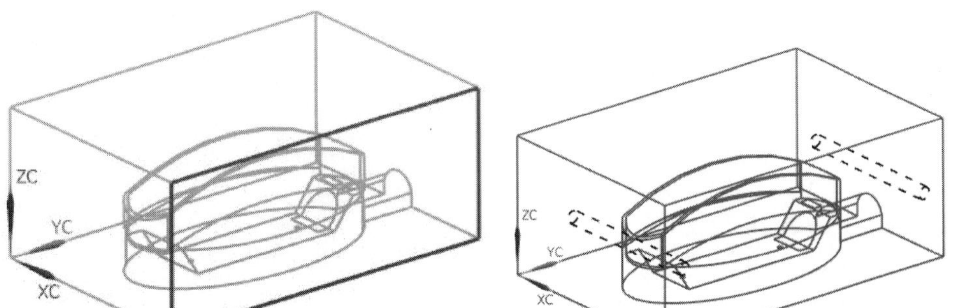

图 12-92　选择面及其结果

（4）单击“注塑模向导”选项卡“冷却工具”面板上的“冷却标准件库”按钮，弹出“重用库”对话框和“冷却组件设计”对话框。在“名称”列表中选择“COOLING” →“Water”选项，在“成员选择”列表中选择“COOLING HOLE”选项，在“详细信息”列表中设置“PIPE_THREAD”为 M8，“HOLE_1_DEPTH”为 175，“HOLE_2_DEPTH”为 175。

（5）选择型腔上右侧面为放置面，单击“确定”按钮，弹出“标准件位置”对话框，然后单击参考点中的“点对话框”按钮，在弹出的“点”对话框中输入参考点坐标为（0，0，0），单击“确定”按钮，返回到“标准件位置”对话框，设置 X、Y 偏置为（30，0.95），结果如图 12-93 所示。

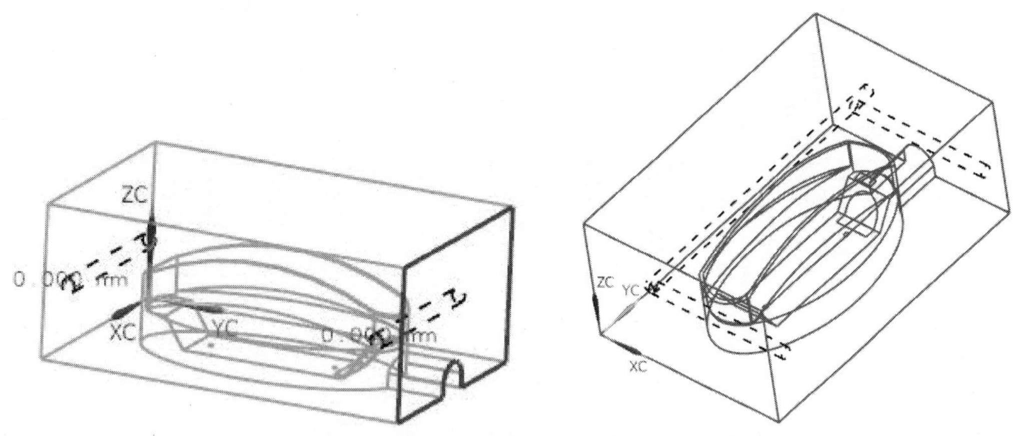

图 12-93　选择右侧面及其结果

注意： 由于型腔侧面有缺口，UG 系统在计算 WCS 坐标时会连缺口部分计算在内，这样会与前面创建的冷却管道 Y 轴位置产生偏差，因此用户可以通过分析功能分析其偏差值为 0.95，所以输入坐标值为（-30，0.95，0）。

（6）单击“注塑模向导”选项卡“冷却工具”面板上的“冷却标准件库”按钮，弹出“重用库”对话框和“冷却组件设计”对话框。在“名称”列表中选择“COOLING”→“Water”选项，在“成员选择”列表中选择“COOLING HOLE”选项，在“详细信息”列表中设置“PIPE_THREAD”

Note

为 M8，“HOLE_1_DEPTH”为 80，“HOLE_2_DEPTH”为 80。

（7）选择型腔上左侧面为放置面，单击“确定”按钮，弹出“标准件位置”对话框，然后单击参考点中的“点对话框”按钮，在弹出的“点”对话框中输入参考点坐标为（0，0，0），单击“确定”按钮，返回到“标准件位置”对话框，设置 X、Y 偏置为（30，0.95），结果如图 12-94 所示。

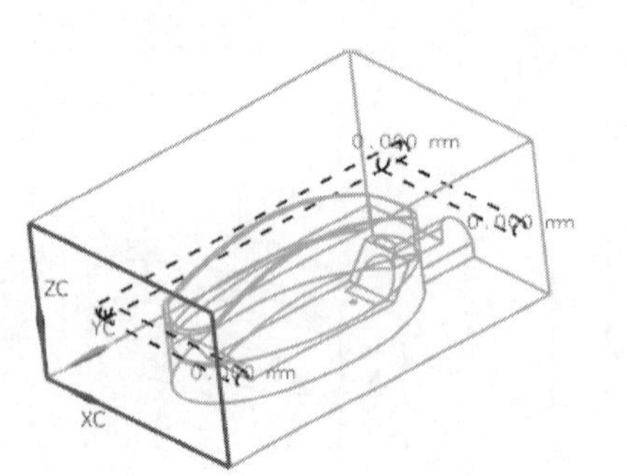

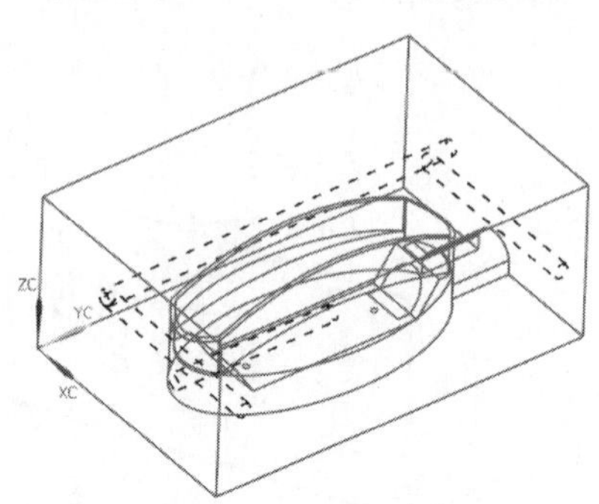

图 12-94　选择左侧面及其结果

（8）单击“注塑模向导”选项卡“冷却工具”面板上的“冷却标准件库”按钮，弹出“重用库”对话框和“冷却组件设计”对话框。在“名称”列表中选择“COOLING”→“Water”选项，在“成员选择”列表中选择“COOLING HOLE”选项，在“详细信息”列表中设置“PIPE_THREAD”为 M8，“HOLE_1_DEPTH”为 80，“HOLE_2_DEPTH”为 80。

（9）选择型腔上右侧面为放置面，单击“确定”按钮，弹出“标准件位置”对话框，然后单击参考点中的“点对话框”按钮，在弹出的“点”对话框中输入参考点坐标为（0，0，0），单击“确定”按钮，返回到“标准件位置”对话框，设置 X、Y 偏置为（−30，0.95），结果如图 12-95 所示。

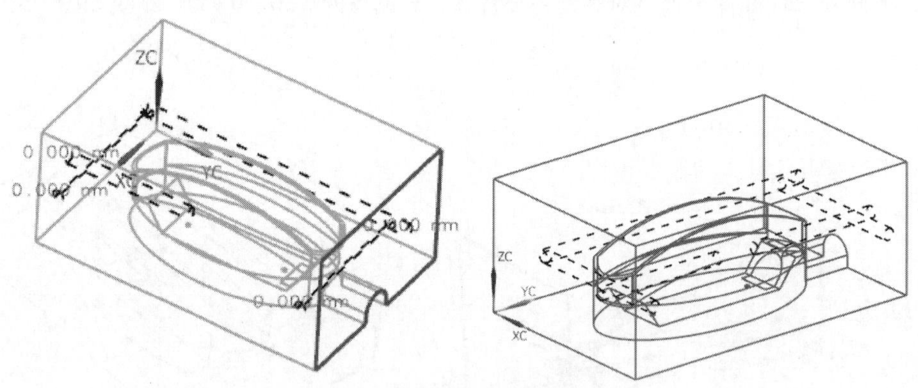

图 12-95　选择右侧面及其结果

（10）单击“注塑模向导”选项卡“冷却工具”面板上的“冷却标准件库”按钮，弹出“重用库”对话框和“冷却组件设计”对话框。在“名称”列表中选择“COOLING”→“Water”选项，在“成员选择”列表中选择“COOLING HOLE”选项，在“详细信息”列表中设置“PIPE_THREAD”为 M8，“HOLE_1_DEPTH”为 40，“HOLE_2_DEPTH”为 40。

（11）选择型腔顶面为放置面，单击“确定”按钮，弹出“标准件位置”对话框，然后单击参考点中的“点对话框”按钮，在弹出的“点”对话框中输入参考点坐标为（0，0，0），单击“确定”按钮，返回到“标准件位置”对话框，设置 X、Y 偏置为（30，13）和（30，−13），结果如图 12-96 所示。

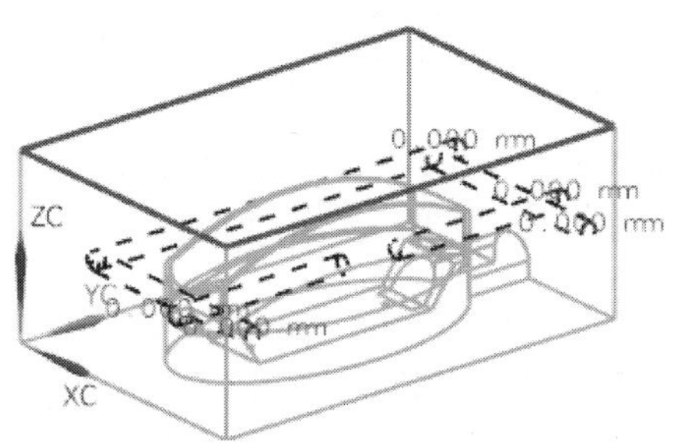

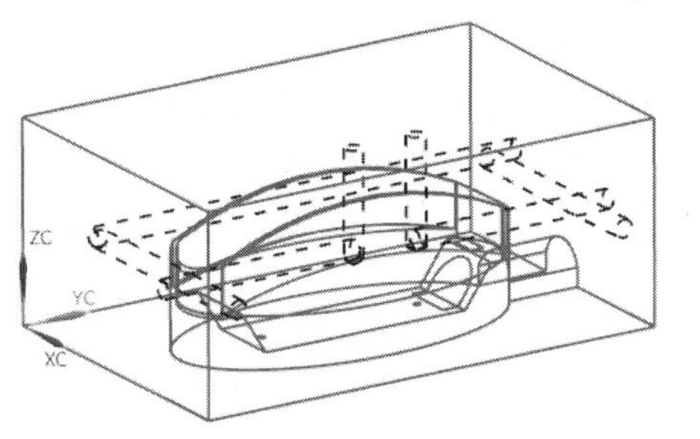

图 12-96　选择顶面及其结果

（12）单击“注塑模向导”选项卡“冷却工具”面板上的“冷却标准件库”按钮，弹出“重用库”对话框和“冷却组件设计”对话框。选择要放置喉塞的冷水管道，在“名称”列表中选择“COOLING”→“Water”选项，在“成员选择”列表中选择“PIPE_PLUG”选项，在“详细信息”列表中设置“PIPE_THREAD”为 M10，“SUPPLIER”为 HASCO，单击“应用”按钮。使用相同的方法，创建其余冷却系统端部的喉塞，结果如图 12-97 所示。

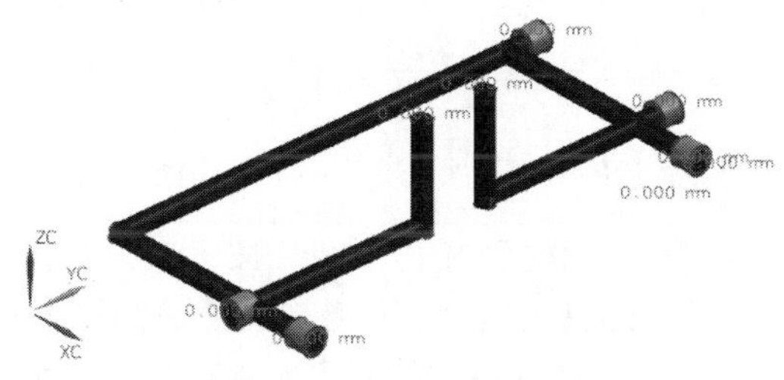

图 12-97　创建喉塞的结果

（13）选择型腔并右击，在弹出的快捷菜单中选择“设为工作部件”命令，将型腔转为工作部件。

（14）单击“主页”选项卡“特征”面板中的“边倒圆”按钮，弹出“边倒圆”对话框，如图 12-98 所示。设置“半径 1”为 8，接着选择需要倒角的两条边，如图 12-99 所示。对型腔的两条直角边进行倒圆操作，结果如图 12-100 所示。

图 12-98　“边倒圆”对话框

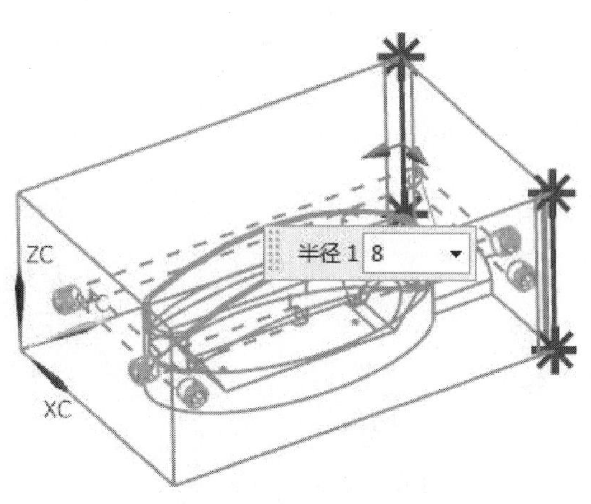

图 12-99　选择需倒圆角的边

Note

（15）打开“装配导航器”，隐藏型腔与冷却系统，显示A板并右击，在弹出的快捷菜单中选择“设为工作部件”命令，将A板转换为当前工作部件。

（16）单击“主页”选项卡“直接草图”面板上的“草图”按钮，弹出“创建草图”对话框，使用默认的草图平面，单击“确定”按钮，进入草绘界面。绘制如图12-101所示的草图。

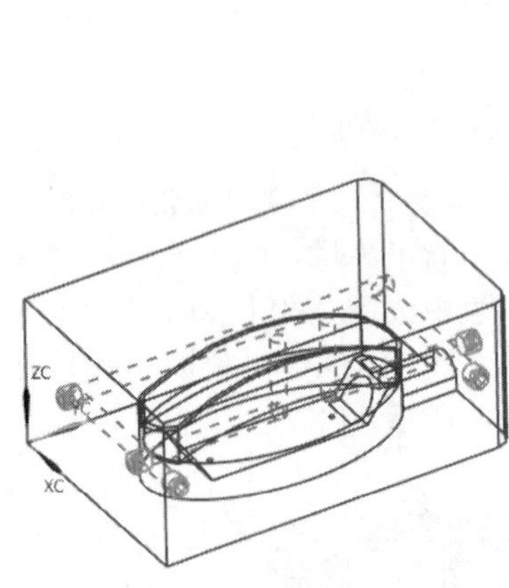
图12-100　倒圆角边的效果图

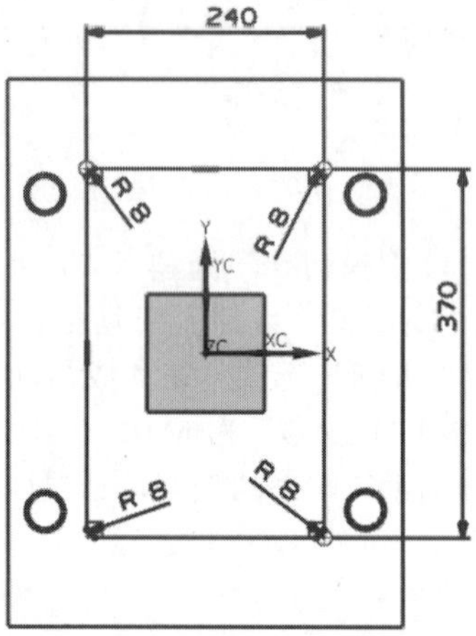

图12-101　绘制矩形草图

（17）单击“主页”选项卡“特征”面板中的“拉伸”按钮，弹出“拉伸”对话框，如图12-102所示。在“开始”和“结束”下拉列表中选择“值”选项，然后在相应的“距离”下拉列表框中依次输入“0”，“75”；在“布尔”下拉列表中选择“减去”选项，系统自动选择A板，单击“确定”按钮，创建拉伸切除，如图12-103所示。

图12-102　拉伸对话框

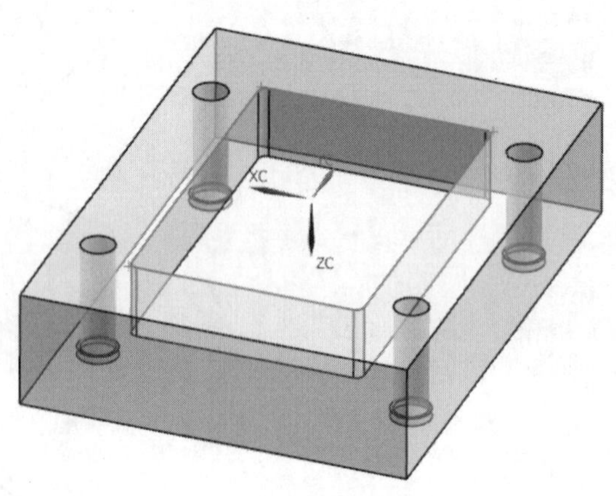

图12-103　拉伸切除效果

（18）在“装配导航器”中选中A板，右击，在弹出的快捷菜单中选择“替换引用集”下的“MODEL”

选项。单击“注塑模向导”选项卡“冷却工具”面板上的“冷却标准件库”按钮，弹出“重用库”对话框和“冷却组件设计”对话框。在“名称”列表中选择“COOLING” →“Water”选项，在“成员选择”列表中选择“COOLING HOLE”选项，在“详细信息”列表中设置“PIPE_THREAD”为M8，“HOLE_1_DEPTH”为 20，“HOLE_2_DEPTH”为 20。

（19）选择 A 板的拉伸切除区域底面为放置面，弹出“标准件位置”对话框，设置 X、Y 偏置为（−90，79.5）和（−90，105.5），结果如图 12-104 所示。

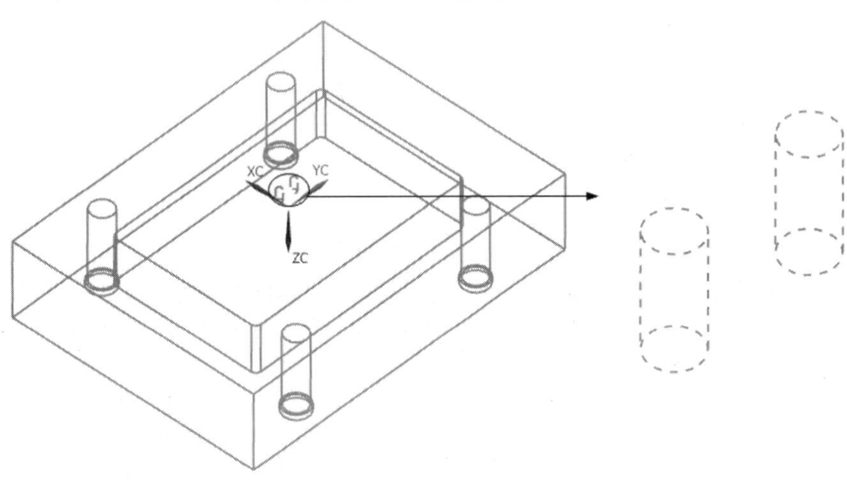

图 12-104　定位冷却孔效果

（20）单击“注塑模向导”选项卡“冷却工具”面板上的“冷却标准件库”按钮，弹出“重用库”对话框和“冷却组件设计”对话框。选择图 12-103 所示的冷却孔，在“成员选择”列表中选择“O-RING”选项，在“详细信息”列表中设置“FITTING_DIA”为 10.22，然后单击“确定”按钮，生成防水圈，如图 12-105 所示。

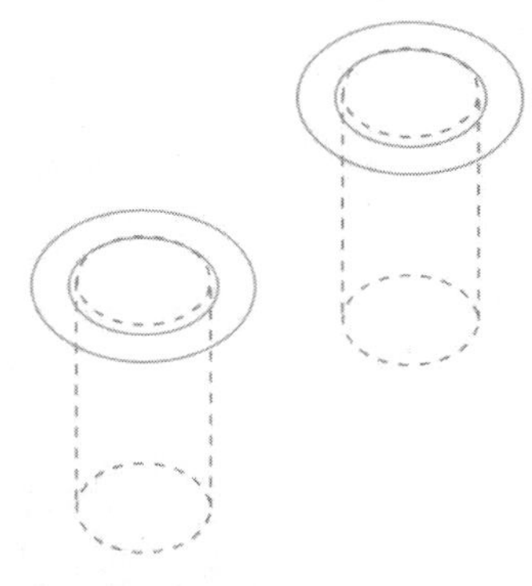

图 12-105　防水圈效果

（21）单击“注塑模向导”选项卡“冷却工具”面板上的“冷却标准件库”按钮，弹出“重用库”对话框和“冷却组件设计”对话框。在“名称”列表中选择“COOLING” →“Water”选项，在“成员选择”列表中选择“COOLING HOLE”选项，在“详细信息”列表中设置“PIPE_THREAD”为 M8，C_BORE_DEPTH 为 20，“HOLE_1_DEPTH”为 113，“HOLE_2_DEPTH”为 113。

（22）选择 A 板的前面为添加冷却水孔的平面，如图 12-106 所示，单击“确定”按钮，弹出“标准件位置”对话框，然后单击参考点中的“点对话框”按钮，在弹出的“点”对话框中输入参考

点坐标为（0，0，0），单击“确定”按钮，返回到“标准件位置”对话框，设置X、Y偏置为（79.5，35）和（105.5，35），操作结果如图12-107所示。

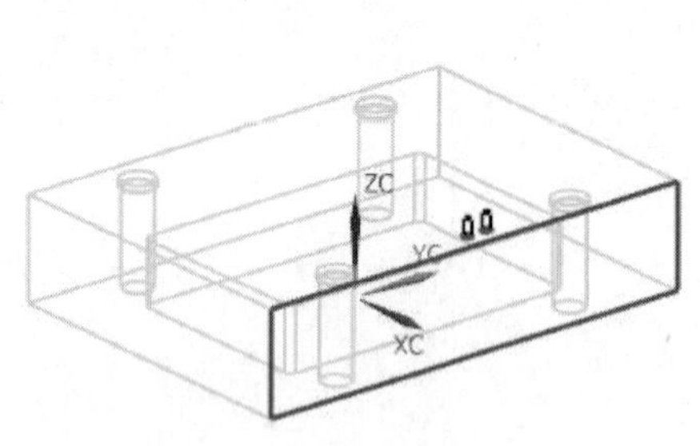

图12-106 选择前面

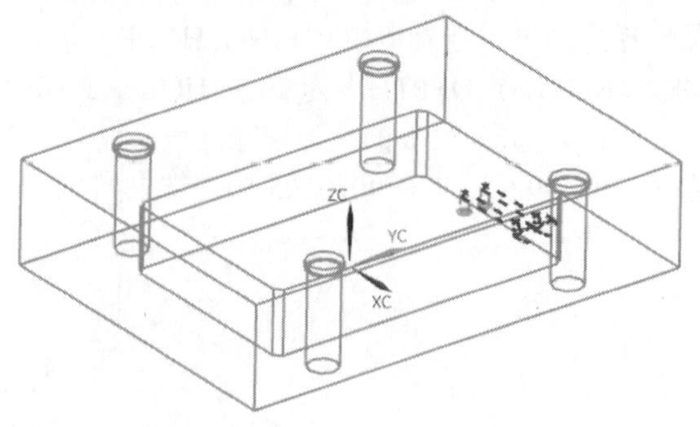

图12-107 创建冷却道效果图

（23）单击“注塑模向导”选项卡“冷却工具”面板上的“冷却标准件库”按钮，弹出“重用库”对话框和“冷却组件设计”对话框。选择图12-107所示的冷却道，在“成员选择”列表中选择“CONNECTOR PLUG”选项，在“详细信息”列表中设置“SUPPLER”为HASCO，“PIPE_THREAD”为M10，然后单击“确定”按钮，效果图如图12-108所示。

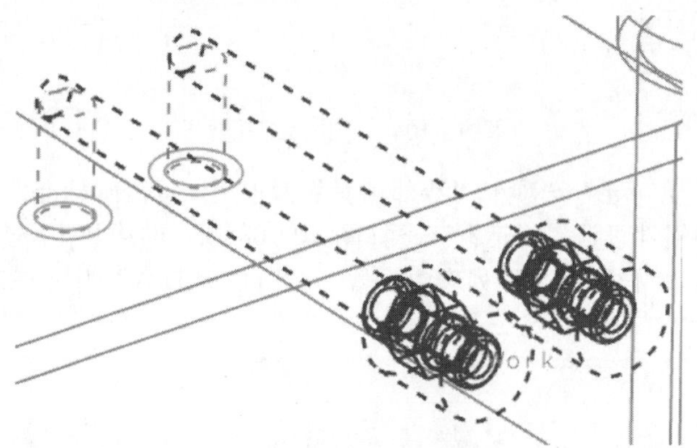

图12-108 创建水嘴效果图

（24）在“装配导航器”中隐藏A板，只显示A板与型腔的冷却系统。并且在“装配导航器”中选中冷却系统，右击，在弹出的快捷菜单中选择“设为工作部件”命令，将冷却系统转为工作部件，结果如图12-109所示。

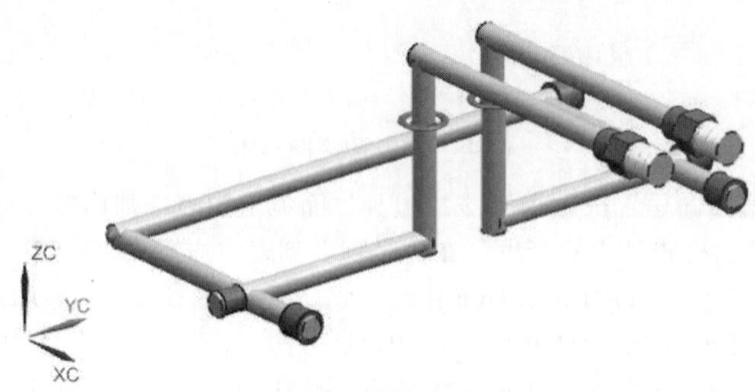

图12-109 冷却系统

（25）单击“装配”选项卡“组件”面板上的“镜像装配”按钮，弹出“镜像装配向导”对话框，如图 12-110 所示。选择左侧“镜像步骤”列表下的“选择组件”选项，然后单击“下一步”按钮。

图 12-110 “镜像装配向导”对话框（1）

（26）在出现“镜像装配向导”对话框（2）之后，如图 12-111 所示，选择 A 板与型腔的冷却系统，选择完成后，“镜像装配向导”对话框变成如图 12-112 所示，然后单击“下一步”按钮，弹出“镜像装配向导”对话框（4），如图 12-113 所示。

图 12-111 “镜像装配向导”对话框（2）

图 12-112 “镜像装配向导”对话框（3）

图 12-113 “镜像装配向导”对话框（4）

（27）单击“镜像装配向导”对话框（4）上的“创建基准平面”按钮，弹出“基准平面”对话框，如图 12-114 所示。选择“XC-ZC 平面”类型，然后单击“确定”按钮，返回至“镜像装配向导”对话框（4）。

（28）在“镜像装配向导”对话框（4）中单击“下一步”按钮，弹出“镜像装配向导”对话框（5），如图 12-115 所示。接着单击“下一步”按钮，出现“镜像装配向导”对话框（6），如图 12-116 所示。再接着单击“下一步”按钮，出现“镜像装配向导”对话框（7），如图 12-117 所示，单击“完成”按钮。完成上述步骤后的操作结果如图 12-118 所示。

图 12-114 “基准平面”对话框

图 12-115 “镜像装配向导”对话框（5）

图 12-116 “镜像装配向导”对话框（6）

图 12-117　“镜像装配向导”对话框（7）

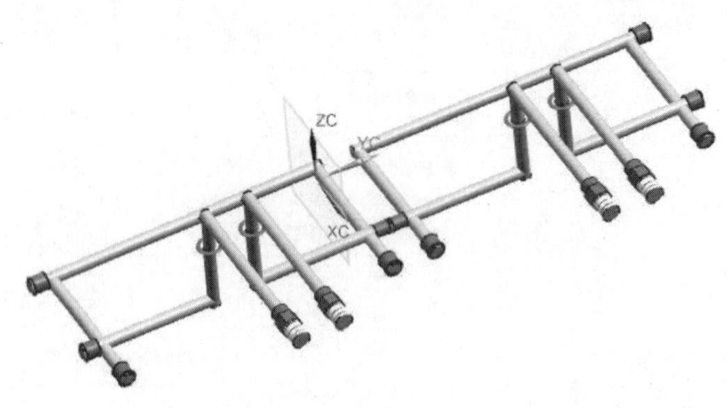

图 12-118　镜像装配的结果（1）

注意： 完成镜像装配后可能在绘图区看不见冷却系统，是因为创建的特征被隐藏了，只要在“装配导航器”选择即可查看创建的装配特征。

（29）重复步骤（26）和（28），对如图 12-118 所示的冷却系统进行镜像装配，镜像装配的参考平面为“YC-ZC 平面”，结果如图 12-119 所示。

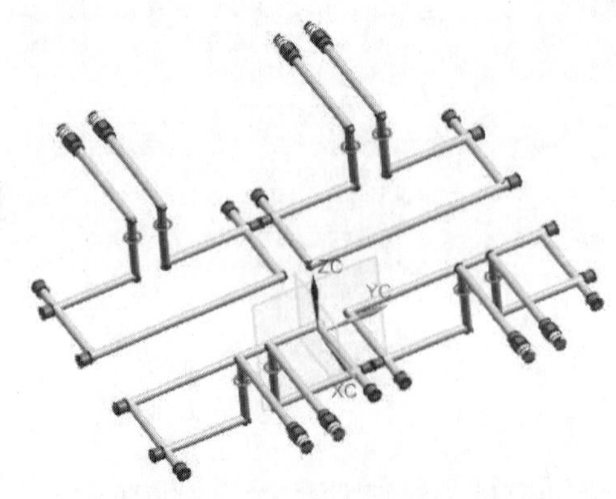

图 12-119　镜像装配的结果（2）

12.4.2　型芯冷却系统设计

完成型腔与 A 板的冷却系统的设计之后，下面开始设计型芯与 B 板的冷却系统。为了使产品在生产时有效均匀冷却，将型芯冷却系统的冷却路线图设计为如图 12-120 所示。

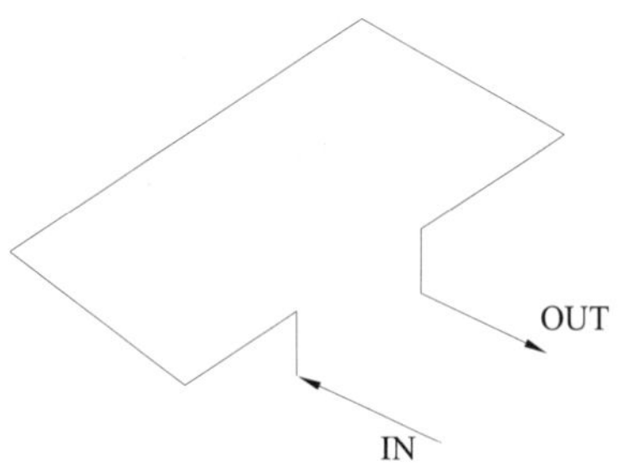

图 12-120　型芯冷却系统线路图

（1）打开“装配导航器”，暂时隐藏部分部件，只显示单一型芯，如图 12-121 所示。选择型芯并右击，在弹出的快捷菜单中选择“设为工作部件”命令，将型芯转换为当前工作部件。

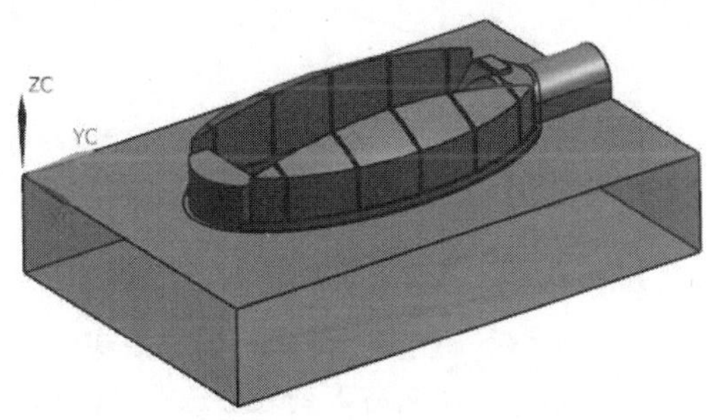

图 12-121　单一显示型芯

（2）单击“注塑模向导”选项卡“冷却工具”面板上的“冷却标准件库”按钮，弹出“重用库”对话框和“冷却组件设计”对话框。在“名称”列表中选择“COOLING” →“Water”选项，在“成员选择”列表中选择“COOLING HOLE”选项，在“详细信息”列表中设置“PIPE_THREAD”为 M8，“HOLE_1_DEPTH”为 100，“HOLE_2_DEPTH”为 100。

（3）选择型芯的前面为添加定位冷却水孔的平面，单击“确定”按钮，弹出“标准件位置”对话框，然后单击参考点中的“点对话框”按钮，在弹出的“点”对话框中输入参考点坐标为（0，0，0），单击“确定”按钮，返回到“标准件位置”对话框，输入 X、Y 的偏置（70，0）和（−70，0），结果如图 12-122 所示。

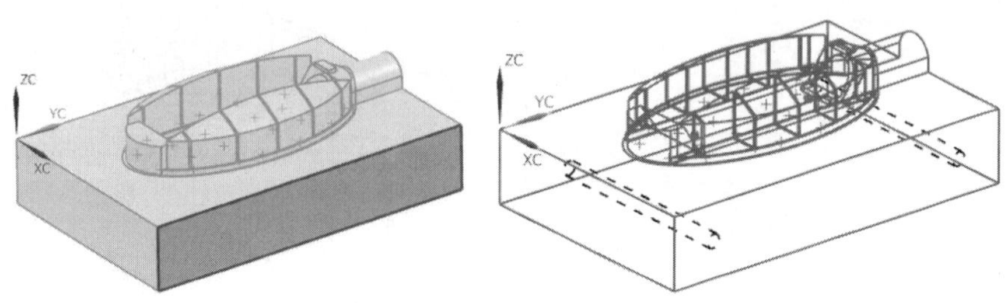

图 12-122　选择前面及其结果

Note

（4）单击“注塑模向导”选项卡“冷却工具”面板上的“冷却标准件库”按钮，弹出“重用库”对话框和“冷却组件设计”对话框。在“名称”列表中选择“COOLING”→“Water”选项，在“成员选择”列表中选择“COOLING HOLE”选项，在“详细信息”列表中设置“PIPE_THREAD”为M8，“HOLE_1_DEPTH”为175，“HOLE_2_DEPTH”为175。

（5）选择型芯的右侧面为添加定位冷却水孔的平面，单击“确定”按钮，弹出“标准件位置”对话框，然后单击参考点中的“点对话框”按钮，在弹出的“点”对话框中输入参考点坐标为（0，0，0），单击“确定”按钮，返回到“标准件位置”对话框，输入X、Y的偏置（40，-8.46），单击“确定”按钮，操作结果如图12-123所示。

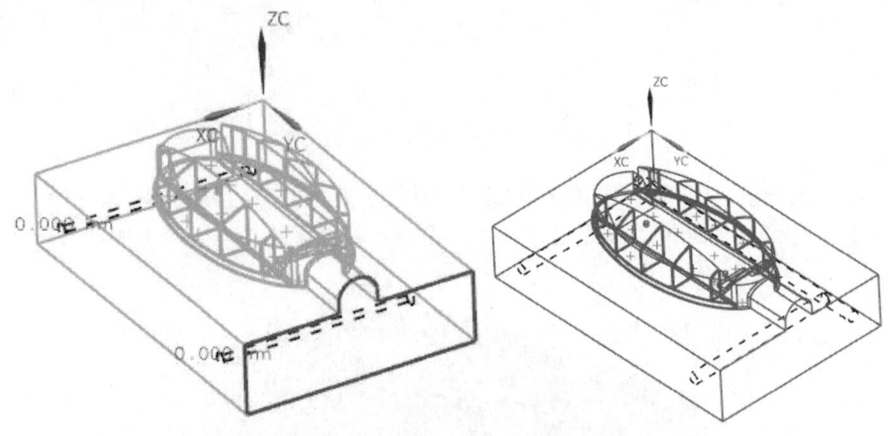

图12-123　选择右侧面及其结果（1）

（6）单击“注塑模向导”选项卡“冷却工具”面板上的“冷却标准件库”按钮，弹出“重用库”对话框和“冷却组件设计”对话框。在“名称”列表中选择“COOLING”→“Water”选项，在“成员选择”列表中选择“COOLING HOLE”选项，在“详细信息”列表中设置“PIPE_THREAD”为M8，“HOLE_1_DEPTH”为80，“HOLE_2_DEPTH”为80。

（7）选择型芯的右侧面为添加定位冷却水孔的平面，单击“确定”按钮，弹出“标准件位置”对话框，然后单击参考点中的“点对话框”按钮，在弹出的“点”对话框中输入参考点坐标为（0，0，0），单击“确定”按钮，返回到“标准件位置”对话框，输入X、Y的偏置（-40，-8.46），单击“确定”按钮，操作结果如图12-124所示。

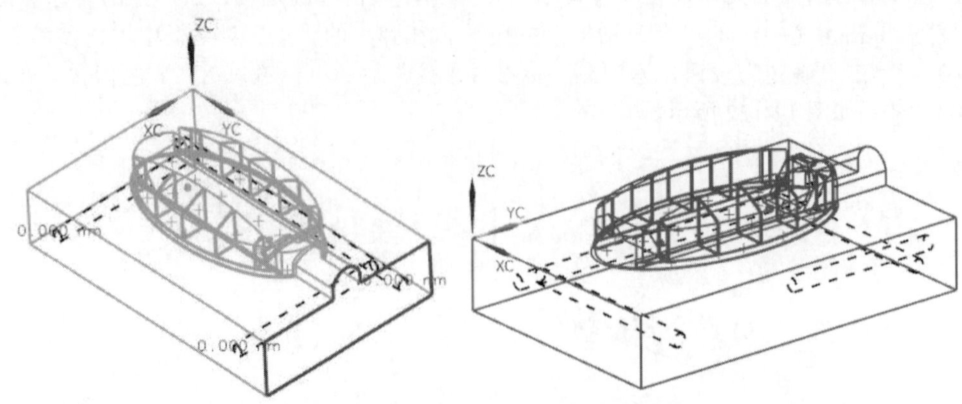

图12-124　选择右侧面及其结果（2）

（8）单击“注塑模向导”选项卡“冷却工具”面板上的“冷却标准件库”按钮，弹出“重用库”对话框和“冷却组件设计”对话框。在“名称”列表中选择“COOLING” →“Water”选项，在“成员选择”列表中选择“COOLING HOLE”选项，在“详细信息”列表中设置“PIPE_THREAD”为 M8，“HOLE_1_DEPTH”为 80，“HOLE_2_DEPTH”为 80。

（9）选择型芯的左侧面为添加定位冷却水孔的平面，单击“确定”按钮，弹出“标准件位置”对话框，然后单击参考点中的“点对话框”按钮，在弹出的“点”对话框中输入参考点坐标为（0，0，0），单击“确定”按钮，返回到“标准件位置”对话框，输入 X、Y 的偏置（40，0），单击“确定”按钮，操作结果如图 12-125 所示。

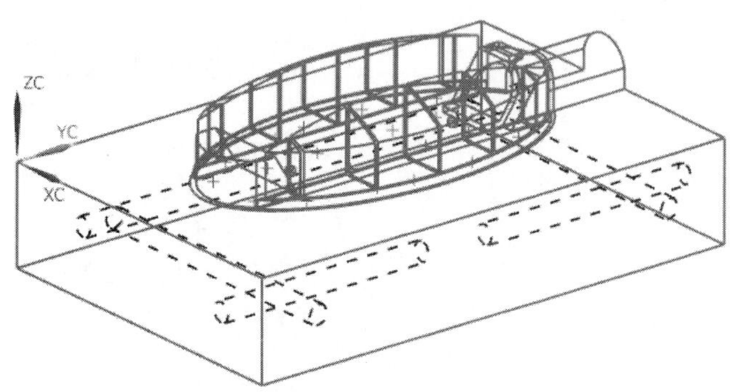

图 12-125 选择左侧面及其结果

（10）单击“注塑模向导”选项卡“冷却工具”面板上的“冷却标准件库”按钮，弹出“重用库”对话框和“冷却组件设计”对话框。在“名称”列表中选择“COOLING” →“Water”选项，在“成员选择”列表中选择“COOLING HOLE”选项，在“详细信息”列表中设置“PIPE_THREAD”为 M8，“HOLE_1_DEPTH”为 20，“HOLE_2_DEPTH”为 20。

（11）选择型芯的底面为添加定位冷却水孔的平面，单击“确定”按钮，弹出“标准件位置”对话框，然后单击参考点中的“点对话框”按钮，在弹出的“点”对话框中输入参考点坐标为（0，0，0），单击“确定”按钮，返回到“标准件位置”对话框，分别输入 X、Y 的偏置（40，12.5）和（40，-12.5），单击“确定”按钮，操作结果如图 12-126 所示。

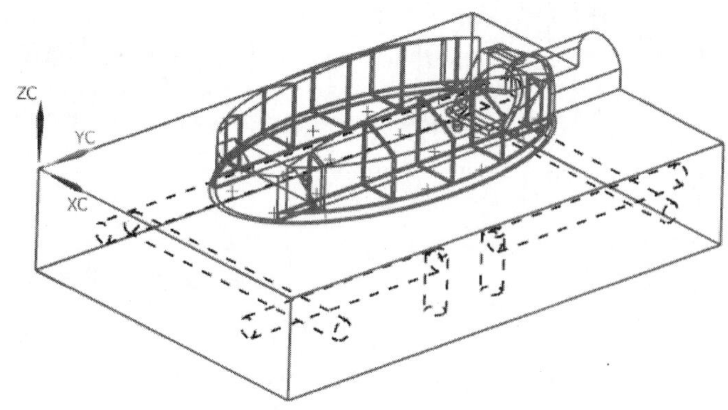

图 12-126 选择底面及其结果

Note

（12）隐藏型芯。单击“注塑模向导”选项卡“冷却工具”面板上的“冷却标准件库”按钮，弹出“重用库”对话框和“冷却组件设计”对话框。选择要放置喉塞的冷水管道，在“名称”列表中选择“COOLING”→“Water”选项，在“成员选择”列表中选择“PIPE_PLUG”选项，在“详细信息”列表中设置“PIPE_THREAD”为M10，“SUPPLIER”为HASCO，单击“应用”按钮。采用相同的方法创建其他喉塞，效果图如图12-127所示。

（13）选择型芯并右击，在弹出的快捷菜单中选择“设为工作部件”命令，将型腔转为工作部件。

（14）单击“主页”选项卡“特征”面板中的“边倒圆”按钮，弹出“边倒圆”对话框，如图12-128所示。设置半径为8，接着选择需要倒角的两条边，如图12-129所示。对型芯的两条直角边进行倒圆操作，结果如图12-130所示。

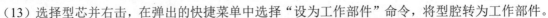

图12-127 创建喉塞的结果

图12-128 “边倒圆”对话框

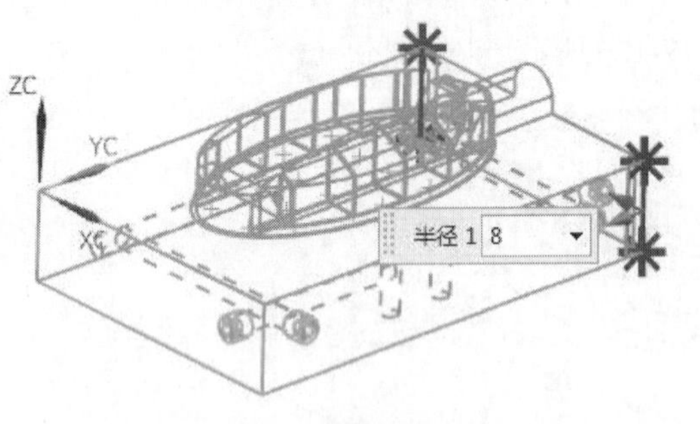

图12-129 需倒圆角的边

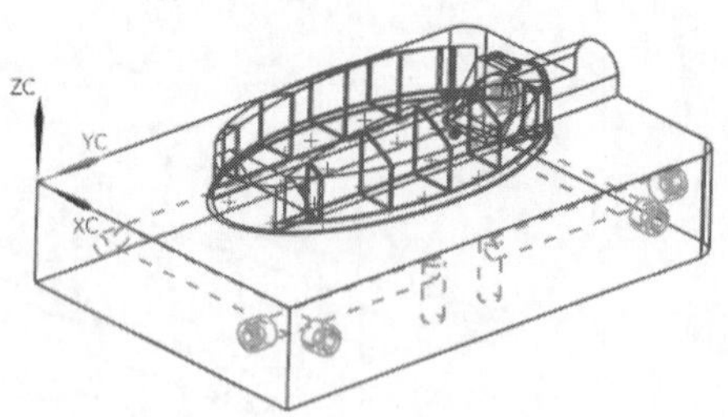

图12-130 倒圆角边的效果图

（15）打开“装配导航器”，隐藏型芯和冷却系统，显示B板并右击，在弹出的快捷菜单中选择“设为工作部件”命令，将B板转为工作部件，如图12-131所示。

（16）单击“主页”选项卡“直接草图”面板上的“草图”按钮，弹出“创建草图”对话框，使用默认的草图平面，单击“确定”按钮，进入草绘界面。绘制如图12-132所示的草图。

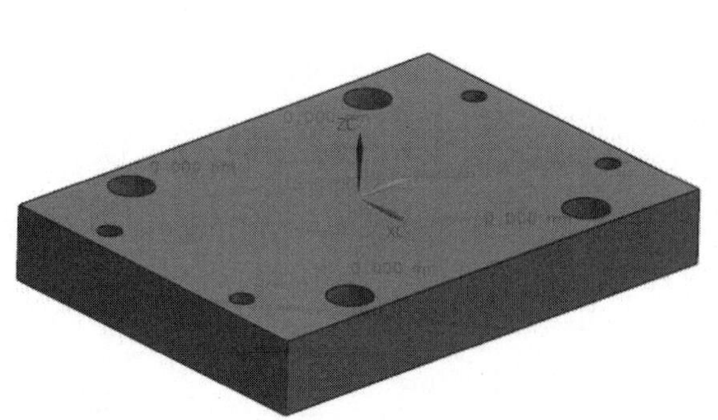

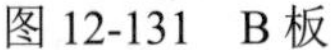
图 12-131　B 板

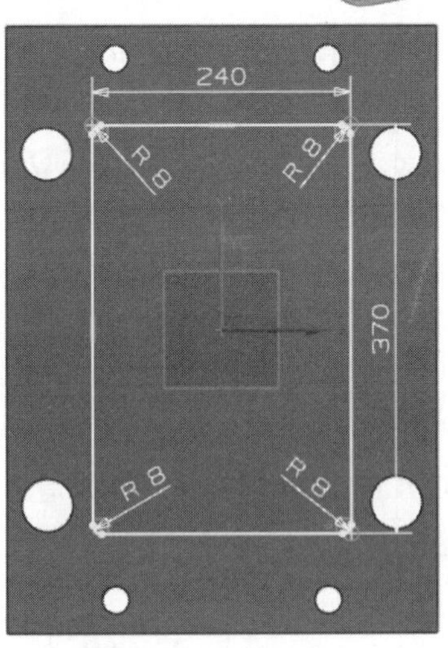

图 12-132　绘制矩形草图

（17）单击“主页”选项卡“特征”面板中的“拉伸”按钮，弹出“拉伸”对话框，如图 12-133 所示。自动选择上步绘制草图为拉伸截面，在“开始”和“结束”下拉列表中选择“值”选项，然后在相应的距离下拉列表中依次输入“0”，“-35”；在“布尔”下拉列表中选择“减去”选项，然后选择 B 板，单击“确定”按钮，创建拉伸切除，如图 12-134 所示。

图 12-133　“拉伸”对话框

图 12-134　拉伸切除效果

（18）单击“注塑模向导”选项卡“冷却工具”面板上的“冷却标准件库”按钮，弹出“重用库”对话框和“冷却组件设计”对话框。在“名称”列表中选择“COOLING”→“Water”选项，在“成员选择”列表中选择“COOLING HOLE”选项，在“详细信息”列表中设置“PIPE_THREAD”为M8，“HOLE_1_DEPTH”为20，“HOLE_2_DEPTH”为20。

Note

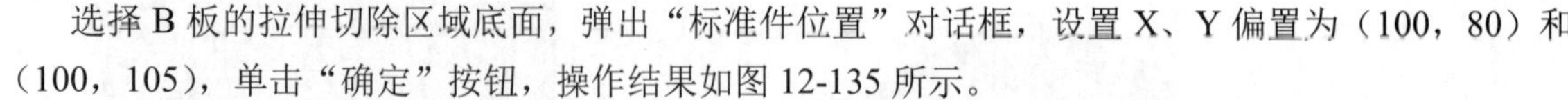

选择B板的拉伸切除区域底面，弹出“标准件位置”对话框，设置X、Y偏置为（100，80）和（100，105），单击“确定”按钮，操作结果如图12-135所示。

（19）单击“注塑模向导”选项卡“冷却工具”面板上的“冷却标准件库”按钮，弹出“重用库”对话框和“冷却组件设计”对话框。选择图12-135所示的冷却孔，在“成员选择”列表中选择“O-RING”选项，在“详细信息”列表中设置“FITTING_DIA”为10.22，然后单击“确定”按钮。生成防水圈，如图12-136所示。

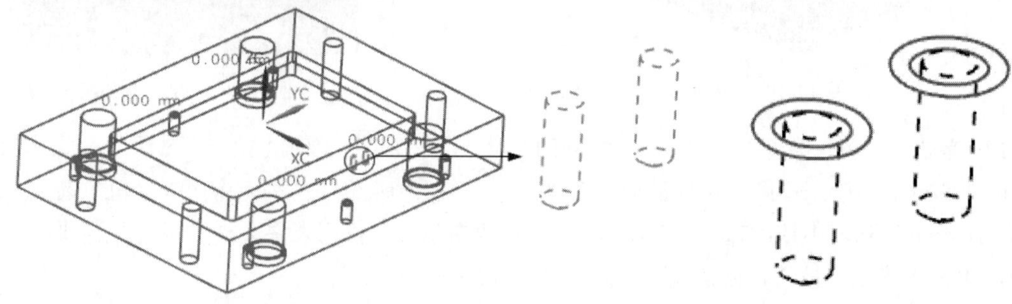

图12-135　定位冷却孔效果

图12-136　防水圈效果

（20）单击“注塑模向导”选项卡“冷却工具”面板上的“冷却标准件库”按钮，弹出“冷却组件设计”对话框。在“名称”列表中选择“COOLING”→“Water”选项，在“成员选择”列表中选择“COOLING HOLE”选项，在“详细信息”列表中设置“PIPE_THREAD”为M8，C_BORE_DEPTH为20，“HOLE_1_DEPTH”为113，“HOLE_2_DEPTH”为113。

（21）选择B板的前面为添加冷却水孔的平面，如图12-137所示，单击“确定”按钮，弹出“标准件位置”对话框，然后单击参考点中的“点对话框”按钮，在弹出的“点”对话框中输入参考点坐标为（0，0，0），单击“确定”按钮，返回到“标准件位置”对话框，设置X、Y偏置为（105，−15）和（80，−15），单击“确定”按钮，操作结果如图12-138所示。

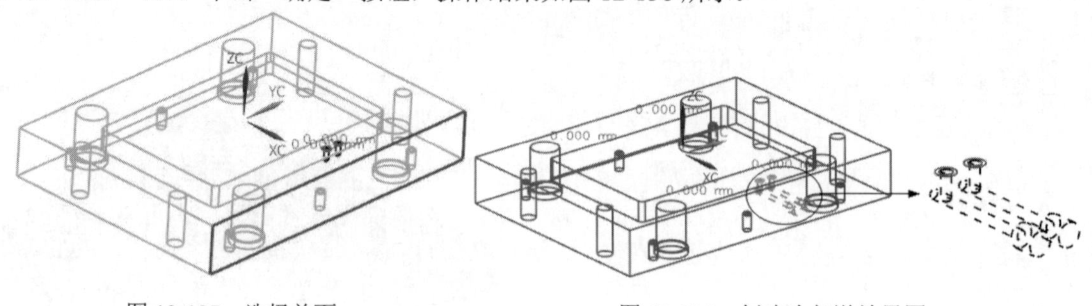

图12-137　选择前面

图12-138　创建冷却道效果图

（22）单击“注塑模向导”选项卡“冷却工具”面板上的“冷却标准件库”按钮，弹出“重用库”对话框和“冷却组件设计”对话框。选择图12-138所示的冷却道，在“成员选择”列表中选择“CONNECTOR PLUG”选项，在“详细信息”列表中设置“SUPPLER”为HASCO，“PIPE_THREAD”

Note

为 M10，然后单击“确定”按钮，效果图如图 12-139 所示。

（23）在“装配导航器”中隐藏 B 板，只显示 B 板与型芯的冷却系统。并且在“装配导航器”中选中冷却系统，右击，在弹出的快捷菜单中选择“设为工作部件”命令，将冷却系统转为工作部件，结果如图 12-140 所示。

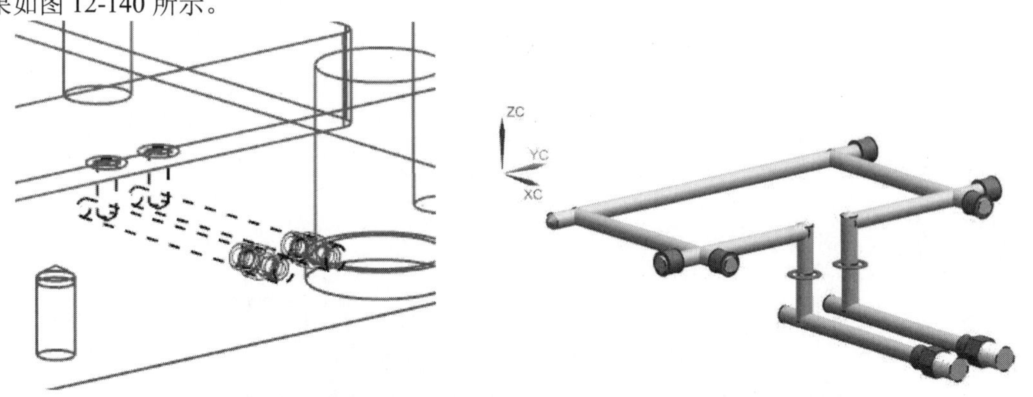

图 12-139　创建水嘴效果图　　　　图 12-140　冷却系统

（24）单击“装配”选项卡“组件”面板上的“镜像装配”按钮，弹出“镜像装配向导”对话框，如图 12-141 所示。选择左侧“镜像步骤”列表下的“选择组件”选项，然后单击“下一步”按钮。

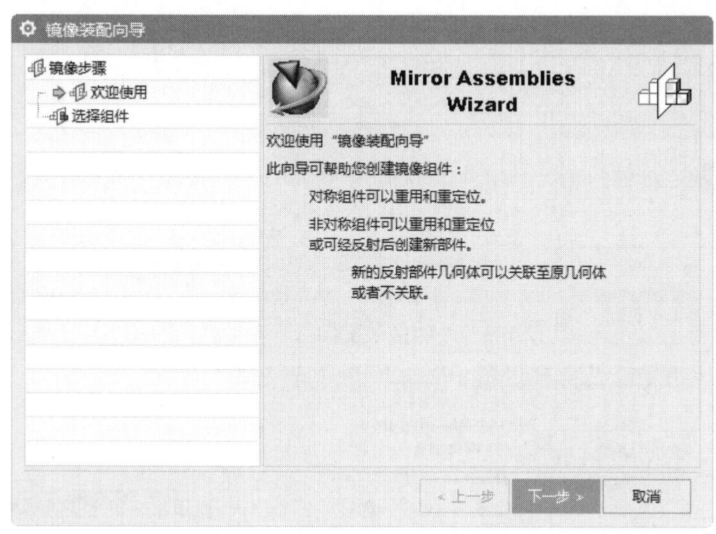

图 12-141　“镜像装配向导”对话框（1）

（25）在出现“镜像装配向导”对话框（2）之后，如图 12-142 所示，选择 A 板与型腔的冷却系统，选择完成后，“镜像装配向导”对话框变成如图 12-143 所示，然后单击“下一步”按钮，弹出“镜像装配向导”对话框（4），如图 12-144 所示。

（26）单击“镜像装配向导”对话框（4）上的“创建基准平面”按钮，弹出“基准平面”对话框，如图 12-145 所示。选择“XC-ZC 平面”类型，然后单击“确定”按钮，返回至“镜像装配向导”对话框（4）。

Note

图 12-142　“镜像装配向导”对话框（2）

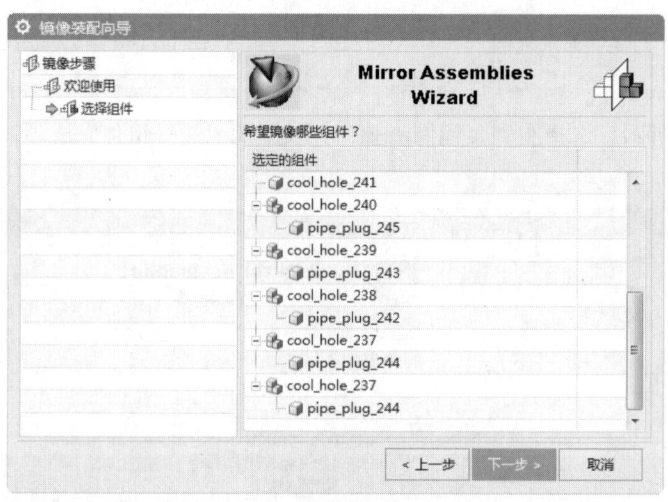

图 12-143　“镜像装配向导”对话框（3）

图 12-144　“镜像装配向导”对话框（4）　　图 12-145　“基准平面”对话框

（27）在“镜像装配向导”对话框（4）中单击“下一步”按钮，弹出“镜像装配向导”对话框（5），如图 12-146 所示。接着单击“下一步”按钮，出现“镜像装配向导”对话框 6，如图 12-147 所示。再接着单击“下一步”按钮，出现“镜像装配向导”对话框（7），如图 12-148 所示，单击“完成”按钮。完成上述步骤后的操作结果如图 12-149 所示。

图 12-146　“镜像装配向导”对话框（5）

图 12-147　“镜像装配向导”对话框（6）

图 12-148 “镜像装配向导”对话框（7）

（28）重复步骤（25）～（28），对如图 12-148 所示的冷却系统进行镜像装配，镜像装配的参考平面为“YC-ZC 平面”，结果如图 12-150 所示。

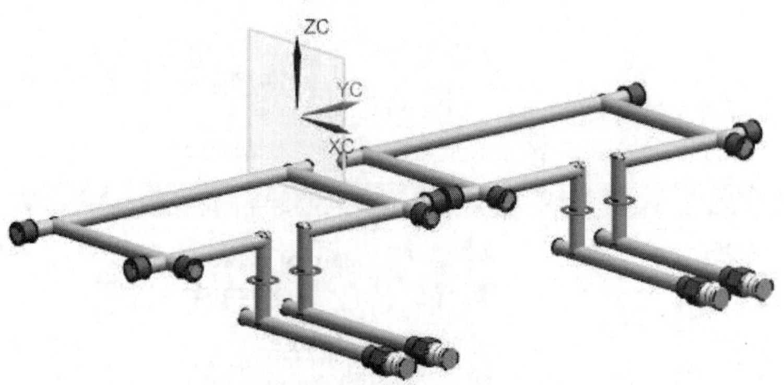

图 12-149 镜像装配的结果（1）

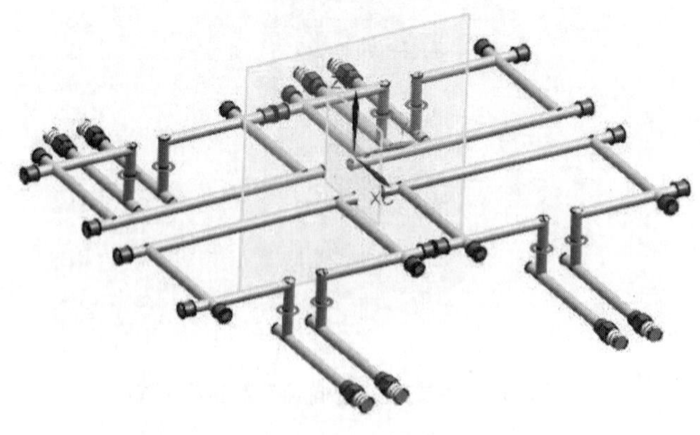

图 12-150 镜像装配的结果（2）

（29）打开“装配导航器”，将所有部件隐藏，只显示定模版、定位圈和浇口套，单击“注塑模

向导”选项卡“主要”面板中的“腔”按钮，弹出“开腔”对话框，如图 12-151 所示。

（30）选择“去除材料”模式，选择定模板为目标体，然后选择定位圈和浇口套为目标体，如图 12-152 所示。单击“确定”按钮，将定位圈和浇口套创建为腔体。

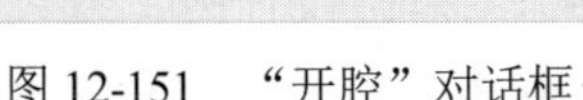
图 12-151 “开腔”对话框

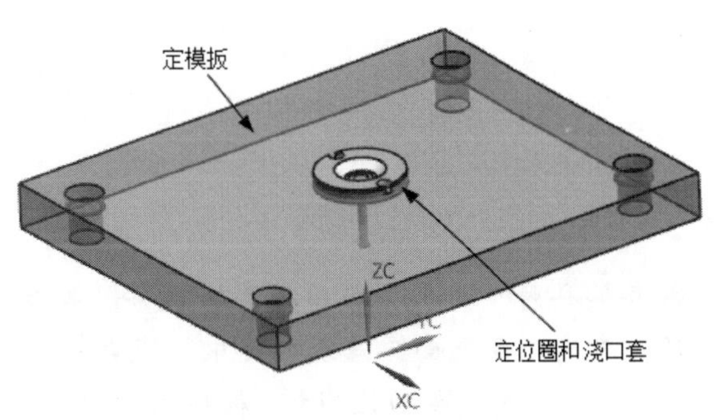

图 12-152 部件的选择

（31）以同样的方法将其他以创建的部件创建为腔体。至此，完成整套模具结构设计，如图 12-153 所示。

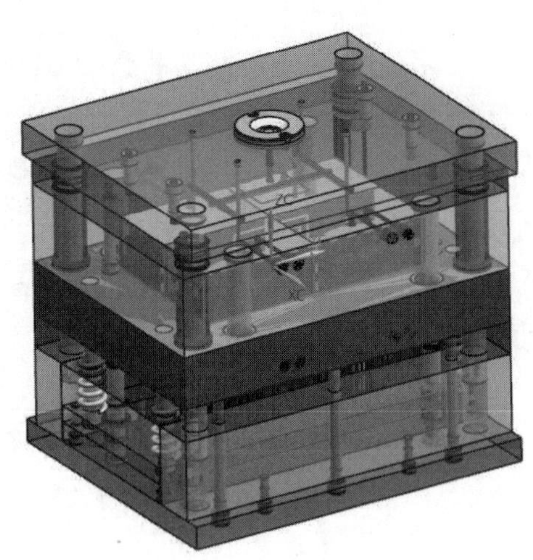

图 12-153 整套模具结构设计

第13章

面壳壳体模具设计

（视频讲解：31分钟）

本套模具为一类典型斜顶杆壳体模具，采用一模四腔的方式进行分模。面壳壳体结构比较复杂，考虑产品表面光洁度的要求，浇口采用点浇口方式，以便于后续处理，并且需要选择压力较大，精度较高的注塑机；根据该套模具的结构以及要求，模架设计为三板式注塑模。难点是分型面的选择和建立，斜顶杆的建立以及浇口点位置的选择。产品材料采用 ABS，收缩率为1.006。

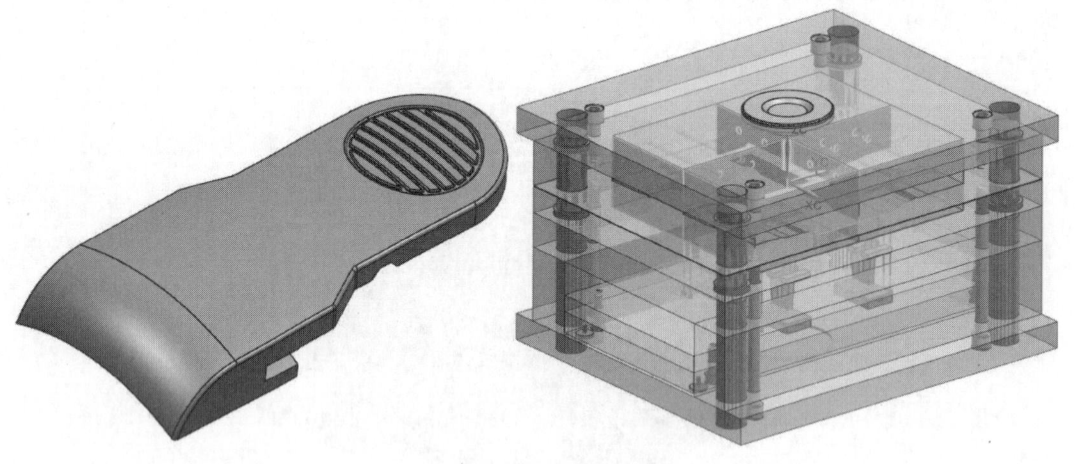

13.1 初始设置

13.1.1 项目初始化

（1）单击“注塑模向导”选项卡中的“初始化项目”按钮，弹出“部件名”对话框，选择面壳壳体的产品文件：yuanwenjian\mkkt\mkkt.prt，单击“OK”按钮。

（2）在弹出的“初始化项目”对话框中，设置“项目单位”为毫米，改变项目路径，创建 mkkt 文件夹。设置“材料”为“ABS”，“收缩”为“1.006”，如图 13-1 所示。

（3）单击对话框中的“确定”按钮，加载产品至 UGMold Wizard，完成产品装载。此时，在“装配导航器”中显示系统自动产生的模具装配结构如图 13-2 所示。

13.1.2 设定模具坐标系

（1）选择“菜单”→“格式”→“WCS”→“原点”命令，系统弹出“点”对话框，如图 13-3 所示。选择“自动判断的点”类型，选择如图 13-4 所示的边的端点，单击“确定”按钮。移动效果如图 13-5 所示。

图 13-1 “初始化项目”对话框

图 13-2 模具装配结构图

图 13-3 “点”对话框

Note

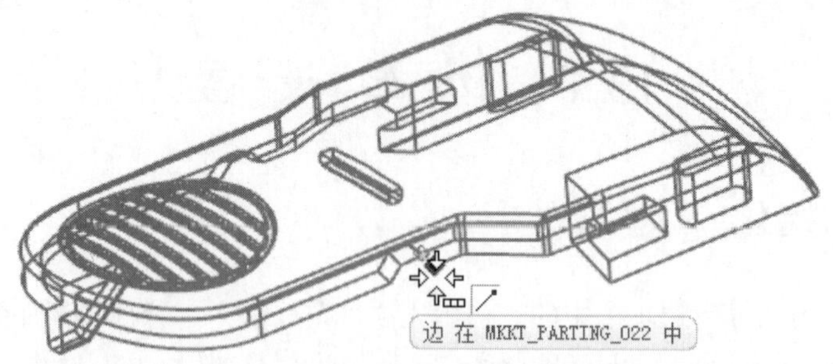

图 13-4　选择点

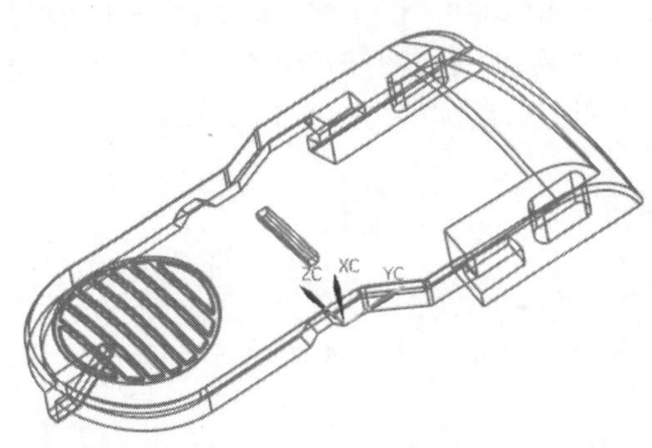

图 13-5　移动效果

（2）选择“菜单”→“格式”→“WCS”→“原点”命令，设置工作坐标系的原点沿 YC 正方向移动 50，沿 ZC 负方向移动 20，如图 13-6 所示，单击“确定”按钮。

（3）选择“菜单”→“格式”→“WCS”→“旋转”命令，系统弹出“旋转 WCS 绕”对话框，设置绕 YC 轴正方向旋转，由 ZC 轴转向 XC 轴，角度为 90°，单击“应用”按钮，如图 13-7 所示。

图 13-6　移动坐标原点

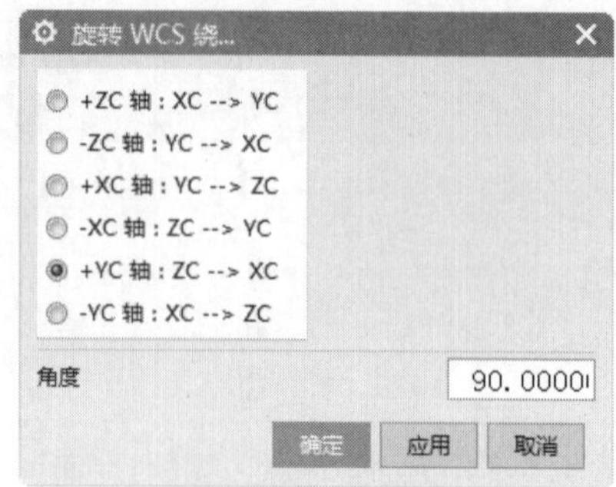

图 13-7　旋转坐标系

（4）再设置绕 ZC 轴负方向旋转，由 YC 轴转向 XC 轴，角度为 90°，单击“应用”按钮，再单击“确定”按钮，完成坐标方向的重新定义，如图 13-8 所示。

（5）单击“注塑模向导”选项卡“主要”面板上的“模具坐标系”按钮，弹出“模具坐标系”对话框，如图 13-9 所示。选中“当前 WCS”单选按钮，单击“确定”按钮，系统会自动把模具坐标系放在坐标系原点上，并且锁定 Z 轴，完成模具坐标系的设置。

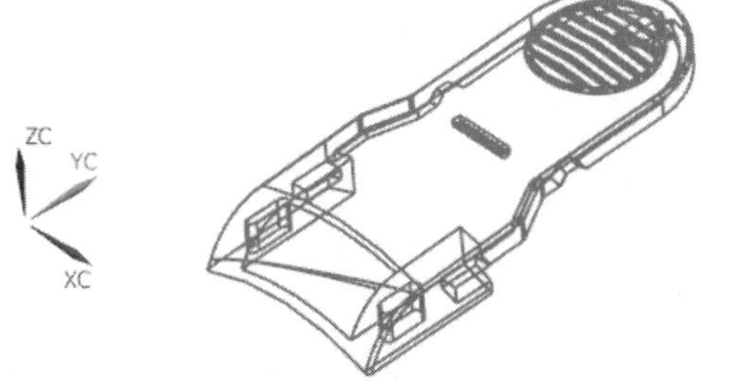

图 13-8　新建坐标系

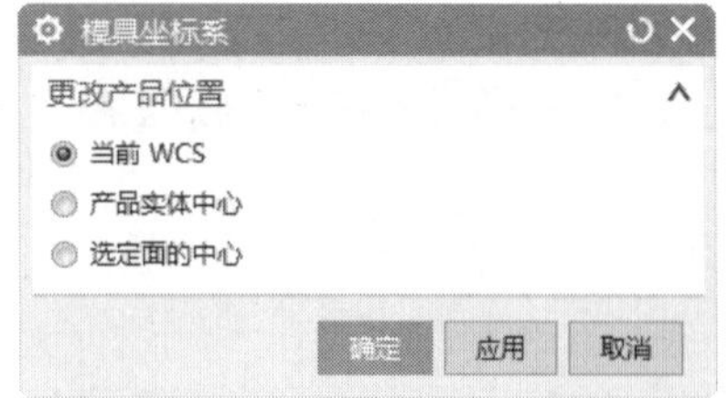

图 13-9　“模具坐标系”对话框

13.1.3　设置工件和布局

（1）单击“注塑模向导”选项卡“主要”面板上的“工件”按钮，系统弹出“工件”对话框，选择“参考点”定义类型，如图 13-10 所示，并依图设置工件尺寸。单击“确定”按钮，获得工件尺寸如图 13-11 所示。

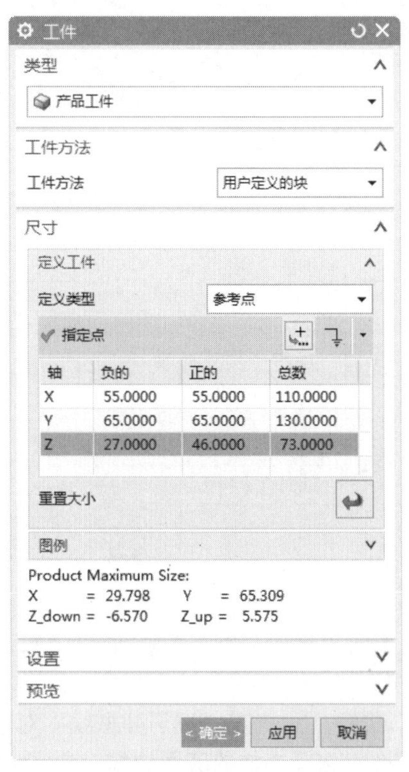

图 13-10　“工件”对话框

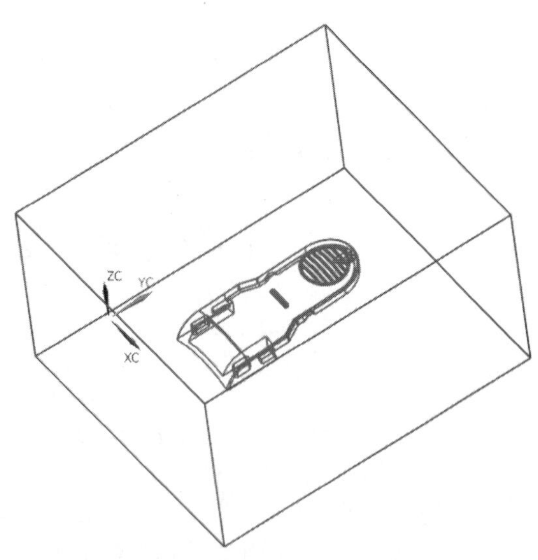

图 13-11　成型工件

注意： 本例中，虽然模具结构较复杂，制造成本较高，但是由于零件较小，因此仍然采用一模四腔式。

Note

（2）单击“注塑模向导”选项卡“主要”面板上的“型腔布局”按钮，弹出“型腔布局”对话框。在“布局类型”选项组中选择“矩形”和“平衡”，“腔型数”设置为“4”，“第一距离”和“第二距离”均设置为“0”，指定-YC 方向为布局方向，如图 13-12 所示。

（3）单击“开始布局”按钮，开始布局；然后单击“自动对准中心”按钮，将模腔设置在模具的装配中心，完成最终的矩形平衡式型腔布局，如图 13-13 所示。然后单击对话框中的“关闭”按钮。

图 13-12　“型腔布局”对话框设置

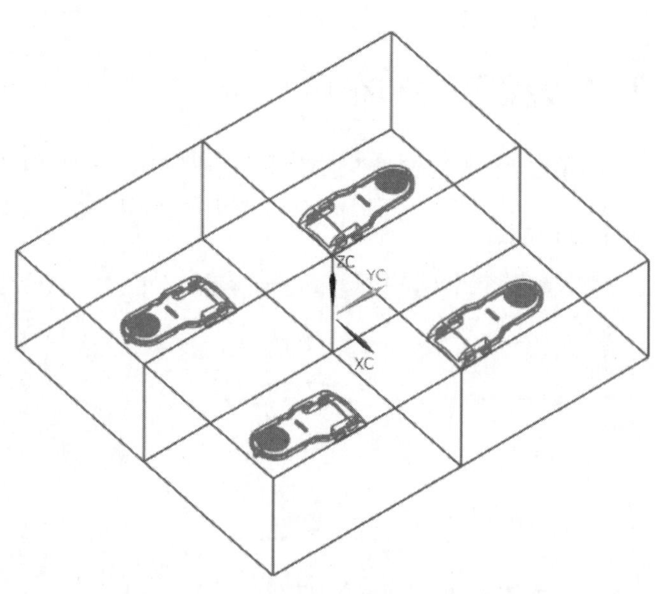

图 13-13　矩形平衡式布局

视频讲解

13.2　分型设计

13.2.1　创建分型线

（1）单击“注塑模向导”选项卡“分型刀具”面板上的“设计分型面”按钮，系统弹出如图 13-14 所示的“设计分型面”对话框。

（2）单击“编辑分型线”选项组中的“遍历分型线”按钮，弹出“遍历分型线”对话框，如图 13-15 所示。取消选中“按面的颜色遍历”复选框，在视图上选择实体的底面边线，选择如图 13-16 所示的曲线，单击“接受”按钮，另一条线高亮显示。

（3）此时图 13-16 中高亮显示的下一条边不是需要的边，单击“循环候选项”按钮，显示下一路径。单击“接受”按钮，选择下一边，如图 13-17 所示。

图 13-14　“设计分型面”对话框

图 13-15　“遍历分型线”对话框

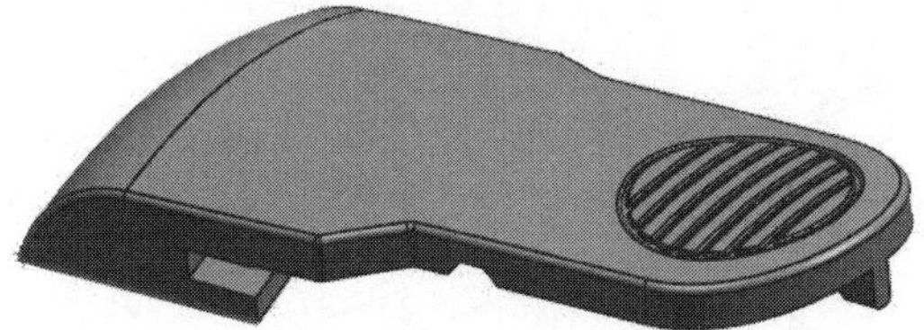

图 13-16　曲线的选择

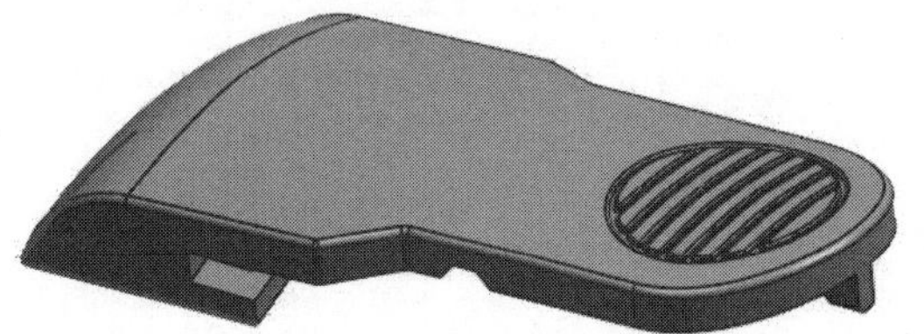

图 13-17　另一条曲线的选择

（4）按照上述步骤单击“接受”或者“循环候选项”按钮来完成分型线的选择，当边界封闭后，单击“确定”按钮，得到的分型线如图 13-18 所示。

（5）单击“注塑模向导”选项卡“分型刀具”面板上的“设计分型面”按钮，弹出“设计分型面”对话框，单击选择分型或引导线栏，在如图 13-19 所示的位置创建引导线，结果如图 13-20 所示。

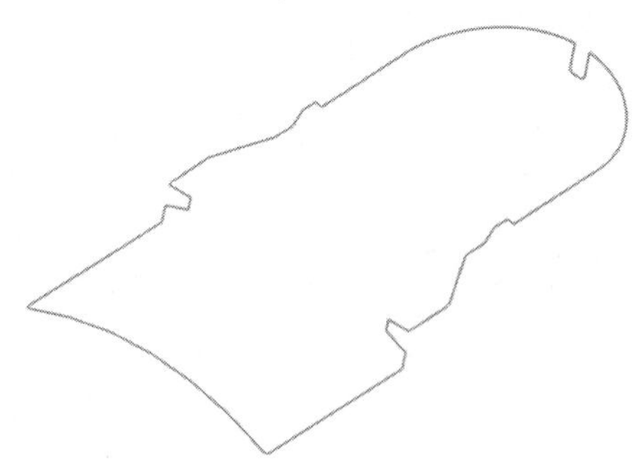

图 13-18　分型线

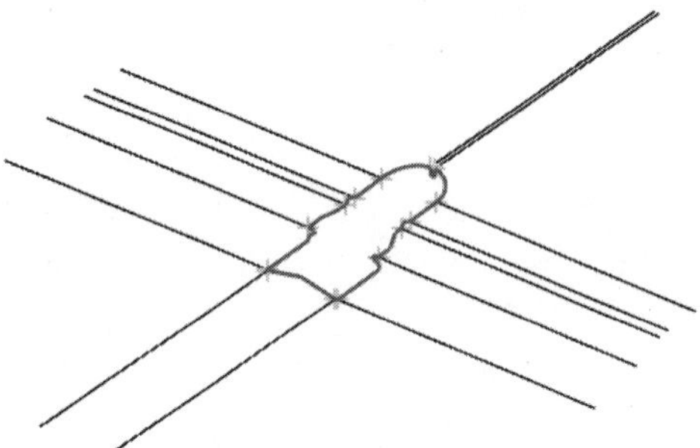

图 13-19　创建引导线

13.2.2 创建分型面

Note

（1）单击“注塑模向导”选项卡“分型刀具”面板上的“设计分型面”按钮，在弹出的“设计分型面”对话框的中分型段列表中选择分段4，如图13-20所示。在创建分型面栏中选中“拉伸”选项，采用默认拉伸方向，用鼠标拖动“曲面延伸距离”标志，调节曲面延伸距离，使分型面的拉伸长度大于工件的长度，单击“应用”按钮。

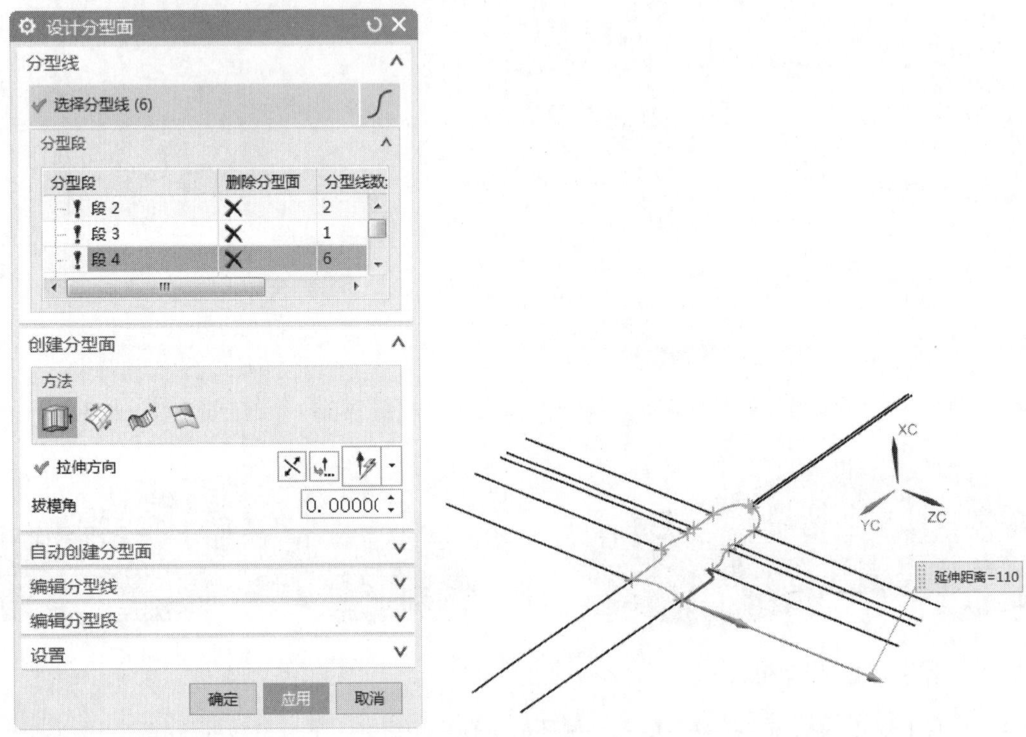

图 13-20　选择分段 4

（2）在弹出的“设计分型面”对话框的中分型段列表中选择分段5，在创建分型面栏中选中“拉伸”选项，采用默认拉伸方向，如图13-21所示。

（3）在弹出的“设计分型面”对话框的中分型段列表中选择分段6，在创建分型面栏中选中“拉伸”选项，采用默认拉伸方向，如图13-22所示。

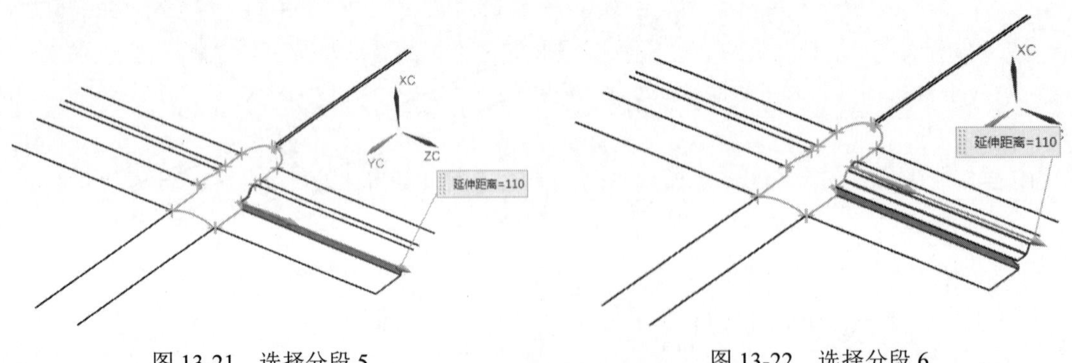

图 13-21　选择分段 5　　　　图 13-22　选择分段 6

（4）在弹出的“设计分型面”对话框的中分型段列表中选择分段 7，在创建分型面栏中选中“拉伸”选项，采用默认拉伸方向，如图 13-23 所示。

（5）在弹出的“设计分型面”对话框的中分型段列表中选择分段 8，在创建分型面栏中选中“拉伸”选项，选择-YC 轴为拉伸方向，如图 13-24 所示。

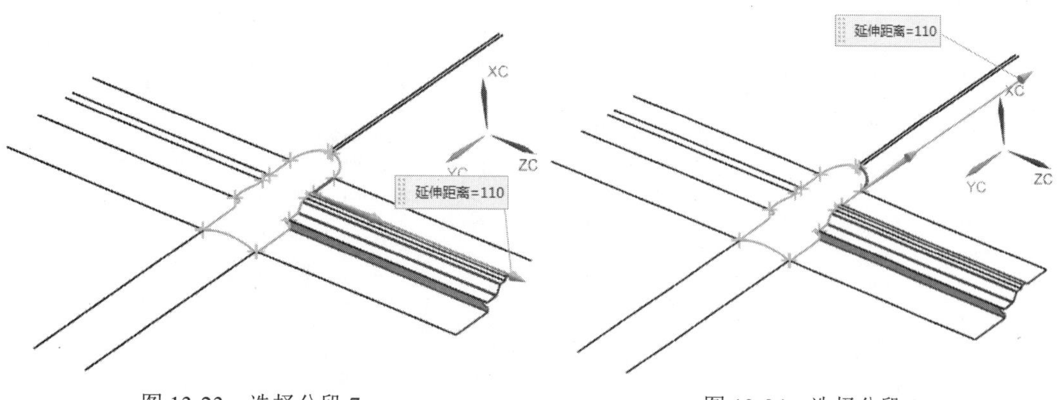

图 13-23　选择分段 7　　　　图 13-24　选择分段 8

（6）采用相同的方法，继续创建后面的分型面，最终得到的分型面如图 13-25 所示。

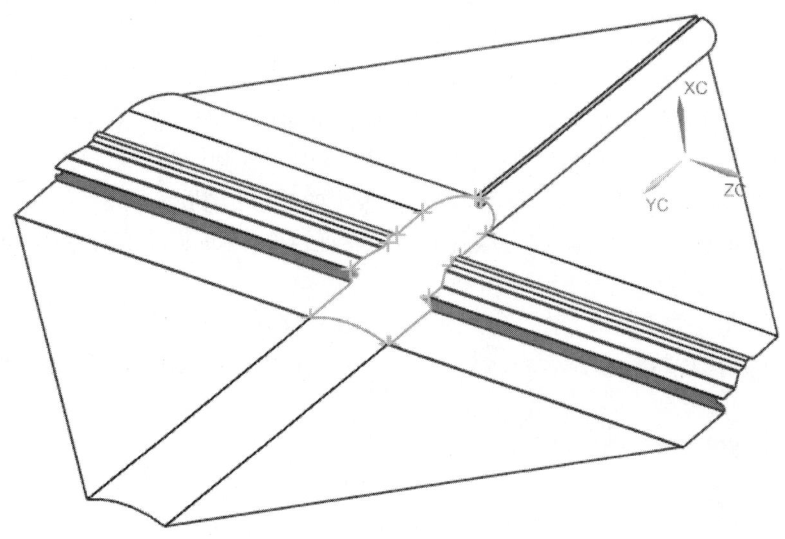

图 13-25　分型面效果图

13.2.3　创建型腔和型芯

（1）单击“注塑模向导”选项卡“分型刀具”面板上的“检查区域”按钮，弹出“检查区域”对话框，如图 13-26 所示。在“计算”选项组中选中“保持现有的”单选按钮，单击“计算”按钮。

（2）选择“区域”选项卡，如图 13-27 所示，显示有 27 个未定义区域。在视图中选择未定义的区域为型腔区域，单击“确定”按钮，可以看到型腔面 157 与型芯面 51 的和等于总面数 208。

Note

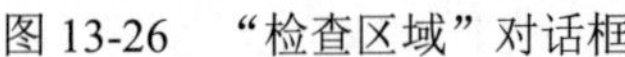

图 13-26 “检查区域”对话框

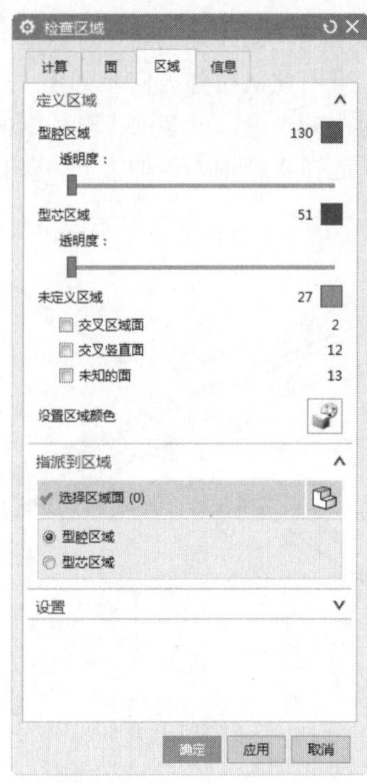

图 13-27 “区域”选项卡

（3）单击“注塑模向导”选项卡“分型刀具”面板上的“定义区域”按钮，系统弹出“定义区域”对话框，如图 13-28 所示，选择“所有面”选项，选中“创建区域”复选框，单击“确定”按钮。

（4）单击“注塑模向导”选项卡“分型刀具”面板上的“定义型腔和型芯”按钮，弹出图 13-29 所示的“定义型腔和型芯”对话框。将“缝合公差”设置为 0.1，选择“所有区域”选项，单击“确定”按钮。创建的型芯和型腔如图 13-30 所示。

（5）选择“文件”→“保存”→“全部保存”命令，保存完成所有部件文件。

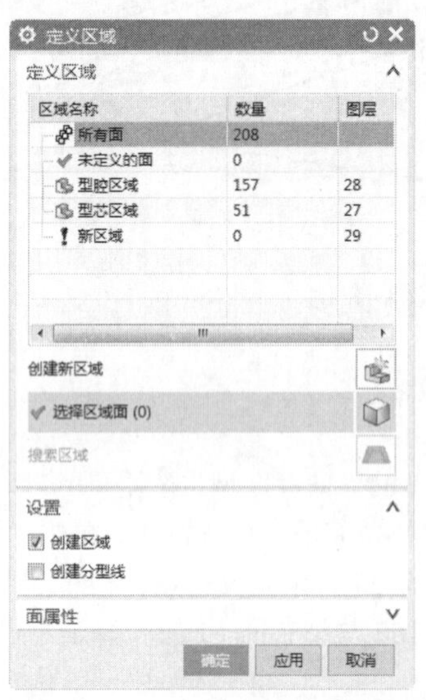

图 13-28 “定义区域”对话框

图 13-29 “定义型腔和型芯”对话框

Note

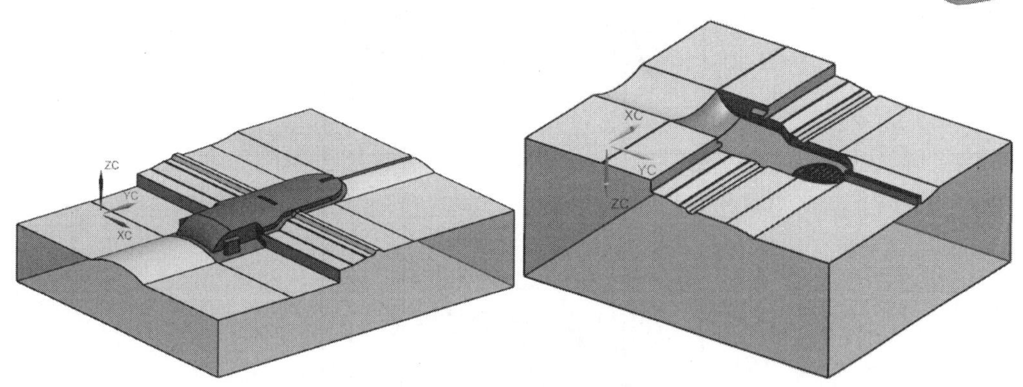

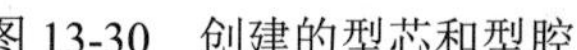

图 13-30　创建的型芯和型腔

13.3　辅助系统设计

视频讲解

13.3.1　添加模架

（1）单击“注塑模向导”选项卡“主要”面板上的“模架库”按钮，弹出“重用库”对话框和“模架库”对话框，同时界面显示型腔布局。在“重用库”对话框的“名称”列表中选择“HASCO_E”模架，在“成员选择”列表中选择“Type1（F2M2）”，在详细信息列表设置 index 为“296×396”，如图 13-31 所示。单击“应用”按钮，进入模架如图 13-32 所示。

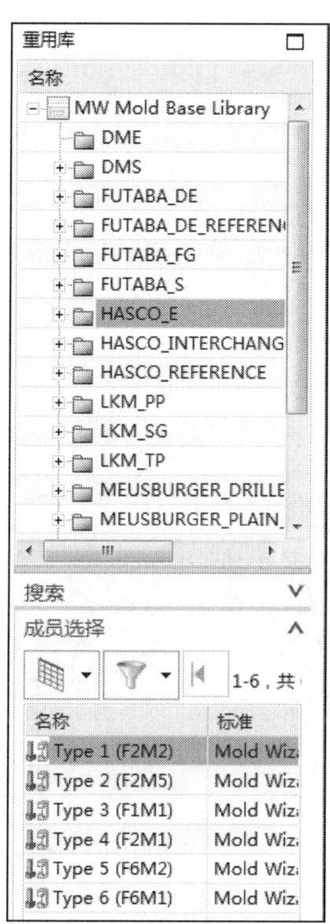

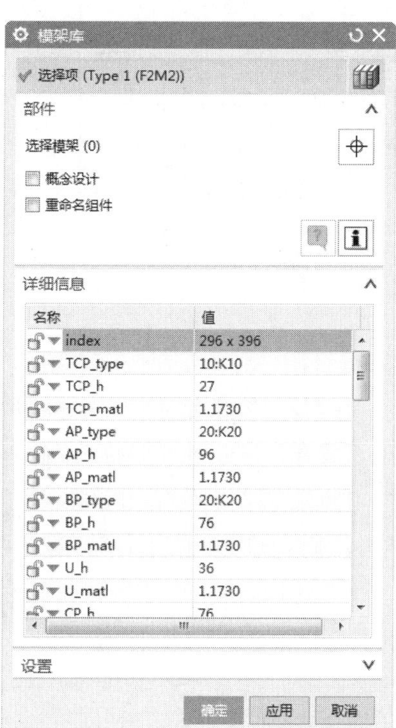

图 13-31　设置模架参数

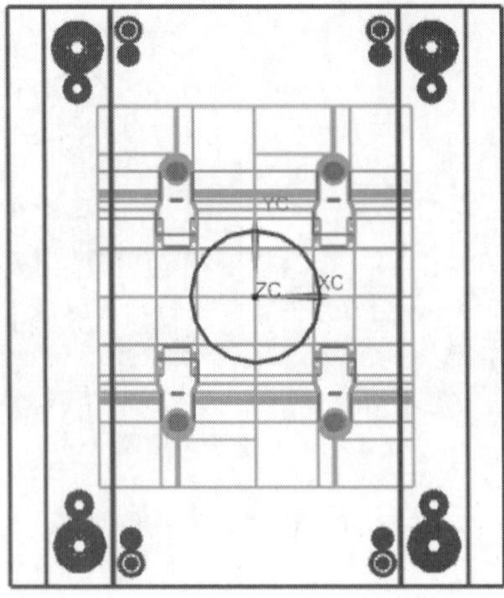

图 13-32　模架与型芯

（2）改变视图方向，显示如图 13-33 所示的左视图，可以看到模架的上、下板的厚度与型芯尺寸不匹配。在“AP_h”的下拉列表中选择模板的厚度为“46”，在“BP_h”的下拉列表中选择模板的厚度为“27”，如图 13-34 所示，单击“确定”按钮，完成对模架的编辑，如图 13-35 所示。

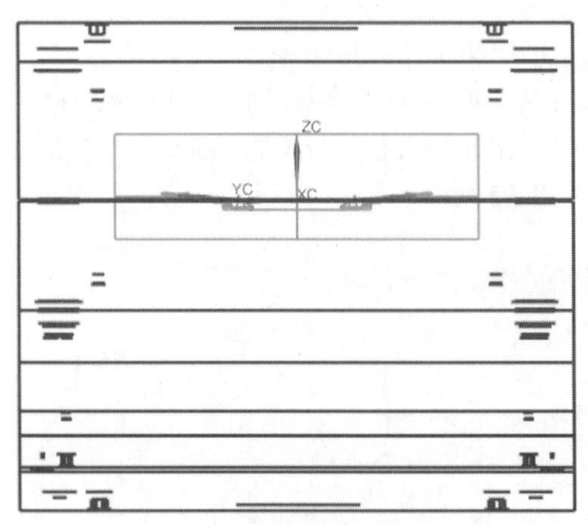

图 13-33　模架左视图

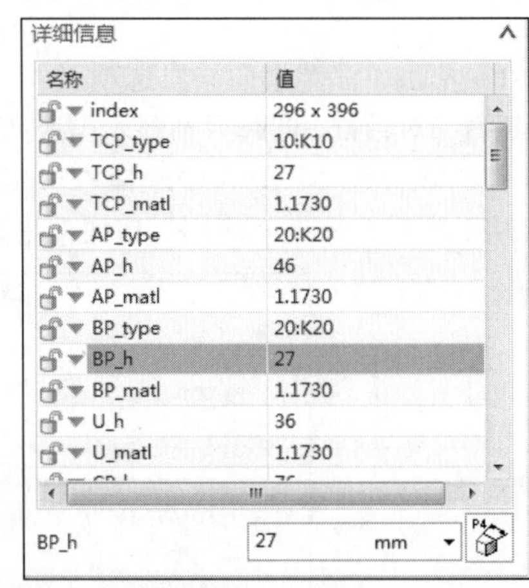

图 13-34　参数设置

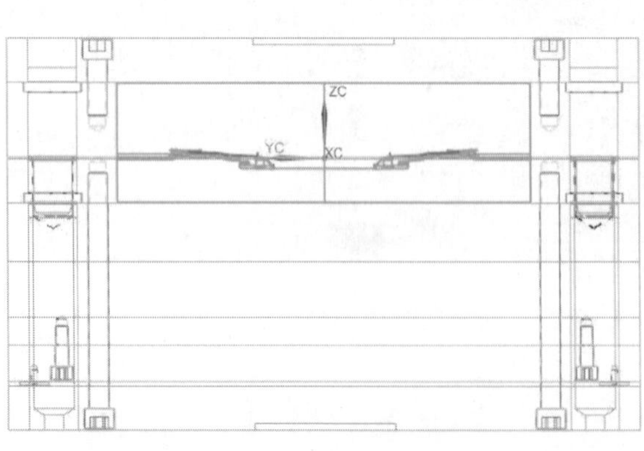

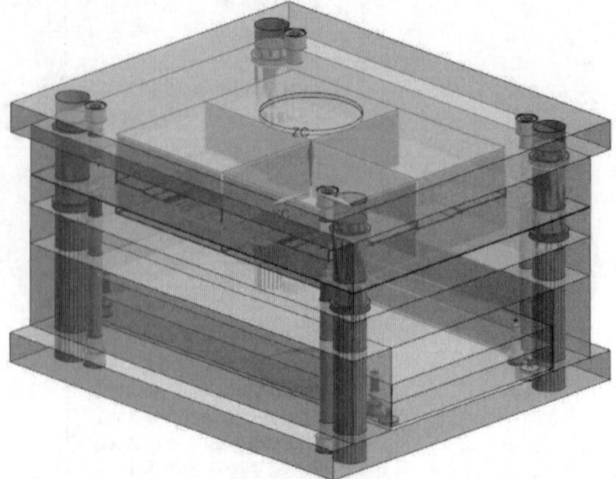

图 13-35　模架效果图

13.3.2　添加标准件

（1）单击“注塑模向导”选项卡“主要”面板上的“标准部件库”按钮，弹出“重用库”对话框和“标准件管理”对话框，在名称中选择“HASCO_MM”→“ Locating Ring”，在成员选择中选择 K100B，选择“THICKNESS”的值为 8，选择“POCKET_DEEP”的值为 4，如图 13-36 所示。单击“确定”按钮，加入定位环，如图 13-37 所示。

图 13-36　定位环参数设置

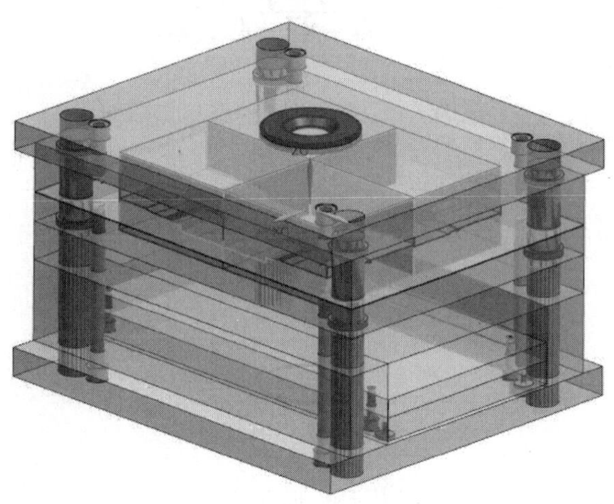

图 13-37　加入定位环

Note

（2）单击“注塑模向导”选项卡“主要”面板上的“标准部件库”按钮，弹出“重用库”对话框和“标准件管理”对话框，在名称中选择“HASCO_MM”→“Injection”，在成员选择中选择 Sprue Bushing[Z50，Z51，Z52，Z53]，并在详细信息栏中设置为 CATALOG_DIA 为 12，CATALOG_LENGTH 为 40，如图 13-38 所示。单击“确定”按钮，将主流道加入到模具装配中，如图 13-39 所示。

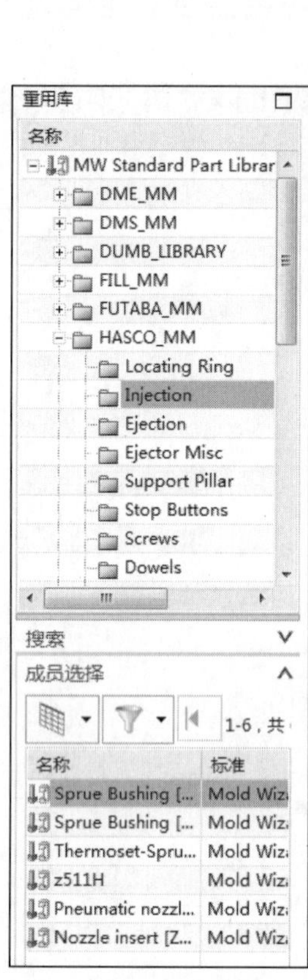

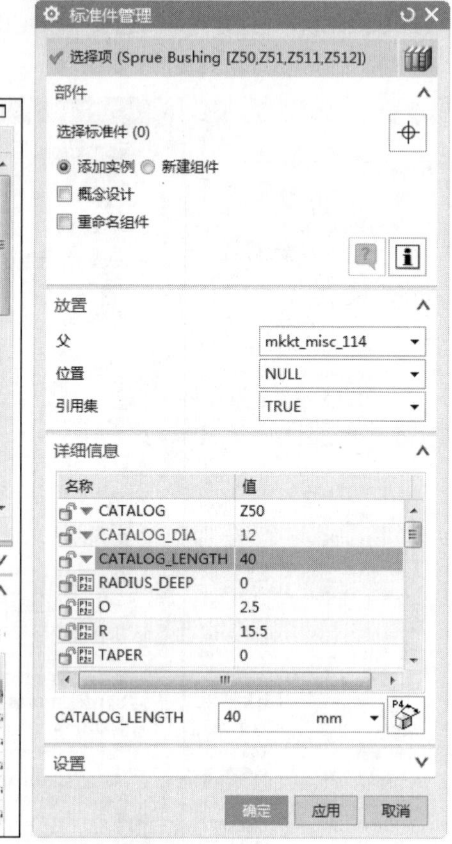

图 13-38　设置主流道尺寸

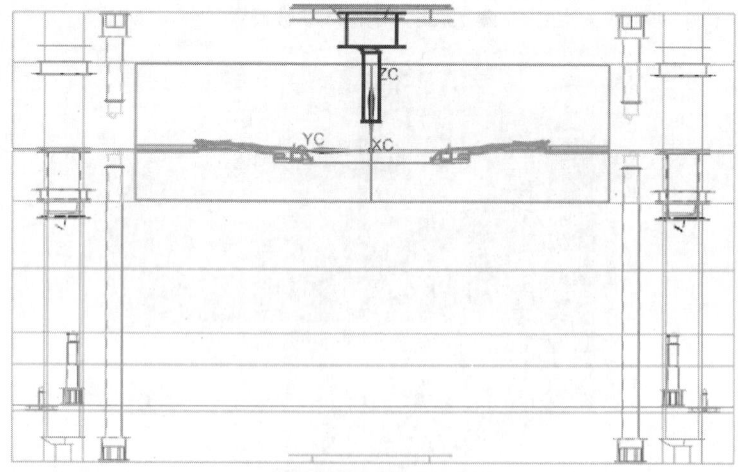

图 13-39　加入主流道

注意：由于 UG 系统具有自动跟踪性，只要在基准型芯中设置顶杆，其余的相同型芯可自动生成相应位置的顶杆。

（3）单击“注塑模向导”选项卡“主要”面板上的“标准部件库”按钮，在弹出的“重用库”对话框中选择名称“HASCO_MM”→“Ejection”，在成员选择中选择“Ejector Pin (Straight)”，在“标准件管理”对话框的详细信息栏中设置“CATALOG_DIA”的值为 2，“CATALOG_LENGTH”的值为 125，如图 13-40 所示。

（4）单击“确定”按钮，弹出“点”对话框，如图 13-41 所示。依次设置基点坐标为（-60，80，0）和（-50，80，0），单击“确定”按钮。

（5）单击“取消”按钮退出“点”对话框，放置顶杆效果图如 13-42 所示。

注意：由于后续采用了斜顶杆，它一方面可以帮助制件的成型，同时还能起到顶出制件的作用。因此，只有前半部分使用了顶杆。

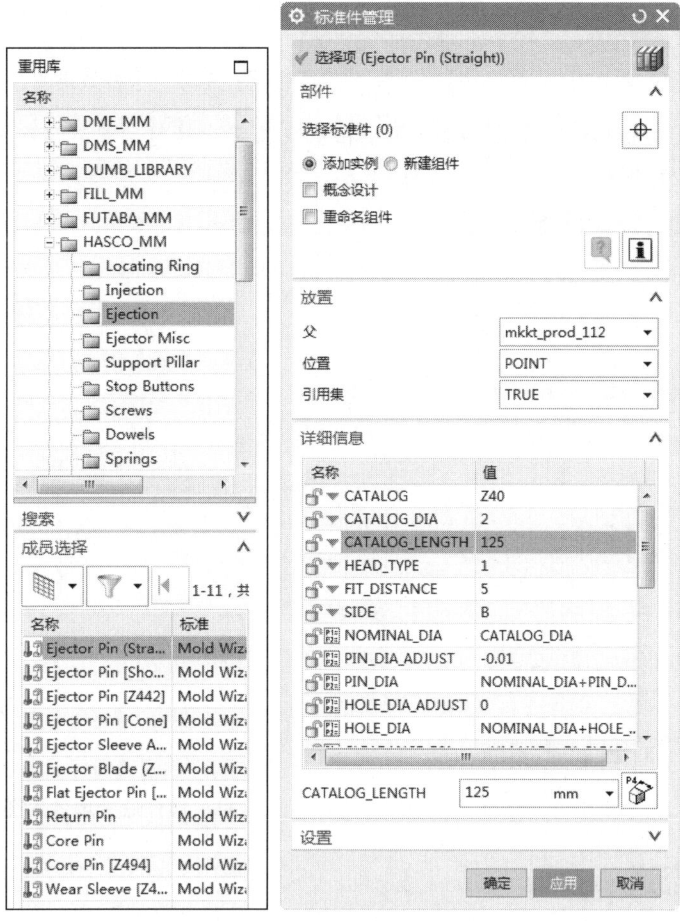

图 13-40　顶杆参数设置

（6）单击“注塑模向导”选项卡“主要”面板上的“顶杆后处理”按钮，弹出图 13-43 所示的“顶杆后处理”对话框。选择“修剪”类型，在目标栏的列表中选择已经创建的待处理的顶杆。

（7）在刀具栏中接受默认的修边部件。接受默认的修剪曲面，即型芯修剪片体（CORE_TRIM_SHEET）。单击“确定”按钮，完成对顶杆的剪切，如图 13-44 所示。

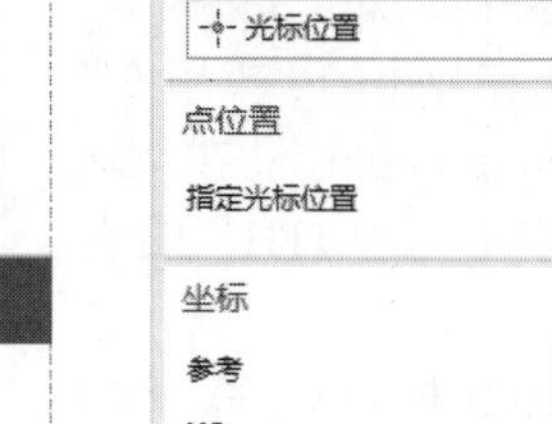

图 13-41 “点”对话框

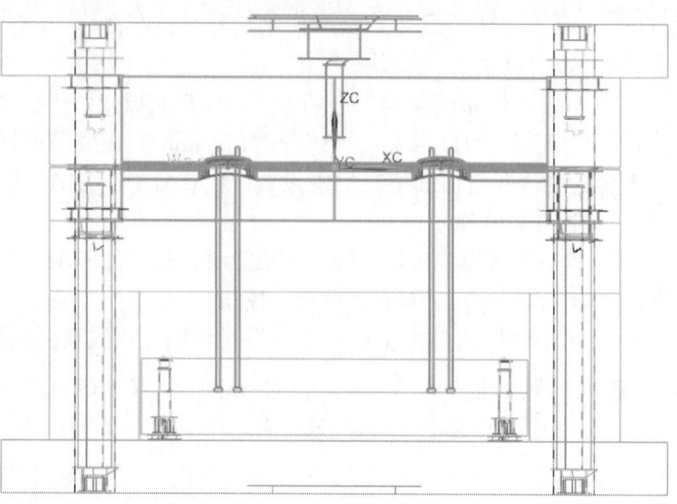

图 13-42 顶杆效果图

注意：由于 UG 系统具有自动跟踪性，只要在基准型芯中修剪顶杆，其余的相同型芯可自动完成相应顶杆的修剪。

图 13-43 “顶杆后处理”对话框

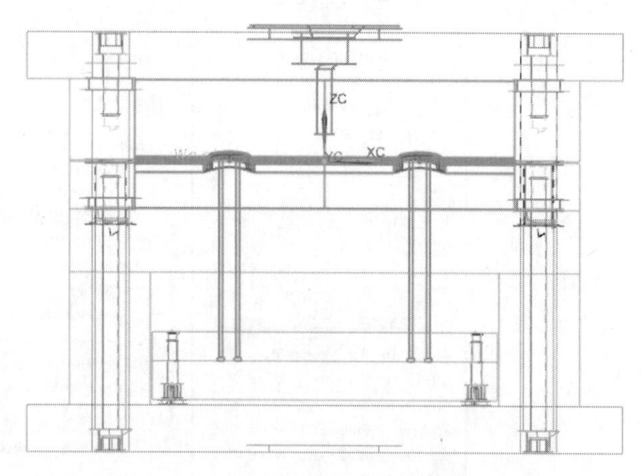

图 13-44 顶杆后处理效果图

13.3.3 添加流道

（1）单击“注塑模向导”选项卡“主要”面板上的“流道”按钮，弹出“流道”对话框，如图 13-45 所示。选择圆形截面形状通道作为分流道的截面形状，并且设置 D 为 8。

（2）单击“绘制截面”按钮，弹出图 13-46 所示“创建草图”对话框，选择平面方法为“新平面”，在指定平面下拉列表中选择“XC-YC”平面，输入距离为 17，指定 XC 为草图方向，单击“确定”按钮，进入草图绘制环境。

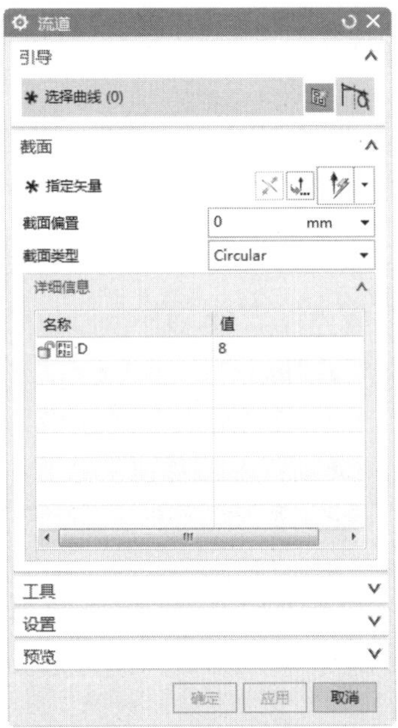

图 13-45　“流道”对话框

图 13-46　“创建草图”对话框

（3）绘制如图 13-47 所示的草图，单击“完成”按钮，返回到“流道”对话框，单击“确定”按钮，加入分流道，如图 13-48 所示。

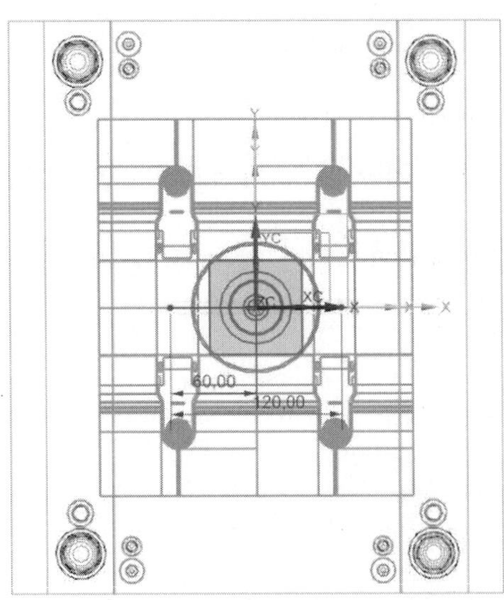

图 13-47　绘制草图图

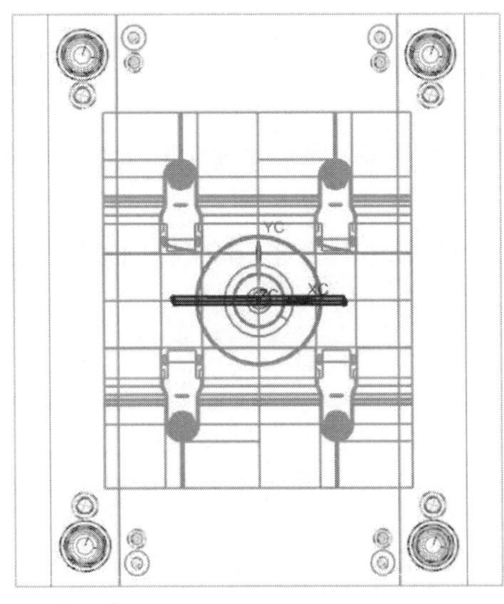

图 13-48　加入分流道效果图

13.3.4　添加浇口

（1）单击“注塑模向导”选项卡“主要”面板上的“设计填充”按钮，弹出“重用库”和“设计填充”对话框。

（2）在“成员选择”列表中选择“Gate[Subarine]”成员，在“设计填充”对话框“详细信息”栏中更改 D 为 8，L 为 50，D1 为 1.5，A1 为 40，L1 为 15，其他采用默认设置，如图 13-49 所示。

Note

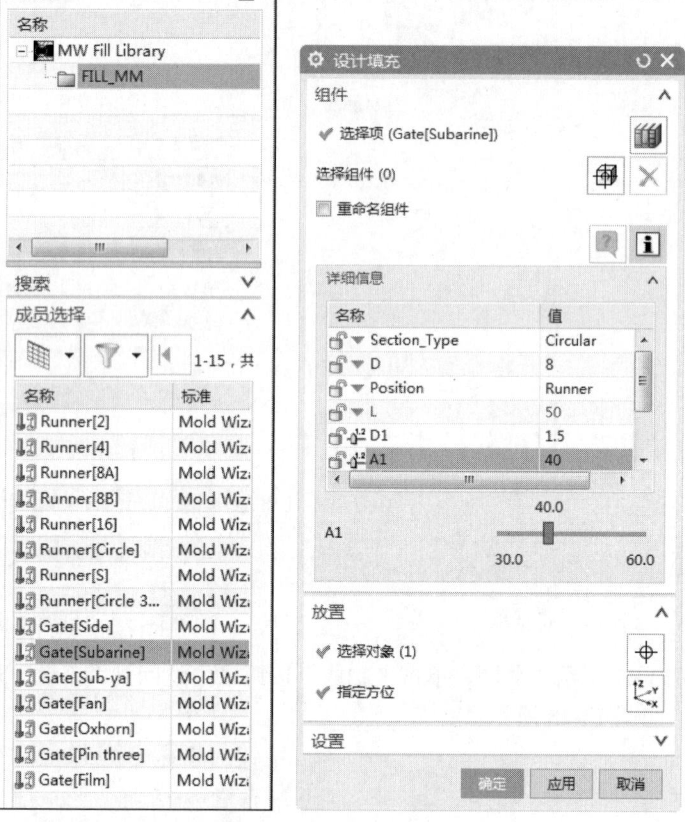

图 13-49　浇口设计

（3）在“放置”栏中单击“选择对象”图标，捕捉如图 13-50 所示流道的草图直线端点为放置浇口位置。

（4）选取视图中的动态坐标系上的绕 Z 轴旋转，输入角度为 90°，按 Enter 键，将浇口绕 Z 轴旋转 90°，如图 13-51 所示。

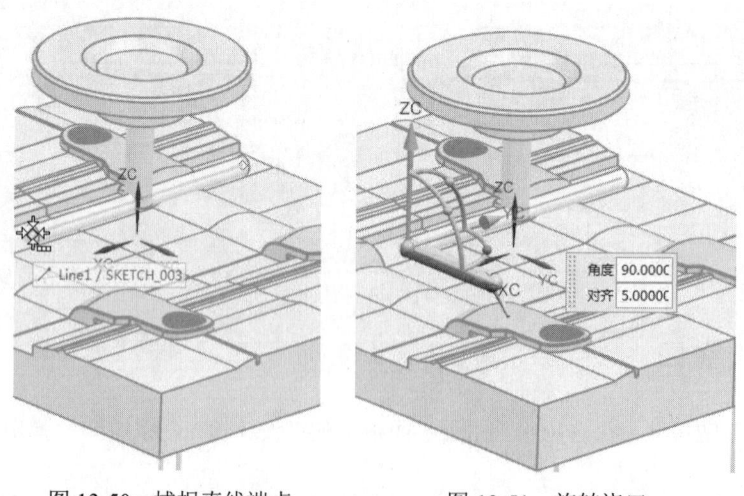

图 13-50　捕捉直线端点　　　　图 13-51　旋转浇口

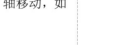

（5）选取视图中的动态坐标系上的 YC 轴，输入距离为 5，按 Enter 键，将浇口沿 Y 轴移动，如图 13-52 所示。

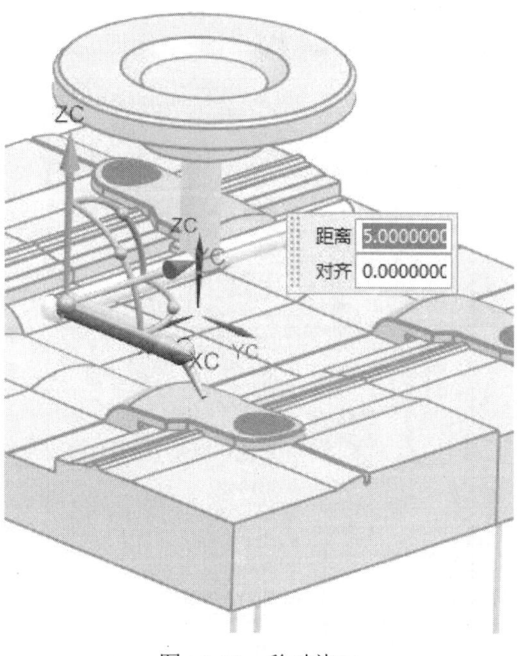

图 13-52　移动浇口

（6）单击“确定”按钮，完成一个浇口的创建，如图 13-53 所示，采用相同的方法，创建余下的 3 个浇口，结果如图 13-54 所示。

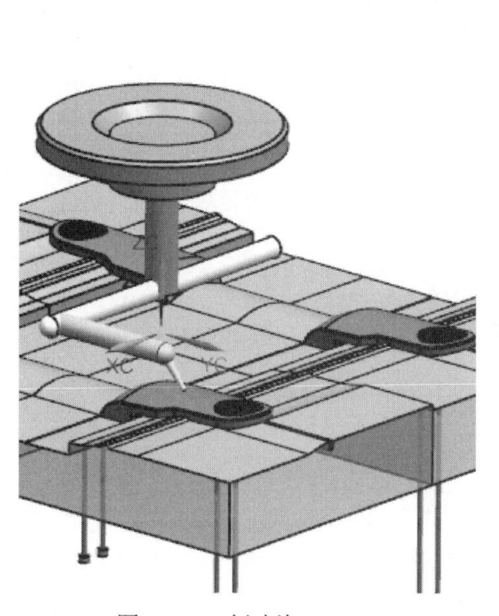

图 13-53　创建浇口 1

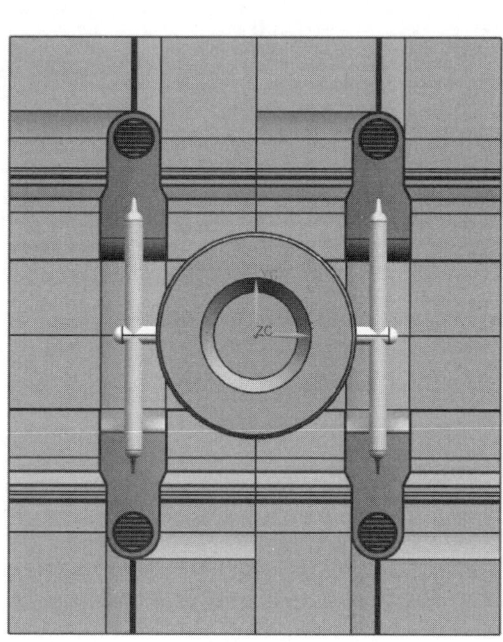

图 13-54　全部浇口

13.3.5 添加斜顶杆

Note

（1）在装配导航器中选择“xkkt_prod_028.prt”文件，右击，在打开的快捷菜单中选择“在窗口中打开”选项，如图 13-55 所示，单击“确定”按钮，打开图形。

图 13-55 快捷菜单

（2）单击“菜单”→“格式”→“WCS”→“原点”命令，弹出“点”对话框，如图 13-56 所示。

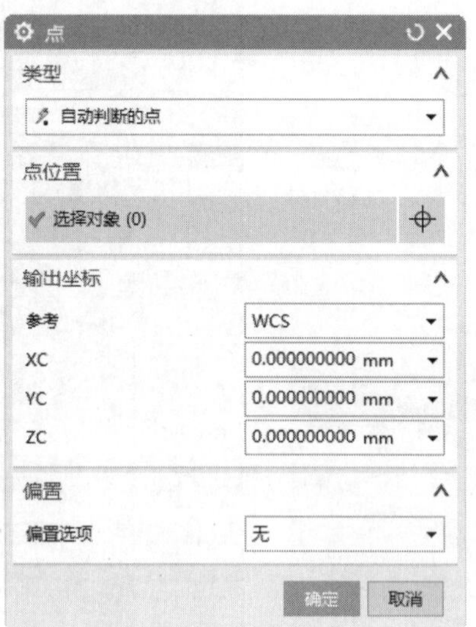

图 13-56 “点”对话框

（3）选择如图 13-57 所示的边的中点，单击“确定”按钮，完成坐标系的平移，如图 13-58 所示。

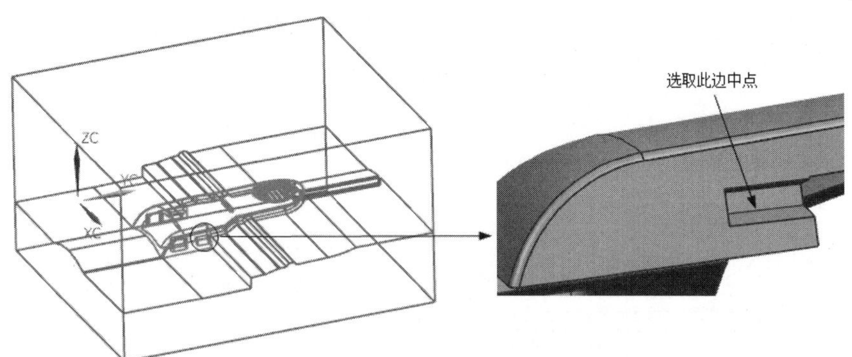

图 13-57　选择边的中点

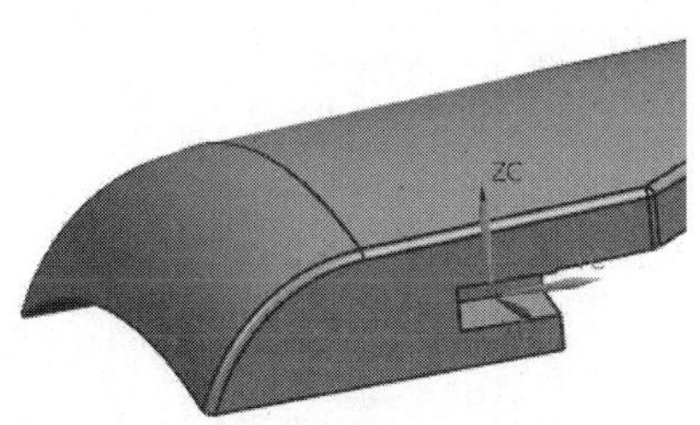

图 13-58　坐标系平移后的效果

（4）单击“菜单”→“格式”→“WCS”→“旋转”命令，弹出“旋转 WCS 绕”对话框，如图 13-59 所示。设置绕 ZC 轴正方向旋转，由 XC 轴转向 YC 轴，角度为 90°，点击“确定”按钮，完成坐标系的旋转，如图 13-60 所示。

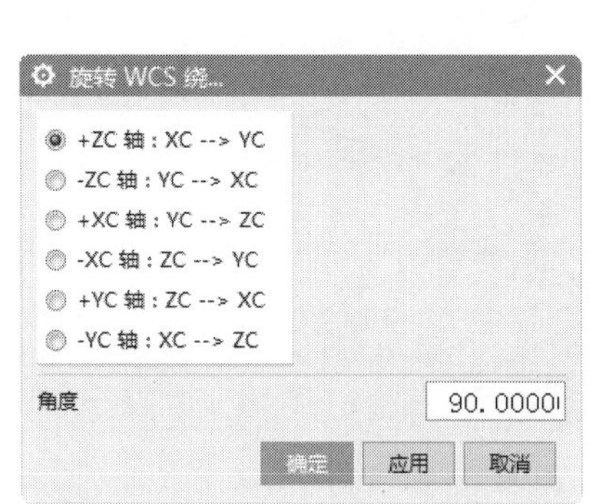

图 13-59　“旋转 WCS 绕”对话框

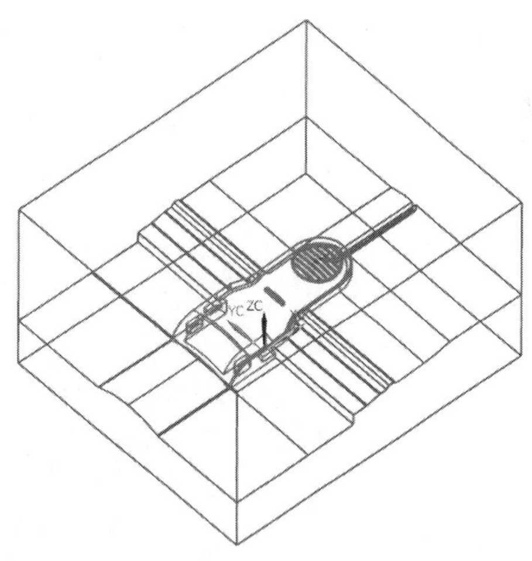

图 13-60　坐标系旋转后的效果

（5）单击“注塑模向导”选项卡“主要”面板上的“滑块和浮升销库”按钮，弹出“重用库”对话框和“滑块和浮升销设计”对话框，如图 13-61 所示。

（6）在“名称”列表中选择“SLIDE_LIFT”→“Lifter”选项，然后在“成员选择”列表中选择“Dowel lifter”选项，在“详细信息”中设置 riser_top 为 2，wide 为 5.8，单击“确定”按钮，加入斜顶杆，如图 13-62 所示。

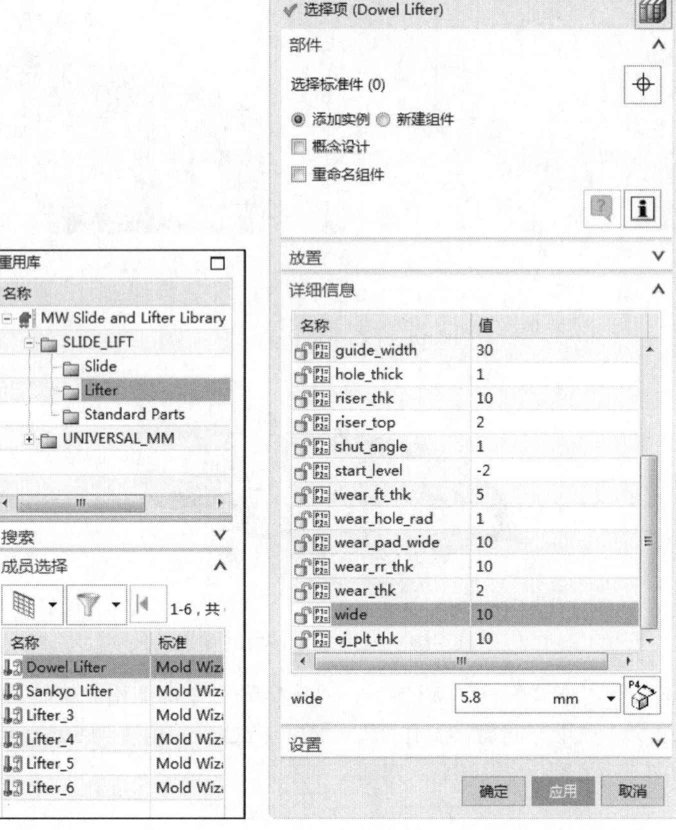

图 13-61 “重用库”和“滑块和浮升销设计”对话框

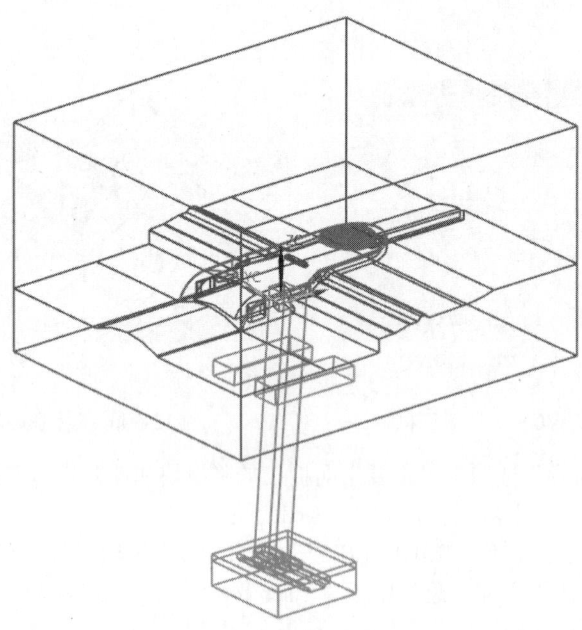

图 13-62 添加一个斜顶杆

（7）单击“菜单”→“格式”→“WCS”→“原点”命令，弹出“点”对话框，选择如图 13-63 所示的边的中点，单击“确定”按钮。

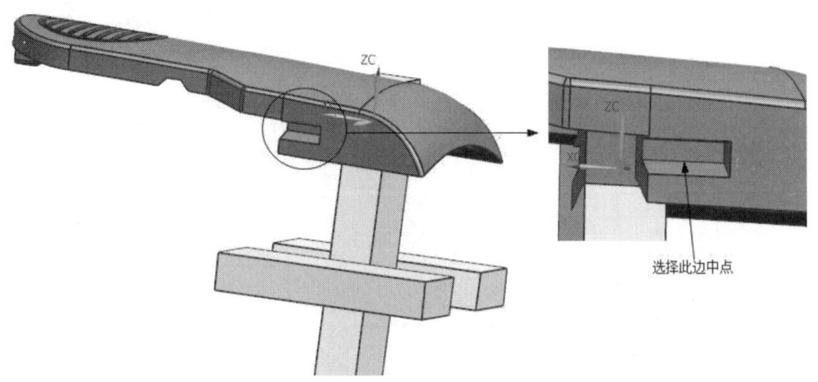

图 13-63　选择另一边的中点

（8）选择“菜单”→“格式”→“WCS”→“旋转”命令，弹出“旋转 WCS 绕”对话框，设置绕 ZC 轴正方向旋转，由 XC 轴转向 YC 轴，角度为 90°，单击“应用”按钮，再单击“确定”按钮完成坐标系的旋转，如图 13-64 所示。

（9）单击“注塑模向导”选项卡“主要”面板上的“滑块和浮升销库”按钮，弹出“重用库”对话框和“滑块和浮升销设计”对话框，在“名称”列表中选择“SLIDE_LIFT”→“Lifter”选项，然后在“成员选择”列表中选择“Dowel lifter”选项，在“详细信息”中设置 riser_top 为 2，wide 为 5.8，加入另一个斜顶杆，如图 13-65 所示。

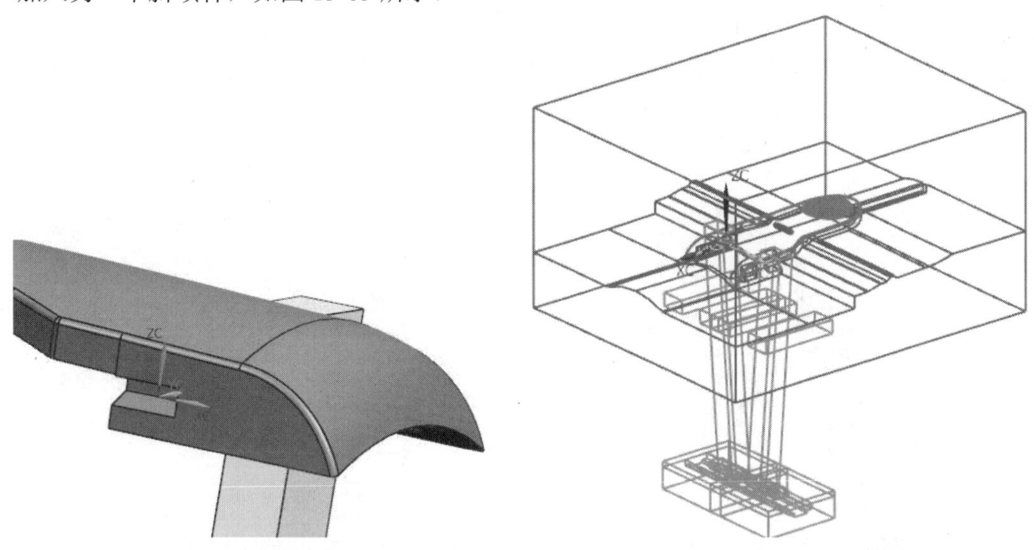

图 13-64　坐标系旋转后的结果　　　　图 13-65　添加另一个斜顶杆

（10）单击“注塑模向导”选项卡“修剪工具”面板上的“修边模具组件”按钮，系统弹出“修边模具组件”对话框，选择“修剪”类型，如图 13-66 所示。

（11）选择上步创建的斜顶杆为目标，选择型芯作为修剪片体，然后单击“确定”按钮，完成修剪，如图 13-67 所示。

Note

图 13-66 “修边模具组件”对话框

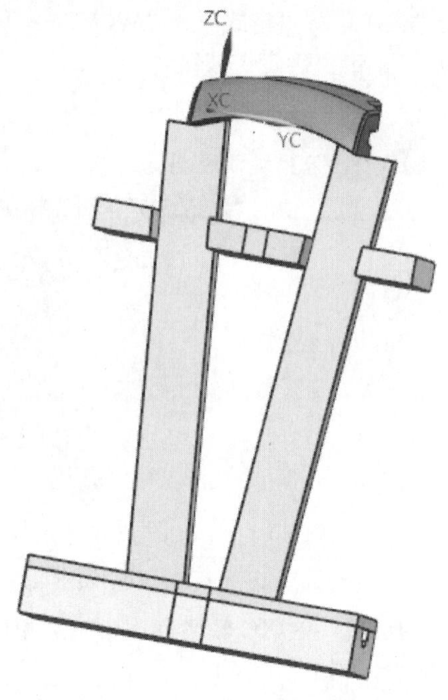

图 13-67 修剪后的斜顶杆

注意： 此处斜顶杆也可以使用侧型机构成型，但考虑到使用侧型机构会增加模具的复杂程度，因此采用斜顶杆机构。

（12）选择如图 13-68 所示的部件，右击，在弹出的快捷菜单中选择“设为工作部件”选项，将该部件转为工作部件。接着单击“装配”选项卡“常规”面板上的“WAVE 几何链接器”按钮，弹出“WAVE 几何链接器”对话框，如图 13-69 所示。

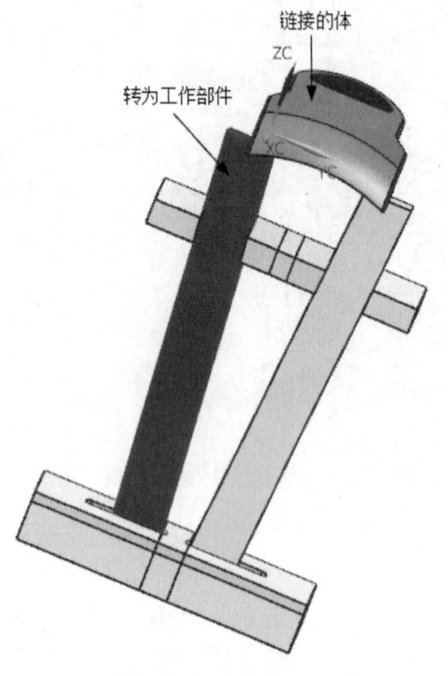

图 13-68 选择部件

图 13-69 “WAVE 几何链接器”对话框

（13）在“WAVE 几何链接器”对话框的“类型”下拉列表中选择“体”选项，选择如图 13-68 所示的“链接的体”部件，单击“确定”按钮，完成部件的链接。选中工作部件，右击，在弹出快捷菜单中选择“仅显示”选项。

（14）单击“主页”选项卡“特征”面板上的“拉伸”按钮，弹出“拉伸”对话框，单击“绘制截面”按钮，选择如图 13-70 所示的平面，进入草绘环境。单击“主页”选项卡“曲线”面板上的“投影曲线”按钮，弹出“投影曲线”对话框，如图 13-71 所示。选择如图 13-72 所示的线框，单击“确定”按钮，然后单击“完成”按钮，退出草绘界面。

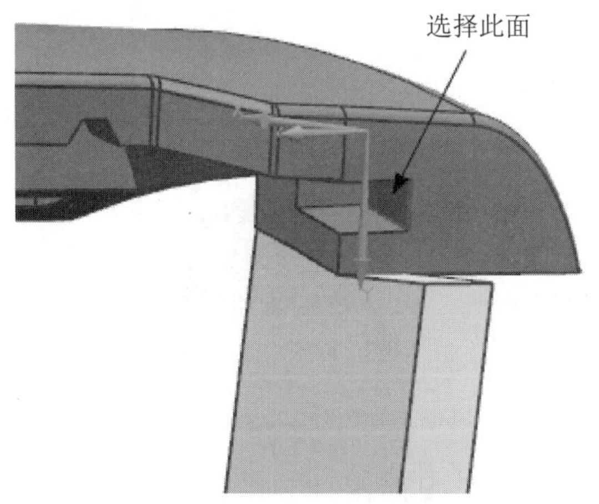

图 13-70　选择平面

图 13-71　“投影曲线”对话框

（15）在“拉伸”对话框上的“结束”下拉列表中选择“直至延伸部分”选项，选择延伸的终点面如图 13-73 所示。此时“拉伸”对话框如图 13-74 所示。单击“确定”按钮，得到拉伸实体如图 13-75 所示。

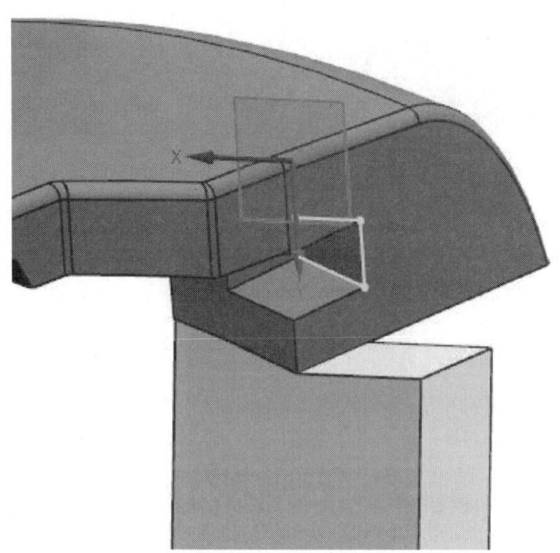

图 13-72　选择投影曲线

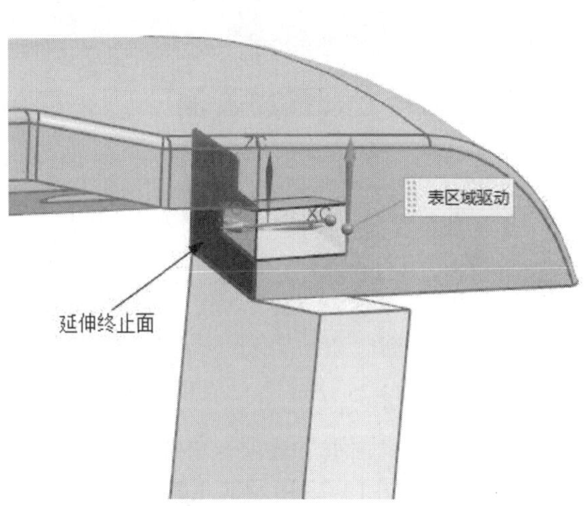

图 13-73　选择被延伸的面

Note

图 13-74 “拉伸”对话框

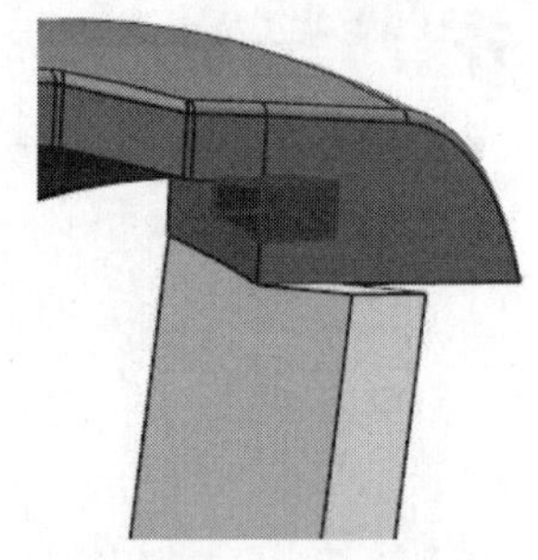

图 13-75 拉伸的效果

（16）单击“主页”选项卡“特征”面板上的“拉伸”按钮，弹出“拉伸”对话框，选择如图 13-76 所示的曲线。在“拉伸”对话框上的“结束”下拉列表中选择“直至延伸部分”选项，选择如图 13-76 所示的延伸的终止面。单击“确定”按钮，得到如图 13-77 所示的拉伸实体。

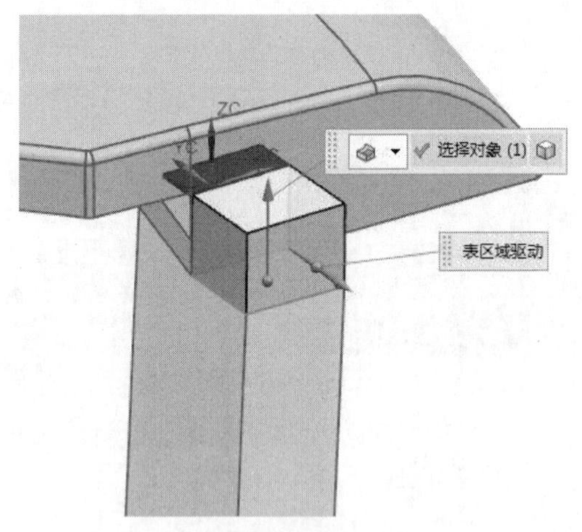

图 13-76 选择拉伸面和延伸面

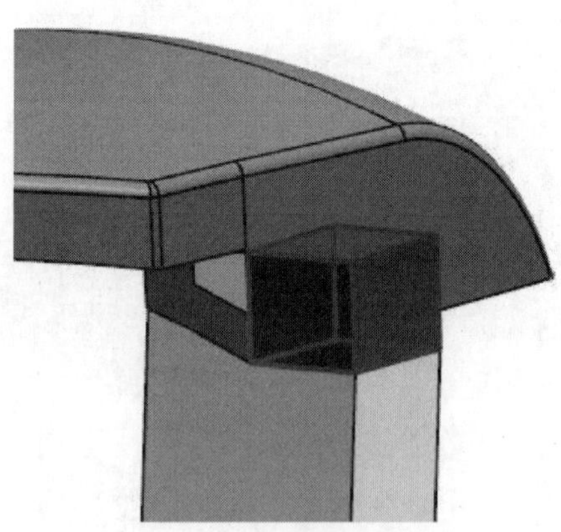

图 13-77 建立的拉伸实体

（17）单击“主页”选项卡“特征”面板上的“合并”按钮，弹出如图 13-78 所示的“合并”对话框。选择如图 13-79 所示的工具体和目标体，单击“确定”按钮，完成求和操作。

（18）重复步骤（12）～（19），完成对另一个斜顶杆的操作，并将窗口切换到“mkkt_prod_077.prt”文件。

图 13-78　“合并”对话框

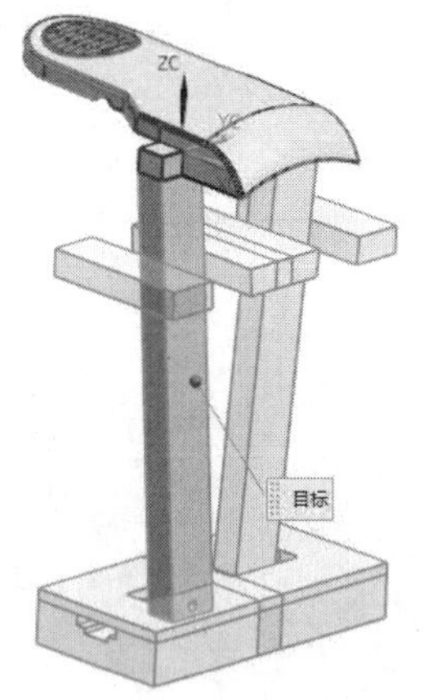

图 13-79　选择目标体和工具体

13.3.6　冷却系统设计

（1）单击“注塑模向导”选项卡“冷却工具”面板上的“冷却标准件库”按钮，弹出“重用库”对话框和“冷却组件设计”对话框。

（2）在“名称”列表中选择“COOLING”→“Water”选项，在“成员选择”列表中选择“COOLING HOLE”选项，在“详细信息”列表中设置“PIPE_THREAD”为“M8”，“HOLE_1_DEPTH”为“115”，“HOLE_2_DEPTH”为“120”，如图 13-80 所示。

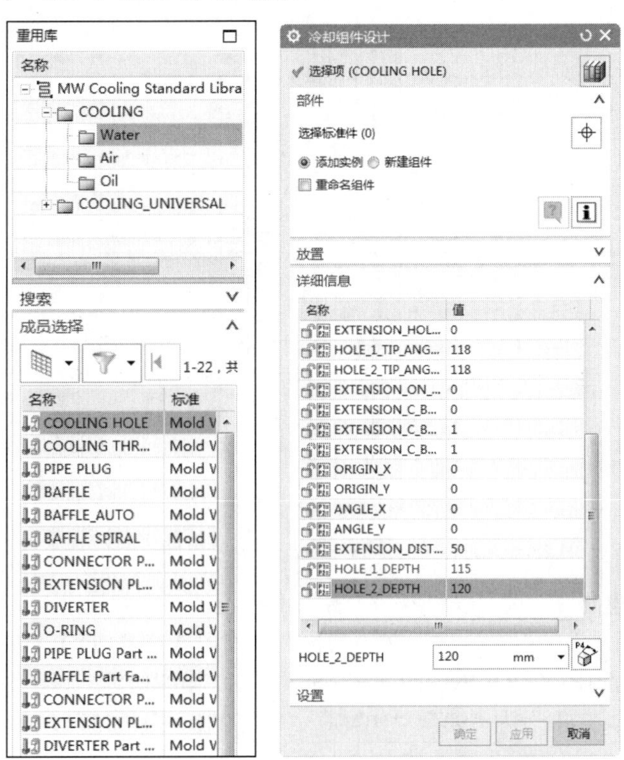

图 13-80　“重用库”和“冷却组件设计”对话框

（3）在对话框中单击“选择面或平面”选项，选择如图 13-81 所示的平面。

（4）弹出“标准件位置”对话框，如图 13-82 所示。单击“指定点”按钮，弹出“点”对话框，输入坐标为（0，0，0），单击“确定”按钮，返回到“标准件位置”对话框，设置“X 偏置”为 20，“Y 偏置”为 10，单击“应用”按钮。

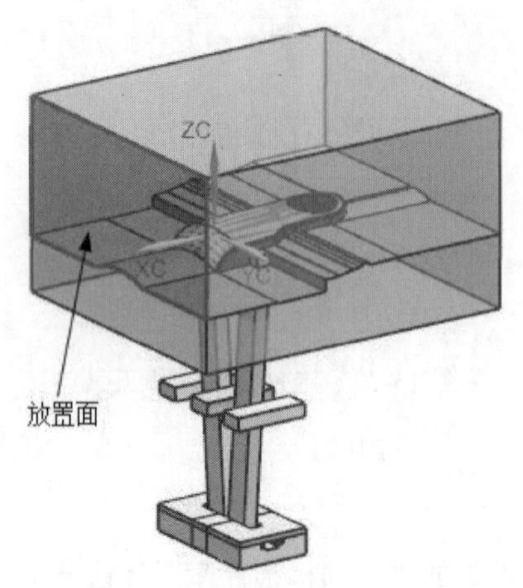

图 13-81　选择放置面（1）

图 13-82　“标准件位置”对话框

（5）再次设置“X 偏置”为-20，“Y 偏置”为 10，单击“确定”按钮，得到的效果如图 13-83 所示。

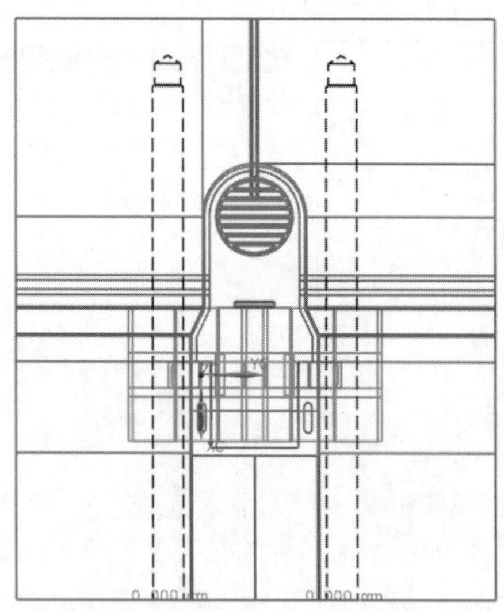

图 13-83　冷却管道效果图

（6）单击“注塑模向导”选项卡“冷却工具”面板上的“冷却标准件库”按钮，弹出“重用库”对话框和“冷却组件设计”对话框，在“名称”列表中选择“COOLING” →“Water”选项，在“成员选择”列表中选择“COOLING HOLE”选项，在“详细信息”列表中设置“PIPE_THREAD”为“M8”，“HOLE_1_DEPTH”为“90”，“HOLE_2_DEPTH”为“95”。

（7）选择如图 13-84 所示的平面为放置面。

（8）重复步骤（4）～（5），得到冷却管道的效果如图 13-85 所示。

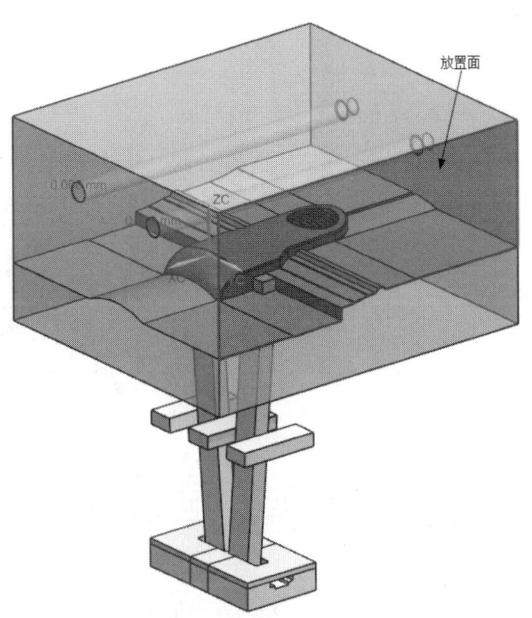

图 13-84　选择放置面（2）

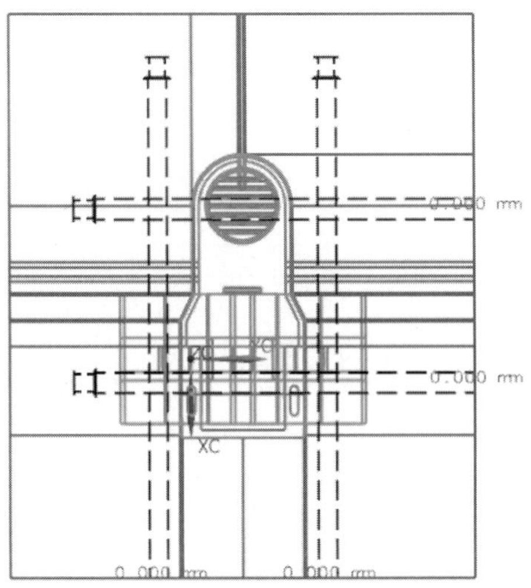

图 3-85　冷却管道最终效果图

（9）打开“xdgkt_top_025.prt”文件，并将所有部件显示。

（10）单击“注塑模向导”选项卡“主要”面板上的“腔”按钮，弹出“开腔”对话框，如图 13-86 所示。

（11）选择模具的模板、型芯和型腔为目标体。然后选择建立的定位环、主流道、浇口、顶杆、斜顶杆和冷却系统为工具体。

（12）单击“确定”按钮，建立腔体。得到整体模具效果如图 13-87 所示。

图 13-86　“开腔”对话框

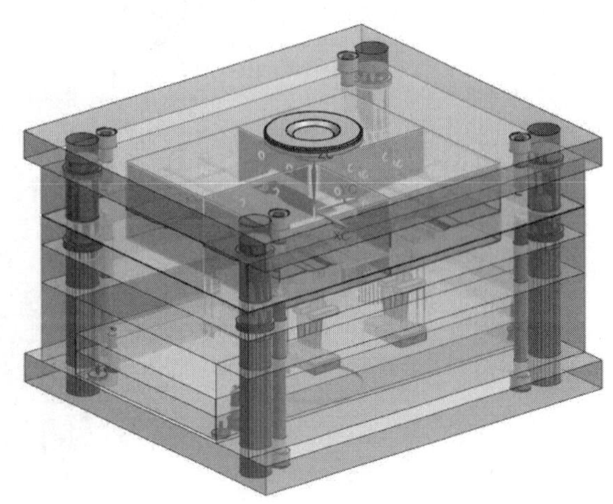

图 13-87　模具效果图

LCD 盒模具设计

（视频讲解：50 分钟）

本例将介绍典型多件模模具设计过程，即 LCD 盒的模具设计。此产品强度要求较高，其表面要求光滑以便于清洁处理模具结构分析，在模具结构中设计侧向抽芯机构和斜顶杆机构。产品材料采用 ABS，收缩率为 1.006。

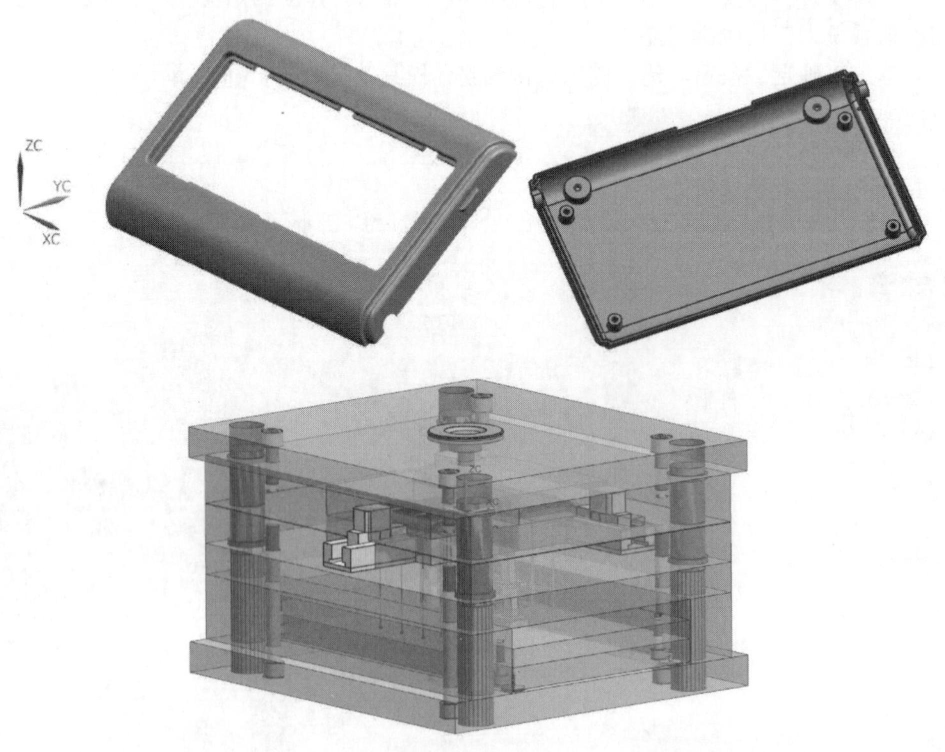

视频讲解

Note

14.1　初 始 设 置

14.1.1　项目初始化

（1）单击“注塑模向导”选项卡中的“初始化项目”按钮，弹出“部件名”对话框，选择 LCD 盒上盖文件“yuanwenjian/LCD/lcd_up.prt”，单击“OK”按钮。

（2）在弹出的“初始化项目”对话框中，设置“项目单位”为毫米，设置“材料”为 ABS，“收缩”为“1.006”，如图 14-1 所示。

（3）单击“确定”按钮即可调入 LCD 盒上盖参考模型，如图 14-2 所示。

图 14-1　“初始化项目”对话框

图 14-2　LCD 盒上盖

14.1.2　设置坐标系

（1）选择“菜单”→“格式”→“WCS”→“原点”命令，系统弹出“点”对话框，在对话框“类型”栏中选择“自动判断的点”，然后在绘图区参考模型上点击选取如图 14-3 所示的点，然后单击“确定”按钮，可以得到如图 14-4 所示的结果。

（2）选择“菜单”→“格式”→“WCS”→“定向”命令，系统弹出“坐标系”对话框，在对话框“类型”栏中选择“X 轴，Y 轴，原点”，然后在绘图区参考模型上点击选取如图 14-5 所示的两条边和一个点为新坐标系的 XC 轴和 YC 轴以及原点，然后单击“确定”按钮，可以得到如图 14-6 所示的结果。

Note

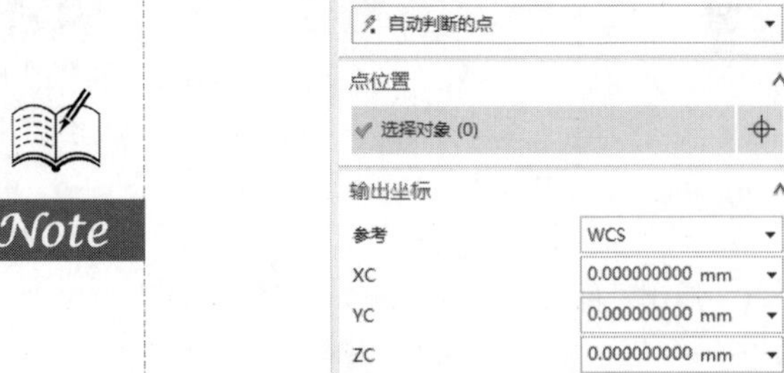

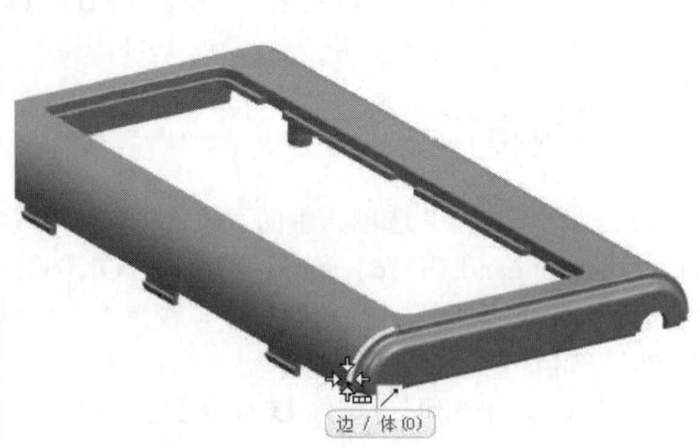

图 14-3　设置点

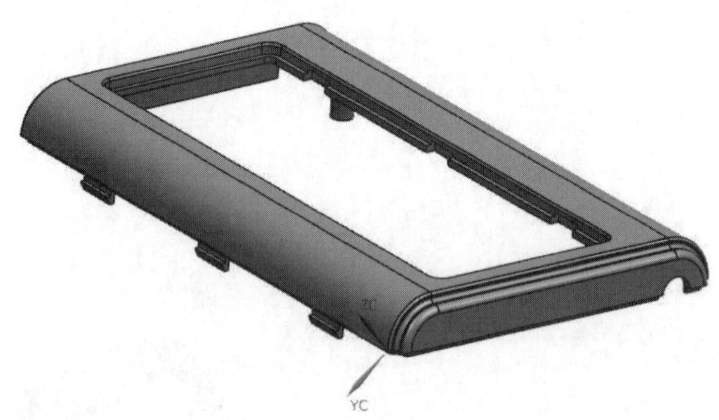

图 14-4　新坐标

图 14-5　坐标系对话框设置

（3）选择“菜单”→“格式”→“WCS”→“旋转”命令，系统弹出“旋转 WCS 绕...”对话框，在对话框中选中“+ZC 轴：XC→YC”单选按钮，在“角度”文本框中输入“90”，如图 14-7 所示。单击“应用”按钮，然后单击“确定”按钮，结果如图 14-8 所示。

图 14-6　设置后的坐标系

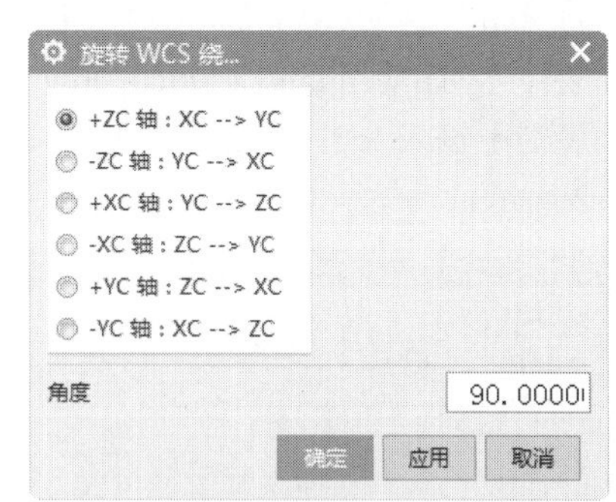

图 14-7　“旋转 WCS 绕...”对话框

（4）单击“注塑模向导”选项卡“主要”面板上的“模具坐标系”按钮，系统弹出“模具坐标系”对话框，选中“当前 WCS”单选按钮，如图 14-9 所示，并单击“确定”按钮，设置坐标系统与工作坐标系相匹配。

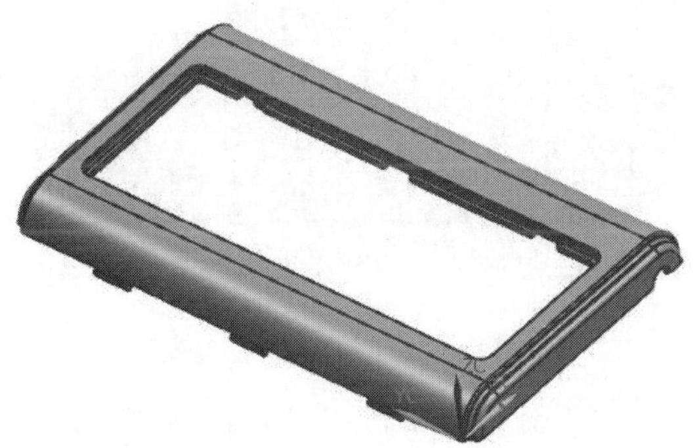

图 14-8　旋转后的坐标系

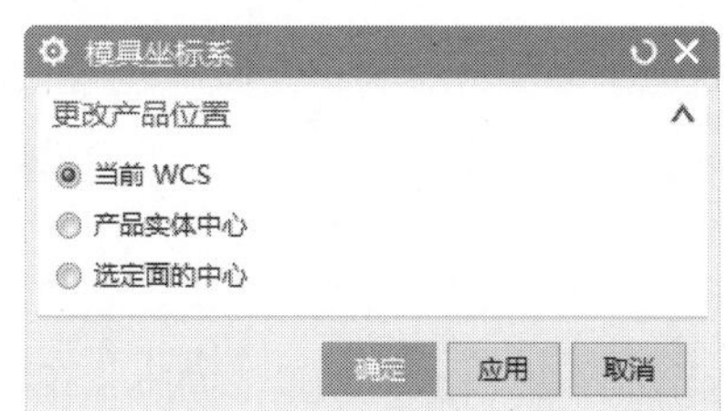

图 14-9　“模具坐标系”对话框

（5）单击“注塑模向导”选项卡“主要”面板上的“工件”按钮，系统弹出“工件”对话框，选择“参考点”定义类型，如图 14-10 所示，并依图设置工件尺寸。

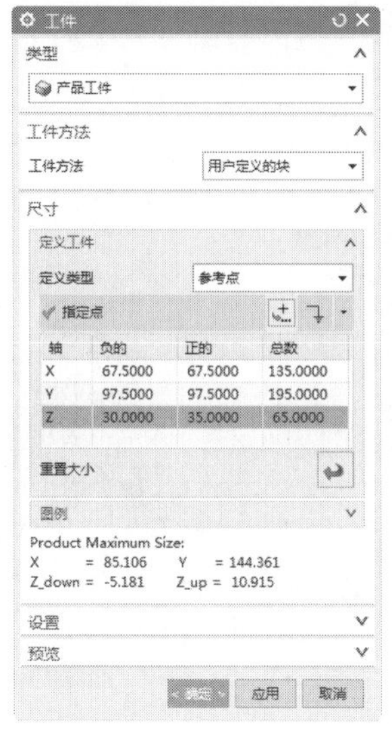

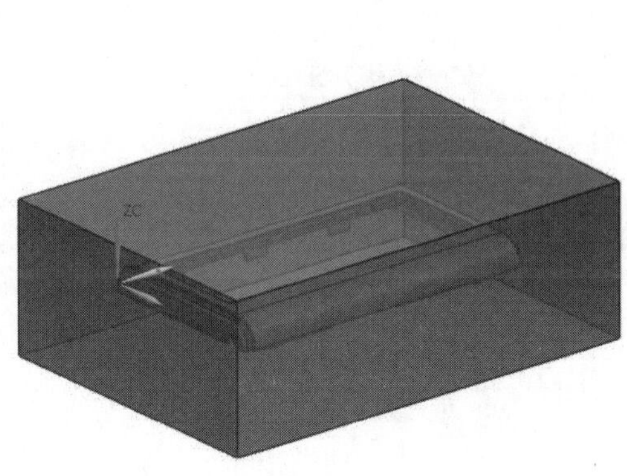

图 14-10　工件设置

Note

（6）单击“注塑模向导”选项卡中的“初始化项目”按钮，弹出“部件名”对话框，选择 LCD 盒下盖文件“yuanwenjian/LCD/lcd_down.prt”，单击“OK”按钮，系统弹出“部件名管理”对话框，在命名规则中输入 lcd_down，如图 14-11 所示，然后单击“确定”按钮，得到 LCD 盒产品效果如图 14-12 所示。

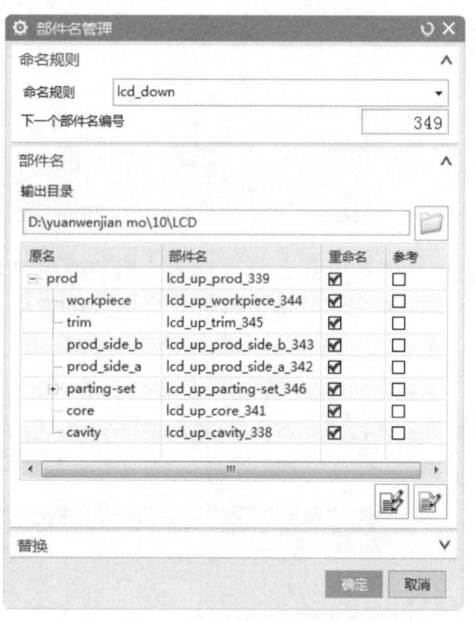

图 14-11 “部件名管理”对话框

图 14-12 LCD 盒产品效果

（7）选择“菜单”→“格式”→“WCS”→“旋转”命令，系统弹出“旋转 WCS 绕...”对话框，在对话框中选择“＋XC 轴：YC→ZC”选项，在“角度”文本框中输入“180”，如图 14-13 所示，单击“应用”按钮，然后单击“取消”按钮。

（8）选择“菜单”→“格式”→“WCS”→“原点”命令，系统弹出“点”对话框，在“坐标”栏“ZC”文本框中输入“0.697”，如图 14-14 所示，然后单击“确定”按钮，退出对话框。

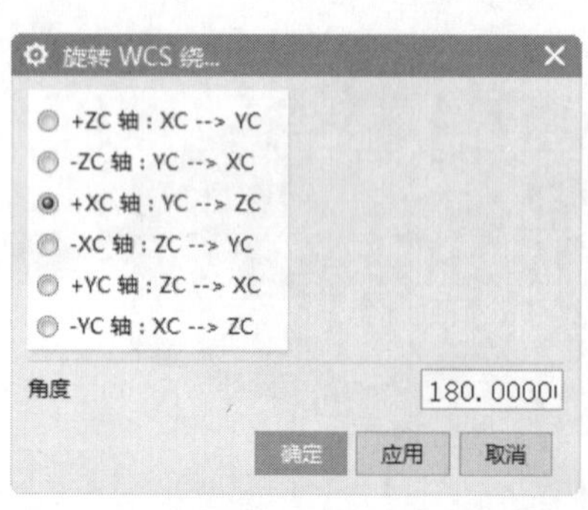

图 14-13 旋转设置

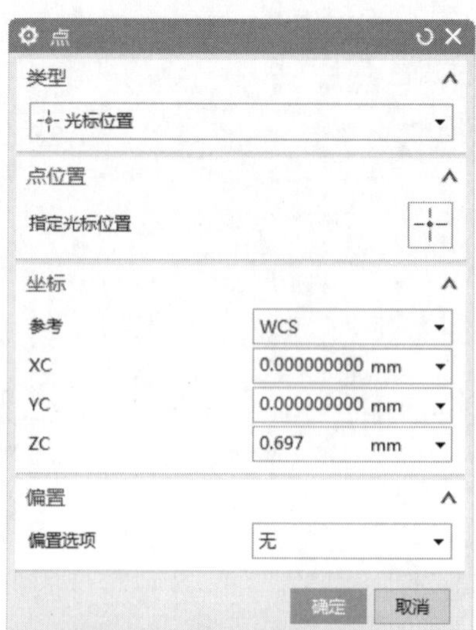

图 14-14 “点”对话框设置

（9）单击“注塑模向导”选项卡“主要”面板上的“模具坐标系”按钮，系统弹出“模具坐标系”对话框，选中“当前 WCS”单选按钮，如图 14-15 所示，并单击“确定”按钮，设置坐标系统与工作坐标系相匹配，结果如图 14-16 所示。

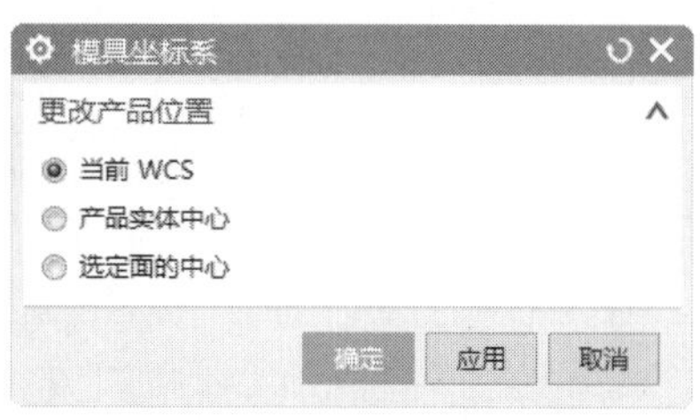

图 14-15　模具坐标系设置

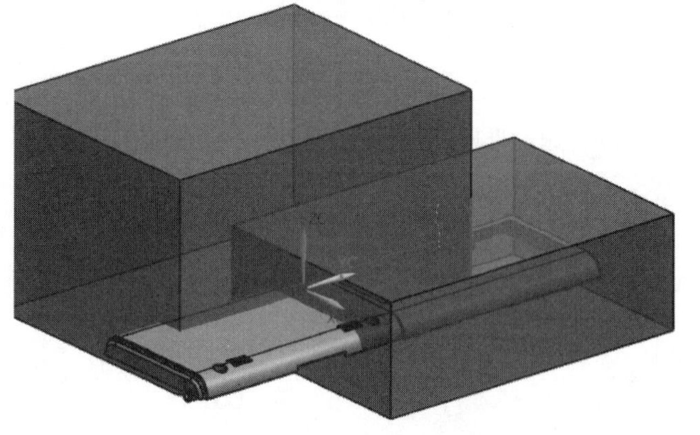

图 14-16　坐标系匹配结果

（10）单击“注塑模向导”选项卡“主要”面板上的“工件”按钮，系统弹出“工件”对话框，选择“参考点”定义类型，如图 14-17 所示，并依图设置工件尺寸，单击“确定”按钮，结果如图 14-18 所示。

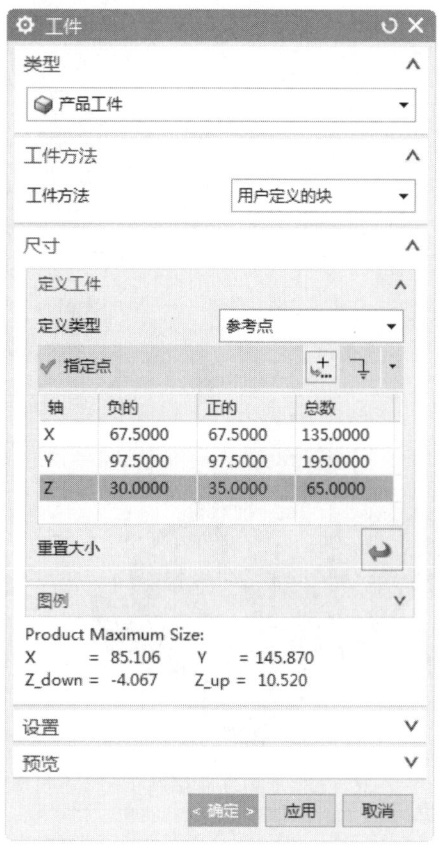

图 14-17　工件尺寸设置

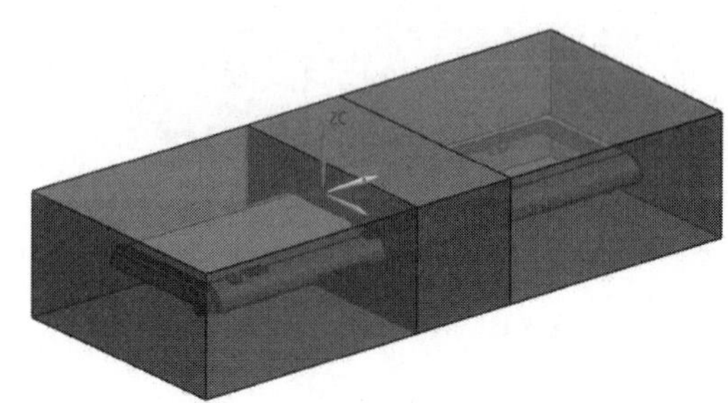

图 14-18　设置结果

Note

14.1.3 设置布局

（1）单击“注塑模向导”选项卡“主要”面板上的“型腔布局”按钮，系统弹出“型腔布局”对话框，如图 14-19 所示。

（2）单击“变换”按钮，系统弹出“变换”对话框，选择“点到点”变换类型，如图 14-20 所示，选择如图 14-21 所示的出发点和终止点，单击“确定”按钮返回“型腔布局”对话框。

（3）单击“自动对准中心”按钮，重新布局工件，然后单击“关闭”退出对话框，结果如图 14-22 所示。

图 14-19 “型腔布局”对话框

图 14-20 “变换”对话框

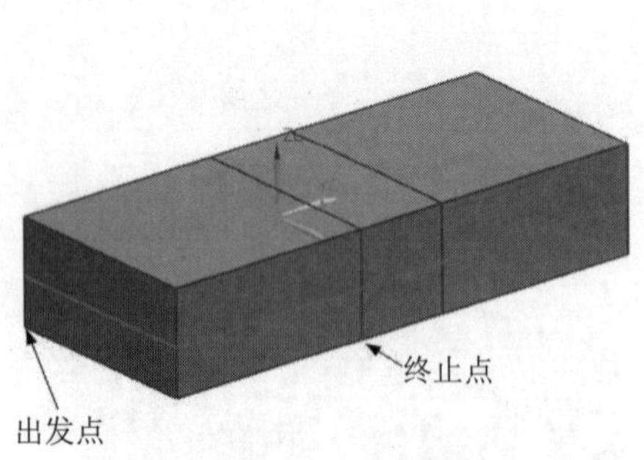

图 14-21 选择点

图 14-22 重新布局结果

Note

14.2　下盖分型设计

14.2.1　曲面补片

单击“注塑模向导”选项卡“分型刀具”面板上的“曲面补片”按钮，系统弹出“边补片”对话框，如图 14-23 所示，选择“遍历”类型，取消选中“按面的颜色遍历”复选框，在视图中选择如图 14-24 所示的边。单击“确定”按钮完成曲面修补，如图 14-25 所示。

图 14-23　“边补片”对话框

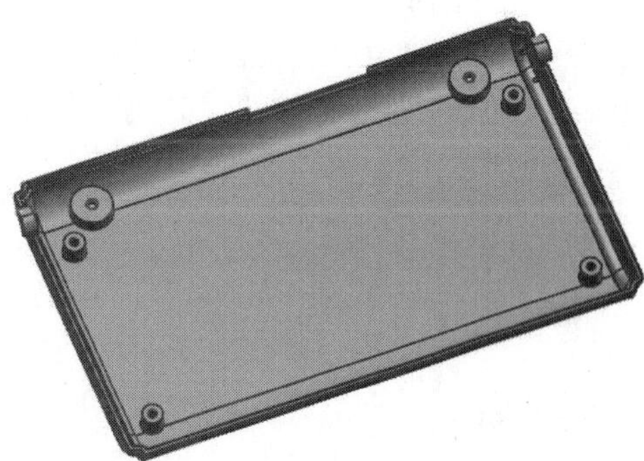

图 14-24　选择边

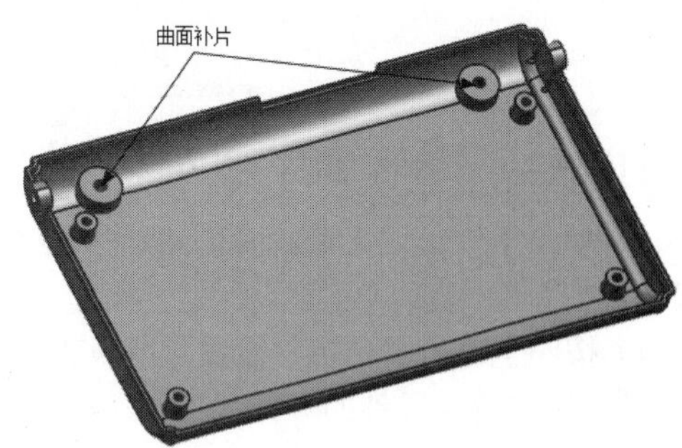

图 14-25　修补曲面

14.2.2　创建分型线

（1）单击“注塑模向导”选项卡“分型刀具”面板上的“设计分型面”按钮，系统弹出如图 14-26 所示的“设计分型面”对话框。

图 14-26 “设计分型面”对话框

（2）单击“编辑分型线”选项组中的“遍历分型线”按钮，弹出“遍历分型线”对话框，如图 14-27 所示。取消选中“按面的颜色遍历”复选框，在视图上选择实体的底面边线，选择如图 14-28 所示的曲线，单击“接受”按钮，另一条线高亮显示。

图 14-27 “遍历分型线”对话框

图 14-28 曲线的选择

（3）如果下一条边不是需要的边，单击“循环候选项”按钮，显示下一路径。单击“接受”按钮，选择下一边。

（4）按照上述步骤单击“接受”或者“循环候选项”按钮来完成分型线的选择，当边界封闭后，单击“确定”按钮，得到的分型线如图 14-29 所示。

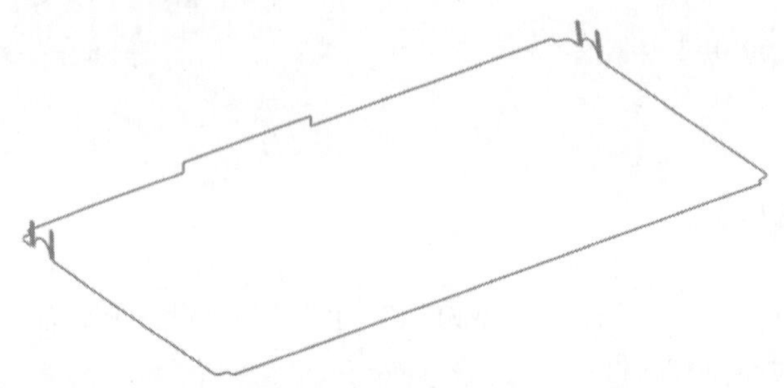

图 14-29 分型线

（5）单击“注塑模向导”选项卡“分型刀具”面板上的“设计分型面”按钮，弹出“设计分型面”对话框，单击选择分型或引导线栏，在如图 14-30 所示的位置创建引导线，单击“确定”按钮。

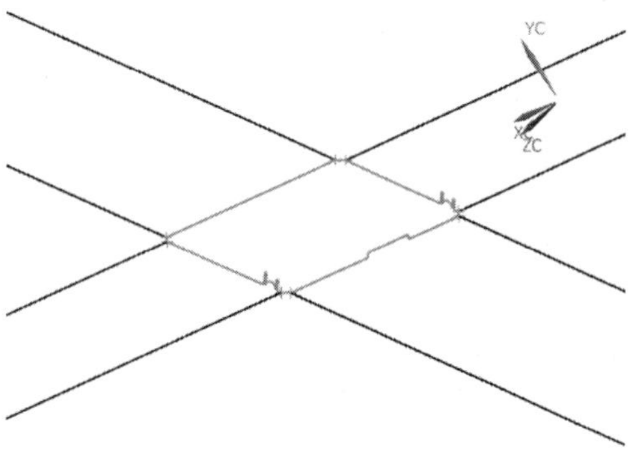

图 14-30　创建引导线

14.2.3　创建分型面

（1）单击“注塑模向导”选项卡“分型刀具”面板上的“设计分型面”按钮，在弹出的“设计分型面”对话框的中分型段列表中选择分段 1，如图 14-31 所示。在创建分型面栏中选中“拉伸”选项，采用默认拉伸方向，用鼠标拖动“曲面延伸距离”标志，调节曲面延伸距离，使分型面的拉伸长度大于工件的长度，单击“应用”按钮。

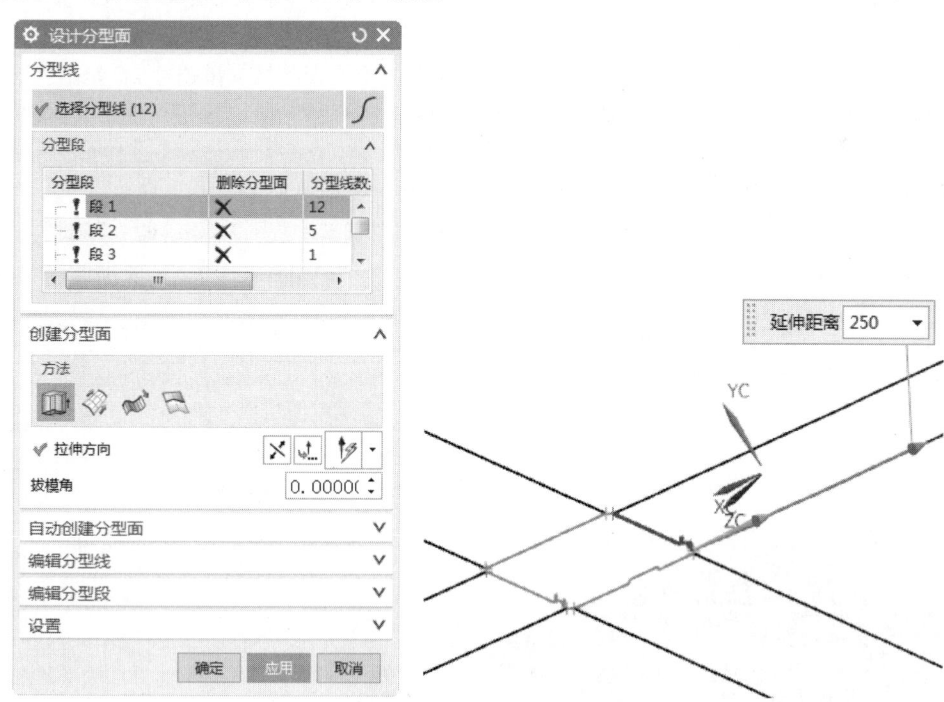

图 14-31　选择分段 1 及效果

（2）在弹出的“设计分型面”对话框的中分型段列表中选择分段 2，在创建分型面栏中选中“有界曲面”选项，选中“使用默认保留边”复选框，如图 14-32 所示。

Note

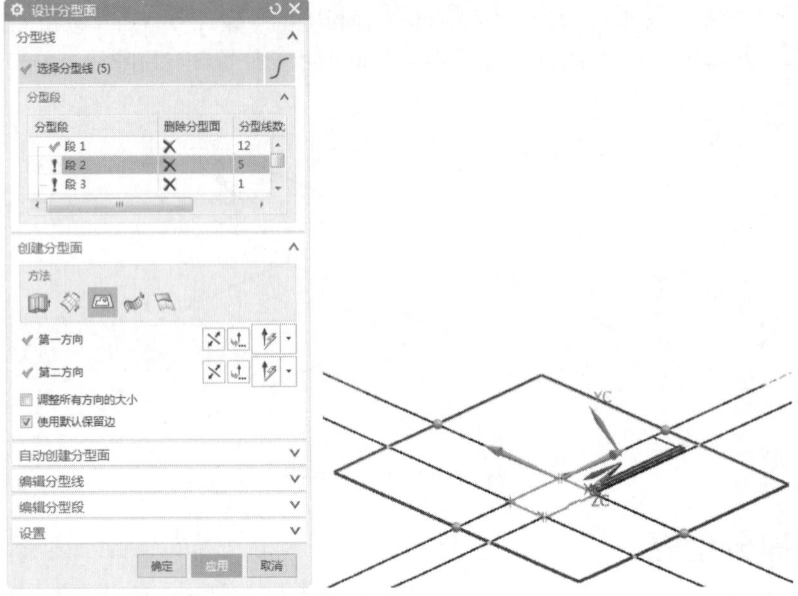

图 14-32　选择分段 2 及效果

（3）在弹出的“设计分型面”对话框的中分型段列表中选择分段 3，在创建分型面栏中选中“拉伸”选项，采用默认拉伸方向，如图 14-33 所示。

（4）利用上面的“设计分型面”对话框中的“拉伸”和“有界平面”选项，拉伸分型面，最后得到如图 14-34 所示的分型面。

（5）单击“注塑模向导”选项卡“分型刀具”面板上的“检查区域”按钮，弹出“检查区域”对话框，如图 14-35 所示。在“计算”选项组中选中“保持现有的”单选按钮，单击“计算”按钮。

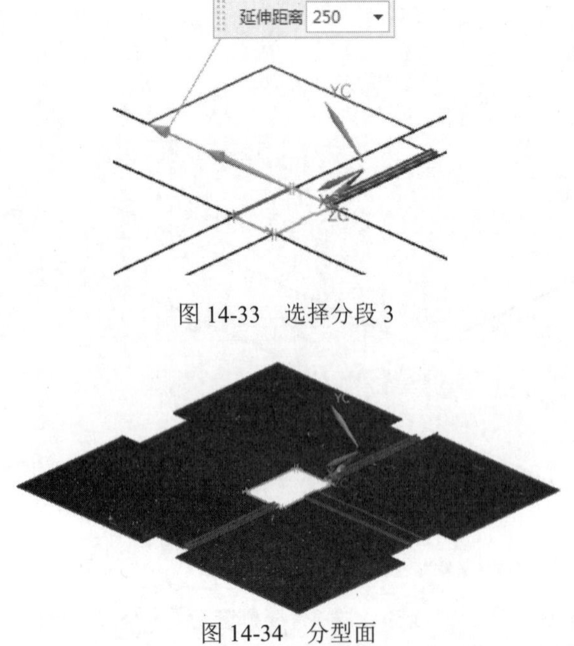

图 14-33　选择分段 3

图 14-34　分型面

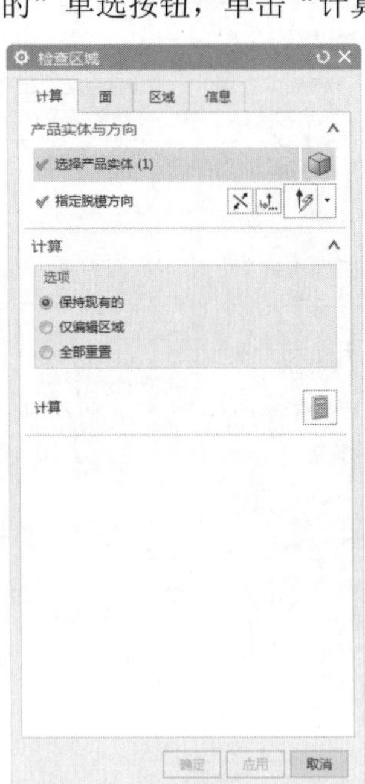

图 14-35　“检查区域”对话框

（6）选择“区域”选项卡，如图 14-36 所示，显示有 17 个未定义区域。在视图中选择两侧如图 14-37 所示的面和中间面定义为型芯面，将剩余的未定义区域定义为型腔区域，单击“确定”按钮，可以看到型腔面 137 与型芯面 147 的和等于总面数 284。

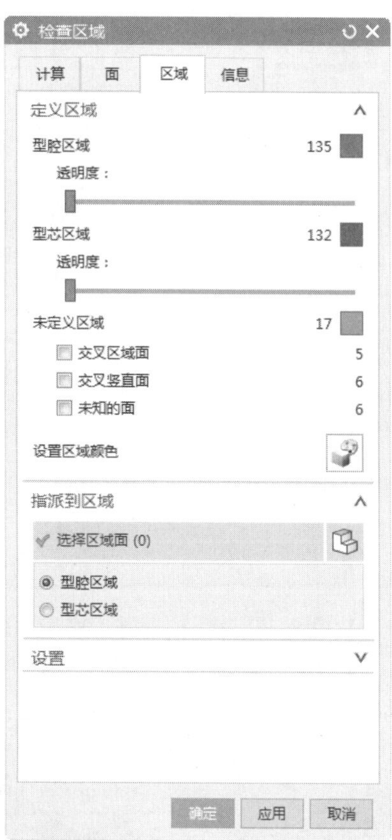

图 14-36　“区域”选项卡

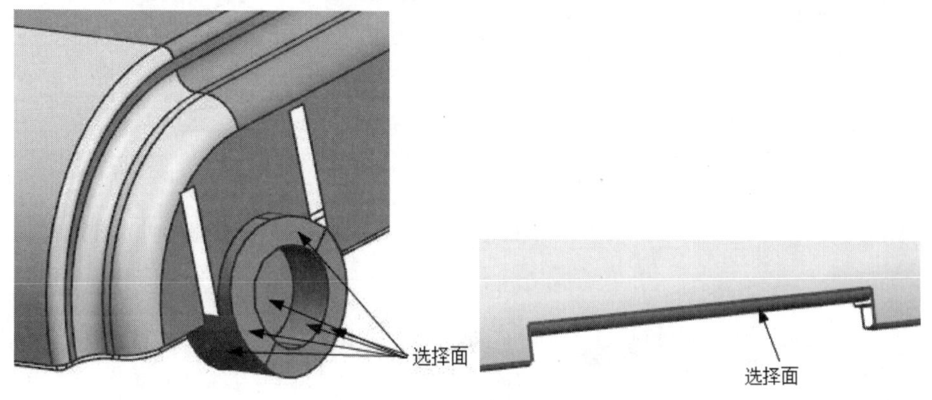

图 14-37　选择型芯面

14.2.4　创建型腔和型芯

（1）单击“注塑模向导”选项卡“分型刀具”面板上的“定义区域”按钮，系统弹出“定义

Note

区域”对话框，如图 14-38 所示，选择“所有面”选项，勾选“创建区域”复选框，单击“确定”按钮。

（2）单击“注塑模向导”选项卡“分型刀具”面板上的“定义型芯和型腔”按钮，弹出图 14-39 所示的“定义型腔和型芯”对话框。将“缝合公差”设置为 0.1，选择“所有区域”选项，单击“确定”按钮。创建的型芯和型腔，如图 14-40 所示。

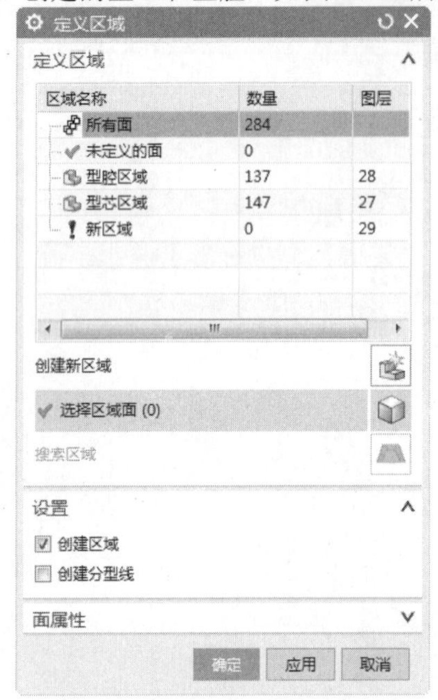

图 14-38 “定义区域”对话框

图 14-39 “定义型腔和型芯”对话框

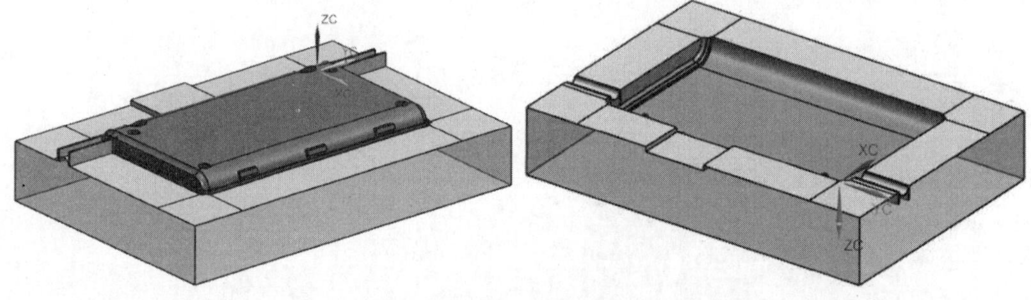

图 14-40 创建的型芯和型腔

（3）单击“文件”→“保存”→“全部保存”选项，保存完成的所有部件文件。

视频讲解

14.3 上盖分型设计

14.3.1 修补上盖

（1）单击“注塑模向导”选项卡“主要”面板上的“多腔模设计”按钮，系统弹出“多腔模设计”对话框，如图 14-41 所示，在对话框列表中选择“lcd_up”，然后单击“确定”按钮，将“lcd_up”作为当前编辑对象。

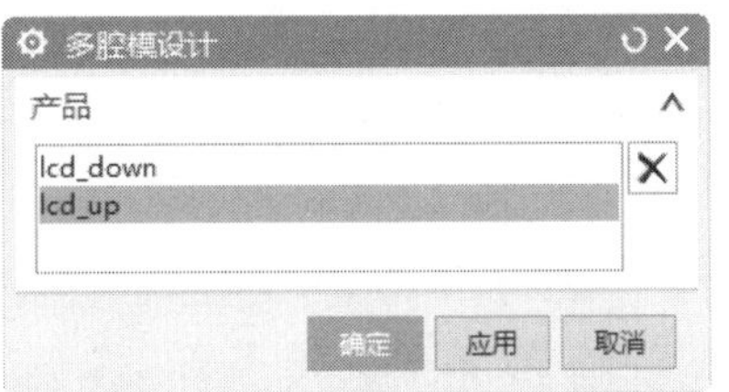

图 14-41　“多腔模设计”对话框

（2）打开 LCD 盒上盖，如图 14-42 所示。

（3）单击“曲线”选项卡“曲线”面板中的“直线”按钮，系统弹出“直线”对话框，如图 14-43 所示，绘制如图 14-44 所示的线段。

图 14-42　显示 LCD 盒上盖

图 14-43　直线对话框

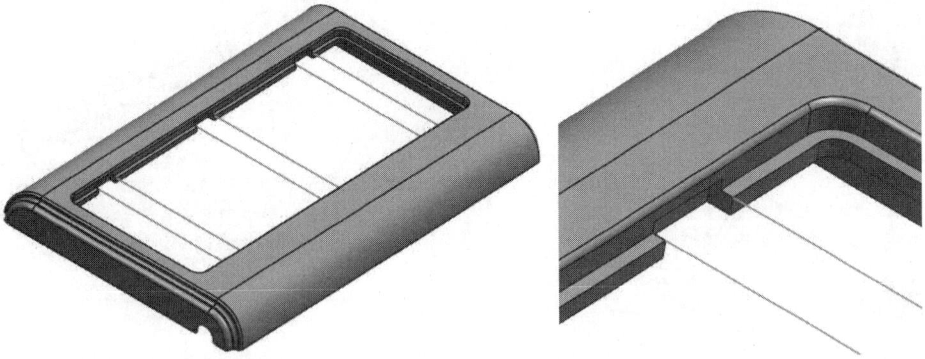

图 14-44　绘制线段

（4）单击“曲面”选项卡“曲面”面板上的“N 边曲面”按钮，系统弹出“N 边曲面”对话框，选择“已修剪”类型，如图 14-45 所示，然后在绘图区塑件上选择如图 14-46 所示的边，在“设置”选项组中选中“修剪到边界”复选框，单击“应用”按钮，完成边界面的创建，如图 14-47 所示。

（5）按照同样的方法创建另外三个有界平面，如图 14-48 所示。

Note

图 14-45 “N 边曲面”对话框

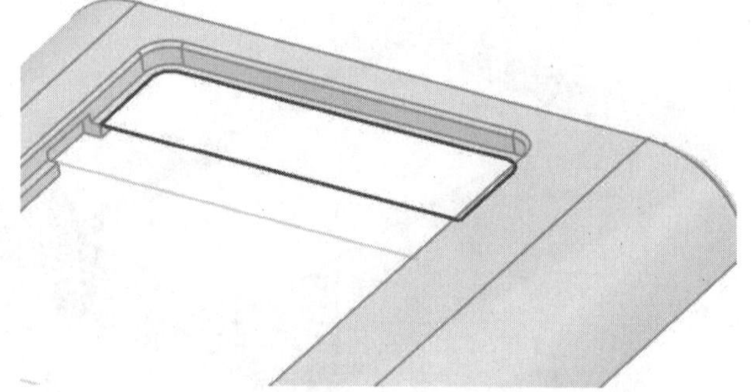

图 14-46 选择边界

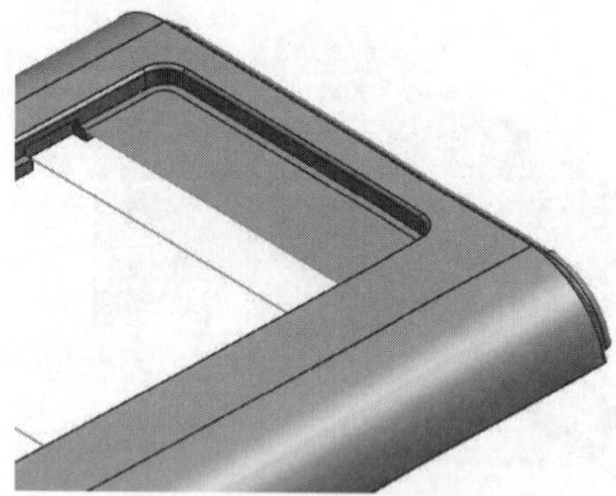

图 14-47 创建边界

图 14-48 创建另外三个有界平面

（6）单击“曲面”选项卡“曲面”面板中的“扫掠”按钮，系统弹出“扫掠”对话框，如图 14-49 所示，在绘图区选择第一截面线串，并单击中键确定，接着选择第二截面线串并单击中键，然后单击“引导线”栏中的选择曲线项，选择第一引导线串，并单击鼠标中键，再选择第二引导线串，并单击鼠标中键，如图 14-50 所示，然后单击“确定”按钮，得到曲面如图 14-51 所示。

Note

图 14-49　“扫掠”对话框设置

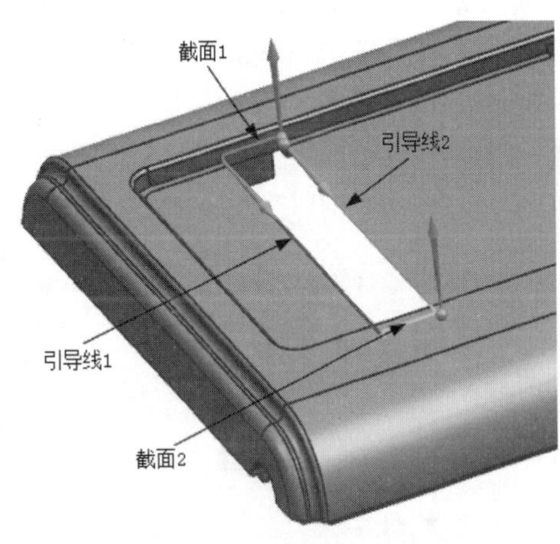

图 14-50　选择截面与引导线

（7）应用与步骤（6）同样的方法创建其他两个扫掠面，结果如图 14-52 所示。

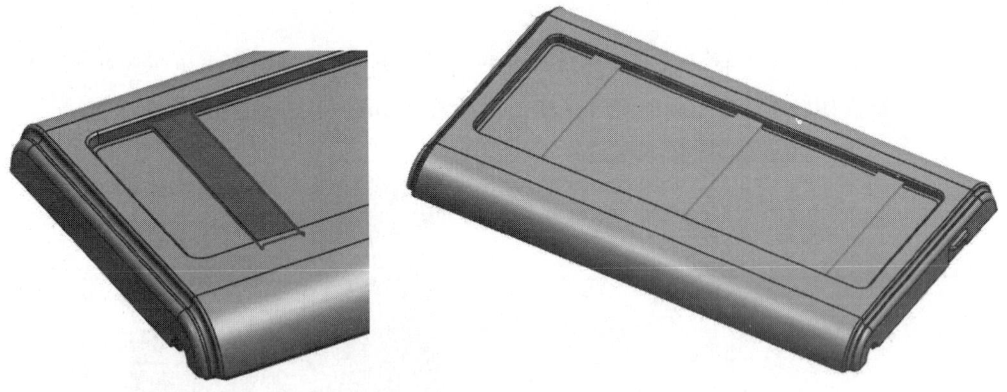

图 14-51　扫掠曲面　　　　图 14-52　创建其余扫掠曲面

（8）单击“曲面”选项卡“曲面工序”面板上的“缝合”按钮，系统弹出“缝合”对话框，如图 14-53 所示，在绘图区中选择上面创建的曲面，然后单击“确定”按钮，完成片体的缝合。结果如图 14-54 所示。

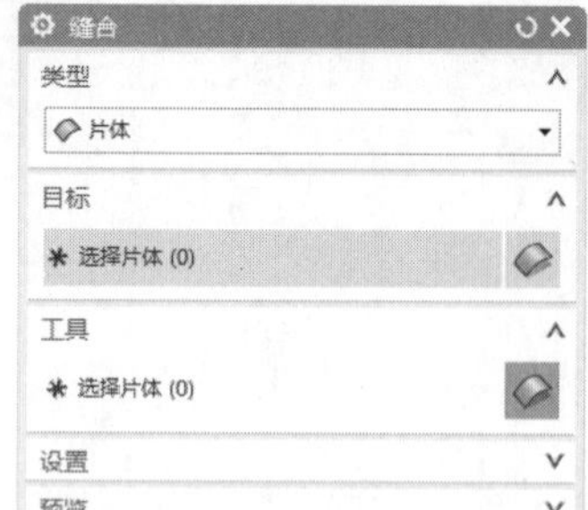

图 14-53 “缝合”对话框　　图 14-54 缝合后的曲面

（9）单击“注塑模向导”选项卡“注塑模工具”面板上的“编辑分型面和曲面补片”按钮，系统弹出“编辑分型面和曲面补片”对话框，如图 14-55 所示，在绘图区选择刚才缝合的曲面，单击“确定”按钮，得到修补片体如图 14-56 所示。

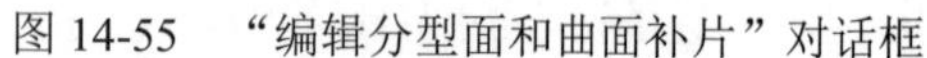

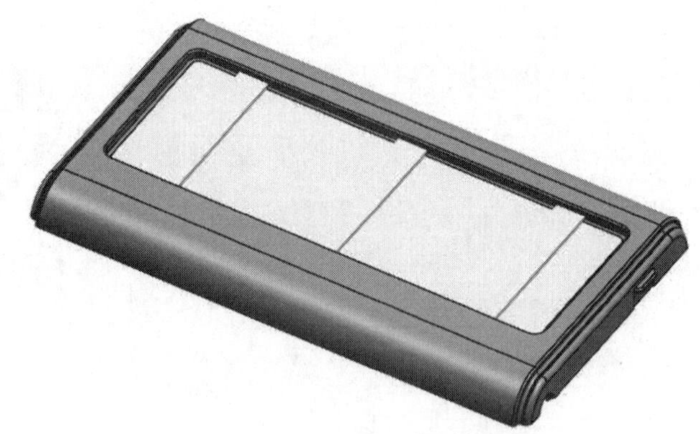

图 14-55 “编辑分型面和曲面补片”对话框　　图 14-56 创建的修补片体

14.3.2 分割表面

（1）单击“曲线”选项卡“曲线”面板中的“直线”按钮，系统弹出“直线”对话框，如图 14-57 所示，放大如图 14-58 所示的塑件区域，然后绘制如图 14-59 所示的线段。

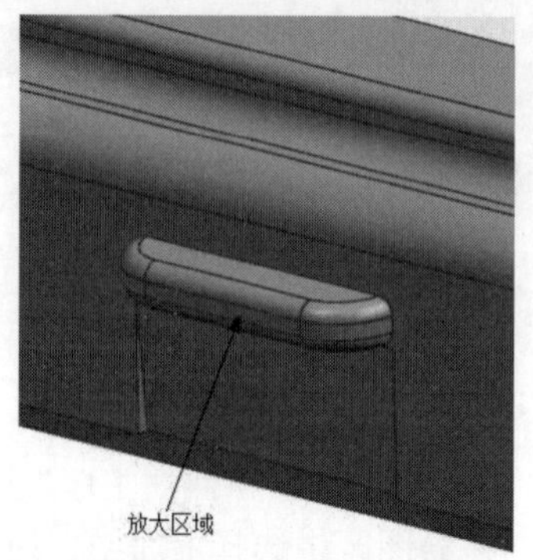

图 14-57 “直线”对话框　　图 14-58 放大绘图区域

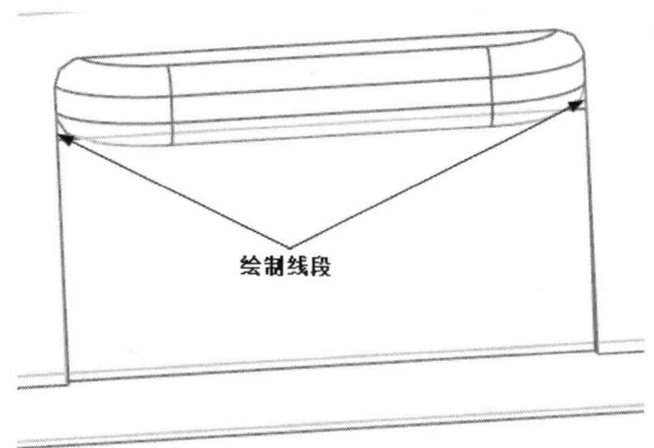

图 14-59　绘制线段

（2）单击“注塑模向导”选项卡“注塑模工具”面板上的“拆分面”按钮，系统弹出“拆分面”对话框，选择“曲线/边”类型，如图 14-60 所示。

（3）在绘图区塑件模型上选择如图 14-61 所示的被拆分面，然后选择前面创建的线段为分割对象，如图 14-62 所示，然后单击“确定”按钮，分割后的结果如图 14-63 所示。

图 14-60　“拆分面”对话框设置

图 14-61　选择被拆分面

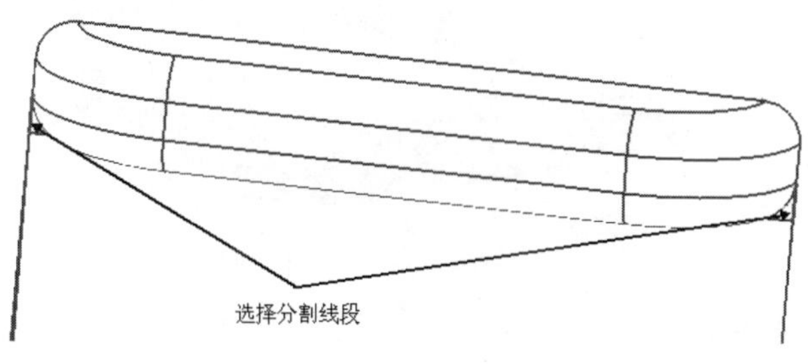

图 14-62　选择分割对象

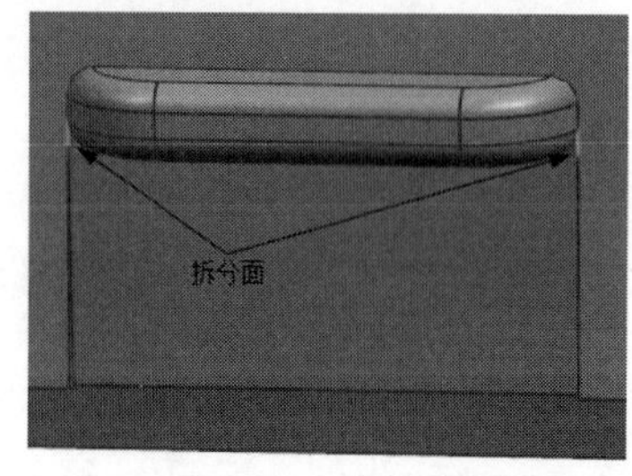

图 14-63　分割结果

14.3.3 创建分型线和分型面

（1）单击“注塑模向导”选项卡“分型刀具”面板上的“设计分型面”按钮，系统弹出如图 14-64 所示的“设计分型面”对话框。

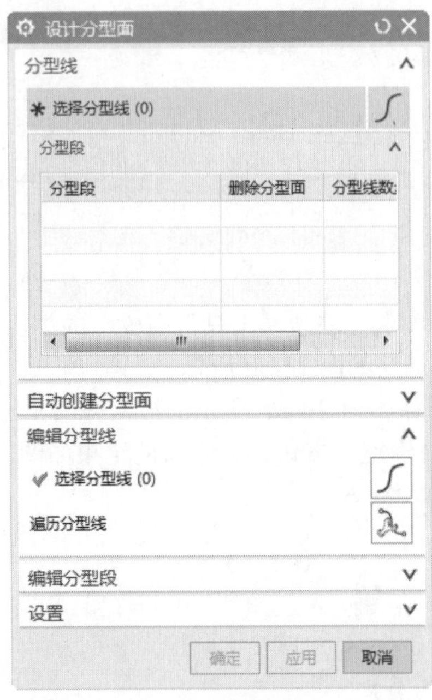

图 14-64　“设计分型面”对话框

（2）单击“编辑分型线”选项组中的“遍历分型线”按钮，弹出“遍历分型线”对话框，如图 14-65 所示。取消选中“按面的颜色遍历”复选框，在视图上选择实体的底面边线，选择如图 14-66 所示的曲线，单击“接受”按钮，另一条线高亮显示。

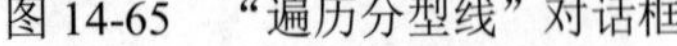

图 14-65　“遍历分型线”对话框　　　　图 14-66　曲线的选择

（3）如果下一条边不是需要的边，单击“循环候选项”按钮，显示下一路径。单击“接受”按钮，选择下一边，局部分型线如图 14-67 所示。

（4）按照上述步骤单击“接受”或者“循环候选项”按钮来完成分型线的选择，当边界封闭后，单击“确定”按钮，得到的分型线如图 14-68 所示。

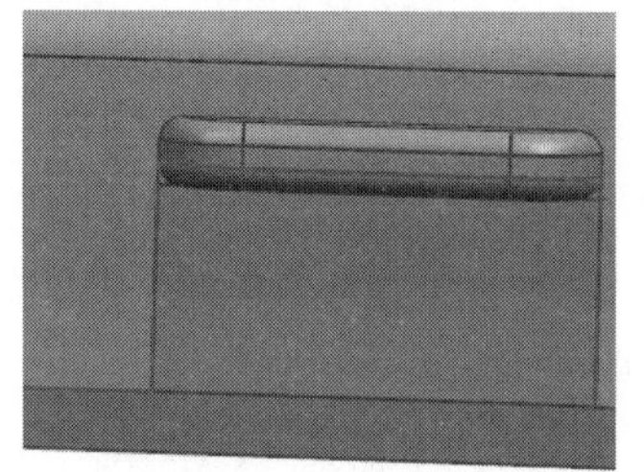

图 14-67 局部分型线

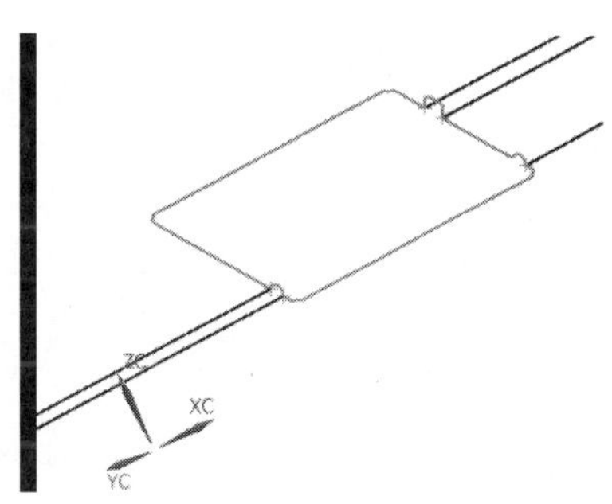

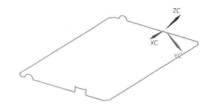

图 14-68 分型线

（5）单击“注塑模向导”选项卡“分型刀具”面板上的“设计分型面”按钮，弹出“设计分型面”对话框，单击选择分型或引导线栏，在如图 14-69 所示的位置创建引导线，结果如图 14-70 所示。

图 14-69 创建引导线

（6）单击“注塑模向导”选项卡“分型刀具”面板上的“设计分型面”按钮，在弹出的“设计分型面”对话框的中分型段列表中选择分段 1，如图 14-70 所示。在创建分型面栏中选中“拉伸”选项，采用默认拉伸方向，用鼠标拖动“曲面延伸距离”标志，调节曲面延伸距离，使分型面的拉伸长度大于工件的长度，单击“应用”按钮。

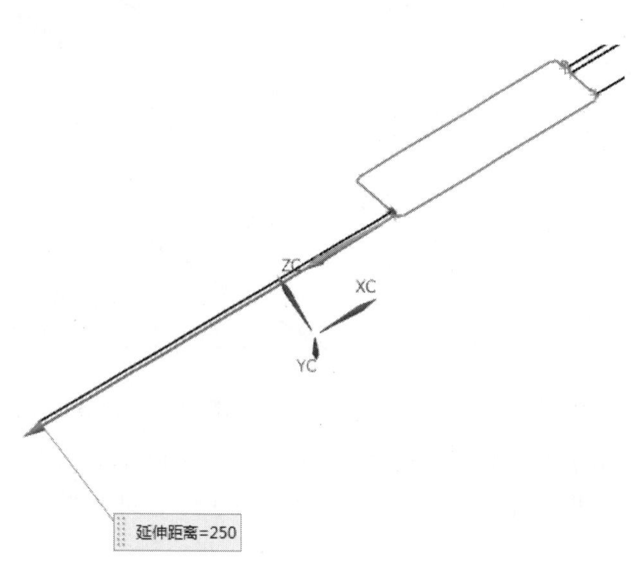

图 14-70 “设计分型面”对话框和选择分段 1

（7）在“设计分型面”对话框的中分型段列表中选择分段3，如图14-71所示。在创建分型面栏中选中“拉伸”选项，采用默认拉伸方向，用鼠标拖动“曲面延伸距离”标志，调节曲面延伸距离，使分型面的拉伸长度大于工件的长度，单击“应用”按钮。

（8）在“设计分型面”对话框的中分型段列表中选择分段4，如图14-72所示。在创建分型面栏中选中“拉伸”选项，采用默认拉伸方向，用鼠标拖动“曲面延伸距离”标志，调节曲面延伸距离，使分型面的拉伸长度大于工件的长度，单击“应用”按钮。

Note

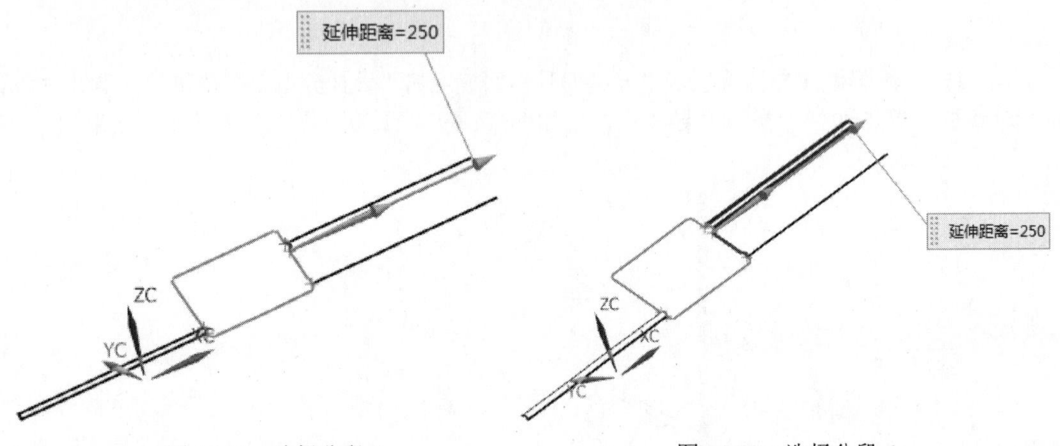

图14-71　选择分段3　　　图14-72　选择分段4

（9）在“设计分型面”对话框的中分型段列表中选择分段5，如图14-73所示。在创建分型面栏中选中“有界曲面”选项，采用默认设置，调节曲面宽度，使分型面的长度大于工件的长度，单击“应用”按钮。

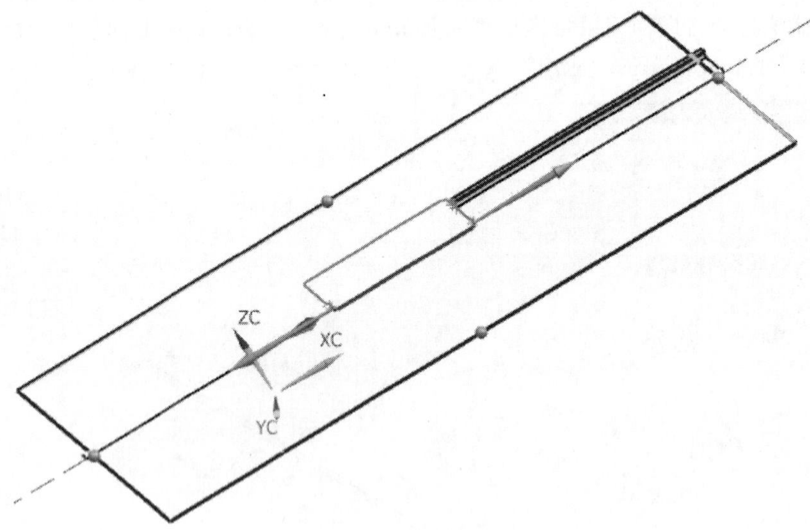

图14-73　选择分段5

（10）在“设计分型面”对话框的中分型段列表中选择分段2，在创建分型面栏中选中“条状曲面”选项，采用默认设置，如图14-74所示，单击“确定”按钮，完成分型面的创建，如图14-75所示。

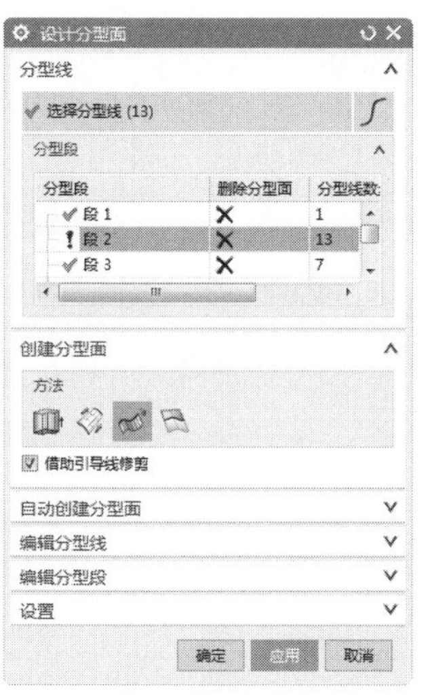

图 14-7　选择分段 2

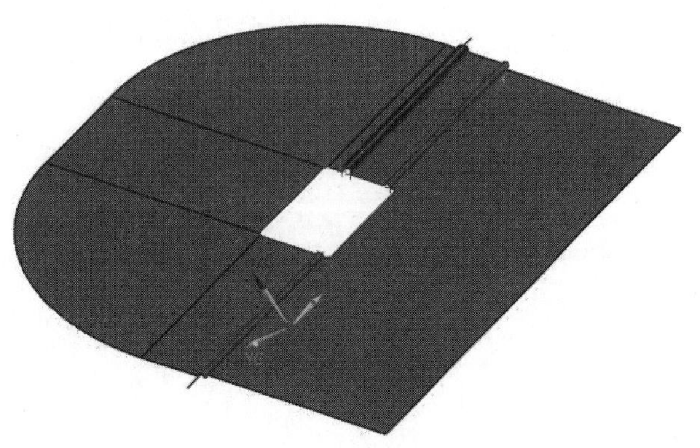

图 14-75　分型面

14.3.4　创建型腔和型芯

（1）单击“注塑模向导”选项卡“分型刀具”面板上的“检查区域”按钮，弹出“检查区域”对话框，如图 14-76 所示。在“计算”选项组中选中“保持现有的”单选按钮，单击“计算”按钮。

（2）选择“区域”选项卡，如图 14-77 所示，显示有 19 个未定义区域。在视图中选择模型的侧面为型腔区域，将其余未定义区域定义为型芯区域，单击“确定”按钮，可以看到型腔面（60）与型芯面（145）的和等于总面数（205）。

图 14-76　“检查区域”对话框

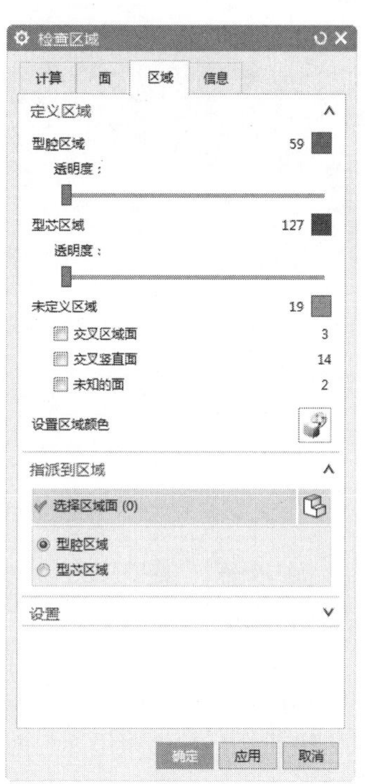

图 14-77　“区域”选项卡

（3）单击“注塑模向导”选项卡“分型刀具”面板上的“定义区域”按钮，系统弹出“定义区域”对话框，如图 14-78 所示，选择“所有面”选项，选中“创建区域”复选框，单击“确定”按钮。

（4）单击“注塑模向导”选项卡“分型刀具”面板上的“定义型芯和型腔”按钮，弹出图 14-79 所示的“定义型腔和型芯”对话框。将“缝合公差”设置为 0.1，区域名称选择“所有区域”选项，单击“确定”按钮。创建的型芯和型腔如图 14-80 所示。

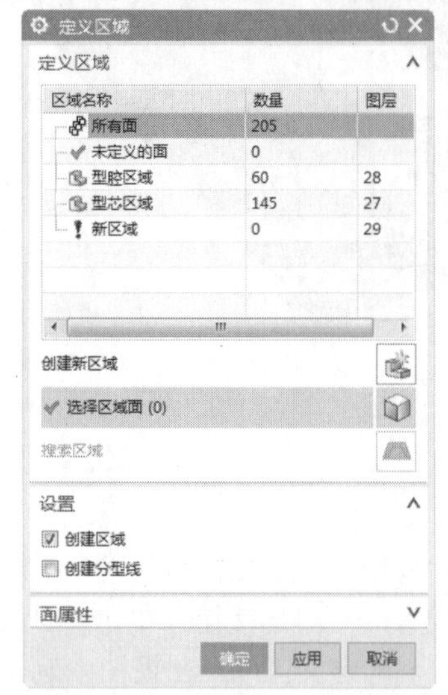

图 14-78 “定义区域”对话框

图 14-79 “定义型芯和型腔”对话框

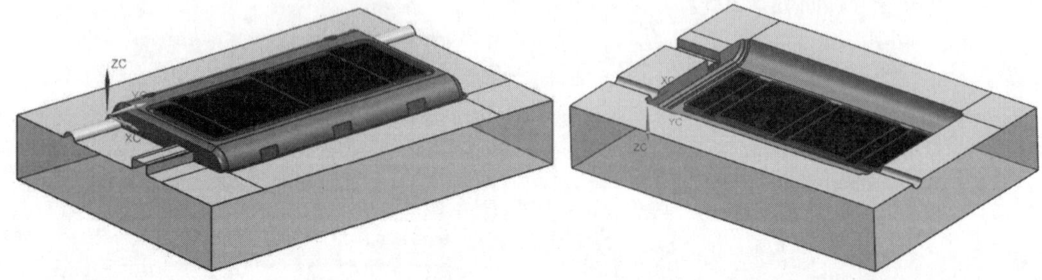

图 14-80 创建的型芯和型腔

（5）单击“文件”→“保存”→“全部保存”命令，保存完成的所有部件文件。

视频讲解

14.4 辅助系统设计

14.4.1 添加模架

（1）单击“注塑模向导”选项卡“主要”面板上的“模架库”按钮，系统弹出“重用库”对话框和“模架库”对话框，在“重用库”对话框的“名称”列表中选择“HASCO_E”模架，在“成员选择”列表中选择“Type1（F2M2）”，在详细信息列表设置 index 为“396×496”，如图 14-81 所示，然后单击“应用”按钮，加入如图 14-82 所示的模架。

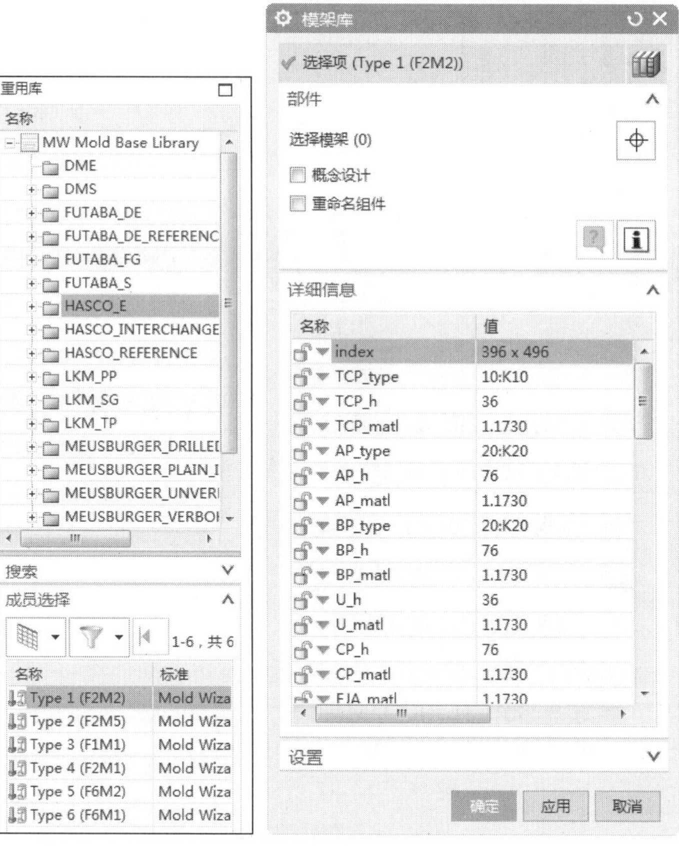

图 14-81 模架参数设置

（2）改变视图方向，在如图 14-83 所示的前视图中可以看到模架的上、下板的厚度与型芯尺寸不匹配。在“详细信息”对话框中“AP_h”对应的下拉列表中选择上板厚度为“56”，在“BP_h”对应的下拉列表中设置下模板的厚度为“46”，如图 14-84 所示，设置后效果如图 14-85 所示。

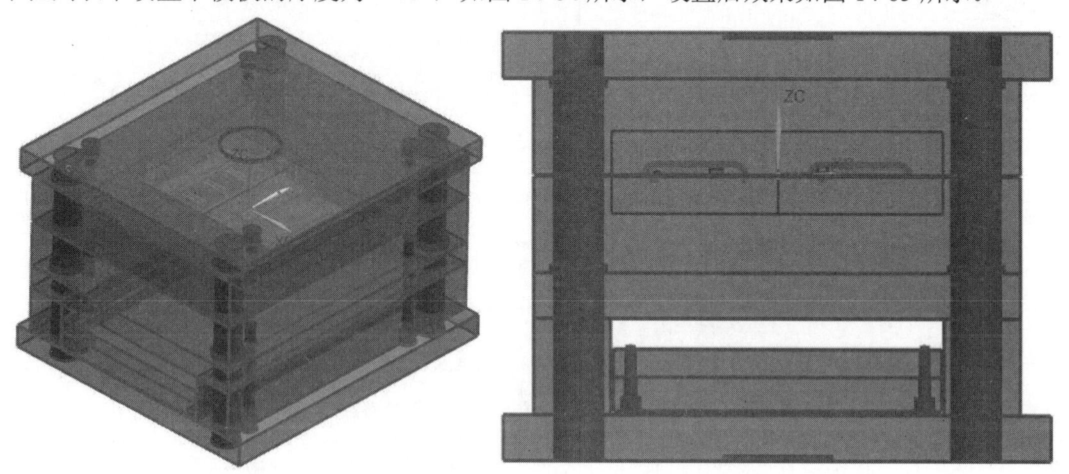

图 14-82 添加模架　　　　图 14-83 模架前视图

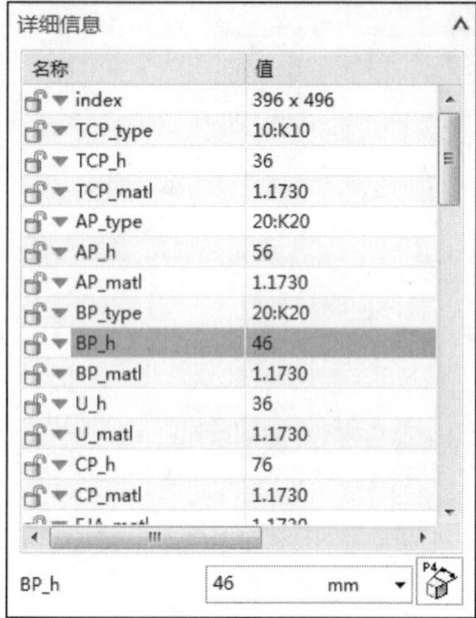

图 14-84 设置上、下模板厚度

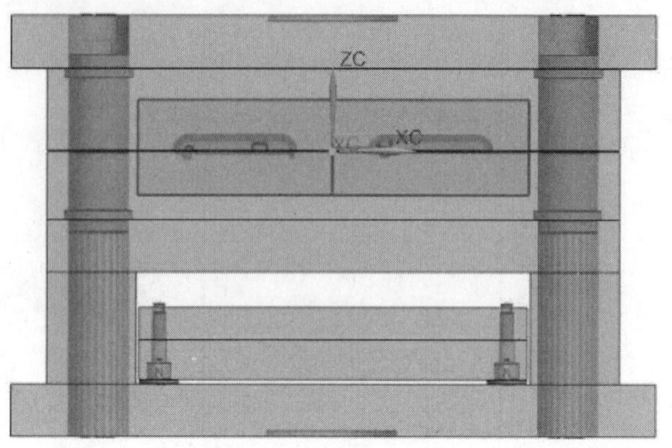

图 14-85 设置上下模板后的模架

14.4.2 添加标准件

（1）单击“注塑模向导”选项卡“主要”面板上的“标准件库”按钮，弹出“重用库”对话框和“标准件管理”对话框，选择名称“HASCO_MM”→“ Locating Ring”，在成员选择中选择 K100B，在“详细信息”栏中设置 THICKNESS 为 8，POCKET_DEEP 为 4，如图 14-86 所示，然后单击“确定”按钮，定位环加入模具装配中，结果如图 14-87 所示。

图 14-86 设置定位环参数

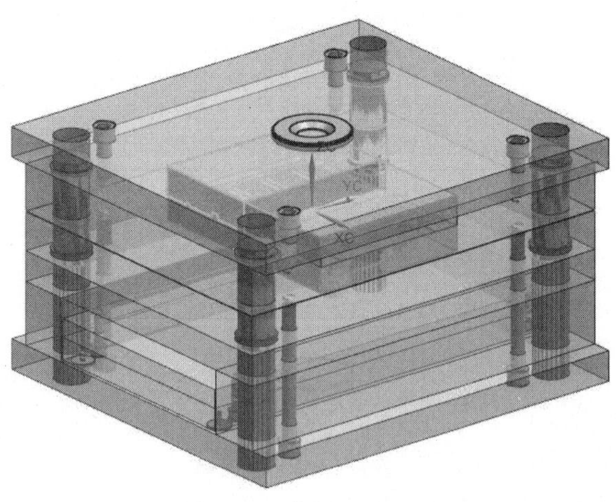

图 14-87　添加定位环

（2）单击“注塑模向导”选项卡“主要”面板上的“标准件库”按钮，弹出“重用库”对话框和“标准件管理”对话框，在名称中选择“HASCO_MM”→“Injection”，在成员选择中选择 Sprue Bushing[Z50，Z51，Z511，Z512]，并在“详细信息”栏中设置为 CATALOG_DIA 为 18，RADIUS_DEEP 为 0，CATALOG_LENGTH 为 76，如图 14-88 所示。单击“确定”按钮即可加入主流道，如图 14-89 所示。

图 14-88　设置主流道

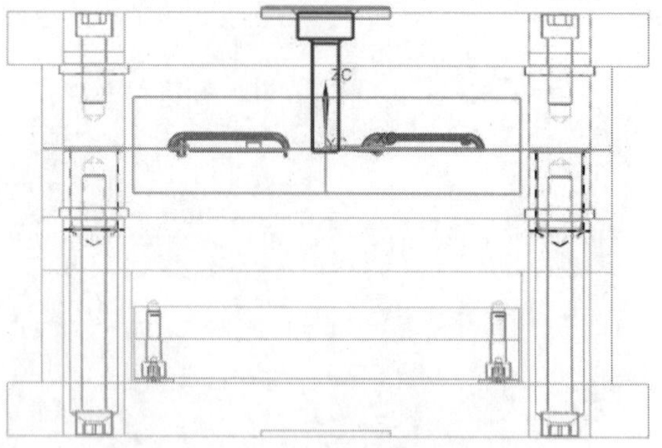

图 14-89　添加主流道

（3）单击“注塑模向导”选项卡“主要”面板上的“标准件库”按钮，在弹出的“重用库”对话框中选择名称“HASCO_MM”→“Ejection”，在成员选择中选择“Ejector Pin (Straight)”，在“标准件管理”对话框的详细信息栏中设置 CATALOG_DIA 为 2，CATALOG_LENGTH 为 160，如图 14-90 所示。

（4）单击“应用”按钮，系统弹出“点”对话框如图 14-91 所示，分别输入坐标（-37，40，0），（-37，-40，0），（-37，0，0）（-100，40，0）（-100，-40，0）（-100，0，0），然后单击“取消”退出“点”对话框，放置上盖顶杆效果如图 14-92 所示。

图 14-90　顶杆参数设置

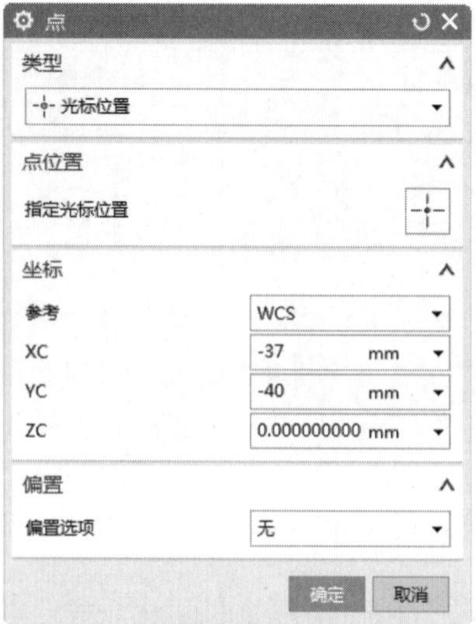

图 14-91　上盖顶杆“点”对话框设置

（5）单击“注塑模向导”选项卡“主要”面板上的“标准件库”按钮，在弹出的“标准件管理”对话框中选择名称“HASCO_MM”→“Ejection”，在成员视图中选择“Ejector Pin (Straight)”，在详细信息栏中将设置“CATALOG_DIA”的值为 2，“CATALOG_LENGTH”的值为 160，然后单击“应用”按钮。

（6）系统弹出“点”对话框，分别（37，40，0），（37，-40，0），（37，0，0）（100，40，0）（100，-40，0）（100，0，0）（69，40，0），（69，-40，0），（69，0，0），然后单击“取消”退出“点”对话框，放置下盖顶杆效果如图 14-93 所示。

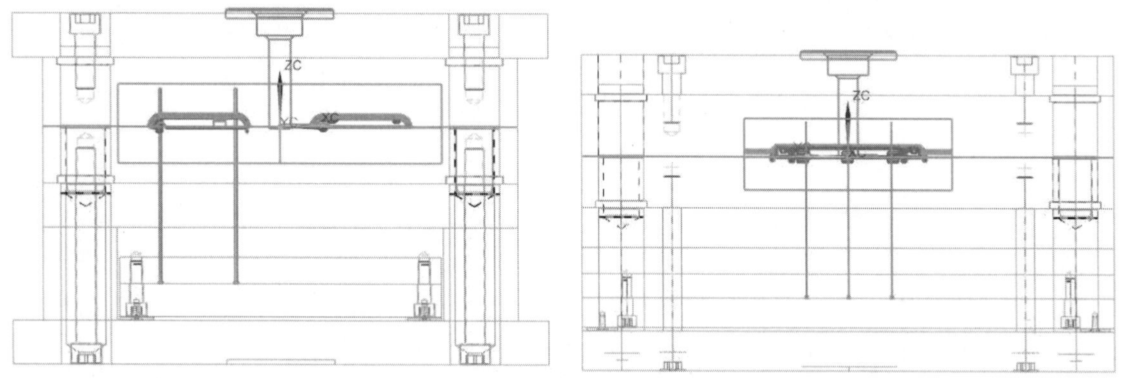

图 14-92　上盖顶杆效果

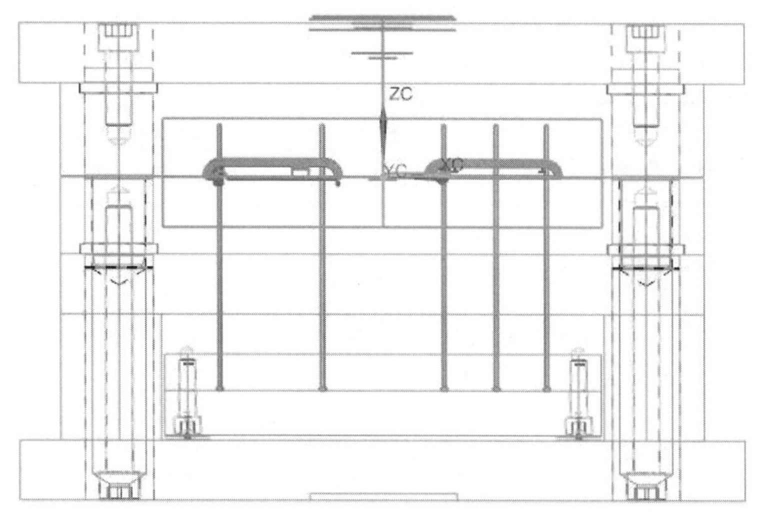

图 14-93　放置下盖顶杆效果

（7）顶杆后处理。单击“注塑模向导”选项卡“主要”面板上的“顶杆后处理”按钮，系统弹出“顶杆后处理”对话框，选择“修剪”类型，然后选择上盖顶杆，如图 14-94 所示，接受默认的修剪曲面，即型芯修剪片体（CORE_TRIM_SHEET），单击“应用”按钮，修剪上盖顶杆。用同样的方法修剪下盖顶杆如图 14-95 所示。

图 14-94 “顶杆后处理”对话框

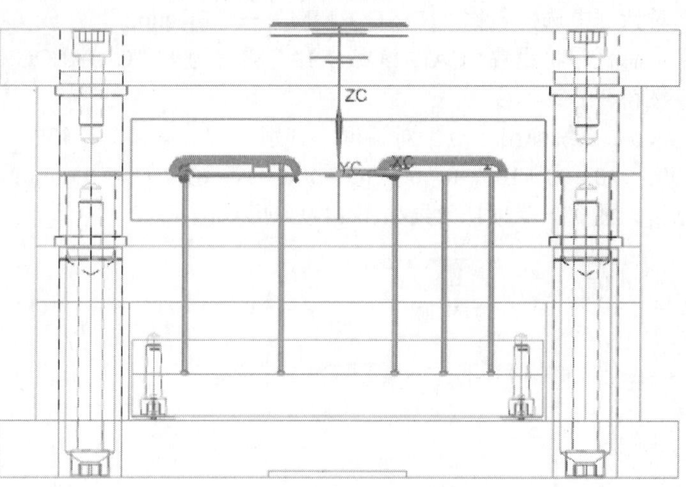

图 14-95 修剪顶杆

14.4.3 添加流道与浇口

（1）单击“注塑模向导”选项卡“主要”面板上的“设计填充”按钮，弹出“重用库”和“设计填充”对话框。

（2）在“成员选择”列表中选择“Gate[Subarine]”成员，在“设计填充”对话框“详细信息”栏中更改 D 为 8，Position 为 Parting，L 为 20，D1 为 1.2，其他采用默认设置，如图 14-96 所示。

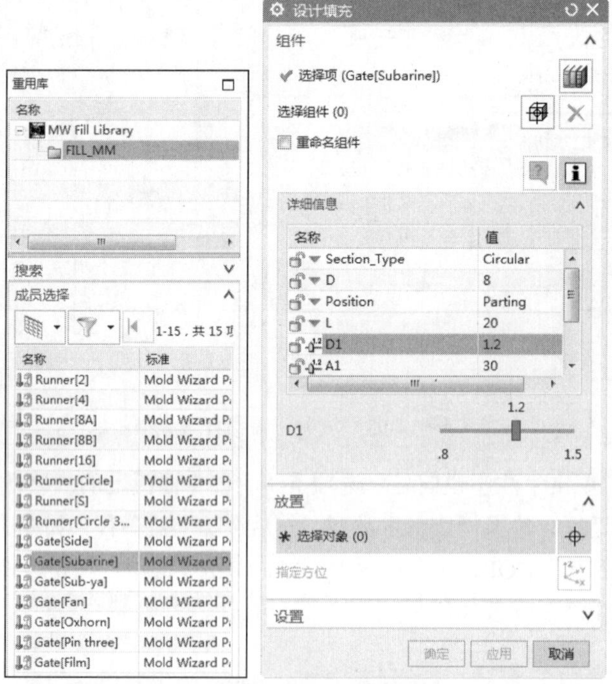

图 14-96 浇口参数设置

（3）在“放置”栏中单击“选择对象”图标⊕，捕捉如图 14-97 所示的零件边线的中点为放置浇口位置。

（4）选取视图中的动态坐标系上的绕 Z 轴旋转，输入角度为 180，按 Enter 键，将浇口绕 Z 轴旋转 180°，如图 14-98 所示。

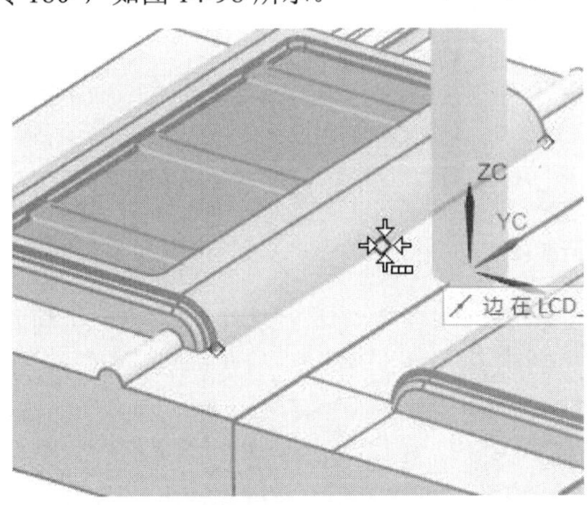

图 14-97　捕捉中点

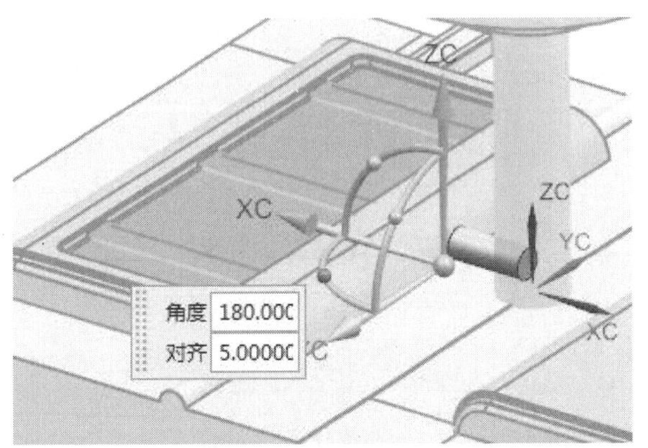

图 14-98　旋转浇口

（5）单击“确定”按钮，完成一个浇口的创建，如图 14-99 所示。

（6）重复“设计填充”命令，在“成员选择”列表中选择“Gate[Subarine]”成员，在“设计填充”对话框“详细信息”栏中更改 D 为 8，Position 为 Runner，L 为 20，D1 为 1.2，其他采用默认设置，捕捉上一个浇口的右端圆心位置，结果如图 14-100 所示。

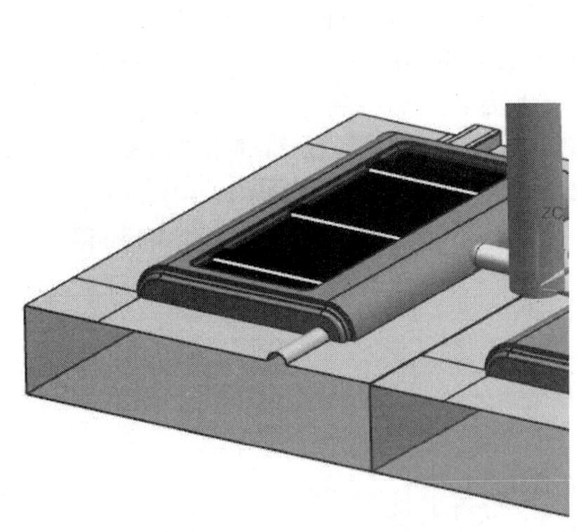

图 14-99　创建浇口 1

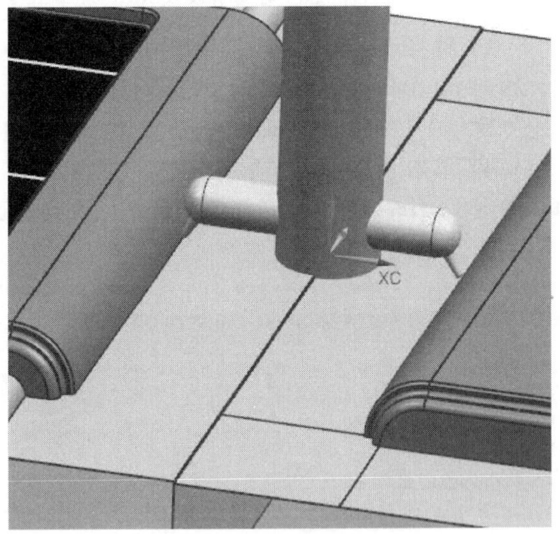

图 14-100　全部浇口

14.4.4　添加滑块与顶杆

（1）打开“lcd_up_prod_053.prt”文件，然后通过导航栏显示如图 14-101 所示的部件。

（2）选择“格式”→“格式”→“WCS”→“原点”命令，系统弹出“点”对话框，如图 14-102 所示，在绘图区选择如图 14-103 所示的中点，确定新的坐标系。

Note

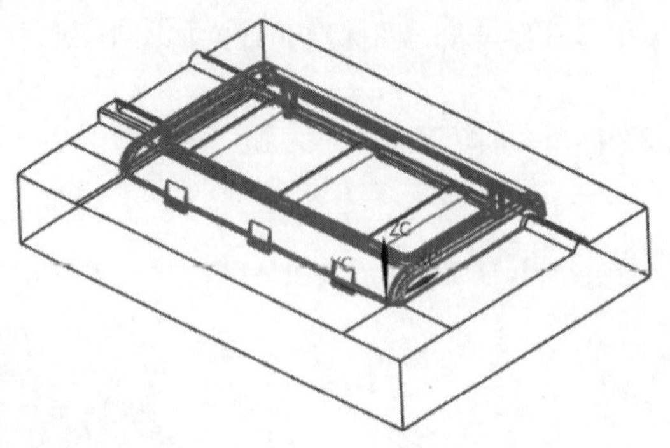

图 14-101 显示部件

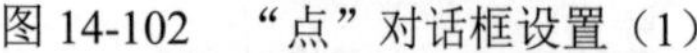

图 14-102 “点”对话框设置（1）

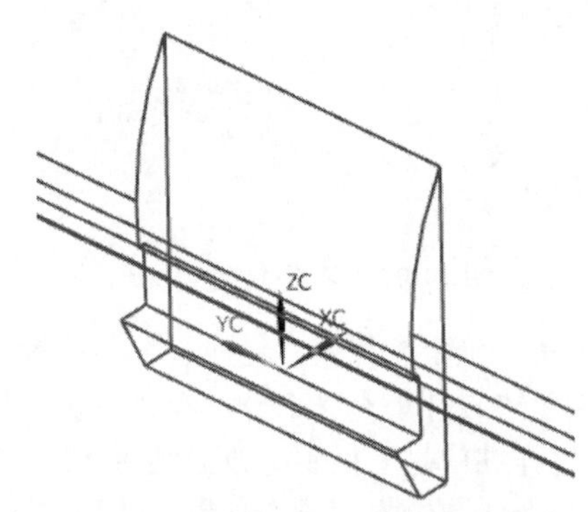

图 14-103 设置坐标原点

（3）选择“格式”→“格式”→“WCS”→“旋转”命令，系统弹出“旋转 WCS 绕...”对话框，如图 14-104 所示，单击对话框中的“-ZC 轴：YC→XC”单选按钮，在角度文本框中输入“90”，单击“确定”按钮完成坐标系的旋转，结果如图 14-105 所示。

（4）单击“分析”选项卡“测量”面板上的“测量距离”按钮，系统弹出“测量距离”对话框，如图 14-106 所示，测量当前坐标系原点到型芯边缘沿“-YC”轴方向的距离，如图 14-107 所示。

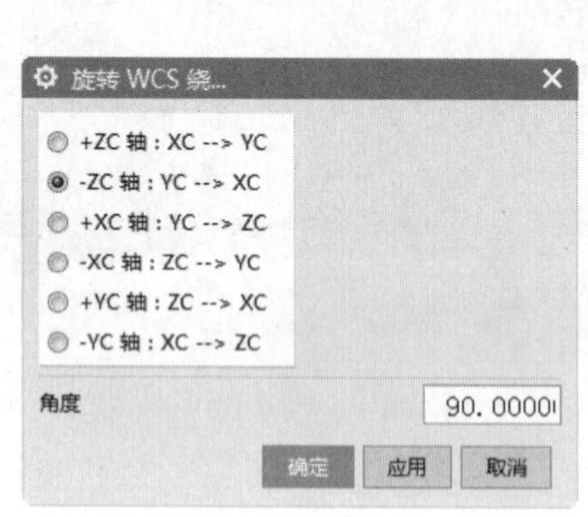

图 14-104 “旋转 WCS 绕...”对话框设置

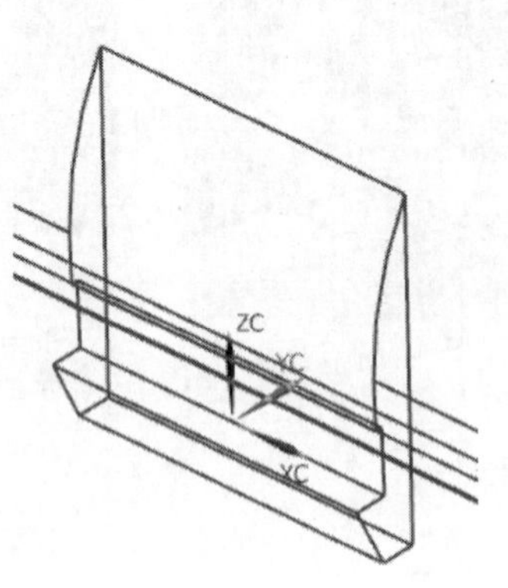

图 14-105 旋转坐标系

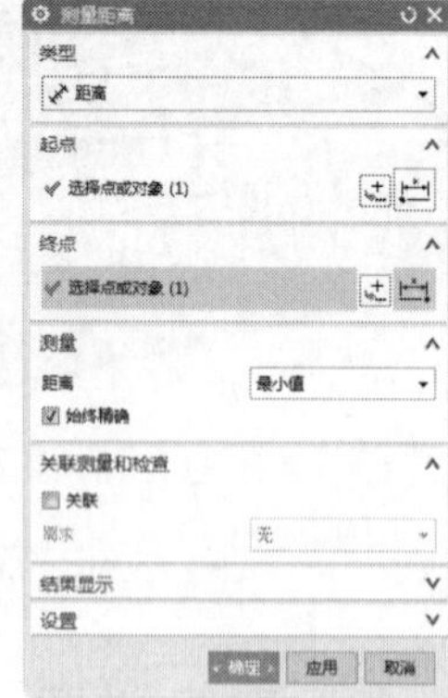

图 14-106 “测量距离”对话框

（5）选择“菜单”→“格式”→“WCS”→“原点”命令，系统弹出“点”对话框，在“YC”文本框中输入“−27.3647”，如图 14-108 所示，然后单击“确定”按钮，完成坐标的平移，如图 14-109 所示。

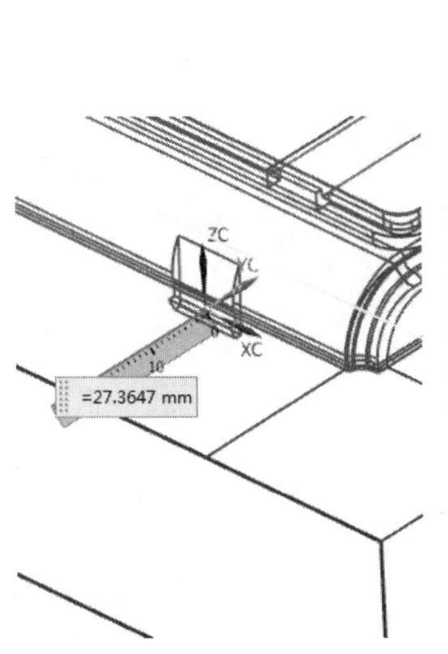

图 14-107　距离信息

图 14-108　“点”对话框设置（2）

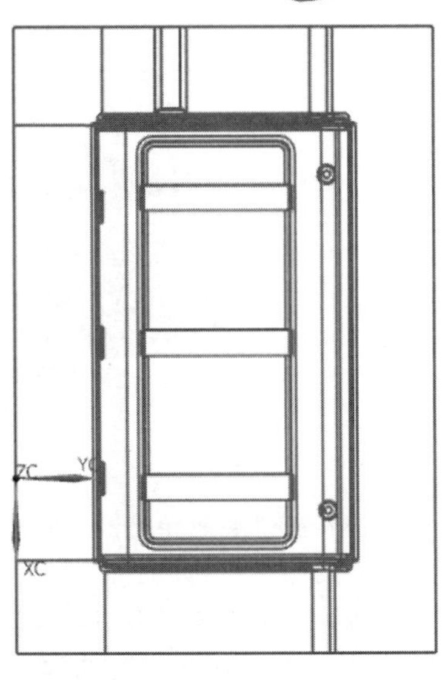

图 14-109　平移坐标系结果

（6）单击“注塑模向导”选项卡“主要”面板上的“滑块和浮升销库”按钮，系统弹出“重用库”对话框和“滑块和浮升销设计”对话框，在“名称”列表中选择“SLIDE_LIFT”→“Slide”选项，然后在“成员选择”列表中选择“Push-Pull Slide”选项，在“详细信息”中设置 wide 为 20，如图 14-110 所示，单击“确定”按钮，放置滑块结果如图 14-111 所示。

图 14-110　设置滑块参数

Note

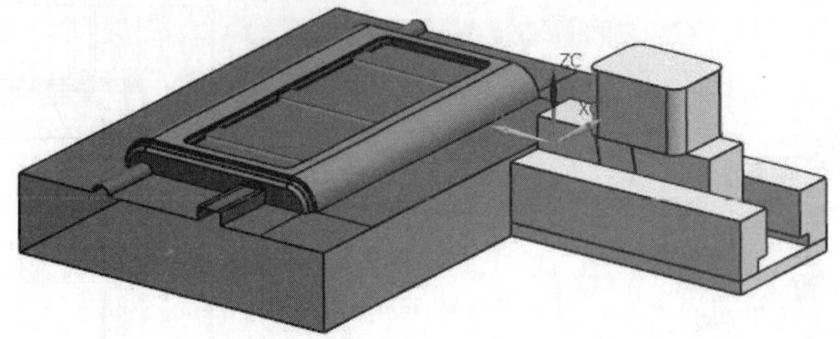

图 14-111　创建侧抽芯机构

（7）在“装配导航器”中选择“lcd_up_core_056”，右击并在弹出菜单中选择“设为工作部件”命令。

（8）单击“装配”选项卡“常规”面板上的“WAVE 几何链接器”按钮，系统弹出“WAVE 几何链接器”对话框，如图 14-112 所示，在“类型”下拉列表中选择“体”，然后在绘图区部件中选择如图 14-113 所示的滑块体，单击“确定”按钮链接滑块体。

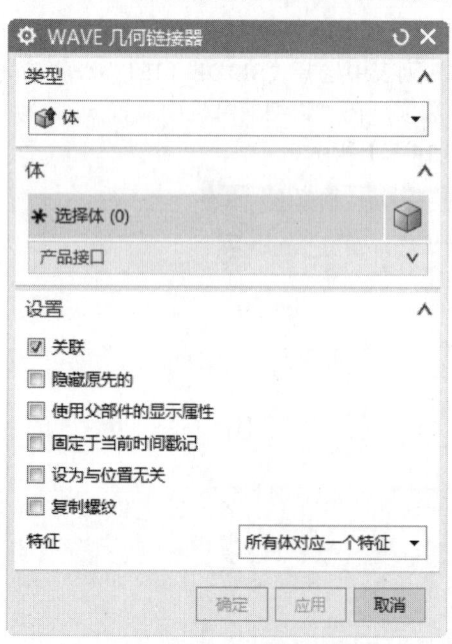

图 14-112　“WAVE 几何链接器”对话框

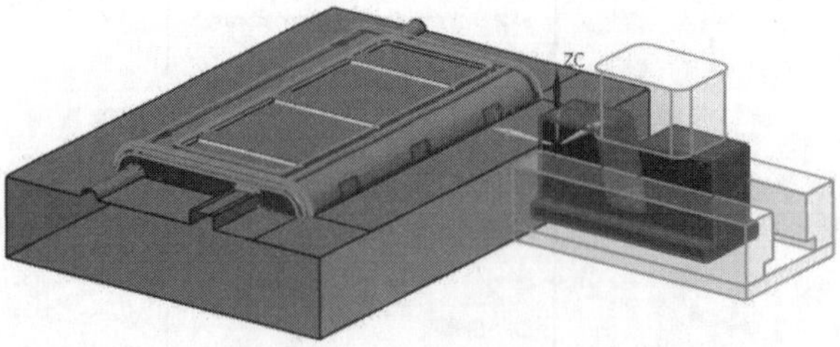

图 14-113　选择滑块体

（9）在“装配导航器”中单击“lcd_up_core_056”，右击在弹出的快捷菜单中选择“仅显示”命令，显示如图 14-114 所示。

（10）单击“主页”选项卡“特征”面板中的“拉伸”按钮，系统弹出“拉伸”对话框，在绘图区选择滑块端面为拉伸截面，进入草绘环境，然后应用投影功能绘制截面的边，然后单击“完成”按钮返回“拉伸”对话框，在“方向”栏中选择“YC 轴”，然后在“结束”后的下拉列表选择“值”和“距离”文本框中输入“20”，如图 14-115 所示，最后单击“确定”按钮完成拉伸，如图 10-116 所示。

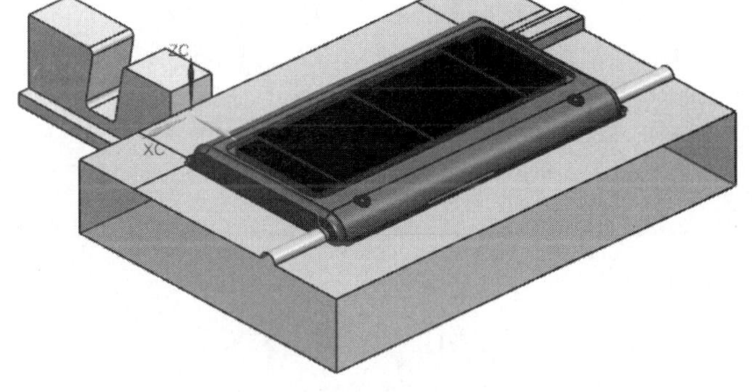

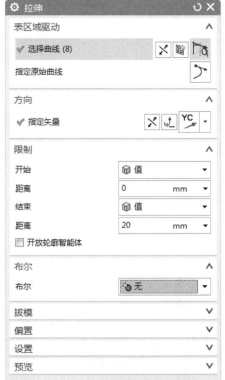

图 14-114　设置显示部件

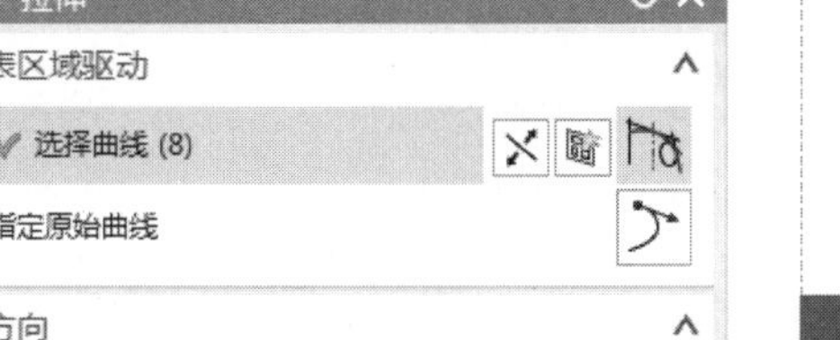

图 14-115　“拉伸”对话框

（11）单击“主页”选项卡“特征”面板中的“拉伸”按钮，系统弹出“拉伸”对话框，在绘图区选择如图 14-117 所示的拉伸体端面为拉伸截面，进入草绘环境，然后应用投影功能绘制截面的边，如图 14-118 所示，单击“完成”按钮并返回“拉伸”对话框，在“方向”栏中选择“YC 轴”，然后在“结束”下拉列表中选择“直至延伸部分”，如图 14-119 所示面，选择如图 14-119 所示的面为拉伸参考，最后单击“确定”按钮完成拉伸，如图 14-120 所示。

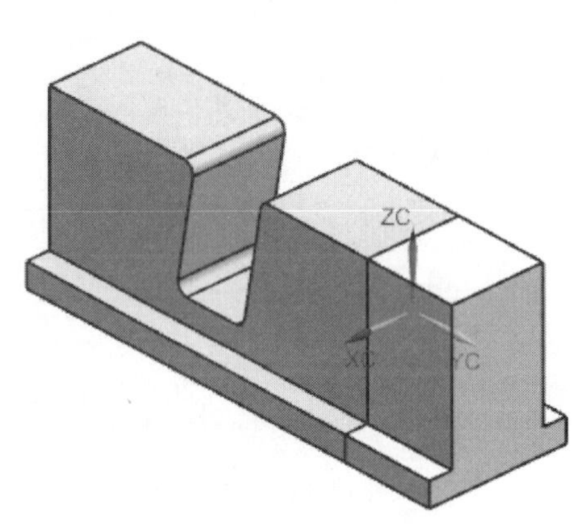

图 14-116　拉伸效果

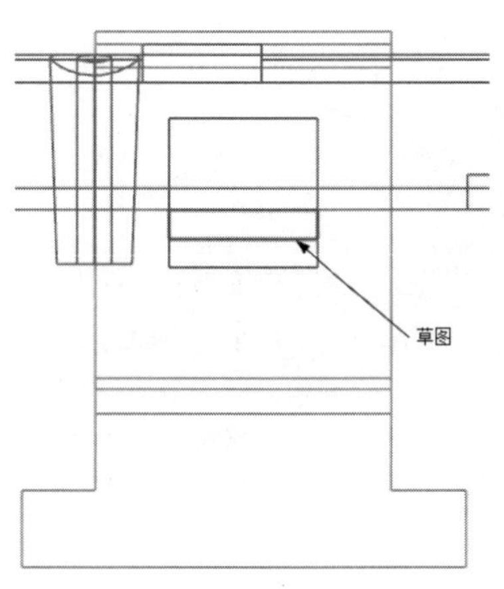

图 14-117　绘制草图

Note

图 14-118　拉伸设置

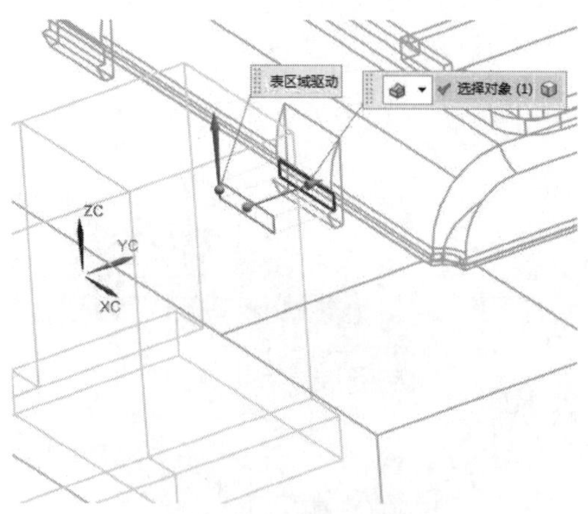

图 14-119　选择限制对象面

（12）单击"主页"选项卡"同步建模"面板上的"替换面"按钮，系统弹出"替换面"对话框，如图 14-121 所示，选择如图 14-122 所示的"原始面"和"替换面"，然后单击"确定"按钮，修剪的结果如图 14-123 所示。

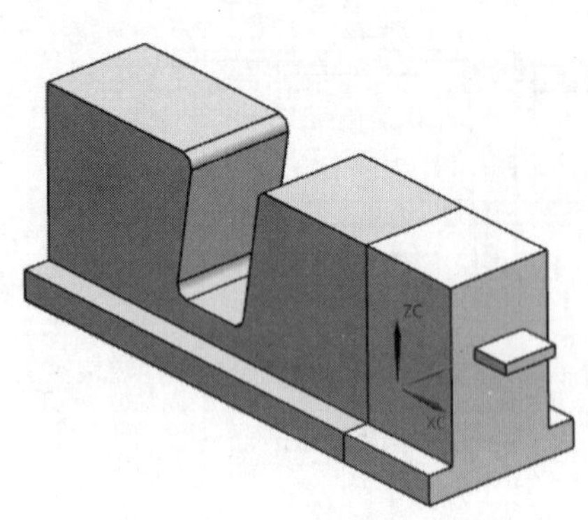

图 14-120　拉伸结果

图 14-121　"替换面"对话框

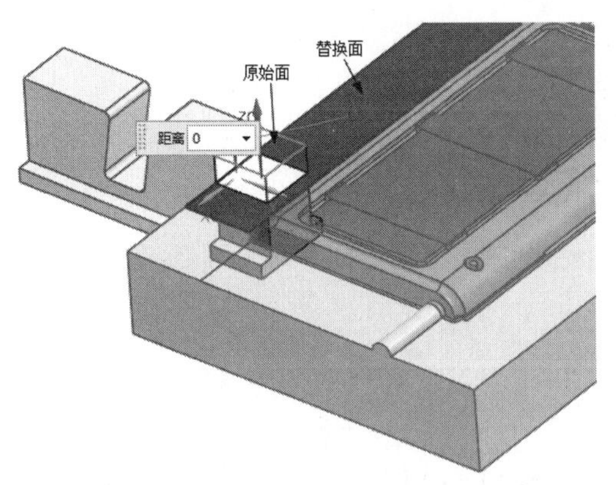

图 14-122 选择原始面和替换面

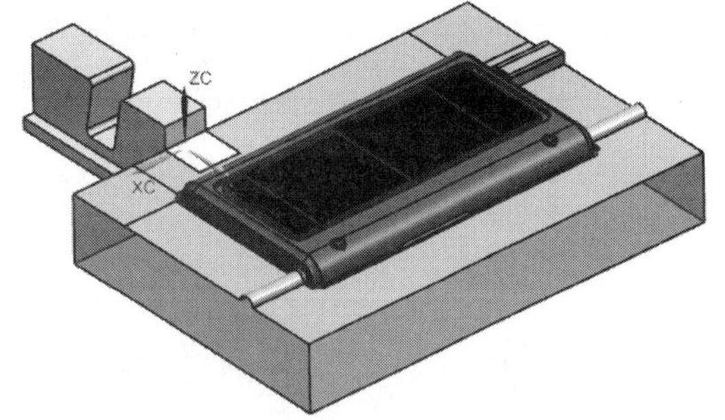

图 14-123 修剪结果

（13）单击“主页”选项卡“特征”面板中的“合并”按钮，系统弹出如图 14-124 所示的“合并”对话框，选择刚才创建的两个拉伸体作为“工具体”，选择滑块座为“目标体”，如图 14-125 所示，然后在对话框中单击“确定”按钮完成合并操作。

图 14-124 “合并”对话框

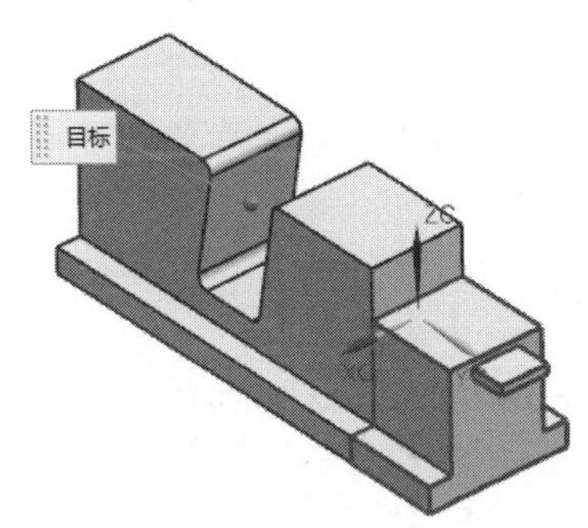

图 14-125 选择目标体和工具体

（14）单击“主页”选项卡“特征”面板中的“减去”按钮，系统弹出如图 14-126 所示的“求差”对话框，选择滑块作为工具体，选择型芯作为目标体，如图 14-127 所示，然后在对话框中单击“确定”按钮完成求差操作，结果如图 14-128 所示。

图 14-126 “求差”对话框

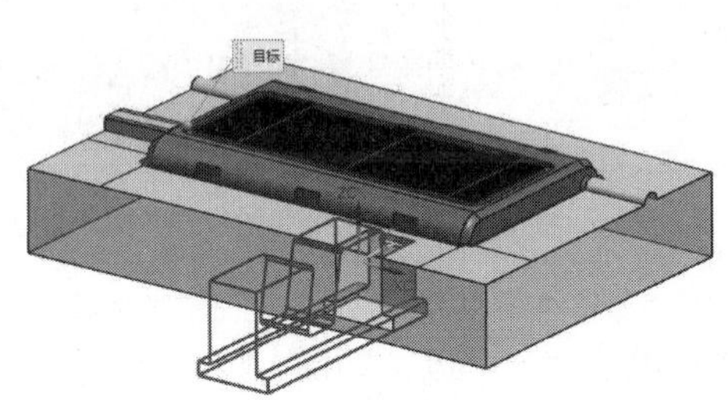

图 14-127 选择目标体与工具体

Note

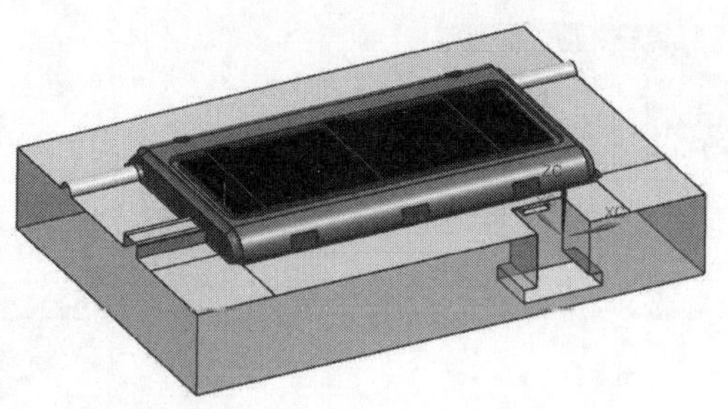

图 14-128　求差结果

（15）打开“lcd_up_prod_075.prt”部件。选择“菜单”→“格式”→“WCS”→“原点”命令，系统弹出“点”对话框，如图 14-129 所示，在绘图区选择如图 14-130 所示点，确定新的坐标系。

图 14-129　“点”对话框设置（3）

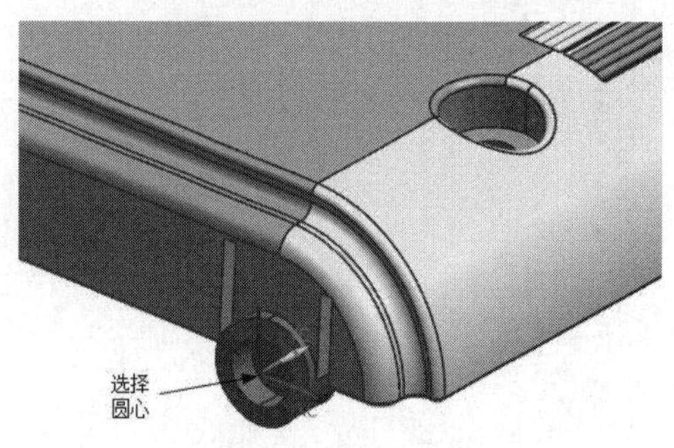

图 14-130　坐标系设置

（16）单击“分析”选项卡“测量”面板上的“测量距离”按钮，系统弹出“测量距离”对话框，测量当前坐标系原点到型芯边缘沿“-YC”轴方向的距离，测量信息如图 14-131 所示。

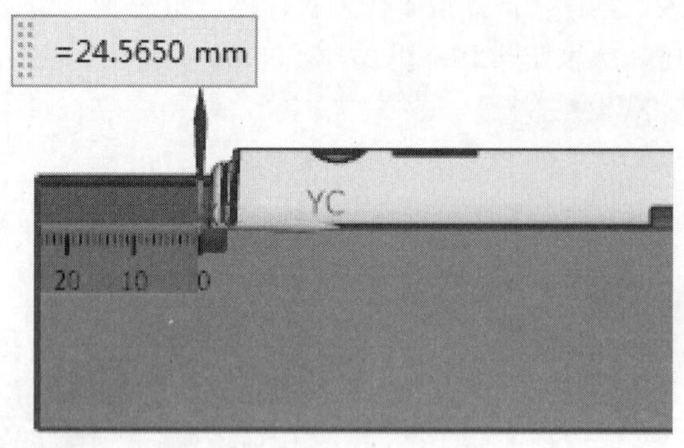

图 14-131　测量信息

（17）选择“菜单”→“格式”→“WCS”→“原点”命令，系统弹出“点”对话框，在“YC”下拉列表中输入“-24.565，如图 14-132 所示，然后单击“确定”按钮，完成坐标的平移，如图 14-133 所示。

图 14-132　“点”对话框设置（4）

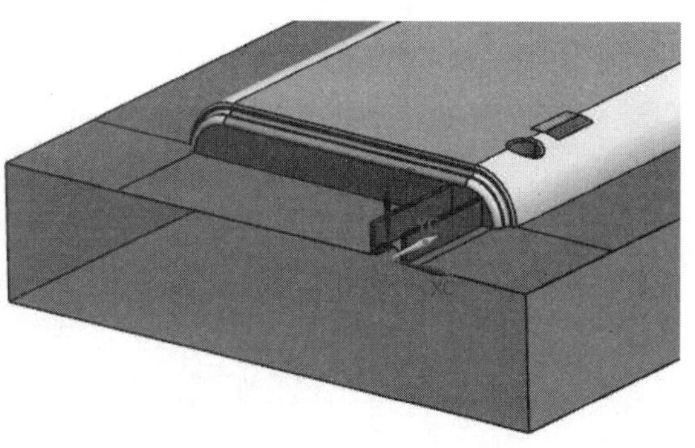

图 14-133　平移结果

（18）单击“注塑模向导”选项卡“主要”面板上的“滑块和浮升销库”图标，系统弹出“重用库”对话框和“滑块和浮升销设计”对话框，在“名称”列表中选择“SLIDE_LIFT”→“Slide”选项，然后在“成员选择”列表中选择“Push-Pull Slide”选项，在“详细信息”中设置 wide 为 20，如图 14-134 所示，然后单击“确定”按钮，放置滑块结果如图 14-135 所示。

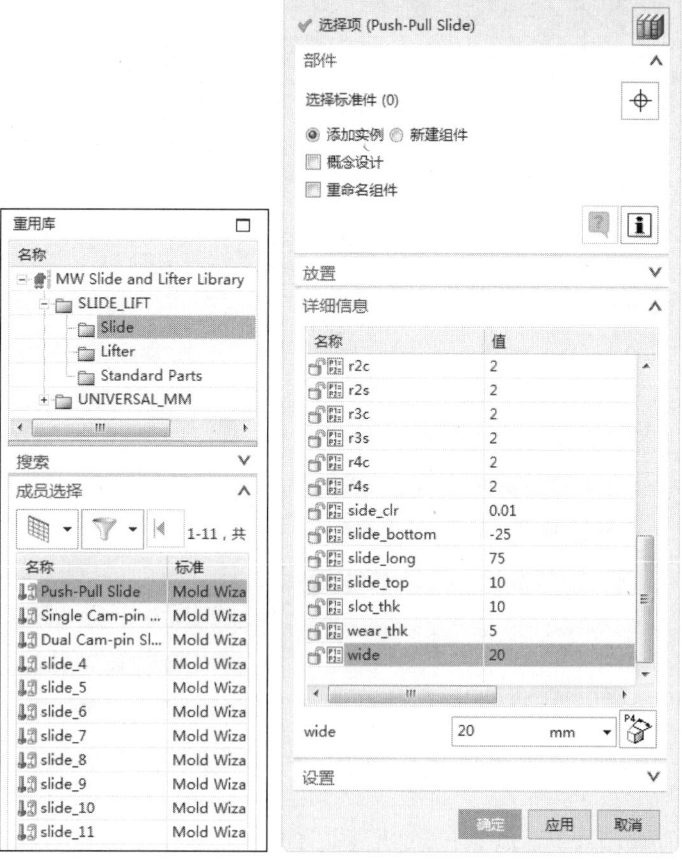

图 14-134　设置滑块参数

（19）按照同样的方法添加下盖的另外一个滑块如图 14-136 所示。

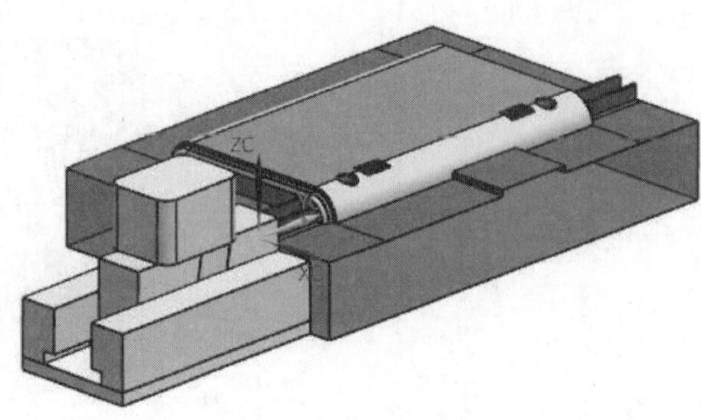

图 14-135　放置滑块结果

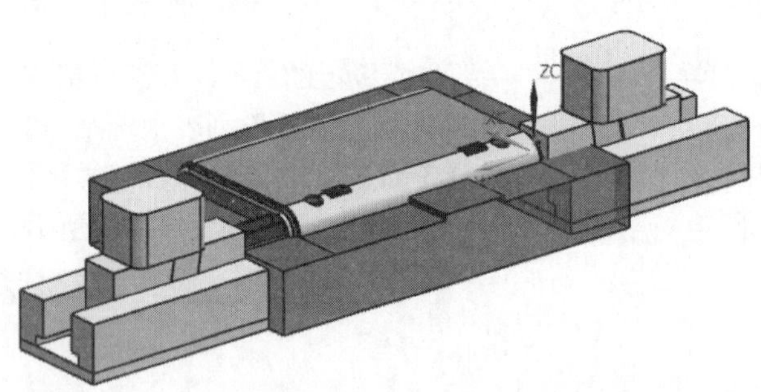

图 14-136　添加另外一个滑块

（20）选择“菜单”→“格式”→“WCS”→“原点”命令，系统弹出“点”对话框，在绘图区选择如图 14-137 所示的中点，确定新的坐标系。

（21）选择“菜单”→“格式”→“WCS”→“旋转”命令，系统弹出“旋转 WCS 绕...”对话框，选中窗口中的“+ZC 轴：XC→YC”单选按钮，在角度文本框中输入“90”，单击“确定”按钮完成坐标系的旋转，结果如图 14-138 所示。

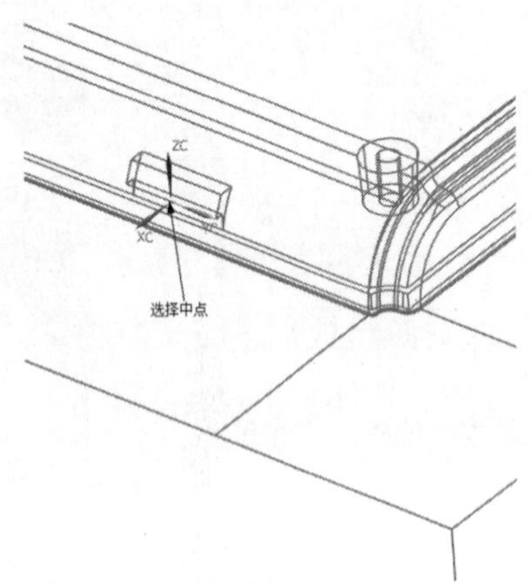

图 14-137　选择中点

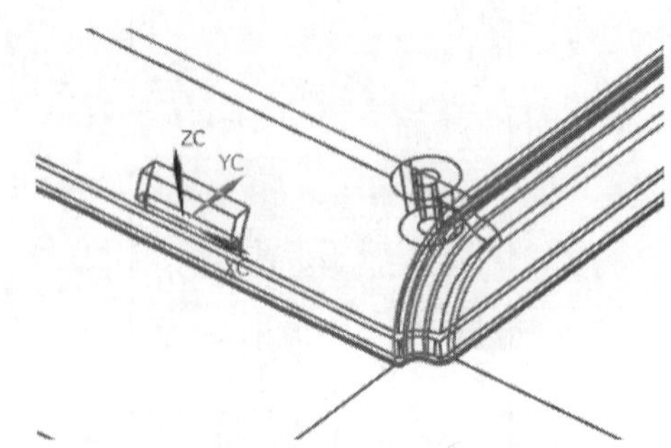

图 14-138　旋转坐标系

（22）单击“注塑模向导”选项卡“主要”面板上的“滑块和浮升销库”图标，系统弹出“重用库”对话框和“滑块和浮升销设计”对话框，在“名称”列表中选择“SLIDE_LIFT”→“Lifter”

选项，然后在“成员选择”列表中选择“Dowel Lifter”选项，在“详细信息”中设置 wide 为 15，riser_top 为 20，如图 14-139 所示，接着单击“确定”按钮，完成下盖斜顶杆的创建，结果如图 14-140 所示。

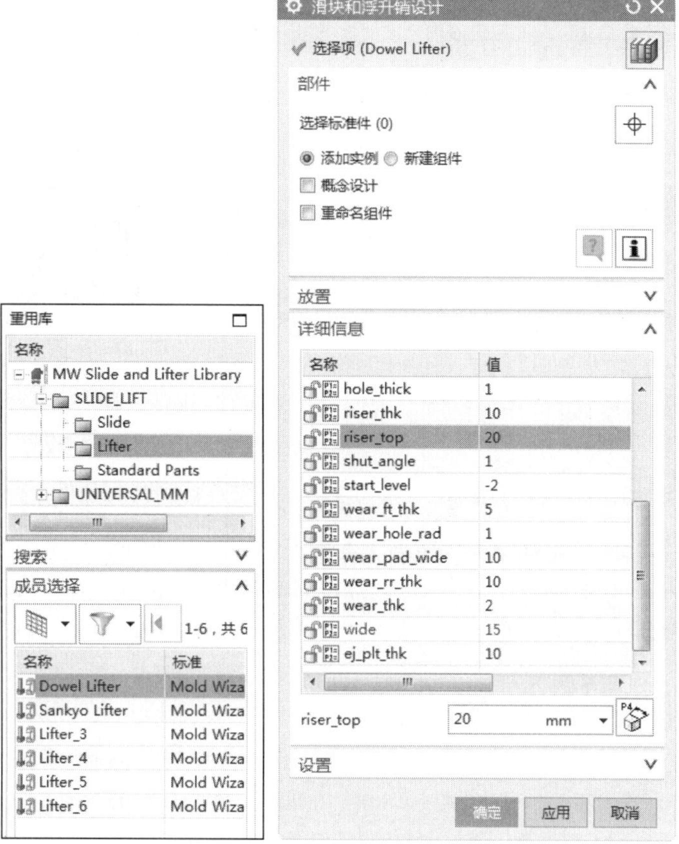

图 14-139　斜顶杆参数设置

（23）按照同样的方法创建其余两个斜顶杆如图 14-141 所示。

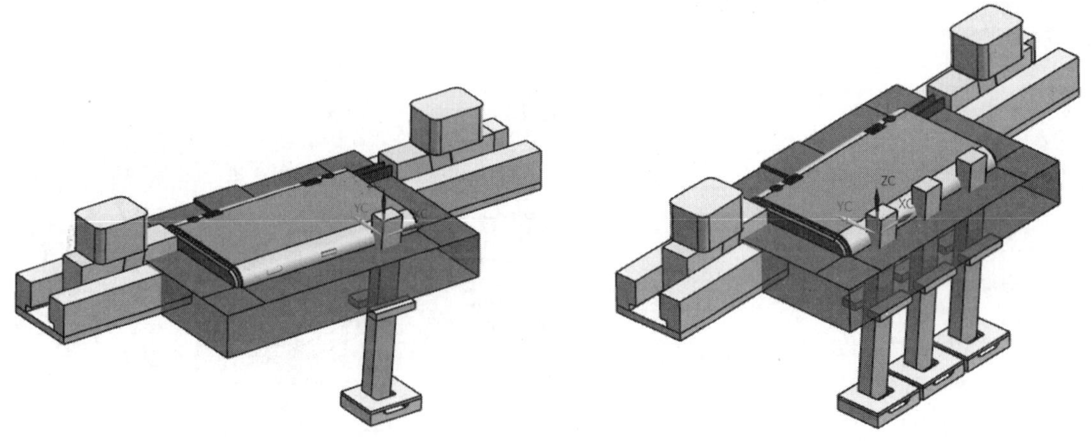

图 14-140　添加第一个斜顶杆　　　　图 14-141　添加所有斜顶杆

（24）单击“注塑模向导”选项卡“修剪工具”面板上的“修边模具组件”按钮，系统弹出“修

Note

边模具组件”对话框，选择“修剪”类型，如图 14-142 所示，在绘图区中选择三个斜顶杆（界面中心黄色显示部件），选择上步创建的斜顶杆为目标，选择型芯作为修剪片体，单击“确定”按钮，修剪后的结果如图 14-143 所示。

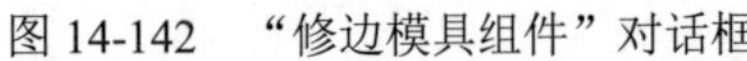

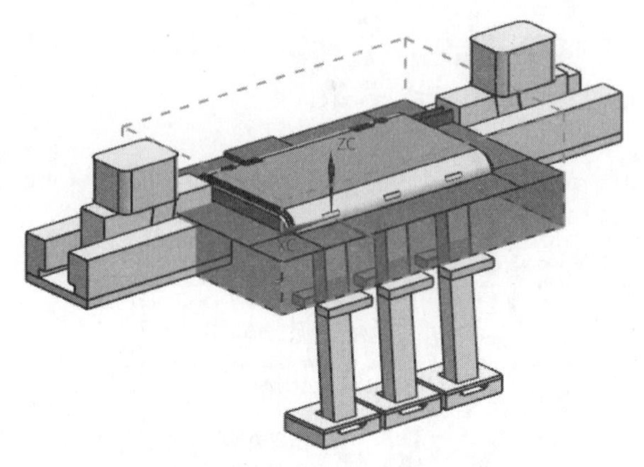

图 14-142　“修边模具组件”对话框

图 14-143　修剪斜顶杆结果

（25）单击“注塑模向导”选项卡“主要”面板上的“腔”按钮，系统弹出“开腔”对话框，选择“去除材料”模式，如图 14-144 所示，选择模具的模板、型腔和型芯为目标体，然后选择建立的定位环、主流道、浇口、顶杆、滑块等为工具体，然后在对话框中单击“确定”按钮建立腔体，如图 14-145 所示。

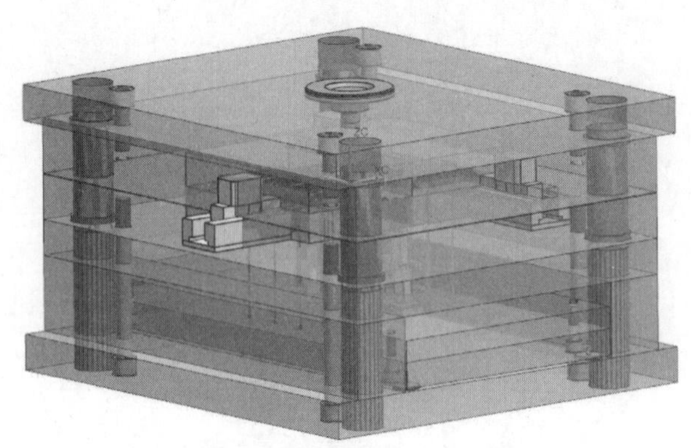

图 14-144　“开腔”对话

图 14-145　模具创建结果